河北省区域地质纲要（平原区）

HEBEI SHENG QUYU DIZHI GANGYAO(PINGYUAN QU)

河北省区域地质调查院（河北省地学旅游研究中心） 编著

图书在版编目(CIP)数据

河北省区域地质纲要. 平原区/河北省区域地质调查院(河北省地学旅游研究中心)编著. —武汉:中国地质大学出版社,2025.6. —ISBN 978-7-5625-6218-4

Ⅰ.P562.22

中国国家版本馆 CIP 数据核字第 2025U7C289 号

审图号:GS(2025)1291 号

河北省区域地质纲要(平原区)	河北省区域地质调查院(河北省地学旅游研究中心) 编著
责任编辑:周 豪　　　　　选题策划:易 帆　　　　　责任校对:徐蕾蕾	
出版发行:中国地质大学出版社(武汉市洪山区鲁磨路388号)　　　邮编:430074	
电　话:(027)67883511　　传　真:(027)67883580　　E-mail:cbb@cug.edu.cn	
经　销:全国新华书店　　　　　　　　　　　　　　　https://cugp.cug.edu.cn	
开本:880mm×1230mm 1/16	字数:844千字　印张:23
版次:2025年6月第1版	附图:4　附件:4
印刷:武汉中远印务有限公司	印次:2025年6月第1次印刷
ISBN 978-7-5625-6218-4	定价:128.00元

如有印装质量问题请与印刷厂联系调换

《河北省区域地质纲要(平原区)》编纂委员会

主　　任：王明才

副主任：沙振华　刘彩欣　唐　芳　武雪伟　宋朝辉

委　　员：岳春红　安喜坡　赵荣升　冯建雄　刘志刚　王文学
　　　　　杨志宏　张振利　赵明合　肖文暹　张计东　范永贵
　　　　　谢明忠　杨德相　邢新海　杨立业　刘德高　梁君龙
　　　　　宋晶晶　魏明辉　陆利鹏　李玉静　戈辛宇　魏文通
　　　　　周　正　孙　肖　李金和　肖建群　潘志龙　楚福录
　　　　　李晓峰　专少鹏　杜佳术　李　郡　刘普峰　胡醒民

《河北省区域地质纲要(平原区)》编辑委员会

主　　编：王金贵

副主编：陈宏强　杨鑫朋　张　欢

编　　委：卜　令　徐玥曈　李庆喆　张子轩　赵华平　程　洲
　　　　　梁国庆　杨　瑞　石光耀　段炳鑫　孙天一　陈秭晔
　　　　　王　恒　侯德华　刘蓓蓓　战灵雨　张授兴　李诗晴
　　　　　魏磊强　李　佳

序

《河北省区域地质纲要》和续作成果(含电子书),以《中国区域地质志·河北志》(2017)为基础,以中国地质调查局确定的构造划分为主线,以板块构造等新理论为指导,补充收集、充实河北省新取得的区域地质矿产调查、专题地质研究成果经综合编纂而成,对其变质杂岩、地层系统和岩浆活动序列以及平原区前新生代基岩地质、新生代(古近纪、新近纪和第四纪)地质进行了系统的综合研究与总结,厘定了河北省地质发展演化历史,具有重要的学术价值。其电子书可便捷查阅各地质单元在不同地区分布及特征,具有很高实用价值。可以预期,文字精炼、查询便捷的《河北省区域地质纲要》和续作成果(含电子书)的出版,将为地质矿产调查与研究、地质灾害防治与地质环境保护工作者等提供重要的参考和借鉴,也为广大的地质爱好者了解河北省地质知识、增强地质科学素养提供有益的读物,是一把打开燕赵大地地质历史、矿产资源大门的钥匙。

河北省地质历史悠久,经历了从太古宙到新生代的漫长演化过程。从混沌初开的太古宙至古元古代,形成了一个具复杂变质变形作用改造的古老基底;经历中元古代至古生代漫长的海相及海陆交互相沉积、中生代轰轰烈烈的陆相火山喷发与碎屑沉积,至新生代松散的砂泥质堆积,形成了如今我们所见的复杂地层系统;岩浆活动同样丰富多彩,不同时代均有不同程度的岩浆活动,尤其是中生代大规模的岩浆侵位和喷发,在河北省的地质历史中扮演了重要角色,是金多金属等矿产资源形成的重要成矿因素;河北省主体隶属于中朝板块华北陆块,经历了长期的多期次构造改造与再造,形成了众多断裂带、盆地带、岩浆岩带,它们不仅控制了矿产资源的分布,也对区域地貌、气候、水文等自然环境产生了深远影响。本区的地层系统、岩浆序列、构造期次等记录了华北陆块演化的历程,承载着太古宙至今地质演化的沧桑记忆,蕴含着无尽的地质奥秘。

河北省地质历史的长期性、地质构造的复杂性,一方面造就了地貌的多样性,高原、山脉、盆地、平原、海洋等交相辉映,是我国地形地貌最多样的省份之一;另一方面成就了生物的多样性,这里,曾经是中生代热河生物群的宜居地,是新生代哺乳动物以及古人类的家园。

地质科学,作为探索地球奥秘的重要学科,对于人类研究自然、认识自然、利用资源、保护环境以及预防地质灾害等方面都具有不可替代的重要作用。随着地质科学技术的不断进步和地质研究工作的不断深入,对河北省地质特征的认识将会更加全面与深入。希望《河北省区域地质纲要》和续作成果(含电子书)的出版与传播能够推动河北省地质科学的发展,激发更多的人关注地质科学,热爱这片土地,为保护和合理利用地质资源、支撑经济社会的可持续发展和京津冀协同发展贡献智慧和力量。

李廷栋
2024 年 4 月

前 言

"河北省区域地质纲要(续作)"系 2023 年度河北省地质勘查专项预算资金项目。作为"河北省区域地质纲要"项目的延续性研究工程,2022 年度项目重点聚焦河北省基岩区综合研究与地质制图工作,系统完成了覆盖京津冀区域的 1∶50 万地图、1∶50 万岩浆岩地质图、1∶100 万地质构造图及 1∶100 万第四纪地质与地貌图编制。本年度工程致力于开展平原区地质编图与综合研究,并完成河北省(北京市天津市)平原区 1∶50 万前新生代基岩地质图、1∶50 万古近纪地质图、1∶50 万新近纪地质图及 1∶50 万活动断裂分布图的系统编制与研究工作。

河北省(含北京市、天津市)平原地区地质调查研究历史较为悠久,可追溯至 20 世纪 50 年代。自该时期起,系统实施了开平煤田及油气区地质普查与资源勘探工作。历经数十年发展,已逐步形成了涵盖中大比例尺区域地质调查、城市地质勘查、地热及干热岩资源勘探、铁矿与煤炭资源勘查、石盐矿普查、石油地震勘探、活动断裂带调查,以及区域重力测量与航空磁测等领域的综合性调查体系。针对前新生代基岩地质特征、古近纪与新近纪地层展布规律、区域构造演化特征等关键地质问题,已取得较为系统的研究成果。

本次工作累计收集项目成果报告 1000 余份,时间跨度涵盖 1955 年至 2022 年。数据资料主要包括:基岩及新生代地层钻孔 8029 孔(其中基岩钻孔 2788 孔,古近纪地层钻孔 2426 孔,新近纪地层钻孔 2815 孔);基岩地质图件及石油 T_0-T_g 反射层构造图共计 210 张(幅);深反射地震剖面 94 条(含石油领域 70 条、煤炭地质领域 24 条);可控源音频大地电磁测深剖面 120 条;重磁电震综合物探剖面 2 条、浅层地震剖面 91 条及高密度电法剖面 23 条;另有河北省活动断层分布图 3 张;1∶50 万比例尺的河北省布格重力异常图与航磁异常图,冀南地区 1∶2.5 万航磁图件,以及冀东地区 4 幅 1∶5 万布格重力异常图与航磁异常图等资料。

项目以板块构造理论为指导,以基本地质事实——不同时段的建造与改造为依据,通过对近几十年各类钻探、物探成果进行综合对比研究,充分应用三维建模等新技术,总结河北省平原区下伏前新生代、古近纪、新近纪地质体分布及前新生代基岩面起伏、基底构造等特征,并梳理地震研究及活动断裂探测等工作成果,编制河北省平原区基础地质系列图件及文字报告,进一步提升河北省平原区基础地质整体研究程度,为平原区地热资源勘查开发、隐伏矿产勘查、地质灾害防治、城市规划建设等提供了系统翔实的基础地质资料。

在编图工作实施过程中,项目组系统整合近年来伸展盆地边界断裂控制盆地发育与演化的最新研究成果,以大兴、石家庄-徐水拆离滑脱断裂系为主体构造体系,综合研究其与牛东断裂、献县断裂、新河断裂、晋县断裂等伸展断裂,以及宝坻-桐柏、徐水-安新、衡水等变换断层等协同作用形成的华北平原区新生代构造特征、演化阶段及动力学机制。经过为期一年的协同攻关,项目组圆满完成既定编图任务,取得多项创新性研究成果。

在地质图件编制方面,河北省(含北京市、天津市)前新生代基岩地质图、古近纪地质图及新近纪地质图严格遵循岩石地层单位进行地质体表达,并首次系统性构建了平原区前新生代基岩、古近纪及新近纪岩石地层序列与划分体系。针对各层位埋深线绘制工作，创新性采用"物探数据控制构造格架、钻孔数据标定深度值"的双控技术方法。通过整合地震反射层构造特征、钻孔埋深等多源信息，创新性引入三维建模技术开展综合解译与数据处理，构建三维地质模型。基于该模型输出的二维等深线成果，成功实现了各层位深度及地层厚度的数字地形模型图（DTM）可视化表达。在区域前新生代基岩地质图编制过程中，将前新生代基岩与上覆新生界呈断层接触的断坡带作为专项地质要素进行表征，通过断崖线、断坡构造及正断层组合图示法予以展现。相较于传统基岩地质图件，本成果具有钻孔数据吻合度显著提升、地质构造展布更具科学表征性等特点。针对平原区前新生代基岩褶皱构造，经系统厘定共计28处褶皱构造，依据形成时代划分为早—中三叠世期、侏罗纪期及早白垩世期3个构造演化阶段。在新生代构造单元划分方面，基于《中国区域地质志·河北志》（2017）原有51个五级构造单元划分方案，通过系统分析新增识别17个五级构造单元，显著优化了平原区新生代构造单元划分体系的科学性与合理性。

  本书前言部分由陈宏强负责编撰；第一章"前新生代隐伏地层"由陈宏强、杨鑫朋、卜令、杨瑞、徐玥瞳及李诗晴共同执笔；第二章"古近纪—新近纪地层"由王金贵、李庆喆、张子轩、孙天一、战灵雨与石光耀协作完成；第三章"侵入岩"由赵华平、梁国庆及刘蓓蓓联合编撰；第四章"地质构造及特征"由杨鑫朋、陈宏强、张欢、程洲和陈秭晔共同著述；第五章"地质界面起伏特征"由陈宏强、杨鑫朋、张欢及段炳鑫联合编写；第六章"区域地质发展史"由杨鑫朋、陈宏强与王金贵协同完成；第七章"结语"由陈宏强、王金贵共同撰述。全书统稿工作由陈宏强、王金贵共同承担。

  成果图件编制工作总体由陈宏强负责统筹管理。具体图件编制任务分工如下：河北省（北京市天津市）平原区前新生代基岩地质图（1∶50万）及说明书由王金贵、陈宏强牵头，杨鑫朋、张欢、梁国庆、徐玥瞳、张子轩、杨瑞、刘蓓蓓等共同编制完成；河北省（北京市天津市）平原区古近纪地质图（1∶50万）及说明书由陈宏强、王金贵主持，杨鑫朋、张欢、卜令、李庆喆、孙天一、李诗晴等协作完成；河北省（北京市天津市）平原区新近纪地质图（1∶50万）及说明书由杨鑫朋、王金贵、陈宏强领衔，张欢、赵华平、程洲、王恒、张授兴等联合编制；河北省（北京市天津市）平原区活动断裂分布图（1∶50万）及说明书由张欢、陈宏强主责，杨鑫朋、王金贵、段炳鑫、侯德华、陈秭晔、战灵雨等协同完成。

目 录

第一章　前新生代隐伏地层 ··· (1)

　　第一节　新太古代地层 ··· (1)

　　第二节　古元古代地层 ··· (5)

　　第三节　中—新元古代地层 ·· (6)

　　第四节　古生代地层 ·· (20)

　　第五节　中生代地层 ·· (47)

第二章　古近纪—新近纪地层 ·· (69)

　　第一节　古近纪地层 ·· (71)

　　第二节　新近纪地层 ·· (83)

第三章　侵入岩 ··· (92)

　　第一节　新太古代变质深成侵入岩 ··· (92)

　　第二节　侏罗纪侵入岩 ··· (93)

　　第三节　白垩纪侵入岩 ··· (93)

第四章　地质构造及特征 ··· (95)

　　第一节　构造单元划分及特征 ·· (95)

　　第二节　构造形变 ··· (107)

　　第三节　活动断裂 ··· (142)

第五章　地质界面起伏特征 ··· (150)

　　第一节　新生界底面起伏特征 ·· (150)

　　第二节　古近系底面起伏及厚度变化特征 ·· (151)

　　第三节　新近系底面起伏及厚度变化特征 ·· (154)

　　第四节　第四系底面起伏特征 ·· (157)

第六章 区域地质发展史 (159)

第一节 中太古代晚期—古元古代阶段 (159)
第二节 中元古代—中三叠世阶段 (163)
第三节 晚三叠世—晚白垩世阶段 (167)
第四节 古近纪—第四纪阶段 (171)

结 语 (177)

主要参考文献 (179)

附图 1 河北省(北京市天津市)平原区前新生代基岩地质图(1∶500 000)

附件 1 河北省(北京市天津市)平原区前新生代基岩地质图说明书(比例尺 1∶500 000)

附图 2 河北省(北京市天津市)平原区古近纪地质图(1∶500 000)

附件 2 河北省(北京市天津市)平原区古近纪地质图说明书(比例尺 1∶500 000)

附图 3 河北省(北京市天津市)平原区新近纪地质图(1∶500 000)

附件 3 河北省(北京市天津市)平原区新近纪地质图说明书(比例尺 1∶500 000)

附图 4 河北省(北京市天津市)平原区活动断裂分布图(1∶500 000)

附件 4 河北省(北京市天津市)平原区活动断裂分布图说明书(比例尺 1∶500 000)

第一章　前新生代隐伏地层

河北省平原区前新生代地层发育较为齐全。前人钻孔及地球物理资料显示，河北省平原区前新生代地层由老到新从新太古代变质岩系至中生代白垩纪地层均有发育。

根据《中国区域地质志·河北志》(2017)、《中国石油地质志》(2022)、《河北省区域地质纲要》(2024)的地层划分方案及基岩区地层标准剖面，将不同时期、不同专业的平原区地层划分方案进行综合对比研究，并充分参考北京市、天津市基岩地质特征，建立河北省平原区前新生代岩石地层划分方案(表1-1)。

第一节　新太古代地层

新太古代变质地层(变质表壳岩)主要分布于唐山市滦南县东部马城镇和中堡镇、乐亭县工滩镇西部区域，秦皇岛市昌黎县西部龙家店镇附近区域及太行山山前唐县—行唐—灵寿县一带。此外，根据石油物探解译及钻孔(雄古1、兴19、柏8)信息，石家庄-徐水断裂、大兴断裂、牛东断裂、河间断裂、晋县断裂、献县断裂、广宗断裂、衡水断裂、柏各庄断裂等断裂的断坡带坡底处，也有新太古代变质地层发育，但因缺少详细的岩芯记录，未对其进行详细划分。

新太古代变质地层在山前埋深较浅，一般为0～1000m。在断坡带埋深较大，最深位于牛东断裂(霸州市康仙庄乡—雄县昝岗镇)、大兴断裂(廊坊市九州镇—高碑店市辛桥镇)处，约为8000m；其次为晋县断裂、河间断裂、柏各庄断裂等处，约为5000m；其他地区普遍在700～1500m之间。

新太古代地层岩性以变粒岩、片岩、片麻岩、石英岩为主，厚度大于700m，未见底。

剖面特征以新乐市ZK003钻孔、滦南县ZK39-4钻孔、乐亭县ZK1钻孔为代表，地层分别描述如下。

1. 新乐市ZK003钻孔新太古代地层剖面

上覆第四系(Q)：中粗砂砾层

~~~~~~~ 角度不整合 ~~~~~~~

新太古代变质地层(Ar_3)：	>700m
12.黑云斜长变粒岩	3.50m
11.黑云石英片岩：灰白色，片状构造，块状构造，以黑云母、石英为主	5.20m
10.黑云母片岩	3.10m
9.黑云斜长变粒岩：灰白色，粒状变晶结构，块状构造，磁铁矿含量约5%	10.50m
8.石英岩：白色，局部见黄铁矿呈团块状、角砾状	2.60m
7.黑云母片岩	5.30m
6.石英岩：局部粉红色，局部夹黑云斜长变粒岩及黑云母片岩	23.80m
5.黑云母长英片岩：局部夹石英岩，局部含黄铁矿	48.10m
4.黑云斜长变粒岩：以变粒岩为主，夹黑云母片岩、石英岩	23.80m
3.绿泥绢云母片岩：灰、灰白色，鳞片变晶结构，片状构造	93.10m

表 1－1 河北省平原区前新生代地层划分对照表

《中国石油地质志》(1991, 2022)				河北省煤田地质局(平原区)(1965—2015)			《河北省区域地质纲要》(基岩区)(2024)			本书(平原区)		
时代	冀中－临清坳陷	时代	大港-冀东油田	时代	唐山地区	其他地区	时代	北部地区	南部地区	时代	北部地区	南部地区
K_2	无极组	K_2	上白垩统				K_2	南天门组	南天门组	K_2	南天门组	南天门组
K_2	丰台组							青石砬组	青石砬组		青石砬组	青石砬组
K_1	夏庄组 / 坨里组 / 大灰厂组 / 东狼沟组（左）；丘城组 / 临西组（右）	K_1	下白垩统	K_1		丘城组	K_1	义县组	九佛堂组	K_1	义县组	九佛堂组
				J_3		临西组		大北沟组	大北沟组		大北沟组	大北沟组
								张家口组	张家口组		张家口组	张家口组
							J_3	土城子组	白旗组	J_3	土城子组	土城子组
	东岭台组							髫髻山组	髫髻山组		髫髻山组	髫髻山组
J_{1-2}	苏桥组 / 坊子组（右：三台组）	J_{1-2}	中下侏罗统	M_Z		中生界	J_2	九龙山组	九龙山组	J_2	九龙山组	九龙山组
	杨村组						J_1	下花园组	下花园组	J_1	下花园组	下花园组
J_1	葛渔城组							南大岭组	南大岭组		南大岭组	南大岭组
							T_3	杏石口组	杏石口组	T_3	杏石口组	杏石口组
T_2	二马营组			T_2	流泉沟组		T_2	二马营组	二马营组	T_2	二马营组	二马营组
T_1	和尚沟组	T_1	下三叠统	T_1	和尚沟组	和尚沟组	T_1	和尚沟组	和尚沟组	T_1	和尚沟组	和尚沟组
	刘家沟组				刘家沟组	刘家沟组		刘家沟组	刘家沟组		刘家沟组	刘家沟组
	孙家沟组 / 石千峰组	P_3	石千峰组	P_2	洼里组	石千峰组	P_3	孙家沟组	孙家沟组	P_3	孙家沟组	孙家沟组
	平顶山组				古冶组	上石盒子组		上石盒子组	上石盒子组		上石盒子组	上石盒子组
P_{1-2}	上石盒子组	P_2	上石盒子组				P_2			P_2		
	下石盒子组		下石盒子组	P_1	唐家庄组	下石盒子组		下石盒子组	下石盒子组		下石盒子组	下石盒子组
	山西组		山西组		大苗庄组	山西组	P_1	山西组	山西组	P_1	山西组	山西组
P_1	太原组	P_1	太原组		赵各庄组 / 开平组	太原组		太原组	太原组		太原组	太原组
C_2	晋祠组		晋祠组	C_3								
	本溪组	C_2	本溪组	C_2	唐山组	本溪组	C_2	本溪组	本溪组	C_2	本溪组	本溪组
O_{2-3}	峰峰组		峰峰组		峰峰组	峰峰组	O_2	峰峰组	峰峰组	O_2	峰峰组	峰峰组
O_2	峰峰组			O_2	峰峰组	磁县组						
	上马家沟组		上马家沟组		马家沟组	马家沟组		马家沟组	马家沟组		马家沟组	马家沟组
	下马家沟组		下马家沟组									
O_1	亮甲山组	O_1	亮甲山组				O_1	亮甲山组	三山子组	O_1	亮甲山组	三山子组
	冶里组		冶里组					冶里组			冶里组	
ϵ_4	凤山组	ϵ_4	凤山组				ϵ_4	炒米店组	炒米店组	ϵ_4	炒米店组	炒米店组
	长山组		长山组									

续表 1-1

《中国石油地质志》(1991, 2022)		河北省煤田地质局(平原区)(1965—2015)		《河北省区域地质纲要》(基岩区)(2024)		本书(平原区)	
时代	冀中—临清坳陷	时代	大港-冀东油田	时代	唐山地区	其他地区	时代	北部地区	南部地区	时代	北部地区	南部地区

时代	冀中—临清坳陷	时代	大港-冀东油田	时代	唐山地区	其他地区	时代	北部地区	南部地区	时代	北部地区	南部地区
ϵ_4	崮山组		崮山组				ϵ_4	崮山组	崮山组	ϵ_4	崮山组	崮山组
ϵ_3	张夏组 徐庄组 毛庄组 馒头组	ϵ_3	张夏组 徐庄组 毛庄组 馒头组				ϵ_3	张夏组 馒头组	张夏组 馒头组	ϵ_3	张夏组 馒头组	张夏组 馒头组
ϵ_2	府君山组 朱砂洞组	ϵ_2	府君山组		空白栏未涉及		ϵ_2	昌平组		ϵ_2	昌平组	
Qb	景儿峪组 长龙山组	Qb	景儿峪组 (长)龙山组		空白栏未涉及		Qb	景儿峪组 龙山组		Qb	景儿峪组 龙山组	
Xs	下马岭组	Xs					Xs	下马岭组 角砾岩层		Xs	下马岭组	
Jx	铁岭组 洪水庄组 雾迷山组 杨庄组	Jx	铁岭组 洪水庄组 雾迷山组 杨庄组				Jx	铁岭组 洪水庄组 雾迷山组 杨庄组		Jx	铁岭组 洪水庄组 雾迷山组 杨庄组	
	高于庄组		高于庄组					高于庄组			高于庄组	
Ch	大红峪组 团山子组 串岭沟组 常州沟组						Ch	大红峪组 团山子组 串岭沟组 常州沟组		Ch	大红峪组 团山子组 串岭沟组 常州沟组	
									赵家庄组			赵家庄组
Pt₁	东焦群 甘陶河群	Pt₁					Pt₁	冀东地区	蒿亭组 南寺组 南寺掌组 官都群(上组/下组) 湾子岩群(上岩组/下岩组)	Pt₁	冀东地区	南寺组 湾子岩群
Ar₃	五台群 泰山群 阜平群	Pt₃–Ar	滹沱群 朱杖子群 双山子群 五台群 单塔子群 阜平群 迁西群		泰山群	太古宇花岗岩	Ar₃	朱杖子岩群 双山子岩群 遵化岩群	五台岩群 滦县岩群 阜平岩群 赞皇岩群	Ar₃	新太古代变质表壳岩	新太古代地层未分
Ar₂							Ar₂	迁西岩群 曹庄岩组		Ar₂		

注:北部地区与南部地区以衡水断裂分界;山区新太古代地层(Ar₃)只列出岩群,岩组未列出。

2.长石石英岩:灰白色,粒状结构,块状构造,以石英、长石为主,局部高岭土化　　　　　　　　11.0m
1.黑云母片岩与绿泥石片岩互层,以黑云母片岩为主,夹石英岩　　　　　　　　　　　　　　31.2m

——————— 未见底 ———————

2. 滦南县 ZK39–4 钻孔新太古代地层剖面

上覆第四系(Q):中粗砂砾层

~~~~~~~ 角度不整合 ~~~~~~~

新太古代变质地层(Ar$_3$):	>501m
23.磁铁石英岩	134.40m
22.混合岩:深绿色,中粒变晶结构,块状构造,由长石、角闪石等组成,具混合岩化	31.80m
21.混合花岗岩:肉红色,粗粒变晶结构,块状构造,由斜长石、石英、少量黑云母、角闪石组成	18.60m
20.混合片麻岩:灰白色,粒状变晶结构,略显片麻状构造,由长石、石英、黑云母组成	81.10m
19.磁铁石英岩:黑色,中粒变晶结构,条纹状构造,由磁铁矿、石英组成	1.50m
18.混合片麻岩:灰白色,粒状变晶结构,略显片麻状构造	1.60m
17.透闪磁铁石英岩:黑色,中粒变晶结构,块状构造,由磁铁矿、石英、透闪石组成	22.80m
16.混合花岗岩:肉红色,花岗变晶结构,块状构造,由斜长石、石英组成	1.60m
15.透闪磁铁石英岩:灰黑色,细粒状变晶结构,条带状构造,由磁铁矿、透闪石、石英组成	3.60m
14.混合黑云母变粒岩:灰黑色,粒状变晶结构,块状构造,由长石、石英、黑云母组成	25.00m
13.磁铁石英岩:黑色,中细粒变晶结构,条纹状构造,由磁铁矿、石英、透闪石组成	9.10m
12.混合质黑云母变粒岩:灰黑色,粒状变晶结构,块状构造,由黑云母、斜长石、石英组成	5.20m
11.磁铁石英岩:浅黑灰色,中细粒变晶结构,条带状构造,由磁铁矿、石英、角闪石组成	9.30m
10.混合岩:灰白色,粗粒变晶结构,块状构造,由斜长石、石英、黑云母组成	2.60m
9.透闪磁铁石英岩:灰黑色,细粒状变晶结构,条带状构造,由透闪石、磁铁矿、石英组成	3.50m
8.混合岩:灰白色,粗粒变晶结构,块状构造,矿物成分由斜长石、石英、黑云母、角闪石组成	30.00m
7.混合片麻岩:灰黑色,粒状变晶结构,片麻状构造,由长石、石英、黑云母组成	40.90m
6.磁铁石英岩:黑色,中粒变晶结构,细条纹状构造,由磁铁矿、石英、透闪石组成	9.85m
5.混合花岗岩:灰白色,花岗变晶结构,块状构造,由斜长石、石英、黑云母等组成	1.95m
4.斜长角闪岩:黑绿色,粗粒变晶结构,块状构造,由角闪石、斜长石组成,方解石细脉发育	6.60m
3.混合岩:灰白色,中粗粒变晶结构,块状构造,由斜长石、石英、黑云母、长英质脉体组成	3.60m
2.磁铁石英岩:浅黑色,中粒变晶结构,条纹状构造,由磁铁矿、石英、透闪石组成	20.20m
1.混合花岗岩:肉红色,花岗变晶结构,块状构造,由斜长石、钾长石、石英、黑云母组成	36.20m

——————— 未见底 ———————

3. 乐亭县 ZK1 钻孔新太古代地层剖面

上覆新近系(N$_2$):泥岩、砂岩、砾岩互层

~~~~~~~ 角度不整合 ~~~~~~~

新太古代变质地层(Ar$_3$):	>398m
28.黑云角闪变粒岩:灰黑色,鳞片状柱粒状变晶结构,似片麻状构造,由石英、角闪石、黑云母组成	5.24m
27.磁铁石英岩:灰黑色,柱粒状变晶结构,条带状构造,由石英、磁铁矿组成	10.83m
26.花岗质混合岩:浅红色,中粗粒结构,块状构造,主要由钾长石、石英、斜长石、黑云母组成	4.14m
25.磁铁石英岩:灰黑色,细粒状变晶结构,条带状构造,由石英、磁铁矿组成	1.75m
24.花岗质混合岩:肉红色,中粗粒结构,块状构造,由钾长石、石英、黑云母组成	29.17m
23.磁铁石英岩:灰黑色,中细粒变晶结构,条带状构造,由石英、磁铁矿组成	1.82m
22.黑云角闪变粒岩:灰黑色,中粗粒变晶结构,似片麻状构造,由角闪石、斜长石、黑云母组成	9.00m
21.磁铁石英岩:灰黑色,细粒状变晶结构,条带状构造,由石英、磁铁矿组成	7.73m

20. 黑云角闪变粒岩:灰黑色,中粗粒鳞片变晶结构,条纹状构造,由角闪石、黑云母组成　　　　3.10m
19. 磁铁石英岩:黑色,中细粒变晶结构,条纹状构造,由磁铁矿、石英组成　　　　20.09m
18. 黑云角闪变粒岩:灰黑色,细粒鳞片变晶结构,似片麻状构造,由角闪石、黑云母、斜长石组成　　　　6.62m
17. 磁铁石英岩:灰黑色,细粒粒状变晶结构,条纹—条带状构造,由石英、磁铁矿组成　　　　9.69m
16. 黑云角闪变粒岩:灰黑色,细粒鳞片变晶结构,似片麻状构造,主要由角闪石、黑云母组成　　　　3.86m
15. 黑云角闪变粒岩:灰黑色,细粒鳞片变晶结构,似片麻状构造,由角闪石、黑云母、斜长石组成　　　　5.83m
14. 磁铁石英岩:灰黑色,细粒粒状变晶结构,条纹—条带状构造,主要由石英、磁铁矿组成　　　　9.69m
13. 黑云角闪变粒岩:灰黑色,细粒鳞片变晶结构,似片麻状,由角闪石、黑云母、斜长石组成　　　　3.86m
12. 磁铁石英岩:灰黑色,中细粒变晶结构,条带状构造,主要由石英、磁铁矿组成　　　　5.83m
11. 花岗质混合岩:肉红色,中粗粒结构,块状构造,主要由钾长石、石英、黑云母组成　　　　60.46m
10. 磁铁石英岩:灰黑色,中细粒变晶结构,条带状构造,主要由石英、磁铁矿、黑云母组成　　　　12.18m
9. 含铁闪橄榄石英岩:黑色,粒状变晶结构,块状构造,主要由石英、橄榄石、角闪石组成　　　　3.88m
8. 磁铁石英岩:灰黑色,细粒变晶结构,块状—条带状构造,主要由石英、磁铁矿及黑云母组成　　　　7.81m
7. 花岗质混合岩:肉红色,中粗粒结构,块状构造,由钾长石、石英组成　　　　10.63m
6. 磁铁石英岩:灰黑色,细粒变晶结构,条纹—条带状构造,主要由石英、磁铁矿及黑云母组成　　　　2.68m
5. 花岗质混合岩:肉红色,中粗粒结构,块状构造,主要矿物成分为钾长石、石英　　　　10.57m
4. 磁铁石英岩:灰黑色,细粒变晶结构,条带状构造,由石英、磁铁矿及黑云母组成　　　　19.35m
3. 含铁闪橄榄石英岩:黑色,粒状变晶结构,块状构造,主要由石英、橄榄石、角闪石组成　　　　11.34m
2. 含磁铁矿铁闪橄榄石英岩:粒状变晶结构,块状构造,磁铁矿呈他形粒状,条带状分布　　　　18.16m
1. 花岗质混合岩:肉红色,中粗粒状变晶结构,块状构造,由钾长石、斜长石、石英、黑云母组成　　　　122.89m

——————未见底——————

第二节　古元古代地层

一、湾子岩群($Pt_1W.$)

湾子岩群分布于曲阳县山前羊平镇—邸村镇、下河乡—北罗镇一带,面积约为85.08km²,埋深为0~250m。岩性主要包括钾长浅粒岩、二长浅粒岩、大理岩及斜长角闪岩等。该岩群顶界与蓟县纪高于庄组(Jxg)呈角度不整合接触,部分区域则被第四系覆盖。

二、南寺组(Pt_1ns)

南寺组主要分布于行唐县—灵寿县—鹿泉区山前地带,面积约为1 039.86km²,埋深为0~2000m。岩性为一套变质长石砂岩、变质白云岩和变玄武岩组合,上部为变质白云岩夹钙质片岩,中部为变质白云岩、板岩和变质砂岩,下部为砂质板岩及变质长石石英砂岩。行6钻孔在深约425m处钻遇该组,岩性为白色变质白云岩,分为两个部分:上部呈灰色,变质程度较轻;下部呈白色,结晶较粗,局部呈粉红色,岩石较破碎。厚6.91m,未钻穿。顶部被第四纪黏土层覆盖。

第三节　中—新元古代地层

一、长城纪地层

长城纪地层在河北省平原区广泛发育,其中分布于断坡带下部的埋深一般为2000～5000m,分布于凸起带上的埋深为1000m左右。岩性为一套砂岩、石英岩状砂岩、页岩等碎屑岩,夹少量白云岩,角度不整合于新太古代变质地层之上。岩石地层自下而上依次为赵家庄组、常州沟组、串岭沟组、团山子组、大红峪组。

参考基岩区长城纪地层发育特征,结合《中国石油地质志》(2022)等相关资料,衡水断裂以南主要发育赵家庄组至大红峪组,主要分布于宁晋县纪昌庄乡—辛集市和睦井乡—深州市前磨头镇—衡水市邓庄镇一带的衡水断裂、前磨头断裂、明化镇断裂的断坡带处,晋州市兴安镇—赵县王西章镇—柏乡县柏香镇一带的凸起区域;衡水断裂以北发育常州沟组至大红峪组,主要分布于大兴断裂、牛东断裂、马西断裂等铲形断裂断坡带下部;冀东地区仅在燕山山前分布少量的大红峪组,滦南—乐亭一线以南缺失长城系。

1. 赵家庄组（Chz）

岩性为紫红色页(泥)岩夹白云岩,与下伏早前寒武纪变质岩呈角度不整合接触。厚度变化大,厚1～76m。

2. 常州沟组（Chc）

岩性为一套杂色石英砂岩,局部夹灰褐色泥页岩,与下伏赵家庄组呈平行不整合接触或与早前寒武纪变质岩呈角度不整合接触。厚度达数百米。

剖面特征以虎20钻孔3679～3980m为代表[据《中国石油地质志·华北油气区上册》(2022)相关资料综合编制]。地层描述如下。

上覆长城纪串岭沟组（Chch）:灰黑色钙质页岩
———————————— 整合 ————————————

长城纪常州沟组（Chc）:	301.00m
18. 黄绿色粉砂岩	22.00m
17. 黄褐色石英砂岩	15.50m
16. 黄绿色粉砂岩	5.00m
15. 黄褐色石英砂岩	18.50m
14. 黄褐色粉砂岩	5.50m
13. 黄褐色石英砂岩	17.50m
12. 黄褐色粉砂岩	8.00m
11. 黄绿色石英砂岩	26.50m
10. 黄绿色粉砂岩	7.50m
9. 灰绿色石英砂岩	16.50m
8. 浅红、灰绿色砂质砾岩	15.00m
7. 浅红色粉砂岩	8.50m
6. 灰色砂质砾岩	16.50m
5. 浅红色石英砂岩	36.00m

4. 灰色砂质砾岩	8.50m
3. 浅红色石英砂岩	24.50m
2. 灰色砂质砾岩	32.50m
1. 浅红色石英砂岩	17.00m

~~~~~~~ 角度不整合 ~~~~~~~

下伏新太古代变质岩（Ar_3）：斜长角闪岩

3. 串岭沟组（Chch）

岩性以灰黑、深灰色泥页岩为主，夹石英砂岩和泥质白云岩，与下伏常州沟组呈整合接触。厚度达数百米。

剖面特征以虎20钻孔3367～3679m为代表。地层描述如下。

上覆长城纪团山子组（Cht）：浅灰色白云岩

——————— 整合 ———————

长城纪串岭沟组（Chch）：	312.00m
35. 灰黑、深灰色钙质页岩	22.00m
34. 灰黑色白云岩	11.00m
33. 灰黑色钙质页岩	8.00m
32. 深灰色白云岩	10.50m
31. 灰黑、深灰色钙质页岩	51.00m
30. 深灰色白云岩	10.00m
29. 灰黑色钙质页岩	31.00m
28. 深灰色粉砂岩	8.50m
27. 灰黑、深灰色钙质页岩	26.50m
26. 灰黑色粉砂岩	5.50m
25. 灰黑、灰色钙质页岩	24.00m
24. 灰黑色粉砂岩	6.50m
23. 灰黑色钙质页岩	8.50m
22. 灰色粉砂岩	7.00m
21. 灰黑、灰色钙质页岩	38.00m
20. 灰黑色粉砂岩	7.50m
19. 灰黑色钙质页岩	36.50m

——————— 整合 ———————

下伏长城纪常州沟组（Chĉ）：黄绿色粉砂岩

4. 团山子组（Cht）

岩性为杂色白云岩与泥页岩、砂岩不等厚互层，与下伏串岭沟组呈整合接触。厚度达数百米。

剖面特征以虎20钻孔3200～3367m为代表。地层描述如下。

上覆长城纪大红峪组（Chd）：灰白色石英砂岩

——————— 整合 ———————

长城纪团山子组（Cht）：	167.00m
52. 浅灰色白云岩	9.50m
51. 灰紫色泥页岩	8.50m

50. 深灰色砂岩	5.00m
49. 浅灰色白云岩	15.00m
48. 灰黑色泥岩	12.50m
47. 深灰色砂岩	6.00m
46. 浅灰色白云岩	12.00m
45. 深灰色页岩	5.00m
44. 浅灰色白云岩	9.00m
43. 灰紫色泥岩	8.00m
42. 灰褐色砂岩	5.00m
41. 浅灰色白云岩	12.00m
40. 紫灰色泥岩	9.50m
39. 灰褐色砂岩	3.50m
38. 浅灰色白云岩	11.50m
37. 深灰色泥页岩	8.50m
36. 浅灰色白云岩	22.00m

———————— 整合 ————————

下伏长城纪串岭沟组(Chch)：灰黑、深灰色钙质页岩

5. 大红峪组(Ch*d*)

岩性以杂色石英砂岩、砂岩、泥页岩、白云岩不等厚互层为主，局部夹有玄武岩、粗面岩，与下伏团山子组呈整合接触或角度不整合于新太古代变质地层之上。厚度达数百米。该组分布相对较广，埋深为0～3070m。

剖面特征在衡水断裂以北以虎20钻孔3070～3200m为代表，衡水断裂以南以衡热9钻孔1240～1350.89m为代表。地层分别描述如下。

(1) 虎20钻孔3070～3200m大红峪组剖面

上覆蓟县纪高于庄组(Jxg)：灰褐色含砂白云岩

———————— 平行不整合 ————————

长城纪大红峪组(Ch*d*)：	130.00m
73. 深灰色钙质泥岩、页岩	9.00m
72. 灰色页岩	3.00m
71. 灰、深灰色白云岩	7.00m
70. 灰绿色玄武岩	4.00m
69. 灰色砂岩	3.00m
68. 深灰色钙质页岩	5.00m
67. 灰、深灰色白云岩	25.00m
66. 紫红色页岩	2.00m
65. 灰白色石英砂岩	2.50m
64. 深灰色白云岩	10.00m
63. 浅灰色白云质砂岩	5.00m
62. 深灰色钙质泥岩	4.50m
61. 紫红色页岩	3.50m
60. 紫褐色玄武岩	11.00m
59. 紫红色白云岩	4.50m
58. 灰黑色页岩	2.50m

57. 灰白色石英砂岩　　　　　　　　　　　　　　　　　　　　　　　　　　　　　　3.00m
56. 棕红色白云岩　　　　　　　　　　　　　　　　　　　　　　　　　　　　　　10.50m
55. 灰色砂岩　　　　　　　　　　　　　　　　　　　　　　　　　　　　　　　　5.50m
54. 紫褐色白云岩色　　　　　　　　　　　　　　　　　　　　　　　　　　　　　2.50m
53. 灰白色石英砂岩　　　　　　　　　　　　　　　　　　　　　　　　　　　　　7.00m

———————— 整合 ————————

下伏长城纪团山子组（Cht）：浅灰色白云岩

（2）衡热 9 钻孔 1240～1 350.89m 大红峪组剖面

上覆中新世馆陶组（N_1g）：砂质砾岩

～～～～～～ 角度不整合 ～～～～～～

长城纪大红峪组（Chd）：　　　　　　　　　　　　　　　　　　　　　　　　　110.89m
5. 泥岩　　　　　　　　　　　　　　　　　　　　　　　　　　　　　　　　　16.08m
4. 石英砂岩　　　　　　　　　　　　　　　　　　　　　　　　　　　　　　　16.42m
3. 砂质泥岩：棕红、棕色砂质泥岩、泥岩与灰白、白色含海绿石石英砂岩不等厚互层　11.25m
2. 石英砂岩　　　　　　　　　　　　　　　　　　　　　　　　　　　　　　　33.00m
1. 砂质泥岩　　　　　　　　　　　　　　　　　　　　　　　　　　　　　　　34.14m

———————— 未见底 ————————

二、蓟县纪地层

蓟县纪地层在衡水断裂以北均有分布，衡水断裂以南仅发育高于庄组，埋深为 0～6000m。岩石地层自下而上依次为高于庄组、杨庄组、雾迷山组、洪水庄组、铁岭组。部分地层因发育厚度较薄，在河北省（北京市天津市）平原区前新生代基岩地质图上采用并层表示，如高于庄组与杨庄组并层（$Jxg-y$）及洪水庄组与铁岭组并层（$Jxh-t$）。

1. 高于庄组（Jxg）

高于庄组在平原区大部分地区均有分布，在平原区最南端到达辛集市位伯镇—宁晋县苏家庄镇—隆尧县尹村镇一带，冀东滦南县—乐亭县以南地区缺失。埋深 250～1500m，向北逐渐变大。北部埋深一般为 1500～2000m，最深处可达 5000m。

岩性为一套碳酸盐岩沉积，由紫红、灰白色含粉砂或砂的泥质白云岩、中厚层白云岩、叠层石白云岩和深灰色厚层含锰白云岩组成，底部可见厚层长石石英砂岩，为中元古代最大一次海侵产物。

平原区中西部以灰、灰褐色白云岩为主，夹有多层白云质泥页岩，发育厚度约 807.5m。保定市高阳县西部高深 1 钻孔中发育多层玄武岩。平原区东部主要由黑灰、灰褐色硅质白云岩及燧石条带白云岩构成，夹棕黄、灰绿色泥质白云岩及泥岩，发育厚度约 400m。固安县 JZ02 钻孔于 1 755.8m 处钻遇蓟县纪高于庄组，岩性以硅质白云岩、白云质泥晶灰岩为主，厚约 363.65m。高于庄组在太行山山前一般角度不整合于新太古代或古元古代变质岩之上；在断坡带中一般平行不整合于大红峪组之上。

剖面特征以虎 20 钻孔 2910～3070m 及高深 1 钻孔 3887～4 694.5m 为代表［据《中国石油地质志·华北油气区（上册）》（2022）等相关资料综合编制］。地层分别描述如下。

（1）虎 20 钻孔 2910～3070m 高于庄组剖面

上覆始新世孔店组（E_2k）：杂色砂岩、泥岩互层

～～～～～～ 角度不整合 ～～～～～～

蓟县纪高于庄组(Jxg)：	160.00m
85.浅灰色含砂白云岩	4.50m
84.灰色白云质泥岩、页岩互层	11.00m
83.灰、灰褐色含砂白云岩、白云岩互层	13.00m
82.深灰色白云质泥岩	4.00m
81.灰褐色白云岩	18.00m
80.灰色白云质泥岩、页岩互层	5.00m
79.灰褐色白云岩	9.50m
78.灰、灰褐色含砂白云岩、白云岩互层夹深灰色白云质页岩	19.00m
77.深灰色白云岩	11.50m
76.灰色白云质泥岩、页岩互层	9.00m
75.浅灰色含砂白云岩	7.50m
74.灰、灰褐色含砂白云岩、白云岩互层夹深灰色白云质泥岩	26.00m
73.深灰色白云质泥岩	5.00m
72.灰褐色含砂白云岩	17.00m

————— 平行不整合 —————

下伏长城纪大红峪组(Chd)：深灰色钙质泥岩、页岩

(2)高深1钻孔3887～4 694.5m高于庄组剖面

上覆蓟县纪杨庄组(Jxy)：紫红色白云质泥岩

————— 平行不整合 —————

蓟县纪高于庄组(Jxg)：	807.50m
蓟县纪高于庄组四段(Jxg^4)：	177.50m
38.蓝色玄武岩	32.50m
37.浅灰色白云岩	37.50m
36.浅红色白云岩	25.00m
35.浅灰色藻白云岩	43.00m
34.紫红色白云质泥岩、页岩互层	13.00m
33.浅蓝灰色白云岩	16.00m
32.浅灰色白云质泥岩、页岩互层	11.50m

————————— 整合 —————————

蓟县纪高于庄组三段(Jxg^3)：	340.00m
31.浅蓝灰色含砂白云岩	21.00m
30.灰紫色玄武岩	16.00m
29.灰黑色白云岩	19.00m
28.灰紫色玄武岩	19.50m
27.紫红色白云质泥岩、页岩互层	22.50m
26.灰紫色玄武岩	44.00m
25.浅灰色白云岩	26.00m
24.浅灰色白云质泥岩、页岩互层	12.00m
23.深灰色白云岩	34.50m
22.浅灰色玄武岩	11.50m
21.浅灰色白云岩	16.00m
20.浅灰色玄武岩	18.50m

19. 浅灰色白云岩	21.50m
18. 蓝灰色玄武岩	17.00m
17. 浅灰色白云岩	22.50m
16. 浅灰色白云质泥岩、页岩互层	18.50m

———————— 整合 ————————

蓟县纪高于庄组二段(Jxg^2)： 150.00m
  15. 黄褐色白云岩 15.00m
  14. 紫红色白云质泥岩、页岩互层 24.50m
  13. 灰褐色白云岩 31.50m
  12. 紫红色玄武岩 11.50m
  11. 浅灰色白云岩 16.50m
  10. 紫褐色玄武岩 10.50m
  9. 灰褐色白云岩 19.50m
  8. 浅灰色白云质泥岩、页岩互层 21.00m

———————— 整合 ————————

蓟县纪高于庄组一段(Jxg^1)： 140.00m
  7. 灰褐色白云岩 33.50m
  6. 深灰色白云质泥岩、页岩互层 16.50m
  5. 浅灰色白云岩 26.50m
  4. 深灰色白云质泥岩、页岩互层 10.50m
  3. 浅灰色白云岩 21.50m
  2. 深灰色白云质泥岩、页岩互层 11.50m
  1. 灰褐色白云岩 20.00m

———————— 平行不整合 ————————

下伏长城纪大红峪组（Chd）：深灰色钙质泥岩、页岩

2. 杨庄组（Jxy）

杨庄组主要分布于唐山滦州市古马镇—滦南县倴城镇一带，埋深 0～400m；乐亭县工滩镇—马头营镇一带，埋深约 1400m；涿州市刁窝镇—固安县宫村镇一带，埋深 500～2700m；大兴、牛东、宝坻等断裂的断坡带区域，埋深较大，一般为 4000～7000m。

岩性主要为白云岩夹薄层泥质白云岩及泥岩。平原区中西部岩性为杂色泥质白云岩、白云质泥岩，夹有砂岩，发育厚度约 119m；平原区东部岩性为杂色泥质白云岩、白云岩夹泥质粉砂岩，发育厚度约 155m。平行不整合于高于庄组之上。

涿州市 ZK501 钻孔于 736.47m 处钻遇杨庄组，其岩性为绿泥石化、高岭土化含燧石白云岩，顶部被侏罗纪下花园组泥岩、砂质泥岩角度不整合覆盖。

剖面特征以霸 8 钻孔 2507～2626m 为代表［据《中国石油地质志·华北油气区（上册）》（2022）等相关资料综合编制］。地层描述如下。

上覆蓟县纪雾迷山组（Jxw）：灰褐色白云岩
———————— 整合 ————————

蓟县纪杨庄组（Jxy）： 119.00m
  6. 灰白、棕红、紫红色白云岩互层 15.50m
  5. 紫红色白云质泥岩 12.50m
  4. 灰白、棕红、紫红色白云岩互层 19.00m

3. 紫红色白云质泥岩 21.50m
2. 灰白、棕红、紫红色白云岩互层夹泥岩 34.50m
1. 紫红色白云质泥岩夹棕红色砂岩 16.00m

————— 平行不整合 —————

下伏蓟县纪高于庄组(Jxg)：浅灰色白云岩

3. 雾迷山组(Jxw)

雾迷山组广泛分布于衡水断裂以北，西起太行山，东止于固安—永清—任丘—河间—武强—武邑一线；在廊坊市北三县及唐山市也有大面积分布。埋深变化较大，从山前出露地表，向东、向南埋深逐渐增大，最深处位于盆地中心或断坡带（石家庄-徐水断裂、马西断裂、出岸断裂、沧东断裂等）上，深度可达7000m。

岩性主要为一套滨浅海相碳酸盐岩沉积，主要包括燧石条带白云岩、叠层石白云岩、沥青质白云岩夹少量泥状含粉砂内碎屑白云岩和硅质岩等。平原区中西部地区雾迷山组可分为4段：一段为杂色白云岩与泥质白云岩不等厚互层；二段为杂色白云岩夹泥质白云岩；三段为杂色白云岩与泥质白云岩不等厚互层夹藻白云岩、钙质白云岩；四段为杂色白云岩、藻席白云岩夹泥质白云岩，局部底部见石英砂岩。发育厚度约1677m。平原区东部地区雾迷山组以灰白色硅质白云岩为主，夹杂色泥质白云岩、含泥灰岩、砂质白云岩，局部夹玄武岩，发育厚度约1000m。

剖面特征以雄安新区 D19 钻孔 2 919.85～3 759.85m、霸 8 钻孔 1405～2507m 及任观 1 钻孔 2943～3518m 为代表。地层分别描述如下。

（1）雄安新区 D19 钻孔 2 919.85～3 759.85m 雾迷山组剖面

上覆古近纪沙河街组($E_{2-3}s$)：杂色泥岩，含少量钙质结核

～～～～～～～ 角度不整合 ～～～～～～

蓟县纪雾迷山组(Jxw)： 840.00m
25. 灰白色灰岩 30.00m
24. 灰白色白云岩 6.00m
23. 灰白色白云岩，见锈染 77.00m
22. 灰白色白云岩 2.00m
21. 灰白色白云岩，见锈染 103.00m
20. 灰白色白云岩 2.00m
19. 灰白色白云岩，见锈染 84.00m
18. 灰白色白云岩 14.00m
17. 灰白色白云岩，见锈染 46.00m
16. 灰黑、灰白色白云岩 136.00m
15. 灰白色白云岩 2.00m
14. 灰白色白云岩，见锈染 14.00m
13. 灰白色白云岩 4.00m
12. 灰白色白云岩，见锈染 26.00m
11. 灰白色白云岩 144.00m
10. 灰白色白云岩，见锈染 2.00m
9. 灰白色白云岩 13.00m
8. 灰白色白云岩，见锈染 38.00m
7. 灰白色白云岩 16.00m
6. 灰白色白云岩，见锈染 55.00m

5.灰白色白云岩	2.00m
4.灰白色白云岩,见锈染	8.00m
3.灰白色白云岩	4.00m
2.灰白色白云岩,见锈染	9.00m
1.灰黑、灰白色白云岩,见锈染	3.00m

—————————— 整合 ——————————

下伏蓟县纪杨庄组(Jxy):紫红色泥岩、深灰色硅质白云岩

(2)霸8钻孔1405～2507m(雾迷山组下部)及任观1钻孔2943～3518m(雾迷山组上部)剖面

上覆蓟县纪洪水庄组(Jxh):紫红色泥岩

—————— 平行不整合 ——————

蓟县纪雾迷山组(Jxw):	1 677.00m
蓟县纪雾迷山组四段(Jxw^4):	450.00m
81.灰褐、灰白色白云岩、藻白云岩互层	16.50m
80.灰色泥质白云岩	5.50m
79.灰褐、灰白色白云岩、藻白云岩互层	71.50m
78.灰褐色泥质白云岩	6.50m
77.灰褐、灰白色白云岩、藻白云岩互层	34.50m
76.杂色白云岩互层	18.00m
75.灰褐、灰白色白云岩、藻白云岩互层	61.50m
74.浅灰色泥质白云岩	4.50m
73.灰褐、灰白色白云岩、藻白云岩互层	51.50m
72.灰褐色泥质白云岩	13.50m
71.灰褐、灰白色白云岩、藻白云岩互层	13.00m
70.褐灰色泥质白云岩	5.00m
69.灰褐、灰白色白云岩、藻白云岩互层	12.00m
68.深灰色泥质白云岩	4.00m
67.灰褐、灰白色白云岩、藻白云岩互层	45.50m
66.灰色泥质白云岩	5.00m
65.灰褐、灰白色白云岩、藻白云岩互层	36.50m
64.浅灰色泥质白云岩	7.00m
63.灰褐、灰白色白云岩、藻白云岩互层	21.50m
62.褐灰色泥质白云岩	9.00m
61.灰褐色白云岩	8.00m

—————————— 整合 ——————————

蓟县纪雾迷山组三段(Jxw^3):	536.00m
60.浅灰色泥质白云岩	6.00m
59.杂色白云岩互层	41.50m
58.杂色钙质白云岩互层	25.00m
57.杂色白云岩互层	52.50m
56.灰褐色白云岩	15.00m
55.灰色藻白云岩	6.00m
54.杂色白云岩互层	48.50m
53.浅灰色泥质白云岩	12.00m

52. 浅紫红色白云岩 　　21.00m
51. 浅灰色藻白云岩 　　32.50m
50. 浅灰色白云岩 　　35.50m
49. 深灰色泥质白云岩 　　16.00m
48. 灰色白云岩 　　30.50m
47. 浅红色藻白云岩 　　28.50m
46. 浅紫红色泥质白云岩 　　15.00m
45. 灰色白云岩 　　42.50m
44. 浅红色泥质白云岩 　　21.00m
43. 灰色白云岩 　　33.50m
42. 灰褐色泥质白云岩 　　40.50m
41. 深灰色白云岩 　　13.00m

———————— 整合 ————————

蓟县纪雾迷山组二段(Jxw^2)： 　　387.00m
40. 浅红色泥质白云岩 　　12.00m
39. 深灰色白云岩 　　40.00m
38. 浅紫红色泥质白云岩 　　10.00m
37. 深灰色白云岩 　　19.00m
36. 浅紫红色泥质白云岩 　　11.50m
35. 深灰色白云岩 　　16.50m
34. 浅紫红色泥质白云岩 　　11.50m
33. 深灰色白云岩 　　17.50m
32. 浅紫红色泥质白云岩 　　10.00m
31. 深灰色白云岩 　　26.50m
30. 浅紫红色泥质白云岩 　　15.00m
29. 浅灰色白云岩 　　28.50m
28. 浅灰褐色泥质白云岩 　　12.00m
27. 浅灰色白云岩 　　31.50m
26. 浅紫红色泥质白云岩 　　15.00m
25. 浅灰色白云岩 　　21.50m
24. 浅紫红色泥质白云岩 　　27.50m
23. 浅灰色白云岩 　　61.50m

———————— 整合 ————————

蓟县纪雾迷山组一段(Jxw^1)： 　　304.00m
22. 深灰色泥质白云岩 　　11.50m
21. 灰褐色白云岩 　　32.00m
20. 浅灰色泥质白云岩 　　10.50m
19. 灰褐色白云岩 　　38.50m
18. 深灰色泥质白云岩 　　14.50m
17. 浅灰色白云岩 　　39.00m
16. 深灰色泥质白云岩 　　13.50m
15. 浅灰色白云岩 　　23.50m
14. 浅灰色泥质白云岩 　　16.00m
13. 浅灰色白云岩 　　20.00m
12. 浅灰色泥质白云岩 　　14.50m

11.浅灰色白云岩	16.00m
10.浅灰色泥质白云岩	7.00m
9.灰褐色白云岩	14.50m
8.灰褐色泥质白云岩	6.00m
7.灰褐色白云岩	27.00m

———————— 整合 ————————

下伏蓟县纪杨庄组(Jxy)：灰白、棕红、紫红色白云岩互层

4. 洪水庄组(Jxh)

洪水庄组主要分布于保定—高阳—任丘—大城一线以北，冀东地区缺失，厚度较小，呈带状分布于雾迷山组的边部，埋深变化较大，最深处可达6500m。

岩性为泥质白云岩、泥页岩。平原区中西部为杂色白云岩、泥质白云岩、泥岩、页岩不等厚互层，发育厚度约93m；平原区东部为杂色泥质灰岩、膏质白云岩，局部夹膏盐层，发育厚度约50m。与下伏雾迷山组呈平行不整合接触。

剖面特征以霸14钻孔2493～2586m和太古1钻孔3 496.5～3 545.5m为代表［据《中国石油地质志·华北油气区(上册)》(2022)、《中国石油地质志·大港油气区》(2022)等相关资料综合编制］。地层分别描述如下。

(1)霸14钻孔2493～2586m洪水庄组剖面

上覆蓟县纪铁岭组(Jxt)：浅灰色钙质白云岩

———————— 整合 ————————

蓟县纪洪水庄组(Jxh)：	93.00m
8.灰紫色泥质白云岩	6.00m
7.灰紫色页岩夹泥质白云岩	19.00m
6.浅褐色泥质白云岩	5.50m
5.暗紫色页岩	10.50m
4.绿灰色泥质白云岩	3.50m
3.杂色白云岩互层	30.50m
2.灰色泥质白云岩	12.00m
1.紫红色泥岩	6.00m

———————— 平行不整合 ————————

下伏蓟县纪雾迷山组四段(Jxw⁴)：灰褐、灰白色白云岩、藻白云岩互层

(2)太古1钻孔3 496.5～3 545.5m洪水庄组剖面

上覆蓟县纪铁岭组(Jxt)：棕褐色砂质白云岩

———————— 整合 ————————

蓟县纪洪水庄组(Jxh)：	49.00m
10.黑灰色白云岩	7.50m
9.浅绿灰色膏质白云岩	10.50m
8.灰色泥质灰岩	3.00m
7.浅绿灰色膏质白云岩	11.50m
6.褐灰色泥质灰岩	2.50m
5.浅绿灰色膏质白云岩	6.50m

4. 灰色泥质灰岩	2.00m
3. 浅绿灰色膏质白云岩	1.50m
2. 褐灰色泥质灰岩	2.50m
1. 浅绿灰色膏质白云岩	1.50m

—————— 平行不整合 ——————

下伏蓟县纪雾迷山组四段(Jxw^4):灰白色白云岩

5. 铁岭组(Jxt)

铁岭组主要分布于保定—高阳—任丘—大城一线以北,冀东地区缺失,厚度较小,与洪水庄组呈带状分布于雾迷山组的边部,埋深变化较大,最深处可达6500m。

岩性为灰岩、白云质灰岩、白云岩夹泥(页)岩。平原区中西部为杂色钙质白云岩、白云岩、泥岩、页岩不等厚互层,底部可见白云质石英砂岩或砂质白云岩,发育厚度约300m;平原区东部为杂色硅质白云岩、泥质白云岩互层夹砂质白云岩、石英砂岩,发育厚度约400m。与下伏洪水庄组呈整合接触。

剖面特征以霸14钻孔2193～2493m及太古1钻孔3 100.5～3 496.5m为代表。地层分别描述如下。

(1)霸14钻孔2193～2493m铁岭组剖面

上覆西山纪下马岭组(Xsx):深灰、灰黑色页岩

—————— 平行不整合 ——————

蓟县纪铁岭组(Jxt):	300.00m
26. 灰、褐灰色白云岩、藻白云岩互层	84.50m
25. 杂色页岩	6.50m
24. 灰白色白云岩	13.50m
23. 杂色页岩	6.00m
22. 灰白色钙质白云岩	9.50m
21. 杂色页岩	13.00m
20. 灰色钙质白云岩	4.50m
19. 杂色页岩	9.50m
18. 灰白色钙质白云岩	6.50m
17. 杂色页岩	9.00m
16. 杂色页岩、钙质白云岩互层	15.50m
15. 灰白色白云岩	17.50m
14. 灰色砂质白云岩	12.50m
13. 绿灰、灰色白云岩夹紫红色页岩	19.00m
12. 褐灰色泥岩	7.50m
11. 浅灰色钙质白云岩	38.50m
10. 灰色砂质白云岩	17.50m
9. 浅灰色钙质白云岩	9.50m

—————— 整合 ——————

下伏蓟县纪洪水庄组(Jxh):灰紫色泥质白云岩

(2)太古1钻孔3 100.5～3 496.5m铁岭组剖面

上覆青白口纪龙山组(Qbl):灰白色中砂岩、细砂岩互层

—————平行不整合—————

蓟县纪铁岭组(Jxt):	400.00m
23. 杂色泥质白云岩、含泥白云岩不等厚互层	81.00m
22. 灰白色钙质白云岩	9.50m
21. 杂色硅质白云岩夹白云岩	82.50m
20. 杂色硅质白云岩、白云岩不等厚互层	41.50m
19. 灰、灰白色白云岩、泥质白云岩互层	10.00m
18. 灰白、灰色泥质白云岩、燧石结核白云岩互层	7.50m
17. 灰白色硅质白云岩、燧石结核白云岩不等厚互层	11.00m
16. 黑灰色石英砂岩	3.50m
15. 棕褐色砂质白云岩	1.50m
14. 深灰色硅质白云岩、褐灰色白云岩不等厚互层	62.50m
13. 灰、深灰色硅质白云岩夹泥质白云岩或不等厚互层	43.50m
12. 深灰色泥质白云岩夹黑灰色石英砂岩	40.50m
11. 棕褐色砂质白云岩	5.50m

—————整合—————

下伏蓟县纪洪水庄组(Jxh):黑灰色白云岩

三、西山纪—青白口纪地层

1. 下马岭组(Xsx)

下马岭组分布范围较小,仅在安新—文安以北有分布,安新—文安以南及冀东和黄骅等地缺失。埋深变化较大,最深处位于霸州市—文安县兴隆宫镇一带,可达2000~8000m。

岩性主要为灰黑色、深灰色泥页岩夹灰岩,永清以北厚度大于150m,霸州一带厚度为60~80m。与下伏铁岭组呈平行不整合接触。

剖面特征以霸14钻孔2128~2193m为代表。地层描述如下。

2. 龙山组(Qbl)

龙山组分布范围较下马岭组有所扩展,包括安新—文安以北的区域,以及冀东和黄骅等地,主要呈现出带状分布的特点。埋深变化较大,最深处位于霸州市—文安县兴隆宫镇一带,可达2000~8000m。

岩性主要为一套砂岩、砾岩和页岩的组合。平原区西北部为杂色石英砂岩、含海绿石砂岩及泥页岩不等厚互层,发育厚度约92m;平原区东部为杂色砂岩、泥岩,发育厚度约57m。与下伏下马岭组或铁岭组呈平行不整合接触,与上覆景儿峪组呈整合接触。

剖面特征以霸14钻孔2036~2128m、太古1钻孔3 043.5~3 100.5m为代表。地层分别描述如下。

(1)霸14钻孔2036~2128m龙山组剖面

上覆青白口纪景儿峪组（Qbj）：灰褐色泥质灰岩

—————————— 整合 ——————————

青白口纪龙山组（Qbl）：	92.00m
42. 杂色泥岩、页岩互层	20.00m
41. 灰白色石英砂岩夹灰色含海绿石砂岩	17.50m
40. 灰绿色页岩、紫红色泥岩不等厚互层	5.50m
39. 紫红色泥岩	10.50m
38. 灰绿色页岩	2.00m
37. 灰白色石英砂岩	3.00m
36. 棕红色页岩	4.50m
35. 灰白色石英砂岩	4.50m
34. 杂色泥岩、页岩互层	11.50m
33. 绿灰色含海绿石砂岩	2.00m
32. 紫红色页岩	6.00m
31. 灰白色石英砂岩	5.00m

—————————— 平行不整合 ——————————

下伏西山纪下马岭组（Xsx）：深灰、灰黑色泥岩、页岩不等厚互层

(2)太古1钻孔3 043.5~3 100.5m龙山组剖面

上覆青白口纪景儿峪组（Qbj）：紫色泥质灰岩

—————————— 整合 ——————————

青白口纪龙山组（Qbl）：	57.00m
32. 黑紫色泥岩	8.00m
31. 杂色粉砂岩夹泥岩	3.00m
30. 灰白色细砂岩、灰绿色泥岩不等厚互层	7.50m
29. 杂色粉砂岩、泥岩互层	11.00m
28. 灰白色细砂岩、灰绿色泥岩不等厚互层	5.00m
27. 灰绿色泥岩	5.50m
26. 灰白色粉砂岩	3.00m
25. 灰绿色泥岩	4.50m
24. 灰白色中砂岩、细砂岩互层	9.50m

—————————— 平行不整合 ——————————

下伏蓟县纪铁岭组（Jxt）：杂色泥质白云岩、含泥白云岩不等厚互层

3. 景儿峪组（Qbj）

景儿峪组与龙山组分布范围相同，埋深变化较大，最深处位于霸州市—文安县兴隆宫镇一带，可达1900~8000m。

岩性主要为一套海相碳酸盐岩沉积，以白云质灰岩、泥质灰岩为特征。平原区西北部为杂色灰岩、泥质灰岩、白云质灰岩、白云岩，局部夹钙质泥岩、石英砂岩，发育厚度约124m；平原区东部为杂色灰岩、泥质灰岩、白云质灰岩，夹泥岩和砂岩，发育厚度约66m。与下伏龙山组呈整合接触，顶部被寒武纪昌平组平行不整合覆盖。

剖面特征以霸14钻孔1912～2036m、太古1钻孔2 977.5～3 043.5m及霸热24地热井2 858.7～3 002.1m为代表。地层分别描述如下。

(1)霸14钻孔1912～2036m景儿峪组剖面

上覆中寒武世昌平组($\epsilon_2 \hat{c}$)：深灰色灰岩

―――――平行不整合―――――

青白口纪景儿峪组(Qbj)：	124.00m
51.杂色泥质灰岩互层夹泥岩	29.50m
50.杂色泥岩互层	7.50m
49.杂色灰岩互层	6.00m
48.杂色灰岩夹泥岩	10.00m
47.浅灰色石英砂岩	3.50m
46.杂色泥岩、泥质灰岩互层	16.50m
45.杂色泥质灰岩、灰岩互层	8.00m
44.杂色灰岩互层	20.50m
43.灰褐色泥质灰岩	22.50m

――――――整合――――――

下伏青白口纪龙山组(Qbl)：杂色泥岩、页岩互层

(2)太古1钻孔2 977.5～3 043.5m景儿峪组剖面

上覆中寒武世昌平组($\epsilon_2 \hat{c}$)：深灰色灰岩

―――――平行不整合―――――

青白口纪景儿峪组(Qbj)：	66.00m
37.杂色泥质灰岩互层	7.50m
36.杂色泥质灰岩、白云质灰岩互层	8.50m
35.杂色灰岩、泥质灰岩互层	22.00m
34.杂色泥质灰岩互层夹砂岩、泥岩	23.50m
33.紫色泥质灰岩	4.50m

――――――整合――――――

下伏青白口纪龙山组(Qbl)：黑紫色泥岩

(3)霸热24地热井2 858.7～3 002.1m景儿峪组剖面

上覆中寒武世昌平组($\epsilon_2 \hat{c}$)：灰岩

―――――平行不整合―――――

青白口纪景儿峪组(Qbj)：	143.40m
15.灰岩	13.60m
14.泥岩	23.20m
13.灰岩	12.80m
12.泥岩	12.60m
11.灰岩	81.00m

――――――整合――――――

下伏青白口纪龙山组(Qbl)：泥岩

第四节　古生代地层

一、寒武纪—奥陶纪地层

1. 昌平组（$\epsilon_2\hat{c}$）

昌平组主要分布于廊坊霸州市南孟镇以北区域、保定安新县—容城县一带以及廊坊北三县与唐山地区。埋深一般为1000～3000m，最浅处位于唐山滦州市小冯庄乡北部，出露地表；最深处位于曹家务乡一带，可达8000m。

岩性为一套碳酸盐岩。平原区西北部为杂色灰岩不等厚互层，夹泥质灰岩，发育厚度约52m；平原区东部为杂色含泥灰岩、白云质砂岩或砂质白云岩、泥页岩不等厚互层，发育厚度约80m。平行不整合于青白口纪地层之上。

剖面特征以马97钻孔2804～2856m、东部钻孔综合剖面及霸热5地热井2660～2794m为代表。地层分别描述如下。

（1）马97钻孔2804～2856m昌平组剖面

上覆中晚寒武世馒头组（$\epsilon_{2-3}m$）：紫红色泥岩	
—————————— 整合 ——————————	
中寒武世昌平组（$\epsilon_2\hat{c}$）：	52.00m
5.灰褐色灰岩	11.00m
4.杂色灰岩、泥质灰岩不等厚互层	7.50m
3.灰褐色泥质灰岩	8.50m
2.杂色灰岩互层	19.50m
1.灰、浅灰色灰岩	5.50m
—————— 平行不整合 ——————	
下伏青白口纪景儿峪组（Qbj）：蓝灰色泥质灰岩	

（2）东部钻孔昌平组综合剖面

上覆中晚寒武世馒头组（$\epsilon_{2-3}m$）：紫红色泥岩	
—————————— 整合 ——————————	
中寒武世昌平组（$\epsilon_2\hat{c}$）：	80.00m
5.深灰色含泥灰岩夹泥岩	12.00m
4.浅灰色含泥灰岩	8.50m
3.灰褐色白云质砂岩或砂质白云岩	21.50m
2.杂色含泥灰岩互层夹页岩	28.50m
1.深灰色含泥灰岩夹灰紫色页岩	9.50m
—————— 平行不整合 ——————	
下伏青白口纪景儿峪组（Qbj）：紫红色泥质灰岩夹灰色白云质灰岩	

(3)霸热 5 地热井 2660～2794m 昌平组剖面

上覆中晚寒武世馒头组（$\epsilon_{2-3}m$）：棕、棕褐色钙质泥（页）岩
―――――――――― 整合 ――――――――――

中寒武世昌平组（$\epsilon_2\hat{c}$）：	134.00m
8.深灰色白云岩	18.00m
7.棕红色泥质白云岩	14.00m
6.灰色泥质白云岩	10.00m
5.深灰、棕红色白云岩	4.00m
4.深灰、棕红色泥质白云岩	12.00m
3.深灰色白云岩	24.00m
2.灰、灰绿色泥质白云岩	16.00m
1.灰绿、灰白、棕褐色白云岩互层	36.00m

―――――――――― 平行不整合 ――――――――――

下伏青白口纪景儿峪组（Qbj）：褐、棕褐色钙质泥岩

2. 馒头组（$\epsilon_{2-3}m$）

馒头组分布较昌平组更广，衡水断裂以南也有分布。埋深一般为1000～3000m，最深处位于深州市榆科镇，可达5700m。

岩性主要为杂色砂岩、泥岩页岩夹灰岩。平原区西部为杂色泥页岩夹灰岩、泥质灰岩、钙质白云岩、白云质灰岩，发育厚度约218m；平原区东部为一套以红色为主的杂色泥页岩夹灰岩、泥质灰岩，发育厚度约300m；平原区南部以杂色泥页岩、砂质泥页岩、灰岩、白云岩不等厚互层为特征，发育厚度约266m。衡水断裂以北整合于昌平组之上，或平行不整合于青白口纪地层之上；衡水断裂以南平行不整合于高于庄组之上，或角度不整合于早前寒武纪变质岩之上。

剖面特征以马97钻孔2586～2804m、东部钻孔综合剖面及霸热5地热井2518～2660m为代表。地层分别描述如下。

(1)马 97 钻孔 2586～2804m 馒头组剖面

上覆晚寒武世张夏组（$\epsilon_3\hat{z}$）：浅灰色鲕状灰岩
―――――――――― 整合 ――――――――――

中晚寒武世馒头组（$\epsilon_{2-3}m$）：	218.00m
14.杂色泥岩、白云质灰岩不等厚互层	27.50m
13.杂色泥岩夹泥质灰岩、灰岩	24.50m
12.杂色泥岩、页岩互层夹灰岩	40.50m
11.褐色砂质灰岩	4.00m
10.杂色泥岩、页岩互层	19.50m
9.紫红色页岩夹灰白色钙质白云岩	13.00m
8.紫红色泥岩、浅灰色泥质灰岩不等厚互层	37.00m
7.紫红色泥岩、页岩不等厚互层夹灰色灰岩	43.50m
6.紫红色泥岩	8.50m

―――――――――― 整合 ――――――――――

下伏中寒武世昌平组（$\epsilon_2\hat{c}$）：灰褐色灰岩

(2) 东部钻孔馒头组综合剖面

上覆晚寒武世张夏组（$\epsilon_3 z$）：深灰、褐灰色鲕状灰岩
———————————— 整合 ————————————

中晚寒武世馒头组（$\epsilon_{2-3}m$）：	300.00m
15.杂色泥岩、泥质灰岩不等厚互层	18.00m
14.杂色泥质灰岩夹泥岩	17.50m
13.杂色泥岩互层	66.50m
12.紫红色页岩	4.50m
11.杂色泥岩互层	58.00m
10.杂色泥质灰岩、灰岩互层夹页岩	28.50m
9.红色泥岩、页岩互层	18.00m
8.杂色泥岩、泥质灰岩不等厚互层	36.00m
7.杂色泥岩互层夹泥质灰岩、钙质泥岩	43.50m
6.紫红色泥岩	9.50m

———————————— 整合 ————————————

下伏中寒武世昌平组（$\epsilon_2 c$）：深灰色含泥灰岩夹泥岩

(3) 霸热 5 地热井 2518~2660m 馒头组剖面

上覆晚寒武世张夏组（$\epsilon_3 z$）：深灰、灰黄色鲕状灰岩
———————————— 整合 ————————————

中晚寒武世馒头组（$\epsilon_{2-3}m$）：	142.00m
18.灰褐色泥岩	38.00m
17.深灰色钙质泥岩	6.00m
16.灰白、深灰色钙质泥岩互层	18.00m
15.褐黑色钙质泥岩夹黑褐色泥质灰岩	26.00m
14.灰白、深灰色钙质泥岩互层	7.00m
13.棕褐色钙质泥（页）岩	23.00m
12.深灰色含泥灰岩	2.00m
11.棕红色钙质泥（页）岩	6.00m
10.褐、灰、灰白色泥质灰岩互层	7.00m
9.棕、棕褐色钙质泥（页）岩	9.00m

———————————— 整合 ————————————

下伏中寒武世昌平组（$\epsilon_2 c$）：深灰色白云岩

3.张夏组（$\epsilon_3 z$）

张夏组分布与馒头组一致。埋深一般为1000~3000m，最深处位于深州市榆科镇，可达5500m。

岩性以杂色厚层鲕状灰岩和灰岩为主，局部夹页岩。平原区西部为杂色鲕状灰岩、灰岩、白云质灰岩、泥质灰岩不等厚互层夹页岩，发育厚度约204m；平原区东部以杂色鲕状灰岩为主夹泥质灰岩、泥岩，发育厚度约150m；平原区南部以杂色灰岩、鲕状灰岩、白云质灰岩互层为特征，发育厚度约200m。整合于馒头组之上。

剖面特征以马97钻孔2382~2586m、东部钻孔综合剖面及霸热5地热井2397~2518m为代表。地层分别描述如下。

(1) 马 97 钻孔 2382~2586m 张夏组剖面

上覆末寒武世崮山组（$\epsilon_4 g$）：灰绿色页岩

———————— 整合 ————————

晚寒武世张夏组（$\epsilon_3 z$）：	204.00m
22. 灰、灰褐色灰岩、鲕状灰岩互层夹白云质灰岩	17.50m
21. 杂色泥质灰岩、灰岩、鲕状灰岩不等厚互层	46.50m
20. 杂色灰岩、鲕状灰岩、白云质灰岩不等厚互层	32.50m
19. 杂色泥页岩、泥质灰岩、灰岩、鲕状灰岩不等厚互层	38.00m
18. 浅灰色泥质灰岩、鲕状灰岩互层	32.50m
17. 灰褐色灰岩、浅灰色鲕状灰岩互层	17.00m
16. 浅灰色白云质灰岩	10.50m
15. 浅灰色鲕状灰岩	9.50m

———————— 整合 ————————

下伏中晚寒武世馒头组（$\epsilon_{2-3} m$）：杂色泥岩、白云质灰岩不等厚互层

(2) 东部钻孔张夏组综合剖面

上覆末寒武世崮山组（$\epsilon_4 g$）：深灰色泥岩

———————— 整合 ————————

晚寒武世张夏组（$\epsilon_3 z$）：	150.00m
21. 杂色鲕状灰岩	26.50m
20. 深灰、褐灰色鲕状灰岩	15.50m
19. 杂色鲕状灰岩互层夹泥岩	48.50m
18. 杂色泥质灰岩、鲕状灰岩不等厚互层	27.00m
17. 杂色泥岩、泥质灰岩、鲕状灰岩不等厚互层	24.00m
16. 深灰、褐灰色鲕状灰岩	8.50m

———————— 整合 ————————

下伏中晚寒武世馒头组（$\epsilon_{2-3} m$）：杂色泥岩、泥质灰岩不等厚互层

(3) 霸热 5 地热井 2397~2518m 张夏组剖面

上覆末寒武世崮山组（$\epsilon_4 g$）：棕褐色钙质页岩

———————— 整合 ————————

晚寒武世张夏组（$\epsilon_3 z$）：	121.00m
28. 灰、灰白色鲕状灰岩	17.00m
27. 褐、灰色泥质灰岩	20.00m
26. 褐色泥质灰岩	2.00m
25. 深灰、灰白色泥质灰岩	10.00m
24. 灰色泥质灰岩	16.00m
23. 棕褐、深灰色泥质灰岩	6.00m
22. 深灰、棕褐色鲕状灰岩互层	26.00m
21. 杂色鲕状灰岩互层	14.00m
20. 棕褐色钙质泥岩	3.00m
19. 深灰、灰黄色鲕状灰岩	7.00m

―――――――― 整合 ――――――――

下伏中晚寒武世馒头组（$\epsilon_{2-3}m$）：灰褐色泥岩

4. 崮山组（$\epsilon_4 g$）

崮山组分布与馒头组、张夏组一致。埋深一般为1000～3000m，最深处位于深州市榆科镇，可达5300m。

岩性以杂色泥页岩、灰岩互层为特征。平原区西部以杂色泥页岩、泥质灰岩、泥质白云岩、白云岩不等厚互层为特征，发育厚度约86m；平原区东部以杂色泥岩、泥质灰岩、灰岩不等厚互层为特征，发育厚度约140m；平原区南部以杂色灰岩、泥质灰岩、白云岩为主，夹有泥页岩，发育厚度约86m。整合于张夏组之上。

剖面特征以马97钻孔2296～2382m、东部钻孔综合剖面及霸热5地热井2366～2397m为代表。地层分别描述如下。

（1）马97钻孔2296～2382m崮山组剖面

上覆末寒武世至早奥陶世炒米店组（$\epsilon_4 O_1 \hat{c}$）：灰褐色白云岩

―――――――― 整合 ――――――――

末寒武世崮山组（$\epsilon_4 g$）：	86.00m
28. 杂色泥质白云岩、白云岩互层夹泥岩	9.00m
27. 杂色泥质灰岩、泥质白云岩互层夹泥岩	24.50m
26. 灰、灰紫色泥质灰岩	12.00m
25. 灰绿色泥岩、灰紫色泥质灰岩互层	16.50m
24. 灰、灰紫色泥质灰岩	12.50m
23. 灰绿色页岩	11.50m

―――――――― 整合 ――――――――

下伏晚寒武世张夏组（$\epsilon_3 \hat{z}$）：灰、灰褐色灰岩、鲕状灰岩互层夹白云质灰岩

（2）东部钻孔崮山组综合剖面

上覆末寒武世至早奥陶世炒米店组（$\epsilon_4 O_1 \hat{c}$）：灰褐色灰岩

―――――――― 整合 ――――――――

末寒武世崮山组（$\epsilon_4 g$）：	140.00m
26. 杂色泥质灰岩互层夹泥岩	26.00m
25. 杂色泥岩、泥质灰岩互层	33.50m
24. 杂色灰岩互层夹泥岩	25.50m
23. 灰色泥质灰岩、灰岩互层夹深灰色灰岩	28.50m
22. 深灰色泥岩	26.50m

―――――――― 整合 ――――――――

下伏晚寒武世张夏组（$\epsilon_3 \hat{z}$）：杂色鲕状灰岩

（3）霸热5地热井2366～2397m崮山组剖面

上覆末寒武世至早奥陶世炒米店组（$\epsilon_4 O_1 \hat{c}$）：灰、灰黑色泥质灰岩

―――――――― 整合 ――――――――

末寒武世崮山组（$\epsilon_4 g$）：	31.00m
32. 灰黑色钙质泥岩	6.00m
31. 灰褐、深灰色钙质页岩	5.00m
30. 褐色泥质灰岩	13.00m
29. 棕褐色钙质页岩	7.00m

———————— 整合 ————————

下伏晚寒武世张夏组（$\epsilon_3 \hat{z}$）：灰、灰白色鲕状灰岩

5. 炒米店组（$\epsilon_4 \hat{c}$、$\epsilon_4 O_1 \hat{c}$）

炒米店组分布与馒头组、张夏组、崮山组一致。埋深一般为1000～3000m，最深处位于深州市榆科镇，可达5600m。

岩性以灰岩、白云岩为主。平原区西部以杂色灰岩、白云岩、泥质灰岩不等厚互层为特征，发育厚度约118m；平原区东部以杂色灰岩为主，夹白云岩、白云质灰岩、泥岩，发育厚度约110m；平原区南部以杂色灰岩、泥质灰岩为主，夹有白云岩及泥页岩，发育厚度约70m。整合于崮山组之上。

剖面特征以马97钻孔2178～2296m、东部钻孔综合剖面及霸热5地热井2236～2366m为代表。地层分别描述如下。

(1) 马97钻孔2178～2296m炒米店组剖面

上覆早奥陶世冶里组（$O_1 y$）：深灰色白云质泥岩

———————— 整合 ————————

末寒武世至早奥陶世炒米店组（$\epsilon_4 O_1 \hat{c}$）：	118.00m
34. 杂色泥质灰岩、白云岩互层	11.00m
33. 杂色灰岩、白云岩互层	24.50m
32. 杂色泥质灰岩、白云岩互层	13.00m
31. 杂色灰岩、泥质灰岩互层	25.50m
30. 杂色灰岩、白云岩互层	30.50m
29. 灰褐色白云岩	13.50m

———————— 整合 ————————

下伏末寒武世崮山组（$\epsilon_4 g$）：杂色泥质白云岩、白云岩互层夹泥岩

(2) 东部钻孔炒米店组综合剖面

上覆早奥陶世冶里组（$O_1 y$）：灰褐色白云质灰岩

———————— 整合 ————————

末寒武世至早奥陶世炒米店组（$\epsilon_4 O_1 \hat{c}$）：	110.00m
32. 绿灰色灰岩夹灰褐色灰岩	18.00m
31. 杂色灰岩、白云质灰岩互层	15.50m
30. 灰褐、绿灰色灰岩互层	13.00m
29. 杂色灰岩互层夹泥岩	25.50m
28. 杂色灰岩、白云岩互层	21.50m
27. 灰褐色灰岩	16.50m

———————— 整合 ————————

下伏末寒武世崮山组（$\epsilon_4 g$）：杂色泥质灰岩互层夹泥岩

(3) 霸热 5 地热井 2236～2366m 炒米店组剖面

上覆早奥陶世冶里组(O_1y)：灰岩

—————————— 整合 ——————————

末寒武世至早奥陶世炒米店组($\epsilon_4O_1\hat{c}$)：	130.00m
47. 浅灰黄色灰岩	22.00m
46. 深灰色含泥灰岩	12.00m
45. 灰色含泥灰岩	10.00m
44. 浅灰色含泥灰岩	12.00m
43. 浅灰、灰白色灰岩	40.00m
42. 浅灰黄色灰岩	16.00m
41. 浅灰色灰岩	4.00m
40. 浅灰黄色灰岩	12.00m
39. 棕黄、灰色灰岩	4.00m
38. 浅灰色泥质灰岩	4.00m
37. 浅棕红、灰白色灰岩	2.00m
36. 棕黄、灰白色灰岩	6.00m
35. 浅灰色含泥灰岩	4.00m
34. 褐黄色灰岩	4.00m
33. 灰、灰黑色泥质灰岩	24.00m

—————————— 整合 ——————————

下伏末寒武世崮山组(ϵ_4g)：灰黑色钙质泥岩

6. 三山子组(ϵ_4O_1s)

三山子组分布于衡水断裂以南，辛集市—宁晋县苏家庄镇—隆尧县山口镇一带以及辛集市马庄乡—深州市前磨头镇—衡水市彭杜村乡一带。埋深为1450～3000m，最深达5500m。

岩性以白云岩为主，局部夹灰岩，发育厚度约803m。整合于炒米店组之上。

剖面特征以深州市监狱19钻孔 1 469.7～1 675.7m 为代表。地层描述如下。

上覆中新世馆陶组(N_1g)：杂色砂质砾岩

～～～～～～ 角度不整合 ～～～～～～

末寒武世至早奥陶世三山子组(ϵ_4O_1s)：	206.00m
11. 灰褐、灰黄色白云质灰岩互层	27.00m
10. 灰色白云质灰岩	9.00m
9. 灰褐色白云质灰岩	14.00m
8. 灰色白云质灰岩	10.00m
7. 灰褐色白云质灰岩	9.00m
6. 灰色白云质灰岩	19.00m
5. 灰褐色钙质白云岩	10.00m
4. 灰褐、灰色钙质白云岩互层	44.00m
3. 灰褐色钙质白云岩	20.00m
2. 灰色钙质白云岩	26.00m
1. 灰褐色钙质白云岩	19.00m

—————————— 整合 ——————————

下伏末寒武世炒米店组($\epsilon_4\hat{c}$)：深灰、棕红色白云质灰岩

7. 冶里组(O_1y)

冶里组主要分布于唐山地区（玉田县虹桥镇—郭家桥乡、玉田县窝洛沽镇—潮落窝乡，丰润区小张各庄镇—老庄子镇—岔河镇，路北区郑庄子镇—丰南区丰南镇，古冶区卑家店镇—青坨营镇—西葛镇，乐亭县王滩镇、马头营镇）、三河市高楼镇—齐心庄镇、涞水县义安镇—定兴县姚村镇—徐水区大王店镇，以及廊坊市广阳区北旺乡—永清县韩村镇—霸州市霸州镇—任丘市梁召镇—河间市米各庄镇—献县西城乡—泊头市富镇镇—景县后留名府乡一带。埋深变化较大，最深处位于霸州市霸州镇附近，达8000m；最浅处位于燕山、太行山山前地带，出露地表。

岩性为杂色灰岩、泥质灰岩。平原区西部以杂色灰岩、泥质灰岩为主，夹白云质泥岩、钙质白云岩，发育厚度约65m；平原区东部区以杂色灰岩、泥质灰岩、白云质灰岩为主，夹白云岩、泥岩，发育厚度约100m。整合于炒米店组之上。

剖面特征以京6钻孔4080～4145m、东部钻孔综合剖面及青县天泽家园小区地热井2 276.04～2 705.66m为代表。地层分别描述如下。

(1) 京6钻孔4080～4145m冶里组剖面

上覆早奥陶世亮甲山组(O_1l)：灰褐色白云质泥岩、浅灰色白云岩互层
——————————— 整合 ———————————

早奥陶世冶里组(O_1y)：	65.00m
4.灰色灰岩	8.50m
3.杂色泥质灰岩夹白云质泥岩	17.50m
2.灰褐色泥质灰岩、灰色灰岩互层	27.50m
1.灰褐色钙质白云岩、浅灰色白云质泥岩不等厚互层	11.50m

——————————— 整合 ———————————
下伏末寒武世至早奥陶世炒米店组($\epsilon_4O_1\hat{c}$)：杂色灰岩

(2) 东部钻孔冶里组综合剖面

上覆早奥陶世亮甲山组(O_1l)：深灰色泥岩、泥质灰岩互层夹灰褐色白云质灰岩
——————————— 整合 ———————————

早奥陶世冶里组(O_1y)：	100.00m
37.灰褐色灰岩夹灰白色白云岩	7.50m
36.杂色泥质灰岩、灰岩互层	36.50m
35.灰色泥质灰岩夹泥岩	28.00m
34.深灰色泥质灰岩、灰岩互层	12.50m
33.灰褐色白云质灰岩	15.50m

——————————— 整合 ———————————
下伏末寒武世至早奥陶世炒米店组($\epsilon_4O_1\hat{c}$)：绿灰色灰岩夹灰褐色灰岩

(3) 青县天泽家园小区地热井2 276.04～2 705.66m冶里组剖面

上覆早奥陶世亮甲山组(O_1l)：浅灰色白云岩
——————————— 整合 ———————————

早奥陶世冶里组(O_1y)：	>429.62m

17. 浅灰色灰岩	33.47m
16. 碎裂状灰岩	7.27m
15. 浅灰色灰岩	12.43m
14. 碎裂状灰岩	29.48m
13. 浅灰色灰岩	14.83m
12. 碎裂状灰岩	25.62m
11. 浅灰色灰岩	24.72m
10. 碎裂状灰岩	14.18m
9. 浅灰色灰岩	91.07m
8. 碎裂状灰岩	34.74m
7. 浅灰色灰岩	41.15m
6. 碎裂状灰岩	14.95m
5. 浅灰色灰岩	17.51m
4. 碎裂状灰岩	11.05m
3. 浅灰色灰岩	8.71m
2. 碎裂状灰岩	12.84m
1. 浅灰色灰岩	35.60m

———————未见底———————

8. 亮甲山组(O_1l)

亮甲山组分布与冶里组一致。埋深变化较大,最深处位于霸州市霸州镇附近,达8000m;最浅处位于燕山、太行山山前地带,出露地表。

岩性以碳酸盐岩为主。平原区西部以杂色灰岩、白云岩、白云质泥岩、泥质白云岩不等厚互层为特征,发育厚度约139m;平原区东部以杂色泥岩、泥质灰岩、白云质灰岩、泥质白云岩、白云岩不等厚互层为特征,发育厚度约170m。整合于冶里组之上。

剖面特征以京6钻孔3941～4080m、东部钻孔综合剖面及青县天泽家园小区地热井2 066.84～2 276.04m为代表。地层分别描述如下。

(1)京6钻孔3941～4080m亮甲山组剖面

上覆早中奥陶世马家沟组($O_{1-2}m$):灰褐色白云质泥岩

————平行不整合————

早奥陶世亮甲山组(O_1l):	139.00m
13. 杂色灰岩、泥质白云岩互层	13.50m
12. 浅灰色泥质白云岩	11.50m
11. 杂色白云岩、灰岩互层	28.50m
10. 浅灰色白云岩	12.50m
9. 灰褐色灰岩	7.50m
8. 灰褐色白云质泥岩、浅灰色白云岩不等厚互层	19.00m
7. 浅灰色白云岩	13.50m
6. 灰褐色白云岩	6.50m
5. 灰褐色白云质泥岩、浅灰色白云岩互层	26.50m

————整合————

下伏早奥陶世冶里组(O_1y):灰色灰岩

(2)东部钻孔亮甲山组综合剖面

上覆早中奥陶世马家沟组($O_{1-2}m$):灰色白云质泥岩
—————— 平行不整合 ——————

早奥陶世亮甲山组(O_1l):	170.00m
43.灰、深灰色泥质灰岩、泥质白云岩互层	21.50m
42.杂色白云质灰岩、白云岩互层夹泥岩	32.50m
41.杂色泥质灰岩、灰岩、白云质灰岩互层	41.50m
40.杂色灰岩夹白云岩	27.50m
39.杂色泥岩、灰岩互层	25.50m
38.深灰色泥岩、泥质灰岩互层夹灰褐色白云质灰岩	21.50m

—————— 整合 ——————

下伏早奥陶世冶里组(O_1y):灰褐色灰岩夹灰白色白云岩

(3)青县天泽家园小区地热井 2 066.84～2 276.04m 亮甲山组剖面

上覆早中奥陶世马家沟组($O_{1-2}m$):浅灰色白云岩
—————— 平行不整合 ——————

早奥陶世亮甲山组(O_1l):	209.20m
23.浅灰色灰岩	23.63m
22.浅灰色白云岩	43.49m
21.浅灰色灰岩	17.12m
20.浅灰色白云岩	16.37m
19.浅灰色灰岩	67.78m
18.浅灰色白云岩	40.81m

—————— 整合 ——————

下伏早奥陶世冶里组(O_1y):浅灰色灰岩

9.马家沟组($O_{1-2}m$)

马家沟组在衡水断裂以北分布与冶里组相似。埋深差异显著,最深处可达8000m,位于霸州市霸州镇附近,而埋深最浅处则出现在燕山、太行山山前地带,甚至出露地表。马家沟组在衡水断裂以南分布与三山子组一致,埋深1450～3000m,最深达5300m。

岩性以杂色灰岩为主,夹有白云岩、白云质泥页岩和砂岩。平原区西部为杂色泥质灰岩、灰岩、泥质白云岩、白云岩不等厚互层,夹白云质泥岩等,发育厚度约613m;平原区东部以杂色泥质灰岩、灰岩、云质灰岩、白云岩不等厚互层为特征,发育厚度约750m;平原区南部以杂色灰岩、白云质灰岩不等厚互层为特征,发育厚度约314m。平行不整合于亮甲山组或三山子组之上。

剖面特征以京6钻孔3328～3941m、东部钻孔综合剖面及青县天泽家园小区地热井 1 717.35～2 066.84m 为代表。地层分别描述如下。

(1)京6钻孔3328～3941m马家沟组剖面

上覆晚石炭世本溪组(C_2b):灰白色铝土质泥岩
—————— 平行不整合 ——————

早中奥陶世马家沟组($O_{1-2}m$):	613.00m

30. 褐灰色泥质灰岩、浅灰色灰岩互层	48.50m
29. 杂色灰岩、白云质灰岩互层夹白云质泥岩	61.50m
28. 灰褐色白云质泥岩	5.50m
27. 灰褐、灰色白泥质灰岩、灰岩不等厚互层夹白云质泥岩	51.00m
26. 灰、灰褐色白云质泥岩、灰岩不等厚互层	47.00m
25. 灰褐、灰色白云质泥岩、灰岩不等厚互层	85.50m
24. 灰褐色白云质泥岩	3.50m
23. 灰、灰褐色灰岩、白云质泥岩互层	49.50m
22. 灰褐、灰色白云质泥岩、泥质白云岩、白云岩互层	54.50m
21. 杂色灰岩、白云质灰岩互层夹白云质泥岩	66.00m
20. 灰褐色白云质泥岩	9.50m
19. 杂色白云质灰岩、灰岩不等厚互层	76.50m
18. 杂色泥质白云岩、泥质灰岩、灰岩互层	22.50m
17. 灰褐色白云质泥岩	4.50m
16. 灰褐、浅灰色白云质灰岩	11.50m
15. 灰褐、浅灰色泥质灰岩	7.50m
14. 灰褐色白云质泥岩	8.50m

―――― 平行不整合 ――――

下伏早奥陶世亮甲山组(O_1l)：杂色灰岩、泥质白云岩互层

(2)东部钻孔马家沟组综合剖面

上覆晚石炭世本溪组(C_2b)：灰白色铝土质泥岩

―――― 平行不整合 ――――

早中奥陶世马家沟组($O_{1-2}m$)：	750.00m
66. 杂色灰岩互层	70.50m
65. 杂色泥质灰岩、灰岩不等厚互层	46.00m
64. 杂色灰岩、白云岩不等厚互层	37.50m
63. 杂色泥质灰岩、灰岩互层	18.50m
62. 杂色灰岩互层	56.50m
61. 灰色白云质灰岩	9.50m
60. 杂色灰岩互层	97.50m
59. 杂色泥质灰岩、白云岩不等厚互层	28.00m
58. 杂色灰岩	13.50m
57. 杂色泥质灰岩、泥质白云岩不等厚互层	69.50m
56. 杂色白云质灰岩夹灰岩	33.50m
55. 杂色泥质灰岩、白云岩不等厚互层	14.50m
54. 杂色泥质灰岩、泥质白云岩不等厚互层	11.00m
53. 杂色泥质灰岩、白云岩互层	12.50m
52. 灰色灰岩	15.50m
51. 杂色泥质灰岩、白云质灰岩不等厚互层	98.50m
50. 灰色泥质白云岩	11.00m
49. 灰色白云质泥岩	6.50m
48. 杂色泥质灰岩、灰岩、白云质灰岩互层	46.50m
47. 杂色泥质灰岩、泥质白云岩不等厚互层	18.50m

46. 灰色白云质泥岩	7.50m
45. 杂色白云质灰岩、泥质白云岩互层	18.00m
44. 灰色白云质泥岩	9.50m

——————平行不整合——————

下伏早奥陶世亮甲山组(O_1l):灰、深灰色泥质灰岩、泥质白云岩互层

(3)青县天泽家园小区地热井1 717.35～2 066.84m马家沟组剖面

上覆晚石炭世本溪组(C_2b):砂岩

——————平行不整合——————

早中奥陶世马家沟组($O_{1-2}m$):	349.49m
37. 浅灰色灰岩	12.41m
36. 白云质灰岩	8.93m
35. 浅灰色灰岩	53.79m
34. 白云质灰岩	45.95m
33. 浅灰色灰岩	9.16m
32. 白云质灰岩	43.74m
31. 浅灰色灰岩	32.24m
30. 浅灰色白云岩	13.12m
29. 浅灰色灰岩	10.39m
28. 浅灰色白云岩	12.92m
27. 浅灰色灰岩	42.53m
26. 浅灰色灰岩	22.11m
25. 浅灰色灰岩	13.83m
24. 浅灰色白云岩	28.37m

——————整合——————

下伏早奥陶世亮甲山组(O_1l):浅灰色灰岩

10. 峰峰组(O_2f)

峰峰组分布于辛集市新垒头镇—宁晋县大陆村镇—宁晋县北鱼乡—隆尧县双碑乡、元氏县马村镇—赞皇县南邢郭镇—临城县临城镇、邢台市会宁镇—李村镇以及峰峰矿区、广宗县葫芦乡—曲周县河南疃镇—永年区西河庄乡—肥乡区大寺上镇、冀州区西王庄镇—深州市大屯镇—枣强县张秀屯镇—南宫市明化镇—威县贺钊镇一带。埋深情况呈西浅东深,新河断裂、前磨头断裂附近上盘一侧埋深约2000m,最深处位于新河断裂下盘,邢台市四芝兰镇附近,可达5000m。

岩性以灰岩为主或以杂色泥质灰岩、灰岩、白云质灰岩、泥质白云岩、白云岩不等厚互层为特征,发育厚度约162m。整合于马家沟组之上。

剖面特征以邢台市新河县XH10钻孔1180～1 417.6m为代表。地层描述如下。

上覆上新世明化镇组(N_2m):棕红色泥砂质砾岩

～～～～～～ 角度不整合 ～～～～～～

中奥陶世峰峰组(O_2f):	237.60m
19. 杂色灰岩互层	25.80m
18. 碎裂状杂色灰岩	6.70m
17. 杂色灰岩互层夹白云岩	5.50m

16. 碎裂状杂色灰岩	3.30m
15. 杂色灰岩互层夹白云岩	5.60m
14. 碎裂状杂色灰岩	5.00m
13. 杂色灰岩互层夹白云岩	29.40m
12. 碎裂状杂色灰岩	4.90m
11. 杂色灰岩互层	8.40m
10. 碎裂状杂色灰岩	10.60m
9. 杂色灰岩互层	13.60m
8. 碎裂状中砂灰岩	5.30m
7. 杂色白云岩夹灰岩	20.60m
6. 碎裂状杂色灰岩	6.40m
5. 灰、棕黄色灰岩互层	6.60m
4. 碎裂状杂色灰岩	21.90m
3. 深灰、棕红色灰岩互层	13.80m
2. 碎裂状杂色灰岩	4.10m
1. 深灰色白云岩夹灰色灰岩	40.10m

———————— 整合 ————————

下伏早中奥陶世马家沟组($O_{1-2}m$):棕红色灰岩

二、石炭纪—二叠纪地层

该套地层为区内最重要的煤系地层,分布非常广泛。埋深变化大,一般为2000～3000m。

1. 本溪组(C_2b)

本溪组分布广泛,涵盖唐山古冶区—丰南区、乐亭县乐亭镇、曹妃甸区唐海镇、韩城镇—欢喜庄乡、玉田县林南仓镇—林西镇,以及永清县别古庄镇经霸州市煎茶铺镇—文安县赵各庄镇,再延伸至任丘市长丰镇、大城县留个庄镇等地,直至献县淮镇、泊头市交河镇、景县锦州镇、故城县军屯镇,还包括安平县大子文镇—南王庄镇、辛集市小辛庄乡—旧城镇、深州市中里厢乡—宁晋县东汪镇,以及新河县、巨鹿县、鸡泽县、邱县,直至馆陶县魏僧寨镇、南徐村乡、馆陶镇、王桥乡,再到大名县金滩镇、张铁集乡,以及成安县成安镇—辛义乡的大部分区域。埋深一般为1000～3000m,最深处位于辛集市小辛庄乡—旧城镇、深州市中里厢乡—宁晋县东汪镇一带,可达6000m。

岩性以杂色铁铝质(或铝土质)泥页岩、页岩、砂岩不等厚互层为特征。平原区西部为以暗色为主的杂色铝土质泥岩、泥岩、碳质泥岩、砂岩不等厚互层,发育厚度约44m;平原区中部以紫红色铁质泥岩、灰色粉砂岩、粉砂质泥岩不等厚互层为特征,发育厚度约17.2m;平原区东北部为以暗色为主的杂色铝土质泥岩、泥岩、砂岩不等厚互层,发育厚度约61m;平原区东部为以暗色为主的杂色铝土质泥岩、泥岩、砂岩不等厚互层,夹有煤层,发育厚度约70m;平原区南部为以暗色为主的杂色泥岩、砂岩不等厚互层,夹有铝土质泥岩、铝土岩、含铁泥岩,发育厚度达40m。平行不整合于下伏马家沟组或峰峰组之上。

剖面特征在平原区西部以苏14钻孔为代表,平原区中部以大城煤田46-4钻孔1 370.75～1 387.95m为代表,平原区东北部以唐山市车轴山煤田新10-2钻孔1 288.22～1 349.50m为代表,平原区东部以东部钻孔综合剖面为代表,平原区南部以邢台市赵店区10-2钻孔1 315.25～1 344.10m为代表。地层分别描述如下。

(1)苏14钻孔3 275.5～3 319.5m本溪组剖面

上覆早二叠世太原组(P_1t):浅灰色泥质灰岩

————————整合————————

晚石炭世本溪组(C_2b)：	44.00m
3.杂色砂岩、碳质泥岩、泥岩不等厚互层	11.00m
2.深灰色泥岩	14.50m
1.浅灰色铝土泥岩	18.50m

————————平行不整合————————

下伏早中奥陶世马家沟组($O_{1-2}m$)：灰褐色灰岩

(2)大城煤田46-4钻孔1 370.75～1 387.95m本溪组剖面

上覆早二叠世太原组(P_1t)：灰色灰岩

————————整合————————

晚石炭世本溪组(C_2b)：	17.20m
4.灰色粉砂质泥岩	4.75m
3.灰色粉砂岩	3.15m
2.灰色粉砂质泥岩	4.00m
1.紫红色铁质泥岩	5.30m

————————平行不整合————————

下伏早中奥陶世马家沟组($O_{1-2}m$)：浅灰、灰白色灰岩互层

(3)唐山市车轴山煤田新10-2钻孔1 288.22～1 349.50m本溪组剖面

上覆早二叠世太原组(P_1t)：浅灰色灰岩,富含动物化石碎屑

————————整合————————

晚石炭世本溪组(C_2b)：	60.78m
6.深灰色粉砂岩,含植物化石碎屑	8.10m
5.深灰色泥岩	7.06m
4.浅绿灰色铝土质泥岩	20.62m
3.灰绿色铝土质泥岩	4.42m
2.深灰色粉砂质泥岩夹细砂岩	12.82m
1.灰色中砂岩	8.26m

————————平行不整合————————

下伏早中奥陶世马家沟组($O_{1-2}m$)：灰紫色含泥灰岩

(4)东部钻孔本溪组综合剖面

上覆早二叠世太原组(P_1t)：灰色泥质灰岩

————————整合————————

晚石炭世本溪组(C_2b)：	70.00m
4.杂色砂岩、泥岩、铝土质泥岩不等厚互层	28.50m
3.灰黑色煤层	3.50m
2.灰褐、深灰色泥岩	22.50m
1.灰白色铝土质泥岩	15.50m

―――――― 平行不整合 ――――――

下伏早中奥陶世马家沟组($O_{1-2}m$):杂色灰岩互层

(5)邢台市赵店区10-2钻孔1 315.25～1 344.10m本溪组剖面

上覆早二叠世太原组(P_1t):浅灰、深灰色灰岩,含动物化石

―――――――― 整合 ――――――――

晚石炭世本溪组(C_2b):	28.85m
4.灰黑色煤层	4.85m
3.黑色铝土质粉砂岩夹煤层	7.62m
2.浅灰色铝土质细砂岩,可见植物化石	2.90m
1.灰白色泥质粉砂岩夹泥岩	13.48m

―――――― 平行不整合 ――――――

下伏中奥陶世峰峰组(O_2f):深灰色灰岩

2. 太原组(P_1t)

太原组分布同本溪组。岩性为以暗色为主的杂色砂岩、泥页岩、灰岩不等厚互层夹煤层,整合于本溪组之上。平原区西部为以暗色为主的杂色砂岩、泥岩、灰岩不等厚互层,夹有碳质泥岩和煤层,发育厚度159.5m;平原区中部以灰色灰岩、砂质泥岩、细砂岩不等厚互层为特征,发育厚度37m;平原区东北部为以灰色为主的杂色砂岩、泥岩、灰岩不等厚互层,发育厚度35m左右;平原区东部为以暗色为主的杂色砂岩、泥质灰岩、灰岩不等厚互层,夹有煤层和碳质泥岩,发育厚度152m;平原区南部为以暗色为主的杂色砂岩、泥岩、灰岩不等厚互层,夹有煤层和铝土质泥岩,发育厚度125m。整合于本溪组之上。

剖面特征在平原区西部以苏14钻孔3116～3 275.5m为代表,中部以大城煤田46-4钻孔1 333.55～1 370.5m为代表,东北部以唐山市车轴山煤田新10-2钻孔1253～1 288.22m为代表,东部以东部钻孔综合剖面为代表,南部以邢台市赵店区10-2钻孔1 246.25～1 315.25m为代表。地层分别描述如下。

(1)苏14钻孔3116～3 275.5m太原组剖面

上覆早二叠世山西组($P_1š$):浅灰色细砂岩

―――――――― 整合 ――――――――

早二叠世太原组(P_1t):	159.50m
13.浅灰色泥质灰岩	5.50m
12.深灰色泥岩夹灰黑色碳质泥岩、煤层	59.50m
11.灰黑色煤层夹碳质泥岩	9.50m
10.浅灰色砂岩、深灰色泥岩互层	5.50m
9.深灰色泥岩夹灰黑色碳质泥岩、煤层	24.00m
8.浅灰色泥质灰岩	12.50m
7.深灰色泥岩夹灰黑色碳质泥岩、煤层	8.50m
6.浅灰色细砂岩夹深灰色泥岩	21.50m
5.灰黑色碳质泥岩、深灰色泥岩互层	5.50m
4.浅灰色泥质灰岩	7.50m

―――――――― 整合 ――――――――

下伏晚石炭世本溪组(C_2b):杂色砂岩、碳质泥岩、泥岩不等厚互层

第一章 前新生代隐伏地层

(2)大城煤田46-4钻孔1 333.55～1 370.5m太原组剖面

上覆早二叠世山西组($P_1\tilde{s}$):灰色砂质泥岩

———————————————整合———————————————

早二叠世太原组(P_1t):	36.95m
8.灰色灰岩	5.60m
7.灰色细砂岩	9.20m
6.灰色砂质泥岩	19.30m
5.灰色灰岩	3.100m

———————————————整合———————————————

晚石炭世本溪组(C_2b):灰色粉砂质泥岩

(3)唐山市车轴山煤田新10-2钻孔1253～1 288.22m太原组剖面

上覆早二叠世山西组($P_1\tilde{s}$):灰色粉砂岩,含植物化石碎屑及黄铁矿散晶

———————————————整合———————————————

早二叠世太原组(P_1t):	35.22m
11.浅灰色灰岩,富含动物化石碎屑	0.60m
10.浅灰、灰白色细砂岩,钙质胶结	9.07m
9.灰色粉砂岩,含植物化石碎屑及黄铁矿散晶	6.36m
8.深灰色泥岩	7.97m
7.浅灰色灰岩,富含动物化石碎屑	11.22m

———————————————整合———————————————

下伏晚石炭世本溪组(C_2b):深灰色粉砂岩,含植物化石碎屑

(4)东部钻孔太原组综合剖面

上覆早二叠世山西组($P_1\tilde{s}$):浅灰色细砂岩

———————————————整合———————————————

早二叠世太原组(P_1t):	152.00m
8.浅灰色泥质灰岩	7.00m
7.杂色细砂岩、粉砂岩、煤不等厚互层夹碳质泥岩、灰岩	78.50m
6.杂色粉砂岩、泥质灰岩、煤不等厚互层夹碳质泥岩	62.00m
5.灰色泥质灰岩	4.50m

———————————————整合———————————————

下伏晚石炭世本溪组(C_2b):杂色砂岩、泥岩、铝土质泥岩不等厚互层

(5)邢台市赵店区10-2钻孔1 246.25～1 315.25m太原组剖面

上覆早二叠世山西组($P_1\tilde{s}$):深灰色粉砂质泥岩

———————————————整合———————————————

早二叠世太原组(P_1t):	69.00m
28.黑灰色灰岩	1.55m
27.灰色粉砂质泥岩,富含海相动物化石	2.36m
26.深灰色泥质粉砂岩夹煤线	2.54m

25.灰黑色铝质泥岩夹煤线	2.50m
24.浅灰色泥质粉砂岩,富含植物化石	1.49m
23.深灰色粉砂岩	3.80m
22.深灰色中砂岩	5.51m
21.浅灰色粉砂质泥岩	4.10m
20.灰黑色粉砂岩夹煤线	2.79m
19.深灰色煤层,富含植物化石	0.49m
18.灰色细砂岩	2.40m
17.灰色铝质泥岩夹粉砂岩,含植物化石	0.72m
16.浅灰色泥岩夹粉砂岩	2.58m
15.灰黑色铝质泥岩	0.42m
14.浅灰色碳质泥岩	1.85m
13.黑色煤层	0.90m
12.黑色粉砂岩夹煤层	2.61m
11.浅灰色含铝土泥岩夹砂岩	1.84m
10.碎裂状黑灰色煤、砂岩、泥岩	2.20m
9.黑灰色煤层	0.65m
8.灰色泥岩	13.02m
7.黑灰色灰岩,含少量植物化石碎屑,含菱铁质	0.25m
6.灰色泥岩,含海相动物化石	7.10m
5.黑色灰岩	5.33m

———————— 整合 ————————

下伏晚石炭世本溪组(C_2b):黑灰色煤层

3. 山西组($P_1\hat{s}$)

山西组分布与本溪组、太原组一致。岩性为砂岩、泥岩、煤层不等厚互层,夹碳质泥岩。平原区西部为以暗色为主的杂色砂岩、粉砂质泥岩、泥岩、碳质泥岩、煤层不等厚互层,发育厚度达112m;平原区中部为以暗色为主的杂色砂岩、砂质泥岩、碳质泥岩、泥岩、煤层不等厚互层,发育厚度242m左右;平原区东北部为以暗色为主的杂色砂岩、粉砂质泥岩、泥岩不等厚互层,夹钙质泥岩和煤层,发育厚度113m左右;平原区东部为以暗色为主的杂色砂岩、泥岩不等厚互层,夹有煤层,发育厚度118m;平原区南部为以暗色为主的杂色砂岩、泥质粉砂岩、粉砂质泥岩、泥岩不等厚互层,夹有煤层,发育厚度129m。整合于太原组之上。

剖面特征在平原区西部以苏14钻孔3004~3116m为代表,平原区中部以大城煤田46-4钻孔1 091.3~1 333.55m为代表,平原区东北部以唐山市望马泊区ZK2钻孔1 554.9~1 667.7m为代表,平原区东部以东部钻孔综合剖面为代表,平原区南部以邢台市赵店区10-2钻孔1 170.65~1 246.25m为代表。地层分别描述如下。

(1)苏14钻孔3004~3116m山西组剖面

上覆早中二叠世下石盒子组($P_{1-2}x$):灰色含砾砂岩

———————— 整合 ————————

早二叠世山西组($P_1\hat{s}$):	112.00m
16.杂色粉砂岩、泥岩不等厚互层	53.00m
15.杂色粉砂质泥岩、泥岩、碳质泥岩、煤不等厚互层	49.50m
14.浅灰色细砂岩	9.50m

——————————整合——————————

下伏早二叠世太原组(P_1t):浅灰色泥质灰岩

(2)大城煤田46-4钻孔 1 091.3～1 333.55m 山西组剖面

上覆早中二叠世下石盒子组($P_{1-2}x$):灰色粗砂岩
——————————整合——————————

早二叠世山西组(P_1s):	242.25m
43.灰绿色砂质泥岩	2.10m
42.深灰色碳质泥岩	2.10m
41.灰色细砂岩	4.90m
40.灰色粉砂岩	10.30m
39.深灰色砂质泥岩夹粉砂岩	25.50m
38.深灰色泥岩	10.20m
37.深灰色砂质泥岩	12.00m
36.深灰、灰色泥岩互层	2.90m
35.灰、浅灰色砂质泥岩互层	4.10m
34.浅灰色中砂岩	11.70m
33.黑色煤层	2.00m
32.深灰色碳质泥岩,富含植物根茎化石	2.15m
31.灰色粉砂岩夹砂质泥岩	7.75m
30.灰色细砂岩	8.60m
29.灰绿色粉砂岩夹砂质泥岩	13.25m
28.深灰色泥岩	3.21m
27.灰色细砂岩	9.30m
26.深灰、灰色砂质泥岩互层	2.19m
25.深灰色碳质泥岩	3.11m
24.灰色细砂岩	10.40m
23.灰色砂质泥岩	8.14m
22.灰色细砂岩	2.90m
21.灰色砂质泥岩	9.50m
20.灰色细砂岩	12.10m
19.灰色中砂岩	2.70m
18.深灰、灰色砂质泥岩互层	3.50m
17.黑色煤层	2.05m
16.灰色粉砂岩	9.00m
15.黑色煤层	6.85m
14.灰色粉砂岩,富含植物根茎化石,含碳质	6.60m
13.灰色砂质泥岩,含植物根茎化石	4.50m
12.灰色粉砂岩,含植物根茎化石	4.20m
11.灰色砂质泥岩	8.40m
10.灰色粉砂岩	11.55m
9.灰色砂质泥岩	2.50m

——————————整合——————————

下伏早二叠世太原组(P_1t):灰色灰岩

(3)唐山市望马泊区ZK2钻孔1 554.9～1 667.7m山西组剖面

上覆早中二叠世下石盒子组($P_{1-2}x$):深灰褐色中砂岩,含植物化石碎片
———————————整合———————————

早二叠世山西组(P_1s):	112.80m
17.浅灰色泥岩	2.00m
16.深灰色粉砂岩,富含植物根须化石	4.33m
15.深灰色泥岩夹砂岩	4.97m
14.深灰色细砂岩	4.50m
13.碎裂状杂色砂岩	21.4m
12.深灰色细砂岩	4.50m
11.浅灰色泥岩,含古卢木化石	2.80m
10.深灰色煤层夹细砂岩	3.10m
9.灰色泥岩	12.34m
8.深灰色粉砂质泥岩	12.96m
7.深灰、黑灰色煤层夹细砂岩	1.80m
6.深灰色粉砂岩,含植物根须化石	4.93m
5.浅灰、灰白色钙质泥岩互层,含炭化植物碎片	7.47m
4.黑灰色煤层	9.00m
3.黑色泥岩	4.20m
2.黑褐、深灰色细砂岩,含植物根须化石	9.30m
1.黑色泥岩	3.20m

———————————整合———————————

下伏早二叠世太原组(P_1t):深灰、黑灰色灰岩,含植物根须化石

(4)东部钻孔山西组综合剖面

上覆早中二叠世下石盒子组($P_{1-2}x$):灰白色含砾砂岩
———————————整合———————————

早二叠世山西组(P_1s):	118.00m
16.杂色粉砂岩、泥岩互层	15.00m
15.杂色粉砂岩、泥岩不等厚互层夹煤层	16.00m
14.杂色细砂岩、粉砂岩、泥岩不等厚互层	24.00m
13.杂色泥岩互层夹粉砂岩	15.50m
12.灰黑色煤层	6.50m
11.杂色细砂岩、粉砂岩不等厚互层夹煤层	21.00m
10.杂色泥岩互层夹粉砂岩	12.50m
9.浅灰色细砂岩	7.50m

———————————整合———————————

下伏早二叠世太原组(P_1t):浅灰色泥质灰岩

(5)邢台市赵店区10-2钻孔1 170.65～1 246.25m山西组剖面

上覆早中二叠世下石盒子组($P_{1-2}x$):浅灰色含细砾中砂岩
———————————整合———————————

早二叠世山西组(P_1s)： 75.60m
52. 深灰色泥质粉砂岩，含植物化石 5.63m
51. 浅灰色细砂岩夹泥岩，含植物根部化石 2.80m
50. 深灰色泥质粉砂岩夹粉砂岩 3.73m
49. 灰色细砂岩夹灰黑色泥岩、煤线 3.29m
48. 黑色煤层 0.50m
47. 深灰色泥岩夹细砂岩，富含植物茎叶化石 5.24m
46. 深灰、浅灰色细砂岩互层 4.09m
45. 浅灰、深灰色碳质粉砂岩互层夹泥岩 7.97m
44. 黑色煤层 4.75m
43. 黑色泥质粉砂岩夹煤层 3.39m
42. 黑灰色煤层 1.01m
41. 黑色泥岩夹煤层 1.40m
40. 灰黑色细砂岩，富含植物化石 2.09m
39. 深灰、浅灰色粉砂岩互层，含植物化石 4.67m
38. 深灰色煤层 0.35m
37. 灰色泥质粉砂岩 0.58m
36. 黑灰色细砂岩 2.10m
35. 深灰色泥岩 0.98m
34. 黑灰色细砂岩 3.90m
33. 灰色粉砂岩 3.88m
32. 深灰色铝土质粉砂岩夹细砂岩 3.76m
31. 灰、灰绿色煤层 0.37m
30. 灰色泥质粉砂岩 1.50m
29. 深灰色粉砂质泥岩 7.62m

———————— 整合 ————————

下伏早二叠世太原组(P_1t)：黑灰色灰岩

4. 下石盒子组($P_{1-2}x$)

下石盒子组分布与本溪组、山西组一致。岩性为砂岩、泥页岩不等厚互层，夹碳质泥岩和煤线。平原区西部以杂色含砾砂岩、砂岩、泥岩不等厚互层为特征，发育厚度161m左右；平原区中部以杂色砂岩、砂质泥岩、泥岩不等厚互层为特征，发育厚度115m左右；平原区东北部以杂色砂质粉砂岩、粉砂质泥岩、泥岩不等厚互层为特征，发育厚度264m左右；平原区东部以杂色砂质砾岩、砂岩、砂质泥岩、泥岩不等厚互层为特征，局部夹有煤线，发育厚度达268m；平原区南部以杂色含砾砂岩、砂岩、泥岩不等厚互层为特征，局部夹有碳质泥岩，发育厚度达194m。整合于山西组之上。

剖面特征在平原区西部以苏14钻孔2 843.5～3004m为代表，平原区中部以大城煤田46-4钻孔976.4～1 091.3m为代表，平原区东北部以唐山市望马泊区ZK2钻孔1291～1 554.9m为代表，平原区东部以东部钻孔综合剖面为代表，平原区南部以邢台市赵店区10-2钻孔1 097.4～1 170.65m为代表。地层分别描述如下。

(1) 苏14钻孔2 843.5～3004m下石盒子组剖面

上覆中晚二叠世上石盒子组($P_{2-3}s$)：灰白色砂岩

———————— 整合 ————————

早中二叠世下石盒子组($P_{1-2}x$)： 160.50m

21.紫红色泥岩	15.00m
20.杂色泥岩互层夹砂岩	66.00m
19.灰色含砾砂岩	8.50m
18.灰色砂岩、深灰色泥岩不等厚互层	61.50m
17.灰色含砾砂岩	9.50m

——————————整合——————————

下伏早二叠世山西组($P_1\dot{s}$):杂色粉砂岩、泥岩不等厚互层

(2)大城煤田46-4钻孔976.4～1 091.3m下石盒子组剖面

上覆中晚二叠世上石盒子组($P_{2-3}\dot{s}$):灰绿色含砾砂岩,分选、磨圆较差

——————————整合——————————

早中二叠世下石盒子组($P_{1-2}x$):	114.90m
59.杂色泥岩互层	11.58m
58.灰绿色粉砂岩夹细粒砂岩	15.90m
57.灰绿色砂质泥岩	6.90m
56.灰绿色粉砂岩夹细砂岩	4.10m
55.灰色中砂岩	3.90m
54.灰色细砂岩	9.30m
53.灰色粉砂岩	4.20m
52.灰绿色砂质泥岩	6.30m
51.灰色粉砂岩,含植物茎化石	3.90m
50.灰绿色砂质泥岩夹粉砂岩	7.30m
49.灰绿色粉砂岩	10.45m
48.灰色细砂岩	11.70m
47.灰色砂质泥岩,含植物茎化石	4.00m
46.灰色细砂岩	2.00m
45.灰色砂质泥岩,含植物茎化石	3.20m
44.灰色粗砂岩	10.17m

——————————整合——————————

下伏早二叠世山西组($P_1\dot{s}$):灰绿色砂质泥岩

(3)唐山市望马泊区ZK2钻孔1291～1 554.9m下石盒子组剖面

上覆中晚二叠世上石盒子组($P_{2-3}\dot{s}$):杂色中砂岩不等厚互层夹细砂岩

——————————整合——————————

早中二叠世下石盒子组($P_{1-2}x$):	263.90m
38.灰白色泥质粉砂岩	14.54m
37.杂色粗砂岩不等厚互层夹细砂岩	13.26m
36.浅绿灰、灰白色细砂岩不等厚互层,局部含石英细砾	4.99m
35.灰绿、灰白色中砂岩不等厚互层夹粉砂岩	8.98m
34.浅灰绿色粉砂岩夹细砂岩	13.74m
33.灰绿、紫色粗砂岩不等厚互层	32.69m
32.灰白色泥岩	2.60m
31.杂色粉砂岩互层	10.00m

30. 杂色粉砂质泥岩互层夹泥岩	86.20m
29. 杂色细砂岩互层夹粉砂岩,含炭化植物碎片	7.10m
28. 灰白色泥岩	5.31m
27. 灰色细砂岩	4.29m
26. 浅灰色泥质粉砂岩夹泥岩,含植物化石碎片	20.33m
25. 灰色泥岩,富含炭化植物碎片	2.37m
24. 浅棕灰色中砂岩,富含菱铁质鲕粒	4.20m
23. 灰白色粉砂质泥岩夹泥岩	12.90m
22. 灰褐色泥岩夹细砂岩	5.70m
21. 黑灰、深灰色粉砂岩互层,富含植物根须化石	1.80m
20. 深灰色泥岩,含炭化植物碎屑	4.04m
19. 深灰、灰色粉砂岩互层,含植物化石碎片	3.26m
18. 深灰褐色中砂岩,含植物化石碎片	5.60m

———————— 整合 ————————

下伏早二叠世山西组($P_1\bar{s}$):浅灰色泥岩

(4) 东部钻孔下石盒子组综合剖面

上覆中晚二叠世上石盒子组($P_{2-3}\bar{s}$):灰白色含砾砂岩

———————— 整合 ————————

早中二叠世下石盒子组($P_{1-2}x$):	268.00m
22. 杂色砂岩、砂质泥岩、泥岩不等厚互层	86.00m
21. 杂色砂岩、泥岩不等厚互层	71.50m
20. 杂色砂岩、砂质泥岩、泥岩不等厚互层	65.00m
19. 灰白色砂质砾岩	12.50m
18. 灰色泥岩	21.50m
17. 灰白色含砾砂岩	11.50m

———————— 整合 ————————

下伏早二叠世山西组($P_1\bar{s}$):杂色粉砂岩、泥岩互层

(5) 邢台市赵店区 10-2 钻孔 1 097.4~1 170.65m 下石盒子组剖面

上覆中晚二叠世上石盒子组($P_{2-3}\bar{s}$):灰绿色细砂岩

———————— 整合 ————————

早中二叠世下石盒子组($P_{1-2}x$):	73.25m
62. 碎裂状杂色砂岩、泥岩	3.30m
61. 灰绿色泥岩夹粉砂岩	7.87m
60. 灰绿色细砂岩夹粉砂岩	9.21m
59. 灰色粉砂岩	17.01m
58. 灰白色细砂岩夹泥岩	7.63m
57. 杂色铝质泥岩	2.80m
56. 灰绿、深灰色粉砂岩	2.15m
55. 灰绿色细砂岩	1.00m
54. 深灰色粉砂岩,富含植物根部化石	5.20m
53. 浅灰色含细砾中砂岩	17.08m

———————— 整合 ————————

下伏早二叠世山西组($P_1\hat{s}$):深灰色泥质粉砂岩,含植物化石

5. 上石盒子组($P_{2-3}\hat{s}$)

上石盒子组分布与本溪组、下石盒子组一致。岩性为含砾砂岩、砂岩、泥页岩不等厚互层。平原区西部以杂色砂质砾岩、砂岩、泥岩不等厚互层为特征,发育厚度251m左右;平原区中部以杂色含砾砂岩、砂岩、砂质泥岩、泥岩不等厚互层为特征,发育厚度108m左右;平原区东北部以杂色砂岩、泥质粉砂岩、粉砂质泥岩、泥岩不等厚互层为特征,发育厚度305m左右;平原区东部以杂色含砾砂岩、砂岩、砂质泥岩、泥岩不等厚互层为特征,发育厚度达318m;平原区南部以杂色含砾砂岩、砂岩、泥质粉砂岩、泥岩不等厚互层为特征,局部夹有铝土质泥岩,发育厚度达563m。整合于下石盒子组之上。

剖面特征在平原区西部以苏14钻孔2593~2 843.5m为代表,平原区中部以大城煤田46-4钻孔868.81~976.4m为代表,平原区东北部以唐山市望马泊区ZK2钻孔986~1291m为代表,平原区东部以东部钻孔综合剖面为代表,平原区南部以邢台市赵店区10-2钻孔694.4~1 097.4m为代表。地层分别描述如下。

(1)苏14钻孔2593~2 843.5m上石盒子组剖面

上覆晚二叠世孙家沟组(P_3s):浅灰色细砂岩
———————— 整合 ————————

中晚二叠世上石盒子组($P_{2-3}\hat{s}$):	250.50m
30.杂色泥岩互层夹砂岩	25.00m
29.杂色砂岩、泥岩互层	65.00m
28.灰白色砂质砾岩夹灰色砂岩	9.50m
27.杂色砂岩、泥岩互层	45.50m
26.灰白色砂质砾岩夹灰色砂岩	15.50m
25.杂色泥岩互层	26.00m
24.灰色砂岩	3.50m
23.杂色泥岩互层	26.50m
22.灰白色砂岩	34.00m

———————— 整合 ————————

下伏早中二叠世下石盒子组($P_{1-2}x$):紫红色泥岩

(2)大城煤田46-4钻孔868.81~976.4m上石盒子组剖面

上覆晚二叠世孙家沟组(P_3s):灰绿色细砂岩,分选、磨圆中等
———————— 整合 ————————

中晚二叠世上石盒子组($P_{2-3}\hat{s}$):	107.59m
73.褐黄色中砂岩,分选好,磨圆较好	1.90m
72.灰绿色细砂岩	6.69m
71.紫红色泥岩	18.00m
70.浅灰色中砂岩	6.70m
69.灰绿色粉砂岩夹砂质泥岩	6.90m
68.灰绿色细砂岩,分选、磨圆中等	4.80m
67.浅灰、灰白色中砂岩互层	19.20m
66.灰绿色砂质泥岩	6.95m

65.灰绿色粉砂岩	4.30m
64.灰绿色细砂岩	3.80m
63.灰绿色含砾砂岩,分选、磨圆较差	14.77m
62.灰绿色细砂岩,分选、磨圆中等	4.00m
61.灰绿色中砂岩	5.48m
60.灰绿色含砾砂岩,分选、磨圆较差	4.10m

——————— 整合 ———————

下伏早中二叠世下石盒子组($P_{1-2}x$):杂色泥岩互层

(3)唐山市望马泊区ZK2钻孔986～1291m上石盒子组剖面

上覆晚二叠世孙家沟组(P_3s):灰白色粗砾岩

——————— 整合 ———————

中晚二叠世上石盒子组($P_{2-3}s$):	305.00m
58.杂色泥岩不等厚互层	35.00m
57.暗绿、灰绿色细砂岩互层	2.50m
56.杂色粉砂岩不等厚互层	18.10m
55.灰色泥质粉砂岩夹泥岩	4.40m
54.灰色泥岩	3.10m
53.浅灰绿、灰白色粗砂岩不等厚互层	12.70m
52.杂色泥岩互层夹粉砂质泥岩	17.60m
51.杂色砂质砾岩不等厚互层	13.94m
50.紫红色泥质粉砂岩夹泥岩	7.35m
49.杂色粗砂岩不等厚互层	18.86m
48.紫红色粉砂岩夹细砂岩	17.08m
47.浅红色粗砂岩	22.61m
46.绛紫色泥岩	4.61m
45.灰白色粗砂岩	22.00m
44.杂色细砂岩互层夹粉砂岩	3.53m
43.灰绿色细砾岩夹粉砂岩	11.32m
42.浅红色粉砂岩	12.50m
41.杂色粗砂岩不等厚互层夹泥岩	37.69m
40.浅灰绿色粉砂质泥岩夹粉砂岩	31.43m
39.杂色中砂岩不等厚互层夹细砂岩	8.68m

——————— 整合 ———————

下伏早中二叠世下石盒子组($P_{1-2}x$):灰白色泥质粉砂岩

(4)东部钻孔上石盒子组综合剖面

上覆晚二叠世孙家沟组(P_3s):浅灰色细砂岩

——————— 整合 ———————

中晚二叠世上石盒子组($P_{2-3}s$):	318.00m
32.杂色砂岩、泥岩不等厚互层	28.00m
31.紫红色泥岩	17.00m
30.灰白色含砾砂岩	15.00m

29.杂色砂质泥岩、泥岩不等厚互层	46.00m
28.杂色砂岩互层夹泥岩	35.50m
27.杂色泥岩互层夹砂岩	31.50m
26.杂色砂岩、泥岩不等厚互层	48.00m
25.杂色砂岩、砂质泥岩、泥岩不等厚互层	44.50m
24.杂色砂岩、泥岩不等厚互层	38.00m
23.灰白色含砾砂岩	14.50m

———————————整合———————————

下伏早中二叠世下石盒子组($P_{1-2}x$):杂色砂岩、砂质泥岩、泥岩不等厚互层

(5)邢台市赵店区10-2钻孔694.4~1 097.4m上石盒子组剖面

上覆晚二叠世孙家沟组(P_3s):灰绿色细砂岩夹泥岩

———————————整合———————————

中晚二叠世上石盒子组($P_{2-3}\check{s}$):	403.00m
98.碎裂状灰绿色粉砂岩	3.10m
97.灰绿色铝土质粉砂岩	7.71m
96.灰绿、紫红色泥质粉砂岩互层夹泥岩	16.27m
95.灰绿、紫色粉砂岩互层	14.34m
94.灰白色中砂岩	2.10m
93.深灰绿色粉砂岩夹碳质泥岩	21.61m
92.浅灰色中砂岩	1.50m
91.紫红色粉砂岩夹灰绿色细砂岩	29.55m
90.紫红色泥岩	13.49m
89.杂色粉砂岩	5.39m
88.灰绿色细砂岩	20.04m
87.灰白色中砂岩	4.18m
86.紫红色粉砂岩	26.96m
85.紫红色泥质粉砂岩	12.15m
84.杂色中砂岩	12.32m
83.杂色泥质粉砂岩	11.09m
82.灰绿色细砂岩	4.81m
81.紫红色粉砂岩	5.19m
80.碎裂状紫红色砂岩	2.00m
79.紫红色粉砂岩	7.89m
78.灰绿色粗砂岩	1.30m
77.灰色粉砂岩	41.02m
76.灰绿色细砂岩	5.99m
75.灰绿色粉砂岩	21.64m
74.灰白色含砾粗砂岩	2.77m
73.灰绿色泥质粉砂岩	5.00m
72.杂色粉砂岩夹细砂岩	18.25m
71.浅灰绿色中砂岩	7.64m
70.深灰色粉砂岩	8.69m
69.灰白色粗砂岩	4.81m

68. 杂色细砂岩夹粉砂岩	3.90m
67. 灰白色中砂岩	15.96m
66. 紫红、灰绿色泥质粉砂岩互层,含植物化石碎屑	18.48m
65. 灰白色中砂岩夹粉砂岩	6.06m
64. 灰色泥质粉砂岩夹细砂岩	12.04m
63. 灰绿色细砂岩	7.76m

———————————— 整合 ————————————

下伏早中二叠世下石盒子组($P_{1-2}x$):碎裂状杂色砂岩、泥岩

6. 孙家沟组(P_3s)

孙家沟组分布与本溪组和上石盒子组一致。岩性为以红色为主的杂色砂岩、粉砂质泥岩、泥页岩不等厚互层,局部夹有泥质灰岩等,整合于上石盒子组之上。平原区西部为以红色为主的杂色砂岩、泥岩不等厚互层,发育厚度126m左右;平原区中部为以红色为主的杂色砂岩、泥岩不等厚互层,发育厚度50m左右;平原区东北部为以红色为主的杂色砾岩、砂岩、泥岩不等厚互层,发育厚度126m左右;平原区东部为以红色为主的杂色砂岩、砂质泥岩、泥岩不等厚互层,发育厚度达300m;平原区南部为以红色为主的杂色砾岩、砂岩、泥岩不等厚互层,局部夹有火山岩,发育厚度达250m。整合于上石盒子组之上。

剖面特征在平原区西部以苏14钻孔2467～2593m为代表,平原区中部以大城煤田46-4钻孔818.5～868.81m为代表,平原区东北部以唐山市望马泊区ZK2钻孔859.75～986m为代表,平原区东部以东部钻孔综合剖面为代表,平原区南部以邢台市赵店区10-2钻孔578.64～694.4m为代表。地层分别描述如下。

(1)苏14钻孔2467～2593m孙家沟组剖面

上覆晚三叠世杏石口组(T_3x):棕红色粉砂岩

～～～～～～～ 角度不整合 ～～～～～～～

晚二叠世孙家沟组(P_3s):	126.00m
34. 紫红色泥岩	22.50m
33. 杂色泥岩互层	53.50m
32. 杂色泥岩互层夹粉砂岩	46.50m
31. 浅灰色细砂岩	3.50m

———————————— 整合 ————————————

下伏中晚二叠世上石盒子组($P_{2-3}s$):杂色泥岩互层夹砂岩

(2)大城煤田46-4钻孔818.5～868.81m孙家沟组剖面

上覆上新世明化镇组(N_2m):褐黄色泥岩

～～～～～～～ 角度不整合 ～～～～～～～

晚二叠世孙家沟组(P_3s):	50.31m
80. 灰绿色粗砂岩,分选、磨圆较差	6.25m
79. 褐黄色中砂岩,分选、磨圆较差	1.90m
78. 褐黄色细砂岩	7.27m
77. 灰绿、紫红色泥岩互层	3.05m
76. 褐黄、灰绿色细砂岩互层	8.20m
75. 紫红色泥岩	16.74m
74. 灰绿色细砂岩,分选、磨圆中等	6.90m

―――――――― 整合 ――――――――

下伏中晚二叠世上石盒子组($P_{2-3}\hat{s}$):褐黄色中砂岩,分选好,磨圆较好

(3)唐山市望马泊区 ZK2 钻孔 859.75～986m 孙家沟组剖面

上覆中新世馆陶组(N_1g):棕黄色砾岩

~~~~~~~ 角度不整合 ~~~~~~~

晚二叠世孙家沟组(P_3s):	126.25m
70.杂色泥岩互层	16.75m
69.杂色细砂岩不等厚互层	10.20m
68.杂色泥岩互层	10.30m
67.暗绿色粉砂岩	3.70m
66.灰白色细砂岩	2.08m
65.杂色泥岩不等厚互层	6.22m
64.杂色细砂岩不等厚互层	16.50m
63.杂色泥岩不等厚互层	3.40m
62.灰绿色粉砂岩夹细砂岩	5.90m
61.浅灰绿、灰白色粗砂岩互层	32.60m
60.浅灰绿、灰白色细砾岩互层	4.50m
59.灰白色粗砾岩	14.10m

―――――――― 整合 ――――――――

下伏中晚二叠世上石盒子组($P_{2-3}\hat{s}$):杂色泥岩不等厚互层

(4)东部钻孔孙家沟组综合剖面

上覆早三叠世刘家沟组(T_1l):紫红色砂岩

―――――――― 整合 ――――――――

晚二叠世孙家沟组(P_3s):	300.00m
38.紫红色泥岩	26.00m
37.杂色砂质泥岩、泥岩不等厚互层	18.00m
36.杂色砂岩、泥岩不等厚互层	93.50m
35.杂色砂质泥岩、泥岩不等厚互层夹砂岩	76.50m
34.杂色砂岩、泥岩不等厚互层	57.50m
33.浅灰色细砂岩	28.50m

―――――――― 整合 ――――――――

下伏中晚二叠世上石盒子组($P_{2-3}\hat{s}$):杂色砂岩、泥岩不等厚互层

(5)邢台市赵店区 10-2 钻孔 578.64～694.4m 孙家沟组剖面

上覆早三叠世刘家沟组(T_1l):灰绿、紫灰色粉砂岩互层夹泥岩

―――――――― 整合 ――――――――

晚二叠世孙家沟组(P_3s):	115.76m
110.灰色凝灰质粉砂岩	0.86m
109.灰黑色辉石安山岩	33.49m

108.浅紫色细砂岩、紫红色粉砂岩不等厚互层	5.03m
107.浅红、浅灰色粉砂质泥岩互层	7.48m
106.紫红色泥质灰岩	0.50m
105.紫红色粉砂岩夹细砂岩	11.96m
104.灰绿、紫红色泥岩夹细砂岩	22.94m
103.灰绿色细砂岩	6.22m
102.紫红色泥岩	2.63m
101.灰白色含砾粗砂岩,分选、磨圆较好	4.50m
100.紫红色粉砂岩	16.02m
99.灰绿色细砂岩夹泥岩	4.13m

———————— 整合 ————————

下伏中晚二叠世上石盒子组($P_{2-3}s$):碎裂状灰绿色粉砂岩

第五节　中生代地层

一、早—中三叠世地层

该套地层主要分布于平原区中东部和南部,埋深在300～3000m之间。

1. 刘家沟组(T_1l)

刘家沟组主要分布于霸州市信安镇—宋杨庄镇—文安县苏桥镇—文安镇—滩里镇—杨芬港镇、大城县南赵扶镇—里坦镇—河间市景和镇—黄骅市南排河镇—东光县东光镇—吴桥县宋门乡—景县留智庙镇—故城县赞庄镇、建国镇—清河县坝营镇—临西县固献乡—大名县营镇回族乡—铺上镇、鹿泉区寺家庄镇—赞皇县富村镇—临城县东镇镇、内丘县内丘镇—任县任城镇—南和县河郭乡—沙河市留村镇—永年区界河店乡—邯郸市户村镇—磁县时村营乡—巨鹿县阎疃镇—平乡县油召乡—鸡泽县浮图店镇—永年区曲陌乡—邯山区辛庄营乡—临漳县邺城镇一带。

岩性以杂色砾岩、含砾砂岩、砂质泥岩、泥岩不等厚互层为特征。平原区中东部以杂色砂岩、粉砂岩、泥岩不等厚互层为特征,发育厚度142m左右;平原区南部以杂色砂岩、泥岩不等厚互层为特征,发育厚度276m左右。整合于孙家沟组之上。

剖面特征在平原区中东部以东部钻孔综合剖面为代表,平原区南部以邢台市赵店区10-2钻孔302.95～578.64m、邢台留村Y2钻孔1 111.25～1 500.88m为代表。地层分别描述如下。

(1)东部钻孔刘家沟组综合剖面

上覆早三叠世和尚沟组(T_1h):杂色细砂岩、粉砂岩互层

———————— 整合 ————————

早三叠世刘家沟组(T_1l):	142.00m
43.杂色泥岩互层	32.00m
42.杂色粉砂岩、泥岩不等厚互层	45.00m
41.杂色泥岩互层	32.00m
40.杂色粉砂岩、泥岩互层	17.50m
39.紫红色砂岩	15.50m

———————— 整合 ————————

下伏晚二叠世孙家沟组(P_3s):紫红色泥岩

(2)邢台市赵店区 10-2 钻孔 302.95～578.64m 刘家沟组剖面

上覆更新统下部饶阳组（Qp^1r）：杂色砂砾石，分选、磨圆中等
～～～～～～ 角度不整合 ～～～～～～

早三叠世刘家沟组（T_1l）：	275.69m
131. 浅灰、浅红色粉砂岩互层	44.24m
130. 浅灰色细砂岩	2.60m
129. 浅红、灰紫色粉砂岩互层	4.12m
128. 浅红色细砂岩	3.10m
127. 碎裂状浅紫色泥岩夹砂岩	2.40m
126. 浅灰、浅紫色细砂岩互层	19.79m
125. 灰绿、浅红色粉砂岩互层夹泥岩	8.97m
124. 浅红色细砂岩	24.14m
123. 浅紫色粉砂岩	2.65m
122. 浅灰、浅红色细砂岩互层夹泥岩	11.31m
121. 浅紫红色含泥砾泥质粉砂岩	5.76m
120. 灰白、浅紫红色细砂岩互层	19.26m
119. 浅红、紫红色粉砂岩互层	9.97m
118. 浅红色细砂岩	4.25m
117. 浅紫红色粉砂岩	9.38m
116. 浅灰、浅紫红色细砂岩互层	7.50m
115. 浅红色粉砂岩	60.12m
114. 灰绿、浅紫红色细砂岩互层夹泥岩	19.19m
113. 浅紫红色粉砂岩	1.90m
112. 浅红色细砂岩夹泥岩	3.80m
111. 灰绿、紫灰色粉砂岩互层夹泥岩	11.24m

———————— 整合 ————————

下伏晚二叠世孙家沟组（P_3s）：灰色凝灰质粉砂岩

(3)邢台留村勘查区 Y2 钻孔 1 111.25～1 500.88m 刘家沟组剖面

上覆早三叠世和尚沟组（T_1h）：紫灰色中砂岩
———————— 整合 ————————

早三叠世刘家沟组（T_1l）：	389.63m
19. 紫红色泥岩	15.91m
18. 紫灰色中砂岩	42.57m
17. 紫灰色细砂岩	2.95m
16. 紫灰色粉砂岩	23.82m
15. 紫灰色中砂岩	36.12m
14. 紫红色粉砂岩	8.40m
13. 紫灰色细砂岩	19.52m
12. 灰紫色粉砂岩	6.56m
11. 紫灰色细砂岩	16.50m
10. 紫红色泥岩	3.00m
9. 灰紫色粉砂岩	10.10m

8.紫灰色细砂岩	14.25m
7.灰紫色粉砂岩	5.55m
6.紫红色泥岩	4.20m
5.紫灰色细砂岩	21.80m
4.紫红色泥岩	3.80m
3.杂色细砂岩互层	124.50m
2.紫灰色粉砂岩	14.80m
1.紫灰色细砂岩	15.28m

——————未见底——————

2. 和尚沟组（T_1h）

和尚沟组分布与刘家沟组一致。岩性以杂色砂岩、泥质粉砂岩、粉砂质泥岩、泥岩不等厚互层为特征。平原区中东部以杂色砂岩、泥质粉砂岩、粉砂质泥岩、泥岩不等厚互层为特征，发育厚度231m左右；平原区南部以杂色砂岩、钙质砂岩、粉砂质泥岩、泥岩不等厚互层为特征，发育厚度400m左右。整合于刘家沟组之上。

剖面特征在平原区中东部以东部钻孔综合剖面为代表，平原区南部以邢台留村Y2钻孔906.64～1 111.25m为代表。地层分别描述如下。

（1）东部钻孔和尚沟组综合剖面

上覆中三叠世二马营组（T_2e）：杂色细砂岩、泥质粉砂岩不等厚互层

——————整合——————

早三叠世和尚沟组（T_1h）：	231.00m
49.杂色泥质粉砂岩、泥岩不等厚互层	36.00m
48.杂色粉砂岩、粉砂质泥岩不等厚互层	31.50m
47.杂色泥质粉砂岩、粉砂质泥岩不等厚互层	42.50m
46.杂色粉砂质泥岩、泥岩不等厚互层	51.50m
45.杂色泥质粉砂岩、粉砂质泥岩互层	48.50m
44.杂色细砂岩、粉砂岩互层	21.00m

——————整合——————

下伏早三叠世刘家沟组（T_1l）：杂色泥岩互层

（2）邢台留村Y2钻孔906.64～1 111.25m和尚沟组剖面

上覆中三叠世二马营组（T_2e）：灰、紫灰色中砂岩不等厚互层

——————整合——————

早三叠世和尚沟组（T_1h）：	204.61m
37.紫红色粉砂质泥岩	8.90m
36.灰、紫灰色中砂岩不等厚互层	11.62m
35.紫灰、紫红色粉砂岩互层	4.60m
34.灰色中砂岩，分选、磨圆好	14.58m
33.灰绿、灰色粉砂岩不等厚互层	1.50m
32.紫灰色中砂岩	30.26m
31.紫红色泥岩	5.56m
30.灰、紫灰色细砂岩不等厚互层	9.14m

29. 紫红色粉砂岩	6.62m
28. 紫灰色细砂岩	6.80m
27. 紫红色泥质粉砂岩	25.91m
26. 紫灰色中砂岩	18.87m
25. 灰绿、紫红色泥质粉砂岩互层	5.33m
24. 紫灰色中砂岩,分选、磨圆中等	5.17m
23. 紫红色粉砂岩	16.50m
22. 紫灰色中砂岩	9.24m
21. 紫红色粉砂质泥岩	2.33m
20. 紫灰色中砂岩	21.68m

———————— 整合 ————————

下伏早三叠世刘家沟组(T_1l):紫红色泥岩

3. 二马营组(T_2e)

二马营组分布与刘家沟组、和尚沟组一致。岩性以杂色含砾砂岩、砂岩、泥质粉砂岩、粉砂质泥岩、泥岩不等厚互层为特征。平原区中东部以杂色砂岩、泥质粉砂岩、粉砂质泥岩不等厚互层为特征,发育厚度27m左右;平原区南部以杂色含砾砂岩、砂岩、泥岩不等厚互层为特征,发育厚度400m左右。整合于和尚沟组之上。

剖面特征在平原区中东部以东部钻孔综合剖面为代表,平原区南部以邢台留村勘查区Y2钻孔686.01～906.64m为代表。地层分别描述如下。

(1)东部钻孔二马营组综合剖面

上覆晚三叠世杏石口组(T_3x):杂色砾岩夹含砾砂岩

～～～～～～ 角度不整合 ～～～～～～

中三叠世二马营组(T_2e):	27.00m
51. 杂色泥质粉砂岩、粉砂质泥岩不等厚互层	10.50m
50. 杂色细砂岩、泥质粉砂岩不等厚互层	16.50m

———————— 整合 ————————

下伏早三叠世和尚沟组(T_1h):杂色泥质粉砂岩、泥岩不等厚互层

(2)邢台留村Y2钻孔686.01～906.64m二马营组剖面

上覆更新统下部饶阳组(Qp^1r):杂色砂砾石

～～～～～～ 角度不整合 ～～～～～～

中三叠世二马营组(T_2e):	220.63m
45. 紫红色泥岩夹有粉砂岩	14.31m
44. 紫灰色细砂岩	2.21m
43. 紫红色泥岩	5.79m
42. 紫灰色中砂岩	28.30m
41. 灰色粉砂岩	3.99m
40. 紫灰色中砂岩	41.51m
39. 紫红色泥岩	1.08m
38. 灰、紫灰色中砂岩不等厚互层	123.44m

———————— 整合 ————————

下伏早三叠世和尚沟组(T_1h):紫红色粉砂质泥岩

二、晚三叠世—晚侏罗世地层

该套地层较为零散地分布于平原区,其中早侏罗世下花园组为重要的含煤岩系,埋深在1300～3200m之间,局部不足100m。

平原区晚三叠世至晚白垩世盆地划分如图1-1所示。

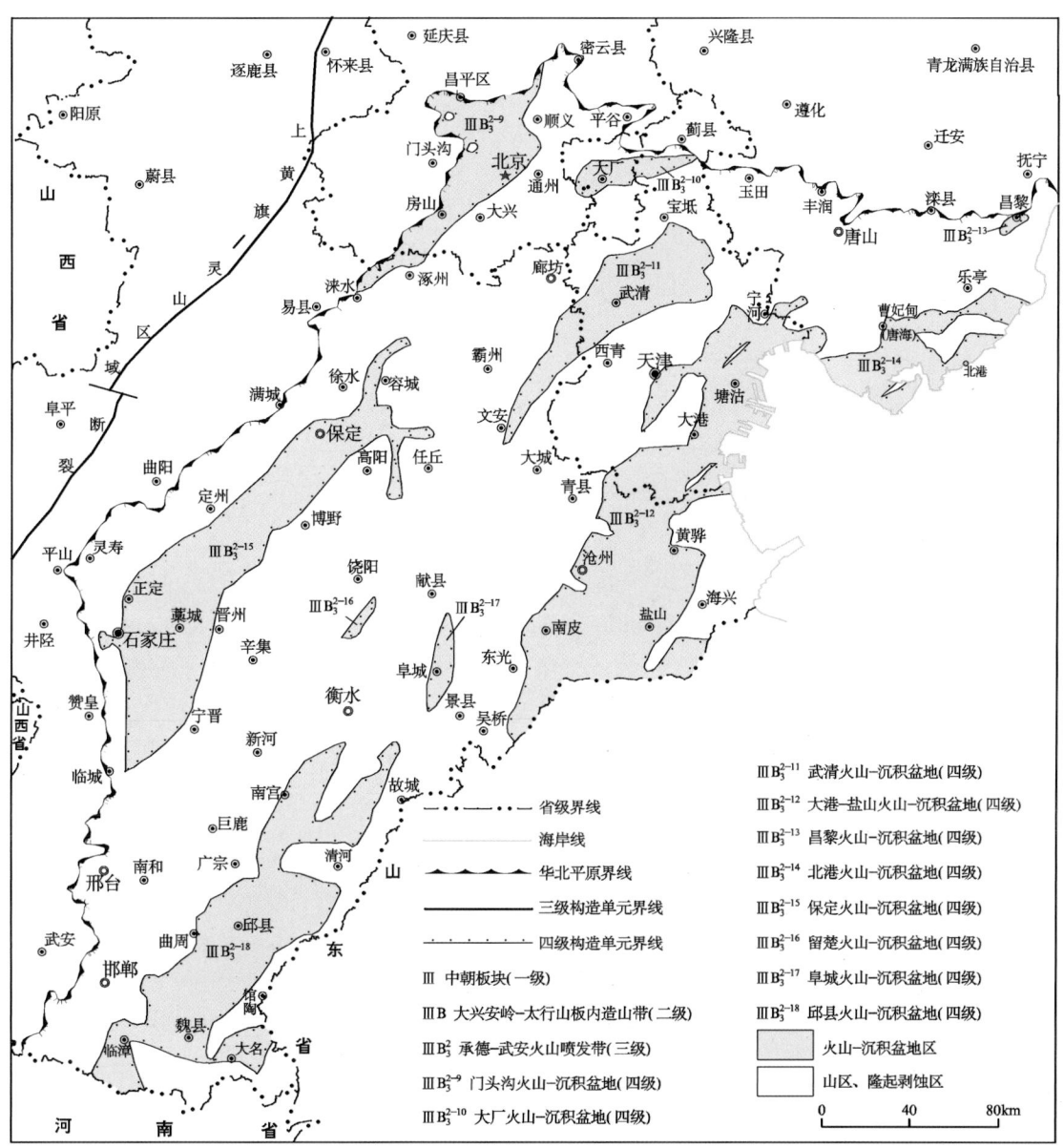

图1-1 平原区晚三叠世至晚白垩世盆地划分图

1. 杏石口组(T_3x)

杏石口组主要分布于平原区西北部的门头沟火山-沉积盆地北部、中部的武清火山-沉积盆地、东北部的北港火山-沉积盆地、东部的大港-盐山火山-沉积盆地中南部、南部的邱县火山-沉积盆地中东部。

岩性以杂色砾岩、砂岩、粉砂质泥岩、泥岩不等厚互层为特征。门头沟火山-沉积盆地以杂色砾岩、砂岩、泥岩不等厚互层为特征,发育厚度30m左右;武清火山-沉积盆地以杂色砂岩、泥岩不等厚互层为特征,夹砾岩、砂质砾岩、含砾砂岩等,发育厚度614m左右;北港火山-沉积盆地为红色泥岩夹砾岩,发育厚度30m左右;大港-盐山火山-沉积盆地为杂色砂质砾岩、含砾砂岩、砂岩、泥岩不等厚互层,发育厚度246m左右;邱县火山-沉积盆地为杂色砂岩,发育厚度500m左右。角度不整合于二马营组或更老地层之上。

剖面特征以武清火山-沉积盆地葛1钻孔2586～3201m、大港-盐山火山-沉积盆地钻孔综合剖面为代表。地层分别描述如下。

(1)葛1钻孔2586～3201m杏石口组剖面

上覆早侏罗世下花园组(J_1x):黑色碳质泥岩

—————整合或平行不整合———

晚三叠世杏石口组(T_3x):	614.00m
48.灰紫色泥岩	19.00m
47.深灰绿色泥岩	16.00m
46.灰紫色泥岩	22.00m
45.灰绿色泥岩	19.00m
44.灰紫色泥岩	25.00m
43.灰绿色泥岩	11.00m
42.灰紫色泥岩	14.00m
41.灰绿色泥质砂岩	9.00m
40.灰紫色泥岩	6.00m
39.浅灰绿色泥岩	11.00m
38.灰绿色泥岩	9.00m
37.灰紫色泥岩	8.00m
36.灰绿色泥质砂岩	11.00m
35.灰紫色泥岩	6.00m
34.灰绿色泥质砂岩	7.00m
33.灰紫色泥质砂岩	9.00m
32.灰紫色泥岩	7.00m
31.灰绿色泥质砂岩与泥岩	11.00m
30.浅灰绿色砂岩与泥质砂岩	6.00m
29.浅灰绿色与灰紫色砂岩	13.50m
28.灰紫色砂质泥岩	11.50m
27.灰紫色砂岩	6.00m
26.浅灰绿色砂质泥岩	5.00m
25.灰紫色砂岩	7.00m
24.灰绿—浅灰绿色泥岩	15.00m
23.灰紫色泥质粉砂岩与泥岩	13.00m
22.灰绿色泥岩	11.00m
21.灰紫色粉砂质泥岩	12.00m
20.灰绿色泥岩	18.50m
19.灰紫色泥岩	21.50m
18.深灰绿色泥岩	18.00m
17.灰紫色泥质粉砂岩	9.00m
16.深灰绿色泥质砂岩	11.00m

15.灰紫色泥质砂岩	15.00m
14.深灰绿色泥岩	9.00m
13.灰紫色泥质砂岩	6.50m
12.灰紫色泥岩	9.50m
11.深灰绿色泥质粉砂岩	12.00m
10.灰紫色泥岩	5.00m
9.深灰绿色泥质粉砂岩	8.00m
8.灰绿色泥岩与灰紫色泥质粉砂岩	18.00m
7.深灰绿色粉砂岩	15.50m
6.灰绿色泥质砂岩与灰紫色泥质粉砂岩	27.50m
5.灰紫色泥质粉砂岩	20.00m
4.灰绿色泥岩	10.00m
3.灰紫色泥质砂岩	21.00m
2.灰绿色泥岩	17.00m
1.灰紫色泥质砂岩	22.00m

~~~~~~~ 角度不整合 ~~~~~~~

下伏晚二叠世孙家沟组(P_3s):紫红色泥岩

(2)大港-盐山火山-沉积盆地钻孔杏石口组综合剖面

上覆早侏罗世下花园组(J_1x):灰绿色泥岩

——————— 整合或平行不整合 ———

晚三叠世杏石口组(T_3x):	246.00m
60.杂色泥岩互层夹砂岩	32.00m
59.杂色砂岩、泥岩互层	16.50m
58.杂色砂岩互层夹泥岩	12.00m
57.杂色砂岩、泥岩互层	26.00m
56.杂色砾岩互层夹含砾砂岩、砂岩	25.50m
55.杂色砂岩互层夹泥岩	11.50m
54.杂色砾岩互层夹含砾砂岩	57.50m
53.杂色砂岩互层夹泥岩	12.50m
52.杂色砾岩互层夹含砾砂岩	52.50m

~~~~~~~ 角度不整合 ~~~~~~~

下伏中三叠世二马营组(T_2e):杂色泥质粉砂岩、粉砂质泥岩不等厚互层

2. 南大岭组(J_1n)

南大岭组仅分布于门头沟火山-沉积盆地的北部。岩性以杂色玄武岩为主,夹少量砂岩、页岩。整合或平行不整合于杏石口组之上。发育厚度520m左右。

剖面特征以北京市门头沟区官厅-阳坡元南大岭组剖面[据"1∶25万北京市幅区域地质调查报告"(2002)资料编制]为代表。地层描述如下。

上覆早侏罗世下花园组(J_1x):绿泥石化灰绿色泥岩

——————— 整合 ———————

早侏罗世南大岭组(J_1n): 520.20m

26.灰绿色玄武岩,杏仁体很多,直径1～5mm	30.00m
25.灰绿色玄武岩	56.90m
24.灰绿色玄武岩,气孔大	14.30m
23.灰色玄武岩	103.10m
22.暗紫色玄武岩	77.70m
21.灰绿色玄武岩	10.40m
20.灰绿色玄武岩,气孔中充填绿帘石	10.00m
19.紫色玄武岩	6.70m
18.灰绿色玄武岩	5.60m
17.灰绿色玄武岩,气孔发育	23.00m
16.灰绿色玄武岩	3.80m
15.灰绿色玄武岩,气孔呈云朵状,为长石和绿帘石充填	5.60m
14.暗紫色玄武岩	10.50m
13.灰绿色玄武岩,气孔不发育	3.50m
12.灰绿色玄武岩	6.40m
11.暗紫色玄武岩	5.70m
10.灰绿色玄武岩	8.00m
9.灰绿色玄武岩夹灰色砂岩	3.80m
8.灰绿色玄武岩	13.60m
7.灰白色石英粉砂岩	4.70m
6.灰绿色玄武岩	24.60m
5.灰绿色玄武岩,具杏仁构造	4.60m
4.紫灰色玄武岩	6.00m
3.灰绿色玄武岩	3.70m
2.紫褐色玄武岩	55.00m
1.紫灰色玄武岩	23.00m

──────── 整合或平行不整合 ────────

下伏晚三叠世杏石口组(T_3x):黑色页岩

3. 下花园组(J_1x)

下花园组分布于平原区西北部的门头沟火山-沉积盆地、西部保定火山-沉积盆地的南部、中部的武清火山-沉积盆地、东北部的北港火山-沉积盆地、东部的大港-盐山火山-沉积盆地的北部边缘和中南部、南部的邱县火山-沉积盆地的中东部。

岩性为以暗色为主的杂色砾岩、砂质砾岩、含砾砂岩、砂岩、粉砂质泥岩、泥页岩、碳质泥页岩煤层不等厚互层。其中,门头沟火山-沉积盆地以深灰、灰绿、灰黑色砾岩、砂质砾岩、砂岩、粉砂岩、泥岩、煤层、煤线等不等厚互层为特征,富含植物群化石,发育厚度660m左右。保定火山-沉积盆地南部石家庄东一带以灰色砾岩、砂岩与灰绿、黑色泥岩、煤层不等厚互层为特征,发育厚度60m左右。武清火山-沉积盆地以灰、灰白色砾岩、砂质砾岩、含砾砂岩、浅灰色砂岩与灰紫、灰绿、黑色泥岩、煤层、碳质泥岩不等厚互层为特征,发育厚度355～658m。北港火山-沉积盆地以灰色砂质砾岩、砂岩、泥岩、黑色碳质泥岩、煤层不等厚互层为特征,发育厚度204m左右。大港-盐山火山-沉积盆地以灰、灰绿色砂质砾岩、砂岩、砂质泥岩、泥岩和灰黑色煤层不等厚互层为特征,发育厚度400m左右。邱县火山-沉积盆地以浅灰色粉砂岩、泥质粉砂岩、深灰色泥岩,灰黑色煤层不等厚互层为特征,发育厚度520m左右。整合于南大岭组之上,或平行不整合于杏石口组之上,局部角度不整合于峰峰组及杨庄组之上。

剖面特征以门头沟火山-沉积盆地涞水—涿州一带ZK501钻孔79.3～736.47m、武清火山-沉积盆地葛1钻孔2231～2586m、大港-盐山火山-沉积盆地钻孔综合剖面为代表。地层分别描述如下。

(1) 涞水—涿州一带ZK501钻孔79.3～736.47m下花园组剖面

上覆更新统上部燕子河组(Qp^3y):黄褐色砂砾石

~~~~~~~ 角度不整合 ~~~~~~~

早侏罗世下花园组(J_1x):	657.17m
18. 灰色粉砂质泥岩、泥岩互层	68.70m
17. 灰色粉砂质泥岩	105.60m
16. 灰褐色泥岩	10.90m
15. 灰褐色泥岩夹泥质粉砂岩	80.80m
14. 灰褐色泥岩	31.20m
13. 灰绿、灰白色泥岩互层	22.00m
12. 灰白色泥质砂岩	8.50m
11. 灰白、灰绿色泥岩互层	4.50m
10. 灰黑色碳质页岩	0.30m
9. 灰黑、灰绿色碳质泥岩互层	6.70m
8. 灰褐色砂质泥岩、灰色泥岩互层	54.50m
7. 灰色泥岩	19.08m
6. 灰色泥砂质砾岩	42.78m
5. 灰色泥岩	16.16m
4. 灰色砂质泥岩、泥岩互层	44.38m
3. 灰色、暗紫色砂质泥岩互层	66.59m
2. 灰色泥岩	62.18m
1. 灰色砾岩	1.80m

~~~~~~~ 角度不整合 ~~~~~~~

下伏蓟县纪杨庄组(Jxy):灰色含燧石白云岩

(2) 葛1钻孔2231～2586m下花园组剖面

上覆中侏罗世九龙山组(J_2j):灰紫色砂质泥岩

——————— 整合或平行不整合 ———————

早侏罗世下花园组(J_1x):	355.00m
85. 灰绿色泥岩	9.00m
84. 黑色煤层	9.00m
83. 灰色砂岩	10.00m
82. 灰白色砂岩	25.00m
81. 黑色煤层	6.00m
80. 灰绿色泥岩	11.00m
79. 黑色煤层	10.00m
78. 黑色碳质泥岩	6.00m
77. 灰绿色泥岩	7.00m
76. 黑色煤层	17.50m
75. 浅灰色砂岩	5.50m
74. 黑色煤层	7.00m
73. 黑色碳质泥岩	6.00m

72. 黑色煤层	12.00m
71. 灰色泥岩	12.00m
70. 灰紫色泥岩	11.00m
69. 灰绿色泥岩	7.00m
68. 灰紫色泥岩	14.00m
67. 黑色煤层	16.00m
66. 灰色泥岩	7.00m
65. 灰色砂岩	5.00m
64. 黑色煤层	7.00m
63. 浅灰色砾岩	11.00m
62. 灰色泥岩	14.00m
61. 浅灰色砂质砾岩	6.00m
60. 灰色泥岩	9.00m
59. 黑色碳质泥岩	10.50m
58. 黑色煤层	7.00m
57. 黑色泥岩	5.00m
56. 灰白色含砾砂岩	9.00m
55. 黑色煤层	6.00m
54. 灰白色砂质砾岩	23.00m
53. 灰色砾岩	4.00m
52. 灰白色砾岩	10.00m
51. 黑色碳质泥岩	6.50m
50. 浅灰色含砾砂岩	6.00m
49. 黑色碳质泥岩	8.00m

―――――― 整合或平行不整合 ――――

下伏晚三叠世杏石口组（T_3x）：黑色碳质泥岩

(3) 大港-盐山火山-沉积盆地钻孔下花园组综合剖面

上覆中侏罗世九龙山组（J_2j）：杂色砾岩、砂岩互层

―――――― 整合或平行不整合 ――――

早侏罗世下花园组（J_1x）：	400.00m
67. 灰绿、灰色泥岩互层夹灰色砂岩和灰黑色煤层	153.00m
66. 灰绿色砾岩夹灰色砂岩	22.00m
65. 灰绿色砂岩、灰色泥岩互层夹灰黑色煤层	11.50m
64. 灰绿、灰色泥岩互层	81.50m
63. 灰绿色砾岩夹灰色砂岩	46.00m
62. 灰绿色砂岩、灰色泥岩不等厚互层夹灰黑色煤层	53.50m
61. 灰绿色泥岩	32.50m

―――――― 整合或平行不整合 ――――

下伏晚三叠世杏石口组（T_3x）：杂色泥岩互层夹砂岩

4. 九龙山组（J_2j）

九龙山组分布于平原区西北部的门头沟火山-沉积盆地、西部的保定火山-沉积盆地的北部边缘及南部石家庄东、中部的武清火山-沉积盆地、东北部的北港火山-沉积盆地、东部的大港-盐山火山-沉积

盆地的北部边缘和中南部、南部的邱县火山-沉积盆地的中部。

岩性以杂色砾岩、砂岩、粉砂岩、泥页岩不等厚互层为特征,局部夹有流纹质凝灰岩等。门头沟火山-沉积盆地以杂色砾岩、凝灰质砾岩、凝灰质砂岩、砂岩、粉砂岩、泥页岩不等厚互层为特征,发育厚度1536m左右。保定火山-沉积盆地北部边缘以杂色流纹质凝灰岩、泥岩不等厚互层为特征,发育厚度106m左右;南部石家庄东一带以杂色砾岩、砂岩、泥岩、流纹质凝灰岩不等厚互层为特征,发育厚度150m左右。武清火山-沉积盆地以杂色砾岩、含砾砂岩、砂岩、粉砂质泥岩、泥岩不等厚互层为特征,发育厚度88～554m。北港火山-沉积盆地以杂色砂质砾岩、砂岩、泥岩不等厚互层为特征,发育厚度53m左右。大港-盐山火山-沉积盆地以杂色砂质砾岩、砂岩,砂质泥岩不等厚互层为特征,发育厚度954m左右。邱县火山-沉积盆地以杂色砾岩、砂岩、泥岩不等厚互层为特征,发育厚度480～907m。整合或平行不整合于下花园组之上。

剖面特征以武清火山-沉积盆地葛1钻孔2143～2231m、大港-盐山火山-沉积盆地钻孔综合剖面为代表。地层分别描述如下。

(1)葛1钻孔2143～2231m九龙山组剖面

上覆中新世馆陶组(N_1g):浅灰色砾岩

~~~~~~~ 角度不整合 ~~~~~~~

中侏罗世九龙山组(J_2j):	88.00m
94.灰紫色砂质泥岩	9.00m
93.灰绿色泥质砂岩	4.00m
92.灰绿色砂质泥岩	7.50m
91.灰紫色砂质泥岩	8.50m
90.灰绿色泥质砂岩	5.00m
89.灰紫色砂质泥岩	15.00m
88.灰绿色砂质泥岩	10.00m
87.灰紫色泥岩	24.00m
86.灰紫色砂质泥岩	5.00m

— — — — 整合或平行不整合 — — —

下伏早侏罗世下花园组(J_1x):灰绿色泥岩

(2)大港-盐山火山-沉积盆地钻孔九龙山组综合剖面

上覆早白垩世义县组与九佛堂组交互层(K_1y-j):灰褐色安山质凝灰岩

~~~~~~~ 角度不整合 ~~~~~~~

中侏罗世九龙山组(J_2j):	954.00m
80.杂色泥岩互层	51.00m
79.杂色砂岩、泥岩不等厚互层	56.50m
78.杂色泥岩互层夹砂岩	44.00m
77.杂色砾岩互层夹砂岩	47.00m
76.杂色泥岩互层互层	45.50m
75.杂色砂岩、泥岩不等厚互层	83.00m
74.杂色砾岩互层夹砂岩	86.50m
73.杂色砂岩、泥岩互层	125.50m
72.杂色泥岩互层夹砂岩	98.50m
71.杂色砂岩、泥岩互层	54.50m

70. 杂色砾岩互层夹砂岩	64.50m
69. 杂色泥岩互层夹砂岩	118.00m
68. 杂色砾岩、砂岩互层	79.50m

―――――――― 整合或平行不整合 ――――――――

下伏早侏罗世下花园组(J_1x):灰绿、灰色泥岩互层夹灰色砂岩和灰黑色煤层

5. 髫髻山组($J_{2-3}t$)

髫髻山组分布于平原区西北部的门头沟火山-沉积盆地、北部的大厂火山-沉积盆地、西部的保定火山-沉积盆地南部石家庄东一带。

岩性主要为中性火山岩及陆源碎屑岩,底部偶见不稳定的灰黑色基性火山岩夹灰绿色、紫红色薄层泥岩。门头沟火山-沉积盆地以杂色玄武岩、安山岩、粗安岩、粗安质角砾岩不等厚互层夹凝灰质砾岩、砂岩等为特征,发育厚度2822m左右。大厂火山-沉积盆地以杂色玄武安山岩、安山岩、角砾状安山岩、安山质角砾岩、泥岩不等厚互层为特征,发育厚度248m左右。保定火山-沉积盆地南部石家庄东一带以杂色玄武岩、安山玄武岩、安山岩、安山质角砾岩、流纹质凝灰岩不等厚互层夹泥岩为特征,发育厚度274m左右。整合于九龙山组之上。

剖面特征以门头沟火山-沉积盆地丰参2钻孔2809～3200m、大厂火山-沉积盆地J6钻孔、保定火山-沉积盆地南部极16钻孔2024～2298m为代表。地层分别描述如下。

(1)丰参2钻孔2809～3200m髫髻山组剖面

上覆早白垩世九佛堂组(K_1j):灰色砂岩

～～～～～～～ 角度不整合 ～～～～～～～

中晚侏罗世髫髻山组($J_{2-3}t$):	391.00m
4. 灰色安山岩	71.00m
3. 紫色安山岩夹凝灰岩	21.00m
2. 灰色安山岩与凝灰岩不等厚互层	165.00m
1. 紫色安山岩	134.00m

―――――――― 未见底 ――――――――

(2)J6钻孔髫髻山组剖面

上覆晚侏罗世土城子组(J_3t):紫灰、紫红色砾岩

―――――――― 整合 ――――――――

中晚侏罗世髫髻山组($J_{2-3}t$):	247.70m
6. 棕红色泥岩夹角砾状安山岩	12.20m
5. 灰、紫灰、紫红色玄武安山岩,具气孔杏仁构造	66.50m
4. 棕红色泥岩与灰色玄武安山岩互层,后者具气孔杏仁构造	24.40m
3. 紫棕色安山岩夹灰色玄武安山岩,后者具气孔杏仁构造	37.50m
2. 紫灰、灰褐—深灰色安山岩夹玄武安山岩和紫灰色泥岩	98.80m
1. 棕红、紫褐色泥岩,下部富含砂并夹安山质角砾岩	8.30m

―――――――― 未见底 ――――――――

(3)极16钻孔2024～2298m髫髻山组剖面

上覆早白垩世九佛堂组(K_1j):深灰色泥岩

~~~~~~~ 角度不整合 ~~~~~~~

中晚侏罗世髫髻山组($J_{2-3}t$)：	274.00m
6. 杂色安山岩、流纹质凝灰岩不等厚互层	72.00m
5. 灰紫色泥岩	27.00m
4. 黑灰色安山岩	33.00m
3. 灰紫色安山岩夹安山质角砾岩	48.50m
2. 灰黑色安山玄武岩夹安山岩	42.50m
1. 灰绿色玄武岩夹灰黑色安山玄武岩	51.00m

———————— 整合 ————————

下伏中侏罗世九龙山组(J_2j)：杂色泥岩互层夹流纹质凝灰岩

6. 土城子组(J_3t)

土城子组分布于平原区西北部门头沟火山-沉积盆地的北部边缘、北部的大厂火山-沉积盆地。

岩性以杂色砾岩、砂岩、粉砂岩、泥页岩不等厚互层夹中性、酸性火山岩为特征，整合于髫髻山组之上。门头沟火山-沉积盆地北部边缘以杂色砾岩、砂岩、粉砂岩、粉砂质页岩不等厚互层夹沸石岩、凝灰岩为特征，发育厚度100m左右；大厂火山-沉积盆地以杂色含砾砂岩、砂岩、泥岩不等厚互层为特征，发育厚度139m左右。

剖面特征以大厂火山-沉积盆地J6钻孔剖面[据《中国区域地质志·天津志》(2017)相关资料综合编制]为代表。地层描述如下。

上覆更新统上部马兰组(Q_p^3m)：杏黄色粉砂质黏土

~~~~~~~ 角度不整合 ~~~~~~~

晚侏罗世土城子组(J_3t)：	138.90m
4. 褐红色含砾粗砂岩，分选、磨圆差	11.10m
3. 杂色含砾砂岩，中细砂岩互层夹粗砂岩、泥岩	36.40m
2. 棕黄、红褐色中细砂岩，棕红色泥岩不等厚互层，泥岩中含石膏条纹、条带	20.90m
1. 棕黄色含砾粗砂岩、砖红色中细砂岩不等厚互层夹棕红、紫红色泥岩	70.50m

———————— 整合 ————————

下伏中晚侏罗世髫髻山组($J_{2-3}t$)：棕红色泥岩夹角砾状安山岩

三、白垩纪地层

该套地层分布广泛，在平原区10个盆地中均有分布，埋深一般在1194～5000m之间，最深处位于曹妃甸区(唐海)柳赞镇一带，在5500～7500m之间。

1. 义县组(K_1y)

义县组分布于平原区西北部门头沟火山-沉积盆地的中部、东北部北港火山-沉积盆地南部。

岩性以杂色基性、中性、偏碱性火山岩不等厚互层夹相应火山碎屑岩和砂、泥页岩为特征。门头沟火山-沉积盆地中部以杂色玄武岩、粗安岩、含集块角砾凝灰岩、砾岩、凝灰质砂岩、沉凝灰岩不等厚互层为特征，含腹足类 Viviparus sp., Probaicalia vitimensis, Lioplacodes cf. choluokyi 等，介形虫 Cypridea unicostata, C. faveolata, C. usualis 等，双壳类 Ferganoconcha subcentralis, F. sp., 鱼类 Sinamia sp. 等化石，发育厚度168m左右。北港火山-沉积盆地南部以灰绿色玄武岩夹灰色泥岩为特征，发育厚度924m左右。角度不整合于前白垩纪地层之上。

剖面特征以门头沟火山-沉积盆地北京市丰台区大灰厂西南靶场义县组剖面、北港火山-沉积盆地南部义县组综合剖面为代表。地层分别描述如下。

(1) 丰台区大灰厂西南靶场义县组剖面

上覆早白垩世九佛堂组(K_1j)：黄绿色泥岩

———————— 整合 ————————

早白垩世义县组(K_1y)：	167.85m
16. 灰绿色含气孔杏仁状玄武岩	24.82m
15. 黄色含砾凝灰质砂岩	0.73m
14. 绿灰色凝灰质粉砂岩夹泥岩	2.18m
13. 黄色凝灰质中砂岩、灰色凝灰质粉砂岩互层	34.70m
12. 灰黄色凝灰质砾岩、紫色凝灰质砂岩互层	1.58m
11. 杂色砾岩、砂质砾岩、凝灰质粉砂岩互层，含腹足类 *Viviparus* sp.，*Probaicalia vitimensis*，*Lioplacades* cf. *choluokyi*，*Ammicola* cf. *yunanensis*，*Trochispira donglanggouensis*，*Galba* cf. *tongshanensis*；介形虫 *Cypridea unicostata*，*C. faveolata*，*C. usualis*，*Mongolianella* sp.；双壳类 *Ferganoconcha subcentralis*，*F.* sp.；鱼类 *Sinamia* sp. 等化石和植物化石碎片	4.56m
10. 灰黄色泥质细砂岩，含生物化石碎片	1.01m
9. 灰黄色凝灰质细砂岩、紫色凝灰质粉砂岩互层	5.57m
8. 灰黄色凝灰质砂砾岩	0.97m
7. 灰绿色玄武岩、紫色气孔状玄武岩互层	7.13m
6. 紫色凝灰质砂砾岩	0.65m
5. 灰黄色凝灰质含砾砂岩	0.65m
4. 灰绿色气孔状玄武岩、灰紫色气孔状玄武岩互层	32.79m
3. 紫灰色凝灰质角砾岩夹凝灰质砂岩	28.11m
2. 杂色凝灰质砾岩、凝灰质砂岩、玄武岩互层	7.47m
1. 灰紫色凝灰质砾岩夹紫色岩屑砂岩	14.93m

～～～～～～ 角度不整合 ～～～～～～

下伏早二叠世太原组(P_1t)：浅变质砂岩

(2) 北港火山-沉积盆地南部义县组综合剖面

上覆早白垩世九佛堂组(K_1j)：灰绿色泥岩

———————— 整合 ————————

早白垩世义县组(K_1y)：	924.00m
11. 灰绿色玄武岩	81.00m
10. 灰色泥岩	11.00m
9. 灰绿色玄武岩	259.00m
8. 灰色泥岩	12.00m
7. 灰绿色玄武岩	165.00m
6. 灰色泥岩	32.50m
5. 灰绿色玄武岩	64.50m
4. 灰色泥岩	11.50m
3. 灰绿色玄武岩	78.00m
2. 灰色泥岩	21.00m
1. 灰绿色玄武岩	188.50m

~~~~~~~ 角度不整合 ~~~~~~~

下伏中侏罗世九龙山组(J_2j):杂色砂岩

2. 九佛堂组(K_1j)

九佛堂组分布于平原区西北部门头沟火山-沉积盆地的中部、北部大厂火山-沉积盆地的西部、西部的保定火山-沉积盆地的大部、中部的武清火山-沉积盆地的北东部、东北部的北港火山-沉积盆地的南部、中南部的留楚火山-沉积盆地和阜城火山-沉积盆地、南部的邱县火山-沉积盆地,是中生代分布最为广泛的地层。

岩性为以暗色为主的杂色砾岩、砂岩、粉砂岩、泥页岩、泥质灰岩不等厚互层夹火山岩,富含热河动物群化石,主要有叶肢介 *Eosestheria dongouensis*,*E. lingyuanensis*,*E.* cf. *middendorfii*;鱼类 *Lycoptera dauidi*,*L. tokungai*;双壳类 *Forganconcha* cf. *lingyuanensis*,*Phaerium* sp.;昆虫 *Epheneropsis trisetalis*;植物 *Coniopteris burejehsis*,*Czekanowskia*。各盆地中岩石组合基本一致,只是发育厚度有所差别。门头沟火山-沉积盆地的中部发育厚度约1698m,大厂火山-沉积盆地的西部发育厚度约300m,保定火山-沉积盆地发育厚度214~392m,武清火山-沉积盆地的北东部发育厚度562m左右,北港火山-沉积盆地的南部发育厚度约923m,留楚火山-沉积盆地发育厚度约593m,阜城火山-沉积盆地发育厚度约501m,邱县火山-沉积盆地发育厚度达4300m。角度不整合于前白垩纪地层或整合于义县组之上。

剖面特征以门头沟火山-沉积盆地中部丰参2钻孔1111~2809m、保定火山-沉积盆地南部极16钻孔1650~2024m、武清火山-沉积盆地王11钻孔948~1525m、北港火山-沉积盆地综合剖面为代表。地层分别描述如下。

(1)丰参2钻孔1111~2809m九佛堂组剖面

上覆早白垩世青石砬组(K_1q):深灰色砂岩

———————— 整合 ————————

早白垩世九佛堂组(K_1j):	1 698.00m
早白垩世九佛堂组三段(K_1j^3):	896.00m
115. 灰色泥岩	17.00m
114. 深灰色砂岩	16.00m
113. 灰色泥岩	16.00m
112. 深灰色砂岩	10.00m
111. 灰色泥岩	12.00m
110. 深灰色砂岩	18.00m
109. 灰色泥岩	24.50m
108. 深灰色砂岩	16.50m
107. 灰色泥岩	18.00m
106. 深灰色砂岩	15.00m
105. 灰色泥岩	25.00m
104. 深灰色砂岩	20.00m
103. 灰色泥岩	5.00m
102. 深灰色砂岩	5.00m
101. 灰色泥岩	25.00m
100. 深灰色砂岩	26.00m
99. 灰色泥岩	18.00m
98. 深灰色砂岩	17.00m
97. 灰色泥岩	15.00m

96. 深灰色砂岩	18.00m
95. 灰色泥岩	6.00m
94. 灰色砂岩	10.00m
93. 灰色泥岩	6.00m
92. 灰色砂岩	8.00m
91. 深灰色泥岩	5.00m
90. 深灰色砂岩	17.00m
89. 灰色泥岩	9.00m
88. 深灰色砂岩	8.50m
87. 灰色泥岩	9.00m
86. 深灰色砂岩	10.50m
85. 灰色泥岩	9.00m
84. 深灰色砂岩	9.50m
83. 灰色泥岩	8.50m
82. 深灰色砂岩	15.00m
81. 灰色泥岩	22.00m
80. 深灰色砂岩	10.00m
79. 灰色泥岩	20.00m
78. 深绿褐色砂岩	7.00m
77. 灰色泥岩	7.50m
76. 深灰色砂岩	6.50m
75. 灰色泥岩	16.00m
74. 深灰色砂岩	17.00m
73. 灰色泥岩	36.00m
72. 深灰色砂岩	13.00m
71. 灰色泥岩	31.00m
70. 深灰色砂岩	13.00m
69. 灰色泥岩	35.00m
68. 深灰色砂岩	13.00m
67. 灰色泥岩	36.00m
66. 深灰色砂岩	15.00m
65. 灰色泥岩	11.00m
64. 深灰色砂岩	10.00m
63. 灰色泥岩	11.00m
62. 深灰色砂岩	13.00m
61. 灰色泥岩	15.00m
60. 深灰色砂岩	15.00m
59. 灰色泥岩	10.00m
58. 深灰色砂岩	12.00m
57. 灰色泥岩	17.00m
56. 深灰色砂岩	16.00m

――――――― 整合 ―――――――

早白垩世九佛堂组二段（K_1j^2）：	228.00m
55. 灰色粉砂质泥岩	12.00m
54. 灰色泥岩	25.00m
53. 灰色砂岩	7.00m

52.灰色泥岩　　　　　　　　　　　　　　　　　　　　　　　　　　　　12.00m
51.深灰色砂岩　　　　　　　　　　　　　　　　　　　　　　　　　　　8.00m
50.杂色泥岩　　　　　　　　　　　　　　　　　　　　　　　　　　　　18.00m
49.深灰色砂岩　　　　　　　　　　　　　　　　　　　　　　　　　　　6.00m
48.灰黑色碳质泥岩　　　　　　　　　　　　　　　　　　　　　　　　　12.00m
47.灰黑色泥岩　　　　　　　　　　　　　　　　　　　　　　　　　　　18.00m
46.灰色泥岩　　　　　　　　　　　　　　　　　　　　　　　　　　　　6.00m
45.灰黑色碳质泥岩　　　　　　　　　　　　　　　　　　　　　　　　　13.00m
44.灰黑色泥岩　　　　　　　　　　　　　　　　　　　　　　　　　　　19.00m
43.深灰色砂岩　　　　　　　　　　　　　　　　　　　　　　　　　　　7.00m
42.灰色泥岩　　　　　　　　　　　　　　　　　　　　　　　　　　　　18.00m
41.灰色泥质粉砂岩　　　　　　　　　　　　　　　　　　　　　　　　　10.00m
40.深灰色泥岩　　　　　　　　　　　　　　　　　　　　　　　　　　　21.00m
39.灰色砂岩　　　　　　　　　　　　　　　　　　　　　　　　　　　　6.00m
38.灰色砂质砾岩　　　　　　　　　　　　　　　　　　　　　　　　　　10.00m

———————— 整合 ————————

早白垩世九佛堂组一段（K_1j^1）：　　　　　　　　　　　　　　　　574.00m
37.灰色粉砂质泥岩、泥岩　　　　　　　　　　　　　　　　　　　　　　21.00m
36.灰色砂岩　　　　　　　　　　　　　　　　　　　　　　　　　　　　9.00m
35.深灰色泥岩　　　　　　　　　　　　　　　　　　　　　　　　　　　18.00m
34.灰色角砾岩　　　　　　　　　　　　　　　　　　　　　　　　　　　17.00m
33.深灰色泥岩　　　　　　　　　　　　　　　　　　　　　　　　　　　9.00m
32.灰色砂岩　　　　　　　　　　　　　　　　　　　　　　　　　　　　8.00m
31.紫色泥岩　　　　　　　　　　　　　　　　　　　　　　　　　　　　13.00m
30.杂色角砾岩　　　　　　　　　　　　　　　　　　　　　　　　　　　18.00m
29.灰色泥岩　　　　　　　　　　　　　　　　　　　　　　　　　　　　17.00m
28.杂色安山质角砾岩　　　　　　　　　　　　　　　　　　　　　　　　19.00m
27.紫色泥岩　　　　　　　　　　　　　　　　　　　　　　　　　　　　15.00m
26.灰色砂岩　　　　　　　　　　　　　　　　　　　　　　　　　　　　13.00m
25.杂色砾岩　　　　　　　　　　　　　　　　　　　　　　　　　　　　18.00m
24.紫色泥岩　　　　　　　　　　　　　　　　　　　　　　　　　　　　16.50m
23.杂色安山质角砾岩　　　　　　　　　　　　　　　　　　　　　　　　17.50m
22.杂色砾岩　　　　　　　　　　　　　　　　　　　　　　　　　　　　34.00m
21.灰色砂岩　　　　　　　　　　　　　　　　　　　　　　　　　　　　18.00m
20.紫色泥岩　　　　　　　　　　　　　　　　　　　　　　　　　　　　28.00m
19.灰色砂岩　　　　　　　　　　　　　　　　　　　　　　　　　　　　17.00m
18.紫色粉砂质泥岩　　　　　　　　　　　　　　　　　　　　　　　　　7.00m
17.紫色泥岩　　　　　　　　　　　　　　　　　　　　　　　　　　　　34.00m
16.紫色粉砂质泥岩　　　　　　　　　　　　　　　　　　　　　　　　　12.00m
15.灰色砂岩　　　　　　　　　　　　　　　　　　　　　　　　　　　　7.00m
14.紫色泥岩　　　　　　　　　　　　　　　　　　　　　　　　　　　　13.00m
13.杂色砾岩　　　　　　　　　　　　　　　　　　　　　　　　　　　　32.00m
12.紫色泥岩　　　　　　　　　　　　　　　　　　　　　　　　　　　　31.00m
11.灰色砂岩　　　　　　　　　　　　　　　　　　　　　　　　　　　　20.00m
10.杂色砾岩　　　　　　　　　　　　　　　　　　　　　　　　　　　　17.00m
9.紫色泥岩　　　　　　　　　　　　　　　　　　　　　　　　　　　　 16.50m

8. 灰色砂岩　　　　　　　　　　　　　　　　　　　　　　　　　　　　　　　　　　　　20.50m

7. 灰色玄武岩　　　　　　　　　　　　　　　　　　　　　　　　　　　　　　　　　　11.00m

6. 杂色角砾岩　　　　　　　　　　　　　　　　　　　　　　　　　　　　　　　　　　18.00m

5. 灰色砂岩　　　　　　　　　　　　　　　　　　　　　　　　　　　　　　　　　　　9.00m

~~~~~~~ 角度不整合 ~~~~~~~

下伏中晚侏罗世髫髻山组（$J_{2-3}t$）：灰色安山岩

（2）极 16 钻孔 1650～2024m 九佛堂组剖面

上覆晚白垩世南天门组（K_2n）：紫红色砾岩

———— 平行不整合 ————

早白垩世九佛堂组（K_1j）：	374.00m
14. 深灰色泥岩	102.00m
13. 灰色砂岩、泥质粉砂岩互层	66.00m
12. 深灰色泥岩	49.50m
11. 深灰色泥质灰岩	36.50m
10. 深灰色泥岩	24.00m
9. 深灰色泥质灰岩	28.00m
8. 灰色砂岩	24.50m
7. 深灰色泥岩	43.50m

~~~~~~~ 角度不整合 ~~~~~~~

下伏中晚侏罗世髫髻山组（$J_{2-3}t$）：杂色安山岩、流纹质凝灰岩不等厚互层

（3）王 11 钻孔 948～1525m 九佛堂组剖面

上覆上新世明化镇组（N_2m）：浅灰色含砾砂岩、砂质砾岩与灰绿色泥岩不等厚互层

~~~~~~~ 角度不整合 ~~~~~~~

早白垩世九佛堂组（K_1j）：	561.50m
21. 浅灰色凝灰岩	180.50m
20. 暗紫色泥岩夹少量棕红色薄层泥岩	130.00m
19. 杂色砾岩与暗紫色泥岩互层	16.50m
18. 紫红色泥岩夹杂色砾岩(1.5m)	18.50m
17. 灰色泥岩夹暗紫色泥质粉砂岩(1m)、紫红色安山岩(1m)	32.50m
16. 紫红色泥岩夹灰色泥岩	13.00m
15. 灰色粉砂岩	2.00m
14. 深灰、灰色泥岩夹砂质砾岩(1.5m)、白云质泥岩(3m)	46.00m
13. 灰绿色泥岩	3.00m
12. 紫红色含砾砂岩、灰色砂质砾岩、砾岩与灰色泥岩不等厚互层	15.00m
11. 灰色含砾砂岩	4.00m
10. 灰绿色泥岩夹灰色粉砂质泥岩、粉砂岩	46.00m
9. 灰色粉砂岩、含砂泥岩、泥岩	32.00m
8. 灰褐色油页岩	1.50m
7. 深灰、灰色泥岩夹泥质粉砂岩	9.50m
6. 灰白色含砾砂岩	4.00m
5. 黑色煤层	2.00m

4.黑灰色泥岩	2.00m
3.深灰色泥岩	0.50m
2.杂色砾岩	1.50m
1.棕红色泥岩	1.50m

~~~~~~~ 角度不整合 ~~~~~~~

下伏早中奥陶世马家沟组($O_{1-2}m$):灰色灰岩

(4)北港火山-沉积盆地南部九佛堂组综合剖面

上覆始新世沙河街组三段(E_2s^3):灰、灰白色砾岩互层

~~~~~~~ 角度不整合 ~~~~~~~

早白垩世九佛堂组(K_1j):	923.00m
19.灰绿色泥岩	123.00m
18.灰色凝灰质砂岩	44.50m
17.灰绿色泥岩	195.50m
16.灰色凝灰质砂岩	64.50m
15.灰绿色泥岩	35.50m
14.深灰色泥质粉砂岩	32.50m
13.灰色凝灰质砂岩	76.00m
12.灰绿色泥岩	351.50m

———————— 整合 ————————

下伏早白垩世义县组(K_1y):灰绿色玄武岩

3. 义县组与九佛堂组交互层(K_1y-j)

义县组与九佛堂组交互层分布于平原区东部的大港-盐山火山-沉积盆地中,发育厚度达1800m。

义县组与九佛堂组交互层代表了两个组同时异相交互产出的特征,岩性为以暗色为主的火山岩及火山碎屑岩、砂岩、泥岩不等厚互层,角度不整合于九龙山组之上。

剖面特征以大港-盐山火山-沉积盆地钻孔义县组与九佛堂组交互层综合剖面为代表。地层描述如下。

上覆始新世孔店组(E_2k):灰绿色含泥不等粒砂岩

~~~~~~~ 角度不整合 ~~~~~~~

早白垩世义县组与九佛堂组交互层(K_1y-j):	1 800.00m
94.杂色泥岩互层	16.50m
93.杂色砂岩互层	35.00m
92.杂色泥岩不等厚互层夹泥质灰岩	86.50m
91.杂色安山岩互层	62.00m
90.杂色玄武岩互层	128.50m
89.杂色安山岩互层	122.50m
88.杂色砂岩、泥岩不等厚互层	246.00m
87.杂色泥岩互层	45.00m
86.杂色泥质灰岩互层夹泥岩	286.00m
85.杂色泥岩互层夹砂岩	76.50m
84.灰色泥质灰岩	9.50m

83. 杂色砂岩、泥岩、安山质凝灰岩不等厚互层	431.00m
82. 灰、灰褐色安山岩、安山质凝灰岩、泥岩互层	216.50m
81. 灰褐色安山质凝灰岩	38.50m

~~~~~~~ 角度不整合 ~~~~~~~

下伏中侏罗世九龙山组(J_2j):杂色泥岩互层

4. 青石砬组(K_1q)

青石砬组仅分布于平原区西北部门头沟火山-沉积盆地的中部。

岩性以灰、深灰色砂岩、泥质粉砂岩、泥岩、泥质灰岩不等厚互层为特征,发育厚度325～397m。整合于九佛堂组之上。

剖面特征以丰参2钻孔786～1111m为代表。地层描述如下。

上覆始新世孔店组(E_2k):灰色玄武岩

~~~~~~~ 角度不整合 ~~~~~~~

早白垩世青石砬组(K_1q):	325.00m
133. 深灰色泥岩	13.00m
132. 灰色泥质灰岩	19.50m
131. 深灰色泥质粉砂岩	16.50m
130. 灰色泥质灰岩	21.00m
129. 深灰色泥岩	33.50m
128. 灰色泥质灰岩	30.50m
127. 灰色泥岩	4.00m
126. 深灰色泥质灰岩	26.00m
125. 深灰色泥岩	35.00m
124. 灰色泥质粉砂岩	15.00m
123. 深灰色泥岩	42.00m
122. 深灰色砂岩	6.00m
121. 灰色泥岩	13.00m
120. 深灰色砂岩	5.00m
119. 灰色泥岩	19.00m
118. 深灰色砂岩	6.00m
117. 灰色泥岩	15.00m
116. 深灰色砂岩	5.00m

——————— 整合 ———————

下伏早白垩世九佛堂组三段(K_1j^3):灰色泥岩

5. 南天门组(K_2n)

南天门组分布于平原区西部的保定火山-沉积盆地,中南部的留楚火山-沉积盆地,东部的大港-盐山火山-沉积盆地的西北部、邱县火山-沉积盆地一带及昌黎沉积-火山盆地。

岩性以杂色砾岩、泥质砾岩、含砾砂岩、砂岩、粉砂岩、含砾泥岩、泥岩不等厚互层为特征。各盆地中岩石组合基本一致,仅在昌黎南部昌参1钻孔岩石组合略有区别,以杂色流纹质凝灰岩、石英粗面质凝灰岩、粗面岩不等厚互层夹紫红色泥岩为特征,火山岩K-Ar法同位素年龄为93Ma,发育厚度约200m。保定火山-沉积盆地发育厚度308～800m,留楚火山-沉积盆地发育厚度约569m,大港-盐山火山-沉积盆地的西北部发育厚度约636m,邱县火山-沉积盆地发育厚度68～794m。平行不整合于九佛堂组之上。

剖面特征以极16钻孔1342～1650m、皇2钻孔4544～5113m、大寺镇WR9钻孔剖面为代表。地层分别描述如下。

（1）极16钻孔1342～1650m南天门组剖面

上覆始新世孔店组（E_2k）：杂色砾岩互层

～～～～～～～ 角度不整合 ～～～～～～～

晚白垩世南天门组（K_2n）：	308.00m
19. 杂色泥岩互层	45.50m
18. 杂色粉砂岩互层	47.50m
17. 杂色钙质泥岩互层	62.00m
16. 杂色泥岩互层	126.50m
15. 紫红色砾岩	26.50m

—————— 平行不整合 ——————

下伏早白垩世九佛堂组（K_1j）：深灰色泥岩

（2）皇2钻孔4544～5113m南天门组剖面

上覆始新世沙河街组三段（E_2s^3）：灰色砂岩

～～～～～～～ 角度不整合 ～～～～～～

晚白垩世南天门组（K_2n）：	569.00m
20. 紫色泥岩	38.50m
19. 黄褐色砂岩	17.50m
18. 灰紫色泥岩	56.50m
17. 灰绿色砂岩	21.50m
16. 紫色泥岩	68.50m
15. 黄褐色砂岩	15.00m
14. 紫色泥岩	59.50m
13. 黄褐色砂岩	12.50m
12. 紫色泥岩	57.00m
11. 黄褐色砂岩	14.50m
10. 紫色泥岩	44.50m
9. 黄褐色砂岩	15.50m
8. 紫红色泥岩	41.50m
7. 黄褐色砂岩	16.50m
6. 紫色泥岩	13.00m
5. 黄褐色砂岩	13.50m
4. 紫红色泥岩	15.00m
3. 黄褐色砂岩	9.50m
2. 紫色泥岩	25.50m
1. 紫红色砾岩	13.50m

—————— 平行不整合 ——————

下伏早白垩世九佛堂组（K_1j）：棕色安山岩

(3) 天津市大寺镇 WR9 钻孔南天门组剖面

上覆中新世馆陶组(N_1g)：杂色含砂砾岩夹泥岩

~~~~~~~ 角度不整合 ~~~~~~~

晚白垩世南天门组(K_2n)：	636.00m

14. 紫红色泥质砾岩   117.00m

13. 暗红色泥岩夹紫红色粉细砂岩   85.00m

12. 紫红色泥岩夹含砾砂岩，含鱼骨化石，含孢粉 *Cyathidites* sp.，*Loptolepidites major*，*L.* sp.，*Roticulasporites clathratus*，*Converrucosioparites* sp.，*Verrucosisporites undulatus*，*V.* sp.，*Puctatisporites minutus*，*Coutignisporites* sp.，*Lycopdiumsporites paniculatoides*，*Fauesporites* sp.，*Osmundacidites* sp.，*Acanthotriletesstellanus*，*Laevigatosporites vulgaris*，*Protopinus scanicus*，*Cedeipites* sp.，*Cycadopites* sp.，*Callialasporites dellmannae*   49.00m

11. 杂色泥质砾岩互层   57.00m

10. 紫红色含砾泥岩   39.00m

9. 杂色泥岩互层夹粉砂岩、细砂岩，含孢粉 *Cicatricosisporites exiloides*，*Impardeispora trioreticulosus*，*I. apiverrucatus*，*Trilobosporites* cf. *hannonicus*，*Concavissimisporites punctatus*，*Gleicheniiuites senonicus*，*Osmundacidites wellmanii*，*Cyathidites minor*，*Deltoidospora* sp.，*Dictyophyllidites* sp.，*Verrucosisporites* sp.，*Dinuspollenites* sp.，*Piceapollenites* sp.，*Podocarpidites paulus*，*Laricoiditesmagnus*，*Taxodiaceaepollenites hiatus*   90.60m

8. 灰白色含砾细砂岩   14.00m

7. 灰褐、灰黑色泥岩互层夹少量灰白色砂岩   66.00m

6. 白色细砂岩，分选差，磨圆中等   7.00m

5. 灰绿、灰、紫红色泥岩互层   12.00m

4. 灰白色细砂岩   20.00m

3. 紫红色泥岩   17.00m

2. 灰白、肉红色砂岩，分选、磨圆中等   44.00m

1. 灰绿、紫红色含砾泥岩互层，含孢粉 *Cicatricosisporites minutaestiatus*，*C. australiensis*，*Impardicisparis trioreticulata*，*I. apiuerrucata*，*Trilobasporites* sp.，*Cancavissimisporites punctatus*，*Cyathidites minor*，*C. austratis*，*Osmundacidites wellmanii*，*Schizaeoisporites kulanclyensis*，*S.* sp.，*Polypodiaceuesporites ovatus*，*Leptolepides verrucatus*，*Dictyophillidites* sp.，*Monosulcites* sp.，*Psophosphaeramacropunctatus*，*Pinuspollenites* sp.，*Piceaepollenites* sp.，*Taxodiaceaepollenites niatus*，*Larieoidites magnus*，*Ephedripites* sp.，*Ciassoplis* sp.   18.40m

============== 断层 ==============

下伏蓟县纪雾迷山组（Jxw）：浅灰、灰白色硅质白云岩

第二章　古近纪—新近纪地层

河北省平原区古近纪—新近纪地层区划与岩石地层序列划分主要参照《河北省区域地质纲要》（2024）划分方案。古近纪—新近纪（即新生代）地层区划（图2-1）隶属于华北地层区（ⅢC$_4$），进一步划分为华北平原地层分区（ⅢC$_4^2$）的山前平原地层小区（ⅢC$_4^{2-1}$）和中东部平原地层小区（ⅢC$_4^{2-2}$）。

古近纪地层由下向上依次为孔店组（E$_1$k）、沙河街组（E$_{2-3}$s）、东营组（E$_3$d）；新近纪地层包括九龙口组（N$_1$j）、馆陶组（N$_1$g）、明化镇组（N$_2$m）。岩石地层序列划分沿革情况如表2-1所示。

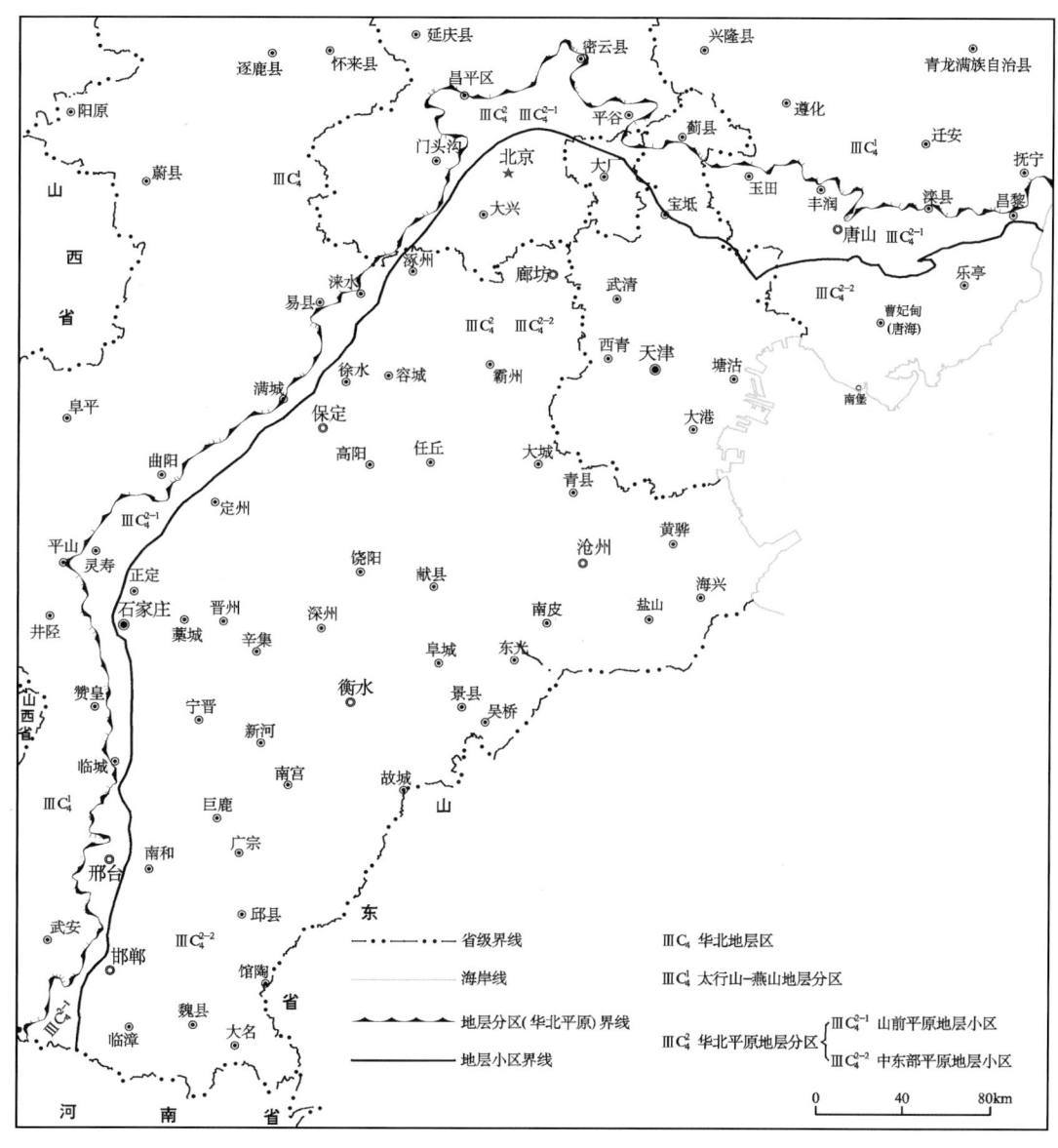

图2-1　平原区古近纪—第四纪地层区划图

表2-1 平原区古近纪—新近纪地层划分沿革表

地质部第一石油普查大队、石油部地球物理勘探局641厂，华北石油勘探处(1964—1978) 华北平原			《中国石油地质志》(2022) 冀中坳陷			《中国石油地质志》(2022) 大港油气区			《中国石油地质志》(2022) 冀东油气区			《中国石油地质志·天津志》(2017) 临清坳陷			《中国石油地质志·天津志》(2017) 平原区			《中国区域地质志·河北省》(2017)/《河北省区域地质纲要》(2024) 平原区			本书(2025) 平原区		
时代	组	段	时代	组	段	时代	组	段	时代	组	段	时代	组	段	时代	组	段	时代	组	段	时代	组	段
N_2	明化镇组	上段	N_2	明化镇组	上段	N_2	明化镇组	上段	N_2	明化镇组	上段	N_2	明化镇组	上段	N_2	明化镇组	上段	N_2	明化镇组	上段	N_2	明化镇组	上段
		下段			下段			下段			下段			下段			下段			下段			下段
N_1	馆陶组		N_1	馆陶组		N_1	馆陶组		N_1	馆陶组		N_1	馆陶组		N_1	馆陶组		N_1	馆陶组		N_1	九龙口组	
E_3	东营组	一段	E_3	东营组	一段	E_3	东营组	一段	E_3	东营组	一段	E_3	东营组	一段	E_3	东营组	一段	E_3	东营组	一段	E_3	东营组	一段
		二段			二段			二段			二段			二段			二段			二段			二段
		三段			三段			三段			三段			三段			三段			三段			三段
E_2	沙河街组	一段	E_2	沙河街组	一段	E_2	沙河街组	一段	E_2	沙河街组	一段	E_2	沙河街组	一段	E_2	沙河街组	一段	E_2	沙河街组	一段	E_2	沙河街组	一段
		二段			二段			二段			二段			二段			二段			二段			二段
		三段			三段			三段			三段			三段			三段			三段			三段
		四段			四段			四段						四段			四段			四段			
E_1	孔店组	一段	E_1	孔店组	一段	E_2	孔店组	一段				E_1	孔店组	一段		孔店组	一段		孔店组	一段		孔店组	一段
		二段			二段			二段						二段			二段			二段			二段
		三段			三段			三段						三段			三段			三段			三段

第一节 古近纪地层

一、孔店组（E_2k）

孔店组广泛分布于廊坊—深州、晋州、临西—魏县、河间市东北部以及沧州市东部黄骅市孔店等地（图2-2）。岩性为一套河湖相的棕红、棕褐色泥岩、泥质砂岩、砂质泥岩，夹灰、黑灰、灰绿色泥岩、粉砂岩、含泥长石粉砂岩、页岩和油页岩组合，局部夹玄武岩，底部为白色砾岩。不整合于中生代及更老地层之上。按岩石组合和沉积旋回划分为3个段。

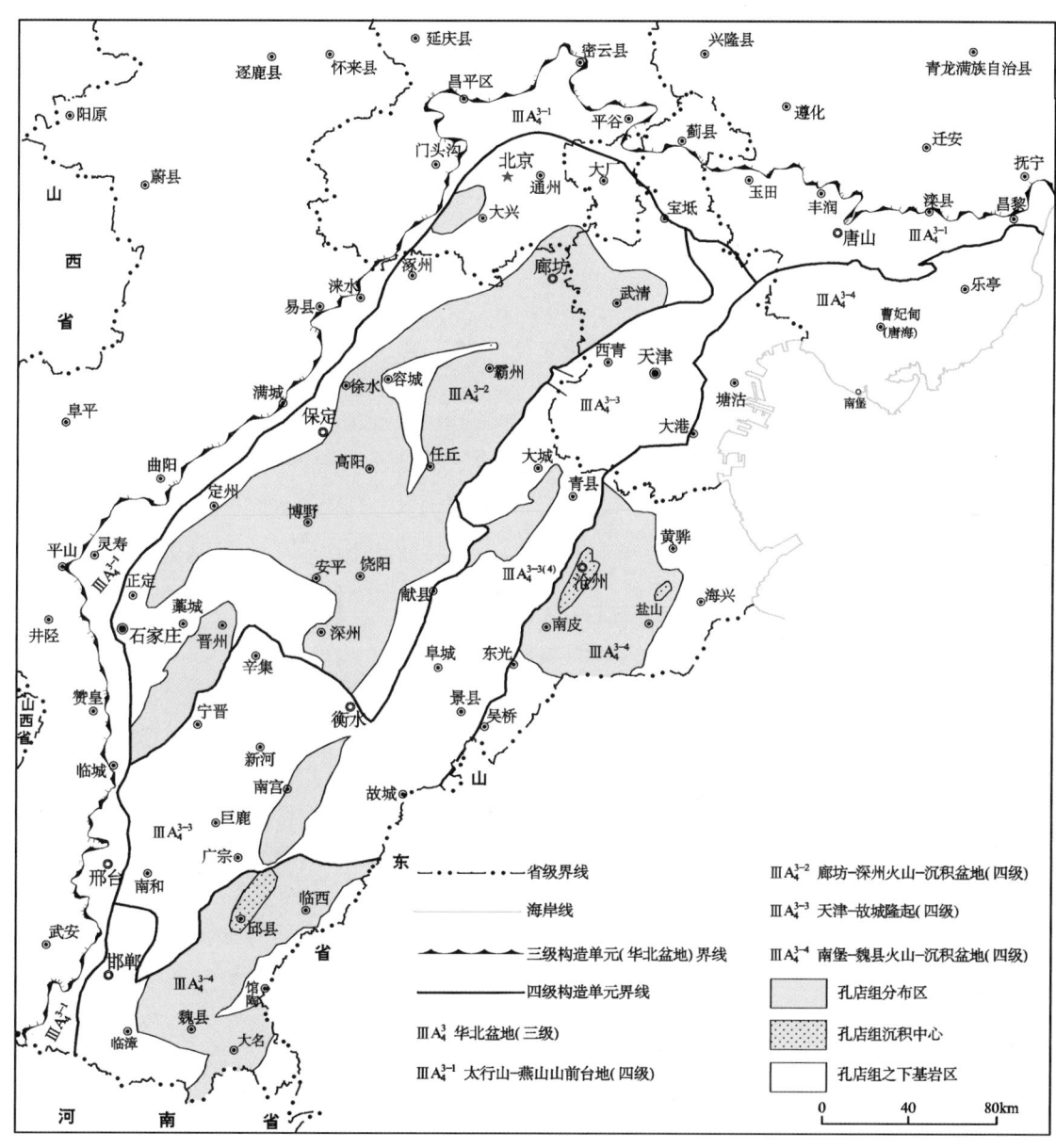

图2-2 平原区始新世孔店组分布图

南堡-魏县火山-沉积盆地中部黄骅一带,孔店组最为发育,厚度约2500m。岩性组合与标准剖面基本相似,但局部夹多层玄武岩。一段为深红或暗红色砂质泥岩、泥质砂岩、浅棕红色粉细砂岩互层;二段为深灰色泥岩、浅灰色长石粉砂岩夹泥岩、页岩和薄层油页岩;三段为灰褐色泥岩、灰色泥质砂岩和砂质泥岩,底部有不稳定底砾岩。

南堡-魏县火山-沉积盆地南部,孔店组主要分布于凹陷中,凸起上基本缺失,厚度0~916m。岩性、厚度变化剧烈。二段的暗色泥岩段在邯郸一带可能相变为浅灰色粉砂岩、细砂岩、杂色角砾岩,且厚度薄而变化大。三段是否存在尚难定论。

廊坊-深州火山-沉积盆地,孔店组主要发育在保定凹陷(厚达1279m)和廊坊凹陷(厚达2537m)。与标准剖面比较,顶部多一套暗色岩层,剖面中的砂岩组分和岩盐含量有所增加,并缺失油页岩层。在北京长辛店、大灰厂、良乡、高佃村等地孔店组分布零星,为一套灰白、紫红色砾岩夹紫红色粉砂质泥岩、泥岩及砂岩的河湖相沉积地层,厚48.5m。

天津-故城隆起南部,南宫凹陷发育较全,厚达732m,斜坡部位0~359m。二段中上部为浅灰色长石碎屑粉、细砂岩夹深灰、棕色泥岩;下部为灰白、浅灰色粉、细砂岩与深灰、棕色泥岩互层夹砂砾岩,厚度大于241m,与下伏白垩纪火山岩不整合接触。一段上部为灰色泥岩与灰白、浅灰、浅棕色细、中砂岩不等厚互层,夹深棕色泥岩及含膏泥岩、硬石膏薄层;中部为深棕色泥岩与灰色泥岩夹浅棕色粉、细、中砂岩;下部为棕红色泥岩、粉砂质泥岩与浅棕、红棕色粉、细、中砂岩不等厚互层夹4层灰色砂砾岩,厚约165m。

剖面特征以黄骅市孔家店村孔1钻孔、永清县安29钻孔和永清县京343钻孔为代表。地层分别描述如下。

(1)黄骅市孔家店村孔1钻孔孔店组标准剖面

上覆始新世沙河街组三段(E_2s^3):砾岩

—————— 平行不整合 ——————

始新世孔店组(E_2k):	1471m
始新世孔店组一段(E_2k^1):	598m
8.深红、暗红色间夹灰绿色砂质泥岩、泥质砂岩和浅棕红色含砾砂岩互层	149m
7.深棕色与暗红色砂质泥岩、泥质砂岩夹浅棕红色粉细砂岩	246m
6.暗棕红、棕褐色泥质砂岩、砂质泥岩与灰绿、浅棕红色粉细砂岩互层	203m

—————— 整合 ——————

始新世孔店组二段(E_2k^2):	386m
5.深灰色泥岩夹灰绿、暗棕红色泥岩薄层	53m
4.顶为浅灰、灰绿色含泥长石粉砂岩夹深灰、黑色泥岩、页岩,往下变细,以深灰、黑灰色泥岩、页岩为主,夹灰绿色含泥长石粉砂岩和3层薄层油页岩	136m
3.上部灰、浅灰、灰绿色含泥长石粉砂岩夹深灰色泥岩;下部深灰、黑灰色泥岩、页岩夹灰绿色砂质泥岩和浅灰、灰绿色含泥长石砂岩	197m

—————— 整合 ——————

始新世孔店组三段(E_2k^3):	487m
2.灰褐色泥岩夹灰色泥质砂岩和砂质泥岩薄层。砂质泥岩中含方解石细脉	183m
1.暗棕、棕红色泥岩、泥质砂岩夹灰褐色泥岩;底部为灰白色底砾岩,棕红色泥岩中可见安山岩、玄武岩砾石,呈棱角—半棱角状	304m

~~~~~~ 角度不整合 ~~~~~~

下伏早白垩世九佛堂组(K_1j):深棕红色泥岩夹凝灰岩

(2)永清县安29钻孔和永清县京343钻孔孔店组剖面

上覆始新世沙河街组三段($E_2\hat{s}^3$)：杂色砂岩、泥岩互层

———————— 平行不整合 ————————

始新世孔店组（E_2k）：	2357m
始新世孔店组一段（E_2k^1）：	745m

17. 深灰、灰、绿灰色泥岩互层，产介形类 Limnocythere ovata, L. dectyophora, Candona adulta　　98m
16. 杂色细砂岩、粉砂岩互层夹泥岩，产介形类 Limnocythere dectyophora, Candona sagmaformis　　32m
15. 灰绿色泥岩，产介形类 Limnocythere ovata, L. dectyophora, L. nobosa, L. bicostata, Candona postabscissa；孢粉 Taxodiaceaepollenites, Ephedripies, Ulmoideipites tricostatus 等　　84m
14. 灰、灰绿色砂岩夹灰绿色泥岩，产介形类 Limnocythere ovata, L. bicostata, L. nodosa, Candona postabscissa, C. concisa；孢粉同上层　　44m
13. 杂色泥岩不等厚互层，产介形类 Limnocythere ovata, L. nobosa, Candona postabscissa, C. binxianensis；孢粉 Taxodiaceaepollenites, Ephedripites, Umloideipites tricostatus　　178m
12. 灰、灰绿色泥岩夹砂岩，产介形类 Limnocythere langipileiformis, Austrocypris levis, Eucypris wutuensis, E. levis, Candona acclivis, C. ventroconvexa, C. sagmaformis, Limnocythere pileiformis, L. ovata；孢粉 Taxodiaceaepollenites, Ephedripites, Ulmoideipites tricostatus 等　　122m
11. 深灰色泥岩夹灰、灰绿色泥岩，产介形类 Austrocypris levis, Cyprinotus reniformis, Limnocythere pileiformis, L. ovata, L. longipileiformis, Candona postabscissa；孢粉同上层　　91m
10. 灰、灰绿色泥质粉砂岩、泥岩不等厚互层　　96m

———————— 整合 ————————

始新世孔店组二段（E_2k^2）：　　576m

9. 灰绿色泥质灰岩、钙质页岩互层，产介形类 Austrocypris levis, Eucypris levis, E. wutuensis, E. pengzhenensis, Cyprinotus reniformis, Limnocythere levis, L. pileiformis, L. ovata, Candonaacclivis, C. postabscissa　　27m
8. 杂色细砂岩、泥岩互层夹玄武岩，产介形类 Limnocythere levis, L. pileiformis, L. ovata, Candona acclivis, Austrocypris levis　　224m
7. 灰白色细砂岩、杂色泥岩互层夹3层黑色玄武岩，产介形类 Cyprinotus igneus, C. wangguantunensis, Limnocythere levis, L. pileiformis, L. ovcta；孢粉 Ulmipollenites, Quercoidites, Ephedripites, Ulmoideipites tricostatus, Euphorbiaccites, Meliaceoidites　　55m
6. 灰白色粉砂岩、杂色泥岩不等厚互层夹砂岩、页岩及玄武岩，产介形类 Cyprinotus igneus；孢粉同上层　　270m

———————— 整合 ————————

始新世孔店组三段（E_2k^3）：　　1036m

5. 灰、深灰色泥岩，产介形类 Cyprinotus altilis　　90m
4. 灰白色粉砂岩与深灰、灰黑色泥岩，产介形类 Cyprinotus contractus　　100m
3. 杂色泥岩互层夹浅灰色粉砂岩，产孢粉 Ulmipollenites, Ulmoideipites, Quercoidites, Ephedripites, Meliaceoidites, Euphorbiaccites, Loniceropollis, Pterisisporites　　355m
2. 浅灰色粉砂岩、杂色泥岩不等厚互层夹碳质泥岩，局部粉砂岩油浸，产介形类 Labitria chinensis　　260m
1. 杂色含砾砂岩、粉细砂岩、泥岩不等厚互层夹灰白色泥质灰岩，产介形类 Cyprinotus cangzhouensis；孢粉同第3层　　231m

———————— 未见底 ————————

二、沙河街组（$E_{2-3}\hat{s}$）

沙河街组广泛分布于平原区新生代断陷盆地内（图2-3），主要包括廊坊—深州、林西—大名、唐海—南堡、塘沽—南皮等地。该组在山东沙河街标准剖面孔内分为3个段，经综合研究认为本区西部原

定义的沙河街组四段应属孔店组,因此本书采用3个段的划分方案。其中,一段至二段时代归属渐新世,三段时代归属始新世。

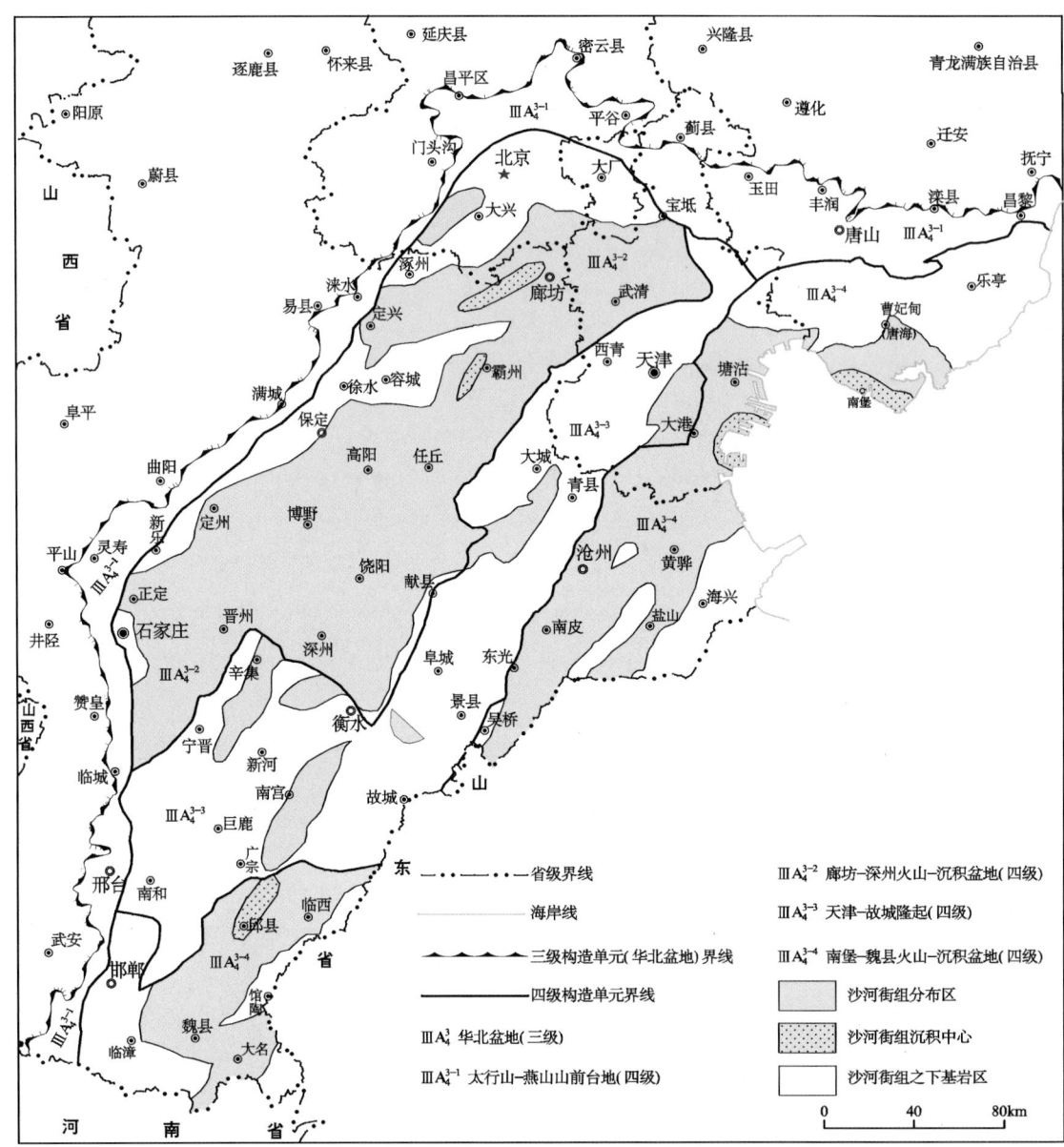

图2-3 平原区始新世—渐新世沙河街组分布图

1. 沙河街组三段（E_2s^3）

岩性为一套富含有机质的暗色泥岩夹油页岩、泥质灰岩及砂岩,以富含华北介为特征。根据生物化石和沉积旋回分为3个亚段。下亚段为深灰色泥岩夹绿灰、灰白色砂岩,底为灰白色砂岩;中亚段为绿灰、深灰色泥岩夹灰、灰白色砂岩;上亚段为绿灰、灰色泥岩与灰白、深灰、灰色砂岩、粉砂岩不等厚互层,夹油页岩和碳质泥岩。与下伏孔店组呈平行不整合接触,或与前新生代地层呈角度不整合接触。

该段在各盆地岩石组合基本一致,仅发育厚度有所差别。在廊坊-深州火山-沉积盆地,北京、武清-霸县凹陷沉积最厚达3500m,饶阳凹陷厚1500m左右,其他地区厚200～1200m;在南堡-魏县火山-沉积盆地,黄骅及其以北的凹陷厚 1500m 左右,南堡凹陷最厚达 2244m,南部地区各凹陷内厚 450~1260m;在天津-故城隆起大营、辛集等凹陷中厚 180~538m。

剖面特征以固安县前北堡村沙钻孔、永清台子庄安 29 钻孔及冀东南堡凹陷综合钻孔为代表。地层分别描述如下。

(1)固安县前北堡村沙河街组三段上亚段剖面

上覆渐新世沙河街组二段(E_3s^2):灰色砂岩

—————— 平行不整合 ——————

始新世沙河街组三段(E_2s^3)上亚段:	828m

7. 灰、绿灰色泥岩。产藻类 Bohaidina 及 Parabohaidina,前者可占 70% 　　　　　　　　　　　118m

6. 灰、绿灰色泥岩与灰、灰白色砂岩不等厚互层。产藻类 Bohaidina,Parabohaidina;介形类 Camarocypris,Candona subreniformis　　　　　　　　　　　148m

5. 灰、灰绿色泥岩,顶有一层厚 5m 的黑色碳质泥岩。产藻类 Bohaidina,Parabohaidina　　　42m

4. 灰、绿灰色泥岩与灰、浅灰色砂岩不等厚互层。藻类同上层　　　　　　　　　　　　81m

3. 灰、灰绿色泥岩与灰、浅灰色砂岩频繁互层,顶部夹两层黑灰色油页岩,中部夹一层黑色碳质泥岩。产藻类 Bohaidina,Parabohaidina;介形类 Hucbeinia　　　　　　　　　　166m

2. 灰、绿灰色泥岩与灰、浅灰色砂岩不等厚互层,中部夹黑色油页岩和碳质泥岩各一层,顶部为一层厚 4m 的煤层。产介形类 Huabeinia;藻类同上层　　　　　　　　　　123m

1. 灰、绿灰色泥岩与灰、浅灰色粉砂岩互层,夹一层砂岩,顶部为一层厚 4m 的煤层,底部为砂岩。产介形类 Hucbeinia,H. chinensis,H. huidongensis,H. postideclivis,H. elliptica,Candona adulta;藻类 Bohaidina 和 Parabohaidina　　　150m

—————— 整合 ——————

下伏始新世沙河街组三段(E_2s^3)中亚段:绿灰色泥岩

(2)永清台子庄安 29 钻孔沙河街组三段中下亚段剖面

上覆始新世沙河街组三段(E_2s^3)上亚段:浅灰色粉砂岩

—————— 整合 ——————

始新世沙河街组三段(E_2s^3)中亚段:　　　　　　　　　　　　　　　　　　417m

14. 绿色与深灰色泥岩夹浅灰、灰白色砂岩。产介形类 Huabeinia,H. chinensis,H. postideslivis,H. costatispinata,H. huidongensis,Candona grandis,C. adulta 等;藻类 Bohaidina 和 Parabohaidina　　340m

13. 灰、绿灰色泥岩与灰白色砂岩互层。产藻类 Parabohaidina　　　　　　　　　　30m

12. 灰、绿灰色泥岩,底为灰色砂岩。产藻类 Bohaidina,Parabohaidina　　　　　　47m

—————— 整合 ——————

始新世沙河街组三段(E_2s^3)下亚段:　　　　　　　　　　　　　　　　　694m

11. 上部为深灰、灰色泥岩;下部为灰色砂岩。产藻类 Bohaidinc 和 Parabohaidina　　29m

10. 深灰色泥岩。产介形类 Huabeinia,H. postideclivis;藻类 Bohaidinc 和 Parabohaidina　82m

9. 深灰色泥岩,顶为绿灰色钙质页岩。产介形类 Huabeinia;藻类 Parabohaidina　　70m

8. 灰白色砂岩,底为砂砾岩。产介形类 Huabeinia;藻类 Parabohaidina　　　　30m

7. 深灰色泥岩。产介形类 Huabeinia;藻类 Bohaidina,Parabohaidina　　　　　72m

6. 绿灰色钙质页岩。含化石同上层　　　　　　　　　　　　　　　　　18m

5. 深灰色泥岩,中部夹灰白色薄层砂岩　　　　　　　　　　　　　　96m

4. 灰白色砂岩　　　　　　　　　　　　　　　　　　　　　　　18m

3. 灰、绿灰色泥岩。产介形类 Huabeinia,Candona adulta　　　　　　　103m

2. 灰白、绿灰色砂岩夹深灰色泥岩。产介形类 Candona adulta　　　　　70m

1. 杂色砂岩、泥岩互层。产介形类 Candona adulta,Huabeinia obscura　　　106m

————— 平行不整合 —————

下伏始新世孔店组(E_2k)：深灰、灰、绿灰色泥岩互层

(3) 冀东南堡凹陷综合钻孔沙河街组三段剖面

上覆渐新世沙河街组二段(E_3s^2)：灰色砂岩

————— 平行不整合 —————

始新世沙河街组三段(E_2s^3)：	2 244.0m
始新世沙河街组三段(E_2s^3)上亚段：	642.0m
24.灰色砂岩、灰绿色泥岩不等厚互层	379.0m
23.灰色砂岩、泥质砂岩、灰绿色泥岩不等厚互层	164.5m
22.灰色砂岩、灰绿色泥岩互层	98.5m

————— 整合 —————

始新世沙河街组三段(E_2s^3)中亚段：	972.0m
21.灰色泥质砂岩、深灰色泥岩互层	37.0m
20.灰色泥质粉砂岩、深灰色泥岩互层	46.0m
19.灰色砂岩、深灰色泥岩不等厚互层	77.0m
18.灰色砂岩、深灰色泥质砂岩不等厚互层	79.5m
17.灰色砂岩、深灰色泥岩不等厚互层	145.5m
16.灰、深灰色含砾砂岩、砂岩、泥质砂岩不等厚互层	135.0m
15.灰色砂岩、深灰色泥岩不等厚互层	41.5m
14.灰色含砾砂岩、深灰色泥岩不等厚互层	261.5m
13.深灰色砂岩、灰色泥质砂岩不等厚互层	91.0m
12.灰色含砾砂岩、深灰色泥岩不等厚互层	57.5m

————— 整合 —————

始新世沙河街组三段(E_2s^3)下亚段：	630.0m
11.杂色细砂岩、泥质粉砂岩、泥岩不等厚互层	81.0m
10.深灰色泥质粉砂岩、灰黑色泥岩不等厚互层	64.5m
9.灰黑、深灰色油页岩互层	50.5m
8.灰白、灰色泥质粉砂岩互层	21.0m
7.灰黑、深灰色泥岩互层	38.5m
6.杂色砂岩互层	64.5m
5.灰、灰白色砂岩互层	25.5m
4.灰、灰白色砂岩互层	62.0m
3.杂色泥岩互层	109.5m
2.灰白、灰色泥质粉砂岩互层	58.0m
1.灰、灰白色砾岩、砂岩互层	55.0m

～～～～～～ 角度不整合 ～～～～～～

下伏早白垩世九佛堂组(K_1j)：灰色泥岩

2. 沙河街组二段(E_3s^2)

沙河街组二段广泛分布于廊坊-深州火山-沉积盆地，在南堡-魏县火山-沉积盆地分布也较广，天津-故城隆起南部各凹陷中也有分布。

岩性为一套下粗上细的紫红色泥岩夹少量粉砂岩、砂岩的河流—浅湖泊相沉积，局部地带的上部红

色泥岩中夹含膏泥岩和碳质泥岩薄层。在廊坊-深州火山-沉积盆地的武清-霸县、饶阳凹陷以及南堡-魏县火山-沉积盆地的中部（即板桥—灯明寺一带）深灰色泥岩发育，并夹2～3层生物灰岩、泥质灰岩及油页岩。与下伏沙河街组三段上亚段呈平行不整合接触或超覆于沙河街组三段中亚段乃至孔店组和更老地层之上。

该段在各盆地中的岩石组合基本一致，仅发育厚度有所差别。廊坊-深州火山-沉积盆地一般厚200～450m，最薄100m左右，保定、廊坊凹陷最厚达600～800m；南堡-魏县火山-沉积盆地一般厚250～300m，最厚835m，最薄为80m左右。

剖面特征以清苑区孟庄保深2钻孔、冀东南堡凹陷综合钻孔为代表。地层分别描述如下。

(1) 清苑区孟庄保深2钻孔沙河街组二段剖面

上覆渐新世沙河街组一段（E_3s^1）：灰绿、灰褐色泥岩，白云岩

———————— 整合 ————————

渐新世沙河街组二段（E_3s^2）：	488m
9. 灰绿、棕红色泥岩，底为灰白色粉砂岩。产介形类 *Camarocypris elliptica*	25m
8. 暗紫色与灰绿色泥岩夹灰绿、灰白色砂岩	50m
7. 暗紫色砂质泥岩、泥岩互层夹黑色碳质泥岩。产介形类 *Camarocypris elliptica*，*Cyprinotus dorsiconvexus*	83m
6. 灰白色粉砂岩夹暗紫色泥岩	21m
5. 紫红色泥岩夹浅紫红色粉砂岩。产介形类 *Pseudocandona boxingensis*，*Camarocypris longa*，*C. elliptica*，*Cyprinotus dorsiconvexus*	97m
4. 暗紫红色泥岩夹褐灰色灰岩、泥质灰岩，底为灰白色钙质砂岩。产介形类 *Pseudocandona boxingensis*	29m
3. 紫红色泥岩与灰色钙质砂岩不等厚互层。产介形类 *Camarocypris longa*，*Cyprinotus dorsiconvexus*	98m
2. 紫红色泥岩	23m
1. 灰绿色泥岩与灰色钙质砂岩互层，夹紫红色泥岩。产介形类 *Cyprinotus longus*，*Camarocypris eliiptica*；*Cypris shenglicunensis*	62m

———————— 平行不整合 ————————

下伏始新世沙河街组三段（E_2s^3）：灰、深灰色碳质泥岩

(2) 冀东南堡凹陷沙河街组二段综合剖面

上覆渐新世沙河街组一段（E_3s^1）：灰色砾岩、砂岩互层

———————— 整合 ————————

渐新世沙河街组二段（E_3s^2）：	301.0m
30. 紫红、红色泥岩互层	57.0m
29. 深灰色砂岩	31.5m
28. 紫红、红色泥岩互层	92.5m
27. 灰色砂岩	28.0m
26. 红色泥岩	38.5m
25. 灰色砂岩	53.5m

———————— 平行不整合 ————————

下伏始新世沙河街组三段（E_2s^3）上亚段：灰色砂岩、灰绿色泥岩不等厚互层

3. 沙河街组一段（E_3s^1）

沙河街组一段除廊坊-深州火山-沉积盆地的北京凹陷、大厂凹陷、大兴凸起、牛坨镇凸起、高阳凸起及天津-故城隆起的南宫凹陷无沉积外，其余分布与沙河街组二段一致。

岩性为一套以灰褐、深灰色浅—滨湖相为主的泥岩,中、上部间夹5~6层灰白、灰绿色薄层砂岩,下部夹油页岩、钙质页岩、泥质灰岩、鲕状生物灰岩、白云质灰岩,可作为沙河街组一段的标志层。该段与下伏沙河街组二段为连续沉积。

沙河街组一段下部岩性组合特殊,沉积稳定,除廊坊、武清凹陷及冀中、南堡-魏县火山-沉积盆地的西部和北部边缘地带为以河流—滨湖相的灰绿、紫红、褐色砂岩、泥岩(时夹砂砾岩)为主外,其余各地变化甚微,厚度一般180~350m。中上部的岩性、岩相及厚度变化较大。廊坊-深州火山-沉积盆地以暗紫红、灰绿、褐色泥岩为主,间夹暗紫、灰绿、灰红色砂岩,局部地区夹油页岩、生物灰岩、泥质灰岩、灰岩、碳质泥岩及薄煤层,西部及北部边缘地带夹含砾砂岩及砂砾岩,一般厚300~450m。霸县凹陷最厚,达800m左右,边缘地带薄至50~100m。

在廊坊-深州火山-沉积盆地及南堡-魏县火山-沉积盆地中北部,本段以暗色泥岩与砂岩互层为主,较普遍地夹有碎屑岩、鲕状灰岩、泥质灰岩、泥质白云岩、油页岩、钙质页岩等,而不同于其他地区,厚600~1176m。在南堡-魏县火山-沉积盆地南部,沙河街组一段为一套红色细碎屑岩沉积,厚180~410m。岩性主要为紫红、棕红、灰绿色泥岩、砂质泥岩与紫红、灰绿、灰白色粉或细砂岩互层,间夹3~6层泥质灰岩或生物碎屑灰岩薄层。

剖面特征以河间市东王口村、冀东南堡凹陷综合钻孔为代表。地层分别描述如下。

(1)河间市东王口村钻孔沙河街组一段剖面

上覆渐新世东营组三段(E_3d^3):灰绿色砂岩

———— 平行不整合 ————

渐新世沙河街组一段(E_3s^1):	486m
11.褐色泥岩,底为灰白色砂岩	34m
10.灰褐色泥岩,底为灰绿色砂岩	49m
9.褐色泥岩	40m
8.灰色与绿灰色砂岩夹褐色泥岩	16m
7.灰褐、褐色泥岩,底为一层厚3m的绿灰、灰色砂岩	83m
6.灰绿色泥岩,底为灰白色砂岩	37m
5.深灰、灰绿色泥岩。产介形类 Xiyingia magna,X. longn	121m
4.褐色油页岩夹深灰色泥岩。产介形类 Chinocythere quinquespinata,C. sexspinata,C. inspinata,Eucypris lelingensis,E. applanata,Phacocypris huiminensis,Candonopsis shahejieensis,Candona binhaicunensis	50m
3.深灰色泥岩夹一层厚3m的灰绿色砂岩	10m
2.灰色与绿灰色泥岩,顶部为4m厚的褐色白云质灰岩,底部为3m厚的砂质灰岩	20m
1.深灰色泥岩,中部夹1层褐色泥质灰岩	26m

———————— 整合 ————————

下伏渐新世沙河街组二段(E_3s^2):深灰色泥岩夹砂岩

(2)冀东南堡凹陷钻孔沙河街组一段剖面

上覆渐新世东营组三段(E_3d^3):灰色砂质砾岩、砂岩互层

———— 平行不整合 ————

渐新世沙河街组一段(E_3s^1):	1 176.0m
渐新世沙河街组一段(E_3s^1)上亚段:	394.0m
44.深灰、灰色泥岩互层	50.5m
43.灰、深灰色砂岩互层	30.5m

42.灰色砂岩、深灰色泥岩互层	36.5m
41.灰色泥岩	6.0m
40.灰、深灰色粉砂岩、泥质粉砂岩互层	31.0m
39.灰色砂岩、深灰色泥岩不等厚互层	174.0m
38.灰色泥质粉砂岩、泥岩不等厚互层	65.5m

—————————— 整合 ——————————

渐新世沙河街组一段(E_3s^1)下亚段：	782.0m
37.灰色泥岩	48.0m
36.灰色砂质砾岩、砂岩互层	89.5m
35.深灰色泥岩	71.5m
34.灰色砾岩、砂质砾岩互层	263.0m
33.灰色泥岩	71.0m
32.灰、灰黑色泥质灰岩、生物灰岩、油页岩不等厚互层	146.5m
31.灰色砾岩、砂岩互层	92.5m

—————————— 整合 ——————————

下伏渐新世沙河街组二段(E_3s^2)：紫红、红色泥岩互层

三、东营组(E_3d)

东营组分布较广(图2-4)，尤其是南部地区相对扩大。岩性为一套浅湖相沉积建造，以灰、绿灰色泥岩为主，间夹少量棕红色泥岩、泥质粉砂岩、砂岩。中、下部产丰富的介形类、孢粉、腹足类和藻类化石。底部以一层绿灰色砂岩与沙河街组一段暗色泥岩呈平行不整合接触，与上覆新近纪馆陶组灰色砂砾岩呈平行不整合接触。根据介形类及其他生物化石组合将该组划分为3个岩性段。以任丘市东关村钻孔(任3钻孔)最具代表性。

该组在廊坊-深州火山-沉积盆地的武清-霸县、饶阳凹陷内，沉积厚度最大为1500m，一般600～800m。在北京、大厂、保定凹陷及大兴凸起内，厚度仅200～500m。岩性较为稳定，以一套上、下部色红粒粗，中部色暗粒细(含螺泥岩)的碎屑岩系为特征。周边地区上、下部砂岩增多，时夹砂砾岩及碳质泥岩，局部地区夹玄武岩。

南堡-魏县火山-沉积盆地中北部与廊坊-深州火山-沉积盆地的岩性基本相似，其区别是东营组三段颜色偏暗，以深灰、灰色泥岩夹砂岩为主；一、二段灰绿色调的岩石增多，红色调减少。二段在歧口凹陷中夹有介形虫灰岩薄层。在南堡地区相变为灰绿、棕红色泥岩与灰白色砂岩、含砾砂岩不等厚互层。厚度变化较明显，在南堡等凹陷中为250～2027m；板桥、歧口等凹陷中沉积最厚，达1900m左右；沧南地区仅0～300m。在天津-故城隆起与南堡-魏县火山-沉积盆地的南部地区，厚70～540m。岩性为棕红、灰绿色泥岩、砂质泥岩与浅棕、灰绿色粉砂岩、泥质粉砂岩不等厚互层，可分性差。

剖面特征以任丘市东关村任3钻孔、冀东南堡凹陷钻孔综合剖面、宁晋-辛集石盐田3-1钻孔为代表。地层分别描述如下。

(1)任3钻孔东营组剖面

上覆中新世馆陶组(N_1g)：灰色砂砾岩

—————— 平行不整合 ——————

渐新世东营组(E_3d)：	550m
渐新世东营组一段(E_3d^1)：	69m
13.灰绿色泥岩，层理不明显	61m
12.灰色与绿灰色厚层砂岩。产介形类*Candonopsis jizhongensis*	8m

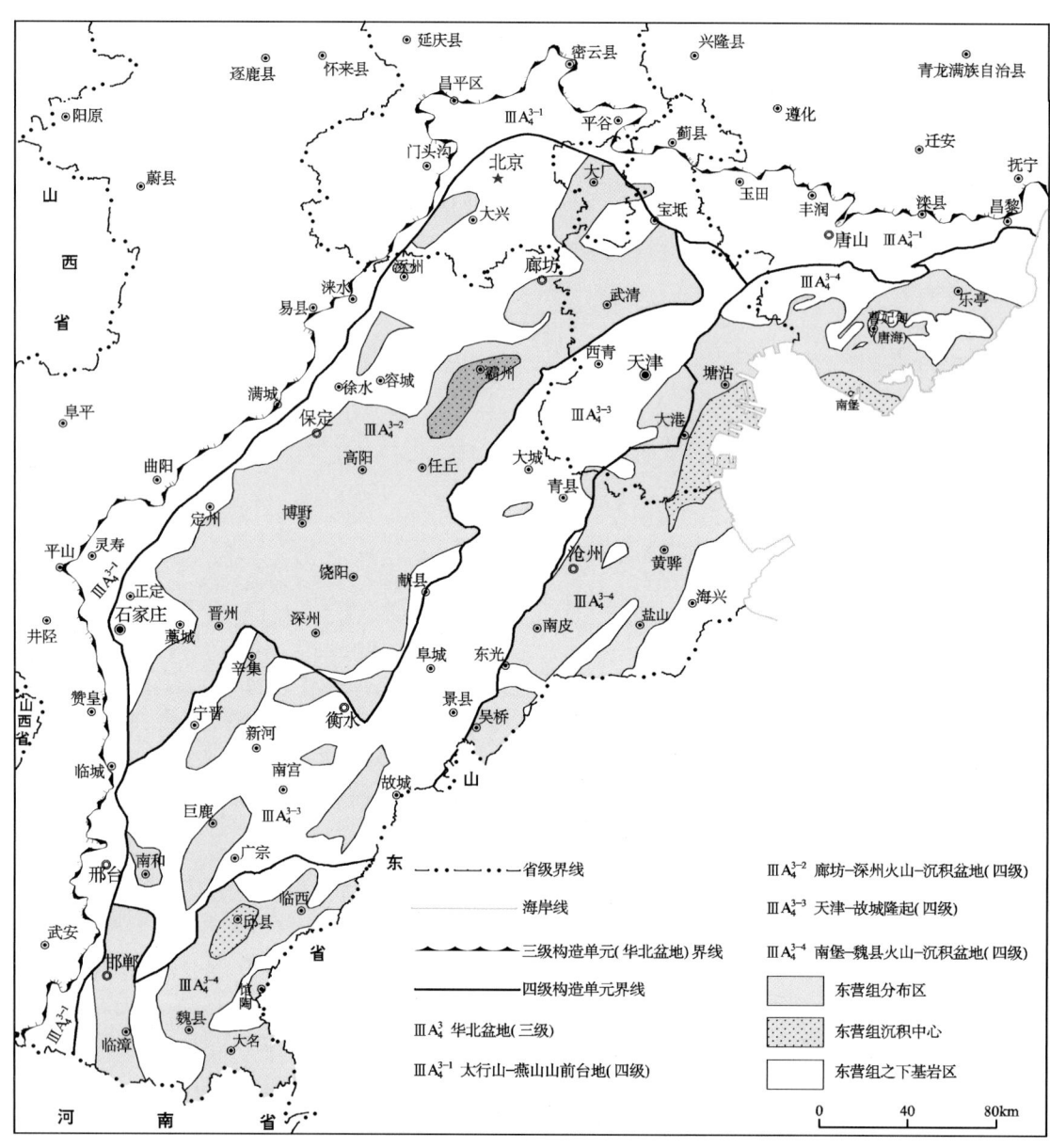

图 2-4 平原区渐新世东营组分布图

———————— 整合 ————————

渐新世东营组二段（E_3d^2）： 287m

11. 灰绿色泥岩，底为棕红色泥岩。产介形类 *Candonopsis jizhongensis*，*Chinocythere cornuta* 21m

10. 绿灰、灰色砂岩。产介形类 *Candonopsis jizhongensis*，*Chinocyhere dongyingensis* 4m

9. 灰绿色泥岩，近顶部夹一层5m厚的粉砂岩，底部与棕红色泥岩互层。产介形类 *Candonopsis jizhongensis*，*Chinocythere cornuta*，*Phacocypris guangraoensis*，*Dongyingia iflexicostata* 160m

8. 绿灰、灰色砂岩。产介形类 *Candonopsis jizhongensis*，*Phacocypris guangraoensis*，*Chinocythere cornuta*，*Dcngyingia inflexicostata*，*Berocypris striata* 1m

7. 顶部为棕红色泥岩，上部为绿灰、灰色泥岩夹泥质粉砂岩和砂质泥岩，下部为紫红色泥岩夹一层灰色泥质粉砂岩。富含介形类 *Phacocypris guangraoensis*，*Chinocythere cornuta*，*Candonopsis jizhongensis* 101m

———————— 整合 ————————

渐新世东营组三段（E_3d^3）：   194m

 6.紫红色泥岩,顶为厚 4m 的绿灰色泥质粉砂岩。产介形类 *Phacocypris guangraoensis*,*Chinocythere xinzhenensis*
                                                                                        22m

 5.绿灰、灰色砂岩夹紫红色泥岩。产介形类 *Phacocypris guangraoensis*   15m

 4.上部为绿灰、灰色泥岩,下部为紫红色泥岩,之间夹一层厚 4m 的绿灰色砂岩。产介形类 *Phacocypris guangraoensis*,*Chinocythere cornuta*   48m

 3.绿灰、灰色砂岩夹紫红色泥岩   15m

 2.棕红色泥岩。中部含介形类 *Phacocypris guangraoensis*,*Chinocythere cornuta*   88m

 1.绿灰色砂岩。产介形类 *Candonopsis jizhongensis*   6m

———— 平行不整合 ————

下伏渐新世沙河街组一段（E_3s^1）：紫红色泥岩

(2)冀东南堡凹陷东营组钻孔综合剖面

上覆中新世馆陶组（N_1g）：杂色砾岩、砂质砾岩、含砾砂岩互层

———— 平行不整合 ————

渐新世东营组（E_3d）：	2 027.0m
渐新世东营组一段（E_3d^1）：	728.0m
69.绿、灰绿色泥岩互层	61.5m
68.灰、灰白色砂岩互层	17.5m
67.灰绿色泥岩	24.5m
66.灰、灰白色砂岩互层	72.0m
65.灰白色砂岩、灰色泥质砂岩互层	176.5m
64.灰色含砾砂岩、灰白色砂岩互层	74.5m
63.灰绿色泥岩	46.5m
62.灰色砂质砾岩、灰白色砂岩互层	51.5m
61.灰绿色泥岩	18.5m
60.灰色砂质砾岩、灰白色砂岩互层	45.0m
59.灰绿色泥岩	24.5m
58.灰色砂质砾岩、灰白色砂岩互层	115.5m

———————— 整合 ————————

渐新世东营组二段（E_3d^2）：	426.0m
57.深灰、灰色泥岩互层	51.0m
56.灰色细砂岩夹泥岩	146.0m
55.深灰、灰色泥岩互层	53.5m
54.灰色细砂岩夹泥岩	59.5m
53.深灰、灰色泥岩互层	104.5m
52.灰色细砂岩	11.5m

———————— 整合 ————————

渐新世东营组三段（E_3d^3）：	873.0m
51.灰色砂岩、深灰泥岩不等厚互层	264.0m
50.深灰、灰色泥岩互层	238.0m
49.灰色砂质砾岩、砂岩互层夹泥岩	74.5m
48.灰、深灰色泥岩互层	72.0m
47.灰色砂质砾岩夹泥岩	125.5m

46.灰色泥岩 46.5m
45.灰色砂质砾岩 52.5m

—————— 平行不整合 ——————

下伏渐新世沙河街组一段(E_3s^1)上亚段:深灰、灰色泥岩互层

(3)宁晋-辛集石盐田3-1钻孔东营组剖面

上覆中新世馆陶组(N_1g):杂色粗砂岩互层

—————— 平行不整合 ——————

渐新世东营组(E_3d):	990.7m
渐新世东营组一段(E_3d^1):	190.0m
40.棕红色砂质泥岩	35.0m
39.灰白、白色粗砂岩	25.0m
38.杂色砂质泥岩、泥岩	50.0m
37.灰绿色砂质泥岩、棕红色泥岩互层	5.0m
36.杂色泥岩互层	45.0m
35.杂色细砂岩、泥岩不等厚互层	10.0m
34.杂色泥岩互层	10.0m
33.杂色粗砂岩互层夹泥岩	10.0m

—————— 整合 ——————

渐新世东营组二段(E_3d^2):	515.0m
32.杂色泥岩互层	40.0m
31.杂色细砂岩互层夹泥岩	10.0m
30.杂色泥岩互层	85.0m
29.杂色粉砂岩互层	10.0m
28.杂色泥岩互层	15.0m
27.杂色粉砂岩互层	10.0m
26.灰绿、紫红色泥岩互层	30.0m
25.杂色细砂岩不等厚互层	10.0m
24.杂色泥岩互层	45.0m
23.浅绿、紫红色粉砂岩互层	30.0m
22.杂色泥岩互层	65.0m
21.杂色砂质泥岩互层	5.0m
20.杂色细砂岩、砂质泥岩、泥岩不等厚互层	35.0m
19.杂色泥岩互层	50.0m
18.杂色中砂岩、泥岩不等厚互层	5.0m
17.杂色泥岩互层夹粉砂岩	20.0m
16.杂色砂质泥岩互层	25.0m
15.杂色泥岩互层	20.0m
14.杂色中砂岩、泥岩不等厚互层	5.0m

—————— 整合 ——————

渐新世东营组三段(E_3d^3):	285.7m
13.杂色泥岩互层	50.0m
12.灰、灰白、白色泥质灰岩互层	5.0m
11.灰绿、紫红色泥岩色互层	80.0m

10.灰、灰白色泥质灰岩夹紫红、灰绿色泥岩	25.0m
9.灰绿、紫红色泥岩互层	25.0m
8.杂色砂质泥岩互层夹灰白色泥质灰岩	35.0m
7.灰绿、紫红色泥岩互层夹灰色细砂岩、灰白色泥质灰岩	45.0m
6.杂色细砂岩互层夹泥岩、粉砂岩	3.9m
5.灰绿、深灰色泥岩互层	2.1m
4.杂色细砂岩互层夹粉砂岩、泥岩,具平行及波状层理	4.6m
3.灰绿、灰白色粉砂岩互层夹灰绿色泥岩	3.9m
2.黑灰、灰绿色泥岩,具水平层理	0.9m
1.杂色粉砂岩互层夹泥岩,具水平层理和波状层理,含植物茎叶化石	5.3m

—————平行不整合—————

下伏渐新世沙河街组一段(E_3s^1):杂色细砂岩互层

第二节　新近纪地层

一、九龙口组(N_1j)

九龙口组分布于基岩区太行山南段,平原区仅在太行山山前台地南段分布。

九龙口组为一套灰白、浅褐色砾岩、粗砂岩,半固结棕红、紫褐色砂岩、粉砂岩、黏土岩、含铝质黄绿色黏土岩的岩性组合,覆盖于古生代及中生代地层之上,平行不整合或整合于上新世杂色砾岩、砂岩之下。

该组由南向北具有整体粒度逐渐变小的分布特征:靠近河南省附近下部以灰色钙质砾岩为主,中部为紫色含砂黏土岩夹多层粉砂岩,上部为钙质砾岩夹黏土岩、细砂岩,不整合在上石盒子组之上;邯郸市三陵一带为灰紫色砂砾岩、褐黄色砂岩、黏土岩夹灰绿色及杂色黏土岩,厚13～28m,不整合在和尚沟组之上;沙河—邢台市一带主要为紫、黄褐色粗砂岩,粉砂岩及黏土岩夹灰白色砂砾岩、灰绿色黏土岩等,厚4.5～99m;赞皇东王俄一带零星出露,为杂色泥岩夹薄层细砂岩,厚度大于20m。自西向东依次具越靠近山麓沉积厚度越小的分布特征:永年区三王庄附近厚达百余米尚未见底;武安市贾里店附近为红色黏土岩及砾岩,厚度仅约2m。

剖面特征以磁县下庄店乡九龙口村北(旧址)九龙口组建组剖面(李翔和陈英功,1993)为代表。地层描述如下。

上覆上新世石匣组(N_2s)或明化镇组(N_2m):紫红色含泥砂质砾岩

—————平行不整合—————

中新世九龙口组(N_1j):	32.56m
8.紫红色黏土质粉砂岩、粉砂质黏土岩互层夹褐黄色粉砂岩	7.23m
7.紫褐色含砾粗砂岩,底部为薄层钙质砾岩	2.03m
6.紫红色微带褐色半固结含砂黏土岩	4.69m
5.浅褐黄色中粗粒岩屑砂岩,岩屑以灰岩为主,钙质胶结	6.10m
4.灰白色中砾岩夹厚0.1～0.2m的褐黄色含砾粗砂岩,具大型斜层理	3.91m
3.浅黄绿色半固结黏土岩	4.69m
2.浅紫红色含钙质结核粉砂岩夹紫红色粉砂质黏土岩	0.94m
1.紫红色中粒岩屑砂岩	2.97m

—————未见底—————

二、馆陶组（N_1g）

馆陶组分布广泛，相对于东营组整体有所扩大，尤其是在天津-故城隆起内开始有大面积分布(图2-5)。

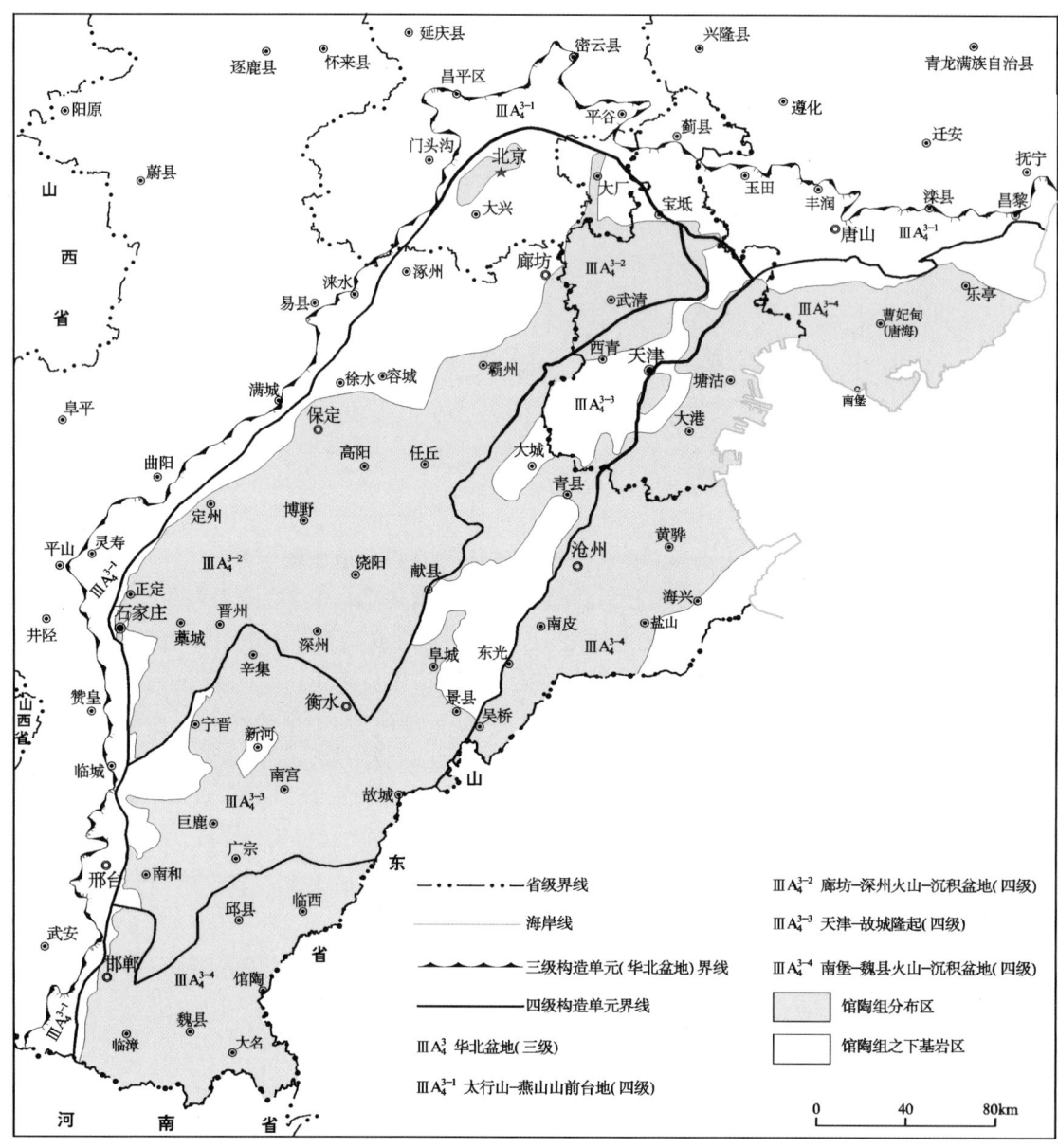

图2-5 平原区中新世馆陶组分布图

岩性为一套棕红色泥岩与浅棕红、灰白、灰绿色粉砂岩、细砂岩不等厚互层的河湖相沉积，下部夹砂砾岩，底部普遍有一层10～30m砾岩，为区域划分对比的重要标志。与下伏古近纪各组或更老地层为平行不整合接触，局部地区为角度不整合接触，其上被明化镇组整合覆盖，厚78.8～956m。该组在河北南部分布广泛，向西、向南有变薄、变粗的趋势。廊坊-深州火山-沉积盆地除保定凹陷、廊坊凹陷和牛驼镇凸起缺失外，其他地区均有分布，厚度198～956m。天津-故城隆起内除少量零星缺失外，该组具有大面积的分布特征，发育厚度68～289m。南堡-魏县火山-沉积盆地内该组发育厚度78.8～900m。平原区馆陶组发育厚度变化如图2-6所示。

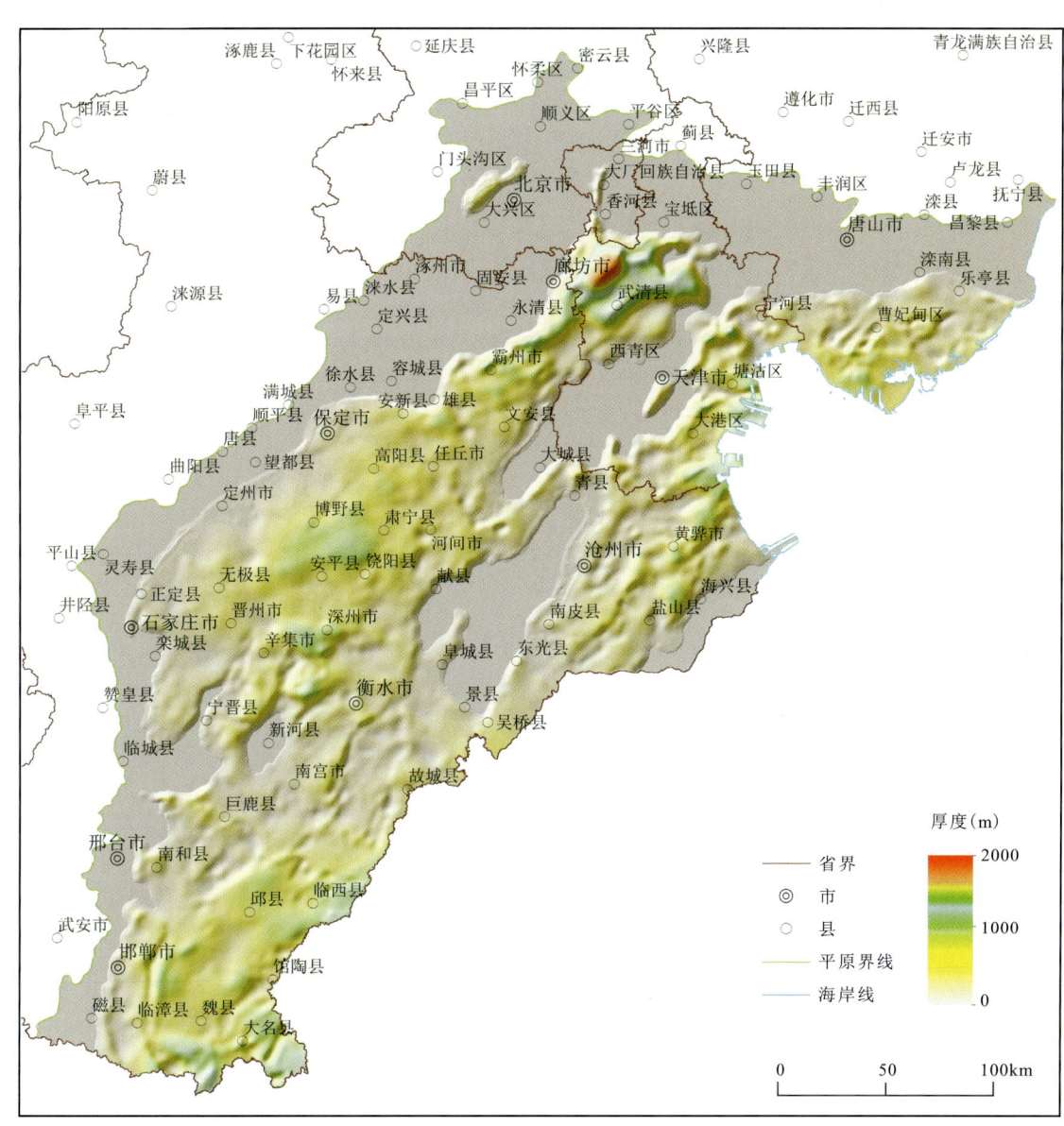

图 2-6　平原区中新世馆陶组厚度数字模型图

剖面特征以临西县下堡寺临 9 钻孔、冀东南堡凹陷综合钻孔及宁晋-辛集石盐田 2-1 钻孔为代表。地层分别描述如下。

(1) 下堡寺临 9 钻孔馆陶组剖面

上覆上新世明化镇组(N_2m)：泥岩与粉砂岩、细砂岩互层

———————— 整合 ————————

中新世馆陶组(N_1g)：	474.5m
7. 浅棕红色泥岩夹两层浅棕红色细砂岩及粉砂岩条带，底部为浅棕红色粉砂岩	66.5m
6. 上部棕红色泥岩与浅棕红色粉砂岩呈不等厚互层；下部棕红色泥岩与浅棕红色粉砂岩、棕黄色泥质粉砂岩互层	80.0m
5. 棕红色泥岩与灰白色细砂岩不等厚互层	78.0m
4. 棕红色泥岩与棕黄、灰白、棕红色粉—细砂岩不等厚互层	66.5m

3. 棕红色泥岩与灰白、棕红色细—粉砂岩不等厚互层 　　　　　　　　　　　　　　　　　59.5m

2. 棕红、棕色泥岩与灰白、灰绿、灰白色粉—细砂岩及浅灰、灰白色砂砾岩不等厚互层。含轮藻 Hornichara lagenalis, Charites oliviformis, Xinlun sp. 　　　　　　　　　　　　　　　　　　　　　77.5m

1. 顶部为棕色泥岩,其下部为浅灰色砂砾岩、灰绿色中—细砂岩夹棕色泥岩 　　　　　　　46.5m

—————— 平行不整合 ——————

下伏渐新世沙河街组一段($E_3 \hat{s}^1$):泥岩与粉砂岩互层

(2)冀东南堡凹陷综合钻孔馆陶组剖面

上覆上新世明化镇组下段($N_2 m^2$):杂色砂岩互层

—————————— 整合 ——————————

中新世馆陶组($N_1 g$): 　　　　　　　　　　　　　　　　　　　　　　　　　　　900.0m

79. 灰绿、灰色泥岩互层 　　　　　　　　　　　　　　　　　　　　　　　　　　36.0m
78. 杂色砂岩互层 　　　　　　　　　　　　　　　　　　　　　　　　　　　　　24.0m
77. 杂色含砾砂岩、泥岩不等厚互层 　　　　　　　　　　　　　　　　　　　　251.0m
76. 灰绿、灰黑色玄武岩、玄武质凝灰岩不等厚互层 　　　　　　　　　　　　　　191.5m
75. 灰绿砂岩、泥岩不等厚互层 　　　　　　　　　　　　　　　　　　　　　　113.5m
74. 灰绿、灰色泥岩互层 　　　　　　　　　　　　　　　　　　　　　　　　　　24.0m
73. 杂色砾岩互层 　　　　　　　　　　　　　　　　　　　　　　　　　　　　　26.5m
72. 杂色砂岩、泥岩互层 　　　　　　　　　　　　　　　　　　　　　　　　　　27.5m
71. 灰绿色玄武质凝灰岩 　　　　　　　　　　　　　　　　　　　　　　　　　　 9.5m
70. 杂色砾岩、砂质砾岩、含砾砂岩互层 　　　　　　　　　　　　　　　　　　　196.5m

—————— 平行不整合 ——————

下伏渐新世东营组一段($E_3 d^1$):绿、灰绿色泥岩互层

(3)宁晋-辛集石盐田2-1钻孔馆陶组剖面

上覆上新世明化镇组($N^2 m$):灰白、棕黄色砾岩、砂岩、砂质泥岩不等厚互层

—————————— 整合 ——————————

中新世馆陶组($N_1 g$): 　　　　　　　　　　　　　　　　　　　　　　　　　　　630m

24. 杂色砂岩、砂质泥岩、泥岩不等厚互层,含锰核 　　　　　　　　　　　　　　　10m
23. 灰绿、深棕红色泥岩互层夹砂质泥岩 　　　　　　　　　　　　　　　　　　　15m
22. 杂色砾岩、砂岩、砂质泥岩不等厚互层夹泥岩 　　　　　　　　　　　　　　　45m
21. 杂色砂岩、砂质泥岩不等厚互层 　　　　　　　　　　　　　　　　　　　　　20m
20. 杂色砂岩、泥岩不等厚互层夹砾岩 　　　　　　　　　　　　　　　　　　　　15m
19. 杂色含砾砂质泥岩、泥岩不等厚互层 　　　　　　　　　　　　　　　　　　　40m
18. 杂色砂质泥岩互层夹泥岩 　　　　　　　　　　　　　　　　　　　　　　　　20m
17. 杂色含砾砂岩、砂质泥岩、泥岩不等厚互层 　　　　　　　　　　　　　　　　25m
16. 杂色砂岩、泥岩不等厚互层 　　　　　　　　　　　　　　　　　　　　　　　20m
15. 杂色砾岩、砂岩、砂质泥岩不等厚互层 　　　　　　　　　　　　　　　　　　45m
14. 杂色砾岩、砂岩互层 　　　　　　　　　　　　　　　　　　　　　　　　　　25m
13. 杂色砂岩、砂岩、砂质泥岩不等厚互层 　　　　　　　　　　　　　　　　　　25m
12. 杂色砂岩、砂质泥岩互层 　　　　　　　　　　　　　　　　　　　　　　　　20m
11. 杂色含砾砂岩、泥岩不等厚互层 　　　　　　　　　　　　　　　　　　　　　20m
10. 杂色含砾砂岩互层夹泥岩 　　　　　　　　　　　　　　　　　　　　　　　　15m
9. 杂色砂岩、砂质泥岩、泥岩互层 　　　　　　　　　　　　　　　　　　　　　　20m

8. 杂色砂岩、砂质泥岩、泥岩不等厚互层夹砾岩　　　　　　　　　　　　　　　　35m
7. 杂色砾岩、砂岩、砂质泥岩、泥岩不等厚互层　　　　　　　　　　　　　　　　15m
6. 灰白色细砾岩、中粗砂岩不等厚互层夹棕红、灰绿色泥岩，分选、磨圆较差　　　15m
5. 灰白色中细砂岩夹棕红、灰绿色泥岩　　　　　　　　　　　　　　　　　　　　10m
4. 灰白色中粗砂岩夹棕红、灰绿色泥岩，分选、磨圆较差　　　　　　　　　　　　10m
3. 杂色砂质泥岩互层夹泥岩，分选、磨圆差　　　　　　　　　　　　　　　　　　75m
2. 杂色细砾岩、砂岩、泥岩不等厚互层，分选差，磨圆中等　　　　　　　　　　　45m
1. 杂色砾岩、砂岩、砂质泥岩、泥岩不等厚互层　　　　　　　　　　　　　　　　45m

—————— 平行不整合 ——————

下伏渐新世东营组（E_3d）：灰绿色砂质泥岩、褐黄色泥岩互层

三、明化镇组（N_2m）

明化镇组分布最广，除在太行山山前台地的涞水、石家庄西部、邢台—邯郸一带有零星缺失外，其他地区均有分布（图2-7）。

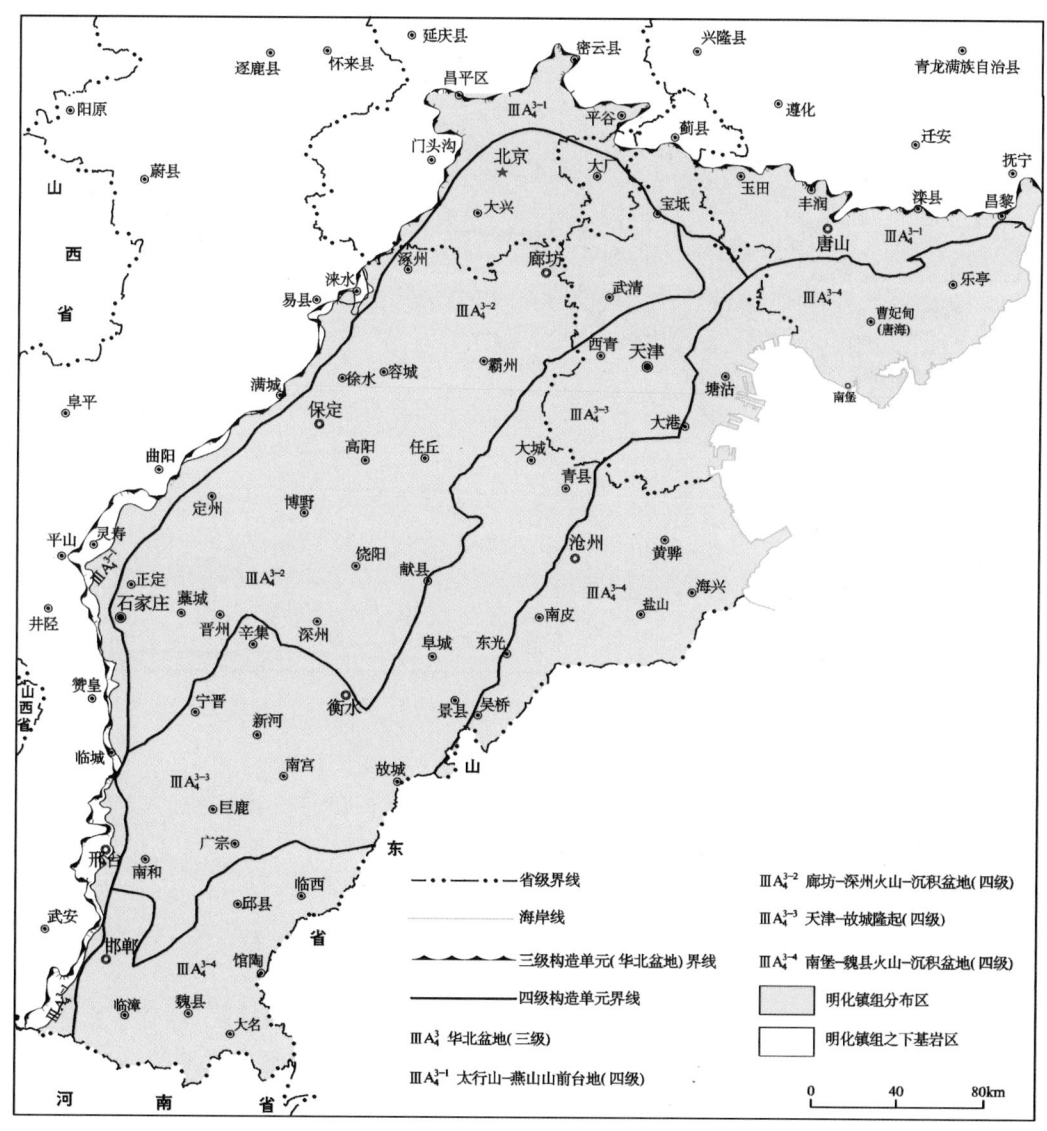

图2-7　平原区上新世明化镇组分布图

岩性为一套河流相棕黄、棕红色泥岩与灰黄、灰白、灰绿色粉砂岩、细砂岩、含砾中—粗砂岩不等厚互层，夹细砾岩，最大厚度达 2000m，一般厚 556~1100m，厚度变化如图 2-8 所示。与下伏馆陶组为连续沉积，局部地区为平行不整合或超覆于更老地层之上，与上覆第四纪更新世饶阳组为平行不整合接触。

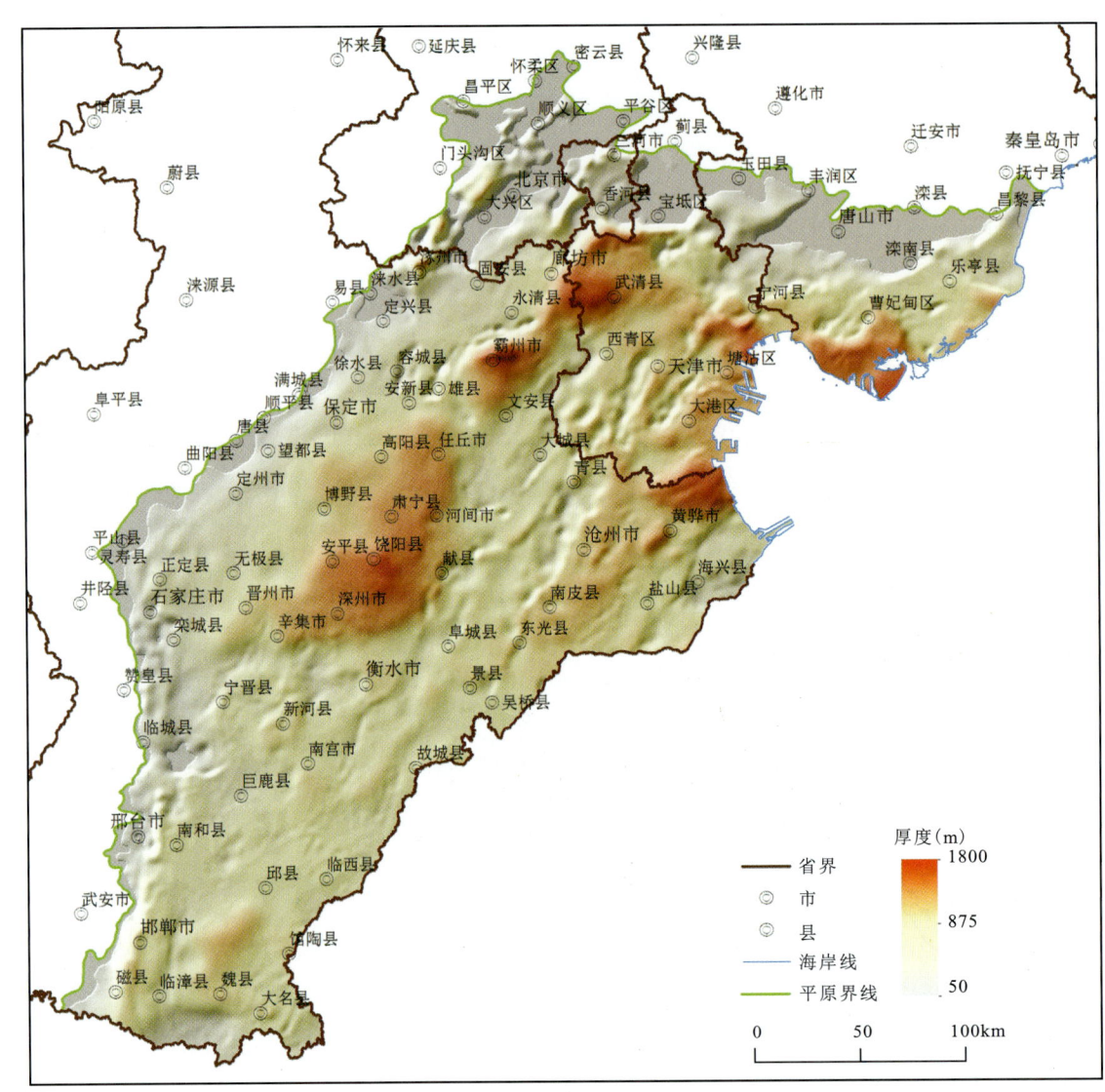

图 2-8 平原区上新世明化镇组厚度数字模型图

该组在太行山-燕山山前台地、廊坊-深州火山-沉积盆地为一套河流相沉积。以上粗、下细为主要特征，仅在牛驼镇凸起表现相反，其他凹陷沉积均可与代表性剖面对比。但厚度变化较大，上段一般厚 300~600m，最大沉积厚度在饶阳凹陷内，为 759m；在牛驼镇凸起最薄仅 200m。下段主要发育在中部、南部地区，沉积厚度一般 400~700m，最大沉积厚度在饶阳凹陷以西的蠡县一带，为 967m；武强附近最薄为 186m。

南堡-魏县火山-沉积盆地中北部，岩性、岩相变化不大，为一套河流相绿灰、棕红色砂岩、泥岩，两者常以互层出现。上段沉积厚度一般 300~600m，最大沉积厚度在南堡凹陷及北塘凹陷的南部，为 841m。下段沉积厚度一般 400~600m，最大沉积厚度在歧口凹陷的南部，为 1200m。马头营凸起沉积最薄，为 221m。

在天津-故城隆起中北部一般总厚500～1200m,在天津附近厚度为928～1525m。岩性变化不大。

天津-故城隆起及南堡-魏县火山-沉积盆地的南部地区,在大营、南宫、邱县凹陷及明化镇凸起最为发育。其岩性为棕黄、浅棕色黏土岩、砂质黏土岩与浅棕色粉砂岩、含砾砂岩互层,具有上粗、下细的特征,沉积物粒度由北向南逐渐变细。颜色除在南宫、邱县凹陷见有棕红色外,大部分地区均以棕黄、浅棕、灰黄色为主。厚度比较稳定,一般638～1000m。

剖面特征以蠡县东南侧钻孔、冀东南堡凹陷综合钻孔、宁晋-辛集石盐田2-1钻孔为代表。地层分别描述如下。

(1) 蠡县东南侧钻孔明化镇组剖面

上覆更新统下部饶阳组(Qp^1r):细砾石层

———— 平行不整合 ————

上新世明化镇组(N_2m):	995m
上新世明化镇组上段(N_2m^1):	413m
19. 浅棕黄色含铁锰结核及钙质团块泥岩与灰白、灰黄色粉—中砂岩互层,底部为灰黄色砂砾岩。含介形类 Candoniella albicans,Cyprinotus sp.;腹足类 Opeas sp.	73m
18. 浅棕黄色富含铁锰结核及钙质团块砂质泥岩、粉砂岩与灰白色细砂岩、含砾砂岩互层。含腹足类 Syrioplanorbis? sp.	52m
17. 浅棕黄色砂质泥岩与灰黄色粉、细砂岩互层夹灰白色含砾中—粗砂岩。含介形类 Candoniella albicans;腹足类 Planorbidae	156m
16. 浅棕黄色砂质泥岩与灰黄色含砾中、粗砂岩互层夹灰绿色粉砂岩	51m
15. 浅棕黄色砂质泥岩与粉砂岩互层,底部为灰黄色细砾岩	18m
14. 浅棕黄色粉砂岩与浅灰绿色砂质泥岩互层夹细砂岩,下部为灰黄色含砾中、粗砂岩	63m

———————— 整合 ————————

上新世明化镇组下段(N_2m^2):	582m
13. 浅棕黄色粉砂岩与浅棕红色泥岩互层夹浅灰绿色泥岩,底部为细砾岩	42m
12. 棕黄色泥岩夹灰黄色细砾岩,底部为灰黄色含砾中粒砂岩	51m
11. 棕黄、灰黄色粉—中砂岩夹少量浅棕红色泥岩,底部为灰黄色含砾中、粗砂岩	61m
10. 浅棕红色泥岩、棕黄色粉砂岩与灰黄色含砾细砂岩互层	49m
9. 浅棕红色泥岩夹浅灰绿色粉砂岩及灰黄色细砂岩	61m
8. 浅灰色细砂岩与灰黄色砂砾岩互层夹浅棕红色薄层泥岩。含腹足类 Viviparus sp.	23m
7. 浅棕红色泥岩与灰白色细、中砂岩互层	23m
6. 浅棕红色泥岩与浅绿黄、浅灰绿色粉砂岩互层夹少量浅灰绿色细、中砂岩,底部为灰黄色含砾中、粗砂岩	79m
5. 棕红色砂质泥岩与绿黄色粉、细砂岩互层,底部为灰白色含砾中、粗砂岩	39m
4. 棕红、棕黄色砂质泥岩与灰黄、绿黄色细—中砂岩互层	86m
3. 浅灰绿、灰色细—中砂岩,顶部夹棕红色薄层砂质泥岩	18m
2. 棕红色泥岩夹浅灰绿色薄层泥岩,底部为灰黄色细砾岩	20m
1. 棕红、棕黄色泥岩与砂质泥岩互层,底部为灰白色细砂岩、砂砾岩	30m

———————— 整合 ————————

下伏中新世馆陶组(N_1g):棕红、棕色泥岩与灰绿色粉、细砂岩互层

(2) 冀东南堡凹陷综合钻孔明化镇组剖面

上覆更新统下部饶阳组(Qp^1r):灰黄色砂砾石

———— 平行不整合 ————

上新世明化镇组(N_2m):	2 000.0m
上新世明化镇组上段(N_2m^1):	1 016.0m
87.灰、灰黄、紫红色泥岩不等厚互层	489.0m
86.杂色砂岩互层	138.5m
85.灰、灰黄、紫红色泥岩互层	325.0m
84.杂色砂岩互层	63.5m

——————————整合——————————

上新世明化镇组下段(N_2m^2):	984.0m
83.杂色砂岩、泥岩互层	347.5m
82.杂色砂岩、泥岩不等厚互层	268.5m
81.杂色泥岩互层	291.5m
80.杂色砂岩互层	76.5m

——————————整合——————————

下伏中新世馆陶组(N_1g):灰绿、灰色泥岩互层

(3)宁晋-辛集石盐田2-1钻孔明化镇组剖面

上覆更新统下部饶阳组(Qp^1r):灰白、棕黄色细砾石,分选、磨圆中等,富含黑色碎屑

————平行不整合————

上新世明化镇组(N_2m):	555m
52.灰白、棕黄色砾岩互层,分选、磨圆中等	5m
51.杂色含砾砂岩、砂质泥岩不等厚互层	30m
50.棕黄色砂岩、棕红色砂质泥岩互层	15m
49.棕黄、肉红色砂岩互层,含锰核	20m
48.杂色砂岩、砂质泥岩不等厚互层	10m
47.棕红色、棕黄色泥岩,夹砂质泥岩,胶结程度差,含粉细砂岩,浅黄色,分选性较好	15m
46.灰白、棕黄色砂岩互层夹砾岩	10m
45.棕黄色砂岩、棕红色砂质泥岩不等厚互层	20m
44.灰白、棕黄色泥质砂岩互层	10m
43.灰白、棕红色砂质泥岩互层夹泥岩,含锰核	25m
42.灰白色砂岩、棕红色泥岩互层	10m
41.棕红色泥岩	20m
40.杂色砂岩、砂质泥岩不等厚互层夹砾岩	30m
39.杂色砂岩、砂质泥岩、泥岩不等厚互层,含锰核	35m
38.灰白、棕红色泥岩互层	15m
37.灰白、棕红色泥岩互层夹砂岩	25m
36.灰绿、棕红色泥岩互层夹砂质泥岩	20m
35.杂色砾岩、砂岩、砂质泥岩不等厚互层	40m
34.灰白、浅黄色砂岩互层夹棕红色泥岩	10m
33.杂色含砾砂岩、砂质泥岩不等厚互层	35m
32.杂色砂岩互层夹泥岩	10m
31.杂色砂岩、砂质泥岩不等厚互层	20m
30.杂色含砾砂岩、砂质泥岩、泥岩不等厚互层	30m
29.杂色砂岩、砂质泥岩、泥岩不等厚互层,含锰核	45m
28.棕红色泥岩	10m

27.棕黄、棕红色砂质泥岩互层夹砂岩　　　　　　　　　　　　　　　　　　　　　　　5m
26.灰绿、深棕红色泥岩互层　　　　　　　　　　　　　　　　　　　　　　　　　　15m
25.灰白、棕黄色砾岩、砂岩、砂质泥岩不等厚互层　　　　　　　　　　　　　　　　20m
——————————整合——————————
下伏中新世馆陶组（N_1g）：杂色砂岩、砂质泥岩、泥岩不等厚互层，含锰核

第三章 侵入岩

第一节 新太古代变质深成侵入岩

1. 英云闪长质片麻岩（$gn^{\gamma o}Ar_3$）

英云闪长质片麻岩分布于海兴县小山—苏基—高湾—孟店一带，分布面积约890km²。岩性主要为黑云角闪斜长片麻岩。主要矿物组成：黑云母、角闪石、斜长石及石英。具有变质岩的特征，原岩类型为英云闪长岩，因此将其归于英云闪长质片麻岩，结合基岩区同类岩石的特征将其形成时代归于新太古代。被古生代、中生代及新生代地层角度不整合覆盖，局部呈断层接触。

2. 花岗闪长质片麻岩（$gn^{\gamma\delta}Ar_3$）

花岗闪长质片麻岩分布较少，主要位于保定市唐县北罗、仁厚一带，分布面积约46.41km²。岩性为含条带黑云斜长片麻岩、斑状花岗闪长质片麻岩，岩石呈灰色，中粒鳞片粒状变晶结构，条纹条带状、弱片麻状构造，部分岩石变余似斑状结构，弱片麻状构造、条纹—条带状构造。主要矿物组成：斜长石、钾长石、石英、黑云母及少量角闪石。原岩类型为花岗闪长岩，因此将其归于花岗闪长质片麻岩，其形成时代属于新太古代。与新太古代阜平岩群城子沟岩组呈侵入接触关系，被古元古代湾子岩群及后期地层角度不整合覆盖。

3. 奥长花岗质片麻岩（$gn^{\gamma o}Ar_3$）

奥长花岗质片麻岩分布极少，主要位于阜宁县抚宁镇一带，分布面积约10km²。岩性为中细粒奥长花岗质片麻岩或变质中细粒奥长花岗岩，新鲜面呈灰白、钢灰色，风化面呈浅灰白—浅粉红色，中细粒花岗变晶结构、变余花岗结构，弱片麻状构造，局部为条纹条带状构造。主要矿物组成：斜长石（更长石）、钾长石（微斜长石）、石英、黑云母，偶见少量角闪石。原岩类型为奥长花岗岩，因此将其归于奥长花岗质片麻岩，其形成时代属于新太古代。与新太古代滦县岩群阳山岩组呈侵入接触关系，被新太古代二长花岗质片麻岩侵入，被侏罗纪及后期地层角度不整合覆盖。

4. 二长花岗质片麻岩（$gn^{\eta\gamma}Ar_3$）

二长花岗质片麻岩大面积分布于乐亭—滦南一线以北、滦州市—昌黎一线以南的区域以及乐亭县中南部一带；此外，石家庄市区西南部有少量分布。岩性为黑云二长花岗质片麻岩、斑状黑云（角闪）二长花岗质片麻岩，岩石呈肉红、浅肉红、灰白色，中粒花岗变晶结构与变余花岗结构共存，部分岩体为中粗粒似斑状变晶结构，弱片麻状—似片麻状构造，变形强烈地段为条带状或条纹状构造。主要矿物组成：斜长石、钾长石、石英、黑云母及少量角闪石，偶见白云母。原岩类型为二长花岗岩，因此将其归于二长花岗质片麻岩，其形成时代属于新太古代。侵入新太古代变质地层及奥长花岗质片麻岩，被长城纪及后期地层角度不整合覆盖,局部呈断层接触。

第二节 侏罗纪侵入岩

1. 中侏罗世闪长岩(δJ_2)

中侏罗世闪长岩分布极少,主要位于沙河市綦村附近,分布面积约13km²。岩性为闪长岩,岩石呈灰色,细粒半自形柱粒状结构,块状构造。主要矿物组成:斜长石(中长石)、普通角闪石及微量石英。形成时代为中侏罗世。与奥陶纪地层呈侵入接触关系,被新生代地层角度不整合覆盖。

2. 晚侏罗世闪长岩(δJ_3)

晚侏罗世闪长岩分布集中,主要位于定兴县明义—高陌—高村一带,分布面积约166km²。岩性为闪长岩,岩石呈灰、深灰色,半自形中细粒状结构,块状构造。主要矿物组成:黑云母、角闪石、斜长石(更—中长石)及少量钾长石(微斜长石和条纹长石)、石英。形成时代为晚侏罗世。与蓟县系雾迷山组呈断层接触关系,与古生代地层呈侵入接触关系,被新生代地层角度不整合覆盖。

第三节 白垩纪侵入岩

1. 早白垩世闪长岩(δK_1)

早白垩世闪长岩分布极少,主要分布于沙河市新城镇北侧,分布面积约3km²。岩性为闪长岩,岩石呈浅灰粉色,中细粒状结构,块状构造。主要矿物组成:斜长石、钾长石和角闪石。形成时代为早白垩世。与古生代地层呈侵入接触关系,被新生代地层角度不整合覆盖。

2. 早白垩世花岗岩(γK_1)

早白垩世花岗岩分布于东光县秦村一带,分布面积约73km²。岩性为花岗岩。推断形成时代为早白垩世。与上三叠统至中侏罗统呈侵入接触关系,被新生代地层角度不整合覆盖。

3. 早白垩世二长花岗岩($\eta\gamma K_1$)

早白垩世二长花岗岩仅分布于昌黎县西部一带,面积约1km²,埋深在50~200m之间。岩性为肉红色二长花岗岩,中细粒花岗结构,块状构造。主要矿物组成:钾长石、斜长石、石英及少量黑云母。侵入新太古代二长花岗质片麻岩及滦县岩群,被新生代地层角度不整合覆盖。

4. 早白垩世正长花岗岩($\xi\gamma K_1$)

早白垩世正长花岗岩分布于乐亭县闫各庄镇东南一带,面积约20km²,埋深一般在1250~1750m之间。岩性为肉红色正长花岗岩,不等粒状、半自形粒状结构,块状构造。主要矿物有钾长石、石英及少量斜长石和黑云母。侵入侏罗系及更老地质体,被新生代地层角度不整合覆盖。

5. 早白垩世辉石正长岩($\xi\varphi K_1$)

早白垩世辉石正长岩分布于邯郸市经济开发区姚寨—肥乡区辛安镇一带,分布面积约66.9km²。

岩性为辉石正长岩。推断形成时代为早白垩世。与侏罗纪及更老地层呈侵入接触关系，被新生代地层角度不整合覆盖。

除上述侵入岩之外，在平原区前新生代基岩地质图等系列图件上，根据不同比例尺航磁异常特征和相关资料综合解译了部分推断岩体，其岩性和形成时代无法准确推断。

第四章 地质构造及特征

本章以板块构造学说为基础,以大陆岩石圈形成和演化为主线,以大陆动力学为主要研究内容,以系统表述京津冀地区大陆组成与形成演化历程为目标,系统总结区域地质构造形成演化,采用分时—多期的动态方法划分各级构造单元。

根据《中国区域地质志·河北志》(2017)和《河北省区域地质纲要》(2024)的划分方案,京津冀地区一级构造单元隶属中朝板块,二级构造单元为华北陆块及后期叠加的大兴安岭-太行山板内造山带(图4-1)。

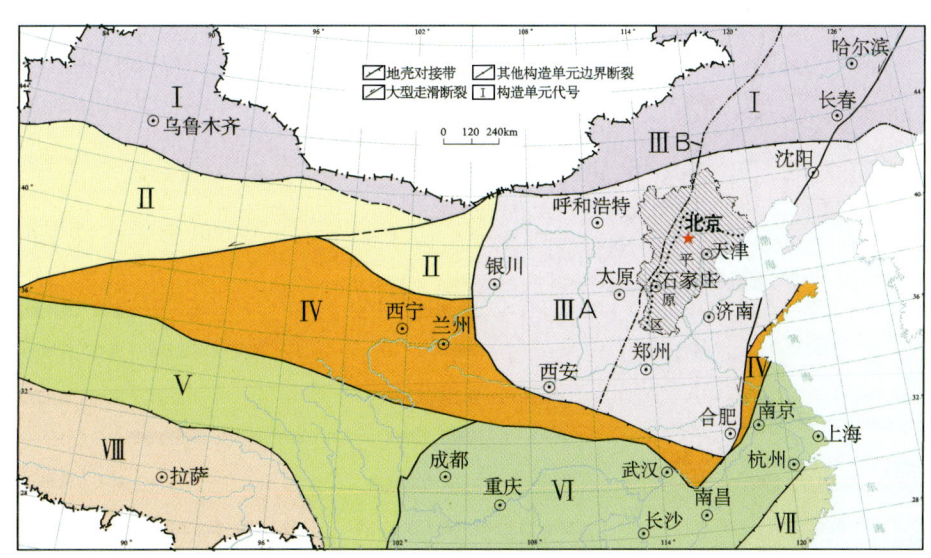

图4-1 区域大地构造位置图

Ⅰ-西伯利亚板块;Ⅱ-塔里木板块;Ⅲ-中朝板块,ⅢA-华北陆块,ⅢB-大兴安岭-太行山板内造山带主脊;Ⅳ-秦祁昆造山系;Ⅴ-羌塘-三江造山系;Ⅵ-扬子板块(陆块区);Ⅶ-华夏造山系;Ⅷ-冈底斯-喜马拉雅造山系。

第一节 构造单元划分及特征

因京津冀平原区后期构造单元多叠加于早期不同构造单元之上,其隶属关系不易准确划分,本节以中太古代晚期—古元古代、中元古代—中三叠世、晚三叠世—晚白垩世及古近纪—第四纪(新生代)4个构造阶段进行分时段构造单元划分。

一、中太古代晚期—古元古代构造单元划分及主要特征

该期形成京津冀地区第一个从拉张裂解到挤压造山的构造发展演化过程。河北省平原区以构造带

和区域断裂为界,划分3个三级构造单元和6个四级构造单元(图4-2)。

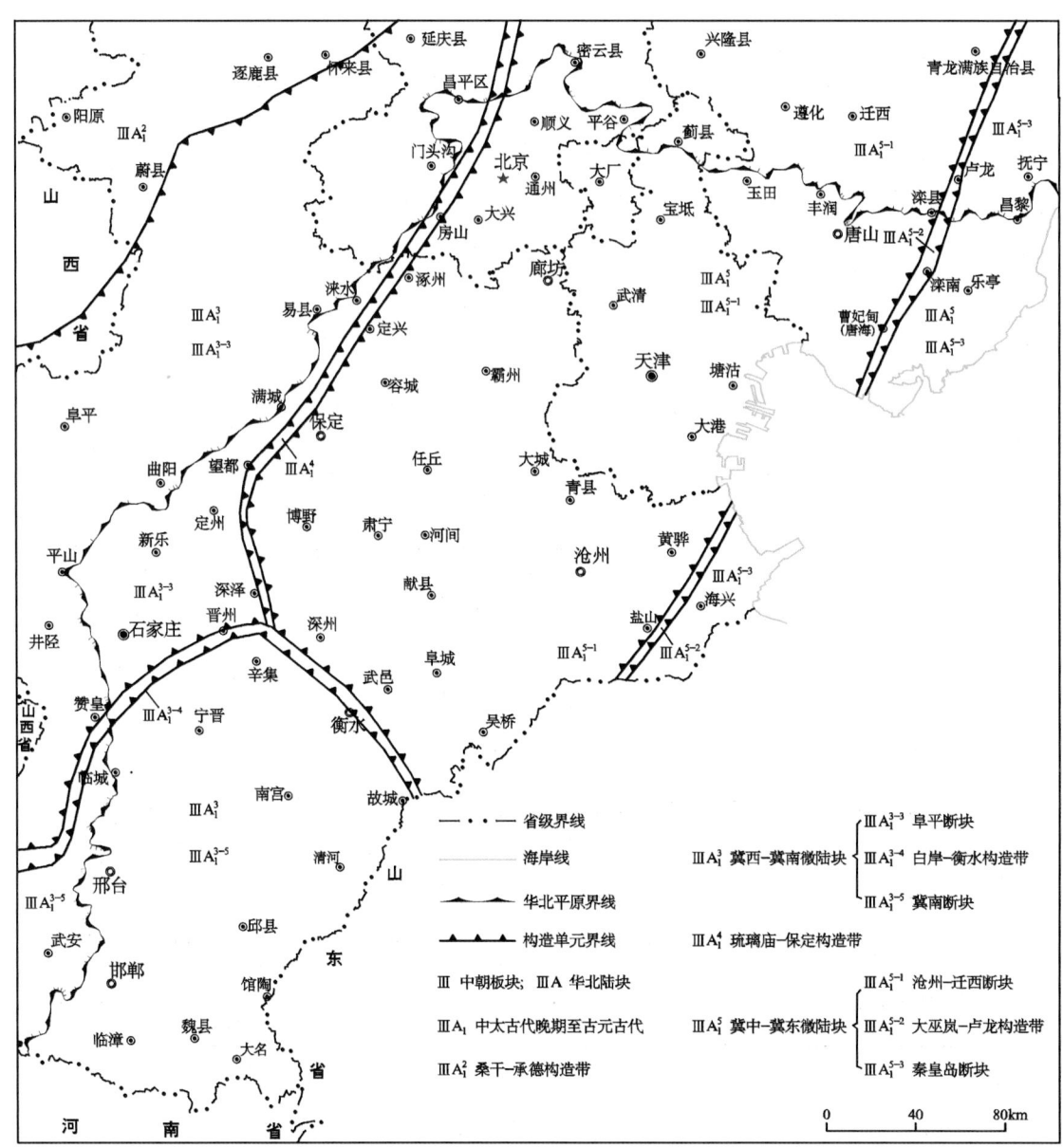

图4-2 中太古代晚期—古元古代阶段构造单元划分图

(一)冀西-冀南微陆块($ⅢA_1^3$)

平原区涉及以下3个四级构造单元。

1. 阜平断块($ⅢA_1^{3-3}$)

阜平断块位于华北陆块中部偏北、京津冀中西部,区域上夹持于桑干-承德、龙泉关、白岸-衡水及琉璃庙-保定4个构造带之间,整体为一个不规则菱形块状体,长轴呈北北东向展布(图4-2)。基岩区由新太古代中期—古元古代晚期变质地质体组成,平原区只涉及其东部边缘地带,变质基底以新太古代中期阜平岩群及新太古代晚期变质深成侵入岩为主,古元古代早期湾子岩群、古元古代中期甘陶河群次之。

2. 白岸-衡水构造带（ⅢA$_1^{3-4}$）

白岸-衡水构造带位于华北陆块中南部、河北南部，整体呈向北凸出的弧状窄带状展布（图4-2）。基岩区内由新太古代中期—古元古代中期变质地质体组成，以新太古代中期赞皇岩群、新太古代晚期变质深成侵入岩、古元古代早期官都群为主，古元古代中期变质侵入岩较少。发育褶皱、断裂构造、构造岩及高压变质岩，整体变形强烈。平原区只涉及其东段，处于隐伏状态。

3. 冀南断块（ⅢA$_1^{3-5}$）

冀南断块位于华北陆块中南部、白岸-衡水构造带之南，在河北呈不规则长方形块状，长轴呈北北东向展布（图4-2）。基岩区由新太古代中期—古元古代变质地质体组成。平原区只涉及其中东部，主要由新太古代晚期变质深成侵入岩及新太古代中期赞皇岩群等组成。

（二）琉璃庙-保定构造带（ⅢA$_1^4$）

琉璃庙-保定构造带位于京津冀中部偏西、平原区西北部，呈北西—北北东向展布（图4-2）。基岩区内以新太古代晚期变质深成侵入岩为主，新太古代早期迁西岩群、新太古代中期变质深成侵入岩次之。整体韧性变形较强，多期变质糜棱岩叠加产出，局部可见高压变质岩透镜体，主构造线平行构造带分布。平原区只涉及其中南段，处于隐伏状态。

（三）冀中-冀东微陆块（ⅢA$_1^5$）

1. 沧州-迁西断块（ⅢA$_1^{5-1}$）

沧州-迁西断块位于京津冀及华北陆块中东部、平原区中北部，区域上被桑干-承德、琉璃庙-保定、白岸-衡水及大巫岚-卢龙4个构造带围限，整体呈不规则斜梯形块状，长轴呈北北东向展布（图4-2）。基岩区由中太古代晚期—新太古代晚期变质地质体组成，发育多期褶皱与断裂构造，主构造线呈北北东向展布。平原区涉及其中南部，主要由新太古代各类变质深成侵入岩、迁西岩群及遵化岩群等组成。

2. 大巫岚-卢龙构造带（ⅢA$_1^{5-2}$）

大巫岚-卢龙构造带位于京津冀东部、华北陆块及平原区的东北部，整体呈北北东向窄带状展布（图4-2）。基岩区由新太古代中期—晚期变质地质体组成，整体变形较强，发育褶皱与断裂构造，断裂构造以多期变质糜棱岩及糜棱岩化变质岩叠加产出为特征，可见高压变质岩透镜体，发育韧性变形揉褶构造与多种形态的鞘褶皱，主构造线平行于构造带展布。平原区涉及其南段，主要由新太古代中期滦县岩群、新太古代晚期双山子岩群和朱杖子岩群及新太古代晚期变质深成侵入岩等组成。

3. 秦皇岛断块（ⅢA$_1^{5-3}$）

秦皇岛断块位于京津冀东部、华北陆块东北部及平原区东北边缘地带，整体呈北北东向带状展布（图4-2）。基岩区由新太古代中期—晚期变质地质体组成，局部发育褶皱和断裂构造，韧性变形较强。平原区涉及其南部，主要由新太古代晚期变质深成侵入岩和新太古代中期滦县岩群组成。

二、中元古代—中三叠世构造单元划分及主要特征

该期形成京津冀地区第二个大而完整的从拉张裂解到挤压造山的构造发展演化过程。河北省平原区以区域断裂和角度不整合为界，划分2个三级构造单元和5个四级构造单元（图4-3）。

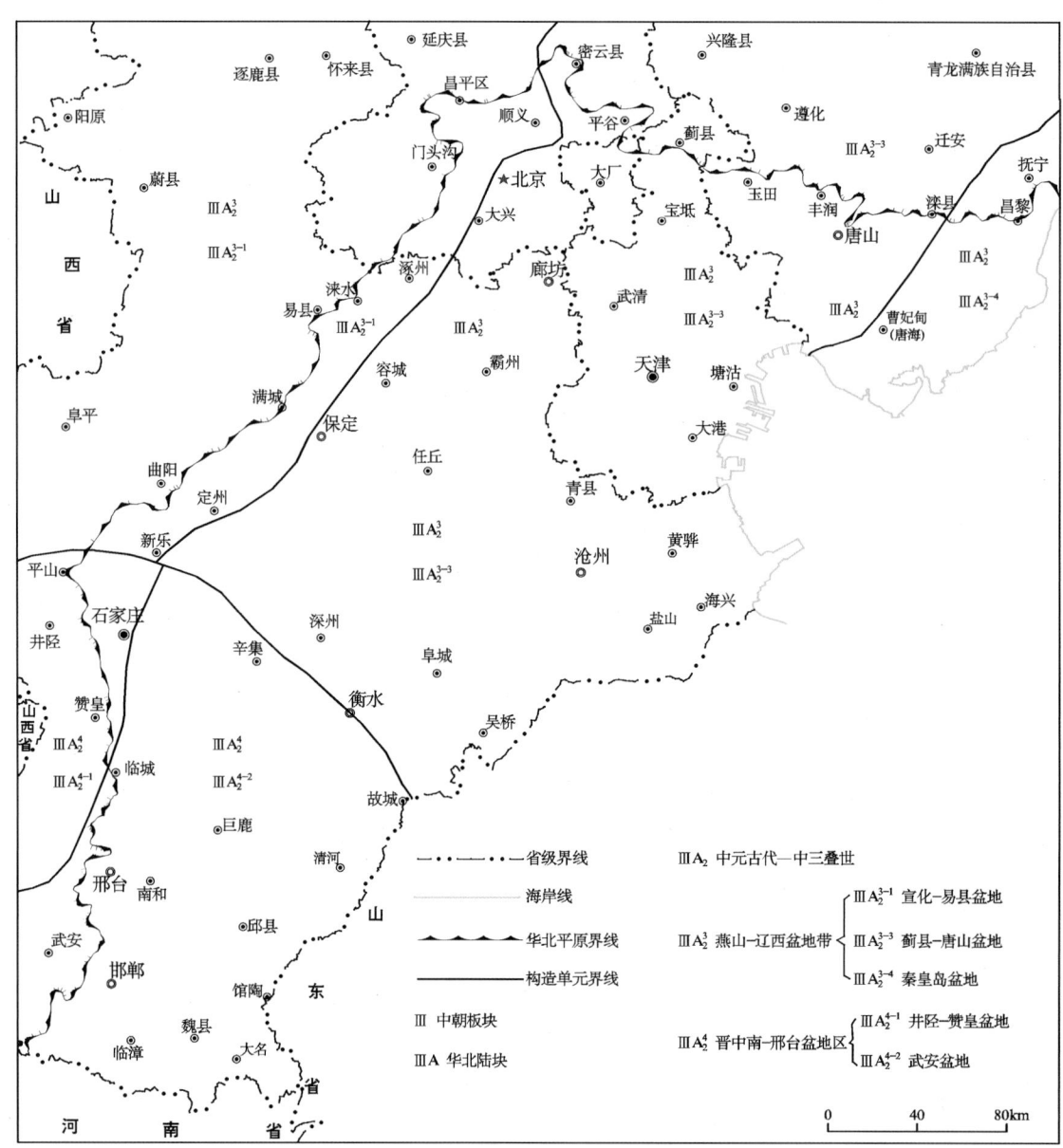

图 4-3 中元古代—中三叠世阶段构造单元划分图

（一）燕山-辽西盆地带（$ⅢA_2^3$）

燕山-辽西盆地带位于京津冀中北部，平原区涉及以下3个四级构造单元。

1. 宣化-易县盆地（$ⅢA_2^{3-1}$）

宣化-易县盆地位于京津冀中西部，属于燕山-辽西盆地带西段边缘盆地，以断裂和水下基底隆起与周围其他构造单元相隔，整体呈北东向展布（图 4-3）。基岩区由中元古代—中三叠世地质体组成，发育褶皱与断裂构造，受后期改造，构造线呈北西向、北东向及近东西向展布。平原区涉及其东南部边缘地带，在变质基底之上发育中元古代—中三叠世地层。

2. 蓟县-唐山盆地（ⅢA$_2^{3-3}$）

蓟县-唐山盆地位于京津冀中东部，属于燕山-辽西盆地带中心盆地，以断裂和水下基底隆起与周围其他构造单元相隔，整体呈北东向展布（图4-3）。基岩区由中元古代—中三叠世地质体组成，并含有裂谷型火山岩地层，发育褶皱与断裂构造，受后期改造，构造线呈北西向、北东向及近东西向展布。平原区涉及其南西部，在变质基底之上发育中元古代—中三叠世地层及褶皱与断裂构造。

3. 秦皇岛盆地（ⅢA$_2^{3-4}$）

秦皇岛盆地位于京津冀中东部，属于燕山-辽西盆地带东段的盆地，以断裂或水下基底隆起为界与蓟县-唐山盆地相邻，整体呈北东向展布（图4-3）。基岩区由中元古代—早三叠世地质体组成，发育褶皱与断裂构造，受后期改造，构造线呈北西向、北北东向及近东西向展布。平原区涉及其西南部，在变质基底之上发育中元古代—中三叠世地层及褶皱与断裂构造。

（二）晋中南-邢台盆地区（ⅢA$_2^4$）

晋中南-邢台盆地区位于河北省南部，其北部以下口-新乐及衡水区域断裂为界与燕山-辽西盆地带相邻，河北省平原区涉及2个四级构造单元。

1. 井陉-赞皇盆地（ⅢA$_2^{4-1}$）

井陉-赞皇盆地位于河北省南部偏西，其北部以下口-新乐区域断裂为界与燕山-辽西盆地带相邻，东部以水下基底隆起为界与武安盆地相邻，整体呈北北东向展布（图4-3）。基岩区由中元古代—晚石炭世地质体组成，发育褶皱与断裂构造，受后期改造，构造线呈北西向、北东向及近东西向展布。平原区涉及其东北部边缘地带，在变质基底之上发育少量中元古代—晚石炭世地层及褶皱与断裂构造。

2. 武安盆地（ⅢA$_2^{4-2}$）

武安盆地位于河北省南部，其北部以衡水区域断裂为界与燕山-辽西盆地带相邻，西部以水下基底隆起为界与井陉-赞皇盆地相邻，整体呈北北东向展布（图4-3）。基岩区由中元古代—中三叠世地质体组成，发育褶皱与断裂构造，受后期改造，构造线呈北西向、北东向及近东西向展布。平原区涉及其东北部和东部，在变质基底之上发育中元古代—中三叠世地层及褶皱与断裂构造。

三、晚三叠世—晚白垩世构造单元划分及主要特征

该期形成京津冀地区第三个完整的从拉张裂解到挤压板内造山的构造发展演化过程。河北省平原区以区域断裂和角度不整合为界，划分1个三级构造单元（承德-武安火山喷发带）和10个四级构造单元（图4-4）。

1. 门头沟火山-沉积盆地（ⅢB$_2^{1-9}$）

门头沟火山-沉积盆地位于京津冀中部、平原区西北部昌平—门头沟—房山—涞水一带，以断裂和角度不整合为界叠加于前晚三叠世地质体之上，呈北东向不规则带状展布（图4-4）。基岩区由晚三叠世—早白垩世地质体组成，以火山-沉积地层为主（地层厚度约11 530m），岩体少量，发育火山机构、断裂、褶皱及继承火山构造形成的宽缓褶皱构造，主构造线呈北东—北北东向展布。平原区涉及其东部，在前晚三叠世地质体之上发育晚三叠世—早白垩世火山-沉积含煤地层、少量岩体及断裂和褶皱构造。

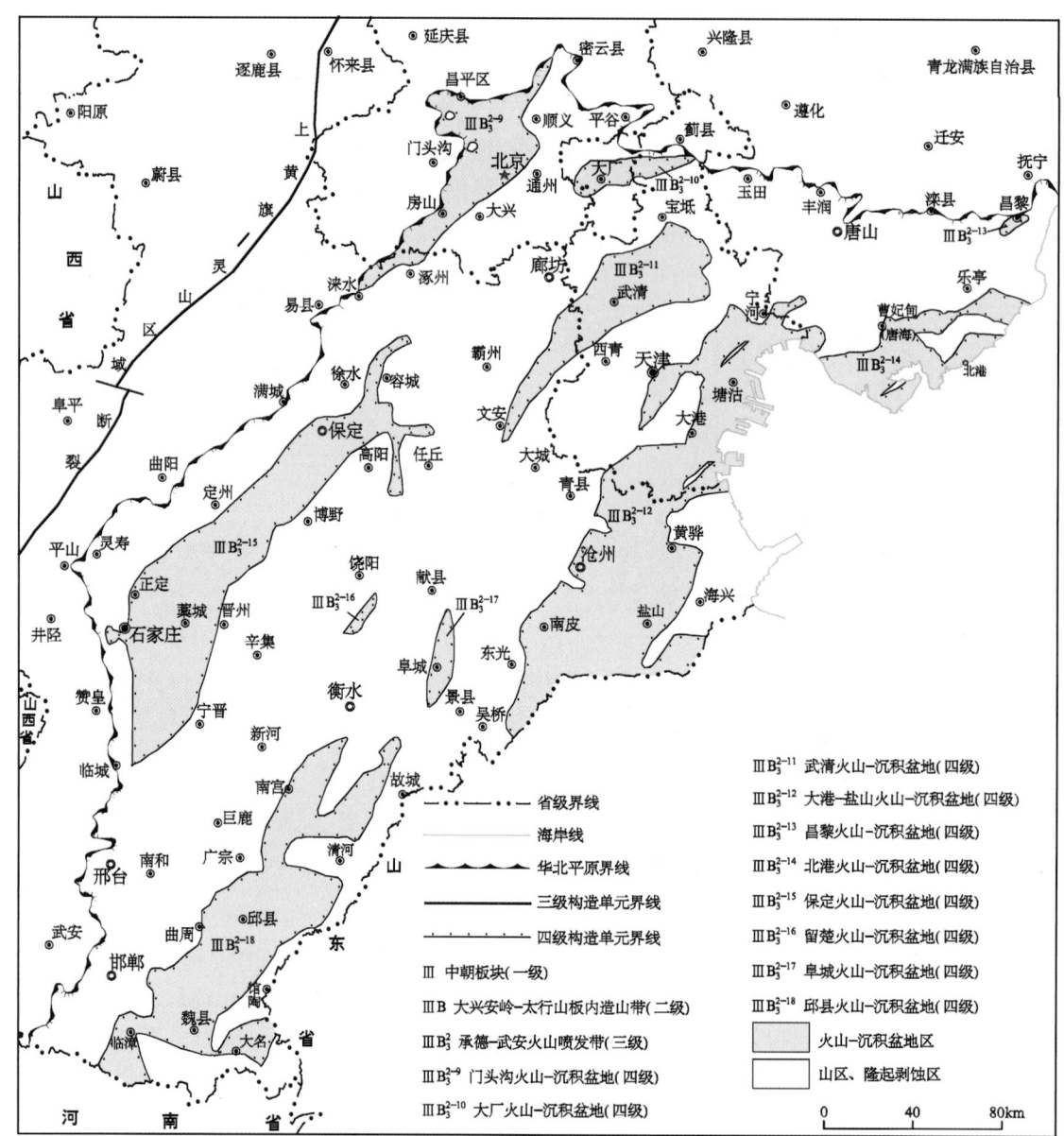

图 4-4 晚三叠世—晚白垩世阶段构造单元划分图

2. 大厂火山-沉积盆地（ⅢB$_3^{2-10}$）

大厂火山-沉积盆地位于平原区北部边缘地带大厂—蓟县南一带，以断裂和角度不整合为界叠加于前晚三叠世地质体之上，受前晚三叠世基底构造制约整体呈北东东向不规则带状展布（图4-4）。发育中侏罗世—早白垩世火山-沉积地层、火山机构及断裂和褶皱构造。

3. 武清火山-沉积盆地（ⅢB$_3^{2-11}$）

武清火山-沉积盆地位于平原区北部文安—武清—宝坻南一带，以断裂和角度不整合为界叠加于前晚三叠世地质体之上，整体呈北东向不规则带状展布（图4-4）。发育晚三叠世—早白垩世火山-沉积含煤地层、火山机构及断裂和褶皱构造。

4. 大港-盐山火山-沉积盆地（ⅢB$_3^{2-12}$）

大港-盐山火山-沉积盆地位于平原区东部宁河—大港—盐山—南皮—吴桥东一带，以断裂和角度不整合为界叠加于前晚三叠世地质体之上，整体呈北北东向不规则带状展布（图4-4）。发育晚三叠世—早白垩世火山-沉积含煤地层、火山机构及断裂和褶皱构造。

5. 昌黎火山-沉积盆地（ⅢB$_3^{2-13}$）

昌黎火山-沉积盆地位于平原区北东边缘昌黎一带，以断裂和角度不整合为界叠加于新太古代变质基底之上，整体呈北东向短带状展布（图4-4）。发育晚白垩世早期沉积-火山地层（为京津冀地区中生界的最高火山岩层位）、火山机构及断裂构造。

6. 北港火山-沉积盆地（ⅢB$_3^{2-14}$）

北港火山-沉积盆地位于平原区的北东部南堡—北港—乐亭南一带，以断裂和角度不整合为界叠加于前晚三叠世地质体之上，整体呈北东向不规则带状展布（图4-4）。发育晚三叠世—早白垩世火山-沉积含煤地层、火山机构及断裂和褶皱构造。

7. 保定火山-沉积盆地（ⅢB$_3^{2-15}$）

保定火山-沉积盆地位于平原区中西部容城—保定—藁城—临城东一带，以断裂和角度不整合为界叠加于前晚三叠世地质体之上，整体呈北北东向不规则带状展布（图4-4）。发育早侏罗世—晚白垩世火山-沉积含煤地层、火山机构及断裂和褶皱构造。

8. 留楚火山-沉积盆地（ⅢB$_3^{2-16}$）

留楚火山-沉积盆地位于平原区中部饶阳县留楚一带，以断裂和角度不整合为界叠加于前晚三叠世地质体之上，整体呈北北东向短带状展布（图4-4）。发育白垩纪火山-沉积地层、火山机构及断裂构造。

9. 阜城火山-沉积盆地（ⅢB$_3^{2-17}$）

阜城火山-沉积盆地位于平原区中东部阜城一带，以断裂和角度不整合为界叠加于前晚三叠世地质体之上，受前晚三叠世基底构造制约整体呈近南北向短带状展布（图4-4）。发育早白垩世火山-沉积地层、火山机构及断裂构造。

10. 邱县火山-沉积盆地（ⅢB$_3^{2-18}$）

邱县火山-沉积盆地位于平原区东南部衡水南—邱县—临漳—大名一带，以断裂和角度不整合为界叠加于前晚三叠世地质体之上，整体呈北北东向不规则带状展布（图4-4）。发育晚三叠世—早白垩世火山-沉积含煤地层、火山机构及断裂和褶皱构造。

四、新生代构造单元划分及主要特征

该期形成京津冀地区第四个构造发展阶段。综合前人资料和本次工作成果，将平原区综合划分为4个四级构造单元、68个五级构造单元（表4-1，图4-5）。

表 4-1 平原区五级构造单元特征简表

四级单元	五级单元				新生界最大厚度(m)		下伏地层	地球物理场特征	
	代号	名称	面积(km²)	走向	Q+N	E		重力布格	航磁
太行山-燕山山前台地	ⅢA₄³⁻¹⁽¹⁾	燕山山前台地	6 899.51	北西西	800	0	Mz、Pz、Qb—Ch、Ar₃	清楚,主重力高	清楚,正负相间
	ⅢA₄³⁻¹⁽²⁾	太行山山前台地	6 005.15	北北东—近南北	900	0	Mz、Pz—Ch、Pt₁、Ar₃	清楚,重力低	清楚,正负相间
廊坊-深州火山-沉积盆地	ⅢA₄³⁻²⁽¹⁾	北京凹陷	1 603.18	北东	1300	1035	Mz、Pz—Jx	较清楚,重力低	清楚,主负值区
	ⅢA₄³⁻²⁽²⁾	大兴凸起	1 690.64	北东	600	0	Mz、Pz₁、Jx	很清楚,重力高	清楚,主负值区
	ⅢA₄³⁻²⁽³⁾	大厂凹陷	936.85	北东	1200	2000	K、P₃—Jx、Ar₃	较清楚,重力低	清楚,正负相间
	ⅢA₄³⁻²⁽⁴⁾	宝坻凸起	536.53	近东西	1000	0	Pz₁、Qb、Jx	很清楚,重力高	清楚,主负值区
	ⅢA₄³⁻²⁽⁵⁾	廊坊凹陷	2 684.26	北东—北北东	2400	6000	Pz—Ch、Ar₃	清楚,重力低	清楚,负值区
	ⅢA₄³⁻²⁽⁶⁾	牛驼镇凸起	328.14	北东	1100	0	Qb—Jx	很清楚,重力高	较清楚,正值区
	ⅢA₄³⁻²⁽⁷⁾	武清-霸县凹陷	5 136.98	北东—北北东	2900	7500	Mz、Pz—Ch、Ar₃	清楚,重力低	一般,负值区
	ⅢA₄³⁻²⁽⁸⁾	徐水凹陷	887.49	北东	1300	4000	J、Pz₁—Jx	清楚,重力低	一般,负值区
	ⅢA₄³⁻²⁽⁸⁾	容城凸起	234.97	北东—北北东	900	0	J、Qb—Jx	清楚,重力高	清楚,主负值区
	ⅢA₄³⁻²⁽¹⁰⁾	保定凹陷	3 585.86	北东	1700	5500	K、Pz₁—Jx、Ar₃	清楚,重力低	一般,负值区
	ⅢA₄³⁻²⁽¹¹⁾	高阳凸起	2 411.07	北东	2100	1500	Pz₁—Jx	一般,重力高	不清楚,负值区
	ⅢA₄³⁻²⁽¹²⁾	饶阳凹陷	6 018.01	北北东	2600	4800	Mz—Ch、Ar₃	一般,重力低	一般,负值区
	ⅢA₄³⁻²⁽¹³⁾	藁城凸起	1 680.18	北北东	1400	500	Mz、Pz	一般,重力高	不清楚,正值区
	ⅢA₄³⁻²⁽¹⁴⁾	正定凹陷	379.84	北北东	1200	2000	K	较清楚,重力低	清楚,主负值区
	ⅢA₄³⁻²⁽¹⁵⁾	晋县凹陷	1 577.32	北北东	1500	3000	Jx、Ch、Ar₃	一般,重力低	不清楚,正值区

续表 4-1

四级单元	五级单元							
	代号	名称	面积 (km²)	走向	新生界最大厚度(m)		下伏地层	地球物理场特征	
					Q+N	E		重力布格	航磁
天津-故城隆起	ⅢA₄³⁻³⁽¹⁾	潘庄凸起	1 089.23	北北东	1400	0	J、Pz、Jx	较清楚	一般,负值区
	ⅢA₄³⁻³⁽²⁾	大城凸起	290.72	北北东	1300	0	Mz、Pz₂	较清楚	一般,正值区
	ⅢA₄³⁻³⁽³⁾	双窑凸起	750.47	北北东	1400	0	Pz₁、Qb、Jx	清楚,重力高	不清楚,正值区
	ⅢA₄³⁻³⁽⁴⁾	白塘口凹陷	264.12	北北东	1600	500	K₂、P₃—O₁	清楚,重力低	不清楚,正值区
	ⅢA₄³⁻³⁽⁵⁾	小韩庄凸起	386.22	北北东	1500	0	K、Pz、Qb、Jx	清楚,重力高	不清楚,正值区
	ⅢA₄³⁻³⁽⁶⁾	青县凸起	2 251.01	北北东	1300	0	Pz	清楚,重力高	较清楚,正值区
	ⅢA₄³⁻³⁽⁷⁾	里坦凹陷	676.94	北东	1500	1000	T、Pz	较清楚,重力低	清楚,主负值区
	ⅢA₄³⁻³⁽⁸⁾	献县凸起	1 085.40	北北东	1400	0	Pz₁、Jx	清楚,重力高	较清楚
	ⅢA₄³⁻³⁽⁹⁾	阜城凹陷	322.68	北北东	1600	0	K、Pz₂	较清楚	一般,正值区
	ⅢA₄³⁻³⁽¹⁰⁾	景县凸起	2 615.23	北北东	1200	0	K、Pz₂	清楚,重力高	一般,正值区
	ⅢA₄³⁻³⁽¹¹⁾	宁晋凸起	1 393.69	北北东	1100	0	Pz₁、Jx、Ch	清楚,重力高	不清楚,正值区
	ⅢA₄³⁻³⁽¹²⁾	束鹿凹陷	707.88	北北东	1700	5000	Pz、Jx、Ch、Ar₃	清楚,重力低	一般,负值区
	ⅢA₄³⁻³⁽¹³⁾	前磨头凹陷	292.40	北东向	1600	3000	Pz、Jx、Ch	清楚,重力低	一般,负值区
	ⅢA₄³⁻³⁽¹⁴⁾	新河凸起	2 158.03	北东—北北东	1200	0	Pz、Jx、Ch、Ar₃	一般,重力高	不清楚,负值区
	ⅢA₄³⁻³⁽¹⁵⁾	南宫凹陷	945.48	北北东	1500	3000	K、Pz₁	清楚,重力低	不清楚,正负过渡
	ⅢA₄³⁻³⁽¹⁶⁾	明化镇凸起	926.67	北北东	1400	0	Pz	清楚,重力高	不清楚,负值区
	ⅢA₄³⁻³⁽¹⁷⁾	大营凹陷	551.83	北北东	1500	3500	K、Pz	较清楚,重力低	不清楚,正负过渡
	ⅢA₄³⁻³⁽¹⁸⁾	故城凸起	543.04	北北东	1300	0	T₁₋₂、Pz₂	清楚,重力高	较清楚,正值区
	ⅢA₄³⁻³⁽¹⁹⁾	任县凹陷	827.27	近南北	1525	500	T₁₋₂、Pz	较清楚,重力低	一般,负值区
	ⅢA₄³⁻³⁽²⁰⁾	鸡泽凸起	1 496.97	近南北	1400	0	Pz	一般	不清楚,主负值区
	ⅢA₄³⁻³⁽²¹⁾	巨鹿凹陷	738.07	北北东	1750	1000	T₁₋₂、Pz₂	较清楚,重力低	不清楚,负值区
	ⅢA₄³⁻³⁽²²⁾	广宗凸起	441.73	北北东	1300	0	Pz、Ar₃	很清楚,重力高	不清楚,正负过渡

续表 4-1

四级单元	五级单元								
	代号	名称	面积 (km²)	走向	新生界最大厚度(m)		下伏地层	地球物理场特征	
					Q+N	E		重力布格	航磁
南堡-魏县火山-沉积盆地	ⅢA$_4^{3-4(1)}$	秦南凸起	1 021.20	近东西	1100	0	K、Ar$_3$	清楚,主重力高	清楚,负值区
	ⅢA$_4^{3-4(2)}$	乐亭凹陷	846.35	近东西	1900	4000	Mz、Pz、Ar$_3$	清楚,主重力高	清楚,正负相间
	ⅢA$_4^{3-4(3)}$	马头营凸起	522.08	东西	1700	1000	Mz—Qb、Ar$_3$	清楚,重力高	不清楚,正值区
	ⅢA$_4^{3-4(4)}$	石臼坨凹陷	182.39	东西	2000	2000	K、Pz$_1$	清楚,重力高	清楚,正值区
	ⅢA$_4^{3-4(5)}$	南堡凹陷	1 181.99	东西	2600	5000	Mz、Pz、Ar$_3$	清楚,重力低	不清楚,正值区
	ⅢA$_4^{3-4(6)}$	唐海凸起	372.24	北东	1700	500	Pz、Qb、Ar$_3$	清楚,重力高	一般,正值区
	ⅢA$_4^{3-4(7)}$	黑沿子凹陷	505.39	北东	1800	1700	Pz、Mz	清楚,重力低	一般,正值区
	ⅢA$_4^{3-4(8)}$	黄各庄凸起	1 508.20	东西—北东	1300	0	Pz—Ch	清楚,重力高	清楚,负值区
	ⅢA$_4^{3-4(9)}$	北塘凹陷	1 082.01	北北东	2000	4000	Mz、Pz	清楚,重力低	一般,正值区
	ⅢA$_4^{3-4(10)}$	板桥凹陷	1 473.03	北北东	2200	5400	K、Pz	很清楚,重力低	一般,正负过渡
	ⅢA$_4^{3-4(11)}$	沧东凹陷	875.06	北北东	1700	3600	Mz、Pz$_2$	较清楚	不清楚,正值区
	ⅢA$_4^{3-4(12)}$	孔店凸起	498.25	北东	1600	1000	Mz、Pz$_2$	清楚,重力高	不清楚,正负相间
	ⅢA$_4^{3-4(13)}$	歧口凹陷	997.04	北东	2700	3000	Mz、Pz$_2$	较清楚,重力低	一般,负值区
	ⅢA$_4^{3-4(14)}$	南皮凹陷	1 302.78	北北东	1900	4000	Mz、Pz$_2$	清楚,重力低	较清楚,主负值区
	ⅢA$_4^{3-4(15)}$	徐黑凸起	609.54	北东	1400	200	Mz、Pz$_2$	较清楚	不清楚,负值区
	ⅢA$_4^{3-4(16)}$	盐山凹陷	487.67	北东	1500	500	Mz	较清楚,重力低	较清楚,负值区
	ⅢA$_4^{3-4(17)}$	东光凸起	290.72	东西	1400	0	Mz	较清楚,重力高	不清楚,负值区
	ⅢA$_4^{3-4(18)}$	吴桥凹陷	581.21	北东	1500	2500	Mz、Ar$_3$	较清楚,重力低	不清楚,负值区
	ⅢA$_4^{3-4(19)}$	旧城凸起	524.04	北东	1800	800	Mz、Pz$_2$	较清楚,重力高	不清楚,负值区
	ⅢA$_4^{3-4(20)}$	埕宁凸起	1 752.18	北东	1100	0	Mz、Pz、Ar$_3$	较清楚,重力高	较清楚,正值区

续表 4-1

四级单元	五级单元							
	代号	名称	面积（km²）	走向	新生界最大厚度(m)		下伏地层	地球物理场特征
					Q+N	E		重力布格 | 航磁
南堡-魏县火山-沉积盆地	ⅢA₄³⁻⁴⁽²¹⁾	邯郸凹陷	1 224.95	北北东	1700	2000	Mz、Pz₂	清楚,重力低 | 一般,正值区
	ⅢA₄³⁻⁴⁽²²⁾	邱县凹陷	3 866.55	北北东	1800	3500	Mz、Pz、Ar₃	清楚,重力低 | 清楚,正值区
	ⅢA₄³⁻⁴⁽²³⁾	馆陶凸起	844.22	北北东	1700	500	T、Pz	清楚,重力高 | 不清楚,正负相间
	ⅢA₄³⁻⁴⁽²⁴⁾	冠县凹陷	301.53	北北东	1900	1500	Mz、Pz₂	较清楚,重力低 | 不清楚,正负相间
	ⅢA₄³⁻⁴⁽²⁵⁾	堂邑凸起	266.92	北东	1800	500	Pz₂	清楚,重力高 | 不清楚,正负相间
	ⅢA₄³⁻⁴⁽²⁶⁾	汤阴凹陷	609.45	北北西	1300	500	Mz、Pz₂	清楚,重力低 | 不清楚,正负相间
	ⅢA₄³⁻⁴⁽²⁷⁾	临漳凸起	507.67	北北西	1400	0	Pz₁、Ar₃	很清楚,重力高 | 不清楚,负值区
	ⅢA₄³⁻⁴⁽²⁸⁾	元村集凹陷	211.94	北北东	1900	2000	Pz₂	清楚,重力低 | 清楚,正值区
	ⅢA₄³⁻⁴⁽²⁹⁾	南乐凸起	81.77	北西西	1800	500	Pz₁	清楚,重力高 | 不清楚,正负相间

注:1.本表内容据第一代地质志资料修编,第一代地质志据华北石油设计院(1979)、地质部石油普查勘探指挥部石油地质大队(1981)、大港油田地质研究所(1982)相关资料拟编,根据本次研究成果进行了适当调整。2.Q+N-第四系加新近系;E-古近系;K-白垩系;J-侏罗系;T-三叠系;Mz-中生界;Pz₂-上古生界;Pz₁-下古生界;Pz-古生界;Qb-青白口系;Jx-蓟县系;Ch-长城系;Pt₁-古元古界;Ar₃-新太古界及新太古代晚期变质深成岩。

1. 太行山-燕山山前台地（ⅢA₄³⁻¹）

太行山-燕山山前台地位于平原区西部和北部边缘,叠加于前新生代地质体之上,沿邯郸西—邢台—灵寿—涞水—昌平—唐山—昌黎一带呈近南北—北北东—北西—近东西向不规则带状展布。划分燕山山前台地和太行山山前台地 2 个五级构造单元,其主要特征见表 4-1。太行山山前台地南段发育隐伏煤矿,燕山山前台地东段发育隐伏沉积变质型铁矿。

2. 廊坊-深州火山-沉积盆地（ⅢA₄³⁻²）

廊坊-深州火山-沉积盆地位于平原区西北部,叠加于前新生代地质体之上,沿柏乡—晋州—深州—廊坊—大厂一带呈北北东向不规则宽带状展布,整体为一个半地堑盆地。划分 15 个五级构造单元,以凹陷为主,间夹凸起,其主要特征见表 4-1。华北油田蕴于其中。

3. 天津-故城隆起（ⅢA₄³⁻³）

天津-故城隆起位于平原区中部,叠加于前新生代地质体之上,沿天津北东—天津—青县—景县—

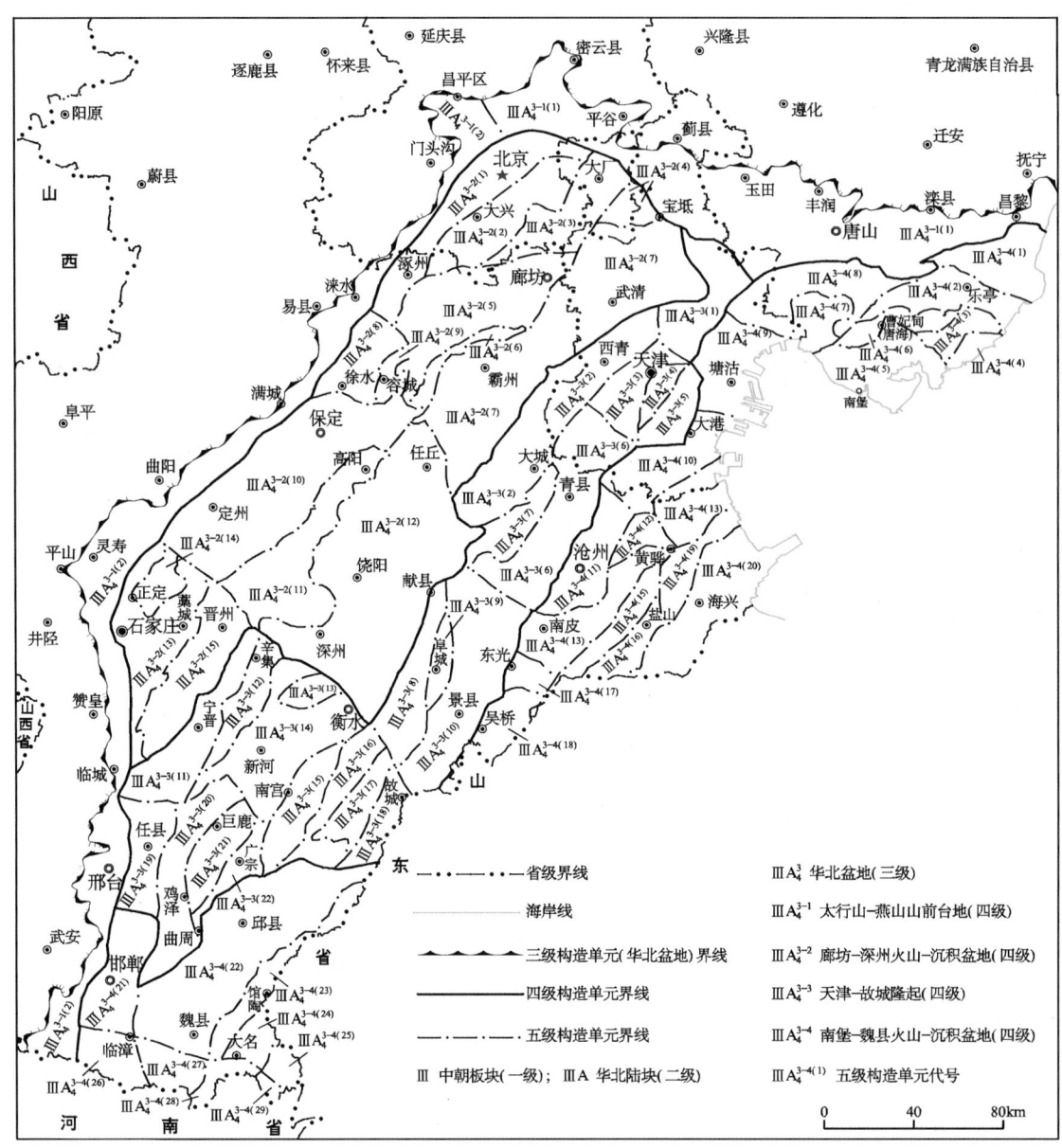

图 4-5 新生代阶段构造单元划分图

故城—新河—南和一带呈北北东向不规则带状展布,整体为一个具有半地垒—地垒特征的隆起带。划分 22 个五级构造单元,以凸起为主,间夹凹陷,其主要特征见表 4-1。

4. 南堡-魏县火山-沉积盆地（ⅢA₄³⁻⁴）

南堡-魏县火山-沉积盆地位于平原区东南部,叠加于前新生代地质体之上,沿乐亭—南堡—大港—黄骅—吴桥—邱县—魏县—临漳一带呈北北东向不规则带状展布,整体为一个半地堑—地堑盆地。划分 29 个五级构造单元,以凹陷为主,间夹凸起,其主要特征见表 4-1。大港和冀东等油田蕴于其中。

在《河北省区域地质纲要》(2024)的基础上,依据新生界等深线、边界断裂及角度不整合界线综合对各级构造单元界线进行适当调整,增强各级构造单元划分的合理性。新厘定燕山山前台地、太行山山前台地、秦南凸起、石臼坨凹陷、乐亭凹陷、唐海凸起、黄各庄凸起、东光凸起、吴桥凹陷、黑沿子凹陷、旧城凸起、容城凸起、徐水凹陷、宝坻凸起、里坦凹陷、藁城凸起、正定凹陷17个五级构造单元；将南和凸起分解为任县凹陷和鸡泽凸起；由于衡水位于隆起上，将原"廊坊-衡水火山-沉积盆地"改为"廊坊-深州火山-沉积盆地"；白塘口凹陷和小韩庄凸起更接近于隆起的特征，因此将其划归天津-故城隆起；原"孔店凸起"主体应为凹陷，修正了孔店凸起的内容，将原"齐家务凸起"改为"孔店凸起"，"柏各庄凸起"改为"唐海凸起"，"徐里凸起"修正为"徐黑凸起"。

第二节 构造形变

本节仅对平原区发育的褶皱构造和断裂构造进行总结。

一、平原区褶皱构造及其主要特征

前新生代基岩中共识别出28个褶皱构造（表4-2），分布如图4-6所示。28个褶皱构造可归属为早中三叠世、侏罗纪和早白垩世3期，分别对应于京津冀地区基岩区第六期、第七期和第八期。京津冀地区基岩区第一期至第四期褶皱构造发育于早前寒武纪变质地层中，因早前寒武纪变质地层分布较为零星和缺乏相关资料，其中发育的褶皱构造无法识别。第五期褶皱构造不涉及平原区。

表4-2 平原区褶皱构造主要特征表

编号	名称	轴迹方向	长 本区（km）	宽	主要特征	形成时间
f1	大兴-西曹庄向斜	45°	25	20	北东端延入邻区，南西端被断裂破坏，发育于蓟县系至二叠系中，在后期构造改造中发生了偏转	T_{1-2}
f2	王各庄向斜	近东西向	10	7.5	两端被断裂破坏，发育于蓟县系至奥陶系中，在后期构造改造中发生了弯曲	T_{1-2}
f3	张营背斜	45°～90°	16	10	东端被断裂破坏，西端延入邻区，发育于蓟县系至奥陶系中，在后期构造改造中部分发生了弯曲	T_{1-2}
f4	香河向斜	30°	17	7.5	南西端延入邻区，北东端仰起，北部被白垩系覆盖，东南部被断裂破坏，发育于蓟县系至奥陶系中，在后期构造改造中发生了偏转	T_{1-2}
f5	林南仓向斜	近东西向	35	10～23	西端延入邻区，东端仰起，发育于蓟县系至二叠系中，在后期构造改造中部分地段发生了弯曲	T_{1-2}
f6	陈家铺背斜	70°	35	10	南西端延入邻区，北东端倾伏，发育于蓟县系至奥陶系中，在后期构造改造中发生了偏转	T_{1-2}
f7	窝洛沽向斜	55°	36	10～17	南西端延入邻区，北东端仰起，部分地段被断裂破坏，发育于蓟县系至奥陶系中，在后期构造改造中发生了偏转	T_{1-2}
f8	李钊庄背斜	41°	47	10	南西端延入邻区，北东端倾伏，局部被断裂破坏，发育于蓟县系至奥陶系中，在后期构造改造中发生了偏转	T_{1-2}
f9	车轴山向斜	20°～40°	47	10～23	南西端延入邻区，北东端仰起，局部被断裂破坏，发育于蓟县系至二叠系中，在后期构造改造中发生了偏转	T_{1-2}

续表 4-2

编号	名称	轴迹方向	长 本区(km)	宽	主要特征	形成时间
f10	东田庄背斜	5°~30°	61	10	南西端延入邻区并被断裂破坏,北东端被断裂破坏,发育于蓟县系至奥陶系中,在后期构造改造中发生了偏转及波动	T_{1-2}
f11	开平复式向斜	35°	61	38~43	两端延入邻区,局部被断裂破坏,发育次级背向斜,为一复式向斜构造。发育于长城系至二叠系中,在后期构造改造中发生了偏转	T_{1-2}
f12	曹庄南向斜	东西向	18	7	西端仰起,东端延入渤海,发育于寒武系至奥陶系中,在后期构造改造中南部被断裂破坏,两翼不对称	T_{1-2}
f13	百尺竿向斜	55°	25	5~10	北西翼及南西端被断裂破坏,两翼不对称,北东端延入邻区,发育于侏罗系	J_3
f14	永清复式向斜	46°~90°	61	15~19	南西端仰起,北东端延入邻区,两翼被断裂破坏,发育不太完整,发育次级背向斜为一复式向斜,发育于蓟县系至二叠系中,在后期构造改造中发生了偏转与弯曲	T_{1-2}
f15	东马圈背斜	46°	18	7~12	两端倾伏,发育于寒武系至二叠系中,在后期构造改造中发生了偏转	T_{1-2}
f16	文安东向斜	22°~54°	70	5~19	南西端仰起,北东端延入邻区,发育于上三叠统至侏罗系中	J_3
f17	西演叠加向斜	东西向	13	30	西端仰起,东端被断裂破坏,早期向斜发育于寒武系至奥陶系中;晚期向斜发育于下白垩统中,继承盆地或早期向斜形成	T_{1-2}
f18	肃宁北背斜	东西向	13	26	西端倾伏,东端被断裂破坏,发育于寒武系至奥陶系中	T_{1-2}
f19	肃宁南向斜	东西向	6	21	西端仰起,东端被断裂破坏,发育于寒武系至奥陶系中	T_{1-2}
f20	安平向斜	56°	55	49~56	内部及外围多被断裂破坏,发育于蓟县系至二叠系中,两翼不对称	T_{1-2}
f21	青县-故城复式向斜	20°~32°	165	40~78	南西端仰起,北东端延入邻区,发育次级背向斜为一复式向斜,发育于蓟县系至三叠系中,局部被侏罗系和白垩系覆盖,部分地段被断裂破坏,发育不太完整	J
f22	团泊向斜	15°~20°	80	8~12	两端倾伏,发育于蓟县系至二叠系中,在后期构造改造中发生了偏转	T_{1-2}
f23	沧州东叠加向斜	35°~40°	118	8~62	南西端仰起,北东端延入邻区,多被断裂破坏,呈不规则状。早期向斜发育于上三叠统至中侏罗统中,晚期向斜发育于下白垩统中,继承盆地或早期向斜形成	$J_3—K_1$
f24	东高头向斜	25°	15	2~11	南西端扬起,北东端延入渤海,发育于石炭系至三叠系中,北西翼被断层破坏	J

续表 4-2

编号	名称	轴迹方向	长 本区(km)	宽	主要特征	形成时间
f25	元氏向斜	近南北向	65	9~18	南、北两端及东翼被断裂破坏，发育不太完整，发育于长城系至三叠系中，在后期构造改造中轴迹发生了弯曲与波动	J
f26	新河-邯郸复式向斜	25°~40°	212	40~68	北东端及两翼多被断裂破坏，南西端延入邻区，发育次级平行背向斜为一复式向斜，发育于长城系至三叠系中	J
f27	西河庄背斜	30°~46°	53	2~10	两端及北西翼部分被断裂破坏，南东翼被白垩系覆盖，发育于古生界中，继承基底隆起形成	J
f28	广平叠加向斜	30°	75	27~30	南西端被断裂破坏，北东端仰起。早期向斜发育于上三叠统至中侏罗统中；晚期向斜发育于下白垩统中，继承盆地或早期向斜形成	J_3—K_1

1. 早中三叠世（第六期）褶皱构造

该期褶皱构造对应于京津冀地区基岩区第六期褶皱构造，平原区共识别出 18 个。其中，向斜构造 10 个（f1、f2、f4、f5、f7、f9、f12、f19、f20、f22），背斜构造 6 个（f3、f6、f8、f10、f15、f18），复式向斜构造 2 个（f11、f14）。该期褶皱构造发育于长城纪至二叠纪地层中，形成于早中三叠世近南北向（北北西-南南东向）挤压构造环境，褶皱轴迹呈近东西向（北东东-南西西向）展布，在后期构造改造中不同程度地发生偏转（图 4-6）。各褶皱构造主要特征见表 4-2。

2. 侏罗纪（第七期）褶皱构造

该期褶皱构造对应于京津冀地区基岩区第七期褶皱构造，平原区共识别出 7 个。其中，向斜构造 4 个（f13、f16、f24、f25），背斜构造 1 个（f27）、复式向斜构造 2 个（f21、f26）。该期褶皱构造发育于长城纪至侏罗纪地层中，形成于侏罗纪或晚侏罗世北西-南东向挤压构造环境，褶皱轴迹呈北东-南西向展布，在后期构造改造中不同程度地发生偏转（图 4-6）。各褶皱构造的主要特征见表 4-2。

3. 早白垩世（第八期）褶皱构造

该期褶皱构造对应于京津冀地区基岩区第八期褶皱构造，平原区共识别出 3 个（f17、f23、f28），均为叠加向斜构造。该期褶皱构造最终形成于早白垩世北西西-南东东向挤压构造环境，褶皱轴迹主要呈北北东-南南西向展布，个别受第六期褶皱构造控制呈近东西向展布（图 4-6）。其中，西演叠加向斜构造（f17）叠加于第六期向斜构造之上或继承盆地形成，发育于寒武纪至早白垩世地层中；沧州东叠加向斜（f23）和广平叠加向斜（f28）叠加于第七期向斜构造之上或继承盆地形成，发育于三叠纪至早白垩世地层中。各褶皱构造的主要特征见表 4-2。

二、平原区断裂构造及主要特征

河北省平原区发育北东—北北东向、北西—北西西向、近南北向、近东西向及环状 5 组断裂体系，以北东—北北东向、北西—北西西向两组为主，其他相对较少。北东—北北东向断裂性质属于正断层（伸展断裂体系），环状断裂性质属于内倾正断层，其他各组断裂性质均属于走滑正断层（剪切走滑断裂体系）。

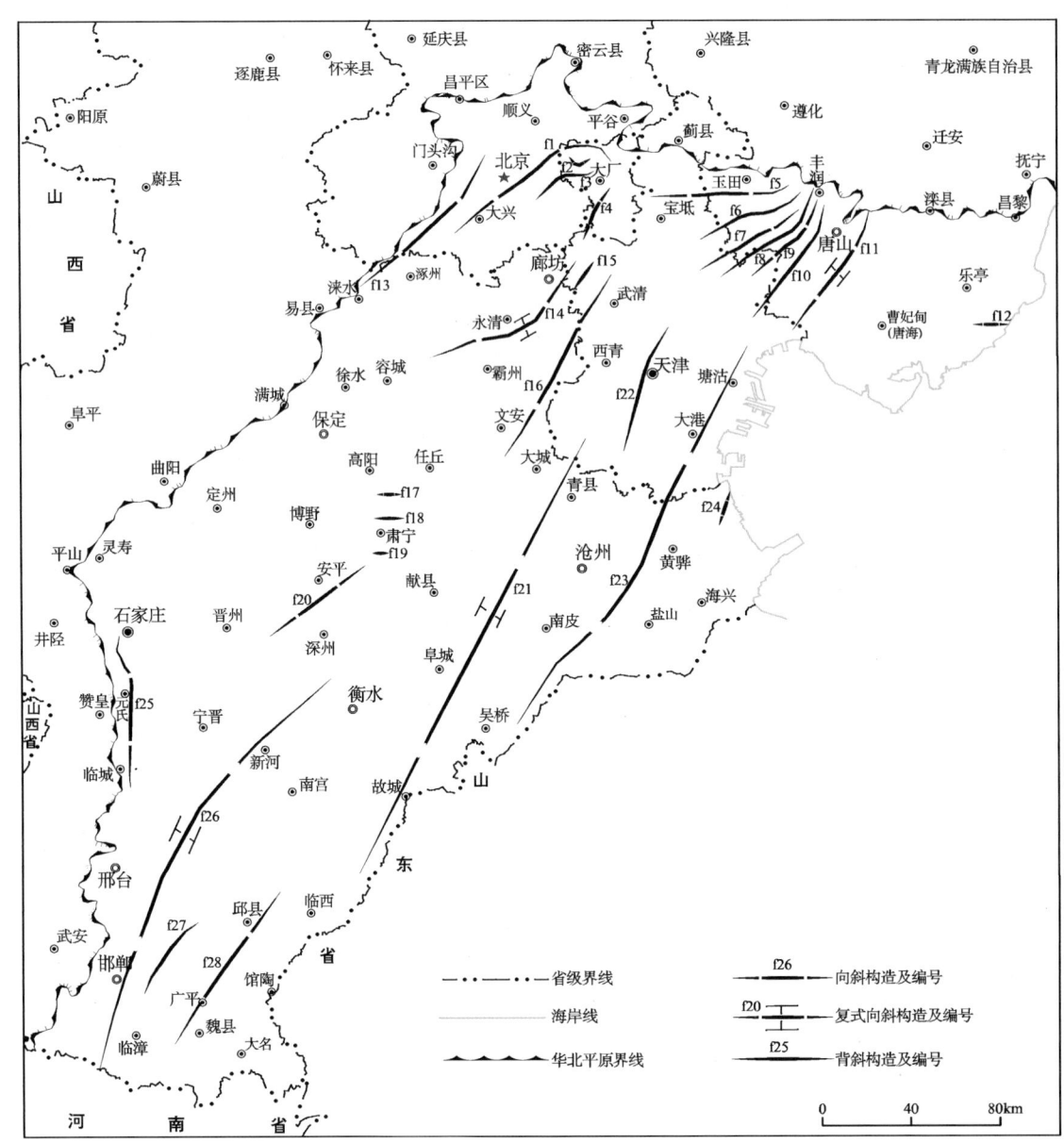

图 4-6 平原区褶皱构造分布图

北东—北北东向伸展断裂体系及北西—北西西向剪切走滑断裂体系,控制了华北盆地内部的新生代构造格局。其中北东—北北东向伸展断裂体系占主导地位,多为控制四级和五级构造单元的边界断裂,使得平原区整体具有东西分带的特征,如石家庄-徐水、沧东、献县、晋县、曲陌-广宗、馆陶西等断裂。北西—北西西向剪切走滑断裂体系在盆地伸展形成过程中主要起调节作用,使得平原区呈现南北分段的特点,如燕山山前、衡水、磁县-大名、徐水-淀北等断裂。

本节根据断裂对构造单元形成演化与地层沉积控制作用,将断裂分为3个级别:Ⅰ级断裂为控制四级及以上构造单元的边界断裂,共计8条(图4-7,表4-3);Ⅱ级断裂为控制五级构造单元的边界断裂,共计40条(图4-7,表4-3);Ⅲ级断裂为五级构造单元内部断裂,即一般断裂,在河北省(北京市天津市)平原区前新生代基岩地质图上表达212条(表4-4)。

第四章 地质构造及特征

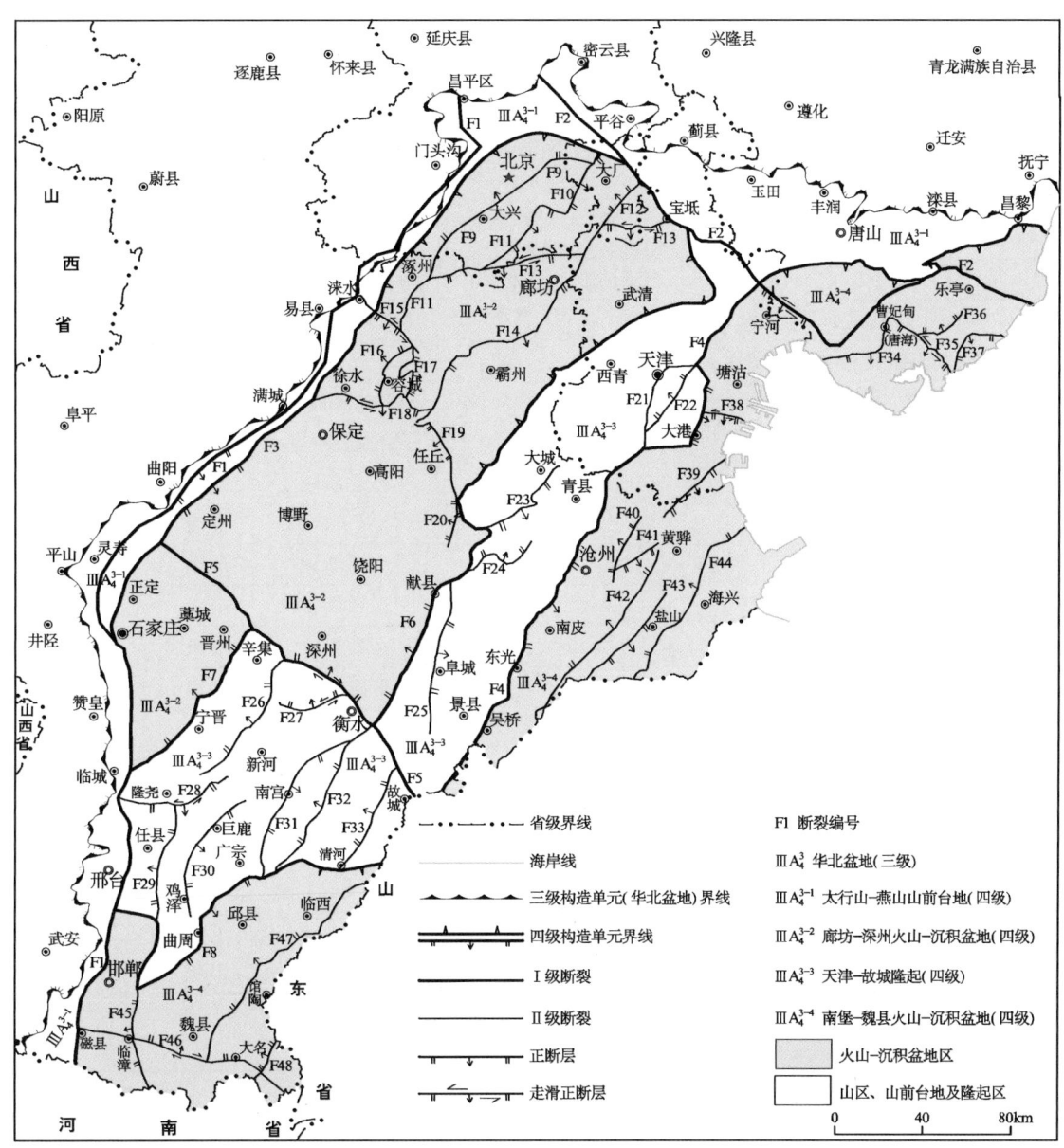

图 4-7 平原区 Ⅰ 级与 Ⅱ 级断裂构造分布图

Ⅰ 级断裂：F1-太行山山前断裂；F2-燕山山前断裂；F3-石家庄-徐水断裂；F4-沧东断裂；F5-衡水断裂；F6-献县断裂；F7-晋县断裂；F8-曲陌-广宗断裂。Ⅱ 级断裂：F9-崇文门断裂；F10-夏垫断裂；F11-大兴断裂；F12-香河断裂；F13-宝坻-桐柏断裂；F14-河西务-牛东断裂；F15-涞水断裂；F16-容城西断裂；F17-容城东断裂；F18-徐水-淀北断裂；F19-鄚州断裂；F20-马西断裂；F21-天津东断裂；F22-白塘口断裂；F23-里坦断裂；F24-留路断裂；F25-阜城断裂；F26-新河断裂；F27-前磨头断裂；F28-隆尧断裂；F29-任县东断裂；F30-鸡泽断裂；F31-南宫断裂；F32-明化镇断裂；F33-清河断裂；F34-西南庄断裂；F35-柏各庄断裂；F36-马北断裂；F37-红房子断裂；F38-海河断裂；F39-港西断裂；F40-孔西断裂；F41-孔东断裂；F42-徐西断裂；F43-黑东断裂；F44-埕西断裂；F45-邯郸东断裂；F46-磁县-大名断裂；F47-馆陶西断裂；F48-大名东断裂。

表 4-3 平原区 Ⅰ级与Ⅱ级断裂构造统计表

编号	断裂名称	级别	断裂性质	编号	断裂名称	级别	断裂性质
F1	太行山山前断裂	Ⅰ级	正断层	F25	阜城断裂	Ⅱ级	正断层
F2	燕山山前断裂	Ⅰ级	走滑正断层	F26	新河断裂	Ⅱ级	正断层
F3	石家庄-徐水断裂	Ⅰ级	正断层	F27	前磨头断裂	Ⅱ级	走滑正断层
F4	沧东断裂	Ⅰ级	正断层	F28	隆尧断裂	Ⅱ级	走滑正断层
F5	衡水断裂	Ⅰ级	走滑正断层	F29	任县东断裂	Ⅱ级	正断层
F6	献县断裂	Ⅰ级	正断层	F30	鸡泽断裂	Ⅱ级	正断层
F7	晋县断裂	Ⅰ级	正断层	F31	南宫断裂	Ⅱ级	正断层
F8	曲陌-广宗断裂	Ⅰ级	正断层	F32	明化镇断裂	Ⅱ级	正断层
F9	崇文门断裂	Ⅱ级	正断层	F33	清河断裂	Ⅱ级	正断层
F10	夏垫断裂	Ⅱ级	正断层	F34	西南庄断裂	Ⅱ级	正断层
F11	大兴断裂	Ⅱ级	正断层	F35	柏各庄断裂	Ⅱ级	走滑正断层
F12	香河断裂	Ⅱ级	正断层	F36	马北断裂	Ⅱ级	正断层
F13	宝坻-桐柏断裂	Ⅱ级	走滑正断层	F37	红房子断裂	Ⅱ级	正断层
F14	河西务-牛东断裂	Ⅱ级	正断层	F38	海河断裂	Ⅱ级	走滑正断层
F15	涞水断裂	Ⅱ级	走滑正断层	F39	港西断裂	Ⅱ级	正断层
F16	容城西断裂	Ⅱ级	正断层	F40	孔西断裂	Ⅱ级	正断层
F17	容城东断裂	Ⅱ级	走滑正断层	F41	孔东断裂	Ⅱ级	正断层
F18	徐水-淀北断裂	Ⅱ级	走滑正断层	F42	徐西断裂	Ⅱ级	正断层
F19	鄚州断裂	Ⅱ级	走滑正断层	F43	黑东断裂	Ⅱ级	正断层
F20	马西断裂	Ⅱ级	正断层	F44	埕西断裂	Ⅱ级	正断层
F21	天津东断裂	Ⅱ级	正断层	F45	邯郸东断裂	Ⅱ级	走滑正断层
F22	白塘口断裂	Ⅱ级	正断层	F46	磁县-大名断裂	Ⅱ级	走滑正断层
F23	里坦断裂	Ⅱ级	正断层	F47	馆陶西断裂	Ⅱ级	正断层
F24	留路断裂	Ⅱ级	正断层	F48	大名东断裂	Ⅱ级	正断层

表 4-4 平原区主要一般(Ⅲ级)断裂构造统计表

序号	断裂名称	走向	倾向	断裂性质	序号	断裂名称	走向	倾向	断裂性质
1	西北旺断裂	近南北	东	走滑正断层	13	酒仙桥断裂	北西	北东	走滑正断层
2	黄庄断裂	北东	南东	正断层	14	东铁匠营断裂	近南北	西	走滑正断层
3	黄庄南断裂	北西西	南东东	走滑正断层	15	平房南断裂	近东西	北	走滑正断层
4	八宝山断裂	北东	南东	正断层	16	通州断裂	北东	北西	正断层
5	东小口北断裂	北西	北东	走滑正断层	17	旧宫断裂	北东	南东	正断层
6	高丽营断裂	北东	南东	正断层	18	永定河断裂	北西	北东	走滑正断层
7	孙河断裂	北西	北东	走滑正断层	19	阎村断裂	近东西	南	走滑正断层
8	顺义断裂	北东	南东	正断层	20	公义庄断裂	北西	南西	走滑正断层
9	李桥断裂	北西	南西	走滑正断层	21	码头断裂	北东	北西	正断层
10	小店断裂	北西	北西	正断层	22	北威村断裂	北西	北东	走滑正断层
11	南苑断裂	北东	北西	正断层	23	赢海断裂	北东	北西	正断层
12	东坝断裂	北西	南西	走滑正断层	24	张家湾断裂	北西	北东	走滑正断层

续表 4-4

序号	断裂名称	走向	倾向	断裂性质	序号	断裂名称	走向	倾向	断裂性质
25	牛堡屯断裂	北西	南西	走滑正断层	63	李家务断裂	北东	北西	正断层
26	姚辛庄-东庄断裂	北东	北西	正断层	64	大康庄断裂	北东	北西	正断层
27	永乐店断裂	近东西	南	走滑正断层	65	西集断裂	近南北	东	走滑正断层
28	半截河断裂	近东西	北	走滑正断层	66	大店福断裂	北东	南东	正断层
29	交道断裂	北北东	北西	正断层	67	三河-黄土庄断裂	近东西	南	走滑正断层
30	蓟县断裂	北东	南东	正断层	68	段甲岭断裂	北东	北西	正断层
31	东二营断裂	北东东	北北西	走滑正断层	69	西小屯断裂	北西西	北北东	走滑正断层
32	青甸断裂	北东东	南南东	走滑正断层	70	琉璃河断裂	北东	北西	正断层
33	海津庄断裂	北东东	南南东	走滑正断层	71	窝洛沽断裂	北西	北东	走滑正断层
34	杨家板桥断裂	北东	北西	正断层	72	石臼窝断裂	北西西	北北东	走滑正断层
35	北赵庄断裂	近东西	南	走滑正断层	73	丰台-野鸡坨断裂	北东	北西	正断层
36	大孟庄断裂	北东	北西	正断层	74	新军屯断裂	北东	北西	正断层
37	南蔡村断裂	北东	南东	正断层	75	杨家庄断裂	北北东	南东东	正断层
38	黑狼口断裂	北东东	北北西	走滑正断层	76	八户断裂	北北东	南东东	正断层
39	周良街道西断裂	北东东	北北西	走滑正断层	77	大齐坨断裂	北北东	南西西	走滑正断层
40	大田庄断裂	北东东	南南东	走滑正断层	78	大荣各庄断裂	北北东	南西西	走滑正断层
41	尔王庄断裂	北西西	北北东	走滑正断层	79	常庄断裂	北东东	南南东	走滑正断层
42	赵聪庄断裂	北东	南东	正断层	80	栗园断裂	北东	北西	正断层
43	东棘坨断裂	北北西	南西西	走滑正断层	81	陡河断裂	北东	北西	正断层
44	丰台断裂	北东	北西	正断层	82	碑子院断裂	北北东	南东东	正断层
45	天津西断裂	北北东	北西西	正断层	83	铁匠庄北断裂	北西西	南南西	走滑正断层
46	宁河北断裂	近东西	南	走滑正断层	84	丰南断裂	北东	南东	正断层
47	杨家泊断裂	近东西	北	走滑正断层	85	丰南东断裂	北东	南东	正断层
48	汉沽断裂	近东西	南	走滑正断层	86	唐山断裂	北北东	南东东	正断层
49	宁车沽断裂	北北西	南西西	走滑正断层	87	范各庄断裂	北北东	北西西	正断层
50	茶淀断裂	北东	南东	正断层	88	雷庄南断裂	东西	南	走滑正断层
51	良王庄断裂	北西西	北北东	走滑正断层	89	徐庄断裂	北东	北西	正断层
52	东泥沽断裂	北东	北西	正断层	90	雷庄东断裂	北西	北东	走滑正断层
53	咸水沽断裂	近东西	南	走滑正断层	91	卢龙-滦县断裂	北北东	南东东	走滑正断层
54	小韩庄断裂	北东	南东	正断层	92	石门西断裂	北北东	北西西	正断层
55	塘镇北断裂	北西	北东	走滑正断层	93	昌黎南断裂	北东	南东	正断层
56	老左营断裂	北东	北西	正断层	94	荒佃庄断裂	北东	南东	正断层
57	新城镇断裂	北西西	南南西	走滑正断层	95	尖子沽断裂	北西西	南南西	走滑正断层
58	沙井子断裂	北东	北西	正断层	96	六间房断裂	北东	南东	正断层
59	燕郊断裂	北东	南东	正断层	97	么家铺断裂	北东	北西	正断层
60	礼贤断裂	北东	南东	正断层	98	汉丰镇断裂	北北东	南东东	正断层
61	马起乏断裂	北东	北西	正断层	99	黄栗沽断裂	北北东	北西西	正断层
62	南黄辛庄断裂	北东	北西	正断层	100	老王庄断裂	北东	北西	正断层

续表 4-4

序号	断裂名称	走向	倾向	断裂性质	序号	断裂名称	走向	倾向	断裂性质
101	东黄坨断裂	北北东	南东东	正断层	139	梁家村西断裂	北东	南东	正断层
102	李家寺断裂	北东东	南南东	走滑正断层	140	梁家村南断裂	北西	北东	走滑正断层
103	新寨断裂	北东东	南南东	走滑正断层	141	北冬店断裂	北北东	北西西	正断层
104	马头营东断裂	北东	北西	正断层	142	紫洋口断裂	北西	南西	走滑正断层
105	唐海西断裂	北东	南东	正断层	143	万里断裂	北西	北东	走滑正断层
106	七分场断裂	北东	南东	正断层	144	留西断裂	北西	北东	正断层
107	七分场南断裂	北西	北东	走滑正断层	145	留北断裂	北东	北西	正断层
108	高柳断裂	近东西	南	走滑正断层	146	留楚-皇甫断裂	北北东	北西西	正断层
109	南堡2号断裂	北东东	北北西	走滑正断层	147	旧城北断裂	近东西	南	走滑正断层
110	南堡3号断裂	北东	北西	正断层	148	李庄断裂	北东	南西	正断层
111	东垒子断裂	北西	南西	走滑正断层	149	东阳台断裂	北东	北西	正断层
112	檀山断裂	北西	北东	走滑正断层	150	虎北断裂	北东	北西	正断层
113	大北尹断裂	北东	南东	正断层	151	青县西断裂	北东	南西	正断层
114	户木断裂	东西	北	走滑正断层	152	青县东断裂	近南北	西	走滑正断层
115	遂城断裂	东西	南	走滑正断层	153	南大港断裂	北东东	南南东	走滑正断层
116	大王店北断裂	北东	北西	正断层	154	海新断裂	北东东	北北西	走滑正断层
117	智武营断裂	北西	北东	走滑正断层	155	枣26井断裂	北东东	南南东	走滑正断层
118	牛坨镇断裂	环状	内倾	正断层	156	羊三木断裂	北东	北西	正断层
119	龙虎庄断裂	北东东	南南东	走滑正断层	157	羊三木南断裂	北西西	南南西	走滑正断层
120	李家营断裂	北西	北东	走滑正断层	158	李刘堡断裂	北西西	北北东	走滑正断层
121	后营断裂	北西	北东	走滑正断层	159	歧口断裂	北东	北西	正断层
122	后奕断裂	环状	内倾	正断层	160	张东断裂	北西西	北北东	走滑正断层
123	西场断裂	北西	北东	走滑正断层	161	赵北断裂	北东	北西	正断层
124	里澜断裂	近东西	北	走滑正断层	162	扣村断裂	北西西	北北东	走滑正断层
125	信安镇断裂	北北东	南东东	正断层	163	黄骅西断裂	北北东	北西西	正断层
126	吴庄断裂	北西	北东	走滑正断层	164	黄骅断裂	北西西	南南东	走滑正断层
127	台山断裂	近东西	南	走滑正断层	165	羊二庄东断裂	北东	北西	正断层
128	冀参7号断裂	北东东	南南东	走滑正断层	166	小山断裂	北西	南东	走滑正断层
129	安新南断裂	北东东	南南东	走滑正断层	167	王官屯断裂	北东	北西	正断层
130	长洋淀断裂	北北东	北西西	正断层	168	王官屯西断裂	北东	北西	正断层
131	任丘西断裂	北北东	北西西	正断层	169	常庄断裂	北东	南东	正断层
132	高阳-博野断裂	北东	北西	正断层	170	杨家寺西断裂	北东	北西	正断层
133	望都断裂	北西	北东	走滑正断层	171	龙华断裂	北东	南西	走滑正断层
134	翟营断裂	北西	北东	走滑正断层	172	东焦东断裂	北东	南东	正断层
135	五尺断裂	北北东	南西西	走滑正断层	173	宜安断裂	北东东	北北西	走滑正断层
136	出岸断裂	北北西	南西西	走滑正断层	174	头泉断裂	北东	北西	正断层
137	大王庄断裂	北北东	北西西	正断层	175	上寨断裂	北东东	北北西	走滑正断层
138	河间断裂	北北东	北西西	正断层	176	姬村断裂	北东	南东	正断层

续表 4-4

序号	断裂名称	走向	倾向	断裂性质	序号	断裂名称	走向	倾向	断裂性质
177	后磨头断裂	近东西	北	走滑正断层	195	南石门西断裂	北东	南东	正断层
178	宁晋断裂	北北东	南东东	正断层	196	南石门断裂	北东	北西	正断层
179	宁晋东断裂	北西	北东	走滑正断层	197	羊范南断裂	东西	北	走滑正断层
180	新河南断裂	北北西	南西西	走滑正断层	198	邢台断裂	北北东	北西西	正断层
181	西流断裂	北北东	北西西	正断层	199	祝村北断裂	北东	南东	正断层
182	唐林断裂	东西	北	走滑正断层	200	祝村断裂	北东	北西	正断层
183	水洼断裂	北东	南东	正断层	201	王快断裂	北东	北西	正断层
184	王家庄断裂	近南北	西	走滑正断层	202	沙河城西断裂	北北东	南东东	正断层
185	亦城断裂	近南北	西	走滑正断层	203	沙河城断裂	南北	西	走滑正断层
186	尹村断裂	北东	南西	正断层	204	沙河城东断裂	北北东	北西西	正断层
187	双碑断裂	北西西	南南西	走滑正断层	205	沙河城南断裂	东西	南	走滑正断层
188	苏家营断裂	北西西	南南西	走滑正断层	206	西阳城断裂	北北东	南东东	正断层
189	冯村断裂	北东	南东	正断层	207	陈庄断裂	北西西	北北东	走滑正断层
190	会宁北断裂	北西	北东	走滑正断层	208	第什营断裂	北东	南东	正断层
191	大孟村断裂	北东	北西	正断层	209	固献断裂	北北东	北西西	正断层
192	官庄南断裂	北东东	南南东	走滑正断层	210	黄沙西断裂	北北东	南东东	正断层
193	石相北断裂	北东东	南南东	走滑正断层	211	黄沙断裂	北北东	北西西	正断层
194	石相南断裂	北东东	北北西	走滑正断层	212	红庙断裂	北东	南东	正断层

（一）Ⅰ级断裂

1. 太行山山前断裂（F1）

太行山山前断裂即太行山东麓山前主断裂，位于太行山脉基岩区与华北平原第四系覆盖区之间的接壤带上，沿怀柔南—北京西—涞水—满城—石家庄西—邢台东—邯郸西—磁县一带呈北北东—北西—近南北向折线追踪状展布（图4-7）。除在长辛店—房山之间有零星露头之外，其他地段全被第四系覆盖。全长约530km，在河北省内长约430km。

该断裂整体位于重力负异常梯度变化带东部边缘地带，航磁（ΔT）以正负异常相间为特征。根据零星露头特征，结合物探、钻孔等资料综合分析，其断面向北东、东及南东东方向倾斜，倾角60°～80°。在中生代及之前有些地段就已发生过活动，如怀柔南—满城段发育于琉璃庙-保定构造带中，同时体现了具有继承性活动的特点。但是，作为新生代华北盆地最重要的控盆区域断裂全线贯通并强烈活动是在新生代，活动于由北西西向南东东单向拉张构造环境，以正断层性质为主，部分地段为走滑正断层。在活动强度上，具有石家庄以北段强于以南段，以及主断裂以东地区强于以西地区的特点。

该断裂以西地区为相对上升盘，第四系与新近系覆盖于太古宙至中生代不同时代地质体之上。结合其他相关断裂，该断裂以东地区为相对强烈下降盘（垂直方向）和相对向南东强烈移动盘（水平方向）。从北西向南东，古近系、新近系及第四系的厚度急剧增加，这显示了断裂活动的强度和断距在同一方向上逐渐增强和增大的特征。

2. 燕山山前断裂(F2)

燕山山前断裂即燕山南麓山前主断裂,是燕山山前台地、廊坊-深州火山-沉积盆地、天津-故城隆起、南堡-魏县火山-沉积盆地等构造单元的边界断裂(图4-7~图4-9),也是张家口-渤海断裂地震带的重要组成部分之一。隐伏于燕山山脉基岩区与华北平原第四系覆盖区之间的接壤带上,沿怀柔南—三河东—宝坻—宁河东—唐海西—乐亭东一带呈北西—东西—北东—北西西向折线追踪状展布(图4-7),全长约350km,在河北省内部分长约265km。自东向西主要由滦州市-乐亭断裂、宁河-昌黎断裂、蓟运河断裂、三河-宝坻断裂组成。

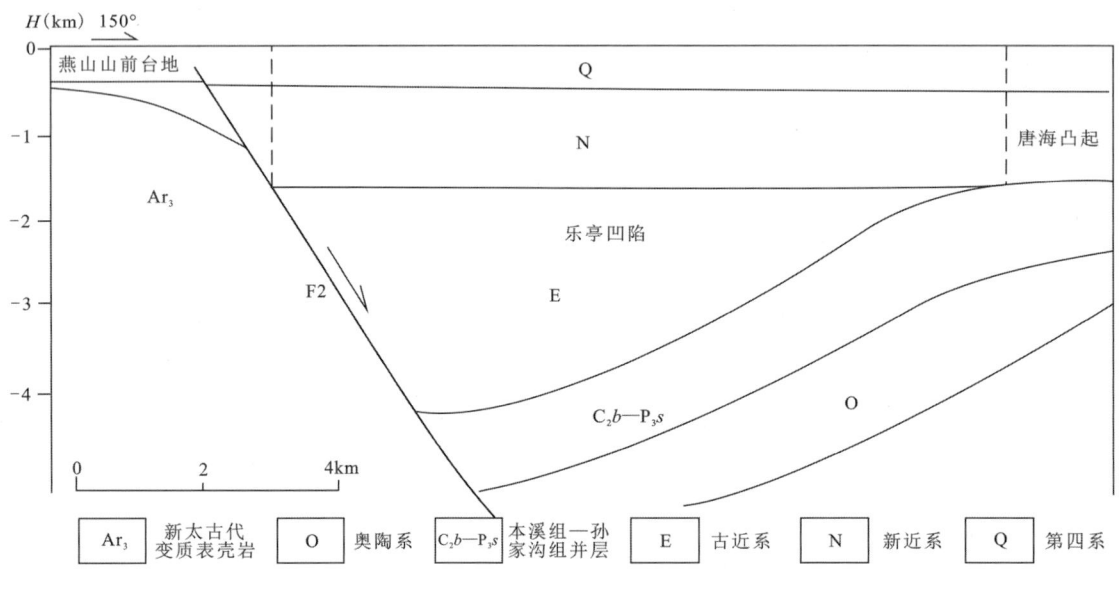

图4-8 唐海东燕山山前断裂横剖面示意图

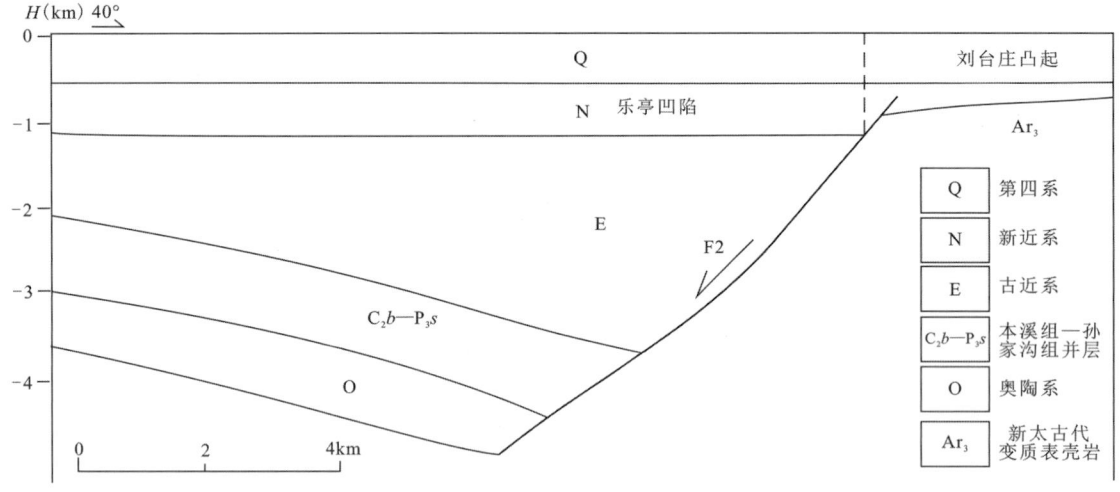

图4-9 乐亭西燕山山前断裂横剖面示意图

该断裂在三河以西位于重力负异常梯度变化带上及与重力正异常的过渡带上,三河以东位于重力正异常区内;航磁(ΔT)以正负异常相间为特征;在电法与人工地震剖面上有明显的断裂构造显示。根据物探、钻孔与地质构造资料综合分析推断,其断面呈南西、正南及南东向倾斜,倾角45°~80°。在晚古生代至中生代就有初步活动,其强烈活动主要形成于新生代的北西西至南东东单向拉张构造环境中,以左旋斜降正断层(走滑正断层)为主,部分地段为正断层。全新世以来,该断裂带仍在继续活动,最直接表现是地震活动:从1624年4月17日至1977年5月12日,沿断裂带及其附近发生多次6级以上地震,其中最大强度达到8级以上,如1679年9月7日于三河市西发生的地震。

主断裂以北(燕山南麓)地区表现为相对微弱的上升(垂直方向)和向西的轻微移动(水平方向)。第四系与新近系覆盖于太古宙至中生代不同时代地质体之上,自北向南与自北西向南东厚度呈现增厚趋势。

主断裂以南地区为相对较强下降盘(垂直方向)和相对向东较强移动盘(水平方向)。从北向南以及从北西向南东方向,古近系、新近系及第四系的厚度均呈现急剧增加的趋势,体现了断裂活动强度与断距自西向东增强增大的特点。根据现有资料分析,古近系厚度在2000m以上,新近系厚度在54～2112m之间,第四系厚度在100～600m之间,表明该断裂带在始新世至新近纪时期具有强烈活动性,第四纪也有一定活动性。

3. 石家庄-徐水断裂(F3)

石家庄-徐水断裂属于太行山山前断裂的次级断裂之一,位于太行山山前主断裂(F1)中段东侧,平行于主断裂展布。隐伏于石家庄西—定州西—徐水西—定兴西一带,呈北东向折线追踪状展布,长约168km。该断裂是太行山山前台地、廊坊-深州火山-沉积盆地及徐水凹陷、保定凹陷等构造单元的分界断裂(图4-7),可分为定州—徐水段和石家庄段。

(1)定州—徐水段。该段主要控制太行山山前台地、徐水凹陷、保定凹陷形成与演化(图4-10),呈北东走向,断裂倾向南东,延伸长度约116km。断裂面呈上陡下缓的形态,断裂性质为正断层,新生界水平断距10～18km,垂直断距2～6km(望都、保定最大垂直落差约6km)。该断裂控制着中生代与古近纪盆地的形成,并断错部分新近系。断裂上盘古近系向断裂方向明显加厚,下伏前新生代地层经历强烈变形,根部发育新太古代变质结晶基底,前新生代地质体主要为中生界,其中新乐至徐水南部断裂上盘地层为白垩纪九佛堂组至南天门组(K_1j—K_2n),徐水北部断裂上盘地层为侏罗纪九龙山组(J_2j)。断裂下盘前新生代地质体为蓟县纪高于庄组(Jxg)至奥陶纪马家沟组($O_{1-2}m$)。

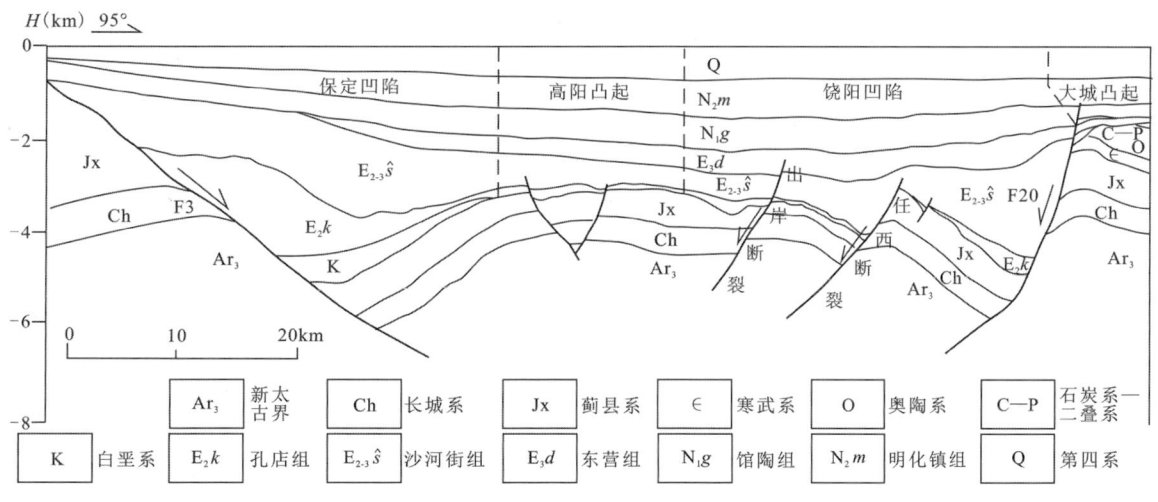

图4-10 石家庄-徐水断裂定州—徐水段与马西断裂横剖面示意图

(据单帅强,2018资料编制)

(2)石家庄段。该段主要控制太行山山前台地、藁城凸起形成与演化,在石家庄西—行乐一带呈北北东向展布,长约50km,倾向南东东,断裂性质为正断层,新生界水平断距3～10.8km,垂直断距1～2.5km。该断裂控制中生代与古近纪盆地的形成,并向上延伸至新近纪地层底部。断裂上盘前新生代地质体主要为白垩纪九佛堂至南天门组（K_1j—K_2n），下盘前新生代地质体包括古元古代南寺组（Pt_1ns）、奥陶纪马家沟组至峰峰组（$O_{1-2}m$—O_2f）、石炭系本溪组至二叠纪孙家沟组（C_2b—P_3s）、三叠纪刘家沟组至二马营组（T_1l—T_2e）。

4. 沧东断裂（F4）

该断裂是天津-故城隆起与南堡-魏县火山-沉积盆地四级构造单元的分界断裂之一（图4-7）。隐伏于天津市宁河西—大港、河北省沧州西—泊头—吴桥至山东省德州一带，整体呈北东—北北东向折线追踪状展布，长约255km。

该断裂性质为正断层，新生界最大垂直断距约5000m，水平断距1～10km。以泊头市和静海区唐官屯镇为界，分为3段：南段介于泊头市与德州市之间，断面呈铲形，断坡带宽度较小，倾向南东东，局部倾角较小，为30°～40°，南皮凹陷西侧45°～70°，吴桥凹陷西侧60°～80°，控制南皮和吴桥两凹陷的古近系沉积厚度约2000m；中段为泊头市至唐官屯镇，平面上略呈舒缓波状分布，断面为铲形，倾角为20°～30°，控制沧东凹陷发育，凹陷内东营组很薄，主要是孔店组和沙河街组，古近系厚度为4000～5000m；北段为唐官屯以北的部分，平面上呈锯齿状，断面呈平面状和铲状，断裂产状变化较大，断裂倾角30°～40°，控制北塘和板桥凹陷发育，凹陷内孔店组很薄，主要是沙河街组和东营组。

该断裂在古生代已开始发育，是晚二叠世至中三叠世古隆起南缘逆冲断裂。中生代南段沿沈青庄—双窑一带的东南侧活动，北段不活动或活动强度弱。古近纪始新世早期，南部率先活动，于始新世中期伸展量达到最大，演变为控盆断裂（图4-11）。始新世晚期沙河街组沉积开始，断裂向北扩张，形成多个活动段，控制歧口半地堑凹陷。渐新世断裂活动相对减弱，使北塘凹陷与天津-故城隆起以斜坡相接触。第四纪沧东断裂仍有活动。

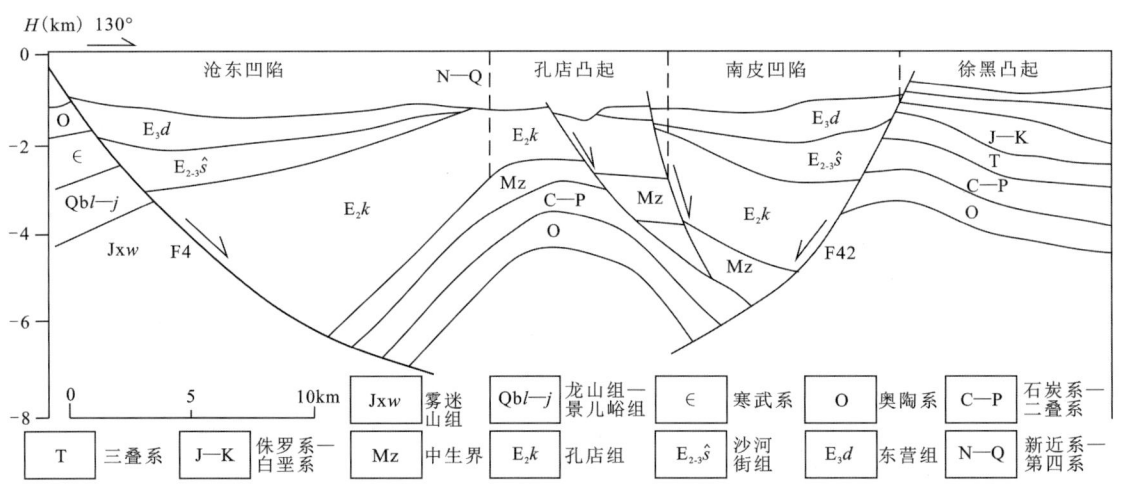

图4-11 沧东断裂与徐西断裂横剖面示意图
（据卢刚臣，2013资料编制）

断裂下盘前新生代地质体为蓟县纪雾迷山组（Jxw）、青白口系（Qb）、寒武纪至奥陶纪馒头组至炒米店组（$\epsilon_{2-3}m$—$\epsilon_4O_1\hat{c}$）、奥陶纪冶里组至马家沟组（O_1y—$O_{1-2}m$）、石炭纪本溪组至二叠纪孙家沟组（C_2b—P_3s）。上盘前新生代地质体为石炭纪本溪组至二叠纪孙家沟组（C_2b—P_3s）、三叠纪刘家沟组至二马营组（T_1l—T_2e）、三叠纪杏石口组至侏罗纪九龙山组（T_3x—J_2j）、白垩纪九佛堂组至南天门组（K_1j—K_2n）。

5. 衡水断裂(F5)

该断裂是廊坊-深州火山-沉积盆地与天津-故城隆起四级构造单元的分界断裂之一(图4-7),也是部分凹陷、凸起五级构造单元的分界断裂。隐伏于新乐北—无极北—辛集北—衡水—故城东一带,整体呈北西向折线追踪状展布,长约180km。

该断裂倾向北东,具有右旋斜降正断层(走滑正断层)的活动性质。对两侧盆地、隆起、凹陷、凸起的形成演化具有重要控制和调节作用(图4-12),以其为轴,形成了南、北两侧的反对称构造样式,为典型的右旋走滑作用结果。活动性具有明显分段特点,断裂中段(辛集北—衡水)新生代以来活动明显,新生界最大垂直断距近4500m,水平断距1~2km,具有明显走滑特征;断裂西段(新乐北—晋州北)与东段(衡水—故城东)新生代以来活动性较弱,对基岩面起伏无明显控制作用。

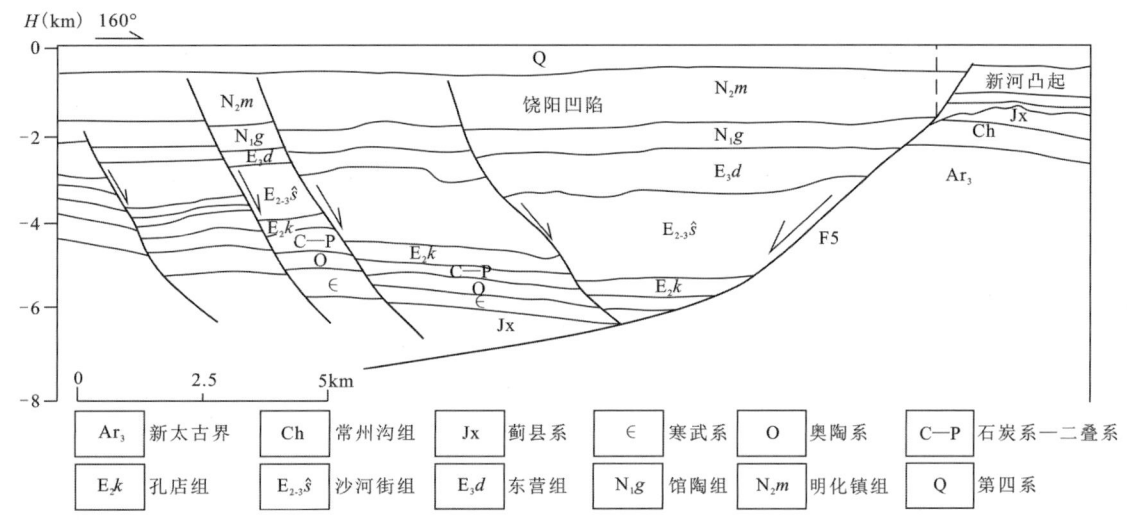

图4-12 衡水断裂中段横剖面示意图

(据何登发等,2018资料编制)

6. 献县断裂(F6)

该断裂为廊坊-深州火山-沉积盆地与天津-故城隆起四级构造单元的分界断裂之一(图4-7),也是部分凹陷、凸起五级构造单元的分界断裂。隐伏于献县—武邑东一带,整体呈北北东—北东向折线追踪状展布,长约53km。

该断裂倾向北西西—北西,倾角上陡下缓,断裂性质为正断层,最大水平断距达16km,最大垂直断距约5000m,表现出明显的伸展拆离断裂特征。晚侏罗世—早白垩世表现为逆冲断裂,活动较为强烈。始新世早中期,在伸展作用下反向下滑,与衡水断裂共同作用,控制了饶阳凹陷的形成(图4-13),断裂活动南强北弱。始新世晚期至渐新世早期,北段活动性加强,下降盘沉积了1200m厚的地层。渐新世中晚期,断裂南段停止活动,北段活动性减弱,到新近纪断裂停止活动。断裂下盘前新生代地层主要为蓟县纪雾迷山组(Jxw),上盘前新生代地质体为蓟县纪雾迷山组(Jxw)、奥陶纪冶里组至马家沟组(O_1y—$O_{1-2}m$)。

7. 晋县断裂(F7)

该断裂为廊坊-深州火山-沉积盆地与天津-故城隆起四级构造单元的分界断裂之一(图4-7),也是晋县凹陷、宁晋凸起五级构造单元的分界断裂(图4-14)。隐伏于柏乡—晋州东一带,整体呈北北东—北东向折线追踪状展布,南端被太行山山前断裂限制,北端与衡水断裂相接,长约100km。

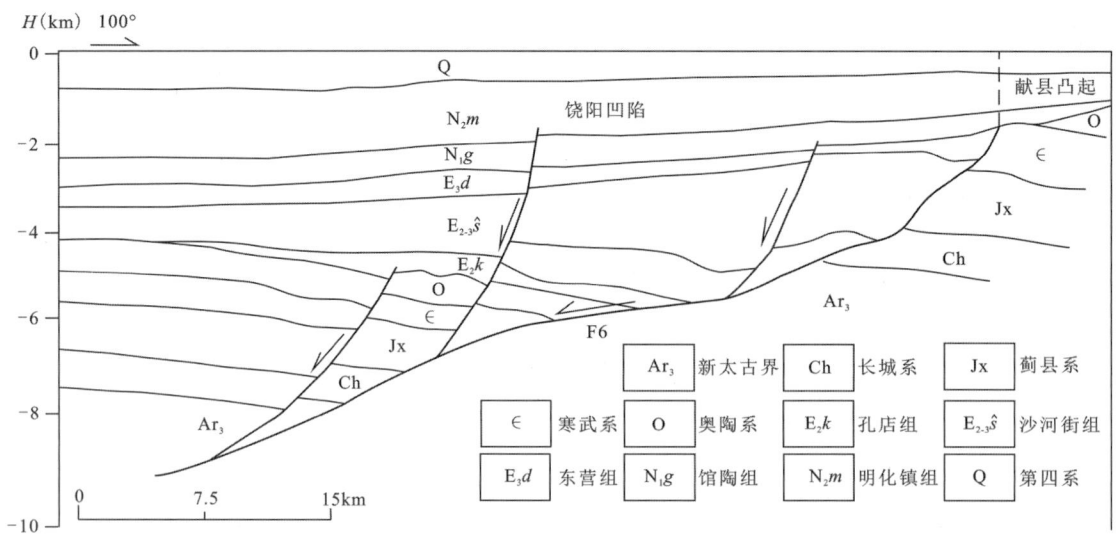

图 4-13 献县断裂横剖面示意图
(据何登发等,2017 资料编制)

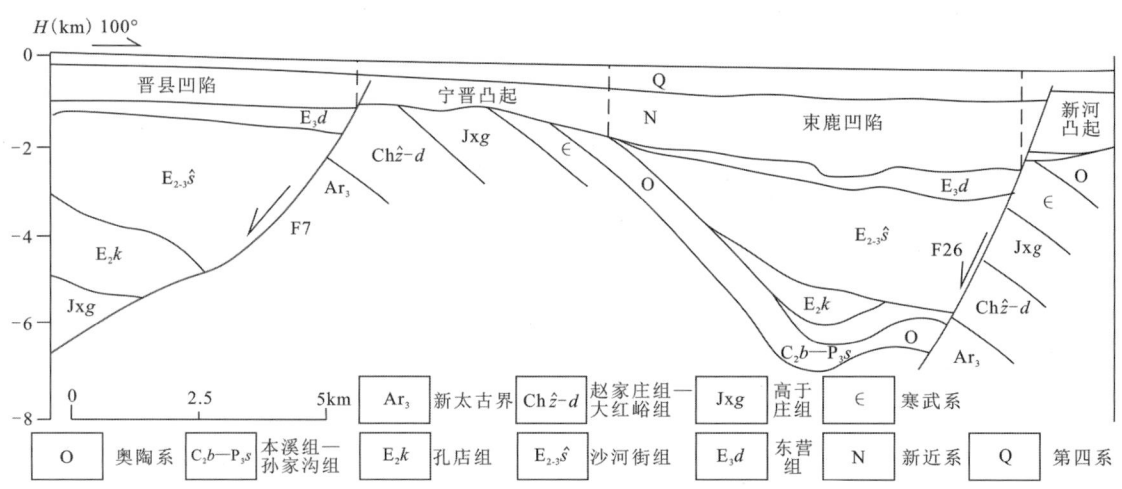

图 4-14 晋县断裂与新河断裂横剖面示意图
(据张锐峰等,2023 资料编制)

该断裂倾向北西西—北西,断裂性质为正断层,新生界垂直断距 2～3km,水平断距 3～5km,控制着古近系的形成与分布。断裂上盘古近系发育较为齐全,沉积厚度约 3000m,下盘无古近系,新近系直接覆盖在前新生代基岩之上。古近纪活动最为强烈,新近纪活动性逐渐减弱,第四纪仍有微弱活动。断错的前新生代地层为长城纪赵家庄组至大红峪组($Ch\hat{z}-d$)、蓟县纪高于庄组(Jxg)、寒武纪至奥陶纪馒头组至三山子组($\epsilon_{2-3}m—\epsilon_4O_1s$)。

8. 曲陌-广宗断裂(F8)

该断裂为天津-故城隆起与南堡-魏县火山-沉积盆地四级构造单元分界断裂之一(图 4-7),也是任县凹陷、鸡泽凸起、广宗凸起与邯郸凹陷、邱县凹陷五级构造单元分界断裂。隐伏于沙河东—曲陌—邯郸东—肥乡北—曲周东—广宗南一带,整体呈北西西—北北东—北东—北北东—北东向折线追踪状展布,西端被太行山山前断裂限制,长约 150km。

该断裂倾向南南西—北西西—南东—南东东—南东,断裂性质以正断层为主,部分地段为走滑正断层。该断裂形成于前新生代,古近纪活动最为强烈,新近纪活动逐渐减弱,至第四纪仍有微弱活动(在弧形转折处于1708年发生的5½级地震是断裂活动的直接表现)。东段肥乡北—曲周东—广宗南一带，控制白垩系及古近系的形成与分布(图4-15)。断裂上盘前新生代地质体为白垩纪九佛堂组至南天门组，其上沉积了最厚约3500m的古近系，且沉积中心紧邻断裂东侧，并由北向南逐渐减薄；下盘前新生代地质体主要为新太古代变质岩及奥陶纪马家沟组至峰峰组，其上直接被新近系覆盖。西段曲陌—邯郸东一带，倾角较陡，为70°~80°，断错二叠系至三叠系约1200m，古近系底界断错500m，新近系底界断错约50m，断裂落差由西往东逐渐减小。

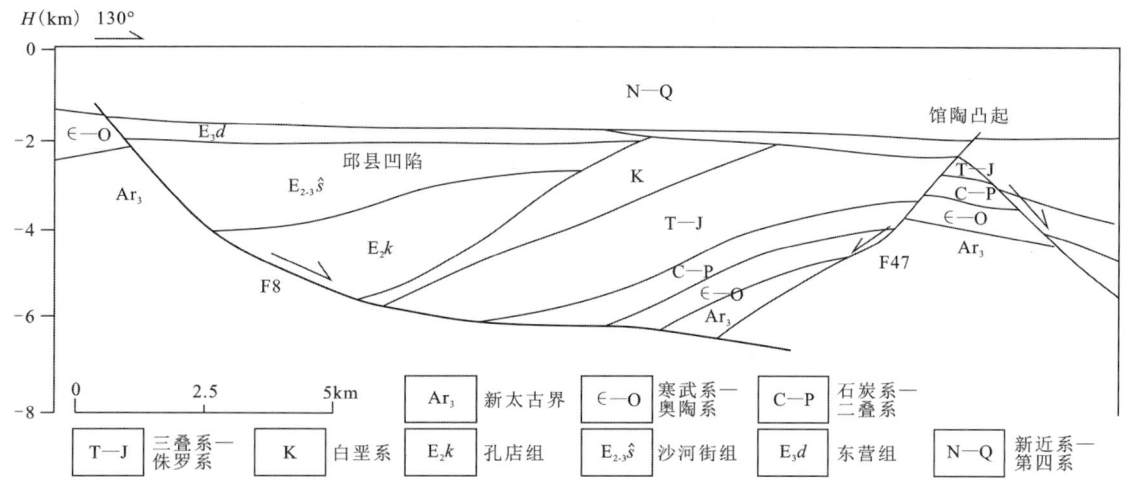

图4-15 曲陌-广宗断裂横剖面示意图
(据吴晓光，2011资料编制)

(二) Ⅱ级断裂

1. 崇文门断裂(F9)

该断裂为北京凹陷与大兴凸起五级构造单元分界断裂。隐伏于北京市的崇文门—花乡东—良乡北一带，整体呈北东向折线追踪状展布(图4-7)，长约65km。

该断裂倾向北西，断裂性质为正断层，断裂上盘为侏罗系至白垩系及新生界，下盘为蓟县系至寒武系及新生界。

2. 夏垫断裂(F10)

该断裂为大兴凸起与大厂凹陷五级构造单元分界断裂之一。隐伏于三河市齐心庄—大厂回族自治县夏垫镇—祁各庄镇—北京市潞县东—廊坊市桐柏北一带，整体呈阶梯状北东向折线追踪状展布(图4-7)，长约55km，在河北省内长约25km。

该断裂倾向南东，断裂性质为正断层，断裂上盘为白垩纪九龙山组(K_1j)，其上沉积厚约1000m的古近系；下盘无古近系，前新生代地质体为蓟县纪雾迷山组至奥陶纪马家沟组($Jxw—O_{1-2}m$)，其上直接被新近系覆盖。

3. 大兴断裂(F11)

该断裂为北京凹陷、大兴凸起、大厂凹陷与廊坊凹陷五级构造单元分界断裂。隐伏于北京市马驹桥东—安定北—榆垡北至河北省涿州东—高碑店东一带，整体呈北北东—北东向折线追踪状展布(图4-7)，长约95km，在河北省内长约45km。

该断裂倾向南东东—南东,断裂性质为正断层。整体表现为上陡下缓的铲式断裂,但在横向上出现多个转折,新生界最大水平断距约25.2km,垂直落差约7km。该断裂切割基底并分割大兴凸起与廊坊凹陷,使断裂两盘基岩块体发生长期的翘倾滑动以及旋转运动,主要控制古近系形成与分布(图4-16),断错部分新近系中下部地层。始新世断裂活动最强,渐新世断裂活动逐渐减弱,直至新近纪断裂活动停止。断裂下盘前新生代地层主要为蓟县纪雾迷山组(Jxw);上盘为蓟县纪雾迷山组至二叠纪孙家沟组(Jxw—P₃s);断坡自上至下依次分布蓟县纪雾迷山组(Jxw)、杨庄组(Jxy)、高于庄组(Jxg),长城纪大红峪组(Chd)、团山子组(Cht)、串岭沟组(Chch)及常州沟组(Chĉ)及新太古代变质岩。

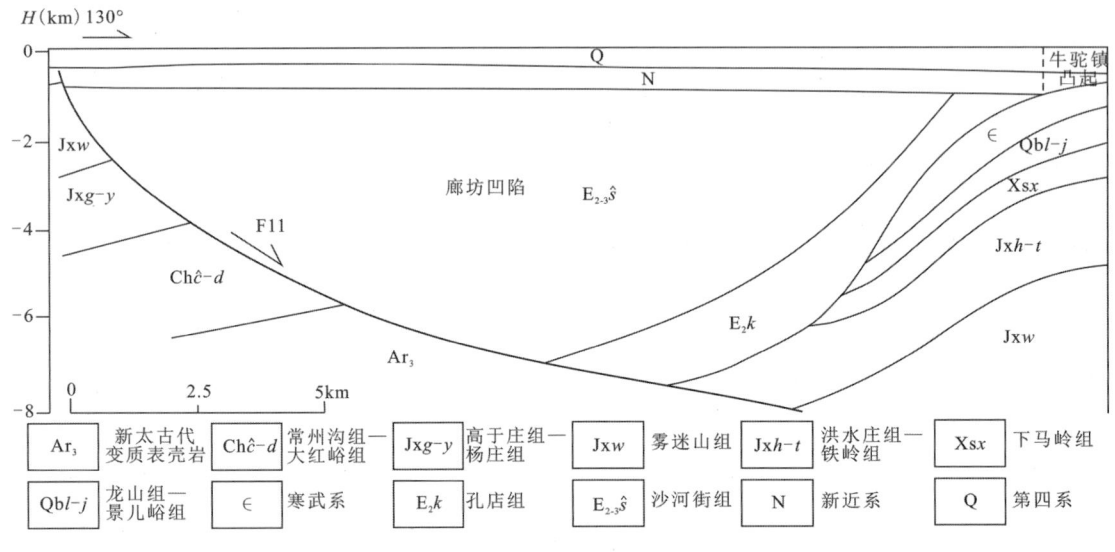

图4-16 大兴断裂横剖面示意图

4. 香河断裂(F12)

该断裂位于布格重力梯度异常带上,为大厂凹陷与宝坻凸起五级构造单元分界断裂。隐伏于大厂皇庄镇—香河一带,整体呈北东向展布(图4-7),长约35km。

该断裂倾向北西,断裂性质为正断层。断裂下盘前新生代地质体为长城系至蓟县系,缺失古近系,新近系直接角度不整合于前新生代地层之上;上盘前新生代地质体为蓟县系至白垩系,古近系角度不整合于前新生代地层之上,新近系平行整合于古近系之上。

5. 宝坻-桐柏断裂(F13)

该断裂为大厂凹陷、宝坻凸起与廊坊凹陷、武清-霸县凹陷五级构造单元分界断裂。隐伏于廊坊市桐柏—武清区高村东—大沙河东—香河县钳屯南—安头屯—宝坻一带,整体呈北东东—北东—北东东向折线追踪状展布(图4-7),长约85km。

该断裂主要控制新生界的形成与分布,新生界垂直断距约4km,水平断距约10km,可分为西、中、东3个段。西段位于桐柏一带,呈北东东向展布,倾向南南东,断裂性质为走滑正断层,对大厂凹陷、廊坊凹陷的形成与演化有重要控制作用(图4-17)。中段位于武清区高村东—大沙河东一带,与河西务-牛东断裂交会在一起,呈北东向展布,倾向南东,断裂性质为正断层,对大厂凹陷、武清-霸县凹陷形成与演化有重要控制作用。东段位于香河县钳屯南—安头屯—宝坻一带,呈北东东向展布,倾向南南东,断裂性质为走滑正断层,对宝坻凸起、武清-霸县凹陷形成与演化有重要控制作用(图4-18)。断裂下盘前新生代地质体为长城系至奥陶系,上盘前新生代地质体为蓟县系至白垩系。

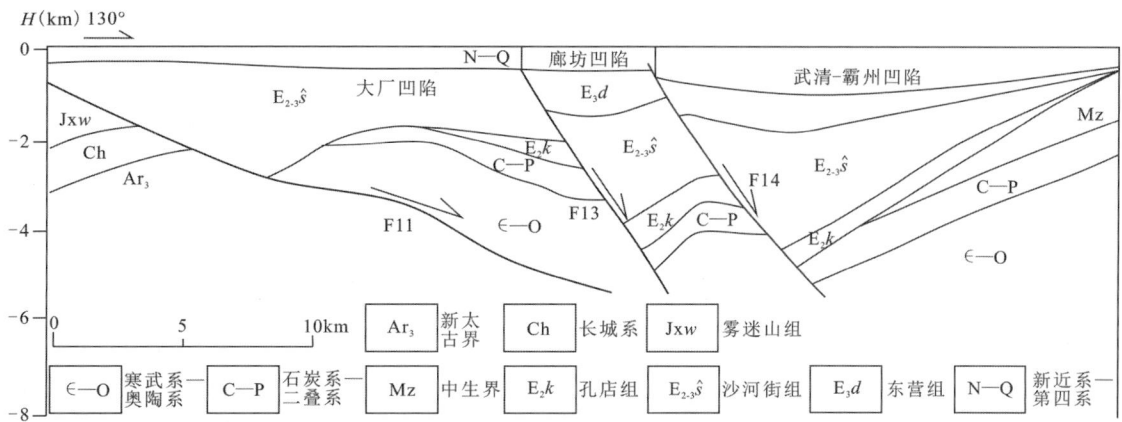

图 4-17 宝坻-桐柏断裂西段横剖面示意图
（据苗全芸，2018 资料编制）

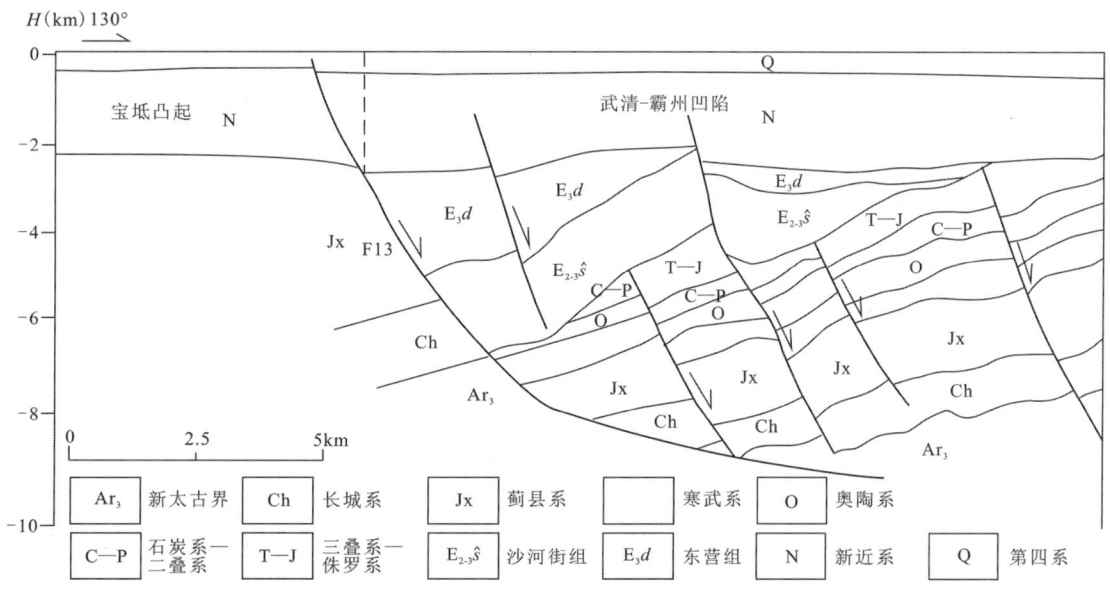

图 4-18 宝坻-桐柏断裂东段横剖面示意图
（据张煜颖，2019 资料编制）

6. 河西务-牛东断裂(F14)

该断裂为廊坊凹陷、牛陀镇凸起与武清-霸县凹陷五级构造单元的分界断裂。隐伏于武清区河西务西—廊坊东—牛陀镇凸起东—雄县东一带，整体呈北北东—北东向折线追踪状展布（图4-7），长约110km。

该断裂可分为南西、北东两个段。南西段位于牛陀镇凸起东—雄县东一带，倾向南东东—南东，断裂性质为正断层，对牛陀镇凸起与武清-霸县凹陷的形成与演化有重要控制作用，控制新生界的形成与分布，新生界最大垂直断距约7km，最大水平断距约13km，剖面形态为铲式或坡坪式（图4-19）。北东段位于武清区河西务西—廊坊东一带，倾向南东—南东东，倾角较陡，约65°，为正断层，对廊坊凹陷、武清-霸县凹陷的形成与演化有重要控制作用，控制新生界的形成与分布，新生界垂直断距500～3000m，水平断距0.2～1.5km，断坡宽度由南西向北东逐渐增宽，剖面形态为铲形或坡坪形（图4-20）。

该断裂从古近纪开始活动，到新近纪逐步停止活动，断裂活动由早到晚具自南西向北东迁移特征。

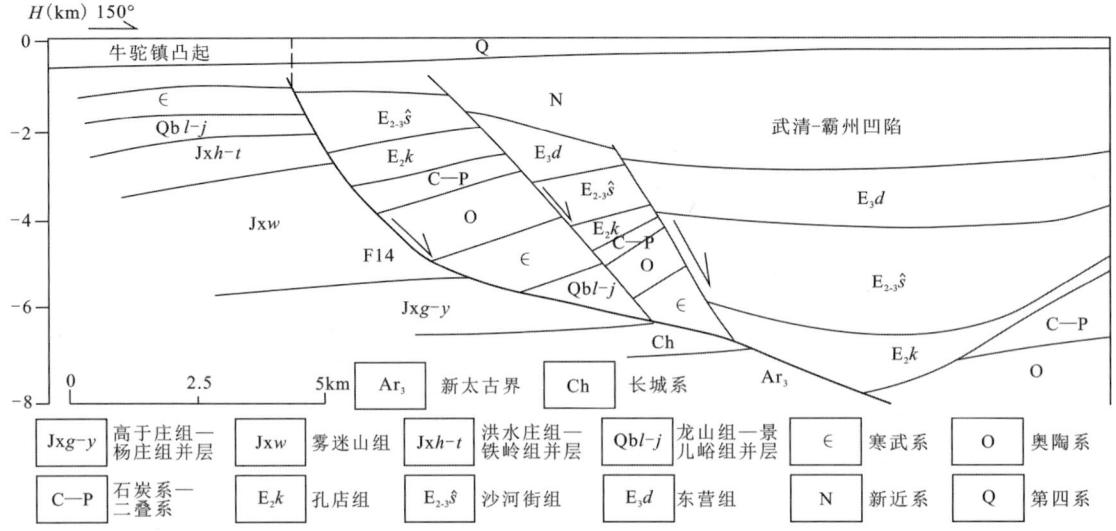

图 4-19 河西务-牛东断裂南西段横剖面示意图

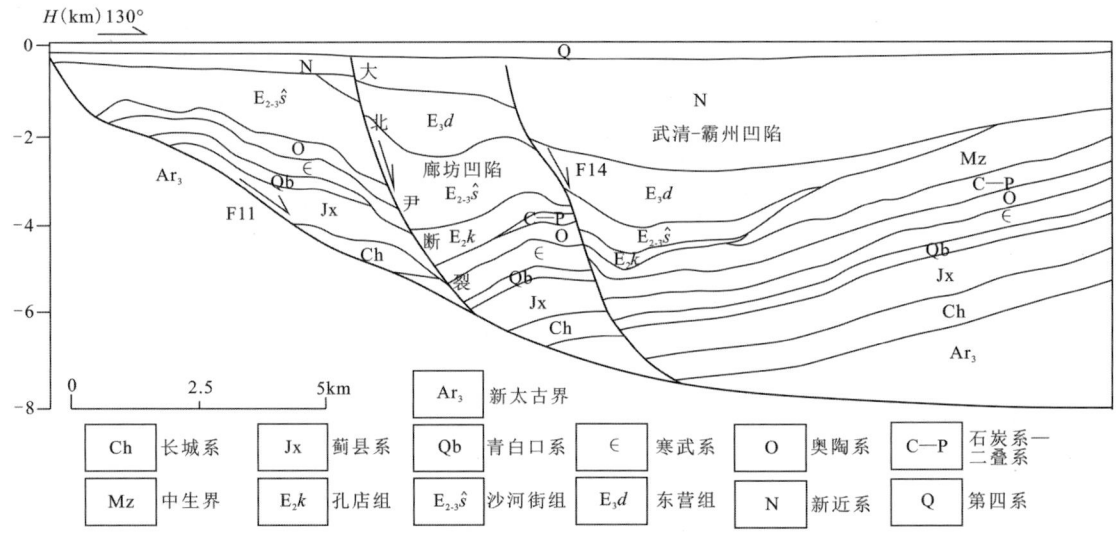

图 4-20 河西务-牛东断裂北东段横剖面示意图

（据马兵山，2013资料编制）

断层下盘前新生代地质体为新太古代变质岩、长城系至二叠系，上盘前新生代地质体为蓟县系至二叠系。

7. 涞水断裂（F15）

该断裂为北京凹陷、廊坊凹陷与徐水凹陷五级构造单元分界断裂。隐伏于涞水—天宫寺镇—泗张镇一带，整体呈北西向展布（图4-7），长约40km。

该断裂倾向南西，断裂性质为左旋走滑正断层，对北京凹陷、廊坊凹陷与徐水凹陷的形成与演化有重要控制作用，控制新生界的形成与分布。断裂由北西向南东断距逐渐增大，新生界最大垂直断距达1km，最大水平断距为2.6km，其中徐水凹陷表现出"北断南超"的特点（图4-21）。断裂下盘前新生代地质体为新太古代变质岩、长城系至侏罗系，上盘前新生代地质体为蓟县系至奥陶系。

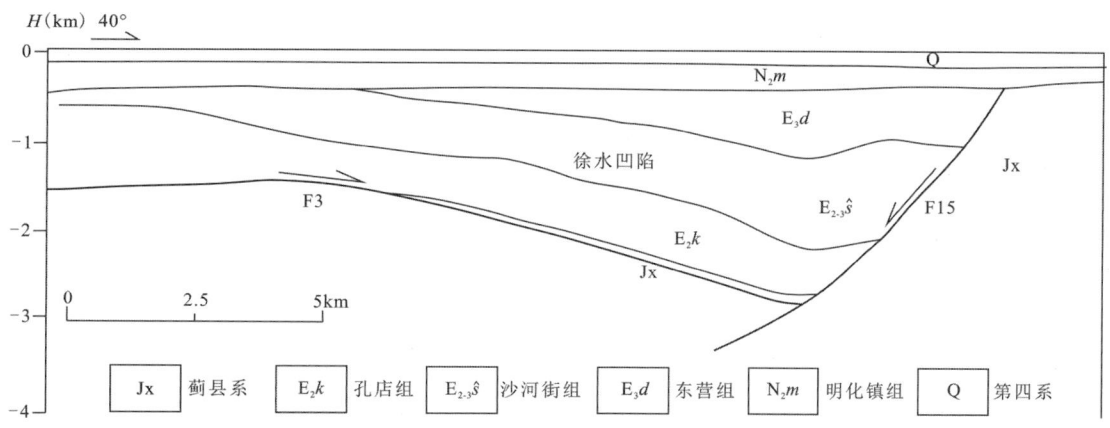

图 4-21 涞水断裂横剖面示意图

(据单帅强,2018资料编制)

8. 容城西断裂(F16)

该断裂为容城凸起与徐水凹陷五级构造单元分界断裂。隐伏于容城西侧三台镇—定兴县小朱庄镇一带,整体呈近南北向折线追踪状展布,北端被涞水断裂限制,南端被徐水-淀北断裂限制(图4-7),长约40km。

该断裂倾向西,倾角约60°,断裂性质为走滑正断层,对容城凸起和徐水凹陷形成与演化有重要控制作用(图4-22),控制新生界的形成与分布,新生界垂直断距约1.5km,水平断距较小。断裂下盘前新生代地质体为新太古代变质岩、长城系至青白口系,上盘前新生代地质体为寒武系至侏罗系。

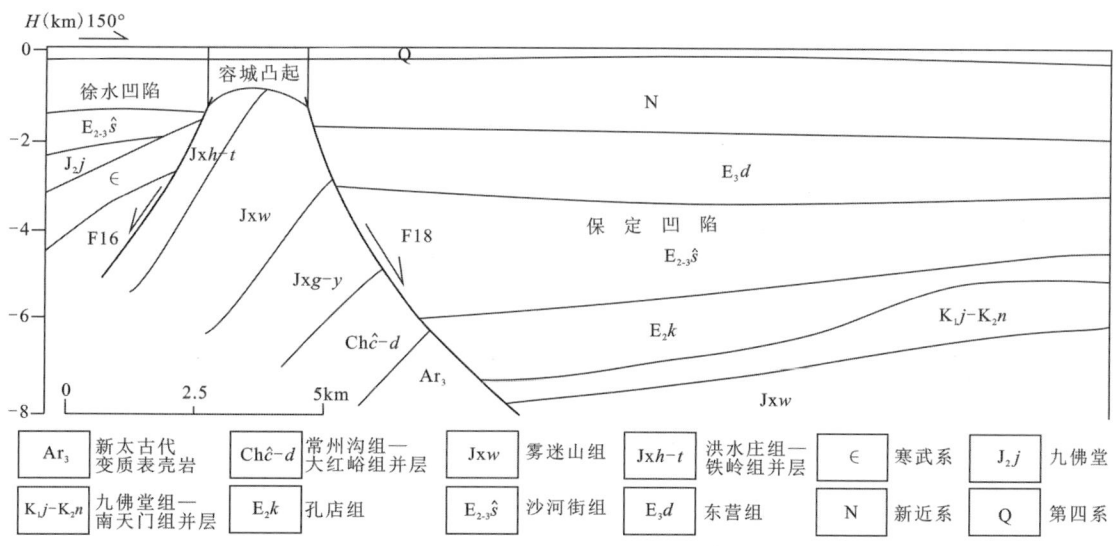

图 4-22 徐水-淀北断裂西段与容城西断裂横剖面示意图

9. 容城东断裂(F17)

该断裂为容城凸起与廊坊凹陷五级构造单元的分界断裂。隐伏于韦家庄—容城东—大王镇一带,整体呈近南北向折线追踪状展布,北端被涞水断裂限制,南端被徐水-淀北断裂限制(图4-7),长约45km。

该断裂倾向东,断裂性质为走滑正断层,对容城凸起和廊坊凹陷的形成与演化有重要控制作用,控制新生界的形成与分布。新生界垂直断距约1.5km,水平断距约2.5km。断裂下盘前新生代地质体为新太古代变质岩、长城系至蓟县系,上盘前新生代地质体为蓟县系。

10. 徐水-淀北断裂(F18)

该断裂为徐水凹陷、容城凸起、廊坊凹陷、牛驼镇凸起与保定凹陷五级构造单元分界断裂。隐伏于徐水南—三台镇—大王镇—白洋淀北—苟各庄镇一带,整体呈近东西向折线追踪状展布,西端被石家庄-徐水断裂限制,东端被河西务-牛东断裂限制(图4-7),长约67km。

该断裂倾向南,断裂性质为走滑正断层,对徐水凹陷、容城凸起、廊坊凹陷、牛驼镇凸起及保定凹陷的形成与演化有重要控制和调节作用。断裂西段新生界最大垂直断距4km,水平断距1.5~4km(图4-22)。断裂两盘的新生界存在很大的差异,下盘仅发育少量孔店组,且顶部多遭受剥蚀,部分地带新近系直接覆盖于前新生代基岩之上;上盘发育的古近系、新近系较为齐全,且厚度较大。断裂东段,新生界断距由东向西逐渐减小,最大垂直断距约3.4km,最大水平断距约3km(图4-23)。断裂两盘的新生界存在很大的差异,下盘仅发育少量孔店组,且顶部多遭受剥蚀,部分地带新近系直接覆盖于前新生代基岩之上;上盘发育的古近系、新近系较为齐全,且厚度较大,仅古近系厚达1000~2000m,且靠近断裂具有加厚的特征。断裂下盘前新生代地质体为新太古代变质岩、长城系至侏罗系,上盘前新生代地质体主要为白垩系。

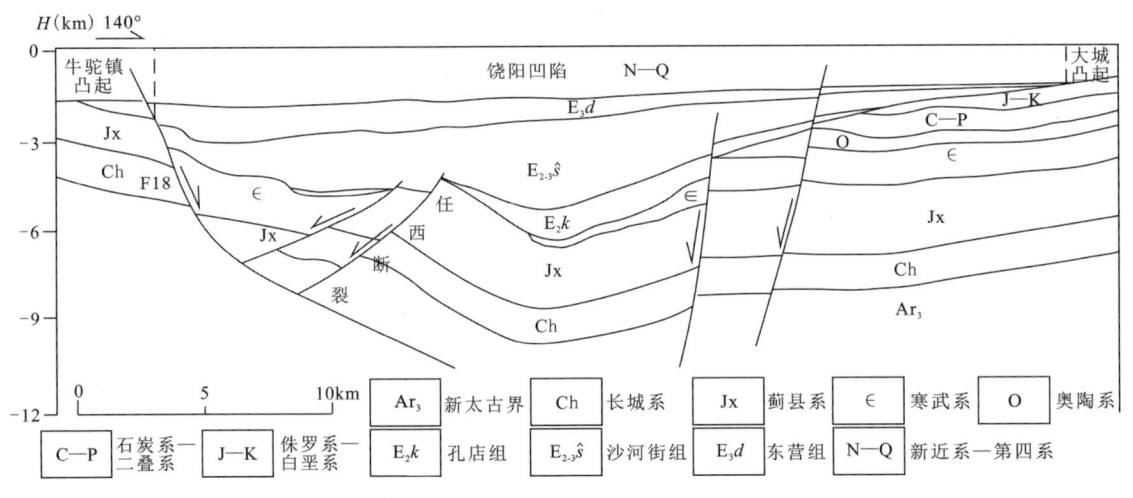

图4-23 徐水-淀北断裂东段横剖面示意图
(据马兵山,2016资料编制)

11. 鄚州断裂(F19)

该断裂为武清-霸县凹陷与饶阳凹陷五级构造单元分界断裂。隐伏于雄县鄚州镇一带,整体呈北北西—北西向折线追踪状展布,北西端被河西务-牛东断裂限制,南东端与马西断裂相接(图4-7),长约17km。

该断裂倾向南西西—南西,断裂性质为走滑正断层,对武清-霸县凹陷和饶阳凹陷的形成与演化有重要控制和调节作用,控制古近系的形成与分布。古近系断距约200m,未延伸至新近系。断裂下盘前新生代地质体主要为蓟县系,上盘前新生代地质体为寒武系至白垩系。

12. 马西断裂（F20）

该断裂北段为饶阳凹陷与大城凸起五级构造单元分界断裂。隐伏于任丘市议论堡镇—麻家坞西—河间市时村一带，整体呈近南北向折线追踪状展布，北端与郑州断裂相接（图4-7），长约33km。

该断裂倾向西，断裂性质为走滑正断层，对饶阳凹陷与大城凸起的形成与演化有重要控制和调节作用（图4-24）。新生界最大垂直断距约3km，水平断距由南向北逐渐增大，最大约8km。自晚侏罗世至早白垩世开始活动，以剪切逆冲断层性质为特征，断裂上升盘残留的逆冲叠瓦构造在地震剖面上十分清晰。古近纪初期，华北盆地处于区域伸展构造背景下，断裂反转为走滑正断层，该时期断裂活动持续时间较长，古新世至始新世中期开始活动，活动强度相对较弱，控制的沉积厚度有限；始新世晚期开始剧烈活动，与出岸断裂、任西断裂等形成斜列的断裂带。渐新世晚期，断裂活动以走滑为主，新近纪断裂停止活动。断裂下盘前新生代地质体主要为新太古代变质岩、长城系至青白口系，上盘前新生代地质体为蓟县系至奥陶系。

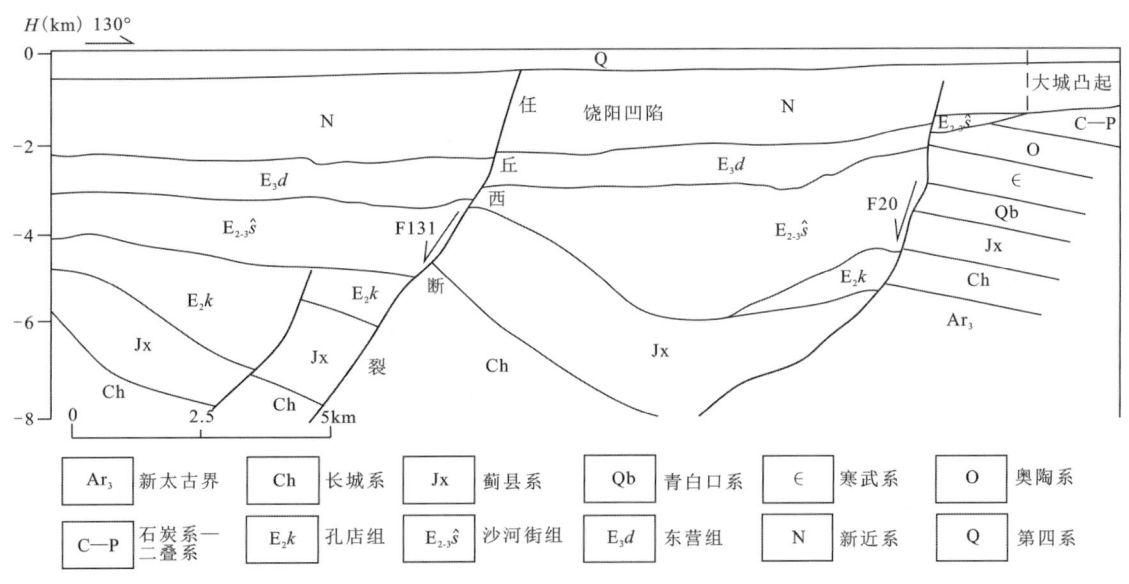

图4-24 马西断裂与任丘西断裂横剖面示意图
（据何登发等，2017资料编制）

13. 天津东断裂（F21）

该断裂属于沧东断裂的分支断裂之一，为双窑凸起与白塘口凹陷、小韩庄凸起五级构造单元分界断裂。隐伏于天津东一带，整体呈北北东—北东东向折线追踪状展布，两端与沧东断裂相接（图4-7），长约53km。

该断裂倾向南东东—南南东，断裂性质以正断层为主，局部为走滑正断层，对双窑凸起、白塘口凹陷、小韩庄凸起的形成与演化有重要控制和调节作用，并控制新生界的形成与分布。断裂下盘前新生代地质体主要为蓟县系至白垩系，上盘前新生代地质体为奥陶系至白垩系。

14. 白塘口断裂（F22）

该断裂为白塘口凹陷与小韩庄凸起五级构造单元分界断裂。隐伏于白塘口凹陷东侧，整体呈北北东—北东向折线追踪状展布，两端被沧东断裂限制（图4-7），长约36km。

该断裂倾向北西西—北西，性质为正断层，对白塘口凹陷、小韩庄凸起的形成与演化有重要控制作用，并控制新生界的形成与分布。断裂两盘前新生代地质体为奥陶系至白垩系。

15. 里坦断裂（F23）

该断裂又称大城东断裂，为里坦凹陷与大城凸起五级构造单元分界断裂。隐伏于河间市行别营—大城县南赵扶镇一带，整体呈北东向折线追踪状展布（图4-7），长约65km。

该断裂倾向南东，断裂性质为正断层，对里坦凹陷和大城凸起的形成与演化有重要控制作用，并控制新生界的形成与分布。新生界最大垂直断距约1km，水平断距1～2km。该断裂活动开始时间较早，切割深度较大，向上延伸至新近系中，且第四纪仍有活动。断裂下盘前新生代地质体为蓟县系至二叠系，新生界缺失古近系，新近系直接覆盖于石炭系至二叠系之上；上盘前新生代地质体为蓟县系至三叠系，新生界发育较齐全，厚度较大，仅古近系就厚达1km。

16. 留路断裂（F24）

该断裂为饶阳凹陷、里坦凹陷与青县凸起五级构造单元的分界断裂。隐伏于献县张村—留路—河间市沙河桥镇一带，整体呈北东向折线追踪状展布（图4-7），长约45km。

该断裂倾向北西，断裂性质为正断层，对饶阳凹陷、里坦凹陷、青县凸起的形成与演化有重要控制作用。新生界最大垂直断距2.2km，最大水平断距约1km，剖面上呈坡坪式，在底部断面收敛于献县断裂。该断裂活动始于古新世至始新世，渐新世早期活动最为强烈，到新近纪活动逐步减弱。断裂下盘前新生代地质体为新太古代变质岩、长城系至二叠系，上盘前新生代地质体为蓟县系至二叠系。

17. 阜城断裂（F25）

该断裂为献县凸起与阜城凹陷、景县凸起五级构造单元分界断裂。隐伏于献县河城街镇—阜城西—景县王谦寺镇一带，整体呈近南北向折线追踪状展布（图4-7），长约62km。

该断裂倾向东，断裂性质为走滑正断层，对献县凸起、阜城凹陷、景县凸起的形成与演化有重要控制和调节作用，并控制新生界的形成与分布。新生界最大断距0.5km。断裂下盘前新生代地质体为奥陶系至二叠系，上盘前新生代地质体为石炭系至白垩系。

18. 新河断裂（F26）

该断裂为束鹿凹陷与新河凸起五级构造单元分界断裂。隐伏于辛集东—宁晋县耿庄桥镇一带，整体呈北北东向折线追踪状展布（图4-7），北端被衡水断裂限制，长约74km。

该断裂倾向北西西，断裂性质为正断层，对束鹿凹陷、新河凸起的形成与演化有重要控制作用。新生界最大垂直断距可达4.5km，最大水平断距约4.5km。断裂不同位置的剖面形态存在较大的差异，南段的主断面主要表现为形态较简单的"Y"字形，中段部分剖面上表现为明显的阶梯状构造，北段则表现为一系列正断层形成的分枝状。新生界沉积中心位于断裂的西侧，发育厚度向北西方向逐步减薄尖灭，上盘总体表现为向北西—北西西掀斜的构造斜坡（图4-14）。

该断裂自古新世开始活动，始新世中晚期活动最为强烈，渐新世早期活动较弱，渐新世中期活动增强，渐新世晚期逐步减弱，新近纪活动最弱，进入第四纪断裂仍有活动。断裂下盘前新生代地质体为新太古代变质岩、长城系至二叠系，上盘前新生代地质体为石炭系至白垩系。

19. 前磨头断裂（F27）

该断裂为前磨头凹陷与新河凸起五级构造单元分界断裂。隐伏于前磨头凹陷南东缘的衡水市赵家圈—大麻森一带，整体呈北东东向折线追踪状展布（图4-7），北东端被衡水断裂限制，长约31km。

该断裂倾向北北西,断裂性质为走滑正断层,对前磨头凹陷和新河凸起的形成与演化有重要控制作用。新生界垂直断距约2.5km,水平断距约2km。断裂上盘古近系具有向北北西掀斜的特征,古近纪时期断裂活动最为强烈,进入新近纪逐步减弱,到第四纪仍有活动的迹象。下盘前新生代地质体为新太古代变质岩、长城系至奥陶系,断裂上盘前新生代地质体为长城系至二叠系。

20. 隆尧断裂(F28)

该断裂为宁晋凸起、新河凸起与任县凹陷、鸡泽凸起五级构造单元分界断裂。隐伏于内丘县五郭店—隆尧南—牛家桥一带,整体呈北东东向折线追踪状展布(图4-7),长约60km,西段截断太行山山前断裂。

该断裂倾向南南东,断面上部较陡倾角达60°～70°,下部变缓至40°～50°,断裂性质为走滑正断层,对宁晋凸起、新河凸起和任县凹陷、鸡泽凸起的形成与演化有重要控制作用。新生界断距约1km。古近纪时期断裂活动最为强烈,进入新近纪逐步减弱(图4-25),到第四纪仍有活动的迹象。沿断裂附近地带有地裂缝形成。断裂下盘前新生代地质体为石炭系至二叠系,上盘前新生代地质体主要为三叠系。

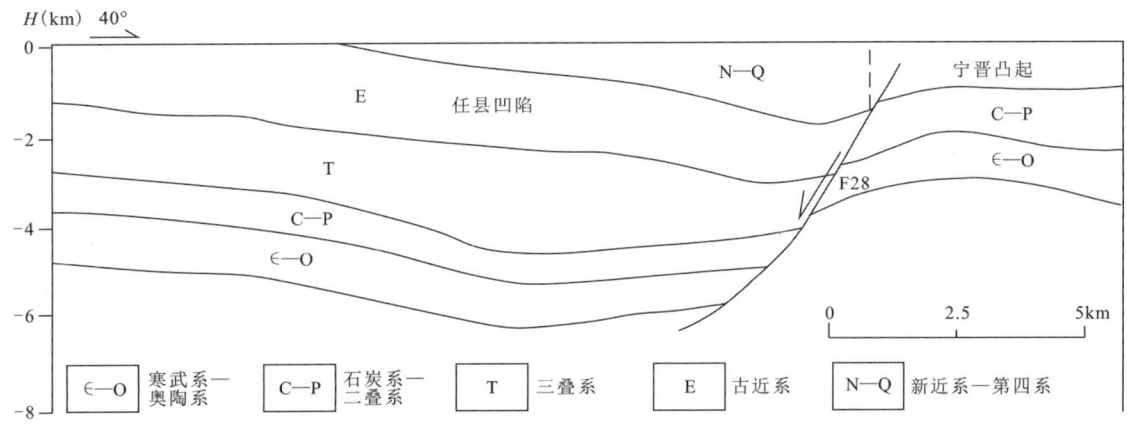

图4-25 隆尧断裂横剖面示意图

21. 任县东断裂(F29)

该断裂为任县凹陷与鸡泽凸起五级构造单元分界断裂。隐伏于任县东—南和东一带,整体呈北北东向折线追踪状展布(图4-7),长约52km,北端被隆尧断裂限制,南端被曲陌-广宗断裂限制。

该断裂倾向北西西,断裂性质为正断层,对任县凹陷和鸡泽凸起的形成与演化有重要控制作用。控制了新生界的形成与分布,新生界断距约500m。断裂下盘前新生代地质体为石炭系至二叠系,上盘前新生代地质体为石炭系至三叠系。

22. 鸡泽断裂(F30)

该断裂为鸡泽凸起与巨鹿凹陷五级构造单元分界断裂。隐伏于巨鹿西—鸡泽东一带,整体呈北北东向折线追踪状展布(图4-7),长约64km。

该断裂倾向南东东,断裂性质为正断层,对鸡泽凸起和巨鹿凹陷的形成与演化有重要控制作用(图4-26)。新生界最大垂直断距约1km,水平断距较小。古近纪时期断裂活动最为强烈,进入新近纪逐步减弱,到第四纪无活动的迹象。断裂下盘前新生代地质体为石炭系至二叠系,其上缺失古近系,新近系直接覆盖于石炭系至二叠系之上;上盘前新生代地质体为三叠系,其上古近系厚约1km。

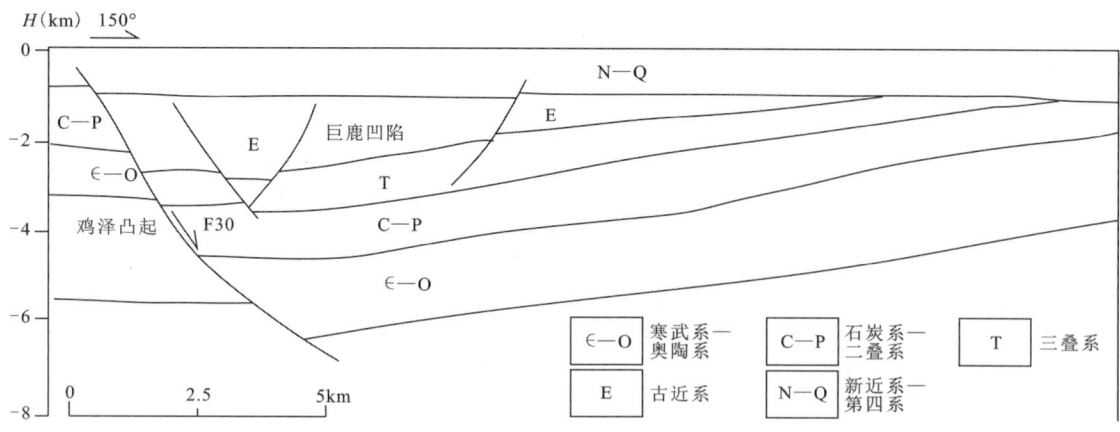

图 4-26 鸡泽断裂横剖面示意图

(据左宗鑫,2011 资料编制)

23. 南宫断裂(F31)

该断裂为新河凸起与南宫凹陷五级构造单元分界断裂。隐伏于威县西平—南宫—冀州一带,整体呈北北东—北东向折线追踪状展布(图4-7),长约54km,北端被明化镇断裂限制。

该断裂倾向南东东—南东,断裂性质为正断层,对新河凸起和南宫凹陷的形成与演化有重要控制作用。新生界断距相对较小,约300m。古近纪时期断裂活动明显,新近纪及其之后活动不明显。断裂下盘前新生代地质体为石炭系至三叠系,上盘前新生代地质体为三叠系至白垩系。

24. 明化镇断裂(F32)

该断裂为新河凸起、南宫凹陷与明化镇凸起五级构造单元分界断裂。隐伏于威县贺钊—南宫市明化镇西—枣强县肖张镇一带,整体呈北北东—北东向折线追踪状展布(图4-7),长约85km,北端衡水断裂限制,南端被曲陌-广宗断裂限制。

该断裂倾向北西西至北西,为上陡下缓的铲形断裂,性质为正断层,对新河凸起、南宫凹陷、明化镇凸起的形成与演化有重要控制作用。新生界垂直断距约2.5km,水平断距约2km。古近纪时期断裂活动较为强烈,进入新近纪逐步减弱,到第四纪仍有活动的迹象。断裂下盘前新生代地质体为长城系至奥陶系,上盘前新生代地质体为长城系至白垩系。

25. 清河断裂(F33)

该断裂为明化镇凸起、大营凹陷与故城凸起五级构造单元分界断裂。隐伏于清河西—故城县三朗镇—南宫市紫冢镇一带,整体呈北东—北北东向折线追踪状展布(图4-7),长约58km,北段截切衡水断裂。

该断裂倾向北西至北西西,为上陡下缓的铲形断裂,断裂性质为正断层,对明化镇凸起、大营凹陷、故城凸起的形成与演化有重要控制作用。新生界最大垂直断距约3.5km,最大水平断距约3km。古近纪时期断裂活动较为强烈,进入新近纪逐步减弱,到第四纪仍有活动的迹象。断裂下盘前新生代地质体为奥陶系至二叠系,其上缺失古近系,新近系直接覆盖于奥陶系至二叠系之上;上盘前新生代地质体为石炭系至白垩系,其上覆盖的新生界厚度较大,仅古近系就厚达3.5km。

26. 西南庄断裂(F34)

该断裂为唐海凸起与南堡凹陷五级构造单元分界断裂。隐伏于南堡凹陷的西北边缘,整体呈北东东—北北东向折线追踪状展布(图4-7),长约41km。

该断裂倾向南南东—南东东,断裂性质为正断层,对唐海凸起和南堡凹陷的形成与演化有重要控制作用(图4-27)。断裂北东段新生界最大垂直断距约3.6km,最大水平断距约2km;断裂南西段新生界最大垂直断距约5.7km,最大水平断距3~8km。始新世晚期至渐新世时期断裂活动较为强烈,进入新近纪逐步减弱,到第四纪仍有活动的迹象。断裂下盘前新生代地质体为新太古代变质岩、青白口系至奥陶系,上盘前新生代地质体为白垩系。

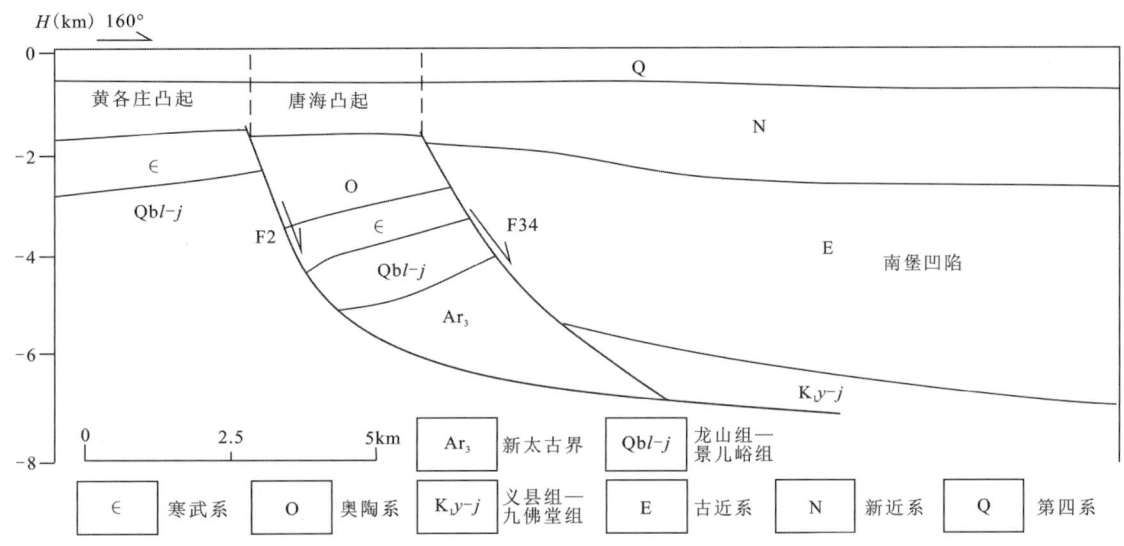

图4-27 西南庄断裂横剖面示意图

27. 柏格庄断裂(F35)

该断裂为唐海凸起、马头营凸起与南堡凹陷五级构造单元分界断裂。隐伏于滦南县柏格庄镇—柳赞镇—乐亭县一带,整体呈北西向折线追踪状展布(图4-7),长约35km。

该断裂倾向南西,断裂性质为走滑正断层,对唐海凸起、马头营凸起、南堡凹陷的形成与演化有重要控制作用(图4-28)。断裂北西段新生界最大垂直断距约为3km,水平断距1~2km;断裂南东段新生界最大垂直断距约为6km,水平断距4~5km。始新世晚期至渐新世中期断裂活动较强烈,进入渐新世晚期及之后逐步减弱,到第四纪仍有活动的迹象。断裂下盘前新生代地质体为新太古代变质岩、寒武系至白垩系,上盘前新生代地质体为石炭系至白垩系。

28. 马北断裂(F36)

该断裂为唐海凸起与马头营凸起五级构造单元分界断裂。隐伏于马头营凸起北西边缘一带,整体呈北东东—北东向折线追踪状展布(图4-7),长约16km。

该断裂倾向北北西—北西,断裂性质为正断层,对唐海凸起和马头营凸起的形成与演化有重要控制作用,新生界最大垂直断距约为0.5km。始新世晚期至渐新世中期断裂活动较强烈,进入渐新世晚期及之后逐步减弱,到第四纪仍有活动的迹象。断裂下盘前新生代地质体为新太古代变质岩,上盘前新生代地质体为寒武系至侏罗系。

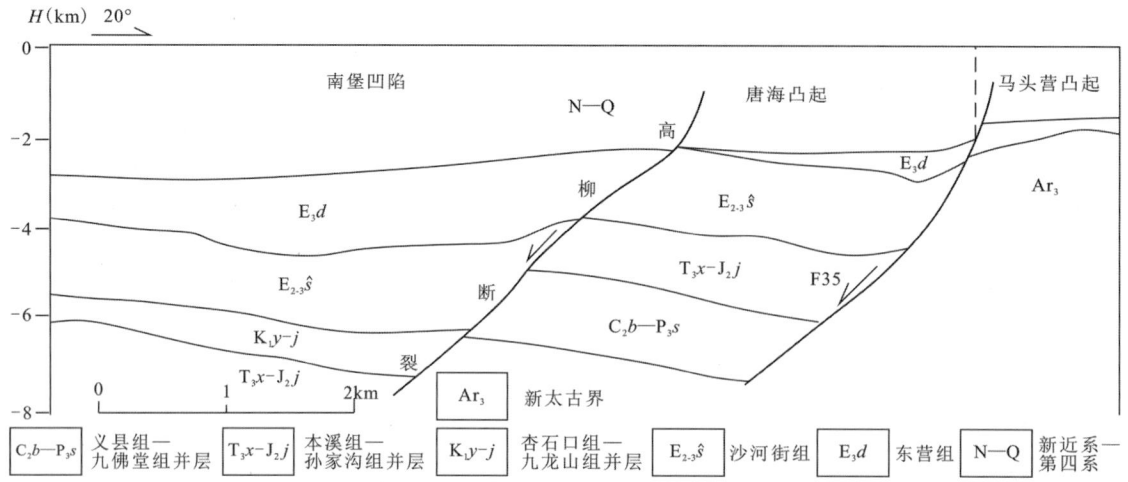

图 4-28 柏各庄断裂与高柳断裂横剖面示意图

(据郝京航,2022 资料编制)

29. 红房子断裂(F37)

该断裂为马头营凸起与石臼坨凹陷五级构造单元分界断裂。隐伏于乐亭县南部红房子—苏家铺一带,整体呈北东—北东东向折线追踪状展布(图 4-7),长约 30km。

该断裂倾向南东—南南东,断裂性质为正断层,对马头营凸起和石臼坨凹陷的形成与演化有重要控制作用(图 4-29),控制了新生界的形成与分布。新生界最大垂直断距约为 2km,水平断距约 1.5km。始新世晚期至渐新世中期断裂活动较强烈,进入渐新世晚期及之后逐步减弱,到第四纪仍有活动的迹象。断裂下盘前新生代地质体为新太古代变质岩、青白口系至奥陶系,上盘前新生代地质体为白垩系。

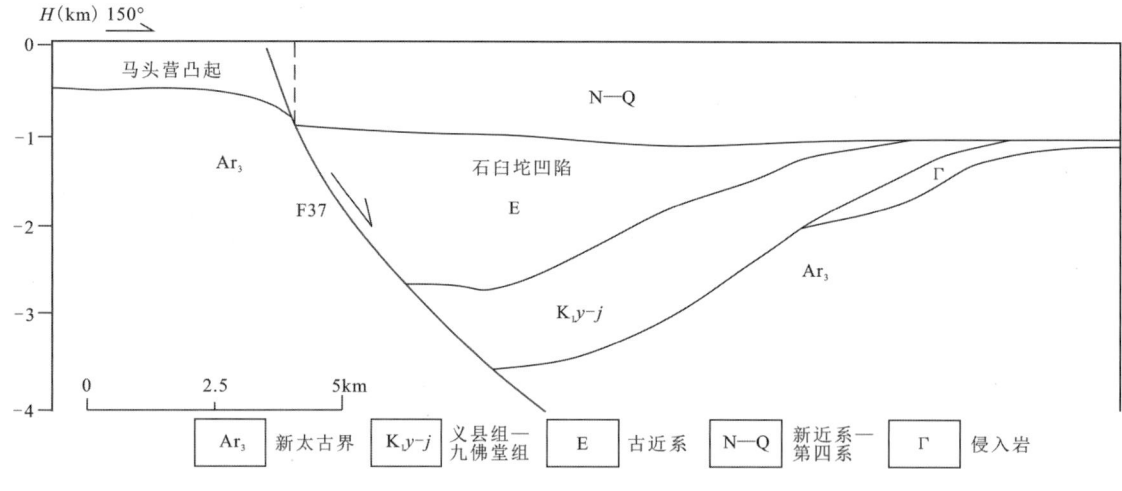

图 4-29 红房子断裂横剖面示意图

30. 海河断裂(F38)

该断裂为北塘凹陷与板桥凹陷五级构造单元分界断裂。隐伏于天津市葛沽镇—新城镇—天津港经济中心一带,整体呈北西西向折线追踪状展布(图 4-7),长约 25km,西端被沧东断裂限制,东端延入渤海。

该断裂倾向南南西,倾角25°～65°,具有上陡下缓的特征,断裂性质为走滑正断层,对北塘凹陷和板桥凹陷的形成与演化有重要控制作用。新生界垂直断距4.1～7.2km。始新世至渐新世断裂活动强烈,进入新近纪及之后逐步减弱。断裂两盘新生界发育程度差异明显,下盘古近系厚度1.35～2.1km,新近系厚度1.6～1.65km;上盘古近系厚度3～5km,新近系厚度1.75～1.8km。断裂下盘前新生代地质体为奥陶系至白垩系,上盘前新生代地质体为白垩系。

31. 港西断裂（F39）

该断裂为板桥凹陷与歧口凹陷五级构造单元分界断裂。隐伏于天津市翟庄子东—港西街道—高沙岭东—天津新港一带,整体呈北东向折线追踪状展布(图4-7),长约63km,北东端被海河断裂限制。

该断裂倾向南东,倾角30°～55°,具有上陡下缓的特征,断裂性质为正断层,对板桥凹陷和歧口凹陷的形成与演化有重要控制作用。新生界垂直断距1.3～3.5km。始新世至渐新世断裂活动强烈,进入新近纪及之后逐步减弱。断裂两盘新生界发育程度差异明显,断裂下盘古近系厚度0～5km,上盘古近系厚度2～5km。断裂下盘前新生代地质体为寒武系至白垩系,上盘前新生代地质体为白垩系。

32. 孔西断裂（F40）

该断裂为沧东凹陷与孔店凸起五级构造单元分界断裂。隐伏于孔店凸起北西边缘一带,整体呈北北东—北东向折线追踪状展布(图4-7),长约40km。

该断裂倾向北西西—北西,倾角62°～87°,具有上陡下缓的特征,断裂性质为正断层,对沧东凹陷和孔店凸起的形成与演化有重要控制作用(图4-30)。新生界垂直断距400～800m。始新世断裂活动较强烈,进入渐新世及之后逐步减弱。断裂下盘前新生代地质体为石炭系至白垩系,上盘前新生代地质体为白垩系。

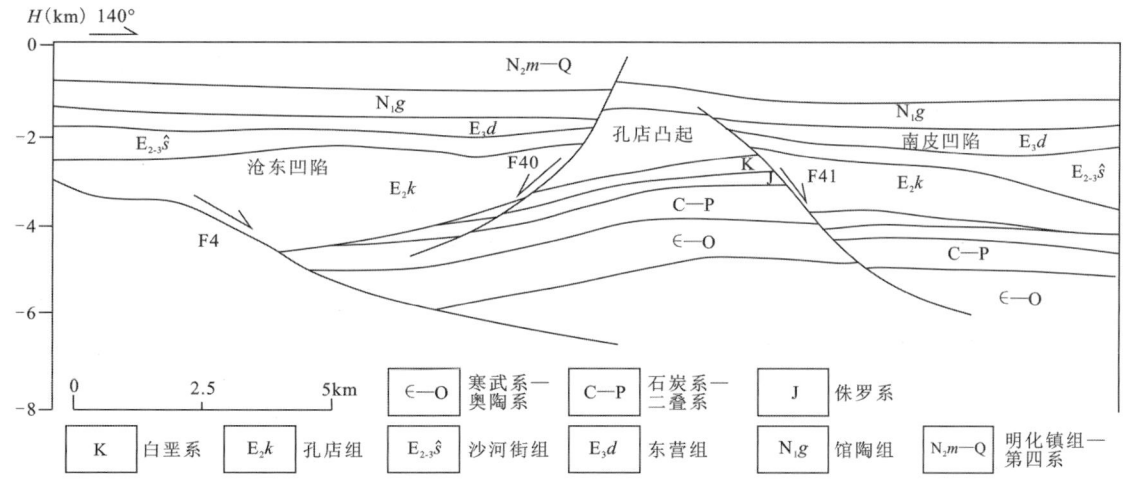

图4-30 孔西断裂和孔东断裂横剖面示意图

(据张耀,2019资料编制)

33. 孔东断裂（F41）

该断裂为孔店凸起与南皮凹陷五级构造单元分界断裂。隐伏于孔店凸起南东边缘一带,整体呈北东—北北东向折线追踪状展布(图4-7),长约30km。

该断裂倾向南东—南东东,倾角20°～50°,断裂性质为正断层,对孔店凸起和南皮凹陷的形成与演化有重要控制作用(图4-30),控制了新生界的形成与分布。新生界垂直断距大于1km。始新世断裂活动较强烈,进入渐新世逐步减弱,到新近纪趋于停止。断裂下盘前新生代地质体为石炭系至白垩系,上盘前新生代地质体为石炭系至白垩系。

34. 徐西断裂(F42)

该断裂为吴桥凹陷、东光凸起、南皮凹陷与徐黑凸起五级构造单元分界断裂。隐伏于吴桥县何庄北东—南皮县王寺镇—孟村回族自治县徐杨桥西—黄骅市西南一带,整体呈北东—北北东向折线追踪状展布(图4-7),长约100km。

该断裂倾向北西—北西西,北段倾角40°~60°,南段倾角70°以上,断裂性质为正断层,对吴桥凹陷、东光凸起、南皮凹陷、徐黑凸起的形成与演化有重要控制作用(图4-31)。新生界垂直断距大于2.25km,水平断距中间大、两端小,最大可达4.5km。始新世早中期断裂活动较为强烈,而到了始新世晚期至渐新世,活动达到顶峰。随后,在新近纪及之后,断裂活动逐步减弱并趋于停止。断裂下盘前新生代地质体为石炭系至白垩系,其上缺失古近系,新近系直接覆盖于石炭系至白垩系之上;上盘前新生代地质体为三叠系至白垩系,其上覆盖的古近系厚达2km。

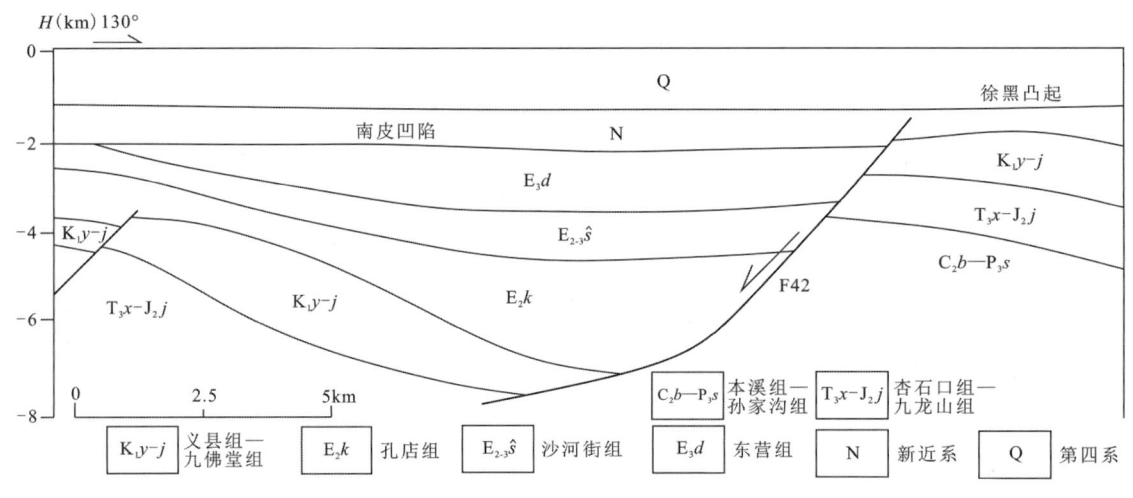

图4-31 徐西断裂横剖面示意图

35. 黑东断裂(F43)

该断裂为徐黑凸起与盐山凹陷五级构造单元分界断裂。隐伏于盐山西—孟村回族自治县新县镇西—南皮县寨子镇黑龙村东一带,整体呈北东向展布(图4-7),长约27km。

该断裂倾向南东,断裂性质为正断层,对徐黑凸起和盐山凹陷的形成与演化有重要控制作用(图4-32)。新生界垂直断距100~300m,水平断距1~2km。浅层次级断裂相对发育,与黑东断裂组合形成"Y"字形特征。断裂下盘前新生代地质体为石炭系至侏罗系,上盘前新生代地质体为三叠系至侏罗系。

36. 埕西断裂(F44)

该断裂为歧口凹陷、盐山凹陷与埕宁凸起五级构造单元分界断裂。隐伏于埕宁凸起北西边缘的黄骅市南排河镇—羊二庄西—海兴县赵毛陶—盐山县千童镇一带,整体呈北东—北北东向折线追踪状展布(图4-7),在区内长约90km,北东端延入渤海,南西端延入山东省宁津西。

该断裂倾向北西—北西西,断裂性质为正断层,对歧口凹陷、盐山凹陷、埕宁凸起的形成与演化有重

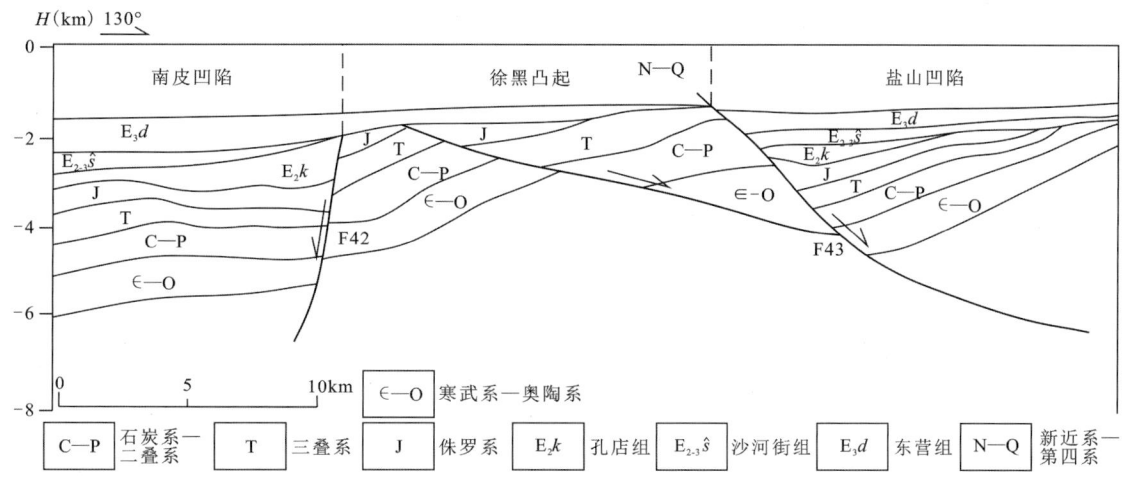

图 4-32 黑东断裂横剖面示意图
(据张耀,2019 资料编制)

要控制作用(图 4-33)。新生界垂直断距 0.2~2.5km,水平断距较小。古近纪至新近纪断裂活动较为强烈,到第四纪逐步减弱。断裂下盘前新生代地质体为新太古代变质岩、石炭系至二叠系,其上缺失古近系,新近系直接覆盖于前新生代基岩之上;上盘前新生代地质体为石炭系至白垩系,其上新生界发育较齐全。

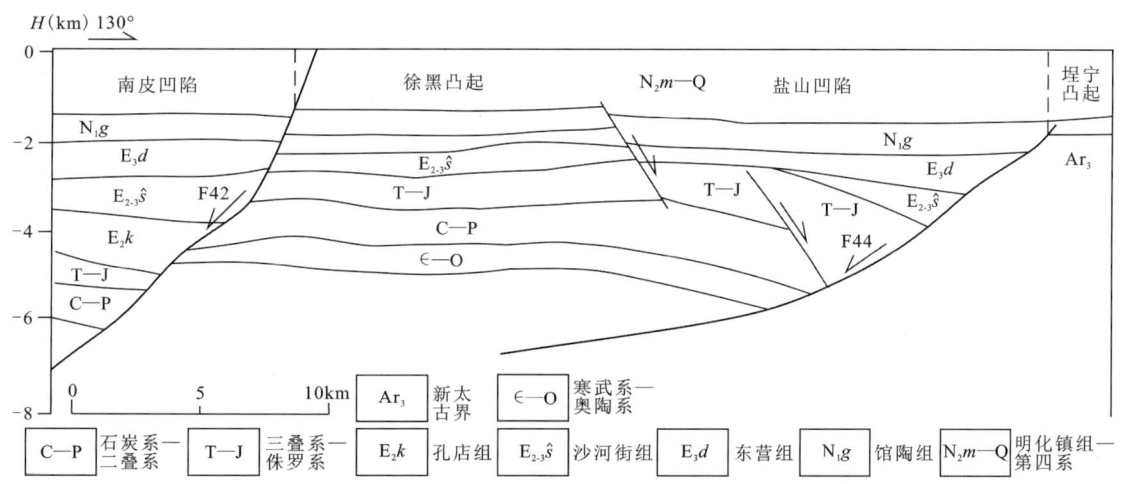

图 4-33 埕西断裂横剖面示意图
(据张耀,2019 资料编制)

37. 邯郸东断裂(F45)

该断裂为邯郸凹陷、汤阴凹陷与邱县凹陷、临漳凸起五级构造单元分界断裂。隐伏于邯郸东部的豆庄—临漳东—砖寨营一带,整体呈近南北向折线追踪状展布(图 4-7),在区内长约 75km,北段汇入曲陌-广宗断裂,中部被磁县-大名断裂断错,南端延入河南省豆官营一带。

该断裂整体倾向西,上部倾角在 60°左右,向下变缓,断裂性质为铲形走滑正断层,对邯郸凹陷、汤阴凹陷、邱县凹陷、临漳凸起的形成与演化有重要控制作用。新生界最大垂直断距 3km 左右,水平断距 1km 左右。古近纪断裂活动较为强烈,到新近纪逐步减弱直至停止。断裂下盘前新生代地质体为新太古代变质岩、寒武系至二叠系,其上缺失古近系,新近系直接覆盖于前新生代基岩之上;上盘前新生代地质体为石炭系至白垩系,其上新生界发育较齐全,仅古近系就厚达2km。

38. 磁县-大名断裂(F46)

该断裂为邯郸凹陷、邱县凹陷、冠县凹陷、堂邑凸起与汤阴凹陷、临漳凸起、元村集凹陷、南乐凸起五级构造单元的分界断裂。隐伏于邯郸南部的峰峰矿区南东—磁县北—临漳北—大名南—宋窑一带,整体呈北西西向折线追踪状展布(图4-7),在区内长约110km,西段断错太行山山前断裂和邯郸东断裂,东段被大名东断裂断错,东端延入河南省代王庄一带。

该断裂整体倾向北北东,倾角50°～70°,断裂性质为右旋走滑正断层,对邯郸凹陷、邱县凹陷、冠县凹陷、堂邑凸起、汤阴凹陷、临漳凸起、元村集凹陷、南乐凸起的形成与演化有重要控制作用。新生界最大垂直断距3km左右,水平断距1km左右。始新世断裂活动较为强烈,到渐新世逐步减弱,在第四纪仍有活动。断裂下盘前新生代地质体为新太古代变质岩、寒武系至白垩系,上盘前新生代地质体为石炭系至白垩系。

39. 馆陶西断裂(F47)

该断裂为邱县凹陷与馆陶凸起、冠县凹陷五级构造单元分界断裂。隐伏于临西县老官寨镇—馆陶县西—魏县沙口集一带,整体呈北北东—北东向折线追踪状展布(图4-7),长约107km,南西端被磁县-大名断裂限制。

该断裂整体倾向北西西—北西,断裂性质为正断层,对邱县凹陷、馆陶凸起、冠县凹陷的形成与演化有重要控制作用(图4-34),尤其是与曲陌-广宗断裂共同对邱县凹陷的形成与演化控制作用更加明显(图4-35),控制了新生界的形成与分布。新生界最大垂直断距1km左右,由北东向南西垂直断距呈逐渐减小趋势,水平断距较小。古近纪断裂活动较为强烈,到新近纪逐步减弱,在第四纪仍有活动,断裂活动具有明显的分段性,在北东段和中段活动相对较强,南西段相对较弱。断裂下盘前新生代地质体为石炭系至侏罗系,上盘前新生代地质体为三叠系至白垩系。

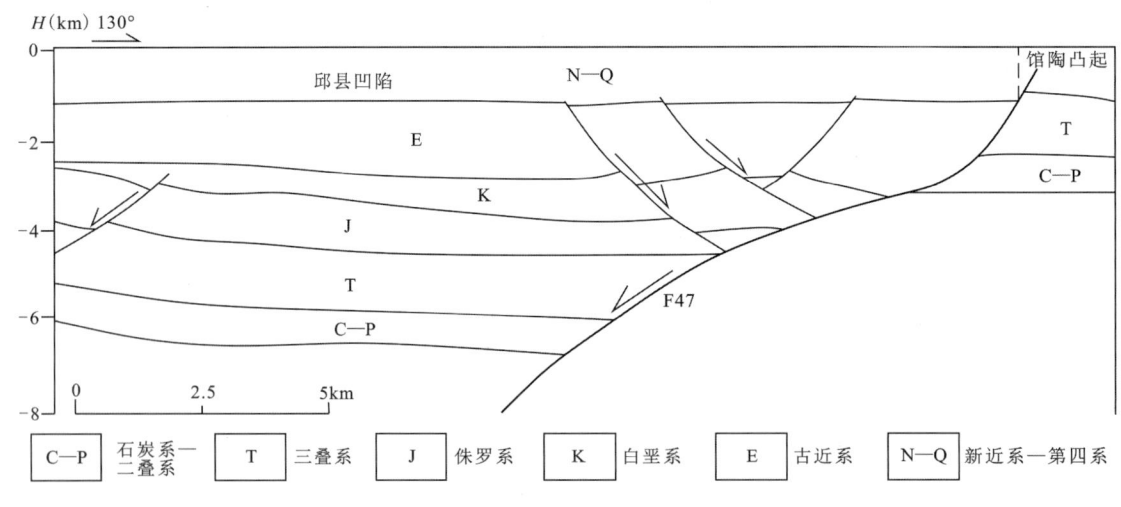

图4-34 馆陶西断裂横剖面示意图

(据吴晓光,2011资料编制)

40. 大名东断裂(F48)

该断裂为冠县凹陷、元村集凹陷、堂邑凸起、南乐凸起五级构造单元分界断裂。隐伏于大名县东金

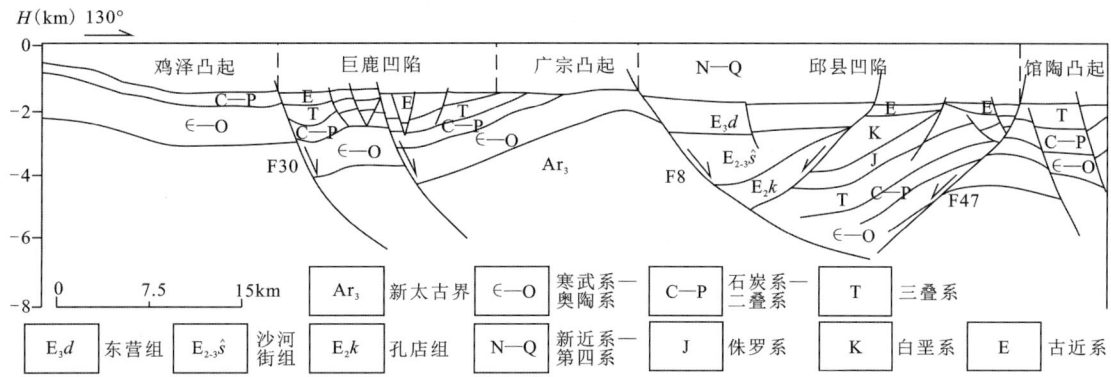

图 4-35 鸡泽、曲陌-广宗、馆陶西断裂联合横剖面示意图
(据左宗鑫,2011资料编制)

滩镇东—黄庄—三角店一带,整体呈北北东展布(图4-7),在区内长约21km,南西段断错磁县-大名断裂,北东端延入山东省化庄一带,南西端延入河南省李崇疃一带。

该断裂整体倾向北西西,断裂性质为正断层,对冠县凹陷、元村集凹陷、堂邑凸起、南乐凸起的形成与演化有重要控制作用。新生界最大垂直断距1km左右,水平断距1.7km左右。古近纪断裂活动较为强烈,到新近纪逐步减弱。断裂上盘的古近系发育厚度大,断裂下盘的古近系发育厚度小,相差近千米;下盘前新生代地质体为寒武系至二叠系,上盘前新生代地质体为石炭系至白垩系。

(三)Ⅲ级断裂

在河北省(北京市天津市)平原区前新生代基岩地质图上表达的Ⅲ级断裂即一般断裂共计212条,重点选择其中24条典型断裂进行叙述,其他断裂的主要特征见表4-4。

1. 丰台-野鸡坨断裂(序号73)

该断裂隐伏于天津市丰台镇北—滦州市榛子镇—迁安市野鸡坨一带,呈北东—北东东向折线追踪状展布,长约100km,南西端被燕山山前断裂限制。断裂倾向北西—北北西,断裂性质为正断层。该断裂位于重力异常梯级带上,北西至北北西侧为平缓的重力低异常区,南东—南南东侧为重力高异常区。切割的最新地层为新近系和第四系,新近系落差为120~400m,断点埋深120~200m。新近纪晚期至中更新世活动较为强烈,晚更新世仍有微弱活动。断裂两盘前新生代地质体为新太古代变质岩、长城系至奥陶系。

2. 老王庄断裂(序号100)

该断裂隐伏于唐山市丰南区黑沿子镇—老王庄—滦南县任六村一带,呈北东—北北东向折线追踪状展布,长约52km,南西段断错燕山山前断裂,倾向北西—北西西,断裂性质为正断层,对新生界的形成与分布有控制作用。新生界最大垂直断距1.2km,水平断距约1.3km,断裂南西段断距明显大于北东段。断裂主要活动于古近纪,之后逐步减弱。断裂下盘前新生代地质体为新太古代变质岩、长城系至白垩系,上盘前新生代地质体为寒武系至白垩系。

3. 高柳断裂(序号108)

该断裂隐伏于南堡凹陷北部的高尚堡北—柳赞镇一带,呈近东西向折线追踪状展布,长约19km,西端被西南庄断裂限制,东端被柏各庄断裂限制。断裂倾向南,断裂性质为左旋走滑正断层(图4-28)。

新生界最大垂直断距2km，水平断距1～3km。始新世晚期断裂开始活动，渐新世断裂活动较为强烈，到新近纪逐步减弱和停止活动。断裂下盘前新生代地质体为石炭系至侏罗系，上盘前新生代地质体为白垩系。

4. 大北尹断裂（序号113）

该断裂隐伏于永清县右奕营南—安次区大北尹一带，整体呈北东向折线追踪状展布，长约26km，北东端汇入河西务-牛东断裂。断裂倾向南东，性质为正断层（图4-20）。新生界垂直断距100～500m，水平断距较小。始新世至渐新世断裂活动较为强烈，到新近纪逐步减弱和停止活动。断裂两盘前新生代地质体为奥陶系至二叠系。

5. 里澜断裂（序号124）

该断裂隐伏于永清县三圣口—里澜城镇—安次区东沽港镇北一带，整体呈近东西向展布，长约17km。断裂倾向北，性质为左旋走滑正断层。新生界最大垂直断距约600m，水平断距约3km。始新世早中期断裂活动较为强烈，到始新世晚期至渐新世早期断裂活动有所减弱，渐新世中晚期断裂活动再次增强，到新近纪逐步减弱和停止活动。断裂两盘前新生代地质体为石炭系至侏罗系。

6. 信安镇断裂（序号125）

该断裂隐伏于霸州市信安镇—文安县大堡一带，整体呈北北东向折线追踪状展布，长约45km，北东端被里澜断裂限制。断裂倾向南东东，断裂性质为正断层。新生界最大垂直断距约800m，水平断距较小。古近纪断裂活动较弱，新近纪断裂活动有所增强，到第四纪活动迹象不明显。断裂下盘前新生代地质体为石炭系至三叠系，上盘前新生代地质体为石炭系至侏罗系。

7. 台山断裂（序号127）

该断裂隐伏于霸州市老堤—台山—王庄子一带，整体呈近东西向折线追踪状展布，长约30km，东端被信安镇断裂限制。断裂倾向南，性质为左旋走滑正断层。新生界最大垂直断距约1km，水平断距约1km。始新世早中期断裂活动较为强烈，到始新世晚期至渐新世早期断裂活动有所减弱，渐新世中晚期断裂活动再次增强，到新近纪逐步减弱和停止活动。断裂两盘前新生代地质体为西山系至三叠系。

8. 安新南断裂（序号129）

该断裂隐伏于安新县南同口镇—圈头乡一带，整体呈北东东向折线追踪状展布，长约17km，东端被徐水-淀北断裂限制。断裂倾向南南东，性质为左旋走滑正断层。新生界最大垂直断距约300m，水平断距约2km。始新世早中期断裂活动较为强烈，到始新世晚期至渐新世早期断裂活动有所减弱，渐新世中晚期断裂活动再次增强，到新近纪逐步减弱和停止活动。断裂两盘前新生代地质体为蓟县系至白垩系。

9. 长洋淀断裂（序号130）

该断裂隐伏于任丘市长洋淀西—大临河一带，整体呈北北东向折线追踪状展布，长约24km，北端被徐水-淀北断裂限制。断裂倾向北西西，断裂性质为正断层（图4-36）。古近系最大垂直断距约800m，水平断距约500m。始新世至渐新世早期断裂活动较为强烈，到渐新世中晚期减弱和停止活动。断裂两盘前新生代地质体为蓟县系至白垩系。

10. 任西断裂（序号131）

该断裂隐伏于任丘市西，与长洋淀断裂近平行排列，是饶阳凹陷北部任西洼槽的主控断裂

(图4-36),整体呈北北东向折线追踪状展布,长约30km,北段断错郑州断裂。断裂倾向北西西,断裂性质为正断层。新生界最大垂直断距约2km,最大水平断距约1.6km。断裂活动具有由南西西向北北东迁移的特点,始新世至渐新世早期南西西段活动强烈,北北东段稍弱,而渐新世中晚期北北东段活动较强烈,南西西段相对较弱。断裂两盘前新生代地质体为蓟县系至白垩系。

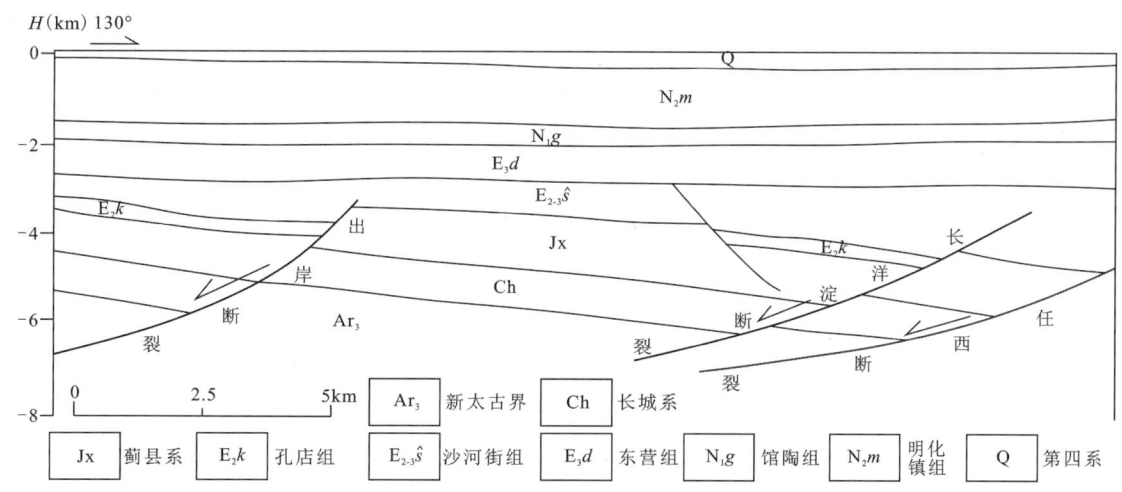

图4-36 出岸断裂-任西断裂联合横剖面示意图
(据何登发等,2018资料编制)

11. 高阳-博野断裂(序号132)

该断裂隐伏于保定市高阳西—博野东一带,整体呈北东向折线追踪状展布,长约71km。断裂倾向北西,断裂性质为正断层。新生界最大垂直断距约1km,水平断距约1km。始新世早中期断裂活动较强烈,始新世晚期断裂活动最强烈,渐新世至新近纪断裂活动逐步减弱。断裂两盘前新生代地质体为蓟县系至奥陶系。

12. 五尺断裂(序号135)

该断裂隐伏于蠡县大百尺镇—五夫—饶阳县大官亭一带,整体呈北北西向折线追踪状展布,长约47km,断裂南端与留楚-皇甫村断裂相接。断裂倾向南西西,断裂性质为右旋走滑正断层。新生界最大垂直断距约1km,结合前新生代基岩最大水平断距约12km。始新世早中期断裂活动较强烈,始新世晚期断裂活动逐步减弱至停止。断裂两盘前新生代地质体为蓟县系至奥陶系。

13. 出岸断裂(序号136)

该断裂隐伏于高阳县龙化乡—任丘市出岸—河间市兴村乡一带,整体呈北北西向折线追踪状展布,长约36km,断裂南端与大王庄断裂相接。断裂倾向南西西,断裂性质为右旋走滑正断层(图4-36)。新生界最大垂直断距约1.5km,最大水平断距约2km。始新世早中期断裂活动较强烈,始新世晚期至渐新世中期断裂活动逐步减弱,渐新世晚期趋于停止。断裂下盘前新生代地质体为蓟县系,上盘为蓟县系至白垩系。

14. 大王庄断裂(序号137)

该断裂隐伏于河间市兴村乡—肃宁东—饶阳县大王庄东一带,整体呈北北东向折线追踪状展布,长约23km,断裂北端与出岸断裂相接,南端被五尺断裂限制。断裂倾向北西西,倾角50°～60°,断裂性质为正断层。新生界最大垂直断距约1km,水平断距较小。古近纪断裂活动较强烈,到新近纪断裂活动逐步减弱趋于停止。断裂下盘前新生代地质体为蓟县系至奥陶系,上盘前新生代地质体为青白口系至白垩系。

15. 河间断裂(序号138)

该断裂隐伏于河间市—龙华店乡西一带,整体呈北北东向折线追踪状展布,长约26km。断裂倾向北西西,倾角30°～60°,断裂性质为坡坪式或铲形正断层。新生界垂直断距一般在2.5～3.5km,最大水平断距约5.5km。渐新世断裂活动较强烈,到新近纪断裂活动逐步减弱趋于停止。断裂下盘前新生代地质体为新太古代变质岩、长城系至蓟县系,上盘前新生代地质体为蓟县系至奥陶系。

16. 留西断裂(序号144)

该断裂隐伏于献县留路西一带,整体呈北东向折线追踪状展布,长约28km,南西端被留楚-皇甫断裂限制。断裂倾向北西,断裂性质为正断层。新生界最大垂直断距约2km,最大水平断距约2.8km。渐新世断裂活动较强烈,到新近纪断裂活动逐步减弱趋于停止。断裂下盘前新生代地质体为长城系至蓟县系,上盘前新生代地质体为蓟县系至奥陶系。

17. 留楚-皇甫断裂(序号146)

该断裂隐伏于饶阳县留楚东—武强县皇甫—深州市大邢庄一带,整体呈北北东向折线追踪状展布,长约32km,北端与五尺断裂相接。断裂倾向北西西,断裂性质为正断层。新生界最大垂直断距约1km,最大水平断距约3km。渐新世断裂活动较强烈,到新近纪断裂活动逐步减弱趋于停止。断裂下盘前新生代地质体为长城系至奥陶系,上盘前新生代地质体为奥陶系至白垩系。

18. 旧城北断裂(序号147)

该断裂隐伏于晋州市南旺—辛集市旧城北—饶阳县东里满乡一带,整体呈近东西向折线追踪状展布,长约52km,西端被衡水断裂限制。断裂倾向南,断裂性质为左旋走滑正断层。新生界垂直断距约300m,结合前新生代基岩水平断距约11km。古近纪断裂活动较强烈,到新近纪断裂活动逐步减弱趋于停止。断裂下盘前新生代地质体为蓟县系至二叠系,上盘前新生代地质体为石炭系至二叠系。

19. 虎北断裂(序号150)

该断裂隐伏于深州市为家桥镇—孙虎北(大孙村与王虎庄)—武强县孙庄乡南一带,整体呈北东向折线追踪状展布,长约39km,南西端被衡水断裂限制,北东端被献县断裂限制。断裂倾向北西,断裂性质为正断层。新生界最大垂直断距约2km,水平断距较小。古近纪断裂活动较强烈,始新世晚期断裂活动最强烈,到新近纪断裂活动逐步减弱趋于停止。断裂下盘前新生代地质体为蓟县系至奥陶系,上盘前新生代地质体为奥陶系。

20. 南大港断裂(序号153)

该断裂隐伏于黄骅市羊三木回族自治乡—南大港工业园区一带,整体呈北东东向折线追踪状展布,长约28km。断裂倾向南南东,倾角40°～50°,断裂性质为左旋走滑正断层(图4-37)。新生界最大垂直断距约1km,最大水平断距约1.6km。始新世晚期至渐新世断裂活动较强烈,到新近纪至第四纪断裂活动逐步减弱趋于停止。断裂两盘前新生代地质体为石炭系至白垩系。

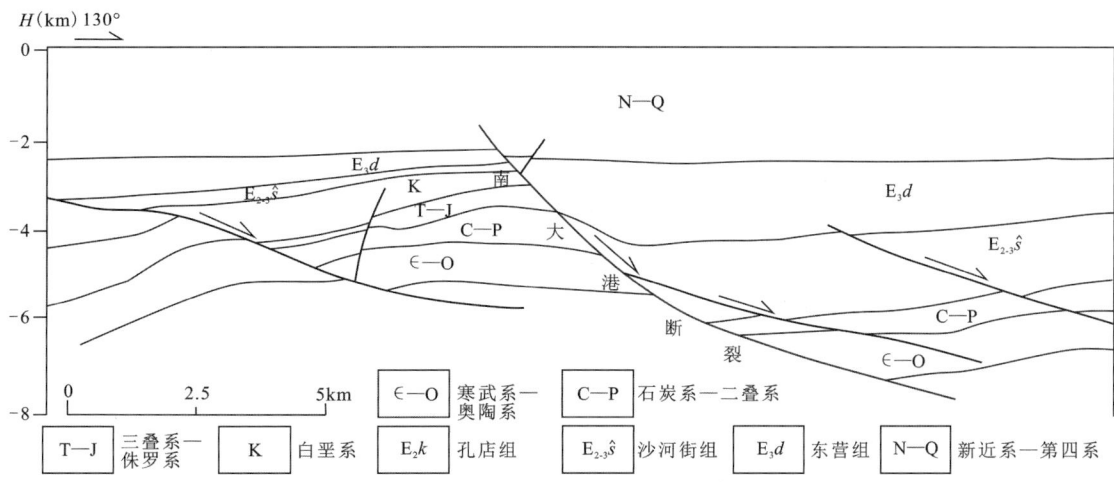

图 4-37 南大港断裂横剖面示意图

(据张耀,2019 资料编制)

21. 枣 26 井断裂(序号 155)

该断裂隐伏于枣园一带,整体呈北东东—北东向折线追踪状展布,长约 26km,西端被沧东断裂限制。断裂倾向南南东—南东,断裂性质以左旋走滑正断层为主。新生界最大垂直断距约 200m,最大水平断距约 3km。始新世晚期至渐新世断裂活动较强烈,到新近纪至第四纪断裂活动逐步减弱趋于停止。断裂两盘前新生代地质体为白垩系。

22. 羊三木断裂(序号 156)

该断裂隐伏于黄骅市葛沽塘—羊三木回族乡—南大港水库一带,整体呈北东向折线追踪状展布,长约 38km,被羊三木南断裂和李刘堡断裂切割成 3 段。断裂倾向北西,断裂性质为正断层(图 4-38)。新生界最大垂直断距约 0.6km,水平断距较小。始新世晚期至渐新世断裂活动较强烈,到新近纪至第四纪断裂活动逐步减弱趋于停止。断裂两盘前新生代地质体为石炭系至白垩系。

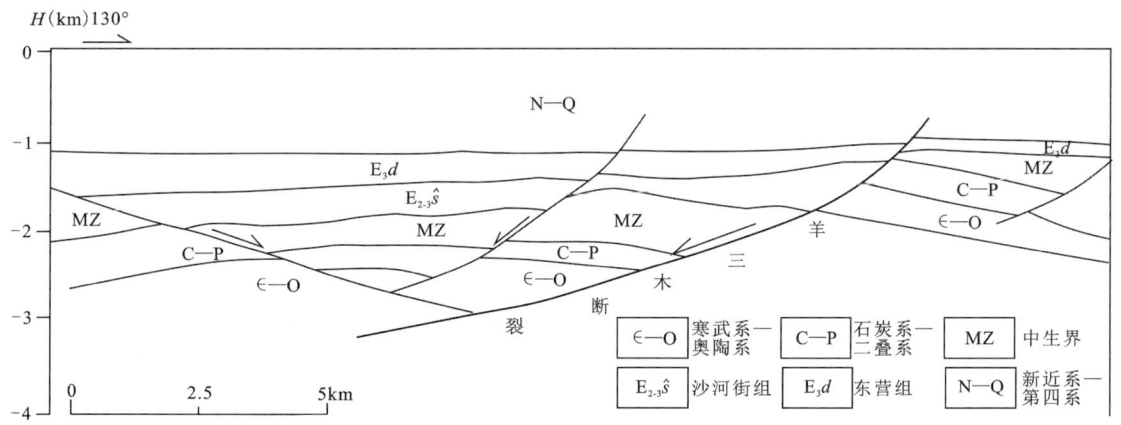

图 4-38 羊三木断裂横剖面示意图

(据张耀,2019 资料编制)

23. 赵北断裂(序号 161)

该断裂隐伏于黄骅市王肖庄北—赵家堡北一带,整体呈北东向折线追踪状展布,长约 14km,北东端延入渤海。断裂倾向北西,倾角50°～65°,断裂性质为正断层(图4-39)。新生界最大垂直断距约1.8km,最大水平断距约2.7km。始新世晚期至渐新世断裂活动较强烈,到新近纪至第四纪断裂活动逐步减弱趋于停止。断裂下盘前新生代地质体为石炭系至二叠系,上盘前新生代地质体为石炭系至三叠系。

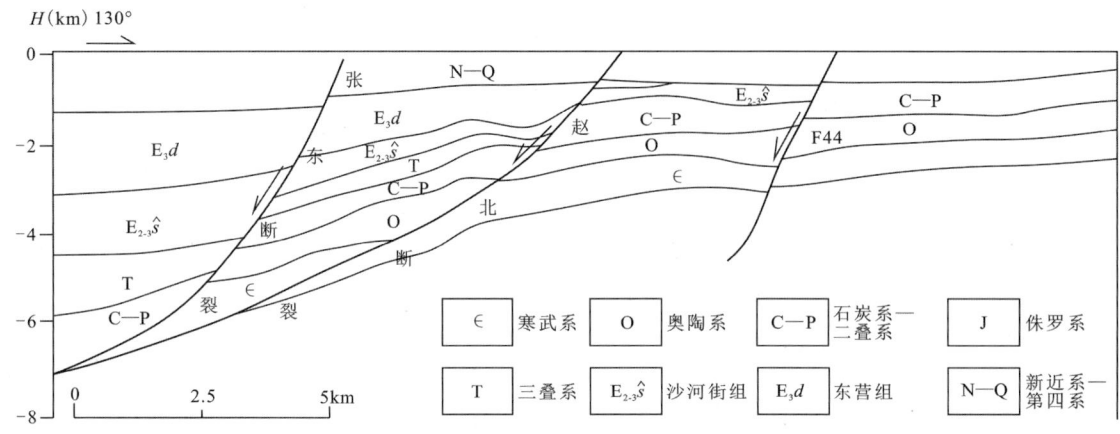

图4-39 赵北断裂横剖面示意图

(据张耀,2019资料编制)

24. 黄骅断裂(序号164)

该断裂隐伏于黄骅市—羊二庄回族乡北一带,整体呈北西西向折线追踪状展布,长约20km,西段限制黄骅西断裂,东段断错埕西断裂。断裂倾向南南东,断裂性质为左旋走滑正断层(图4-40)。新生界最大垂直断距约1km,最大水平断距约1.5km。始新世早期至中新世断裂活动较强烈,到上新世至第四纪断裂活动逐步减弱趋于停止。断裂两盘前新生代地质体为石炭系至白垩系。

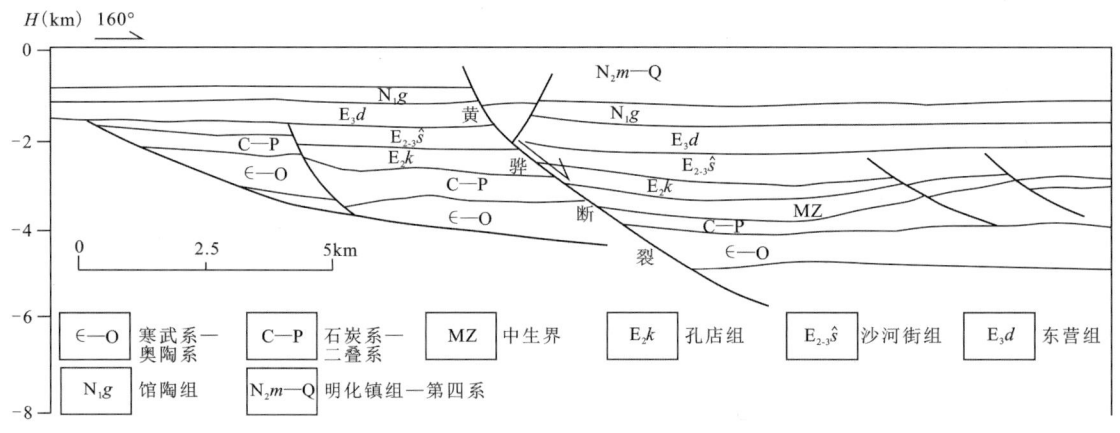

图4-40 黄骅断裂横剖面示意图

第三节 活动断裂

依照中华人民共和国国家标准《活动断层探测》(GB/T 36072—2018)的规定,活动断裂指距今12万年以来有过活动的断裂,包括晚更新世断裂和全新世断裂。由于晚更新世以来有过活动的断裂较少,本节对京津冀平原区第四纪以来活动的77条断裂均进行了表达(图4-41),其中与河北省相关的有64

条(F1～F64)。根据活动时限,这些断裂可划分为早—中更新世活动断裂、晚更新世活动断裂、全新世活动断裂(表4-5)。

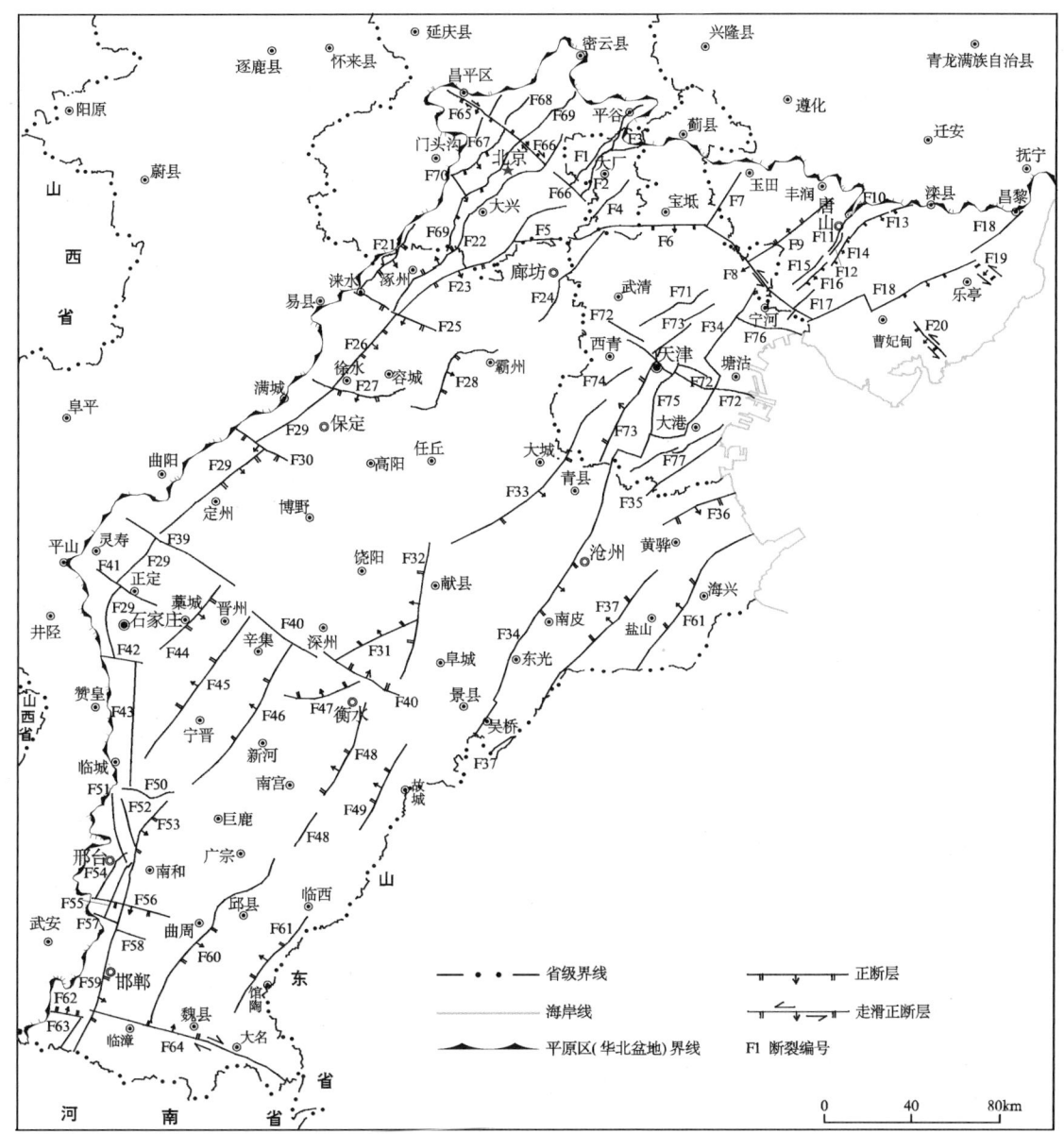

图4-41 京津冀平原区活动断裂分布图

早—中更新世活动断裂有50条(F4、F5、F7、F10、F11、F15、F18～F20、F22、F24、F25、F28～F32、F35～F50、F52、F54～F61、F63、F67、F70、F71、F73～F75、F77),其中与河北省相关的有44条(编号小于F65)。

晚更新世活动断裂有19条(F1、F3、F6、F8、F9、F12、F16、F17、F26、F27、F33、F51、F53、F64、F65、F66、F69、F72、F76),其中与河北省相关的有14条(编号小于F65)。

全新世活动断裂有8条(F2、F13、F14、F21、F23、F34、F62、F68),其中与河北省相关的有6条(编号小于F65)。

北北东—北东向的活动断裂性质为正断层,其他方向的活动断裂性质为走滑正断层。

表 4-5 平原区活动断裂统计表

编号	断裂名称	时代	断裂状态	性质	走向	倾向	倾角(°)	长度(km)
F1	北坞断裂	Qp^3	隐伏	正断层	北东	北西		28.89
F2	新夏垫断裂	Qh	出露	正断层	北东	南东	70	52.23
F3	三河-黄土庄断裂	Qp^3	隐伏	走滑正断层	近东西	南	30～40	25.00
F4	香河-皇庄断裂	Qp^{1-2}	隐伏	正断层	北东	南东		22.96
F5	桐柏断裂	Qp^{1-2}	隐伏	走滑正断层	北东东	南南东	60	22.95
F6	宝坻断裂	Qp^3	隐伏	走滑正断层	近东西	南	35～60	69.33
F7	新安镇断裂	Qp^{1-2}	隐伏	正断层	北东	南东		32.05
F8	蓟运河断裂	Qp^3	隐伏	走滑正断层	北西	南西	70	93.34
F9	丰台-野鸡坨断裂	Qp^3	隐伏	正断层	北东	北西	60～80	88.96
F10	陡河断裂	Qp^{1-2}	隐伏	正断层	北东	北西		20.60
F11	碑子院-丰南断裂	Qp^{1-2}	出露	正断层	北北东	南东东	70～80	12.66
F12	唐山-丰南断裂	Qp^3	出露	正断层	北东	南东	80～90	10.95
F13	唐山-古冶断裂	Qh	出露	走滑正断层	北东—北东东	南东—南南东	50～60	10.50
F14	唐山断裂	Qh	出露	正断层	北北东	南东东	70～80	15.21
F15	玉兰庄西断裂	Qp^{1-2}	出露	正断层	北东	南东		19.06
F16	玉兰庄东断裂	Qp^3	出露	正断层	北东	南东		18.65
F17	玉兰庄南-汉沽断裂	Qp^3	出露	正断层	北东	南东		17.71
F18	宁河-昌黎断裂	Qp^{1-2}	隐伏	正断层	北东	南东	35～50	177.16
F19	乐亭断裂	Qp^{1-2}	隐伏	走滑正断层	北北西、北西	北东、南西	35～50	21.14
F20	柏各庄断裂	Qp^{1-2}	隐伏	走滑正断层	北西	南西	60	50.53
F21	黄庄-高丽营断裂	Qh	隐伏	正断层	北北东	南东	50～75	145.23
F22	南苑-通州断裂	Qp^{1-2}	隐伏	正断层	北东	北西	50～70	28.43
F23	大兴凸起东缘断裂	Qh	隐伏	正断层	北东	南东		98.05
F24	河西务断裂	Qp^{1-2}	隐伏	正断层	北东	南东	50～65	73.85
F25	涞水断裂	Qp^{1-2}	隐伏	走滑正断层	北西	南西	70	61.92
F26	徐水断裂	Qp^3	隐伏	正断层	北东	南东	30～40	44.87
F27	徐水南断裂	Qp^3	隐伏	走滑正断层	近东西	南	60	30.11
F28	牛东断裂	Qp^{1-2}	隐伏	走滑正断层	北东东—北东	南东东—南南东	50	69.91
F29	保定-石家庄断裂	Qp^{1-2}	隐伏	正断层	北东	南东	20～70	168
F30	顺平断裂	Qp^{1-2}	隐伏	走滑正断层	北西西			29.68
F31	护驾池断裂	Qp^{1-2}	隐伏	正断层	北东	北西	40～60	35.00
F32	沧西断裂	Qp^{1-2}	隐伏	正断层	北北东	北西西	50～60	79.93
F33	大城东断裂	Qp^3	隐伏	正断层	北东	南东	50	75.00
F34	沧东断裂	Qh	隐伏	正断层	北东—北北东	南东-南东东	20～80	129.73
F35	北大港断裂	Qp^{1-2}	隐伏	正断层	北东	南东		55.78

续表 4-5

编号	断裂名称	时代	断裂状态	性质	走向	倾向	倾角(°)	长度(km)
F36	南大港断裂	Qp^{1-2}	隐伏	走滑正断层	北东东	南南东		42.03
F37	徐黑西断裂	Qp^{1-2}	隐伏	正断层	北东	北西		110.65
F38	埕西-羊二庄断裂	Qp^{1-2}	隐伏	正断层	北东	北西	35～50	130.15
F39	无极断裂	Qp^{1-2}	隐伏	走滑正断层	北西	北东		94.67
F40	衡水断裂	Qp^{1-2}	隐伏	走滑正断层	北西	北东	35～55	78.67
F41	滹沱河断裂	Qp^{1-2}	隐伏	走滑正断层	北西西	北北东		31.53
F42	马村北断裂	Qp^{1-2}	隐伏	走滑正断层	北西西			26.91
F43	元氏断裂	Qp^{1-2}	隐伏	走滑正断层	南北	东	45	56.00
F44	栾城东断裂	Qp^{1-2}	隐伏	正断层	北东	南东	50	36.00
F45	晋县断裂	Qp^{1-2}	隐伏	正断层	北东	北西	30～40	80.42
F46	新河断裂	Qp^{1-2}	隐伏	正断层	北北东	北西西	25～55	77.88
F47	前磨头断裂	Qp^{1-2}	隐伏	走滑正断层	北东东	北北西	45～60	32.45
F48	明化镇断裂	Qp^{1-2}	隐伏	正断层	北东	北西	30～60	60.64
F49	武城断裂	Qp^{1-2}	隐伏	正断层	北东	北西	30～40	45.95
F50	隆尧断裂	Qp^{1-2}	隐伏	走滑正断层	近东西	南	60	35.00
F51	会宁西断裂	Qp^3	隐伏	走滑正断层	北北西	北东		33.00
F52	会宁东断裂	Qp^{1-2}	隐伏	走滑正断层	北北西	北东东		20.45
F53	邢东断裂	Qp^3	隐伏	正断层	北北东	南东东	40～60	60.98
F54	紫山西断裂	Qp^{1-2}	隐伏	正断层	北北东	北西西		70.61
F55	紫山东断裂	Qp^{1-2}	隐伏	正断层	北北东	南东东		72.00
F56	曲陌断裂	Qp^{1-2}	隐伏	走滑正断层	北西西	南南西	70～80	39.6
F57	永年西断裂	Qp^{1-2}	隐伏	走滑正断层	北西西	北北东	65	15.60
F58	永年南断裂	Qp^{1-2}	隐伏	走滑正断层	北西西	北北东	65	15.51
F59	邯郸断裂	Qp^{1-2}	隐伏	正断层	北北东	南东东	40～60	71.58
F60	广宗断裂	Qp^{1-2}	隐伏	正断层	北东	南东	40	35.90
F61	馆陶断裂	Qp^{1-2}	隐伏	正断层	北东	北西	40	105.00
F62	磁县断裂	Qh	出露	走滑正断层	北西西	北北东	70～80	50.59
F63	岳城水库断裂	Qp^{1-2}	隐伏	正断层	北东	南东	50	18.15
F64	大名断裂	Qp^3	隐伏	走滑正断层	北西西	北北东	50～60	90.00
F65	南口断裂	Qp^3	隐伏	正断层	北西	南西		28.50
F66	孙河断裂	Qp^3	隐伏	走滑正断层	北西	北东		51.38
F67	小汤山-东北旺断裂	Qp^{1-2}	隐伏	正断层	北北东			17.56
F68	黄庄-高丽营断裂	Qh	出露	正断层	北东	南东		50.47
F69	顺义-良乡断裂	Qp^3	隐伏	正断层	北北东—北东	南东东—南东	60～80	99.25
F70	永定河断裂	Qp^{1-2}	隐伏	走滑正断层	北西	北东		10.87

续表 4-5

编号	断裂名称	时代	断裂状态	性质	走向	倾向	倾角(°)	长度(km)
F71	汉沟断裂	Qp^{1-2}	隐伏	正断层	北东	南东		37.99
F72	海河断裂	Qp^3	隐伏	走滑正断层	北西—北西西	南西—南南西		143.81
F73	天津北断裂	Qp^{1-2}	隐伏	正断层	北北东—北东	北西西—北西		115.82
F74	天津南断裂	Qp^{1-2}	隐伏	正断层	北东	南东		14.64
F75	大寺断裂	Qp^{1-2}	隐伏	正断层	北北东	南东东		34.65
F76	汉沽断裂	Qp^3	隐伏	走滑正断层	北西西	南南西		34.00
F77	大张坨断裂	Qp^{1-2}	隐伏	正断层	北东	北西		51.91

一、早—中更新世活动断裂

京津冀平原区早—中更新世活动断裂共计51条,占活动断裂总数的64.93%。选择以下6条断裂进行叙述,其他断裂主要特征见表4-5。

1. 桐柏断裂(F5)

该断裂为大厂凹陷与廊坊凹陷的分界断裂。隐伏于廊坊北部桐柏一带,呈北东东向展布(图4-41),长约23km。断裂倾向南南东,倾角60°,断裂性质为走滑正断层。主要活动于渐新世中晚期,早—中更新世有继承性活动。

河北省城市地震活动断裂探测与地震危险性评价项目(2007—2013年)对该断裂进行了详细勘查,显示该断裂断错中更新统底界,未断错上更新统底界,上断点埋深约110m。

2. 陡河断裂(F10)

该断裂隐伏于唐山市西北龙王庙—陡河一带,整体呈北东向展布(图4-41),长约21km。断裂倾向北西,断裂性质为正断层,主要活动于早—中更新世。断裂两侧地貌景观截然不同,东南侧为海拔200m以上的山地夷平面,北西侧为山前平原,在紧邻断裂处形成300~400m的沉降中心,断裂两侧第四系最大垂直落差达150~200m。陡河水库东侧,地貌上形成一系列平行于山体走向的北东向展布的基岩地貌坎——断层崖。

河北省工程地震勘察研究院(2014)在洼里村东南布设一条浅层地震勘测剖面,其结果显示该断裂断错第四系底界,上断点埋深约18m。

3. 宁河-昌黎断裂(F18)

该断裂隐伏于天津市宁河东—唐山市滦南县城南—南套南—大夫庄南—杨家坨—昌黎一带,整体呈北东向折线追踪状展布(图4-41),长约177km。断裂倾向南东,倾角35°~50°,断裂性质为正断层。断裂位于宽3~4km的重力梯级带上,断面处于密集重力梯级带变化斜面上。古近纪至新近纪期间断裂活动较强烈,早—中更新世有继承性活动,第四系底界断裂两盘落差达300m左右。

河北省工程地震勘察研究院(2014)自滦南、唐海、丰南由北向南布设4条浅层地震勘测剖面,其结果显示该断裂断错中更新统底界,上断点埋深分别为70m、90m、60m、120m。

4. 河西务断裂(F24)

该断裂为廊坊凹陷与武清-霸县凹陷的分界断裂。隐伏于天津市河西务西北—大王务—廊坊市永

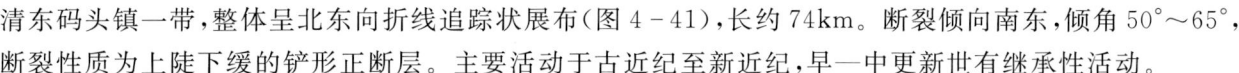

清东码头镇一带,整体呈北东向折线追踪状展布(图 4-41),长约 74km。断裂倾向南东,倾角 50°～65°,断裂性质为上陡下缓的铲形正断层。主要活动于古近纪至新近纪,早—中更新世有继承性活动。

河北省工程地震勘察研究院(2010)在廊坊市西村南、104 国道和普照营村北布设 3 条浅层地震勘测剖面,其结果显示该断裂断错中更新统底界,上断点埋深约 170m。

5. 保定-石家庄断裂(F29)

该断裂为太行山山前台地、廊坊-深州火山-沉积盆地及徐水凹陷、保定凹陷等构造单元分界断裂。隐伏于石家庄西—定州西—保定西—徐水西—定兴西一带,整体呈北东向折线追踪状展布(图 4-41),长约 168km。断裂倾向南东,倾角 20°～70°,断裂性质为上陡下缓的铲形正断层。主要活动于古近纪至新近纪,早—中更新世有继承性活动。

河北省工程地震勘察研究院(2005)在正定巧女村东布设一条长 840m 近东西向浅层地震勘测剖面,其结果显示该断裂断错中更新统底界,上断点埋深约 60m。

6. 衡水断裂(F40)

该断裂为廊坊-深州火山-沉积盆地与天津-故城隆起分界断裂之一,也是部分凹陷、凸起的分界断裂。隐伏于晋州东—辛集北—衡水—武邑南一带,长约 79km(图 4-41)。断裂倾向北东,倾角 35°～55°,具有右旋斜降正断层(走滑正断层)的活动性质。主要活动于古近纪至新近纪,早—中更新世有继承性活动。

河北省城市活断裂探测项目在衡水榕花大街、京衡大街布设两条浅层地震勘测剖面,其结果显示该断裂断错第四系底界,上断点埋深为 350～390m。

二、晚更新世活动断裂

京津冀平原区晚更新世活动断裂共计 14 条,占活动断裂总数 24.68%。选择以下 3 条断裂进行叙述,其他断裂主要特征见表 4-5。

1. 宝坻断层(F6)

该断裂为宝坻凸起与武清-霸县凹陷分界断裂。隐伏于廊坊市香河南—天津市宝坻一带,整体呈近东西向折线追踪状展布(图 4-41),长约 69km。断裂倾向南,倾角 35°～60°,断裂性质为上陡下缓的铲形左旋走滑正断层。主要活动于古近纪至新近纪,晚更新世有继承性活动。

河北省区域地质调查院(2017)在香河县荆庄村施工两条浅层地震勘测剖面,其结果显示该断裂在晚更新世两盘相对落差为 2.5m 左右。

2. 蓟运河断裂(F8)

该断裂隐伏于唐山市与天津市接壤地带的蓟运河一带,整体呈北西向折线追踪状展布(图 4-41),长约 93km。断裂倾向南西,倾角 70°左右,断裂性质为左旋走滑正断层。主要活动于古近纪至新近纪,晚更新世有继承性活动,断裂两盘第四系底界落差大于 100m。

天津市地震局(2010)在斐庄附近施工横跨蓟运河断裂的浅层地震勘测剖面,其结果显示该断裂断错上更新统,被全新统覆盖,上断点埋深约 30m。

3. 丰台-野鸡坨断裂(F9)

该断裂隐伏于天津市丰台镇北—河北省丰润南一带,整体呈北东向展布(图 4-41),长约 89km。

断裂倾向北西,倾角60°～80°,断裂性质为正断层。主要活动于新近纪,晚更新世有继承性活动。

河北省工程地震勘察研究院(2014)在于家营村东侧布设一条浅层地震勘测剖面,河北省区域地质调查院(2017)在于新庄子至白沫子村之间布设一条浅层地震勘测剖面,河北地矿局第二地质大队(2021)自西向东布设8条浅层地震勘测剖面和8个探测钻孔。剖面结果均显示该断裂断错上更新统,被全新统覆盖,上断点埋深25～82m。

三、全新世活动断裂

京津冀平原区全新世活动断裂共计8条,占活动断裂总数的10.39%。选择以下3条断裂进行叙述,其他断裂主要特征见表4-5。

1. 新夏垫断裂(F2)

该断裂隐伏(部分出露)于北京市平谷西—河北省三河市齐心庄—大厂回族自治县夏垫镇—祁各庄镇—北京市潮县东一带,整体呈北东向折线追踪状展布(图4-41),长约52km。断裂倾向南东,倾角70°左右,断裂性质为正断层。切割全新统,为全新世仍在活动的断裂。断裂两侧第四系厚度相差较大,南东侧厚600～700m,北西侧厚300～400m。

该断裂是1679年9月7日三河—平谷一带8级地震发震构造之一,震中处于北西向燕山山前断裂与北东向新夏垫断裂交会部位,两断裂均是张家口-蓬莱地震构造带中的重要发震构造。震中附近东柳河屯—夏垫北—东兴庄一带,地表发育宽约10km破裂带,现今地表仍保留有8～9条雁行式斜列状断裂陡坎、坡折带和断陷槽。经研究地震破裂带最大垂直断距为3.16m,最大水平断距为3.87m(向宏发,1988;徐锡伟,2002)。

2. 唐山-古冶断裂(F13)

该断裂出露于唐山东—开平—古冶一带,呈北东—北东东向折线追踪状展布(图4-41),长约11km。断裂倾向南东—南南东,倾角50°～60°,断裂性质以左旋走滑正断层为主。断裂控制石榴河河谷走向,地貌上大致为海拔40～80m低剥蚀面与冲洪积平原分界线,为全新世仍在活动的断裂。

河北省工程地震勘察研究院(2014)在马家大寨村南布设一条浅层地震勘测剖面,其结果显示该断裂断错更新统,被全新统覆盖,上断点埋深105m左右;河北省城市地震活动断裂探测与地震危险性评价项目对该断裂进行钻孔联合剖面探测,其结果显示该断裂断错全新统。

1976年7月28日唐山市发生7.8级地震,震中地表位于现今唐山市南东,处于唐山-古冶断裂南西端和唐山断裂北东端的两断裂斜列交会部位,地下位于两断裂的直接交会处,两断裂拉张剪切走滑活动是引起该次大地震发生最重要的因素(图4-42)。

3. 沧东断裂(F34)

该断裂为天津-故城隆起与南堡-魏县火山-沉积盆地分界断裂之一。隐伏于天津市宁河西—大港—河北省沧州西—泊头—吴桥—山东省德州一带,整体呈北东—北北东向折线追踪状展布(图4-41),长约255km,在河北省内长约130km。断裂倾向南东—南东东,倾角20°～80°,断裂性质为铲形正断层。主要活动于古近纪至新近纪,第四纪有继承性活动。

河北省城市地震活动断裂探测与地震危险性评价项目(2007—2013年)在沧州市区附近布设8条地震勘测剖面,其结果显示该断裂断错全新统。

沿该断裂有中小地震活动发生,如1069年沧县4½级、1625年沧县5级、1704年东光-南皮5级、1815年天津东南5级、1893年沧县5级等地震。

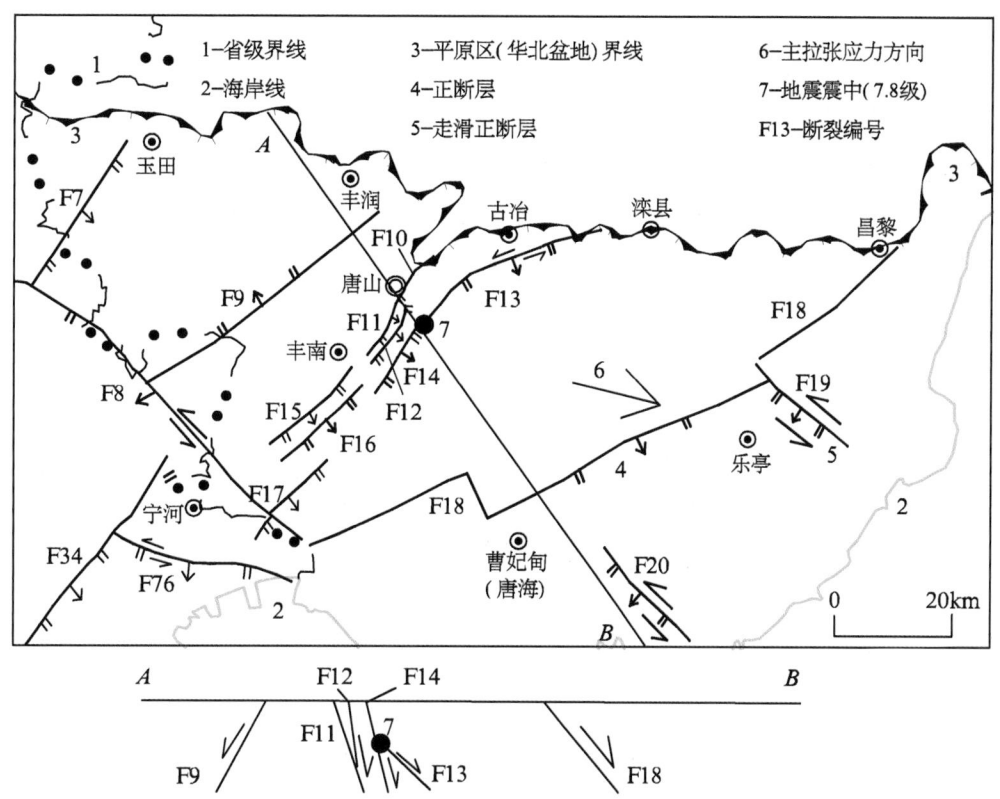

图 4-42 1976 年 7 月 28 日唐山大地震与断裂构造关系分析示意图

F7-新安镇断裂;F8-蓟运河断裂;F9-丰台-野鸡坨断裂;F10-陡河断裂;F11-碑子院-丰南断裂;F12-唐山-丰南断裂;F13-唐山-古冶断裂;F14-唐山断裂;F15-玉兰庄西断裂;F16-玉兰庄东断裂;F17-玉兰庄南-汉沽断裂;F18-宁河-昌黎断裂;F19-乐亭断裂;F20-柏各庄断裂;F34-沧东断裂;F76-汉沽断裂。

第五章 地质界面起伏特征

第一节 新生界底面起伏特征

河北省平原区新生界底面(即前新生代基岩面)起伏变化整体呈现出"一台两盆夹一隆"的构造特征(图 5-1)。边缘地带为太行山-燕山山前台地(包括 2 个山前台地五级构造单元),西北部为廊坊-深州火山-沉积盆地(包括 9 个凹陷和 6 个凸起共 15 个五级构造单元),中部为天津-故城隆起(包括 13 个凸起和 9 个凹陷共 22 个五级构造单元),南东部为南堡-魏县火山-沉积盆地(包括 16 个凹陷和 13 个凸起共 29 个五级构造单元)。

1. 太行山-燕山山前台地

太行山-燕山山前台地位于河北省平原区边缘地带,外围紧邻山地基岩区。燕山山前台地新生界底面埋深在 0~800m 之间,太行山山前台地上新生界底面埋深在 0~900m 之间,整体具有向平原腹地缓倾斜不规则带状台地特征(图 5-1)。台地上缺失新生界地段,前新生代基岩出露地表。

2. 廊坊-深州火山-沉积盆地

廊坊-深州火山-沉积盆地位于河北省平原区西北部,整体以凹陷为主,间夹少量凸起。凹陷内新生界底面埋深在 2335~10 400m 之间,北京凹陷埋深最浅为 2335m,武清-霸县凹陷埋深最深为 10 400m,其他凹陷埋深在 3200~8400m 之间;凸起上新生界底面埋深在 600~3600m 之间,大兴凸起、牛驼镇凸起埋深最浅为 600m,高阳凸起埋深最深为 3600m,其他凸起埋深在 900~1900m 之间;整体为具有半地堑特征的盆地(图 5-1)。

3. 天津-故城隆起

天津-故城隆起位于河北省平原区中部,整体以凸起为主,局部夹少量凹陷。凸起上新生界底面埋深在 1100~1500m 之间,宁晋凸起埋深最浅为 1100m,小韩庄凸起埋深最深为 1500m,其他凸起埋深在 900~1900m 之间;凹陷内新生界底面埋深在 1600~6700m 之间,阜城凹陷埋深最浅为 1600m,束鹿凹陷埋深最深为 6700m,其他凹陷埋深在 2100~5000m 之间;整体为具有半地垒—地垒特征的隆起带(图 5-1)。

4. 南堡-魏县火山-沉积盆地

南堡-魏县火山-沉积盆地位于河北省平原区南东部,整体以凹陷为主,间夹少量凸起。凹陷内新生界底面埋深在 1800~7600m 之间,汤阴凹陷埋深最浅为 1800m,南堡凹陷和板桥凹陷埋深最深为 7600m,其他凹陷埋深在 2000~6000m 之间;凸起上新生界底面埋深在 1100~2700m 之间,秦南凸起和埕宁凸起埋深最浅为 1100m,马头营凸起埋深最深为 2700m,其他凸起埋深在 1300~2600m 之间;整体为具有半地堑—地垒特征的盆地(图 5-1)。

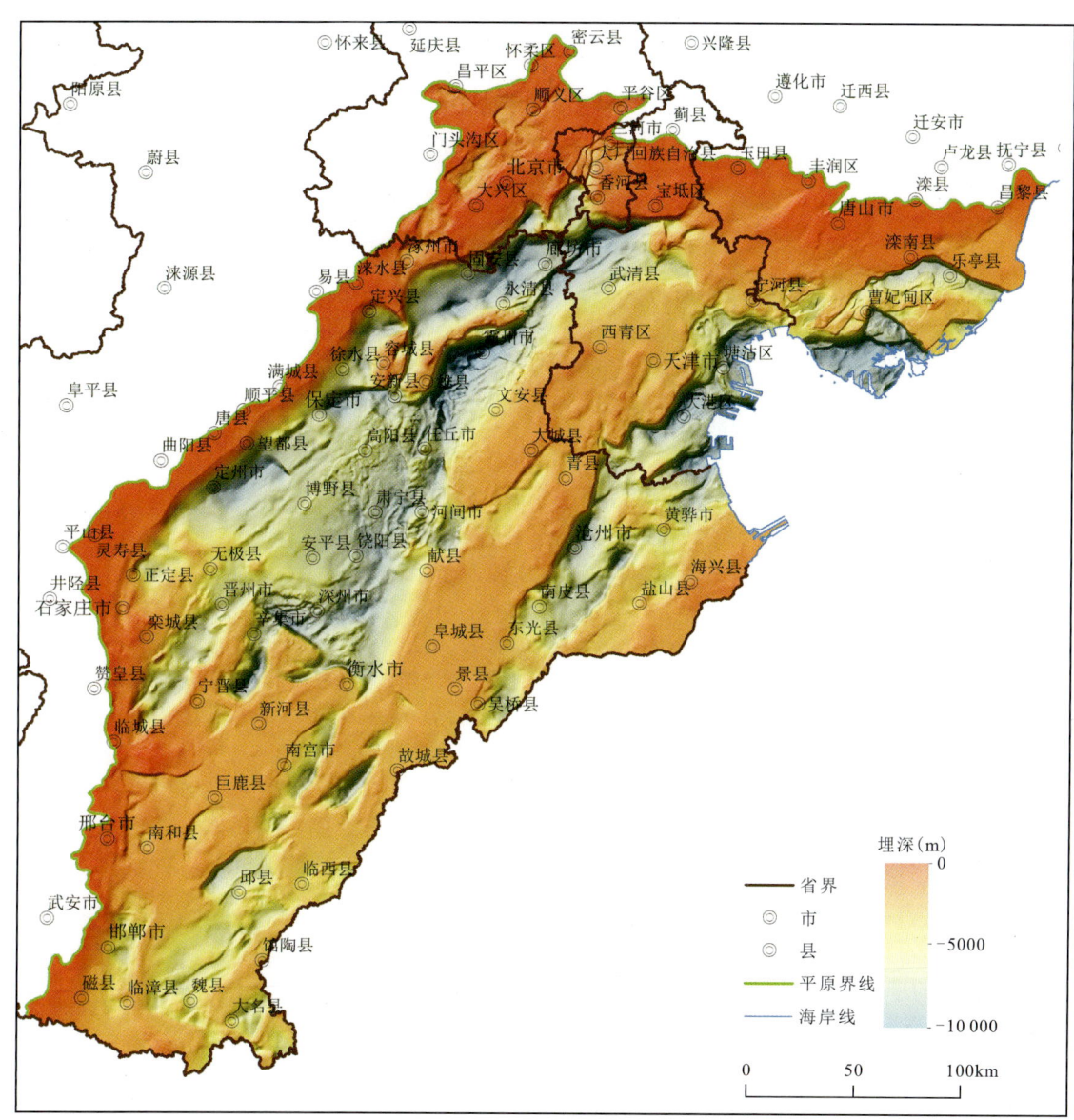

图 5-1 平原区新生界底面数字地形模型图(DTM)

第二节 古近系底面起伏及厚度变化特征

一、古近系底面起伏特征

河北省平原区古近系底面起伏变化特征与前新生代基岩界面"一台两盆夹一隆"的构造特征密切相关,与新生界底面起伏变化略有区别(图5-2)。

1. 太行山-燕山山前台地

太行山-燕山山前台地位于河北省平原区边缘地带,绝大部分缺失古近系,仅局部发育古近系(图5-2)。太行山山前台地古近系底面埋深最深为900m,燕山山前台地古近系底面埋深最深为800m。

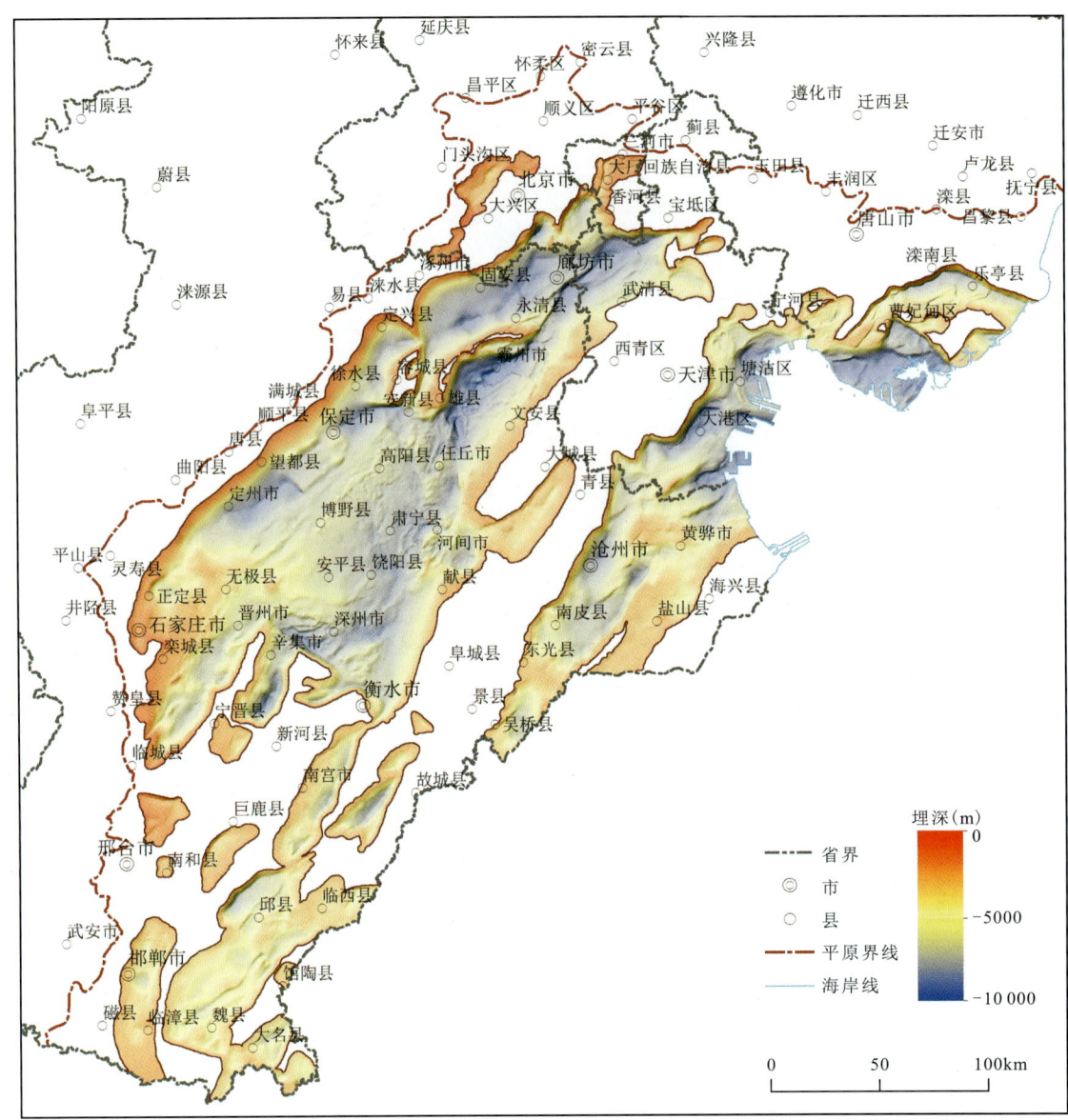

图 5-2　平原区古近系底面数字地形模型图(DTM)

2. 廊坊-深州火山-沉积盆地

廊坊-深州火山-沉积盆地位于河北省平原区西北部,凹陷内古近系底面埋深在 2335～10 400 m 之间,北京凹陷埋深最浅为 2335 m,武清-霸县凹陷埋深最深可达 10 400 m,其他凹陷埋深在 3200～8400 m 之间。凸起上古近系底面埋深在 600～3600 m 之间,牛驼镇凸起、大兴凸起埋深最浅为 600 m,高阳凸起埋深最深为 3600 m,其他凸起埋深在 900～1900 m 之间(图 5-2)。

3. 天津-故城隆起

天津-故城隆起位于河北省平原区中部,凸起上绝大部分缺失古近系,仅局部发育古近系,底面埋深在 1100～1500 m 之间,宁晋凸起埋深最浅为 1100 m,小韩庄凸起埋深最深为 1500 m,其他凸起埋深在 1200～1400 m 之间。凹陷内古近系底面埋深在 1600～6700 m 之间,阜城凹陷埋深最浅为 1600 m,束鹿凹陷埋深最深可达 6700 m,其他凹陷埋深在 2100～5000 m 之间(图 5-2)。

4. 南堡-魏县火山-沉积盆地

南堡-魏县火山-沉积盆地位于河北省平原区南东部，凹陷内古近系底面埋深在1800~7600m之间，汤阴凹陷埋深最浅为1800m，南堡凹陷和板桥凹陷埋深最深可达7600m，其他凹陷埋深在2000~6000m之间。凸起上古近系底面埋深在1100~2700m之间，秦南凸起和埕宁凸起埋深最浅为1100m，马头营凸起埋深最深为2700m，其他凸起埋深在1300~2600m之间(图5-2)。

二、古近系厚度变化特征

古近系发育厚度及其变化仍与河北省平原区"一台两盆夹一隆"构造特征密切相关(图5-3)。

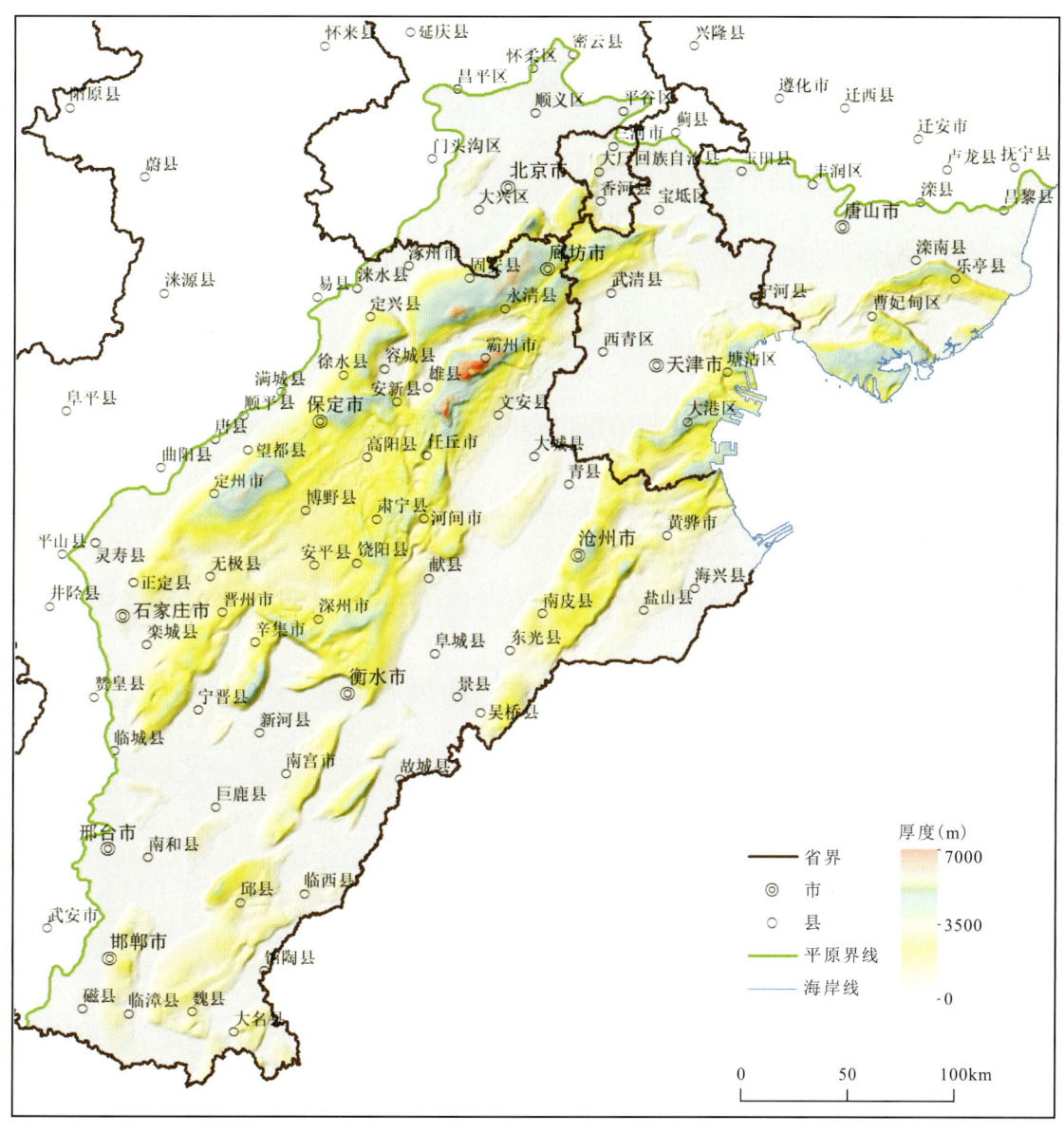

图5-3 平原区古近系厚度数字模型图

1. 太行山-燕山山前台地

太行山-燕山山前台地位于河北省平原区边缘地带，绝大部分缺失古近系，仅局部发育古近系，其厚度在100～500m之间（图5-3）。缺失古近系台地地段上，新近系与第四系（局部为第四系）直接角度不整合覆盖于前新生代基岩之上。

2. 廊坊-深州火山-沉积盆地

廊坊-深州火山-沉积盆地位于河北省平原区西北部，凹陷内古近系发育厚度在1035～7500m之间，北京凹陷内厚度最小为1035m，武清-霸县凹陷厚度最大为7500m，其他凹陷厚度在2000～6000m之间。凸起上古近系发育厚度在0～1500m之间，藁城凸起厚度为500m，高阳凸起厚度为1500m，其他凸起厚度在100～500m之间；缺失古近系的凸起部位新近系或第四系直接角度不整合覆盖于前新生代基岩之上（图5-3）。

3. 天津-故城隆起

天津-故城隆起位于河北省平原区中部，凸起上绝大部分缺失古近系，仅局部发育古近系，其厚度在100～500m之间，缺失古近系的凸起部位新近系或第四系直接角度不整合覆盖于前新生代基岩之上。凹陷内古近系发育厚度在0～5000m之间，阜城凹陷内缺失古近系（新近系直接角度不整合覆盖于前新生代基岩之上），束鹿凹陷厚度最大为5000m，其他凹陷厚度在500～3500m之间（图5-3）。

4. 南堡-魏县火山-沉积盆地

南堡-魏县火山-沉积盆地位于河北省平原区南东部，凹陷内古近系发育厚度为500～5400m，盐山凹陷、汤阴凹陷厚度最小为500m，板桥凹陷厚度最大为5400m，其他凹陷厚度在1500～5000m之间。凸起上古近系发育厚度在0～1000m之间，唐海凸起、馆陶凸起、堂邑凸起、南乐凸起厚度为500m，马头营凸起、孔店凸起厚度为1000m，其他凸起厚度在100～500m之间；缺失古近系的凸起部位新近系或第四系直接角度不整合覆盖于前新生代基岩之上（图5-3）。

第三节　新近系底面起伏及厚度变化特征

一、新近系底面起伏特征

整体来看，河北省平原区新近系底面埋深和起伏变化具有明显继承性，仍与"一台两盆夹一隆"构造特征密切相关，在盆地和凹陷中埋深较深，台地、隆起和凸起上埋深较浅（图5-4）。

1. 太行山-燕山山前台地

太行山-燕山山前台地位于河北省平原区北部边缘地带，太行山山前台地新近系底面埋深在0～900m之间，燕山山前台地新近系底面埋深在0～800m之间（图5-4）。

2. 廊坊-深州火山-沉积盆地

廊坊-深州火山-沉积盆地位于河北省平原区西北部，凹陷内新近系底面埋深在1200～2900m之间，大厂凹陷、正定凹陷埋深最浅为1200m，武清-霸县凹陷埋深最深为2900m，其他凹陷埋深在1300～

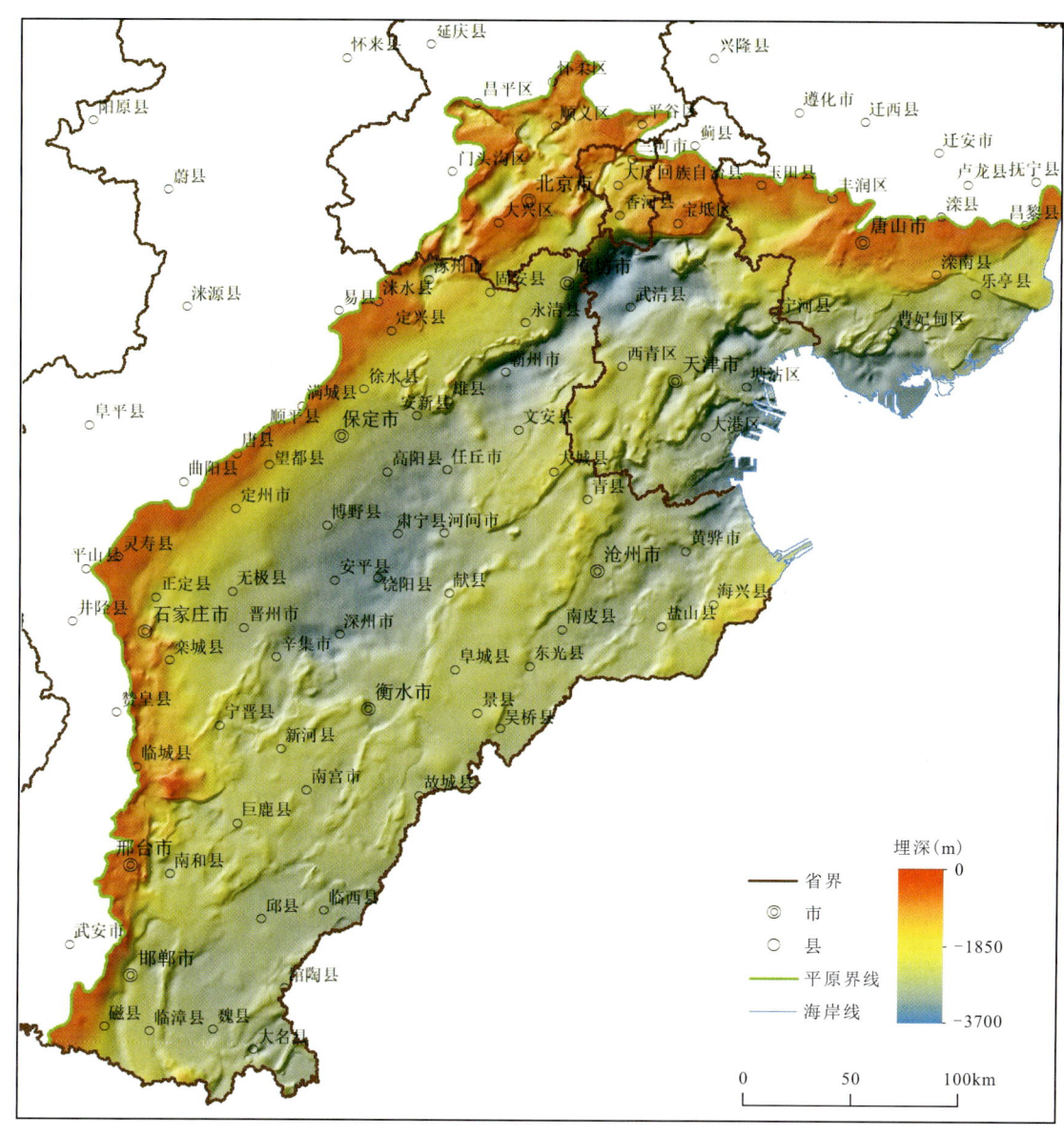

图5-4 平原区新近系底面数字地形模型图(DTM)

2600m之间。凸起上新近系底面埋深在600～2100m之间,大兴凸起埋深最浅为600m,高阳凸起埋深最深为2100m,其他凸起埋深在900～1400m之间(图5-4)。

3. 天津-故城隆起

天津-故城隆起位于河北省平原区中部,凸起上新近系底面埋深在1100～1500m之间,宁晋凸起埋深最浅为1100m,小韩庄凸起埋深最深为1500m,其他凸起埋深在1200～1400m之间。凹陷内新近系底面埋深在1500～1750m之间,里坦凹陷、南宫凹陷、大营凹陷埋深最浅为1500m,束鹿凹陷埋深最深,为1750m,其他凹陷埋深在1600～1700m之间(图5-4)。

4. 南堡-魏县火山-沉积盆地

南堡-魏县火山-沉积盆地位于河北省平原区南东部,凹陷内新近系底面埋深在1300～2700m之间,汤阴凹陷埋深最浅为1300m,歧口凹陷埋深最深为2700m,其他凹陷埋深在1500～2600m之间。凸起上新近系底面埋深在 1100~1800m 之间，秦南凸起、埕宁凸起埋深最浅为 1100m，堂邑凸起、南乐凸起埋深最深为 1800m，其他凸起埋深在 1300~1700m 之间（图 5-4）。

二、新近系厚度变化特征

新近系发育厚度及其变化仍与河北省平原区"一台两盆夹一隆"构造特征密切相关（图 5-5）。

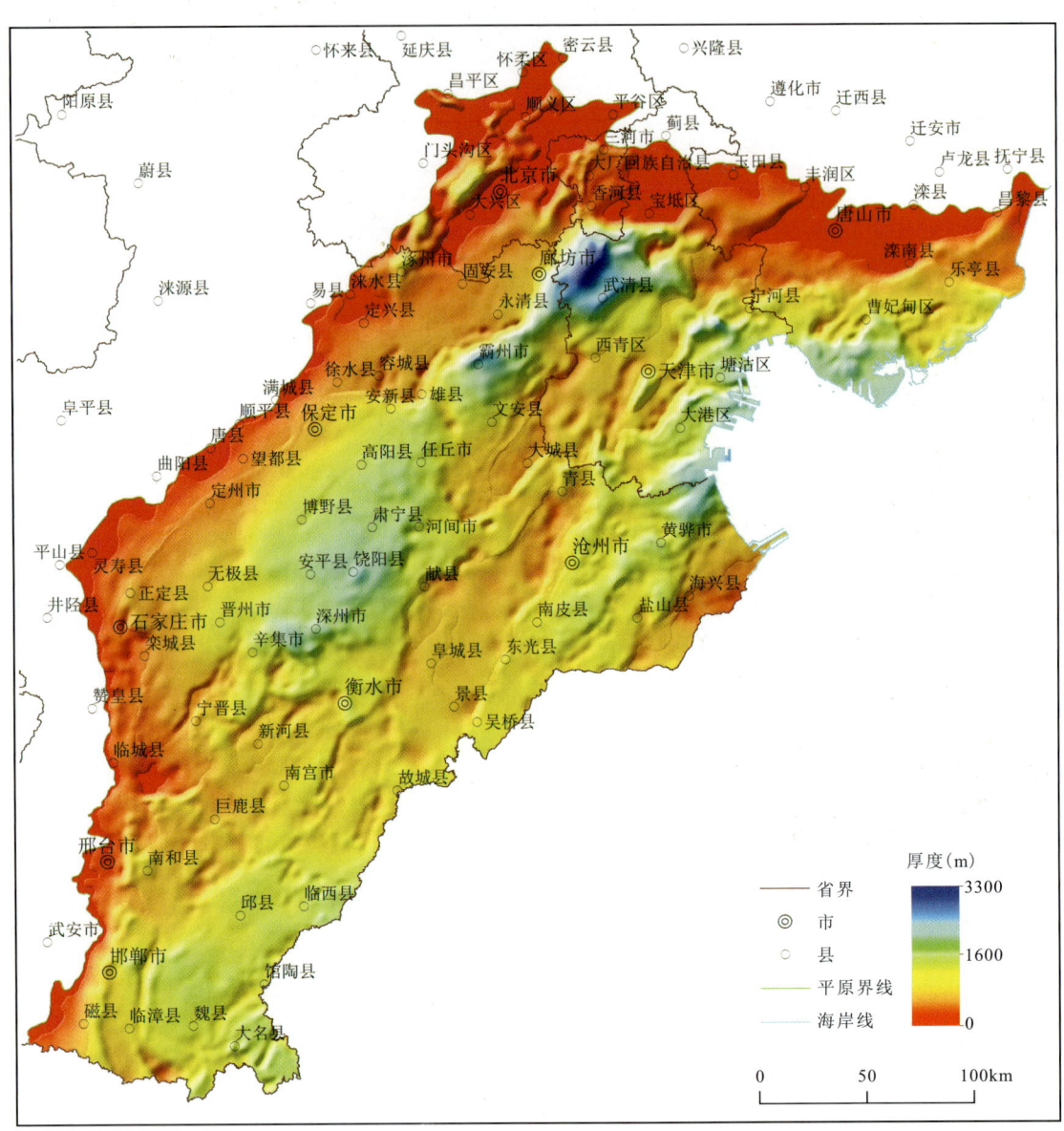

图 5-5　平原区新近系厚度数字模型图

1. 太行山-燕山山前台地

太行山-燕山山前台地位于河北省平原区北部边缘地带，太行山山前台地新近系发育厚度在 0~625m 之间，燕山山前台地新近系发育厚度在 0~375m 之间（图 5-5）。局部缺失新近系台地地段上，第四系直接角度不整合覆盖于前新生代基岩之上，局部前新生代基岩出露地表。

2. 廊坊-深州火山-沉积盆地

廊坊-深州火山-沉积盆地位于河北省平原区西北部,凹陷内新近系发育厚度在850～2425m之间,大厂凹陷厚度最小为850m,武清-霸县凹陷厚度最大为2425m,其他凹陷厚度在900～2000m之间。凸起上新近系发育厚度在325～1750m之间,大兴凸起厚度最小约325m,高阳凸起厚度最大约1750m,其他凸起厚度在550～1175m之间(图5-5)。北京凹陷、大厂凹陷、大兴凸起、宝坻凸起局部缺失新近系,第四系直接角度不整合覆盖于前新生代基岩之上。

3. 天津-故城隆起

天津-故城隆起位于河北省平原区中部,凸起上新近系发育厚度在750～1200m之间,宁晋凸起厚度最小为750m,小韩庄凸起厚度最大为1200m,其他凸起厚度在875～1125m之间;凹陷内新近系发育厚度在1150～1325m之间,南宫凹陷、大营凹陷厚度最小为1150m,束鹿凹陷厚度最大为1325m,其他凹陷厚度在1200～1300m之间(图5-5)。

4. 南堡-魏县火山-沉积盆地

南堡-魏县火山-沉积盆地位于河北省平原区南东部,凹陷内新近系发育厚度在1100～2200m之间,汤阴凹陷厚度最小为1100m,歧口凹陷厚度最大为2200m,其他凹陷厚度在1150～2100m之间。凸起上新近系发育厚度在600～1500m之间,秦南凸起厚度最小为600m,堂邑凸起、南乐凸起厚度最大为1500m,其他凸起厚度在800～1400m之间(图5-5)。秦南凸起北部边缘地带缺失新近系,第四系直接角度不整合覆盖于前新生代基岩之上。

第四节　第四系底面起伏特征

河北省平原区第四系底面埋深和起伏变化相对较小,仍与"一台两盆夹一隆"构造特征密切相关,除个别特例外,在盆地和凹陷中埋深较深,台地、隆起和凸起上埋深较浅(图5-6)。

1. 太行山-燕山山前台地

太行山-燕山山前台地位于河北省平原区北部边缘地带,太行山山前台地第四系底面埋深在0～275m之间,燕山山前台地第四系底面埋深在0～425m之间,滦南西部埋深可达440m(图5-6)。

2. 廊坊-深州火山-沉积盆地

廊坊-深州火山-沉积盆地位于河北省平原区西北部,凹陷内第四系底面埋深在300～600m之间,正定凹陷埋深最浅为300m,饶阳凹陷埋深最深为600m,其他凹陷埋深在350～475m之间。凸起上第四系底面埋深在225～350m之间,藁城凸起埋深最浅为225m,牛驼镇凸起、容城凸起、高阳凸起埋深最深为350m,其他凸起埋深在275～300m之间(图5-6)。

3. 天津-故城隆起

天津-故城隆起位于河北省平原区中部,凸起上第四系底面埋深在225～400m之间,青县凸起埋深最浅为225m,潘庄凸起埋深最深为400m,其他凸起埋深在275～350m之间。凹陷内第四系底面埋深在300～450m之间,白塘口凹陷、里坦凹陷埋深最浅为300m,束鹿凹陷埋深最深为450m,其他凹陷埋深在325～400m之间(图5-6)。

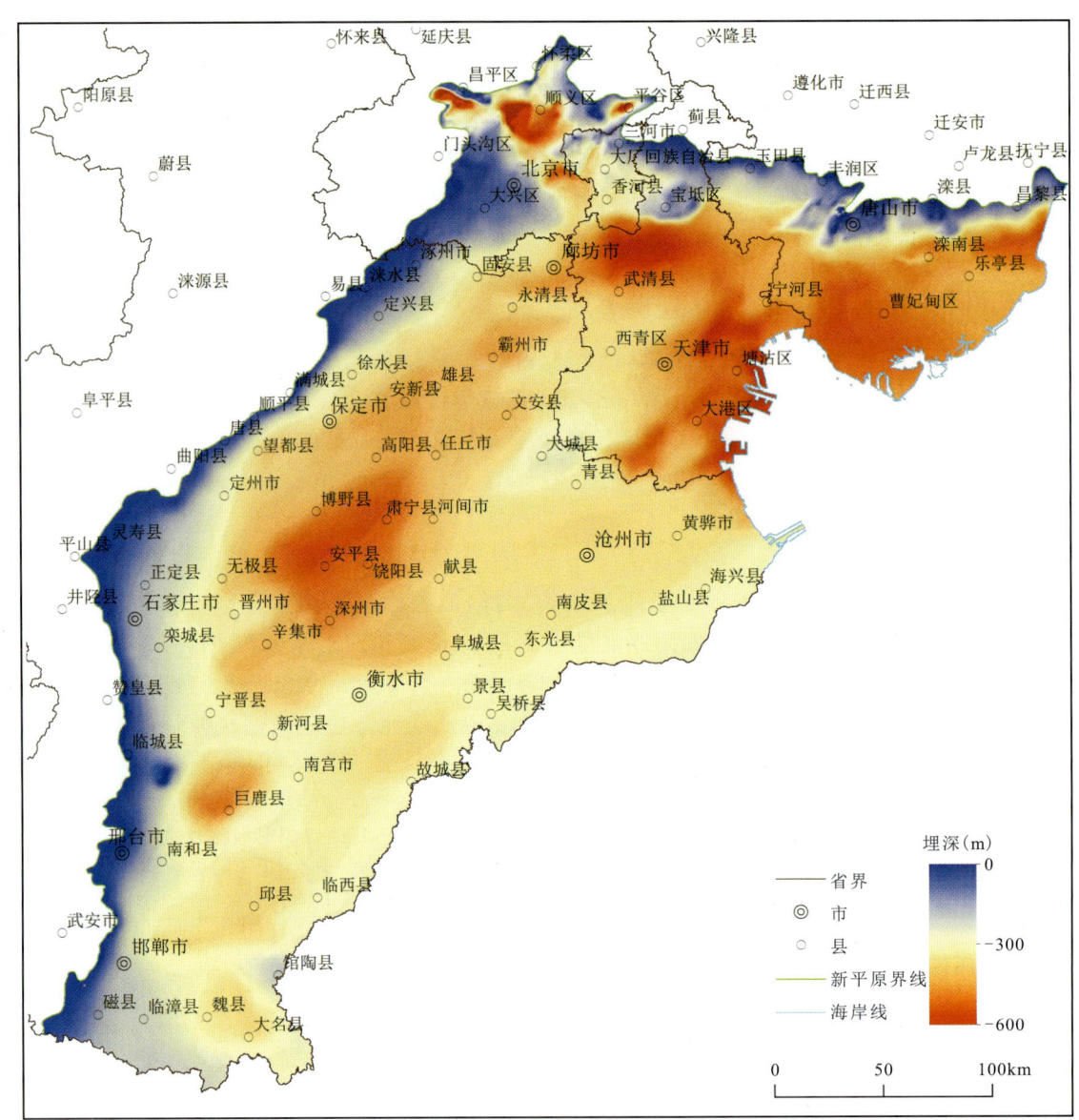

图 5-6 平原区第四系底面数字地形模型图(DTM)

4. 南堡-魏县火山-沉积盆地

南堡-魏县火山-沉积盆地位于河北省平原区南东部,凹陷内第四系底面埋深在 200~500m 之间,汤阴凹陷埋深最浅为 200m,南堡凹陷、北塘凹陷、板桥凹陷、歧口凹陷埋深最深为 500m,其他凹陷埋深在 300~450m 之间。凸起上第四系底面埋深在 275~500m 之间,徐黑凸起、临漳凸起埋深最浅为 275m,秦南凸起埋深最深为 500m,其他凸起埋深在 300~450m 之间(图 5-6)。

第六章 区域地质发展史

本章研究范围主要为河北省平原区,涉及前新生代基岩、古近纪—新近纪及第四纪地质构造内容。考虑到区域地质发展史的完整和连续性,不宜将河北省平原区单独叙述,因此,本章结合基岩区地质构造特征,综合分析叙述区域地质发展史。

根据前人研究成果[《中国区域地质志·河北志》(2017)],京津冀地区在4600Ma左右原始地壳形成以后处于冷却固结状态,至4000Ma左右开始岩浆分异活动(包括火山活动和侵入活动),持续发展到中太古代早期,原始地壳(古地壳)演化为硅镁质壳(主)与硅铝质壳(次)并存的格局,整体处于挤压构造环境,该阶段地壳演化拉开京津冀地区漫长地质历史演化的序幕。自中太古代晚期开始,岩浆分异与沉积分异作用加剧,古地壳向硅铝质壳演变加剧,逐步形成以硅铝质壳为主的大陆地壳(新生陆壳)。在中太古代晚期至今漫长的地质历史中,京津冀地区经历了多期次的地质构造演化,造就了不同时期、多种多样的建造序列与复杂多变的改造序列。纵观整个漫长而跌宕的区域地质发展史,其可分为4个各具特色的发展演化阶段:中太古代晚期—古元古代阶段(基底与克拉通型岩石圈形成阶段);中元古代—中三叠世阶段(稳定盖层形成与克拉通型岩石圈稳定发展阶段);晚三叠世—晚白垩世阶段(强烈活动、克拉通型岩石圈改造与再造及板内造山型岩石圈形成阶段);古近纪—第四纪阶段(伸展拉张运动、平原区板内造山型岩石圈减薄再造及非造山型岩石圈、高原、山地、平原、海盆与现代地貌形成阶段)。

第一节 中太古代晚期—古元古代阶段

该阶段为京津冀地区变质基底陆壳(新生陆壳)与克拉通型岩石圈(上地幔岩石圈)形成阶段,整个岩石圈或大陆根平均厚度达200km左右(张文佑等,1983;邓晋福等,1996,2007)。经历了拉张裂解(非造山)→稳定过渡(前造山)→前碰撞(俯冲期、造山早期)→同碰撞(主造山期)→后碰撞(造山晚期)→稳定过渡(后造山)的发展演化过程。

一、中太古代晚期—新太古代中期

1. 中太古代晚期

中太古代晚期(2936~2800Ma):京津冀地区早前寒武纪变质基底陆壳(新生陆壳)孕育期的早期,在冀中-冀东微陆块区开始处于弱拉张构造环境(图6-1中A)。古地壳发生裂解,逐步形成浅水海相盆地,盆地中发育海相碎屑岩夹硅铁质岩、碳酸盐岩建造及基性火山岩建造(表6-1),其中,基性火山岩类具有非造山型火山岩特点,表明该时期浅水海相盆地具有初始裂谷盆地的性质。

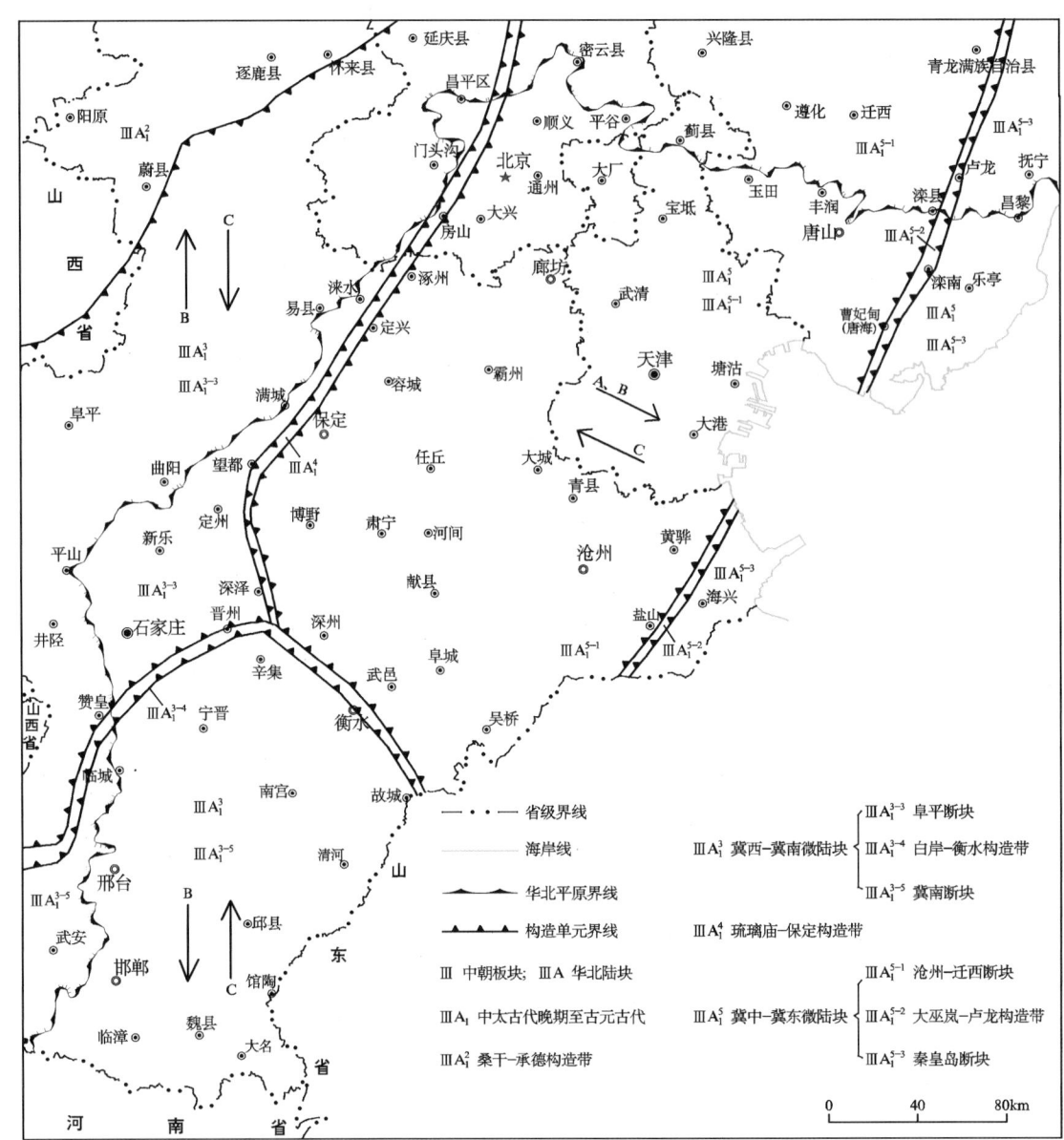

图 6-1 中太古代晚期—古元古代运动趋势图
A-中太古代晚期拉张运动趋势；B-新太古代早期不协调拉张运动趋势；
C-新太古代中期—古元古代晚期不协调挤压运动趋势。

2. 新太古代早期

新太古代早期（2800～2700Ma）：京津冀地区早前寒武纪变质基底陆壳（新生陆壳）孕育期的晚期，由拉张裂解状态向盆地发展稳定过渡演变。该时期早期京津冀地区处于不协调拉张裂解状态（图 6-1），最初古陆壳在地幔软流圈对流和上涌的作用下裂解加强，逐步形成数个相互隔离的初始大洋-陆缘裂谷构造盆地，各盆地接受了火山-沉积建造（表 6-1）。该期也是桑干岩群与迁西岩群的形成期。迁西岩群由麻粒岩、变粒岩、片麻岩及磁铁石英岩等组成，其原岩以海相碎屑岩夹硅铁质岩与多个火山喷发旋回的超基性、基性、中酸性火山岩互层产出为特征，火山岩类具有非造山型双峰式火山岩特点。该时期晚期京津冀地区处于盆地发展稳定过渡构造环境，由前期非造山阶段转为前造山阶段（表 6-1）。

表6-1 中太古代晚期—古元古代综合特征划分表

时代	Ar_2^2	Ar_3^1	Ar_3^2	Ar_3^3	Pt_1^1	Pt_1^2	Pt_1^{3-1}	Pt_1^{3-2}
构造属性	非造山拉张裂解期	前造山过渡期	前碰撞(附冲期),造山早期		同造山			后造山过渡期
					同造山			
主应力与活动状态	主拉张,拉张裂解	无或弱挤压,无或弱拉张,稳定	俯冲挤压·俯冲运动		同碰撞·主造山期	强烈挤压·拼接造山隆起	后碰撞相对减弱、块体之间挤压同调整	无或弱挤压,无或弱拉张,稳定
沉积建造		海相碎屑岩夹硅铁质岩、碳酸盐建造			海相碎屑岩夹碳酸盐岩、钙硅酸盐建造			
火山岩建造	超基性、基性、中酸性火山岩	基性、中酸性火山岩	基性、中性、酸性火山岩	基性、中性、酸性火山岩	基性、中性火山岩	基性、中性火山岩		
侵入岩建造及成因类型			基性、中酸性侵入岩	基性、中性、碱性侵入岩	中性、酸性侵入岩	酸性、偏碱性—碱性侵入岩	基性、中性、酸性侵入岩	偏碱性侵入岩
					M型、I型、S型、A型			S型、A型
构造环境	初始大洋—陆缘裂谷		岛弧—陆缘岩浆弧及相关盆地					过渡环境
构造变形	拉张断裂		褶皱 f1	褶皱 f2	褶皱与挤压断裂及韧性变形	褶皱 f3	褶皱 f4	
高压变质			第一期韧性变形	第二期韧性变形	第二期挤压韧性变形	第三期韧性变形	第四期韧性变形	
			第一期高压变质	第二期高压变质	第三期高压变质	第三期高压变质	第四期高压变质	
区域变质			麻粒岩相—角闪岩相	麻粒岩相—绿帘角闪岩相		麻粒岩相—绿片岩相	角闪岩相—绿片岩相	
混合岩化作用			第一期混合岩化	第二期混合岩化		第三期混合岩化	第四期混合岩化	
$T_1T_2G_1G_2$ 组合类型			$T_1T_2G_1G_2$型	$T_1T_1T_2$、G_1G_2型		G_1G_2型	G_1G_2型	
			T_1 T_2	G_1 G_2	T_1 T_2	G_1 G_2	G_1 G_2	G_1 G_2	G_2
			主要 次要	主要 较主要	主要	次要 主要	次要 主要	主要
面积(km²)			1094 278	4205 3554	18	7 666	111 2614	
面积百分比(%)			8.7 2.1	33.6 28.4	0.1	0.1 5.3	0.9 20.9	
$\omega(K_2O)(\%)$均值			1.65 3.62	1.56 3.64	5.80	1.3 4.98	2.06 4.96	
K_2O/Na_2O均值			0.38 1.1	0.35 1.25	2.32	0.33 1.55	0.44 1.52	
新生陆壳成熟程度	古地壳裂解—盆地堆积		不成熟	半成熟		成熟	成熟	
上地幔岩石圈发育期	孕育期	幼育期	青年期			成年期及克拉通化完成(TTG型)		全面形成(方辉橄榄岩型)
重要成矿作用			初步形成	增生		增生		
		火山—沉积变质型铁矿成矿期、复成因型金矿成矿期						

注:T_1—英云闪长岩;T_2—奥长花岗岩;G_1—花岗闪长岩;G_2—花岗岩。

3. 新太古代中期

新太古代中期（2700～2600Ma）：京津冀地区新生陆壳初步形成与第一改造期，由前期稳定过渡（前造山）状态转为同造山早期前碰撞（俯冲运动）阶段，新生陆壳进入了不成熟（幼年期）演化时期（表6-1，图6-1）。该时期京津冀地区形成崇礼岩群、阜平岩群、赞皇岩群、遵化岩群及滦县岩群及少量基性—酸性深成侵入岩（平原区不涉及崇礼岩群）。阜平岩群等5个岩群由麻粒岩、斜长角闪岩、变粒岩、片麻岩及磁铁石英岩、大理岩或不纯大理岩等组成，其原岩以海相碎屑岩夹硅铁质岩、碳酸盐岩或钙硅酸盐岩与多旋回喷发的基性、中性、酸性火山岩相间产出为特征，火山岩及深成侵入岩均具有造山型单峰式岩浆岩的特点，反映该时期京津冀地区处于以俯冲为主的前碰撞挤压构造环境。冀西-冀南微陆块区的阜平岩群与赞皇岩群主要形成于前陆盆地环境。冀中-冀东微陆块区的遵化岩群与滦县岩群主要形成于继承性与前陆盆地环境。该时期地表与海底火山喷发、深部岩浆侵入、挤压变形变质等均由不同微陆块或块体之间俯冲运动引发。冀西-冀南微陆块向北向阴山-冀北微陆块之下俯冲，冀中-冀东微陆块向北西西向阴山-冀北微陆块之下斜向俯冲。冀西-冀南微陆块区处于近南北向挤压环境，冀中-冀东微陆块区处于近东西向（北西西-南东东）挤压环境。深成侵入岩的组合类型为$T_1T_2G_1G_2$型，但以T_1T_2型为主（表6-1），表明京津冀地区新生陆壳已由孕育期转入到幼年期（不成熟），伴随造山型岩浆的不断分异侵入，上地幔岩石圈初步形成。

该时期形成第一期褶皱（f1）、第一期韧性变形带、第一期构造岩、第一期麻粒岩相—角闪岩相区域变质及第一期混合岩化等。从新太古代中期末开始到古元古代晚期结束，京津冀地区区域主压应力场格局主体相同，均为不协调的主压应力场格局或不协调挤压运动趋势（图6-1中C）。这种不协调的主压应力场格局，可能是由地幔软流圈不均衡对流和涡流作用造成。综合分析认为第一期麻粒岩相—角闪岩相区域变质作用的开始与结束均较滞后，主要发生于2657～2600Ma期间。

二、新太古代晚期

新太古代晚期（2600～2500Ma）：为京津冀地区新生陆壳的第一增生和第二改造阶段，新生陆壳由新太古代中期的幼年期（不成熟）向新太古代晚期的青年期（半成熟）演化（表6-1）。该时期形成单塔子岩群、五台岩群、双山子岩群、朱杖子岩群及大量深成侵入岩（平原区涉及双山子岩群和朱杖子岩群）。五台岩群等4个岩群由斜长角闪岩、变粒岩、片岩、片麻岩及磁铁石英岩、大理岩或不纯大理岩等组成，其原岩以海相碎屑岩夹硅铁质岩、碳酸盐岩或钙硅酸盐岩与多旋回喷发的基性、中性、酸性火山岩相间产出为特征。冀中-冀东微陆块区的双山子岩群与朱杖子岩群主要形成于火山岛弧盆地环境。深成侵入岩为造山型基性、中性、酸性及碱性侵入岩，组合类型为$T_1T_2G_1G_2$型（表6-1），表明京津冀地区新生陆壳已进入了青年期（半成熟）。

该时期形成第二期褶皱（f2）、第二期韧性变形带、第二期构造岩、第二期混合岩化等。各构造带分界区域断裂均开始活动，主挤压应力场与新太古代中期相同。综合分析认为第二期麻粒岩相—角闪岩相—绿帘角闪岩相区域变质作用的开始与结束均较滞后，主要发生于2550～2500Ma期间。

三、古元古代

古元古代是京津冀地区新生陆壳和上地幔岩石圈又一重要增生和全面形成的阶段，形成集宁岩群、湾子岩群、红旗营子岩群、官都群、甘陶河群（平原区不涉及集宁岩群和红旗营子岩群），新生陆壳进入成年期（成熟）演化阶段（表6-1）。

1. 古元古代早期

古元古代早期（2500～2300Ma）：京津冀地区处于俯冲（前碰撞）晚期与同碰撞早期较为稳定的过渡阶段。该时期形成集宁岩群下白窑岩组、湾子岩群、红旗营子岩群与官都群。湾子岩群由麻粒岩、变粒岩、大理岩、斜长角闪岩及片麻岩等组成,其原岩以海相碎屑岩夹碳酸盐岩、钙硅酸盐岩及基性、中性火山岩为特征,火山岩类具有造山型单峰式火山岩的特点。官都群由变粒岩、片麻岩、斜长角闪岩、片岩等组成,其原岩以海相碎屑岩夹碳酸盐岩、钙硅酸盐岩及基性、中性火山岩为特征,火山岩类具有造山型单峰式火山岩的特点。湾子岩群形成于继承性前陆盆地环境,官都群形成于岛弧盆地环境。该时期各构造带及部分区域断裂仍在活动,部分第三期(古元古代早期至中期)构造岩形成。

2. 古元古代中期

古元古代中期(2300～2020Ma):京津冀地区处于同碰撞造山的主期,各微陆块及断块之间主体碰撞拼接,形成甘陶河群。甘陶河群由变质砂砾岩、变质砂岩、板岩、变质白云岩及变质基性与中性火山岩等组成,其原岩以海相碎屑岩夹碳酸盐岩、钙硅酸盐岩及基性、中性火山岩为特征,火山岩类具有造山型单峰式火山岩的特点。甘陶河群形成于继承性前陆盆地或弧后盆地环境。京津冀地区新生陆壳进入成年期(成熟),伴随造山型岩浆的不断分异侵入,上地幔岩石圈再一次增生。

该时期形成第三期褶皱(f3)、第三期混合岩化及大部分第三期(古元古代早期至中期)构造岩等。综合分析认为第三期麻粒岩相—角闪岩相—绿帘角闪岩相—绿片岩相区域变质作用的开始与结束均较滞后,主要发生于2270～2020Ma期间。

3. 古元古代晚期

古元古代晚期(2020～1800Ma):京津冀地区由后碰撞向后造山演化。京津冀地区新生陆壳仍处于成年期(成熟)。伴随造山型岩浆的不断分异侵入,上地幔岩石圈再一次增生和全面形成。

第四期褶皱(f4)、第四期较早阶段韧性变形与构造岩形成于2020～1876Ma(刘树文等,2007),该时期京津冀地区处于造山晚期的后碰撞阶段,各微陆块和断块之间全部碰撞拼接隆起;第四期较晚阶段韧性变形与构造岩形成于1876～1800Ma(张进江等,2006;刘树文等,2007),该时期京津冀地区处于后造山演化阶段。综合分析认为第四期角闪岩相—绿帘角闪岩相—绿片岩相区域变质作用的开始与结束均较滞后,主要发生于1900～1800Ma期间,并伴有第四期混合岩化发生。

第二节　中元古代—中三叠世阶段

该阶段为京津冀地区稳定盖层形成与克拉通型岩石圈稳定发展阶段。经历了中元古代早期—中泥盆世早期拉张裂解(非造山)→中泥盆世晚期稳定过渡(前造山)→晚泥盆世—中二叠世前碰撞(俯冲期、造山早期)→晚二叠世—早三叠世同碰撞(主造山期)→中三叠世早期后碰撞(造山晚期)→中三叠世晚期稳定过渡(后造山)的发展演化过程(表6-2)。早期在地幔软流圈反向对流作用下开始近南北向(北北西-南南东向)伸展拉张运动,多数基底断裂复活张性活动明显。晚期在地幔软流圈相向对流与西伯利亚板块、中朝板块、秦祁昆造山系三者汇聚作用下发生近南北向(北北西-南南东向)挤压造山运动(图6-2),不同时期有相应的建造和改造形成。

一、中元古代早期—新元古代早期

1. 中元古代早期(长城纪)

中元古代早期(1800～1600Ma):京津冀地区处于非造山的拉张构造环境,地幔软流圈经过古元古代晚期较晚阶段的稳定调整过渡后,在1800Ma左右以华北北缘隆起带对应的岩石圈之下为中心(或中轴)

表 6-2 中元古代—中三叠世综合特征划分表

时代	Pt_2^1(Ch)	Pt_2^2(Jx)	Pt_2^3(Xs)	Pt_2^4—Pt_3^1(Yx—Qb)	Nh—ϵ_1	ϵ_{2-4}	O_{1-2}	O_3	S	D_1	D_2	D_3	C_1	C_2	P_{1-2}	P_3—T_1	T_2^1	T_2^2
构造属性					非造山					前造山 过渡期			前碰撞(俯冲期)		同造山		后碰撞 造山晚期	后造山 过渡期
					拉张裂解期								造山早期					
主应力与活动状态				近南北向主拉张、拉张裂解						无或弱 挤压与 弱拉张、稳定			近南北向俯冲挤压俯冲运动		近南北向 强烈挤压 挤接造山隆起	同碰撞 主造山期	后碰撞晚期 挤压相对减弱、块体之间挤压调整	无或弱挤压、弱拉张、稳定
沉积建造				潟湖—浅海陆棚碎屑岩碳酸盐岩建造(南部夹铁质岩)		潟湖—浅海陆棚碎屑岩、碳酸盐岩建造									北部为滨浅海碎屑岩夹碳酸盐岩建造			
															中南部为海陆交互转河湖相碎屑岩含煤建造			
火山岩建造	双峰式基性、偏碱性火山岩	酸偏碱性火山碎屑岩																
侵入岩建造与成因类型及分布面积(km²)	双峰式超基性、中酸性、偏碱性侵入岩	中酸性、偏碱、酸性侵入岩	基性偏碱性岩床、岩脉					超基性侵入岩			基性—超基性、中酸性、偏碱性侵入岩	基性、中性、酸性侵入岩		基性—超基性、中酸性、酸性侵入岩		中性、中酸性、酸性侵入岩	偏碱性、碱性侵入岩
	M型、I型	M型、I型、A型							M型				M型、I型、A型			A型
	434.4	148.7							0.5		226.8	463.2	227	1257	1134	1188	848.5	21
构造环境	大陆—陆缘裂谷、裂陷盆地、拉张环境				大陆整体隆起	继承性裂谷、裂陷盆地			大陆整体隆起 拉张环境		过渡环境	大陆整体隆起		北陆南海缘岩浆弧	北部为陆缘岩浆弧中南部为陆弧后盆地	弧前盆地挤压继承性盆地	过渡环境
构造变形	拉张断裂、第五期韧性变形				拉张断裂 第五期韧性变形							挤压断裂、第六期韧性变形		挤压断裂(5)第五期韧脆性变形与构造岩	挤压断裂(16)第七期韧脆性变形带与构造岩		
变质作用	蚀变及接触变质										蚀变及接触变质							
地壳												增厚、稳定盖层形成(TTG型)						
上地幔岩石圈									相对稳定状态(方辉橄榄岩型)								
重要成矿作用	沉积型铁矿、锰矿、硫铁铅锌矿、锰矿、铁锰矿、铝土矿、煤矿等重要成矿期、尚义—隆化坡断裂以北略有增厚；非造山岩浆型铁钒钛矿、铂钯矿—重要成矿期																	

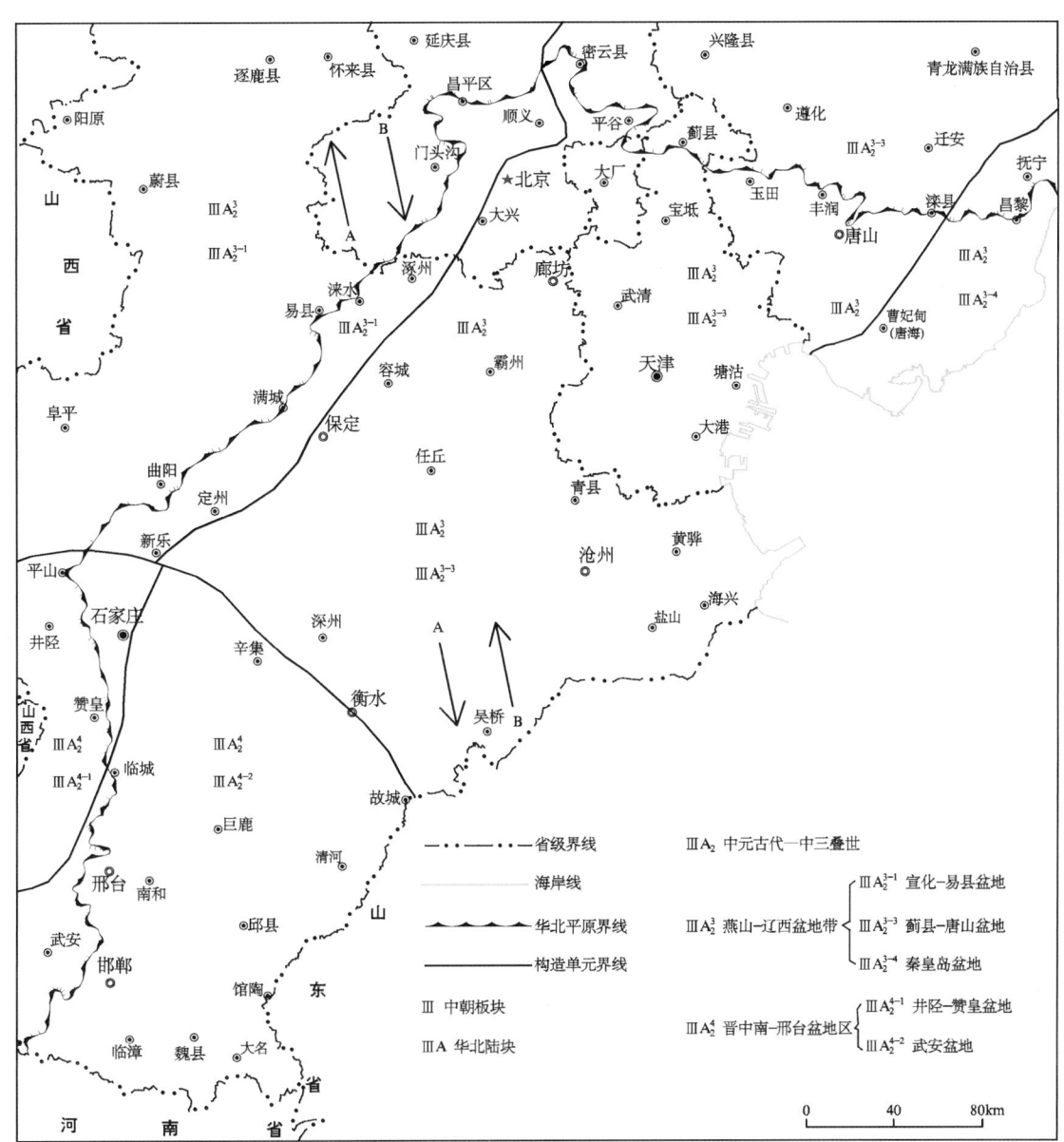

图 6-2 中元古代—中三叠世运动趋势图

A-中元古代早期—中泥盆世早期拉张运动趋势；B-晚泥盆世—中三叠世早期挤压运动趋势。

开始近南北向（北北西-南南东向）反向对流，引发近南北向（北北西-南南东向）伸展拉张运动（图6-2），使已形成的岩石圈发生裂解，标志着新的构造演化阶段的开始。该时期多数基底断裂复活作张性差异活动，尤以尚义-隆化、康保-围场两区域断裂活动幅度最大，促使华北北缘隆起带整体上升形成分水岭，其南部与北部地区相对下降形成两个大陆-陆缘裂谷裂陷海盆地。北部盆地南边界明显受康保-围场区域断裂控制，形成化德群毛忽庆组（平原区不涉及）；南部联合盆地北边界明显受尚义-隆化区域断裂控制，形成长城纪晚期长城群，主体为一套潟湖—浅海陆棚碎屑岩、碳酸盐岩沉积建造，南部长城群下部局部夹有铁质岩（沉积铁矿层），上部夹有基性、偏碱性火山岩，火山岩主要沿大华山—邢台东一带呈北北东向展布，表明当时该带有右旋张扭性正断层活动。火山岩具有双峰式岩浆岩的特点（表6-2）。长城纪末大红峪组形成之后，受邻区伸展拉张幅度的加大影响，北部盆地与南部联合盆地发生了海退整体上升（青龙上升），形成大红峪组与高于庄组之间的平行不整合界面。

2. 中元古代中期（蓟县纪）

中元古代中期（1600~1400Ma）：京津冀地区北部的华北北缘隆起带仍处于整体隆起状态，承担分水岭的角色，整体处于较活动状态，脉动式下降与上升交替发展。该时期南部联合盆中形成蓟县群，主体为一套潟湖—浅海陆棚碎屑岩、碳酸盐岩沉积建造，夹有酸偏碱性火山碎屑岩建造。火山活动较弱，蓟县纪早期形成的火山岩呈夹层状产于蓟县群下部高于庄组中，蓟县纪晚期形成的火山岩呈夹层状产于蓟县群上部铁岭组中，均为酸偏碱性火山碎屑岩类，即斑脱岩、凝灰岩。盆地中具有脉动式升降的特点，南部盆地中形成高于庄组与杨庄组或雾迷山组之间、雾迷山组与洪水庄组或中元古代晚期（西山纪）下马岭组之间的平行不整合界面，这两次上升京津冀地区分别称滦县上升与芹峪上升。该时期断裂构造呈现张性活动，断裂带中有部分第五期拉张型构造岩形成，京津冀地区仍处于大陆-陆缘裂谷裂陷盆地与隆起的非造山拉张构造环境（表6-2）。

3. 中元古代晚期—新元古代早期（西山纪—青白口纪）

中元古代晚期—新元古代早期（1400~780Ma）：京津冀地区北部的华北北缘隆起带继续承担分水岭的角色。南部联合盆地区仍处于相对较活动状态，脉动式下降与上升交替发展，盆地中有角砾岩层、下马岭组、龙山组及景儿峪组形成，主体为一套潟湖—浅海陆棚碎屑岩、碳酸盐岩沉积建造，局部夹有酸偏碱性凝灰岩类。此外有部分第五期韧性变形带和第五期构造岩形成（表6-2）。

二、新元古代中期（南华纪）—早寒武世

新元古代中期（南华纪）—早寒武世（780~521Ma）：受邻区伸展拉张幅度加大及华北陆块南缘北秦岭造山带造山运动远程效应的双重影响，京津冀地区处于整体上升状态，缺失各类建造记录。新元古代早期（青白口纪）景儿峪组与中寒武世昌平组之间平行不整合界面的形成（蓟县上升）是该时期构造运动的典型代表。

三、中寒武世—早泥盆世

1. 中寒武世—中奥陶世

中寒武世—中奥陶世（521~458.4Ma）：京津冀南部联合盆地区处于下降海侵状态，形成昌平组至峰峰组，主体为一套潟湖—浅海陆棚碎屑岩、碳酸盐岩沉积建造，以连续沉积为特征，仍处于非造山的拉张构造环境，部分地段有第五期韧性变形带和第五期构造岩形成（表6-2）。

2. 晚奥陶世—早泥盆世

晚奥陶世—早泥盆世（458.4~397.5Ma）：京津冀地区整体处于隆起状态和伸展拉张运动（非造山）晚期，缺失火山与沉积建造记录。

四、中泥盆世—中二叠世

1. 中泥盆世

中泥盆世（397.5~385.3Ma）：京津冀地区整体仍处于隆起状态，属于伸展拉张运动（非造山）末期与俯冲挤压运动开始之间相对稳定的过渡环境，缺失火山与沉积建造记录。

2. 晚泥盆世—早石炭世

晚泥盆世—早石炭世（385.3～318.1Ma）：地幔软流圈经过中泥盆世晚期的稳定调整过渡后，在385.3Ma左右以京津冀地区北部华北北缘隆起带对应的岩石圈之下为中心（或中轴）开始近南北向（北北西-南南东向）相向对流，引发近南北向（北北西-南南东向）挤压造山运动（图6-2中B），各区域断裂由张性活动转为压性活动；该时期京津冀地区整体处于挤压隆起状态，缺失火山岩建造与沉积建造的记录。南部联合盆地区峰峰组或马家沟组与本溪组之间平行不整合界面的形成，正是晚奥陶世—早石炭世整体上升的结果。

3. 晚石炭世—中二叠世

晚石炭世—中二叠世（318.1～260.4Ma）：京津冀地区北部的华北北缘隆起带仍处于隆起状态，承担着陆缘岩浆弧的角色。在尚义-隆化区域断裂以南广大地区，挤压继承性盆地中形成晚石炭世本溪组至中晚二叠世上石盒子组下部，为一套海陆交互的河湖相碎屑岩含煤建造，底部局部夹有风化沉积型铁矿透镜体。该时期有第五期褶皱（f5）、第六期韧性变形带和第六期构造岩形成；并伴有绿帘角闪岩相—绿片岩相区域变质作用发生，京津冀北部地区更加明显（表6-2）。

五、晚二叠世—中三叠世

1. 晚二叠世—中三叠世早期

晚二叠世—中三叠世早期（260.4～242Ma）：京津冀地区处于碰撞造山的构造环境，晚二叠世至早三叠世挤压强烈为同碰撞期（主造山期），中三叠世早期挤压减弱为后碰撞期（造山晚期）。南部继承性盆地形成中晚二叠世上石盒子组上部至中三叠世二马营组下部，为一套河湖相碎屑岩含煤建造。该时期有第六期褶皱（f6）及第七期韧性变形带及构造岩等形成；中三叠世早期及其之前已形成的地质体共同遭受了第六期绿片岩相区域变质作用改造，京津冀北部地区较为明显，其他地区不均匀（表6-2）。

2. 中三叠世晚期

中三叠世晚期（242～235Ma）：京津冀地区由前期的造山晚期（后碰撞）转入了后造山稳定过渡阶段，京津冀地区以隆起为主，盆地次之。南部联合盆地局部形成中三叠世二马营组上部碎屑沉积岩夹凝灰岩。位于晚三叠世杏石口组与下伏地质体之间的角度不整合界面，正是晚二叠世—中三叠世挤压造山和中三叠世晚期隆起的结果。

第三节 晚三叠世—晚白垩世阶段

该阶段为京津冀地区强烈活动、克拉通型岩石圈改造与再造及板内造山型岩石圈形成阶段。经历了晚三叠世早期拉张裂解（非造山）→晚三叠世晚期稳定过渡（前造山）→早侏罗世板内造山始动期（开始挤压的同造山）→中侏罗世板内造山加强期（挤压加强的同造山）→晚侏罗世板内造山激化期—早白垩世早期板内造山鼎盛期（主期强烈挤压的同造山）→早白垩世中期板内造山减弱期（挤压减弱的同造山）→早白垩世晚期—晚白垩世稳定过渡（后造山）的发展演化过程（表6-3）。晚三叠世早期主要在地幔软流圈反向对流条件下开始了近南北向（北北西-南南东向）伸展拉张运动（图6-3），多数断裂复活张性活动明显。早侏罗世—早白垩世中期在地幔软流圈相向对流与太平洋板块向西伯利亚板块、中朝板块、秦祁昆造山系、扬子板块、华夏造山系等联合大陆之下俯冲条件下发生了南东-北西向及南东东-北

表 6-3 晚三叠世—晚白垩世综合特征划分表

时代	T_3^1	T_3^2	J_1	J_2	J_3	K_1^1	K_1^2	K_1^3	K_2^1	K_2^{2-3}
构造属性	非造山 拉张裂解期	前造山 过渡期	同造山（板内造山）						后造山	
构造属性	非造山 拉张裂解期	前造山 过渡期	初期（始动期）	加强期	激化期	鼎盛期	减弱期	调整过渡期		稳定过渡期
主应力与活动状态	近南北向拉张 拉张裂解	无或弱拉张 无或弱挤压 稳定	北西-南东向挤压 开始挤压	挤压加强	太平洋板块俯冲挤压、华北陆块板内造山 北西-南东向挤压 强烈挤压	挤压减弱	内陆河湖相碎屑岩建造 （局部含煤或含油页岩）	无或弱挤压 相对稳定	无或弱挤压 稳定	无或弱拉张 稳定
沉积建造	山麓冲洪积扇磨相 湖相碎屑岩建造		内陆湖湘相碎屑岩含煤建造 与红色碎屑岩建造			内陆河湖相碎屑岩建造 （局部含煤或含油页岩）				
火山岩建造	偏碱性火山岩	偏碱性火山岩	基性、中性、偏碱性、酸性火山岩	中性、酸性、偏碱性侵入岩	基性、中性、酸性火山岩	中性、酸性、偏碱性侵入岩	基性、中性、酸性、偏碱性侵入岩	偏碱性、碱性侵入岩	偏碱性、碱性火山岩 偏碱性、碱性侵入岩	
侵入岩建造与成因类型	双峰式超基性、基性、中酸性、酸性侵入岩	偏碱性、碱性侵入岩	基性、中性、酸性侵入岩	中性、酸性、偏碱性侵入岩	基性、中性、酸性侵入岩	基性、中性、酸性侵入岩	基性、中性、酸性、偏碱性侵入岩	偏碱性、碱性侵入岩		
及分布面积（km^2）	M 型、A 型	M 型、A 型			M 型、I 型、A 型			I 型、A 型		
及分布面积（km^2）	708.6	87.3	481.7	1 271.5	458.8	1 346.1	2 702.1	1 639.8	201.6	
构造环境	陆内裂陷或继承性盆地、拉张环境	过渡环境	陆内挤压继承性和上叠性盆地、陆内或板内造山环境						过渡环境	大陆整体隆起过渡环境
构造变形	拉张断裂、第八期韧性变形及相应构造岩		挤压断裂及相应构造岩、第九期韧性变形带、第七期褶皱（17）		挤压断裂及相应构造岩、第十期韧性变形带、第八期褶皱（18）					
变质作用	蚀变及接触变质		蚀变及接触变质					蚀变及接触变质		
地壳	活动状态，主要是挤压裂解，上叠盖层形成（花岗岩型）		活动状态，上叠盖层形成（花岗岩型）							
地幔岩石圈	是区内最重要的内生金属矿产成矿期（爆发成矿期），改造前期上地幔岩石圈（方辉橄榄岩圈（邯郸式、涞源式）；铜铜矿（木吉村式、小寺沟式、寿王坟式）；铅锌矿（蔡家营式、轿顶山式、连巴岭式）；锌钼矿（大湾式）；磷矿（矾山式）；早侏罗世和早白垩世是较重要的煤、油页岩成矿期									
重要成矿作用										

西西向挤压板内或陆内造山运动(图6-3)。晚三叠世是区域上近东西向构造转为北东、北北东向构造的过渡期,从晚侏罗世—早白垩世开始区域构造线逐步转为北东、北北东向(即滨太平洋构造域)。在相对稳定的时期,如早侏罗世下花园期、早白垩世九佛堂期—青石砬期,也有颇具规模的煤和油页岩矿形成。

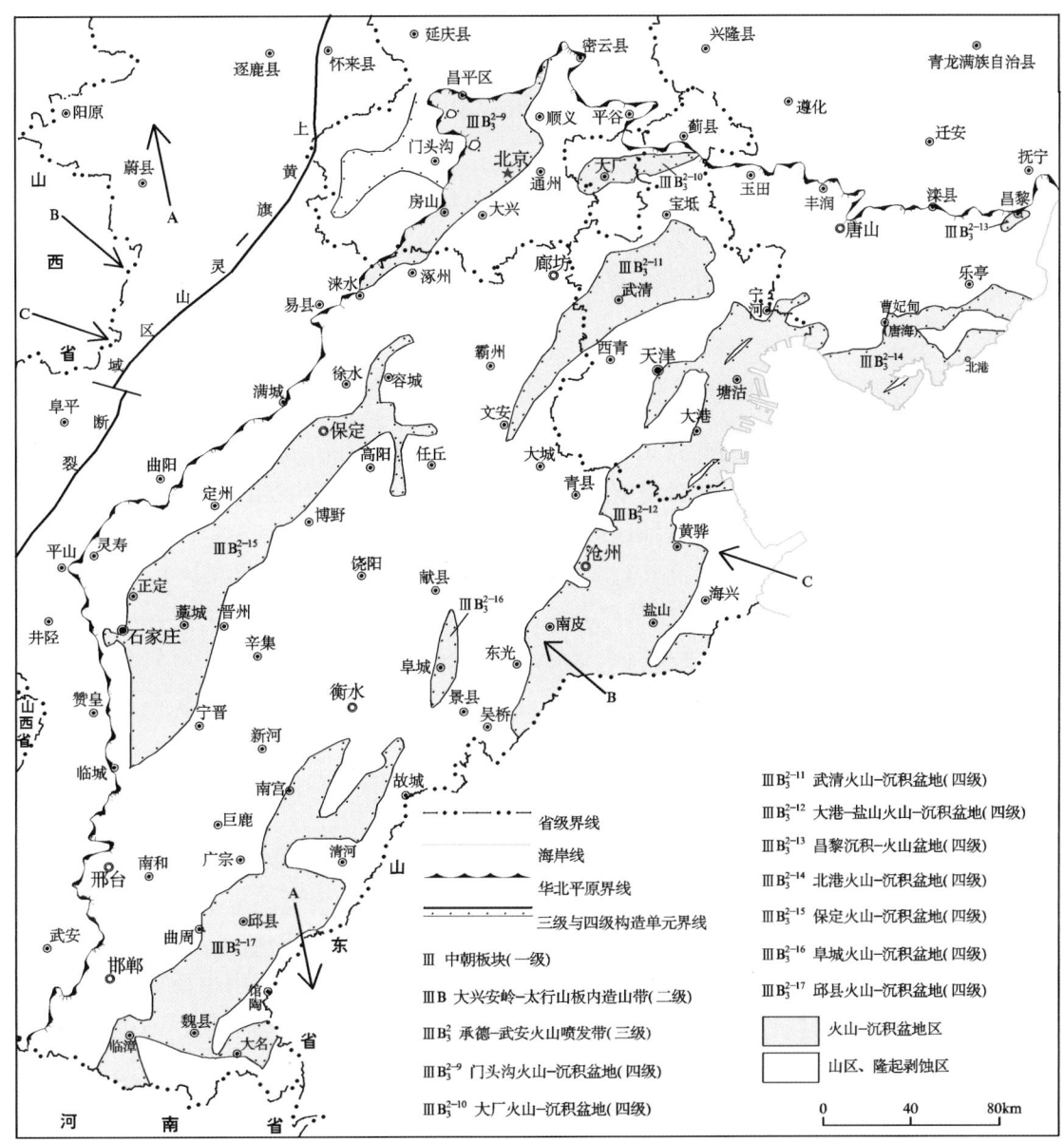

图6-3 晚三叠世—早白垩世中期运动趋势图

A-晚三叠世早期拉张运动趋势;B-早侏罗世至晚侏罗世挤压运动趋势;C-早白垩世早期至中期挤压运动趋势。

一、晚三叠世

1. 晚三叠世早期

晚三叠世早期(235～228Ma):地幔软流圈经过中三叠世晚期的稳定调整过渡后又进入了近南北向(北北西-南南东向)反向对流状态,引发了近南北向(北北西-南南东向)伸展拉张运动(图6-3中A),多数前期断裂复活作张性差异活动,使前期形成的岩石圈发生裂解,开始新的改造与再造。该时期在一些陆内裂陷盆地或继承性盆地形成杏石口组下部,为一套山麓冲洪积扇相夹湖相碎屑岩建造,局部夹有偏碱性火山岩。在断裂带、韧性变形带中有第八期拉张型构造岩形成。该时期京津冀地区处于非造山的拉张构造环境(表6-3),标志着一个新的构造阶段的开始。

2. 晚三叠世晚期

晚三叠世晚期(228～199.6Ma):地幔软流圈与岩石圈整体处于相对稳定状态,在一些继承性盆地中有杏石口组上部形成,为一套湖相夹山麓冲洪积扇相碎屑岩建造,局部夹有偏碱性火山岩。该时期京津冀地区处于相对稳定的前造山过渡环境(表6-3)。

二、侏罗纪

从早侏罗世逐步开始,京津冀地区主要受太平洋扩张、洋脊扩张带以西的太平洋板块向华北陆块之下俯冲挤压的动力学体系制约。

1. 早侏罗世

早侏罗世(199.6～174.1Ma)板内造山始动期:地幔软流圈经过晚三叠世晚期的稳定调整后,太平洋洋脊扩张带开始不均衡扩张(南部扩张幅度大,北部扩张幅度小),洋脊扩张带以西的太平洋板块向华北陆块之下逐步挤压俯冲,进而使京津冀地区进入了北西-南东向挤压(图6-3中B)板内造山的初期阶段——始动阶段。区内大部分断裂,尤其是北东向与北北东向区域断裂复活或新生作压性逆冲活动。该时期在一些陆内挤压继承性盆地与新生挤压坳陷上叠性盆地形成南大岭组、下花园组。南大岭组主要由基性、中性及酸性火山岩组成,局部夹有沉积岩层;下花园组为一套河湖相碎屑岩含煤建造。京津冀地区进入了板内或陆内造山初期阶段(始动阶段),并有部分第九期挤压型韧性变形带及相应构造岩等形成(表6-3)。

2. 中侏罗世

中侏罗世(174.1～163.5Ma)板内造山加强期:随着太平洋板块俯冲幅度的加大,京津冀地区进入了板内造山加强期,断裂与岩浆活动不断加强。在陆内挤压继承性盆地与新生挤压坳陷上叠性盆地形成九龙山组、髫髻山组下部。九龙山组为一套河湖相碎屑岩建造,局部有中酸性火山岩夹层;髫髻山组下部主要由基性、中性火山岩组成,局部夹有沉积岩层;在分布上髫髻山组要广于南大岭组。中侏罗世京津冀地区的火山活动与岩浆侵入活动均在不断加强。火山岩与侵入岩均具有造山型单峰式岩浆岩的特点,表明该时期京津冀地区处于板内或陆内造山加强阶段,并有部分第九期挤压型韧性变形带及相应构造岩等形成(表6-3)。

3. 晚侏罗世

晚侏罗世(163.5～145Ma)板内造山激化期:随着太平洋洋脊扩张带以西的太平洋板块俯冲幅度的进一步加大加剧,京津冀地区进入板内造山激化期,褶皱运动加强,断裂活动强烈,尤其是逆冲推覆运动极为发育。在陆内挤压继承性盆地与新生挤压坳陷上叠性盆地形成髫髻山组上部、土城子组。髫髻山组上部主要由中性火山岩组成,局部夹少量酸性火山岩及沉积岩层;土城子组为一套河湖相碎屑岩建造,局部有中酸性火山岩夹层。侵入岩由基性、中性、酸性岩组成。火山岩与侵入岩均具有造山型单峰式岩浆岩的特点,表明该时期京津冀地区处于板内或陆内造山激化阶段,并有大部分第九期挤压型韧性变形带及相应构造岩、第七期褶皱构造(f7)、大部分逆冲推覆构造及张家口组与其下伏地质体之间的角度不整合界面等形成(表6-3)。

三、早白垩世早期—晚白垩世早期

结合相关资料,早白垩世早期—晚白垩世早期进一步划分为早白垩世早期(145~130Ma)、早白垩世中期(130~119Ma)和早白垩世晚期—晚白垩世早期(119~86.1Ma)。

1. 早白垩世早期

早白垩世早期(145~130Ma):随着太平洋洋脊扩张带的扩张幅度与洋脊扩张带以西的太平洋板块俯冲幅度达到顶峰状态,京津冀地区进入了板内造山鼎盛期,断裂与岩浆活动最为强烈。该时期地幔软流圈的不均衡对流与太平洋洋脊的不均衡扩张(南部扩张幅度相对变小,北部扩张幅度相对变大),使洋脊扩张带以西的太平洋板块俯冲挤压方向由侏罗纪时期的北西向转为北西西向。该时期京津冀地区处于板内或陆内造山最为强烈的阶段——鼎盛期,并有部分第十期挤压型韧性变形带及相应构造岩、少量逆冲推覆构造等形成(表6-3)。

2. 早白垩世中期

早白垩世中期(130~119Ma):随着太平洋洋脊扩张带的扩张幅度与洋脊扩张带以西的太平洋板块俯冲幅度开始减小,京津冀地区也进入了板内造山相对减弱期,断裂与岩浆活动仍较强烈。在陆内挤压继承性盆地形成义县组及九佛堂组。义县组主要由中性、酸性及偏碱性火山岩组成,局部有沉积夹层;九佛堂组以河湖相碎屑岩建造为主,有少量中酸性火山岩夹层,局部见油页岩夹层。京津冀地区在早白垩世中期岩浆活动具有火山活动进入了晚期(急剧减弱期)而岩浆侵入活动进入了高峰期的特点。火山岩与侵入岩均具有造山型单峰式岩浆岩的特点,整体表明该时期京津冀地区处于板内或陆内造山减弱阶段,并有部分第十期挤压型韧性变形带及相应构造岩、少量逆冲推覆构造及第八期褶皱构造(f8)等形成(表6-3)。

3. 早白垩世晚期—晚白垩世早期

早白垩世晚期—晚白垩世早期(119~86.1Ma):随着太平洋洋脊扩张带扩张及其以西太平洋板块俯冲趋于停止,京津冀地区进入了板内后造山调整阶段。岩浆活动急剧减弱,结合京津冀地区及东邻地区早白垩世的岩浆活动特点综合分析,具有由北西西向南东东回撤迁移的特征。在少数陆内挤压继承性盆地形成青石砬组与南天门组。青石砬组与南天门组为一套河湖相碎屑岩建造,局部含煤。侵入岩及火山岩均由偏碱性、碱性岩组成,具有过渡型岩浆岩的特点,表明该时期京津冀地区处于相对稳定的后造山调整过渡时期(表6-3)。该阶段的结束,标志着晚三叠世—晚白垩世上叠盖层及板内造山型岩石圈全面形成。

四、晚白垩世中晚期

晚白垩世中晚期(86.1~65.5Ma):随着太平洋板块俯冲的完全停止,京津冀地区进入了后造山的稳定过渡阶段,整体处于隆起状态,缺失各类建造记录。新生代地层与下伏不同地质体之间的角度不整合界面,就是该时期整体隆起(主要)和后期新生代张性断层活动(次要)使部分地层发生掀斜共同作用的结果。

第四节 古近纪—第四纪阶段

该阶段为伸展拉张运动、平原区板内造山型岩石圈减薄再造及非造山型岩石圈、高原、山地、平原、海盆与现代地貌形成阶段。经历了古新世初始拉张→始新世拉张逐步加强→渐新世—中新世拉张激化→上新世拉张减弱→早更新世—全新世不均衡拉张的发展演化过程（表6-4），整体为一个非造山的演化过程，除古新世之外，其他不同时期均有相应的建造形成。

表6-4 古近纪—第四纪综合特征划分表

时代	E_1	E_2	E_3	N_1	N_2	Qp^1	Qp^2	Qp^3	Qh^1	Qh^2	Qh^3
构造属性	非造山，拉张裂解状态											
	初始拉张	拉张加强期	拉张激化期	拉张减弱期	不均衡较强拉张期					
					较强	加强	强烈	较弱	强烈	较强
主应力与活动状态	由北西西向南东东不均衡单向伸展拉张运动 处于拉张裂解、不均衡活动状态										
沉积建造		内陆河湖相碎屑岩含煤含油含盐建造				陆相松散沉积建造					
						海相松散沉积建造					
火山岩建造		基性、碱性火山岩						基性、碱性火山岩			
侵入岩建造与成因类型及分布面积（km²）			基性、超基性侵入岩 M型 1.5								
构造环境	隆起、拉张环境	陆内裂陷、断陷（裂谷）盆地及河湖相与海相沉积盆地等、拉张环境									
构造变形	拉张断裂、第十一期韧性变形及相应构造岩										
地貌特征	高原、山脉山地、平原、海盆及各类阶地、夷平面等逐步形成										
变质作用	蚀变										
地壳	内蒙古高原南缘与太行山—燕山地区相对稳定状态，上叠盖层上部形成（花岗岩型）										
	华北平原与渤海地区活动状态，相对减薄，上叠盖层上部形成（花岗闪长岩型）										
上地幔岩石圈	内蒙高原南缘与太行山—燕山地区相对稳定状态，略有减薄（方辉橄榄岩与二辉橄榄岩混合型）										
	华北平原与渤海地区活动状态，减薄再造（二辉橄榄岩型）										
重要成矿作用	石油、天然气、地热、地下水、地表水、砂矿（砂铁、砂金、型砂等）、石膏、岩盐、硅藻土、高岭土、褐煤、油页岩、建筑材料（黏土、砂石、玄武岩）等资源的重要成矿期										

该阶段欧亚大陆（联合板块）处于不均衡发展状态。京津冀地区主要受乌兰巴托-鄂霍次克海裂谷带扩张与太平洋萎缩制约，以及印度板块与青藏高原俯冲碰撞的影响，地幔软流圈以乌兰巴托-鄂霍次克海裂谷带之下为轴作反向对流、以太平洋洋脊为轴作相向对流，使京津冀地区整体处于不均衡单向（由北西西向南东东）伸展拉张运动状态（图6-4）。平原及其以东地区之下的岩石圈处于强烈减薄再造的活动状态；在水平方向上由北西西向南东东拉张幅度逐步增大；在垂直方向上深部活动较早较强，而浅部与地表相对滞后，活动较晚、逐步加强；不同区域、不同地带隆升与沉降幅度有较大的差别等，均是不均衡单向伸展拉张运动的结果。

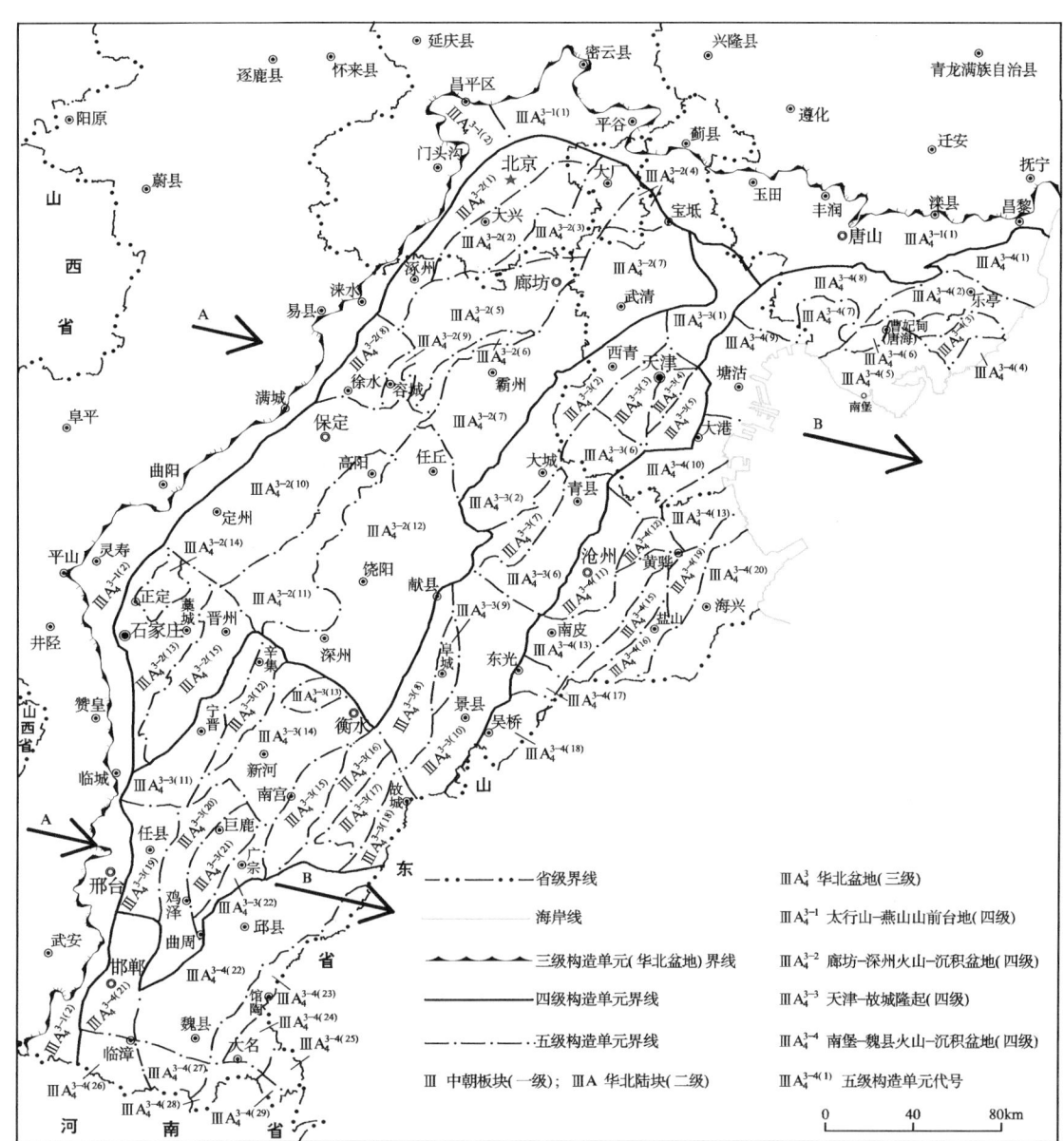

图 6-4 古近纪—第四纪运动趋势图
A-不均衡单向拉张运动幅度小；B-不均衡单向拉张运动幅度大。

一、古新世

古新世（65.5～55.8Ma）初始拉张期：经过晚白垩世中晚期稳定过渡后，从古新世开始，京津冀地区受乌兰巴托-鄂霍次克海裂谷带扩张与太平洋萎缩制约，以及印度板块与青藏高原俯冲碰撞的影响，地幔软流圈从乌兰巴托-鄂霍次克海裂谷带之下向太平洋洋脊或洋壳之下开始了不均衡单向流动（由北西西向南东东），引发了京津冀地区不均衡单向伸展拉张运动（以深部拉张运动相对较强为主）的逐步开始——初始拉张（图 6-4 中 A、B），标志着一个新的构造阶段的开始。在地幔软流圈单向流动带动下，于上地幔岩石圈，尤其是华北平原及其以东地区之下的上地幔岩石圈中逐步形成一系列近顺层缓倾滞后拆离断裂（上下盘作同向拆离，但下盘拆离快、幅度大；而上盘相对滞后，拆离慢、幅度小）。浅部与地表相对滞后，拉张运动较微弱，一些区域断裂逐步复活开始了张性活动。该时期京津冀地区处于整体隆起状态，无各类建造形成。

二、始新世

始新世(55.8～33.8Ma)拉张加强期：古新世之后，京津冀地区进入了不均衡伸展拉张运动的加强期发展阶段。随着地幔软流圈单向流动加速，上地幔岩石圈，尤其是太行山山前区域断裂以东地区的上地幔岩石圈不均衡拆离减薄加快，浅部与地表多数区域断裂复活作张性运动，太行山、燕山山前区域断裂开始较强烈活动；同时一些断陷盆地、坳陷盆地及华北盆地初步形成，各盆地中有相应建造形成。该时期华北盆地形成始新世孔店组、沙河街组四段(下段)。孔店组、沙河街组四段(下段)以河湖相碎屑岩建造为主(含油、含盐)，夹有基性、碱性火山岩层，整体反映了该时期以温暖潮湿为主，间夹相对干热的气候条件。火山岩类具有非造山型双峰式岩浆岩的特点，表明京津冀地区已处于较强的单向伸展拉张运动构造环境，并在一些区域断裂带中及其附近有部分第十一期韧性变形带与相应构造岩形成(表6-4)。

该时期京津冀平原区最大的特点是太行山-燕山山前台地、廊坊-深州火山-沉积盆地、天津-故城隆起、南堡-魏县火山-沉积盆地即"一台两盆夹一隆"的构造格局初步形成。从始新世地层的分布和发育厚度等综合分析，"一台两盆夹一隆"的构造格局具有由北西西向南东东、由南南西向北北东逐步发展形成的趋势，即太行山-燕山前台地相对于天津-故城隆起、廊坊-深州火山-沉积盆地相对于南堡-魏县火山-沉积盆地略早形成，而太行山山前台地相对于燕山山前台地、天津-故城隆起的南西部相对于北东部、南堡-魏县火山-沉积盆地的南西部相对于北东部略早形成。断裂活动同样具有由北西西向南东东、由南南西向北北东逐步加强活动的特点。前新生代基岩面即新生界底面的形成和起伏变化以及相继形成的古近系底面、新近系底面、第四系底面的起伏变化均与"一台两盆夹一隆"的构造格局密切相关，或均体现了"一台两盆夹一隆"的构造特征。

三、渐新世—上新世

1. 渐新世—中新世

渐新世—中新世(33.8～5.3Ma)拉张激化期：随着地幔软流圈单向流动的加剧，上地幔岩石圈，尤其是太行山山前区域断裂以东地区的上地幔岩石圈不均衡拆离减薄与再造也加剧；浅部与地表大多数区域断裂复活作强烈张性运动，各断陷盆地或裂谷盆地、坳陷盆地进一步发展，各盆地中有相应建造形成；岩浆活动强烈。京津冀地区整体处于不均衡单向伸展拉张运动的激化期(相对最为强烈期)。该时期华北盆地形成沙河街组一段至三段、东营组及馆陶组。沙河街组一段至三段、东营组及馆陶组为一套河湖相碎屑岩含煤(含油、含盐)建造，夹有基性、碱性火山岩层，部分地段火山岩较多较厚，整体反映了该时期以温暖潮湿和干热交替变化的气候条件。火山岩具有非造山型双峰式岩浆岩的特点，结合渐新世—中新世地层分布面积与发育厚度在新生代地层中占居首位、火山活动普遍且强烈等综合分析，该时期京津冀地区处于相对最为强烈单向拉张活动的激化状态。在一些区域断裂带中及其附近有部分第十一期韧性变形带与相应构造岩形成(表6-4)。

该时期京津冀平原区(华北盆地区)太行山-燕山山前台地、廊坊-深州火山-沉积盆地、天津-故城隆起、南堡-魏县火山-沉积盆地即"一台两盆夹一隆"的构造格局进一步形成。

2. 上新世

上新世(5.3～2.588Ma)拉张减弱期：进入上新世时期，随着地幔软流圈单向流动的减慢，整个岩石圈及各区域断裂的伸展拉张运动也在减慢，京津冀地区整体处于不均衡单向伸展拉张运动的相对减弱发展阶段。该时期华北盆地形成明化镇组。明化镇组为一套河湖相碎屑岩含煤建造，整体反映了该时期以干热为主间夹相对温暖潮湿的气候条件。该时期仅有沉积建造形成，无火山与岩浆侵入活动，表明京津冀地区整体处于单向拉张运动减弱的相对稳定状态（表6-4）。该阶段华北平原及其以东地区之下的岩石圈进一步再造。

该时期京津冀平原区（华北盆地区）太行山-燕山山前台地、廊坊-深州火山-沉积盆地、天津-故城隆起、南堡-魏县火山—沉积盆地即"一台两盆夹一隆"的构造格局基本定格。

四、第四纪

第四纪以来京津冀地区进入了不均衡较强拉张运动发展阶段。沉积作用均明显受气候变化的控制，不同时期沉积物的特点反映了不同的气候条件。从早更新世到全新世，根据沉积物和孢粉组合特征可划分出7次冰期、6次间冰期及1个冰后期。早更新世泥河湾早期（2Ma左右）开始出现古人类活动与文化演化的遗迹（泥河湾古人类遗迹群中大南沟东遗址）以来，逐步出现中更新世北京猿人（0.5Ma左右）与晚更新世山顶洞人（0.018Ma左右）、中全新世半坡人（0.008～0.006Ma）与张北人（0.005Ma左右，张北或坝上高原古人类遗迹群）等，到中全新世晚期进入古人类与现代人类发展的高潮期。

整个第四纪时期的地质构造发展演化也基本继承了"一台两盆夹一隆"的构造特点。

1. 早更新世

早更新世（2.588～0.781Ma）不均衡较强拉张期：随着地幔软流圈单向流动的不均衡加快，整个岩石圈及各区域断裂也在作不均衡较强的伸展拉张运动。京津冀地区陆地部分处于相对较稳定的发展阶段，渤海湾地区处于较强烈拉张发展阶段，整体显示了拉张幅度自北西西向南东东由小变大和扩张中心自北西西向南东东迁移的不均衡发展特点。该时期华北盆地形成饶阳组和丰登坞组。饶阳组为一套以河湖相为主的碎屑沉积建造，中部间夹海相沉积层；丰登坞组为一套河流相碎屑沉积建造。整体反映了该时期由寒冷向温暖交替变化的气候条件。该时期虽然无火山与岩浆侵入活动，仅有沉积建造形成，但从东部陆缘海盆开始形成而言，表明京津冀地区整体处于较强的不均衡单向拉张运动状态（表6-4）。该时期欧亚大陆（板块）东部边缘处于较为强烈的拉张裂解状态，渤海与黄海海盆开始扩张形成。现代海陆分布格局在该时期已基本形成。

2. 中更新世

中更新世（0.781～0.126Ma）拉张加强期：随着地幔软流圈单向流动的进一步加快，整个岩石圈及各区域断裂的伸展拉张运动也在加快加强，京津冀地区整体处于不均衡单向伸展拉张运动相对加强的发展阶段。该时期华北盆地形成肃宁组和张唐庄组。肃宁组为一套以河湖相为主的碎屑沉积建造，局部间夹海相沉积层；张唐庄组为一套河流相碎屑沉积建造。整体反映了该时期由寒冷向干热变化的气候条件。该时期虽然无火山与岩浆侵入活动，仅有沉积建造形成，但分布范围（盆地范围）相对于早更新世有所扩展，表明京津冀地区整体处于单向拉张运动相对加强的状态（表6-4）。该时期渤海与黄海海盆、南海—东海—日本海带状海盆进一步扩张，促使太平洋进一步萎缩。

3. 晚更新世

晚更新世（0.126～0.0117Ma）拉张强烈期：随着地幔软流圈单向流动的加剧，整个岩石圈及各区域断裂的伸展拉张运动也在加剧，京津冀地区整体处于不均衡单向伸展拉张运动相对强烈的发展阶段。该时期华北盆地形成西甘河组、小山组与燕子河组。西甘河组为一套以河湖相为主间夹海相的碎屑沉积建造，小山组为一套玄武质火山岩建造，燕子河组为一套河流相碎屑沉积建造。整体反映了该时期寒冷与相对温暖周期性多变的气候条件。该时期形成的火山岩具有非造山型岩浆岩的特点，各类沉积建造的分布范围在第四纪时期相对最广，表明京津冀地区整体处于单向拉张运动的强烈状态（表6-4）。

4. 全新世早期

全新世早期(0.011 7~0.008 2Ma)较弱拉张期：随着地幔软流圈单向流动的减慢，整个岩石圈及各区域断裂的伸展拉张运动也在相对减慢，京津冀地区整体处于不均衡单向伸展拉张运动相对较弱的稳定发展阶段。经过始新世—晚更新世单向伸展拉张运动的逐步演化，京津冀地区新的岩石圈结构主体已经形成。对应于华北盆地区及其以东地区之下原有晚三叠世—晚白垩世方辉橄榄岩与二辉橄榄岩混合型上地幔岩石圈及花岗岩型陆壳，在古新世—晚更新世演化过程中被从底部依次逐步拆离减薄与再造，形成新的二辉橄榄岩型上地幔岩石圈及花岗闪长岩型陆壳-非造山型岩石圈。该时期华北盆地形成一套河湖相夹海相碎屑沉积建造，即杨家寺组。整体反映了该时期由较寒冷向温暖潮湿变化的气候条件。该时期无火山与岩浆侵入活动，仅有各类沉积建造形成，其分布范围与晚更新世相比有较大的缩小，表明京津冀地区整体处于较弱的单向拉张运动和相对稳定的状态(表6-4)。

5. 全新世中期

全新世中期(0.008 2~0.004 2Ma)强烈拉张期：随着地幔软流圈单向流动的加快，整个岩石圈及各区域断裂的伸展拉张运动也在加快，京津冀地区整体处于不均衡单向伸展拉张运动相对强烈的发展阶段。该时期华北盆地形成高湾组，为一套以海相为主间夹河湖相的碎屑沉积建造。整体反映了该时期为相对温暖潮湿适中的气候条件，正好是生物与人类进化快速发展的最为有利时期。该时期无火山与岩浆侵入活动，仅有各类沉积建造形成，其分布范围与早全新世相比有较大的扩展，尤其是海侵范围扩大，表明京津冀地区又一次整体处于强烈的单向拉张运动状态(表6-4)。该时期渤海与黄海海盆、南海—东海—日本海带状海盆进一步扩张，促使太平洋进一步萎缩。

6. 全新世晚期

全新世晚期(0.004 2Ma至今)较强拉张期：随着地幔软流圈单向流动的减慢，整个岩石圈及各区域断裂的伸展拉张运动也在减慢，逐步向相对稳定过渡发展。从区内存在较丰富的地热异常资源分析，岩石圈基本进入了热松弛状态，因此京津冀地区整体仍然处于不均衡较强的活动发展阶段。该时期华北盆地形成岐口组及其他海相与陆相不同成因类型的碎屑沉积建造，岐口组为一套以海相为主间夹河湖相的碎屑沉积建造。整体反映了该时期为相对温暖而干湿不均匀变化的气候条件。该时期无火山与岩浆侵入活动，仅有小范围的各类沉积建造形成，似趋于隆起稳定状态；但岩石圈热能的不断释放、地震的不断发生，表明现今京津冀地区整体仍然处于不均衡较强的单向拉张运动状态(表6-4)。

通过晚全新世的发展演化，京津冀地区现代地质、地理、地貌格局与景观及现代岩石圈三维结构特征全面形成。广袤平坦的华北平原，怀抱于两大山脉之间，东濒渤海，素有"粮仓棉海"之美称，并埋藏着丰富的石油、天然气、煤炭、地热等资源。这样一幅雄伟壮观的地质、地理、地貌景观，是在漫长的区域地质历史发展演化过程中，以地球内动力体系为主，内外两大动力体系长期共同作用的结果。

结　语

本次工作以板块构造理论为指导，以基本地质事实——不同时段的建造与改造为依据，充分应用三维建模等新技术，并严格按照项目设计书及设计批复的规定要求，经过项目组全体成员的共同努力最终圆满完成了各项任务，取得了多项成果和新进展，进一步提升了河北省平原区的基础地质的整体研究程度，为一个开拓基础地质服务社会领域的良好范例，为平原区地热资源勘查开发、隐伏矿产勘查、地质灾害防治、城市规划建设等提供了系统翔实的平原区基础地质资料。

1. 河北省(北京市天津市)平原区前新生代基岩地质图

(1)整体编制了河北省(北京市天津市)平原区前新生代基岩地质图，图面上采用岩石地层单位对前新生代基岩地质情况进行了表达，并统一建立了平原区前新生代基岩岩石地层序列和划分方案，更有利于与基岩区岩石地层序列的对比研究和平原区相关工作中的参考利用。

(2)本次编图工作对前新生代基岩与上覆新生界为断层接触的部位——断坡带进行了详尽表达，相较于传统地质图，此举显著提升了覆盖区地质图与钻孔数据的匹配度，使地质构造格局的呈现更为客观、科学。

(3)首次系统厘定了平原区前新生代基岩中发育的褶皱构造，共划分为28个褶皱构造，归属于早中三叠世、侏罗纪和早白垩世3个形成期。与以往平原区部分地段基岩地质图主要依据断裂控制地质体分布的情况相比，本次编制的河北省(北京市天津市)平原区前新生代基岩地质图在客观性和实用性方面均有所提升。

(4)更加系统地划分了晚三叠世至晚白垩世四级构造单元，在《中国区域地质志·河北志》(2017)划分为5个四级构造单元的基础上，新增加了5个四级构造单元，使得平原区四级构造单元的划分更加客观、合理，为平原区晚三叠世至晚白垩世地质构造的相关研究和应用提供了更加翔实的基础地质资料。

(5)更加系统地划分了新生代五级构造单元，在《中国区域地质志·河北志》(2017)划分为51个五级构造单元的基础上，新增加了17个五级构造单元，使得平原区新生代五级构造单元的划分更加客观、合理，为平原区新生代地质构造的相关研究和应用提供了更加翔实的基础地质资料。

(6)在前新生代基岩埋深等深线的绘制与表达方面，本次工作采用物探异常控制构造格架、钻孔标定深度的方法进行编制，利用三维建模这一新技术，绘制了基岩界面的三维起伏数字模型。该模型能够融合钻孔数据、地震反射层构造特征等多种埋深信息，进行综合分析和处理，从而确保前新生代基岩埋深等深线的客观性和准确性。此外，编制了数字地形模型图(DTM)，使得图件应用性更强。

(7)通过编制前新生代基岩构造纲要图和基岩地质图，系统厘定了各断裂的活动性质和作用，并依据断裂规模、控制地质体程度，将平原区断裂划分为三级：一级断裂为太行山及燕山山前断裂、沧东断裂、衡水断裂等8条断裂，它们作为四级构造单元的分界断裂；二级断裂主要为控凹、控凸断裂，如河西务-牛东断裂、徐水-淀北断裂、明化镇断裂等40条断裂，为划分五级构造单元的分界断裂；三级断裂为一般断裂，为各级构造单元内部的断裂构造，河北省(北京市天津市)平原区前新生代基岩地质图上共表达了210条。

此外，还提出了对各级断裂构造在新生代时期活动性质的新认识：北东—北北东向的断裂主要以正断层性质为特征,而其他方向的断裂构造则主要表现为走滑正断层性质。

2. 河北省(北京市天津市)平原区古近纪、新近纪地质图

(1)首次整体编制了河北省(北京市天津市)平原区古近纪地质图和新近纪地质图,图面结合了岩石地层单位和等深线的表达方式,并统一构建了平原区古近纪至新近纪的岩石地层序列及划分方案,便于与基岩区岩石地层序列进行对比研究,同时也为平原区相关工作,如地层埋深等深线的编绘及地热资源勘查等,提供了精确的层位深度信息。

(2)系统整体确定了平原区古近系(孔店组、沙河街组、东营组)、新近系(九龙口组、馆陶组、明化镇组)的分布范围、发育厚度及构造特征,为平原区古近纪至新近纪地质构造的相关研究和应用提供了更加翔实的基础地质资料。

3. 河北省(北京市天津市)平原区活动断裂分布图

(1)通过对以往活动断裂探测以及区域地质调查项目等相关资料的综合研究,基本确定了河北省(北京市天津市)平原区77条主要活动断裂的分布位置、长度、产状、活动性质及活动时代,划分为早—中更新世活动断裂(50条)、晚更新世活动断裂(19条)及全新世活动断裂(8条)三期,为今后平原区地质灾害防治、城市规划建设等相关工作的开展提供了基础地质依据。

(2)对三期第四纪活动断裂构造的活动性质提出了北东—北北东向断裂以正断层性质为特征、其他方向的断裂构造以走滑正断层性质为特征的新认识。

(3)对1976年7月28日唐山市发生的7.8级地震的成因,根据震中地表位于唐山-古冶断裂的南西端和唐山断裂的北东端两断裂斜列交会部位,地下位于两断裂的直接交会处的特征,明确指出,两断裂的拉张剪切走滑活动是导致此次大地震发生的最为关键的因素。

总之,河北省(北京市天津市)平原区地质编图与综合研究系列成果的取得,进一步提升了河北省(北京市天津市)平原区的基础地质的整体研究程度,为服务于平原区地热资源勘查开发、隐伏矿产勘查、地质灾害防治、城市规划建设等提供了系统翔实的基础地质资料,并具有一定的指导作用,发挥了良好的社会效应。

主要参考文献

北京市地质调查研究院,2025.中国区域地质志·北京志[M].北京:地质出版社.

薄尚尚,张津宁,韩国猛,等,2022.黄骅坳陷南、北构造差异演化研究[J].科技通报,38(1):20-25.

蔡川,邱楠生,刘念,等,2020.冀中坳陷束鹿凹陷潜山不整合特征与油气运聚模式[J].地质学报,94(3):888-904.

曹瑛倬,2022.冀中坳陷雄县碳酸盐岩地热田发育主控因素及有利区预测[D].北京:中国石油大学(北京).

曾洪流,赵贤正,朱筱敏,等,2015.隐性前积浅水曲流河三角洲地震沉积学特征:以渤海湾盆地冀中坳陷饶阳凹陷肃宁地区为例[J].石油勘探与开发,42(5):566-576.

陈清华,劳海港,吴孔友,等,2013.冀中坳陷碳酸盐岩深层古潜山油气成藏有利条件[J].天然气工业,33(10):32-39.

成永生,陈松岭,2008.渤海湾盆地南堡凹陷外围古生界油气成藏研究[J].地质找矿论丛,23(4):330-338.

成永生,陈松岭,2009.南堡凹陷外围地区古生界地层油气成藏分析[J].天然气地球科学,20(1):108-112.

崔树清,2009.冀中坳陷饶阳凹陷构造特征及油气聚集[D].北京:中国地质大学(北京).

崔周旗,2006.渤海湾盆地冀中坳陷古近系沉积体系与隐蔽油气藏勘探[D].西安:西北大学.

大港油气区编纂委员会,2022.中国石油地质志·卷五 大港油气区[M].2版.北京:石油工业出版社.

戴俊生,李理,陆克政,等,1999.渤海湾盆地构造对含油气系统的控制[J].地质论评(2):202-208.

单帅强,何登发,方成名,等,2022.渤海湾盆地冀中坳陷高阳低凸起构造特征及成因机制[J].石油实验地质,44(6):989-1007.

单帅强,何登发,张煜颖,2019.沧县隆起献县变质核杂岩的发育特征及成因模式[J].地学前缘,26(1):178-188.

单帅强,张煜颖,张锐锋,2018.渤海湾盆地徐水凹陷地质结构与构造演化[J].石油与天然气地质,39(5):1037-1047.

单帅强,2018.太行山山前断层的构造几何学、运动学及其对渤海湾盆地发育的控制作用[D].北京:中国地质大学(北京).

邓晋福,刘厚祥,赵海玲,等,1996.燕辽地区燕山期火成岩与造山模型[J].现代地质(2):137-148.

邓晋福,苏尚国,刘翠,等,2007.华北太行—燕山—辽西地区燕山期(J—K)造山过程与成矿作用[J].现代地质(2):232-240.

董大伟,李理,刘建,等,2013.冀中坳陷中北部新生代构造演化特征[J].石油与天然气地质,34(6):771-780.

杜金虎,何海清,赵贤正,等,2017.渤海湾盆地廊坊凹陷杨税务超深超高温奥陶系潜山油气勘探重大突破实践与启示[J].中国石油勘探,22(2):1-12.

杜金虎,赵贤正,张以明,等,2012.牛东1风险探井重大发现及其意义[J].中国石油勘探,17(1):1-8.

杜金虎,邹伟宏,费宝生,等,2002.冀中拗陷古潜山复式油气聚集区[M].北京:科学出版社.

费宝生,汪建红,2005.中国海相油气田勘探实例之三渤海湾盆地任丘古潜山大油田的发现与勘探[J].海相油气地质(3):43-50.

高长海,查明,葛盛权,等,2014.冀中富油凹陷弱构造带油气成藏主控因素及模式[J].石油与天然气地质,35(5):595-608.

高长海,查明,赵贤正,等,2017.渤海湾盆地冀中坳陷深层古潜山油气成藏模式及其主控因素[J].天然气工业,37(4):52-59.

高长海,孟士达,查明,等,2022.渤海湾盆地黄骅坳陷港北多层系潜山结构特征与成藏模式[J].中国石油大学学报(自然科学版),46(3):36-45.

葛许芳,唐瑾,吴郁,等,2003.冀中坳陷河间南潜山油藏勘探技术[J].石油勘探与开发(1):54-56.

桂宝玲,何登发,闫福旺,等,2012.大兴断层的三维几何学与运动学及其对廊坊凹陷成因机制的约束[J].地学前缘,19(5):86-99.

桂宝玲,何登发,闫福旺,等,2011.廊坊凹陷的三维精细地质结构[J].地质科学,46(3):787-797.

韩春元,师玉雷,刘静,等,2017.冀中坳陷保定凹陷油气勘探前景与突破口选择[J].中国石油勘探,22(4):61-72.

河北省区域地质矿产调查研究所(河北省区域地质调查院),2017.中国区域地质志·河北志[M].北京:地质出版社.

何登发,崔永谦,张煜颖,等,2017.渤海湾盆地冀中坳陷古潜山的构造成因类型[J].岩石学报,33(4):1338-1356.

何登发,单帅强,张煜颖,等,2018.雄安新区的三维地质结构:来自反射地震资料的约束[J].中国科学:地球科学,48(9):1207-1222.

何登发,马永生,刘波,等,2019.中国含油气盆地深层勘探的主要进展与科学问题[J].地学前缘,26(1):1-12.

华北油气区编纂委员会,2022.中国石油地质志·卷七 华北油气区(上册)[M].2版.北京:石油工业出版社.

冀东油气区编纂委员会,2022.中国石油地质志·卷六 冀东油气区[M].2版.北京:石油工业出版社.

纪友亮,任红燕,张世奇,等,2022.渤海湾盆地古近纪古地理特征与油气[J].古地理学报,24(4):611-633.

纪友亮,赵贤正,单敬福,等,2009.冀中坳陷古近系沉积层序特征及其沉积体系的演化[J].沉积学报,27(1):48-56.

金凤鸣,崔周旗,王权,等,2017.冀中坳陷地层岩性油气藏分布特征与主控因素[J].岩性油气藏,29(2):19-27.

金凤鸣,张飞鹏,韩国猛,等,2023.黄骅坳陷断层发育特征及其对新生古储型潜山成藏控制作用[J].地学前缘,30(1):55-68.

金凤鸣,张锐锋,杨彩虹,等,2004.冀中坳陷饶阳凹陷大王庄东断层下降盘岩性油藏勘探[J].中国石油勘探(3):58-61.

金凤鸣,2008.陆相断陷盆地隐蔽油气藏形成与勘探[D].成都:成都理工大学.

劳海港,陈清华,吴孔友,2013.饶阳凹陷横向潜山变换带构造特征及其油气聚集规律[J].地质学报,87(3):415-423.

劳海港,吴孔友,陈清华,2010.冀中坳陷调节带构造特征及演化[J].地质力学学报,16(3):294-309.

劳海港,吴孔友,陈清华,等,2012.冀中坳陷鄚州变换带演化特征及控藏作用[J].中国石油大学学报(自然科学版),36(5):12-19.

劳海港,姚纪明,剧永涛,等,2015.冀中坳陷潜山构造特征及其对油气的控制[M].武汉:武汉大学出版社.

李建军,2011.临清地区中、新生代构造演化及其对上古生界的影响[D].北京:中国石油大学(北京).

李理,王晶,2017.冀中坳陷衡水-无极构造变换带的特征及其成因机制[J].大地构造与成矿学,41(1):69-76.

李伟,2008.渤海湾盆地区中生代盆地演化与前第三系油气勘探[D].北京:中国石油大学(北京).

李玉帮,张以明,杨德相,等,2021.冀中坳陷奥陶纪岩相古地理[J].古地理学报,23(2):359-374.

梁苏娟,2003.冀中坳陷晚新生代地质构造特征及其油气赋存[D].西安:西北大学.

刘晨光,周瑶琪,梁钊,等,2015.太行山构造演化对临清坳陷上古生界油气的影响[J].大庆石油地质与开发,34(5):12-17.

刘念,邱楠生,秦明宽,等,2023.冀中坳陷束鹿潜山带油气成藏主控因素与成藏模式[J].地质学报,97(3):897-910.

刘念,2022.冀中坳陷典型潜山带油气成藏机理研究[D].北京:中国石油大学(北京).

刘琼颖,何丽娟,2019.渤海湾盆地新生代以来构造-热演化模拟研究[J].地球物理学报,62(1):219-235.

刘树文,吕勇军,凤永刚,等,2007.冀北红旗营子杂岩的锆石、独居石年代学及地质[J].地质通报(9):1086-1100.

卢刚臣,2014.渤海湾盆地黄骅坳陷潜山演化历程及展布规律研究[D].武汉:中国地质大学(武汉).

陆诗阔,李继岩,吴孔友,等,2011.冀中坳陷潜山构造演化特征及其石油地质意义[J].石油天然气学报,33(11):35-40.

路金,2022.临清坳陷新生代伸展变换构造研究[D].北京:中国地质大学(北京).

马斌斌,2023.杨税务潜山碳酸盐岩储层预测[D].北京:中国石油大学(北京).

马兵山,2016.霸县凹陷构造特征及其对油气成藏的控制[D].北京:中国石油大学(北京).

马红岩,闫保义,高双,等,2010.饶阳凹陷潜山勘探新进展及新认识[J].中国石油勘探,15(2):19-84.

毛黎光,田建章,张宏伟,等,2019.冀中坳陷北部河西务断层结构及新近纪以来的活动特征分析[J].高校地质学报,25(4):578-582.

毛黎光,2015.岩浆底辟干扰下的裂陷盆地发育特征[D].杭州:浙江大学.

苗全芸,漆家福,马兵山,等,2019.冀中坳陷北部古近纪构造差异变形及控制因素[J].大地构造与成矿学,43(1):46-57.

苗全芸,2020.冀中坳陷东部新生代盆地构造样式及形成演化过程[D].北京:中国石油大学(北京).

庞玉茂,2014.冀中坳陷地质结构特征及对油气成藏的影响[D].青岛:中国石油大学(华东).

彭远黔,孟立朋,2017.河北地震构造特征[M].石家庄:河北人民出版社.

漆家福,杨桥,陆克政,等,2004.渤海湾盆地基岩地质图及其所包含的构造运动信息[J].地学前缘(3):299-307.

漆家福,于福生,陆克政,等,2003.渤海湾地区的中生代盆地构造概论[J].地学前缘(S1):199-206.

曲江秀,高长海,查明,2013.冀中坳陷新生界底部不整合带结构及其油气地质意义[J].石油地质与工程,27(3):1-4.

沈华,范炳达,王权,等,2021.冀中坳陷油气勘探历程与启示[J].新疆石油地质,42(3):319-327.

宋永东,2011.饶阳凹陷中北部构造特征及有利勘探方向研究[D].青岛:中国石油大学(华东).

孙冬胜,刘池阳,杨明慧,等,2004.渤海湾盆地冀中坳陷中区中新生代复合伸展构造[J].地质论评(5):484-491.

孙冬胜,刘池阳,杨明慧,等,2003.冀中坳陷马西断层带分段特征及其与油气的关系[J].石油与天然气地质(3):238-244.

孙冬胜,刘池阳,杨明慧,等,2004.冀中坳陷中区中生代中晚期大型拆离滑覆构造的确定[J].大地构造与成矿学(2):126-133.

孙相灿,于兴河,李梅,等,2016.冀中坳陷深县凹陷油气成藏条件及其分布特征[J].内蒙古石油化工,42(6):124-128.

天津市地质调查研究院,2017.中国区域地质志·天津志[M].北京:地质出版社.

田建章,张锐锋,李小冬,等,2022.冀中坳陷文安斜坡潜山带天然气成因与成藏特征[J].地质学报,96(4):1434-1446.

田世峰,查明,吴孔友,等,2009.饶阳凹陷潜山油气分布特征及富集规律[J].海洋地质与第四纪地质,29(4):143-150.

田思思,陈源裕,赵铁东,等,2013.马西地区精细勘探与成效分析[J].长江大学学报(自然科学版),10(16):98-101.

王东晔,2021.临清坳陷东部煤成气成藏条件及富集主控因素[J].中国煤炭地质,33(6):37-41.

王贵玲,李郡,吴爱民,等,2018.河北容城凸起区热储层新层系:高于庄组热储特征研究[J].地球学报,39(5):533-541.

王萌,2011.霸县凹陷潜山油气成藏条件综合评价[D].青岛:中国石油大学(华东).

王明健,张训华,何登发,等,2012.临清坳陷东部构造样式及其形成演化[J].大庆石油学院学报,36(3):25-33.

王明健,张训华,张运波,等,2012.渤海湾盆地临清坳陷东部上侏罗统—下白垩统剥蚀量恢复与原型盆地[J].古地理学报,14(4):499-506.

王明健,张训华,张运波,等,2013.临清坳陷东部断层系统与上古生界煤成气成藏[J].中国矿业大学学报,42(3):394-404.

王明健,张训华,张运波,等,2012.临清坳陷东部构造演化及对上古生界烃源岩生烃的控制作用[J].石油天然气学报,34(6):8-12.

王明健,张训华,张运波,等,2012.临清坳陷东部横向变换构造分析[J].东北石油大学学报,36(5):6-11.

王鹏,张宇飞,杨丽丽,等,2022.冀中坳陷束鹿凹陷潜山分类与成藏模式[J].现代地质,36(5):1230-1241.

王伟,2017.霸县凹陷文安斜坡区砂岩输导层油气运移模式及成藏控制作用研究[D].大庆:东北石油大学.

王永臻,2020.冀中坳陷东北部石炭-二叠系煤成气资源潜力分析及有利区预测[D].北京:中国地质大学(北京).

王玉柱,2010.冀中坳陷马西地区构造地层演化及岩性油藏预测[D].北京:中国地质大学(北京).

吴孔友,王雨洁,张瑾琳,等,2010.冀中坳陷前第三系岩溶发育规律及其控制因素[J].海相油气地质,15(4):14-22.

吴孔友,臧明峰,崔永谦,等,2011.冀中坳陷前第三系顶面不整合结构特征及油气藏类型[J].西安石油大学学报(自然科学版),26(1):7-13.

蒽克来,操应长,金杰华,等,2014.冀中坳陷霸县凹陷古近系中深层古地层压力演化及对储层成岩作用的影响[J].石油学报,35(5):867-878.

蒽克来,操应长,赵贤正,等,2014.霸县凹陷古近系中深层有效储层成因机制[J].天然气地球科学,25(8):1144-1155.

杨克基,漆家福,余一欣,等,2016.渤海湾地区断层相关褶皱及其油气地质意义[J].石油地球物理勘探,51(3):625-636.

杨明慧,刘池阳,孙冬胜,等,2002.冀中坳陷北区古近纪构造-沉积关系双向研究[J].西安石油学院学报(自然科学版)(6):12-15.

杨明慧,刘池阳,孙冬胜,等,2002.冀中坳陷的伸展构造系统及其构造背景[J].大地构造与成矿学(2):113-120.

杨明慧,刘池阳,孙冬胜,等,2004.陆相伸展盆地强伸展期沉积格架与断块翘倾分析:以冀中坳陷廊坊凹陷沙河街组三段中亚段为例[J].地质科学(2):178-190.

杨明慧,刘池阳,杨斌谊,2002.冀中坳陷东部西倾断层的构造负反转过程[J].石油勘探与开发(6):35-37.

杨明慧,刘池阳,杨斌谊,2001.冀中坳陷中生代构造变形的转换及油气[J].大地构造与成矿学(2):113-119.

杨明慧,刘池阳,杨斌谊,等,2002.冀中坳陷古近纪的伸展构造[J].地质论评(1):58-67.

杨明慧,刘池阳,2002.陆相伸展盆地的层序类型、结构和序列与充填模式:以冀中坳陷下第三系为例[J].沉积学报(2):222-228.

杨明慧,王嗣敏,陈善勇,等,2005.渤海湾盆地黄骅坳陷奥陶系碳酸盐岩潜山成因分类与分布[J].石油与天然气地质(3):310-316.

杨明慧,2009.渤海湾盆地变换构造特征及其成藏意义[J].石油学报,30(6):816-823.

杨明慧,2008.渤海湾盆地潜山多样性及其成藏要素比较分析[J].石油与天然气地质,29(5):623-631.

杨润泽,赵贤正,刘海涛,等,2023.渤海湾盆地黄骅坳陷古生界源内和源下油气成藏特征及有利区预测[J].岩性油气藏,35(3):110-125.

姚佳利,2018.冀中坳陷东北部石炭—二叠系构造控油气作用分析[D].北京:中国地质大学(北京).

叶琳,张俊霞,卢刚臣,等,2013.黄骅坳陷孔南地区古近纪构造-地层格架和幕式演化过程[J].地球科学(中国地质大学学报),38(2):379-389.

易士威,王权,2004.冀中坳陷富油凹陷勘探现状及勘探思路[J].石油勘探与开发(3):82-85.

于晓卫,2012.南宫凹陷中、新生界油气地质条件研究[D].青岛:山东科技大学.

臧明峰,吴孔友,崔永谦,等,2009.冀中坳陷古潜山类型及油气成藏[J].石油天然气学报,31(2):166-169.

张成武,张君子,李娟,等,2023.饶阳凹陷赵皇庄-肃宁构造带奥陶系潜山勘探潜力简析[J].录井工程,34(1):137-146.

张进江,赵兰,刘树文,2006.龙泉关韧性剪切带同变形花岗岩的构造特征及其独居石测年[J].地质学报(12):1854.

张津宁,周建生,王建柱,等,2020.黄骅坳陷中生界内幕不整合构造的时空差异及其构造地质意义[J].大地构造与成矿学,44(5):831-844.

张凯逊,2018.冀中坳陷饶阳凹陷中深层有效碎屑岩储集层发育机理研究[D].北京:中国石油大学(北京).

张锐锋,陈柯童,朱洁琼,等,2021.渤海湾盆地冀中坳陷束鹿凹陷中深层湖相碳酸盐岩致密储层天然气成藏条件与资源潜力[J].天然气地球科学,32(5):623-632.

张锐锋,田建章,黄远鑫,等,2023.冀中坳陷奥陶系潜山油气藏形成条件与成藏模式[J].地学前缘,30(1):45-54.

张文朝,杨德相,陈彦均,等,2008.冀中坳陷古近系沉积构造特征与油气分布规律[J].地质学报(8):1103-1112.

张文佑,张抗,赵永贵,等,1983.华北断块区中、新生代地质构造特征及岩石圈动力学模型[J].地质学报(1):33-42.

张耀,2021.黄骅坳陷燕山期构造特征及其控盆作用[D].青岛:中国石油大学(华东).

张以明,王余泉,刘井旺,等,2006.冀中坳陷复杂断块油藏成藏模式研究[J].中国石油勘探(2):15-18.

张艺,戴俊生,王珂,等,2014.冀中坳陷霸县凹陷古近纪断层活动特征[J].西安石油大学学报(自然科学版),29(1):27-33.

张艺,2016.冀中坳陷三维连片区新生代断层活动性研究[D].青岛:中国石油大学(华东).

张煜颖,何登发,单帅强,等,2019.宝坻断层的几何学与运动学特征:兼论燕山褶皱带与渤海湾盆地的构造关系[J].岩石学报,35(4):1143-1160.

赵力民,赵贤正,刘井旺,等,2009.冀中坳陷古近系地层岩性油藏成藏特征及勘探方向[J].石油学报,30(4):492-497.

赵威,丁文龙,钱铮,等,2015.冀中坳陷东北部石炭系—二叠系煤成气保存条件评价[J].海相油气地质,20(2):45-55.

赵文龙,韩春元,严梦颖,等,2020.冀中坳陷北部奥陶系储层形成机理与分布模式[J].特种油气藏,27(5):61-67.

赵贤正,姜在兴,张锐锋,等,2015.陆相断陷盆地特殊岩性致密油藏地质特征与勘探实践:以束鹿凹陷沙河街组致密油藏为例[J].石油学报,36(S1):1-9.

赵贤正,蒋有录,金凤鸣,等,2017.富油凹陷洼槽区油气成藏机理与成藏模式:以冀中坳陷饶阳凹陷为例[J].石油学报,38(1):67-76.

赵贤正,金凤鸣,崔周旗,等,2012.冀中坳陷隐蔽型潜山油藏类型与成藏模拟[J].石油勘探与开发,39(2):137-143.

赵贤正,金凤鸣,蒲秀刚,等,2022.油气聚集链:内涵、特征与勘探实践:以渤海湾盆地冀中、黄骅坳陷为例[J].地学前缘,29(6):120-135.

赵贤正,金凤鸣,王权,等,2011.渤海湾盆地牛东1超深潜山高温油气藏的发现及其意义[J].石油学报,32(6):915-927.

赵贤正,金凤鸣,王权,等,2008.华北探区断陷洼槽区油气藏形成与分布[J].中国石油勘探(2):1-8.

赵贤正,金凤鸣,王权,等,2014.冀中坳陷隐蔽深潜山及潜山内幕油气藏的勘探发现与认识[J].中国石油勘探,19(1):10-21.

赵贤正,金凤鸣,王权,等,2011.中国东部超深超高温碳酸盐岩潜山油气藏的发现及关键技术:以渤海湾盆地冀中坳陷牛东1潜山油气藏为例[J].海相油气地质,16(4):1-10.

赵贤正,金凤鸣,王余泉,等,2008.冀中坳陷长洋淀地区"古储古堵"潜山成藏模式[J].石油学报(4):489-498.

赵贤正,金凤鸣,邹娟,等,2014.断陷盆地弱构造区地质特征与油气成藏:以冀中坳陷为例[J].天然气地球科学,25(12):1888-1895.

赵贤正,金强,梁宏斌,等,2010.冀中坳陷北部天然气成因类型与勘探前景[J].特种油气藏,17(4):1-5.

赵贤正,金强,张亮,等,2010.渤海湾盆地冀中坳陷北部石炭—二叠系煤成油气成藏条件及勘探前景[J].石油实验地质,32(5):459-464.

赵贤正,李宝刚,卢学军,等,2011.霸县凹陷文安斜坡油气富集规律及主控因素[J].断块油气田,18(6):730-734.

赵贤正,李飞,曾溅辉,等,2017.霸县凹陷深部地下热水的地球化学特征及其成因[J].地学前缘,24(3):210-218.

赵贤正,李宏军,付立新,等,2021.渤海湾盆地黄骅坳陷古生界煤成凝析气藏特征、主控因素与发育模式[J].石油学报,42(12):1592-1604.

赵贤正,卢学军,崔周旗,等,2012.断陷盆地斜坡带精细层序地层研究与勘探成效[J].地学前缘,19(1):10-19.

赵贤正,蒲秀刚,金凤鸣,等,2023.黄骅坳陷页岩型页岩油富集规律及勘探有利区[J].石油学报,44(1):158-175.

赵贤正,蒲秀刚,鄢继华,等,2023.渤海湾盆地沧东凹陷孔二段细粒沉积旋回及其对有机质分布的影响[J].石油勘探与开发,50(3):468-480.

赵贤正,王权,金凤鸣,等,2012.冀中坳陷隐蔽型潜山油气藏主控因素与勘探实践[J].石油学报,33(S1):71-79.

赵贤正,吴兆徽,闫宝义,等,2010.冀中坳陷潜山内幕油气藏类型与分布规律[J].新疆石油地质,31(1):4-6.

赵贤正,张锐锋,田建章,等,2012.廊坊凹陷整体研究再认识及有利勘探方向[J].中国石油勘探,17(6):10-15.

赵贤正,金凤鸣,张以明,等,2010.富油凹陷隐蔽型潜山油气藏精细勘探[M].北京:石油工业出版社.

中国石油地质志编辑委员会,1991—1996.中国石油地质志:卷一 总论;卷四 大港油田;卷五 华北油田;卷十六 沿海大陆架及毗邻海域油气区[M].北京:石油工业出版社.

中原油气区编纂委员会,2022.中国石油地质志·卷九 中原油气区[M].2版.北京:石油工业出版社.

附件1

"河北省区域地质纲要(续作)"项目系列成果

河北省(北京市天津市)平原区前新生代基岩地质图说明书

(比例尺 1:500 000)

河北省区域地质调查院(河北省地学旅游研究中心) 编著

目　录

第一章　绪　言 …………………………………………………………………………（1）
第一节　项目概况 …………………………………………………………………………（1）
第二节　交通位置及自然地理概况 ………………………………………………………（2）
第三节　以往工作概况 ……………………………………………………………………（3）
第四节　本次工作概况 ……………………………………………………………………（12）

第二章　前新生代隐伏地层 ……………………………………………………………（16）
第一节　新太古代地层 ……………………………………………………………………（16）
第二节　古元古代地层 ……………………………………………………………………（16）
第三节　中、新元古代地层 ………………………………………………………………（19）
第四节　古生代地层 ………………………………………………………………………（22）
第五节　中生代地层 ………………………………………………………………………（26）

第三章　侵入岩 …………………………………………………………………………（32）
第一节　新太古代变质深成侵入岩 ………………………………………………………（32）
第二节　侏罗纪侵入岩 ……………………………………………………………………（33）
第三节　白垩纪侵入岩 ……………………………………………………………………（33）

第四章　地质构造 ………………………………………………………………………（35）
第一节　新生代构造单元划分及特征 ……………………………………………………（35）
第二节　构造形变 …………………………………………………………………………（41）
第三节　新生界底面起伏特征 ……………………………………………………………（49）

第五章　结束语 …………………………………………………………………………（51）
第一节　取得的主要成果和进展 …………………………………………………………（51）
第二节　存在问题及建议 …………………………………………………………………（52）

附　表　河北省（北京市 天津市）平原区前新生代基岩地质图（1∶500 000）钻孔信息对照表 ……（53）

Ⅰ

第一章 绪 言

第一节 项目概况

项目名称：河北省区域地质纲要（续作）。

项目编码：13000023P00F2D410251H。

实施单位：河北省自然资源厅。

承担单位：河北省区域地质调查院（河北省地学旅游研究中心）。

项目实施起止时间：2023年1—12月，工作周期为1年。

资金来源：省地勘专项资金210万元。

本项目为"河北省区域地质纲要"的续作项目。2022年"河北省区域地质纲要"项目主要开展河北省地表部分综合研究及编图工作，编制了河北省（北京市天津市）地质图（1∶50万）、河北省（北京市天津市）岩浆岩地质图（1∶50万）、河北省（北京市天津市）地质构造图（1∶100万）、河北省（北京市天津市）第四纪地质及地貌图（1∶100万），并编写了《河北省区域地质纲要成果报告》。2023年，"河北省区域地质纲要（续作）"项目主要开展了平原区地下部分综合研究及编图工作，编制了河北省（北京市天津市）平原区前新生代基岩地质图（1∶50万）及前新生代分幅基岩地质图（1∶25万），河北省（北京市天津市）平原区古近纪地质图（1∶50万）、河北省（北京市天津市）平原区新近纪地质图（1∶50万）及河北省（北京市天津市）平原区活动断裂分布图（1∶50万），并编写了河北省（北京市天津市）平原区地质编图与综合研究报告及系列图件说明书。

项目目标任务：以河北省平原区区域地质调查成果为基础，收集近年来地热、水文、石油、煤炭等专业取得的地质成果及学术科研成果，通过各类钻探、物探成果的综合对比研究，对河北省平原区下伏前新生代基岩、古近纪、新近纪地质体分布及基岩面起伏、基底构造等特征进行总结，并通过地震研究及活动断裂探测等工作成果，梳理河北省平原区重要活动断裂数量及分布特征，系统总结编制河北省平原区基础地质系列图件及文字报告，进一步提高河北省平原区基础地质工作的研究程度和研究水平，为今后地热资源勘查开发、地质灾害防治、城市规划建设等工作提供服务。

目标任务分解：系统收集整理河北省平原区水文、地热、石油、煤炭等地质工作中的钻探、物探成果进行综合研究，对河北省平原区下伏前新生代地质体的分布、基岩面起伏、基底构造等特征进行系统总结，编制河北省（北京市天津市）平原区前新生代基岩地质图；基于河北省平原区地热、石油等地质工作中的钻探、物探成果，对古近纪、新近纪地质体分布特征进行总结，编制河北省（北京市天津市）平原区古近纪、新近纪地质图；基于河北省平原区地震、活动断裂探测等工作，系统梳理与总结河北省平原区重要活动断裂的数量及分布，编制河北省（北京市天津市）平原区活动断裂分布图；编撰河北省（北京市天津市）平原区地质编图与综合研究报告及系列图件说明书。

第二节　交通位置及自然地理概况

河北省平原区属华北平原的北部，南部及东南部与河南、山东接壤，北至燕山，西邻太行山，东临渤海。主要由石家庄市、邢台市、邯郸市、衡水市、保定市、廊坊市、唐山市、秦皇岛市、沧州市9个市组成，经济文化繁荣。区内交通发达，公路、铁路四通八达，包括京广铁路、京九铁路、京沪铁路、京广高铁、京九高铁等28条主要干线铁路，以及27条国家干线公路（图1-1）；海空交通发达，有秦皇岛港、京唐港、曹妃甸港、黄骅港等港口，机场包括石家庄正定机场、唐山三女河机场、秦皇岛北戴河机场、邯郸机场等。

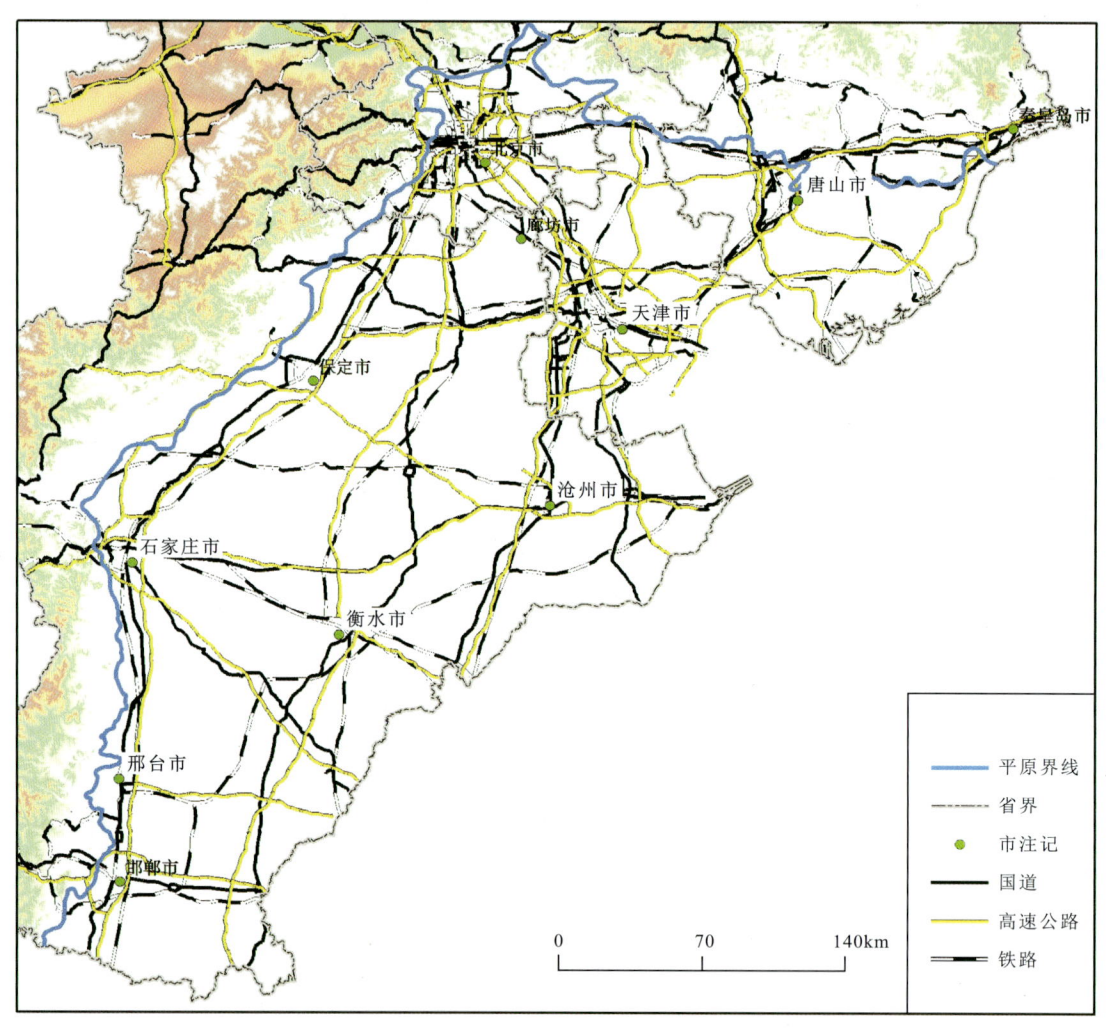

图1-1　工作区地貌交通图

河北省平原区主要由古黄河、漳河、滏阳河、沙河、滹沱河、拒马河、永定河、潮白河、子牙河、大清河、海河、滦河等河流冲洪积和白洋淀等湖泊沉积而成，地势低平，整体西高东低，向渤海湾倾斜，西部和北部分别为太行山、燕山山前冲积和洪积平原，海拔由西部涿州—定兴—望都—石家庄—邢台—邯郸一带的100m左右向东逐步降低到渤海沿岸的3m左右，洼地和泊淀面积宽广。

河北省平原区河流多发源于太行山东麓及燕山南麓，形成一个巨大的扇形水系，海河水系为区内最大的水系，年径流量达 242 亿 m³，约占河北省地表总径流量资源的 2/3，水量主要集中于 7—8 月，春季水量小，个别河流甚至干涸。

河北省平原区气候属于暖温带湿润或半湿润气候，四季分明，寒暑悬殊，雨量集中，干湿宜人，具有冬季干燥寒冷，雨雪稀少；春季冷暖多变，干燥多风；夏季炎热潮湿，雨量集中；秋季风和日丽，凉爽少雨的特点。年平均温度为 10～20℃，夏季 7 月平均气温为 26℃，极端高温可达 40℃，多出现在 6 月，冬季 11 月上旬开始霜冻，次年 3 月下旬解冻，无霜期一般在 180d 左右。年平均降水量 400～700mm，降水主要集中在夏季，7—8 月降水量最多，占全年降水量的 70%左右；冬季水量最少，仅占全年的 2%左右；秋季降水量稍多于春季。年均气温和降水量由南向北随纬度增加而递减。全年日照时数 2700～2900h，日照时数一般春季最多，夏季次之，冬季最少。区内风向，每年的 11 月到次年 2 月间多为北或西北风，其余月份以西南、东南风为主。年平均风速 3～4m/s，年极端最大风速可达 30m/s。春季风速大，降水量少，常有黄沙弥漫、尘土蔽日的风沙天气出现，年风沙日数为 10～20d。

河北省平原区石油、煤、铁矿等矿产资源丰富。石油有中国著名的华北油田、大港油田、冀东油田等；煤炭有开平煤田、蓟玉煤田、大城煤田、邯邢煤田等；铁矿有亚洲第二大铁矿即司家营铁矿、长凝铁矿等。平原区是中国小麦、棉花、花生、芝麻等作物种植面积最大的农业区，也是温带果品苹果、梨、柿、核桃和红枣等的重要产区。

第三节　以往工作概况

河北省（北京市、天津市）平原区（以下简称"平原区"）地质工作开展较早，20 世纪 50 年代开展了开平煤田与油气区的油气勘探地质普查工作。近几十年来，各类地质工作相继部署，涵盖了中大比例尺区域地质调查、城市地质调查、地热资源调查、干热岩资源调查、铁矿勘查、煤炭勘查、石盐矿普查、石油地震普查、活动断裂调查以及区域重力、航磁等工作，对古近纪、新近纪地层分布、构造特征等研究程度相对较高。

1. 区域重力、航磁工作

平原区重力与航磁工作早期以小比例尺重力普查与磁力测量工作为主。近年来，开展了中大比例尺重力与航磁调查，包括含油气盆地区中大比例尺（1∶10 万、1∶5 万）重力测量以及铁矿区大比例尺航磁工作。目前，1∶25 万重力、航磁工作已全覆盖，冀南地区 1∶2.5 万航磁工作完成全覆盖，冀东地区 1∶5 万重力工作完成全覆盖（表 1-1）。

表 1-1　主要重力、航磁工作统计表

序号	项目名称	完成单位	时间
1	河北省 1∶50 万区域物化探成果研究	河北省地球物理勘查院	2007 年
2	河北冀东铁矿外围 1∶5 万重力调查	河北省地球物理勘查院	2014 年
3	河北省山区 1∶2.5 万高精度航空磁测勘查石保测区、张家口东测区航磁异常查证	河北省地质调查院	2018 年
4	河北邯邢地区 1∶2.5 万航磁调查	河北省地质调查院	2022 年

2. 基础地质工作

平原区先后完成1:25万北京市幅、天津市幅、秦皇岛市幅、黄骅县幅、邢台市幅、邯郸市幅区域地质调查工作。在廊坊、唐山、秦皇岛、石家庄等地区开展了1:5万区域地质调查工作，主要由天津地质调查中心、河北省地质调查院、河北省区域地质调查院等单位完成，其中唐山、秦皇岛及廊坊中北部实现了1:5万区域地质调查全覆盖。近年来，石家庄、唐山等地相继开展了城市地质调查工作，进行了更为详细的基础地质研究工作（表1-2）。

表1-2 主要区域地质调查、城市地质调查工作统计表

序号	项目名称	完成单位	时间
1	北京市幅区域地质调查(1:25万)	北京市地质调查研究院	2002年
2	流常幅、龙华镇幅1:5万区域地质与农业生态地质调查	中国地质科学院水文地质环境地质研究所	2003年
3	1:25万天津市幅、秦皇岛市幅区域地质调查	天津市地质调查研究院、河北省区域地质调查院	2005年
4	1:25万黄骅县幅海岸带区域地质与环境调查	天津地质调查中心	2011年
5	河北省1:5万南堡新生盐场、唐海县等九幅区域地质调查	天津地质调查中心	2012年
6	河北省1:5万雷庄、石门、昌黎县、滦南县区域地质矿产调查	天津地质调查中心	2012年
7	天津1:5万武清城关镇、大口屯镇、黄花店乡、武清县幅区域地质调查	天津市地质调查研究院	2012年
8	1:25万邢台市幅、邯郸市幅区域地质调查	河北省地质调查院	2012年
9	石家庄市城市地质调查评价	河北省水文工程地质勘查院	2013年
10	1:5万石家庄幅、正定幅等五幅区域地质调查	河北省地质调查院	2014年
11	1:25万北京市幅等六幅基础地质调查修测	天津地质调查中心	2016年
12	北京1:5万琉璃河、庞各庄、安次县幅区域地质调查	北京市地质调查研究院	2016年
13	河北1:5万黄各庄、大新庄、胡各庄幅区域地质调查	天津地质调查中心	2016年
14	河北1:5万刘台庄、乐亭、姜各庄幅区域地质调查	天津地质调查中心	2016年
15	唐山-秦皇岛城市地质调查	天津地质调查中心	2016年
16	河北1:5万古冶、唐山、范各庄煤矿幅区域地质调查	河北省地质调查院	2018年
17	河北1:5万沙流河、左家坞、丰润、鸦鸿桥幅区域地质调查	河北省区域地质调查院	2018年
18	天津1:5万新安镇等六幅区域地质调查	天津市地质调查研究院	2018年
19	1:5万永定河冲积平原第四系地质调查	中国地质科学院地球物理地球化学勘查研究所	2019年
20	河北1:5万大厂回族自治县、三河县、渠口镇三幅第四系覆盖区地质填图	河北省区域地质调查院	2019年
21	河北1:5万王庆坨幅、胜芳幅、独流镇幅区域地质调查	天津地质调查中心	2022年
22	河北1:5万容城县幅区域地质调查	天津地质调查中心	2022年
23	唐山城市建设规划区地下空间开发利用综合地质调查评价	河北省地矿局第二地质大队	2022年

3. 地热资源调查工作

近二十年来,平原区开展了大量地热资源调查工作,包括各市、县地热资源调查和以地热井开采为主的地热资源勘查等,主要由河北省地质矿产勘查开发局(简称河北省地矿局)第三、第四水文工程地质大队实施。2018 年河北省自然资源厅部署 10 个以构造单元为边界,覆盖平原区的地热资源勘查项目,基本查明了平原区热储类型。随着雄安新区的加速发展,部署大量的地热资源勘查项目,地热资源得到了充分开发与利用(表 1-3)。目前,平原区基岩地热井约 183 眼,其中寒武系—奥陶系热储地热井 26 眼、蓟县系热储地热井 157 眼。

表 1-3 主要地热地质调查工作统计表

序号	项目名称	完成单位	时间
1	河北省地热资源调查评价	河北省地矿局第三水文工程地质大队	2004 年
2	河北省平原石油废弃井调查与地热开发利用规划	河北省地矿局第三水文工程地质大队	2006 年
3	河北省地热资源特征与开发利用	河北省地矿局第三水文工程地质大队	2010 年
4	临清台陷北段地热资源勘查	河北省水文工程地质勘查院	2018 年
5	太行拱断束地热资源勘查	河北省地矿局第一地质大队	2018 年
6	沧县台拱地热资源勘查	河北省地矿局第四水文工程地质大队	2018 年
7	黄骅台陷沧州段地热资源勘查	河北省地矿局第四水文工程地质大队	2018 年
8	冀东平原区地热资源勘查	河北省地矿局第八地质大队	2018 年
9	军都山岩浆岩带地热资源勘查	河北省地矿局第六地质大队	2018 年
10	埕宁台拱地热资源勘查	河北省地矿局国土资源勘查中心	2018 年
11	冀中台陷(京南段)地热资源勘查	河北省水文工程地质勘查院	2018 年
12	冀中台陷(廊坊北三县)地热资源勘查	河北省地矿局第七地质大队	2018 年
13	临清台陷南段地热资源勘查	河北省地矿局第一地质大队	2018 年
14	雄安新区地热清洁能源调查评价(牛驼镇地热田)	中国地质调查局水文地质环境地质调查中心	2018 年
15	河北省地热资源调查评价与开发利用规划	河北省地矿局第三水文工程地质大队	2018 年
16	冀中坳陷深部碳酸盐岩热储调查评价	中国地质科学院地球物理地球化学勘查研究所	2019 年
17	京津石地热资源调查	中国地质科学院水文地质环境地质研究所	2019 年
18	河北省地热水资源保护与开发利用规划(2018—2020 年)	河北省地矿局第三水文工程地质大队	2019 年
19	雄安新区容东片区地热资源勘查	中国地质科学院水文地质环境地质研究所	2019 年

4. 干热岩资源调查工作

平原区干热岩资源调查开展时间较晚,主要由河北省煤田局水文地质队、河北省地矿局第四水文工程地质大队等单位实施。研究区域主要集中在沧州与唐山地区的构造凸起带,目标层为新太古代变质地层或岩浆岩体(表 1-4)。

表1-4 主要干热岩调查工作统计表

序号	项目名称	完成单位	时间
1	河北省沧县台拱带干热岩资源研究与潜力评估	河北省煤田地质局水文地质队	2015年
2	河北秦皇岛西部干热岩资源研究与潜力评估	河北省煤田地质局水文地质队	2016年
3	河北唐山沿海一带干热岩资源研究与潜力评估	河北省煤田地质局水文地质队	2017年
4	河北省中部平原沧县台拱带干热岩资源预查	河北省煤田地质局水文地质队	2017年
5	河北省海兴县小山干热岩资源调查与研究	河北省地矿局第四水文工程地质大队	2018年
6	河北省唐山市马头营-柏各庄凸起区干热岩地热资源预可行性勘查	河北省煤田地质局第二地质队	2022年

5. 石油地质调查工作

平原区是重要的油气资源富集区。多年来,石油部门在该区域开展了大量的深反射地震以及钻井工作,积累了丰富的地质资料,对揭示前新生代、古近纪、新近纪地层分布与构造特征具有重要作用(表1-5)。

表1-5 主要石油地震勘探工作统计表

序号	项目名称	完成单位	时间
1	冀中坳陷南部地区地震勘探	石油工业部六四六厂四大队	1969年
2	冀中坳陷中南部地区1973—1974年地震勘探	石油地球物理勘探局第一指挥部第三大队	1974年
3	霸县—保定地区1973—1974年度地震勘探	石油地球物理勘探局第一指挥部第二大队	1974年
4	石家庄、大城里坦、肃宁、武强地区地震勘探	石油地球物理勘探局第一指挥部第三大队	1975年
5	冀中坳陷涿县、文安、郑州、保定、安国地区勘探	石油地球物理勘探局第一指挥部	1975年
6	深泽刘村地区地震会战	大港油田地质调查指挥部研究大队	1976年
7	冀中坳陷文安、蠡县地区勘探	石油地球物理勘探局第一指挥部	1976年
8	孔店-王徐庄地震勘探	大港油田地质调查指挥部研究大队	1976年
9	河北省深县—武邑地区电法勘探	石油地球物理勘探局普查队704队	1977年
10	冀中坳陷南部地震勘探	华北石油地震会战第三指挥部	1977年
11	冀中坳陷留路—孙虎地区地震勘探	石油地球物理勘探局第一指挥部三大队	1977年
12	黄骅坳陷中部地区地震勘探	大港油田地质调查指挥部研究大队	1977年
13	黄骅坳陷北部1976—1977年度地震勘探	大港油田地质调查指挥部研究大队	1977年
14	冀中坳陷中部地区地震勘探	石油地球物理勘探局第一指挥部	1978年
15	河北省隆尧县东地震勘探详查	煤炭工业部煤田地球物理勘探队	1978年
17	黄骅坳陷北部1977—1978年度地震勘探	大港油田地质调查指挥部研究大队	1978年
18	冀中坳陷东部及南宫地区地震勘探	石油地球物理勘探局第一指挥部	1979年

续表 1-5

序号	项目名称	完成单位	时间
19	华北坳陷区南宫凹陷地震普查	地矿部华北石油地质局第四物探队	1979年
20	冀中文安斜坡中南段地震勘探	大港油田地质调查指挥部研究大队	1979年
21	黄骅坳陷北部地震三查	大港油田地质调查指挥部研究大队	1979年
22	冀中坳陷牛驼镇凸起周围及大厂凹陷地震勘探	石油地球物理勘探局第四指挥部	1980年
23	临清工区地震普查	地矿部华北石油地质局第四物探队	1981年
24	冀中坳陷东南部地震勘探	石油地球物理勘探局第一指挥部	1982年
25	冀中坳陷文安斜坡地震区域普查	地矿部华北石油地质局第四物探队	1983年
26	1983年度综合地质年报：勘探部分	大港石油管理局勘探部	1984年
27	黄骅坳陷北部北堡—柳赞地区1984年地震勘探	大港石油管理局物探公司	1984年
28	黄骅坳陷北部柏各庄地区1985年地震勘探	大港石油管理局物探公司	1985年
29	黄骅坳陷中区1986年地震勘探研究	大港石油管理局物探公司研究所	1986年
30	黄骅坳陷北部1986年地震勘探	大港石油管理局物探公司研究所	1986年
31	黄骅坳陷北区1987年地震地质报告集	大港石油管理局物探公司研究所	1987年
32	黄骅坳陷1987年度地震地质主要研究成果总结	大港石油管理局物探公司研究所	1987年
33	黄骅坳陷南部地区1987年地震勘探	大港石油管理局物探公司研究所	1987年
34	黄骅坳陷中部地区1987年地震勘探	大港石油管理局物探公司研究所	1987年
35	黄骅坳陷1987年度地震地质主要研究成果总结	大港石油管理局物探公司研究所	1987年
36	黄骅坳陷南部地区1987年地震勘探成果汇编	大港石油管理局物探公司研究所	1987年
37	黄骅断陷前第三系区域构造特征及有利区带评价	大港石油管理局石油地质勘探开发研究院	1989年
38	榆科地区三维地震资料精细解释效果	石油地球物理勘探局第一地质调查处	1991年
39	黄骅坳陷南部外围有利勘探区带评价	大港石油管理局石油地质勘探开发研究院	1992年
40	大王庄地区三维地震资料综合解释及效果	石油地球物理勘探局第一地质调查处	1993年
41	南宫凹陷南午村构造带地震假三维勘探工作成果	地矿部华北石油地质局第四物探队	1993年
42	饶阳凹陷中北部地震T2反射层构造图(1:10万)	中油集团东方地球物理公司	2011年
43	饶阳凹陷连片三维地震Tg反射层构造图(1:10万)	中油集团东方地球物理公司	2011年
44	冀中坳陷连片三维区古近系地面(Tg)构造图(1:10万)	潜能恒信能源技术股份有限公司	2015年
45	大港探区第三系底界构造图(1:20万)	大港油田物探研究院	2019年
46	大港探区东营组顶界构造图(1:20万)	大港油田物探研究院	2019年
47	中国石油地质志(第二版)卷七华北油气区(上册)	华北油气区编纂委员会	2022年
48	中国石油地质志(第二版)卷六冀东油气区	冀东油气区编纂委员会	2022年
49	中国石油地质志(第二版)卷五大港油气区	大港油气区编纂委员会	2022年
50	中国石油地质志(第二版)卷九中原油气区	中原油气区编纂委员会	2022年

6.煤炭地质调查工作

平原区煤炭地质工作开展较早,自 20 世纪 50—60 年代就开始开展煤炭普查工作,成果资料极为丰富。主要在唐山开平煤田、蓟玉煤田、邯邢煤田,以及青县、大城等地积累了丰富的钻孔、基岩地质图等资料,这些资料对指示石炭纪—二叠纪、三叠纪地层分布具有重要作用(表 1-6)。

表 1-6 主要煤炭地质勘探工作统计表

序号	项目名称	完成单位	时间
1	河北省开平煤田巍山区勘探	唐山开滦建设(集团)有限责任公司	1956 年
2	河北省丰润区车轴山勘探	唐山开滦建设(集团)有限责任公司	1956 年
3	河北省唐山市玉田县蓟玉煤田林南仓勘探	唐山开滦建设(集团)有限责任公司	1957 年
4	河北邢台勘探区 1959 年 7 月 20 日以前精查	峰峰矿务局地质勘探处一三九勘探队	1959 年
5	河北省石家庄至涞水区找矿(煤)总结	河北省煤炭工业管理局地质勘探公司一三八勘探队	1964 年
6	河北省开平煤田将军坨勘探区最终地质勘探	唐山开滦建设(集团)有限责任公司	1964 年
7	河北省开平煤田湾道山勘探区(荆各庄矿)精查	唐山开滦建设(集团)有限责任公司	1965 年
8	先贤勘探区普查勘探	河北省煤田地质勘探公司第二勘探队	1971 年
9	河北省开平煤田吕家坨矿延伸勘探	唐山开滦建设(集团)有限责任公司	1975 年
10	河北省邢台市邢台矿区邢东勘探	河北省煤田地质勘探公司第二勘探队	1975 年
11	河北省元氏县元北区普查勘探	河北省煤田地质勘探公司第二勘探队	1976 年
12	河北省丰南县开平煤田钱家营井田精查勘探	唐山开滦建设(集团)有限责任公司	1977 年
13	河北省邢台市尧山区煤炭资源勘探	河北省煤田地质局第二地质队	1977 年
14	河北省丰润县开平煤田东欢坨勘探区一号矿井精查	唐山开滦建设(集团)有限责任公司	1978 年
15	河北省邢台市邢台矿区邢东勘探	河北省煤田地质勘探公司第二勘探队	1979 年
16	河北省煤炭资源远景调查物探报告	河北省地矿局物探大队	1989 年
17	河北省丰润县新军屯区详查	唐山开滦建设(集团)有限责任公司	1993 年
18	河北省沙河市北掌井田煤炭勘探	冀中能源邯郸矿业集团北掌矿业有限公司	2005 年
19	河北省邢台矿区邢北深部勘查区煤炭详查	河北省煤田地质局物测地质队	2006 年
20	河北省唐山市丰南区爽坨勘查区煤炭预查	河北省煤田地质局物测地质队	2007 年
21	河北省石家庄市高邑县万城勘查	中国煤田地质局燕太地质基础工程公司第五工程处	2007 年
22	河北省泊头地区煤炭资源普查	河北省地球物理勘查院	2008 年
23	河北省唐山市车轴山煤田新军屯勘查区深部煤炭普查	河北省煤田地质局物测地质队	2008 年
24	河北省邢台市东旺区煤炭预查	河北省煤田地质勘查院	2008 年
25	河北省沧州市卧佛堂区煤炭预查	河北省煤田地质局物测地质队	2009 年
26	河北省唐山市望马泊区煤炭预查	河北省煤田地质局物测地质队	2009 年
27	河北省广宗县广宗预测区煤炭预查	河北省煤田地质局物测地质队	2009 年

续表1-6

序号	项目名称	完成单位	时间
28	河北省南宫市南宫区煤炭预查	河北省煤田地质局物测地质队	2009年
29	河北省玉田县李庄子井田煤炭详查	河北省煤田地质局第二地质队	2010年
30	河北省邢台矿区邢北深部勘查区煤炭综合详查	河北省煤田地质局物测地质队	2010年
31	河北省邢台市新河区煤炭资源预查	河北省煤田地质局水文地质队	2010年
32	河北省唐山市钱家营煤矿接替资源勘查	唐山开滦建设(集团)有限责任公司	2011年
33	河北省玉田县窝洛沽区煤炭资源预查	河北省地质调查院	2011年
34	河北省邢台市广宗区煤炭普查	河北省煤田地质局物测地质队	2012年
35	河北省唐山市车轴山煤田新军屯勘查区深部煤炭详查	河北省煤田地质局物测地质队	2012年
36	河北省魏县北皋集一带煤炭资源预查	河北省地矿局第十一地质大队	2012年
37	河北省沧州市卧佛堂区煤炭普查	河北省煤田地质局物测地质队	2012年
38	河北省泊头地区煤炭普查	河北省地球物理勘查院	2012年
39	河北省涞水—涿州一带煤矿预查	河北省保定地质工程勘查院	2012年
40	河北省邯郸市浮图店区煤炭综合预查	河北省煤田地质勘查院	2013年
41	河北省青县地区煤炭普查	河北省地球物理勘查院	2013年
42	河北省大城县大城西区煤炭预查	河北省煤田地质局物测地质队	2014年
43	河北省大城煤田大城勘查区煤炭详查	河北省煤田地质局物测地质队	2014年
44	河北省邢台市千户营勘查区煤炭普查	河北省煤田地质局第二地质队	2014年
45	河北省邢台赵店区煤炭普查	河北省煤田地质局第二地质队	2015年
46	河北省邢台市广宗区外围煤炭预查	河北省煤田地质局物测地质队	2015年
47	河北省邢台市宁晋县、隆尧县千户营区煤炭	河北省煤田地质局第二地质队	2017年
48	河北省大城县大城区煤炭勘探地质工作总结	河北省煤田地质局物测地质队	2018年
49	河北省大城县大城区煤炭勘探	河北省煤田地质局物测地质队	2021年

7. 铁矿勘查工作

平原区铁矿勘查工作多集中于山前浅覆盖区，主要分布于唐山滦南、乐亭以及石家庄新乐等地区，目标层为新太古界。铁矿勘查工作已有70余年历史，20世纪50—60年代，冶金部地质局第一普查大队对滦县铁矿进行了普查工作；河北省地矿局第二地质大队等单位进行了司家营铁矿勘探工作。此后，多家单位对铁矿区地层分布及埋深情况进行了详细勘探，目前发现的铁矿区主要有司家营、古马、马城、李夏庄、湛店子等（表1-7）。

8. 石盐矿产勘查工作

平原区石盐矿产勘查工作开展相对较晚。2008年河北省煤田地质局第二地质队根据石油钻孔中关于石盐赋存层位的描述，开展了宁晋县草厂石盐矿勘查工作。自此，石盐矿产资源勘查工作在15年间共开展了7个项目，主要由河北省地矿局第四水文工程地质大队及河北省煤田地质局第二地质队完成（表1-8）。

表1-7 主要铁矿勘查工作统计表

序号	项目名称	完成单位	时间
1	河北省滦县司家营铁矿地质勘探	冶金部华北勘探公司503队	1958年
2	河北省滦县司家营铁矿北区地质勘探	河北省地矿局第八地质大队	1974年
3	河北省滦县司家营铁矿北区最终地质勘探	河北省地矿局冀东地质指挥第一队	1976年
4	河北省滦县司家营铁矿北区地质勘探	河北省地矿局第十五地质队	1978年
5	河北省滦县司家营铁矿南区详细勘探	河北省地矿局第十五队、七队、八队	1981年
6	河北省滦县高官营铁矿普查	河北省地矿局秦皇岛水工地质大队	1982年
7	河北省滦县司家营铁矿地质构造及含矿岩系特征	河北省地矿局第二地质大队	1983年
8	河北省滦县尹峪-杜峪铁矿区详细普查	河北省地矿局第二地质大队	1984年
9	河北省滦县司家营铁矿供水水源地二次补充勘探	河北省地矿局第二地质大队	1993年
10	河北省滦南县马城铁矿区地质普查	中国冶金地质总局第一地质勘查院秦皇岛分院	2003年
11	河北省滦县高官营铁矿详查	河北省地矿局第二地质大队	2003年
12	河北省滦县常峪铁矿区地质普查	中国冶金地质总局第一地勘院秦皇岛分院	2003年
13	河北省滦县睢新庄铁矿详查	中国冶金地质总局第一地质勘查院	2004年
14	河北省滦南县长凝铁矿区地质普查	中国冶金地质总局第一地质勘查院	2004年
15	河北省滦县孙官营铁矿普查	中国冶金地质总局一局五一五队	2004年
16	河北省滦南县长凝铁矿区地质普查	中国冶金地质总局第一地质勘查院	2004年
17	河北省滦县菱角山铁矿详查	河北省地矿局第二地质大队	2004年
18	河北省昌黎县牛家庄铁矿详查	河北省地矿局第二地质大队	2005年
19	河北省滦南县李夏庄铁矿详查	河北省地矿局第二地质大队	2006年
20	河北省滦南县湛店子铁矿普查	河北省地矿局第二地质大队	2007年
21	河北省滦县常峪铁矿详查	河北樱花矿业有限公司	2007年
22	河北省滦县张各庄铁矿普查	河北省地勘局第五地质大队	2008年
23	河北省滦南县马城铁矿详查	中国冶金地质总局第一地质勘查院	2009年
24	河北省滦县古马铁矿预查	河北省地矿局第二地质大队	2010年
25	河北省滦南县大兰坨铁矿普查	河北省地球物理勘查院	2011年
26	河北省滦南县湛店子铁矿普查	河北省地矿局第二地质大队	2011年
27	河北省滦县司家营铁矿南区深部普查	河北省地矿局第二地质大队	2011年
28	河北省滦县张各庄铁矿普查	河北省地矿局第五地质大队	2012年
29	河北省滦南县马城铁矿勘探	中国冶金地质总局第一地质勘查院	2012年
30	河北省司各庄-杜蒿坨铁矿普查	河北省地质调查院	2012年

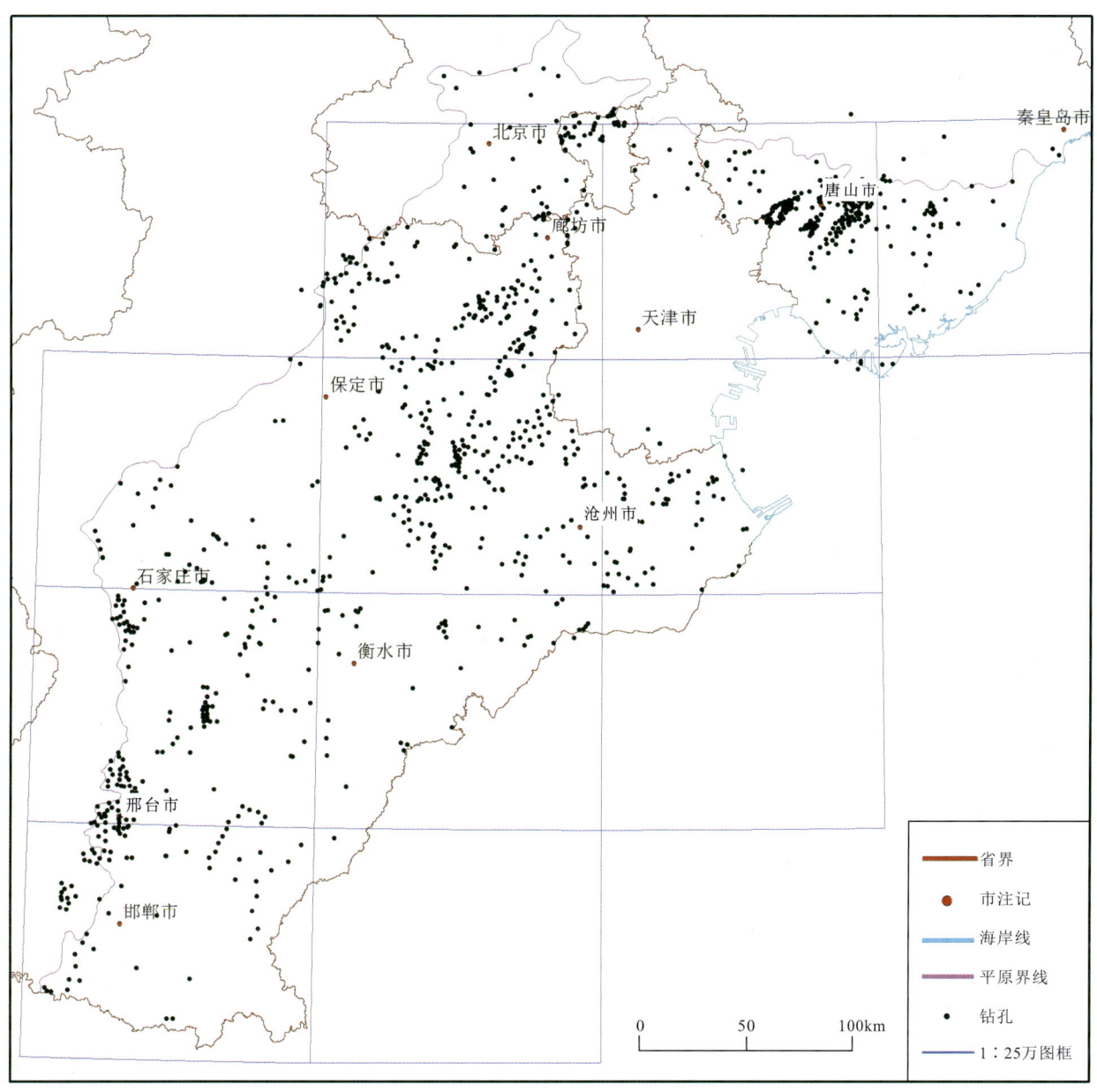

图 1-2 利用基岩钻孔分布图

2. 基岩地质图（石油 T_g 反射层构造图）

在煤炭聚集区，煤炭基岩地质图利用价值最高，与基岩钻孔进行比对，确定地层界线准确后优先参考；石油 T_g 深反射层构造图，对于本次编制含油气盆地的构造格架刻画以及地层分布特征具有非常重要的作用；区域地质调查与地热调查基岩地质图，结合已有钻孔验证，在地层分布上有一定的参考价值。本次编图工作利用的基岩地质图（T_g 深反射构造图）情况如图 1-3 所示。

3. 物探剖面

物探剖面主要分为两类，一类是深反射地震剖面，另一类是可控源音频大地电磁测深剖面。通过研

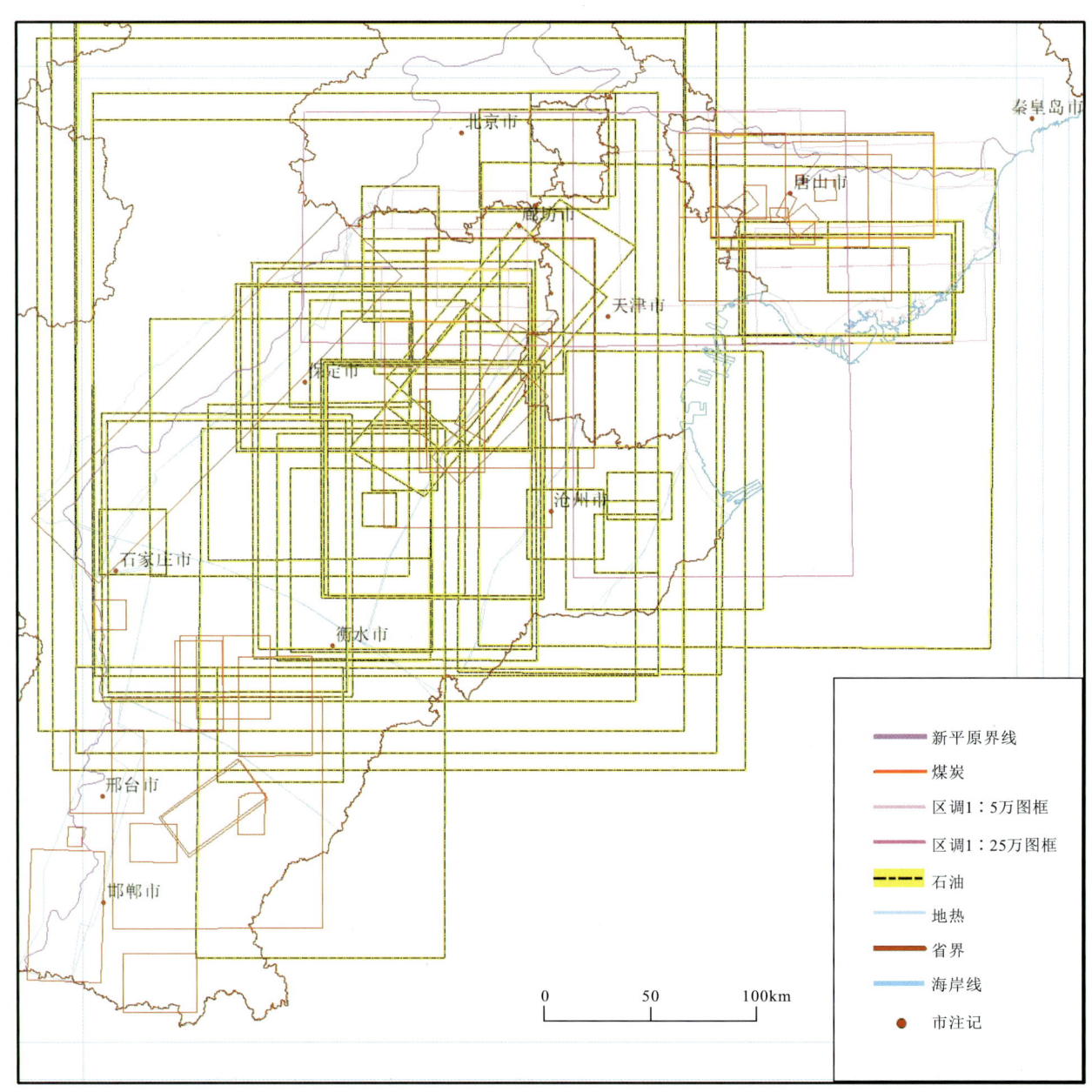

图1-3 利用基岩地质图（T_g深反射构造图）分布图

究深层地震剖面与可控源音频大地电磁测深对构造、地层分布解译情况，深层地震剖面对于查明不同构造单元间的基岩面分布、起伏与接触关系等具有明显的优势，本次工作优先利用深层地震剖面进行编图工作，无深层地震剖面的区域再利用可控源音频大地电磁测深剖面进行编图。本次编图工作利用的物探剖面情况如图1-4所示。

总之，本次工作无论是收集资料的种类、数量、精度，还是编图过程中的所采用的手段都能满足本项目的设计需求。

本次工作主要利用ArcGIS软件进行编图，该软件在钻孔、物探剖面等坐标点投图、成果图片校准上具有准确、快速等特点，且与MapGIS软件点、线文件能够进行相互转换，能够很好地完成图件的编制工作。

第一章 绪 言

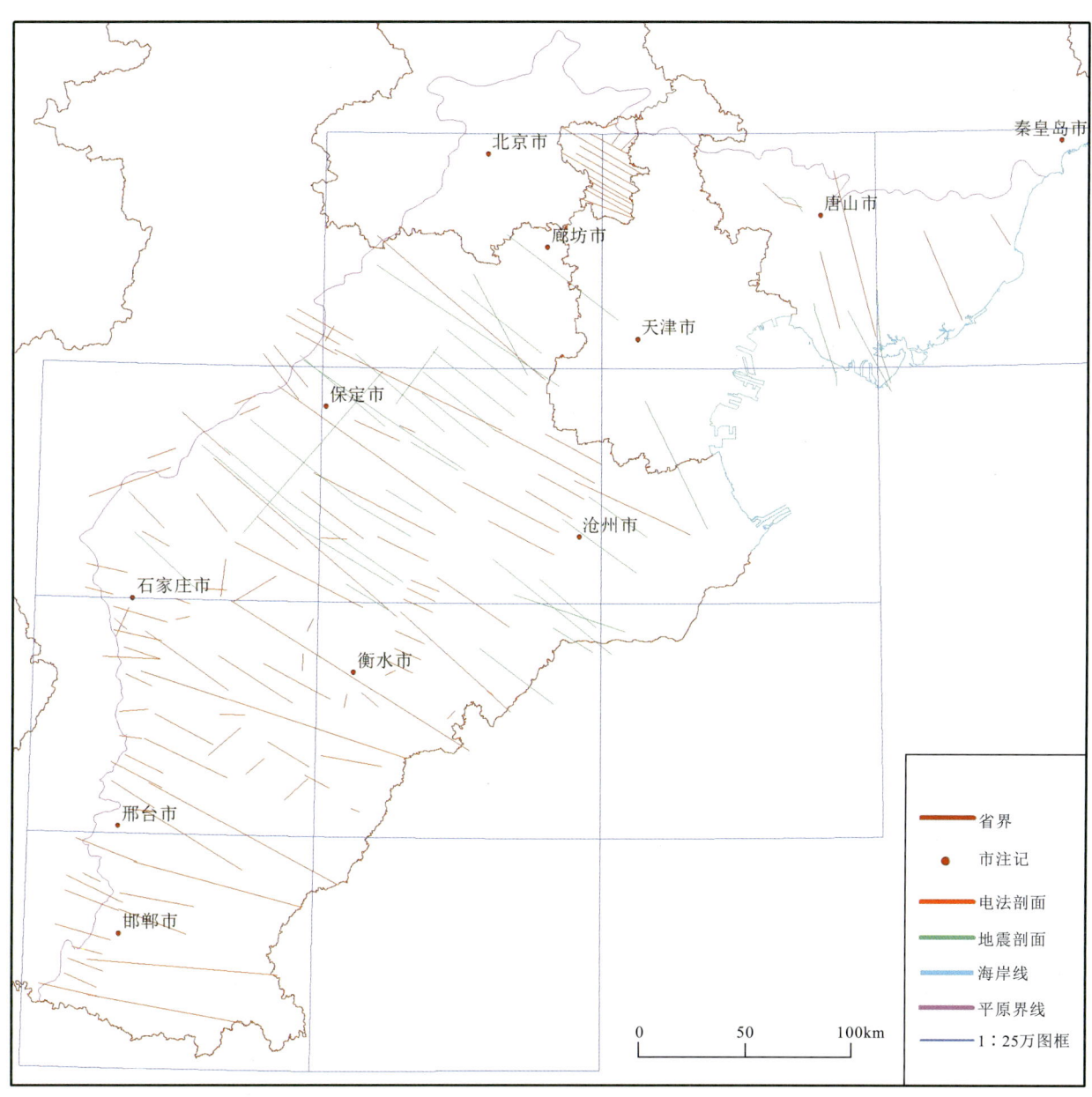

图1-4 利用物探剖面分布图

第二章 前新生代隐伏地层

平原区前新生代地层发育较为齐全。前人钻孔及地球物理资料显示,前新生代地层由老到新发育了新太古代变质岩系至中生代上白垩统。

根据《中国区域地质志·河北志》(2017)、《中国石油地质志》(2022)、《河北省区域地质纲要》(2024)的地层划分方案及基岩区地层标准剖面,将不同时期、不同专业的平原区地层划分方案进行综合对比研究,并充分参考北京市、天津市基岩地质特征,建立河北省平原区前新生代岩石地层划分方案(表2-1)。

第一节 新太古代地层

新太古代变质地层(变质表壳岩)主要分布于唐山市滦南县东部马城镇和中堡镇、乐亭县王滩镇西部区域,秦皇岛市昌黎县西部龙家店镇附近区域及太行山山前唐县—行唐—灵寿县一带。此外,石油物探解译及钻孔(雄古1、兴19、柏8)信息显示,石家庄-徐水断裂、大兴断裂、牛东断裂、河间断裂、晋县断裂、献县断裂、广宗断裂、衡水断裂、柏各庄断裂等的断坡带坡底处,也有新太古代变质地层发育,但因缺少详细的岩芯记录,故未对其进行详细划分。

新太古代变质地层在山前埋深较浅,一般在0～1000m之间。在断坡带埋深较大,最深处位于牛东断裂(霸州市康仙庄乡—雄县昝岗镇)、大兴断裂(廊坊市九州镇—高碑店市辛桥镇),约为8000m;其次为晋县断裂、河间断裂、柏各庄断裂等处,约为5000m;其他地区埋深普遍在700～1500m之间。

第二节 古元古代地层

一、湾子岩群($Pt_1W.$)

湾子岩群分布于曲阳县山前羊平镇—邸村镇、下河乡—北罗镇一带,面积约为85.08km²,埋深为0～250m。岩性主要包括钾长浅粒岩、二长浅粒岩、大理岩及斜长角闪岩等,且该岩群顶界与蓟县纪高于庄组(Jxg)呈角度不整合接触,部分区域则被第四系覆盖。

二、南寺组(Pt_1ns)

南寺组主要分布于行唐县—灵寿县—鹿泉区山前地带,面积约为1 039.86km²。岩性为一套变质长石砂岩、变质白云岩和变玄武岩组合。上部为变质白云岩夹钙质片岩;中部为变质白云岩、板岩和变质砂岩;下部为砂质板岩及变质长石石英砂岩,埋深为0～2000m。行6钻孔在深约425m处钻遇该组,岩性为白色变质白云岩,上部为灰色,变质程度较轻;下部为白色,结晶较粗,局部呈粉红色;岩石较破碎,厚6.91m,未钻穿。顶部被第四纪黏土层覆盖。

第二章 前新生代隐伏地层

表 2-1 平原区前新生代地层划分对照表

《中国石油地质志》(1991, 2022)			《河北省煤田地质局》(平原区)(1965—2015)			《河北省区域地质纲要》(基岩区)(2024)			本书(平原区)		
时代	冀中-临清坳陷		时代	大港-冀东油田		时代	唐山地区	其他地区	时代	北部地区	南部地区	时代	北部地区	南部地区
K_2	无极组		K_2	上白垩统					K_2	南天门组		K_2	南天门组	
	丰台组									青石砬组				
	夏庄组 坨里组	丘城组				K_1	丘城组		K_1	义县组	九佛堂组	K_1	义县组	九佛堂组
	大灰厂组 东狼沟组	临西组	K_1	下白垩统		J_3	临西组							
K_1										大北沟组				
										张家口组				
									J_3	土城子组	白旗组	J_3	土城子组	
	东岭台组									髫髻山组			髫髻山组	
									J_2	九龙山组		J_2	九龙山组	
J_{1-2}	苏桥组	三台组	J_{1-2}	中下侏罗统		M_Z		中生界	J_1	下花园组		J_1	下花园组	
		坊子组								南大岭组				
J_1	杨村组 葛渔城组					T_3			T_3	杏石口组		T_3	杏石口组	
T_2	二马营组		T_2			T_2	流泉沟组		T_2	二马营组		T_2	二马营组	
	和尚沟组			下三叠统			和尚沟组			和尚沟组			和尚沟组	
T_1	刘家沟组		T_1			T_1	刘家沟组		T_1	刘家沟组		T_1	刘家沟组	
P_3	孙家沟组	石千峰组	P_3	石千峰组		P_2	洼里组	石千峰组	P_3	孙家沟组		P_3	孙家沟组	
	平顶山组			上石盒子组			古冶组	上石盒子组		上石盒子组			上石盒子组	
	上石盒子组								P_2			P_2		
P_{1-2}	下石盒子组		P_2	下石盒子组		P_1	唐家庄组	下石盒子组		下石盒子组			下石盒子组	
	山西组			山西组			大苗庄组	山西组	P_1	山西组		P_1	山西组	
P_1	太原组		P_1	太原组		C_3	赵各庄组	太原组		太原组			太原组	
C_2	晋祠组		C_2	晋祠组			开平组							
	本溪组			本溪组		C_2	唐山组	本溪组	C_2	本溪组		C_2	本溪组	
O_{2-3}		峰峰组						峰峰组	O_2	峰峰组		O_2	峰峰组	
	峰峰组		O_2	峰峰组		O_2	峰峰组	磁县组						
O_2	上马家沟组			上马家沟组			马家沟组	马家沟组		马家沟组			马家沟组	
	下马家沟组			下马家沟组										
O_1	亮甲山组		O_1	亮甲山组					O_1	亮甲山组 冶里组	三山子组	O_1	亮甲山组 冶里组	三山子组
	冶里组			冶里组										
ϵ_4	凤山组		ϵ_4	凤山组					ϵ_4	炒米店组		ϵ_4	炒米店组	
	长山组			长山组										

续表 2-1

《中国石油地质志》(1991, 2022)				《河北省煤田地质局》(平原区)(1965—2015)			《河北省区域地质纲要》(基岩区)(2024)			本书(平原区)		
时代	冀中-临清坳陷	时代	大港-冀东油田	时代	唐山地区	其他地区	时代	北部地区	南部地区	时代	北部地区	南部地区
ϵ_4	崮山组	ϵ_4	崮山组				ϵ_4	崮山组		ϵ_4	崮山组	
	张夏组		张夏组					张夏组			张夏组	
ϵ_3	徐庄组	ϵ_3	徐庄组				ϵ_3	馒头组		ϵ_3	馒头组	
	毛庄组		毛庄组									
	馒头组		馒头组									
ϵ_2	府君山组	ϵ_2	府君山组		空白栏未涉及		ϵ_2	昌平组		ϵ_2	昌平组	
	朱砂洞组											
Qb	景儿峪组	Qb	景儿峪组		空白栏未涉及		Qb	景儿峪组		Qb	景儿峪组	
	长龙山组		(长)龙山组					龙山组			龙山组	
Xs	下马岭组	Xs					Xs	下马岭组		Xs	下马岭组	
								角砾岩层				
Jx	铁岭组	Jx	铁岭组				Jx	铁岭组		Jx	铁岭组	
	洪水庄组		洪水庄组					洪水庄组			洪水庄组	
	雾迷山组		雾迷山组					雾迷山组			雾迷山组	
	杨庄组		杨庄组					杨庄组			杨庄组	
	高于庄组		高于庄组					高于庄组			高于庄组	
Ch	大红峪组	Ch					Ch	大红峪组		Ch	大红峪组	
	团山子组							团山子组			团山子组	
	串岭沟组							串岭沟组			串岭沟组	
	常州沟组							常州沟组			常州沟组	
								赵家庄组			赵家庄组	
Pt_1	东焦群 甘陶河群	Pt_1					Pt_1	冀东地区	蒿亭组	Pt_1	冀东地区	南寺组
									南寺组			
									南寺掌组			
									官都群 上组			
									下组			
									湾子岩群 上岩组			湾子岩群
									下岩组			
Ar_3	五台群	Pt_1—Ar	滹沱群 朱杖子群 双山子群 五台群 单塔子群 阜平群 迁西群		泰山群	太古宇花岗岩	Ar_2	朱杖子岩群	五台岩群	Ar_2	新太古代变质表壳岩	新太古代地层未分
								双山子岩群				
	阜平群							遵化岩群	滦县岩群 阜平岩群 赞皇岩群			
Ar_2							Ar_2	迁西岩群		Ar_2		
								曹庄岩组				

注:北部地区与南部地区以衡水断裂分界;山区新太古代地层(Ar_3)只列出岩群,岩组未列出。

第三节　中、新元古代地层

一、长城纪地层(Ch)

长城纪地层在河北省平原区广泛发育，其中分布于断坡带下部埋深一般为2000～5000m，分布于凸起带上的埋深为1000m左右。岩性为一套砂岩、石英岩状砂岩、页岩等碎屑岩夹少量白云岩，角度不整合于新太古代变质地层之上，岩石地层自下而上依次为赵家庄组、常州沟组、串岭沟组、团山子组、大红峪组。

参考基岩区长城纪地层发育特征，结合《中国石油地质志》(2022)相关资料，衡水断裂以南主要发育赵家庄组至大红峪组，主要分布于宁晋县纪昌庄乡—辛集市和睦井乡—深州市前磨头镇—衡水市邓庄镇一带的衡水断裂、前磨头断裂、明化镇断裂的断坡带处，晋州市兴安镇—赵县王西章镇—柏乡县柏香镇一带的凸起区域；衡水断裂以北发育常州沟组至大红峪组，主要分布于大兴断裂、牛东断裂、马西断裂等铲形断裂断坡带下部；冀东地区仅在燕山山前分布少量的大红峪组，滦南—乐亭一线以南缺失长城系。

1. 赵家庄组(Chz)

岩性为紫红色页(泥)岩夹白云岩，与下伏早前寒武纪变质岩呈角度不整合接触。厚度变化大，厚1～76m。

2. 常州沟组(Chc)

岩性为一套杂色石英砂岩，局部夹灰褐色泥页岩，与下伏赵家庄组呈平行不整合接触或与早前寒武纪变质岩呈角度不整合接触，厚度达数百米。剖面特征以虎20钻孔3679～3980m为代表［据《中国石油地质志·华北油气区》(上册)(2022)］。

3. 串岭沟组(Chch)

岩性以灰黑、深灰色泥页岩为主，夹石英砂岩和泥质白云岩，与下伏常州沟组呈整合接触。厚度达数百米。剖面特征以虎20钻孔3367～3679m为代表［据《中国石油地质志·华北油气区》(上册)，2022］。

4. 团山子组(Cht)

岩性为杂色白云岩与泥页岩、砂岩不等厚互层，与下伏串岭沟组呈整合接触。厚度达数百米。剖面特征以虎20钻孔3200～3367m为代表［据《中国石油地质志·华北油气区》(上册)，2022］。

5. 大红峪组(Chd)

岩性以杂色石英砂岩、砂岩、泥页岩、白云岩不等厚互层为主，局部夹有玄武岩、粗面岩，与下伏团山子组呈整合接触或角度不整合于新太古代变质地层之上。厚度达数百米。该组分布相对较广，埋深为0～3070m。

剖面特征在衡水断裂以北以虎20钻孔3070～3200m为代表，衡水断裂以南以衡热9钻孔1240～1350.89m为代表。

二、蓟县纪地层(Jx)

蓟县纪地层在衡水断裂以北均有分布，衡水断裂以南仅发育高于庄组，埋藏深度为0～6000m，岩石地层自下而上依次为高于庄组、杨庄组、雾迷山组、洪水庄组、铁岭组。部分地层因发育厚度较薄,在河北省(北京市天津市)平原区前新生代基岩地质图上采用并层表示,如高于庄组与杨庄组并层(Jxg-y)及洪水庄组与铁岭组并层(Jxh-t)。

1. 高于庄组(Jxg)

高于庄组在平原区大部分地区均有分布,在平原区最南端到达辛集市位伯镇—宁晋县苏家庄镇—隆尧县尹村镇一带,冀东滦南县—乐亭县以南地区缺失。埋深250～1500m,向北深度逐渐变大。埋深一般为1500～2000m,最深处可达5000m。

岩性为一套碳酸盐岩,由紫红、灰白色含粉砂或砂的泥质白云岩、中厚层白云岩、叠层石白云岩、深灰色厚层含锰白云岩组成,底部可见厚层长石石英砂岩,为中元古代最大一次海侵产物。

平原区中西部以灰、灰褐色白云岩为主,夹有多层白云质泥页岩,发育厚度约807.5m。保定市高阳县西部高深1孔中发育多层玄武岩;平原区东部则主要由黑灰、灰褐色硅质白云岩以及燧石条带白云岩构成,夹棕黄、灰绿色泥质白云岩及泥岩,发育厚度约400m。固安县JZ02孔于1755.8m处钻遇蓟县纪高于庄组,岩性以硅质白云岩、白云质泥晶灰岩为主,厚约363.65m。高于庄组太行山山前一般角度不整合于新太古代或古元古代变质岩之上;在断坡带中一般平行不整合于大红峪组之上。

剖面特征以虎20钻孔2910～3070m及高深1钻孔3887～4694.5m为代表[据《中国石油地质志·华北油气区》(上册),2022]。

2. 杨庄组(Jxy)

杨庄组主要分布于唐山滦州市古马镇—滦南县倴城镇一带,埋深0～400m;乐亭县王滩镇—马头营镇一带,埋深约1400m;涿州市刁窝镇—固安县宫村镇一带,埋深500～2700m;大兴、牛东、宝坻等断裂的断坡带区域,埋深较大,一般为4000～7000m。

岩性主要为白云岩夹薄层泥质白云岩及泥岩。平原区中西部岩性为杂色泥质白云岩、白云质泥岩,夹有砂岩,发育厚度约119m;平原区东部为杂色泥质白云岩、白云岩夹泥质粉砂岩,发育厚度约155m。平行不整合于高于庄组之上。

涿州市ZK501钻孔于736.47m处钻遇杨庄组,岩性为绿泥石化、高岭土化含燧石白云岩,顶部被侏罗纪下花园组泥岩砂质泥岩角度不整合覆盖。

剖面特征以霸8钻孔2507～2626m为代表[据《中国石油地质志·华北油气区》(上册),2022]。

3. 雾迷山组(Jxw)

雾迷山组广泛分布于衡水断裂以北,西起太行山,东止于固安—永清—任丘—河间—武强—武邑一线;在廊坊市北三县及唐山市也有大面积分布。埋深变化较大,从山前出露地表,向东、向南埋深逐渐增大,最深处位于盆地中心或断坡带(石家庄-徐水断裂、马西断裂、出岸断裂、沧东断裂等)上,深度可达7000m。

岩性主要为一套滨浅海相碳酸盐岩,如燧石条带白云岩、叠层石白云岩、沥青质白云岩夹少量泥状含粉砂内碎屑白云岩和硅质岩等。平原区中西部地区雾迷山组可分为4个段:一段为杂色白云岩与泥质白云岩不等厚互层;二段为杂色白云岩夹泥质白云岩;三段为杂色白云岩与泥质白云岩不等厚互层夹藻白云岩、钙质白云岩;四段为杂色白云岩、藻席白云岩夹泥质白云岩,局部底部见石英砂岩,发育厚度约1677m。东部地区以灰白色硅质白云岩为主,夹杂色泥质白云岩、含泥灰岩、砂质白云岩,局部夹玄武岩,发育厚度约1000m。

剖面特征以雄安新区D19钻孔2919.85～3759.85m、霸8钻孔1405～2507m及任观1钻孔2943～3518m为代表。

4. 洪水庄组(Jxh)

洪水庄组主要分布于保定—高阳—任丘—大城一线以北,冀东地区缺失,厚度较小,呈带状分布于雾迷山组的边部,埋深变化较大,最深处可达6500m。

岩性为泥质白云岩、泥页岩。平原区中西部为杂色白云岩、泥质白云岩、泥岩、页岩不等厚互层,发育厚度约93m;东部为杂色泥质灰岩、膏质白云岩,局部夹膏盐层,发育厚度约50m。与下伏雾迷山组呈平行不整合接触。

剖面特征以霸14钻孔2493~2586m及太古1钻孔3 496.5~3 545.5m为代表[据《中国石油地质志·华北油气区》(上册),2022]。

5. 铁岭组(Jxt)

铁岭组主要分布于保定—高阳—任丘—大城一线以北,冀东地区缺失,厚度较小,与洪水庄组呈带状分布于雾迷山组的边部,埋深变化较大,最深处可达6500m。

岩性为灰岩、白云质灰岩、白云岩夹泥(页)岩。平原区中西部为杂色钙质白云岩、白云岩、泥岩、页岩不等厚互层,底部可见白云质石英砂岩或砂质白云岩,发育厚度约300m;东部为杂色硅质白云岩、泥质白云岩互层夹砂质白云岩、石英砂岩,发育厚度约400m。与下伏洪水庄组呈整合接触。

剖面特征以霸14钻孔2193~2493m及太古1钻孔3 100.5~3 496.5m为代表[据《中国石油地质志·华北油气区》(上册),2022]。

三、西山纪—青白口纪地层(Xs—Qb)

1. 下马岭组(Xsx)

下马岭组分布范围较小,仅在安新—文安以北有分布,安新—文安以南及冀东和黄骅等地缺失。埋深变化较大,最深处位于霸州市—文安县兴隆宫镇一带,可达2000~8000m。

岩性主要为灰黑、深灰色泥页岩夹灰岩,永清以北厚度大于150m,霸州一带厚度60~80m。与下伏铁岭组呈平行不整合接触。

剖面特征以霸14钻孔2128~2193m为代表。

2. 龙山组(Qbl)

龙山组分布范围较下马岭组有所扩展,包括安新—文安以北的区域,以及冀东和黄骅等地,主要呈现出带状分布的特点。埋深变化较大,最深处位于霸州市—文安县兴隆宫镇一带,可达2000~8000m。

岩性主要为一套砂岩、砾岩和页岩的组合。平原区西北部为杂色石英砂岩、含海绿石砂岩及泥页岩不等厚互层,发育厚度约92m;东部为杂色砂岩、泥岩,发育厚度约57m。与下伏下马岭组或铁岭组呈平行不整合接触,与上覆景儿峪组呈整合接触。

剖面特征以霸14钻孔2036~2128m、太古1钻孔3 043.5~3 100.5m为代表。

3. 景儿峪组(Qbj)

景儿峪组与龙山组分布范围相同,埋深变化较大,最深处位于霸州市—文安县兴隆宫镇一带,可达1900~8000m。

岩性主要为一套海相碳酸盐岩,以白云质灰岩、泥质灰岩为特征。平原区西北部为杂色灰岩、泥质灰岩、白云质灰岩、白云岩,局部夹钙质泥岩、石英砂岩,发育厚度约124m;东部为杂色灰岩、泥质灰岩、白云质灰岩,夹泥岩和砂岩,发育厚度约66m。与下伏龙山组呈整合接触,顶部被寒武纪昌平组平行不整合覆盖。

剖面特征以霸14钻孔1912～2036m、太古1钻孔2 977.5～3 043.5m及霸热24地热井3 002.1～3 026.7m为代表。

第四节 古生代地层

一、寒武纪—奥陶纪地层（∈—O）

1. 昌平组（$\epsilon_2 \hat{c}$）

昌平组主要分布于廊坊霸州市南孟镇以北区域、保定安新县—容城县一带以及廊坊北三县与唐山地区。埋深一般为1000～3000m,最浅处位于唐山滦州市小冯庄乡北部,出露地表;最深处位于曹家务乡一带,可达8000m。

岩性为一套碳酸盐岩。平原区西北部为杂色灰岩不等厚互层,夹泥质灰岩,发育厚度约52m;平原区东部为杂色含泥灰岩、白云质砂岩或砂质白云岩、泥页岩不等厚互层,发育厚度约80m。平行不整合于青白口纪地层之上。

剖面特征以马97钻孔2804～2856m、东部钻孔综合剖面及霸热5地热井2660～2794m为代表。

2. 馒头组（$\epsilon_{2-3} m$）

馒头组分布较昌平组更广,衡水断裂以南也有分布。埋深一般为1000～3000m,最深处位于深州市榆科镇,可达5700m。

岩性主要为杂色砂岩、泥岩页岩夹灰岩。平原区西部为杂色泥页岩夹灰岩、泥质灰岩、钙质白云岩、白云质灰岩,发育厚度约218m;平原区东部为一套以红色为主的杂色泥页岩夹灰岩、泥质灰岩,发育厚度约300m;平原区南部以杂色泥页岩、砂质泥页岩、灰岩、白云岩不等厚互层为特征,发育厚度约266m。衡水断裂以北整合于昌平组之上,或平行不整合于青白口纪地层之上;衡水断裂以南平行不整合于高于庄组之上,或角度不整合于早前寒武纪变质岩之上。

剖面特征以马97钻孔2586～2804m、东部钻孔综合剖面及霸热5地热井2518～2660m为代表。

3. 张夏组（$\epsilon_3 \hat{z}$）

张夏组分布与馒头组一致。埋深一般为1000～3000m,最深处位于深州市榆科镇,可达5500m。

岩性以杂色厚层鲕状灰岩和灰岩为主,局部夹页岩。平原区西部为杂色鲕状灰岩、灰岩、白云质灰岩、泥质灰岩不等厚互层夹页岩,发育厚度约204m;平原区东部以杂色鲕状灰岩为主夹泥质灰岩、泥岩,发育厚度约150m;平原区南部以杂色灰岩、鲕状灰岩、白云质灰岩互层为特征,发育厚度约200m。整合于馒头组之上。

剖面特征以马97钻孔2382～2586m、东部钻孔综合剖面及霸热5地热井2397～2518m为代表。

4. 崮山组（$\epsilon_4 g$）

崮山组分布与馒头组、张夏组一致。埋深一般为1000～3000m,最深处位于深州市榆科镇,可达5300m。

岩性以杂色泥页岩、灰岩互层为特征。平原区西部以杂色泥页岩、泥质灰岩、泥质白云岩、白云岩不等厚互层为特征,发育厚度约86m;平原区东部以杂色泥岩、泥质灰岩、灰岩不等厚互层为特征,发育厚度约140m;平原区南部以杂色灰岩、泥质灰岩、白云岩为主,夹有泥页岩,发育厚度约86m。整合于张夏组之上。

剖面特征以马97钻孔2296~2382m、东部钻孔综合剖面及霸热5地热井2366~2397m为代表。

5. 炒米店组($\in_4 \hat{c}$、$\in_4 O_1 \hat{c}$)

炒米店组分布与馒头组、张夏组、崮山组一致。埋深一般为1000~3000m,最深处位于深州市榆科镇,可达5600m。

岩性以灰岩、白云岩为主。平原区西部以杂色灰岩、白云岩、泥质灰岩不等厚互层为特征,发育厚度约118m;平原区东部以杂色灰岩为主,夹白云岩、白云质灰岩、泥岩,发育厚度约110m;平原区南部以杂色灰岩、泥质灰岩为主,夹有白云岩及泥页岩,发育厚度约70m。整合于崮山组之上。

剖面特征以马97钻孔2178~2296m、东部钻孔综合剖面及霸热5地热井2236~2366m为代表。

6. 三山子组($\in_4 O_1 s$)

三山子组分布于衡水断裂以南,辛集市—宁晋县苏家庄镇—隆尧县山口镇一带以及辛集市马庄乡—深州市前磨头镇—衡水市彭杜村乡一带。埋深为1450~3000m,最深达5500m。

岩性以白云岩为主,局部夹灰岩,发育厚度约803m。整合于炒米店组之上。

剖面特征以深州市监狱19钻井1 469.7~1 675.7m为代表。

7. 冶里组($O_1 y$)

冶里组主要分布于唐山地区(玉田县虹桥镇—郭家桥乡、玉田县窝洛沽镇—潮落窝乡,丰润区小张各庄镇—老庄子镇—岔河镇,路北区郑庄子镇—丰南区丰南镇,古冶区卑家店镇—青坨营镇—西葛镇,乐亭县王滩镇、马头营镇)、三河市高楼镇—齐心庄镇、涞水县义安镇—定兴县姚村镇—徐水县大王店镇以及廊坊市广阳区北旺乡—永清县韩村镇—霸州市霸州镇—任丘市梁召镇—河间市米各庄镇—献县西城乡—泊头市富镇镇—景县后留名府乡一带。埋深变化较大,最深处位于霸州市霸州镇附近,达8000m;最浅处位于燕山、太行山山前地带,出露地表。

岩性为杂色灰岩、泥质灰岩。平原区西部以杂色灰岩、泥质灰岩为主,夹白云质泥岩、钙质白云岩,发育厚度约65m;平原区东部以杂色灰岩、泥质灰岩、白云质灰岩为主,夹白云岩、泥岩,发育厚度约100m。整合于炒米店组之上。

剖面特征以京6钻孔4080~4145m、东部钻孔综合剖面及青县天泽家园小区地热井2 276.04~2 705.66m为代表。

8. 亮甲山组($O_1 l$)

亮甲山组分布与冶里组一致,埋深变化较大,最深处位于霸州市霸州镇附近,达8000m;最浅处位于燕山、太行山山前地带,出露地表。

岩性以碳酸盐岩为主。平原区西部以杂色灰岩、白云岩、白云质泥岩、泥质白云岩不等厚互层为特征,发育厚度约139m;平原区东部以杂色泥岩、泥质灰岩、白云质灰岩、泥质白云岩、白云岩不等厚互层为特征,发育厚度约170m。整合于冶里组之上。

剖面特征以京6钻孔3941~4080m、东部钻孔综合剖面及青县天泽家园小区地热井2 066.84~2 276.04m为代表。

9. 马家沟组（$O_{1-2}m$）

马家沟组在衡水断裂以北分布与冶里组相似，埋深差异显著，最深处可达8000m，位于霸州市霸州镇附近，而埋深最浅处则出现在燕山、太行山山前地带，甚至出露地表；在衡水断裂以南分布与三山子组一致，埋深1450～3000m，最深达5300m。

岩性以杂色灰岩为主，夹有白云岩、白云质泥页岩和砂岩。平原区西部为杂色泥质灰岩、灰岩、泥质白云岩、白云岩不等厚互层，夹白云质泥岩等，发育厚度约613m；平原区东部以杂色泥质灰岩、灰岩、白云质灰岩、白云岩不等厚互层为特征，发育厚度约750m；平原区南部以杂色灰岩、白云质灰岩不等厚互层为特征，发育厚度约314m。平行不整合于亮甲山组或三山子组之上。

剖面特征以京6钻孔3328～3941m、东部钻孔综合剖面及青县天泽家园小区地热井1 717.35～2 066.84m为代表。

10. 峰峰组（O_2f）

峰峰组分布于辛集市新垒头镇—宁晋县大陆村镇—宁晋县北鱼乡—隆尧县双碑乡、元氏县马村镇—赞皇县南邢郭镇—临城县临城镇、邢台市会宁镇—李村镇以及峰峰矿区、广宗县葫芦乡—曲周县河南疃镇—永年区西河庄乡—肥乡区大寺上镇、冀州区西王庄镇—深州市大屯镇—枣强县张秀屯镇—南宫市明化镇—威县贺钊镇一带。埋深情况呈西浅东深，新河断裂、前磨头断裂附近上盘一侧埋深约2000m，最深处位于新河断裂下盘，邢台市四芝兰镇附近，可达5000m。

岩性以灰岩为主或以杂色泥质灰岩、灰岩、白云质灰岩、泥质白云岩、白云岩不等厚互层为特征，发育厚度约162m。整合于马家沟组之上。

剖面特征以邢台市新河县XH10钻孔1 180～1 417.6m为代表。

二、石炭纪—二叠纪地层（C—P）

该套地层为区内最重要的煤系地层，分布非常广泛。埋深变化大，一般为2000～3000m。

1. 本溪组（C_2b）

本溪组分布广泛，涵盖唐山古冶区—丰南区、乐亭县乐亭镇—曹妃甸区唐海镇—韩城镇—欢喜庄乡、玉田县林南仓镇—林西镇，以及永清县别古庄镇经霸州市煎茶铺镇—文安县赵各庄镇，再延伸至任丘市长丰镇、大城县留个庄镇等地，直至献县淮镇、泊头市交河镇、景县锦州镇、故城县军屯镇，还包括安平县大子文镇—南王庄镇、辛集市小辛庄乡—旧城镇、深州市中里厢乡—宁晋县东汪镇，以及新河县、巨鹿县、鸡泽县、邱县，直至馆陶县魏僧寨镇、南徐村乡、馆陶镇、王桥乡，再到大名县金滩镇、张铁集乡，以及成安县成安镇至辛义乡的大部分区域。埋深一般为1000～3000m，最深处位于辛集市小辛庄乡—旧城镇、深州市中里厢乡—宁晋县东汪镇一带，可达6000m。

岩性以杂色铁铝质（或铝土质）泥页岩、页岩、砂岩不等厚互层为特征。平原区西部为以暗色为主的杂色铝土质泥岩、泥岩、碳质泥岩、砂岩不等厚互层，发育厚度约44m；平原区中部以紫红色铁质泥岩、灰色粉砂岩、粉砂质泥岩不等厚互层为特征，发育厚度约17.2m；平原区东北部为以暗色为主的杂色铝土质泥岩、泥岩、砂岩不等厚互层，发育厚度约61m；平原区东部为以暗色为主的杂色铝土质泥岩、泥岩、砂岩不等厚互层，夹有煤层，发育厚度约70m；平原区南部为以暗色为主的杂色泥岩、砂岩不等厚互层，夹有铝土质泥岩、铝土岩、含铁泥岩，发育厚度达40m。平行不整合于下伏马家沟组或峰峰组之上。

剖面特征在平原区西部以苏14钻孔为代表，平原区中部以大城煤田46-4钻孔1 370.75～1 387.95m为代表，平原区东北部以唐山市车轴山煤田新10-2钻孔1 288.22～1 349.5m为代表，平原区东部以东部钻孔综合剖面为代表,平原区南部以邢台市赵店区 10-2 钻孔 1 315.25~1 344.10m 为代表。

2. 太原组(P_1t)

太原组分布同本溪组。岩性为以暗色为主的杂色砂岩、泥页岩、灰岩不等厚互层夹煤层,整合于本溪组之上。平原区西部为以暗色为主的杂色砂岩、泥岩、灰岩不等厚互层,夹有碳质泥岩和煤层,发育厚度 159.5m;平原区中部为以灰色灰岩、砂质泥岩、细砂岩不等厚互层为特征,发育厚度 37m;平原区东北部为以灰色为主的杂色砂岩、泥岩、灰岩不等厚互层,发育厚度 35m 左右;平原区东部为以暗色为主的杂色砂岩、泥质灰岩、灰岩不等厚互层,夹有煤层和碳质泥岩,发育厚度 152m;平原区南部为以暗色为主的杂色砂岩、泥岩、灰岩不等厚互层,夹有煤层和铝土质泥岩,发育厚度 125m。整合于本溪组之上。

剖面特征在平原区西部以苏 14 钻孔 3116~3 275.5m 为代表,中部以大城煤田 46-4 钻孔 1 333.55~1 370.5m 为代表,东北部以唐山市车轴山煤田新 10-2 钻孔 1253~1 288.22m 为代表,东部以东部钻孔综合剖面为代表,南部以邢台市赵店区 10-2 钻孔 1 246.25~1 315.25m 为代表。

3. 山西组($P_1\hat{s}$)

山西组分布与本溪组、太原组一致。岩性为砂岩、泥岩、煤层不等厚互层,夹碳质泥岩。平原区西部以暗色为主的杂色砂岩、粉砂质泥岩、泥岩、碳质泥岩、煤不等厚互层为特征,发育厚度达 112m;平原区中部以暗色为主的杂色砂岩、砂质泥岩、碳质泥岩、泥岩、煤不等厚互层为特征,发育厚度 242m 左右;平原区东北部为以暗色为主的杂色砂岩、粉砂质泥岩、泥岩不等厚互层,夹钙质泥岩和煤层,发育厚度 113m 左右;平原区东部为以暗色为主的杂色砂岩、泥岩不等厚互层,夹有煤层,发育厚度达 118m;平原区南部为以暗色为主的杂色砂岩、泥质粉砂岩、粉砂质泥岩、泥岩不等厚互层,夹有煤层,发育厚度达 129m。整合于太原组之上。

剖面特征在平原区西部以苏 14 钻孔 3004~3116m 为代表,平原区中部以大城煤田 46-4 钻孔 1 091.3~1 333.55m 为代表,平原区东北部以唐山市望马泊区 ZK2 钻孔 1 554.9~1 667.7m 为代表,平原区东部以东部钻孔综合剖面为代表,平原区南部以邢台市赵店区 10-2 钻孔 1 170.65~1 246.25m 为代表。

4. 下石盒子组($P_{1-2}x$)

下石盒子组分布与本溪组—山西组一致,岩性为砂岩、泥页岩不等厚互层,夹碳质泥岩和煤线。平原区西部以杂色含砾砂岩、砂岩、泥岩不等厚互层为特征,发育厚度 161m 左右;平原区中部以杂色砂岩、砂质泥岩、泥岩不等厚互层为特征,发育厚度 115m 左右;平原区东北部以杂色砂岩、泥质粉砂岩、粉砂质泥岩、泥岩不等厚互层为特征,发育厚度 264m 左右;平原区东部以杂色砂质砾岩、砂岩、砂质泥岩、泥岩不等厚互层为特征,局部夹有煤线,发育厚度达 268m;平原区南部以杂色含砾砂岩、泥岩不等厚互层为特征,局部夹有碳质泥岩,发育厚度达 194m。整合于山西组之上。

剖面特征在平原区西部以苏 14 钻孔 2 843.5~3004m 为代表,平原区中部以大城煤田 46-4 钻孔 976.4~1 091.3m 为代表,平原区东北部以唐山市望马泊区 ZK2 孔 1291~1 554.9m 为代表,平原区东部以东部钻孔综合剖面为代表,平原区南部以邢台市赵店区 10-2 钻孔 1 097.4~1 170.65m 为代表。

5. 上石盒子组($P_{2-3}\hat{s}$)

上石盒子组分布与本溪组—下石盒子组一致,岩性为含砾砂岩、砂岩、泥页岩不等厚互层。平原区西部以杂色砂质砾岩、泥岩不等厚互层为特征,发育厚度 251m 左右;平原区中部以杂色含砾砂岩、砂岩、砂质泥岩、泥岩不等厚互层为特征,发育厚度 108m 左右;平原区东北部以杂色砂岩、泥质粉砂岩、粉砂质泥岩、泥岩不等厚互层为特征,发育厚度 305m 左右;平原区东部以杂色含砾砂岩、砂岩、砂质泥岩、泥岩不等厚互层为特征,发育厚度达 318m;平原区南部以杂色含砾砂岩、砂岩、泥质粉砂岩、泥不等厚互层为特征,局部夹有铝土质泥岩,发育厚度达563m。整合于下石盒子组之上。

剖面特征在平原区西部以苏14钻孔2593～2843.5m为代表,平原区中部以大城煤田46-4钻孔868.81～976.4m为代表,平原区东北部以唐山市望马泊区ZK2钻孔986～1291m为代表,平原区东部以东部钻孔综合剖面为代表,平原区南部以邢台市赵店区10-2钻孔694.4～1097.4m为代表。

6. 孙家沟组（P_3s）

孙家沟组分布与本溪组和上石盒子组一致,岩性为以红色为主的杂色砂岩、粉砂质泥岩、泥页岩不等厚互层,局部夹有泥质灰岩等,整合于上石盒子组之上。平原区西部为以红色为主的杂色砂岩、泥岩不等厚互层,发育厚度126m左右;平原区中部为以红色为主的杂色砂岩、泥岩不等厚互层,发育厚度50m左右;平原区东北部为以红色为主的杂色砾岩、砂岩、泥岩不等厚互层,发育厚度126m左右;平原区东部为以红色为主的杂色砂岩、砂质泥岩、泥岩不等厚互层,发育厚度达300m;平原区南部为以红色为主的杂色砾岩、砂岩、泥岩不等厚互层,局部夹有火山岩,发育厚度达250m。整合于上石盒子组之上。

剖面特征在平原区西部以苏14钻孔2467～2593m为代表,平原区中部以大城煤田46-4钻孔818.5～868.81m为代表,平原区东北部以唐山市望马泊区ZK2钻孔859.75～986m为代表,平原区东部以东部钻孔综合剖面为代表,平原区南部以邢台市赵店区10-2钻孔578.64～694.4m为代表。

第五节 中生代地层

一、早—中三叠世地层（T_{1-2}）

该套地层主要分布于平原区中东部和南部,埋深在300～3000m之间。

1. 刘家沟组（T_1l）

刘家沟组主要分布于霸州市信安镇—宋杨庄镇—文安县苏桥镇—文安镇—滩里镇—杨芬港镇、大城县南赵扶镇—里坦镇—河间市景和镇、黄骅市南排河镇、东光县东光镇—吴桥县宋门乡—景县留智庙镇—故城县赞庄镇、建国镇—清河县坝营镇—临西县固献乡、大名县营镇回族乡—铺上镇、鹿泉区寺家庄镇、赞皇县富村镇—临城县东镇镇、内丘县内丘镇—任县任城镇—南和县河郭乡—沙河市留村镇—永年区界河店乡—邯郸市户村镇—磁县时村营乡、巨鹿县阎疃镇—平乡县油召乡—鸡泽县浮图店镇—永年区曲陌乡—邯山区辛庄营乡—临漳县邺城镇一带。

岩性以杂色砾岩、含砾砂岩、砂质泥岩、泥岩不等厚互层为特征,平原区中东部以杂色砂岩、粉砂岩、泥岩不等厚互层为特征,发育厚度142m左右;平原区南部以杂色砂岩、泥岩不等厚互层为特征,发育厚度276m左右。整合于孙家沟组之上。

剖面特征在平原区中东部以东部钻孔综合剖面为代表,平原区南部以邢台市赵店区10-2钻孔302.95～578.64m、邢台留村Y2钻孔1111.25～1500.88m为代表。

2. 和尚沟组（T_1h）

和尚沟组分布与刘家沟组一致,岩性以杂色砂岩、泥质粉砂岩、粉砂质泥岩、泥岩不等厚互层为特征。平原区中东部以杂色砂岩、泥质粉砂岩、粉砂质泥岩、泥岩不等厚互层为特征,发育厚度231m左右;平原区南部以杂色砂岩、钙质砂岩、粉砂质泥岩、泥岩不等厚互层为特征,发育厚度400m左右。整合于刘家沟组之上。

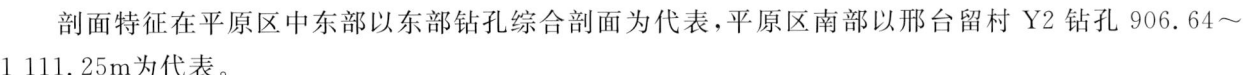

剖面特征在平原区中东部以东部钻孔综合剖面为代表,平原区南部以邢台留村 Y2 钻孔 906.64~1 111.25m为代表。

3. 二马营组(T_2e)

二马营组分布与刘家沟组、和尚沟组一致,岩性以杂色含砾砂岩、砂岩、泥质粉砂岩、粉砂质泥岩、泥岩不等厚互层为特征。平原区中东部以杂色砂岩、泥质粉砂岩、粉砂质泥岩不等厚互层为特征,发育厚度 27m 左右;平原区南部以杂色含砾砂岩、砂岩、泥岩不等厚互层为特征,发育厚度 400m 左右。整合于和尚沟组之上。

剖面特征在平原区中东部以东部钻孔综合剖面为代表,平原区南部以邢台留村勘查区 Y2 钻孔 686.01~906.64m 为代表。

二、晚三叠世—晚侏罗世地层(T_3—J_3)

该套地层较为零散地分布于平原区,其中早侏罗世下花园组为重要的含煤岩系,埋深 1300~3200m 之间,局部不足 100m。

平原区晚三叠世至晚白垩世盆地划分如图 2-1 所示。

1. 杏石口组(T_3x)

杏石口组主要分布于平原区西北部的门头沟火山-沉积盆地北部、中部的武清火山-沉积盆地、东北部的北港火山-沉积盆地、东部的大港-盐山火山-沉积盆地中南部、南部的邱县火山-沉积盆地中东部。

岩性以杂色砾岩、砂岩、粉砂质泥岩、泥岩不等厚互层为特征。门头沟火山-沉积盆地以杂色砾岩、砂岩、泥岩不等厚互层为特征,发育厚度 30m 左右;武清火山-沉积盆地以杂色砂岩、泥岩不等厚互层,夹砾岩、砂质砾岩、含砾砂岩等,发育厚度 614m 左右;北港火山-沉积盆地为红色泥岩夹砾岩,发育厚度 30m 左右;大港-盐山火山-沉积盆地为杂色砂质砾岩、含砾砂岩、砂岩、泥岩不等厚互层,发育厚度 246m 左右;邱县火山-沉积盆地为杂色砂岩,发育厚度 500m 左右。角度不整合于二马营组或更老地层之上。

剖面特征以武清火山-沉积盆地葛 1 钻孔 2586~3201m、大港-盐山火山-沉积盆地钻孔综合剖面为代表。

2. 南大岭组(J_1n)

南大岭组仅分布于门头沟火山-沉积盆地的北部,岩性以杂色玄武岩为主,夹少量砂岩、页岩,整合或平行不整合于杏石口组之上,发育厚度 520m 左右。

剖面特征以北京市门头沟区官厅—阳坡元南大岭组剖面为代表。

3. 下花园组(J_1x)

下花园组分布于平原区西北部的门头沟火山-沉积盆地、西部保定火山-沉积盆地的南部、中部的武清火山-沉积盆地、东北部的北港火山-沉积盆地、东部的大港-盐山火山-沉积盆地的北部边缘和中南部、南部的邱县火山-沉积盆地的中东部。

岩性为以暗色为主的杂色砾岩、砂质砾岩、含砾砂岩、砂岩、粉砂质泥岩、泥页岩、碳质泥页岩煤层不等厚互层。其中,门头沟火山-沉积盆地以深灰、灰绿、灰黑色砾岩、砂质砾岩、砂岩、粉砂岩、泥岩、煤层、煤线等不等厚互层为特征,富含植物群化石,发育厚度 660m 左右。保定火山-沉积盆地南部石家庄东一带以灰色砾岩、砂岩与灰绿、黑色泥岩,煤层不等厚互层为特征,发育厚度 60m 左右。武清火山-沉积盆地以灰、灰白色砾岩、砂质砾岩、含砾砂岩、浅灰色砂岩与灰紫、灰绿、黑色泥岩、煤层、碳质泥岩不等厚

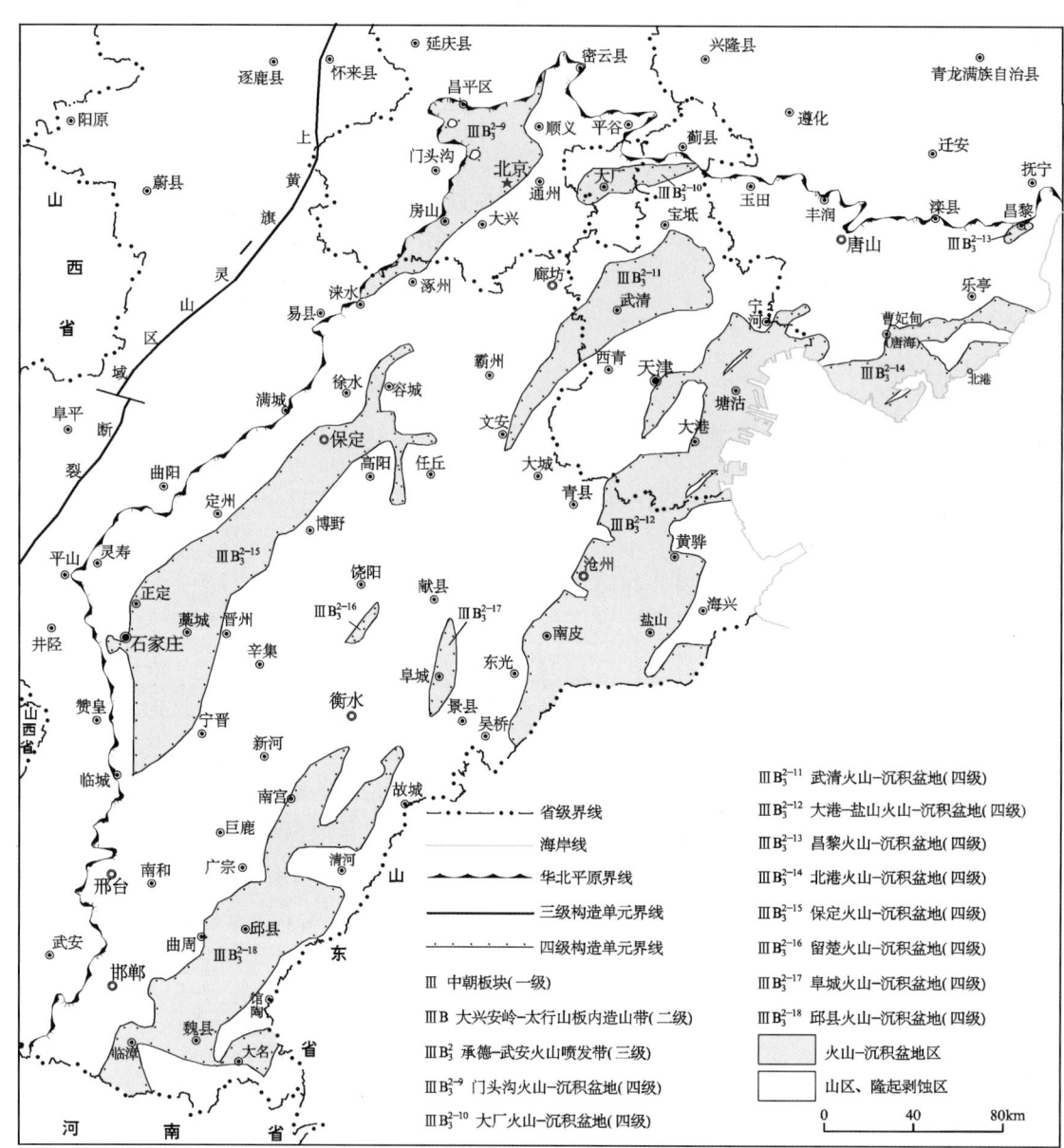

图 2-1 晚三叠世至晚白垩世盆地划分图

互层为特征,发育厚度 355~658m。北港火山-沉积盆地以灰色砂质砾岩、砂岩、泥岩、黑色碳质泥岩、煤层不等厚互层为特征,发育厚度 204m 左右。大港-盐山火山-沉积盆地以灰、灰绿色砂质砾岩、砂岩、砂质泥岩、泥岩、灰黑色煤层不等厚互层为特征,发育厚度 400m 左右。邱县火山-沉积盆地以浅灰色粉砂岩、泥质粉砂岩、深灰色泥岩、灰黑色煤层不等厚互层为特征,发育厚度 520m 左右。整合于南大岭组之上,或平行不整合于杏石口组之上,局部角度不整合于峰峰组及杨庄组之上。

剖面特征以门头沟火山-沉积盆地涞水-涿州一带 ZK501 钻孔 79.3~736.47m、武清火山-沉积盆地葛 1 钻孔 2231~2586m、大港-盐山火山-沉积盆地钻孔综合剖面为代表。

4. 九龙山组(J_2j)

九龙山组分布于平原区西北部的门头沟火山-沉积盆地、西部的保定火山-沉积盆地的北部边缘及南部石家庄东、中部的武清火山-沉积盆地、东北部的北港火山-沉积盆地、东部的大港-盐山火山-沉积盆地的北部边缘和中南部、南部的邱县火山-沉积盆地的中部。

岩性以杂色砾岩、砂岩、粉砂岩、泥页岩不等厚互层为特征，局部夹有流纹质凝灰岩等。门头沟火山-沉积盆地以杂色砾岩、凝灰质砾岩、凝灰质砂岩、砂岩、粉砂岩、泥页岩不等厚互层为特征，发育厚度1536m左右。保定火山-沉积盆地北部边缘以杂色流纹质凝灰岩、泥岩不等厚互层为特征，发育厚度106m左右；南部石家庄东一带以杂色砾岩、砂岩、泥岩、流纹质凝灰岩不等厚互层为特征，发育厚度150m左右。武清火山-沉积盆地以杂色砾岩、含砾砂岩、砂岩、粉砂质泥岩、泥岩不等厚互层为特征，发育厚度88～554m。北港火山-沉积盆地以杂色砂质砾岩、砂岩、泥岩不等厚互层为特征，发育厚度53m左右。大港-盐山火山-沉积盆地以杂色砂质砾岩、砂岩、砂质泥岩不等厚互层为特征，发育厚度954m左右。邱县火山-沉积盆地以杂色砾岩、砂岩、泥岩不等厚互层为特征，发育厚度480～907m。整合或平行不整合于下花园组之上。

剖面特征以武清火山-沉积盆地葛1钻孔2143～2231m、大港-盐山火山-沉积盆地钻孔综合剖面为代表。

5. 髫髻山组（$J_{2-3}t$）

髫髻山组分布于平原区西北部的门头沟火山-沉积盆地、北部的大厂火山-沉积盆地、西部的保定火山-沉积盆地南部石家庄东一带。

岩性主要为中性火山岩及陆缘碎屑岩，底部偶见不稳定的灰黑色基性火山岩夹灰绿色、紫红色薄层泥岩。门头沟火山-沉积盆地以杂色玄武岩、安山岩、粗安岩、粗安质角砾岩不等厚互层夹凝灰质砾岩、砂岩等为特征，发育厚度2822m左右。大厂火山-沉积盆地以杂色玄武安山岩、安山岩、角砾状安山岩、安山质角砾岩、泥岩不等厚互层为特征，发育厚度248m左右。保定火山-沉积盆地南部石家庄东一带以杂色玄武岩、安山玄武岩、安山岩、安山质角砾岩、流纹质凝灰岩不等厚互层夹泥岩为特征，发育厚度274m左右。整合于九龙山组之上。

剖面特征以门头沟火山-沉积盆地丰参2钻孔2809～3200m、大厂火山-沉积盆地J6钻孔、保定火山-沉积盆地南部极16钻孔2024～2298m为代表。

6. 土城子组（J_3t）

土城子组分布于平原区西北部门头沟火山-沉积盆地的北部边缘、北部的大厂火山-沉积盆地。

岩性以杂色砾岩、砂岩、粉砂岩、泥页岩不等厚互层夹中性、酸性火山岩为特征，整合于髫髻山组之上。门头沟火山-沉积盆地北部边缘以杂色砾岩、砂岩、粉砂岩、粉砂质页岩不等厚互层夹沸石岩、凝灰岩为特征，发育厚度100m左右。大厂火山-沉积盆地以杂色含砾砂岩、砂岩、泥岩不等厚互层为特征，发育厚度139m左右。

剖面特征以大厂火山-沉积盆地J6钻孔剖面[据《中国区域地质志·天津志》（2017）]为代表。

三、白垩纪地层（K）

该套地层分布广泛，在平原区10个盆地中均有分布，埋深一般在1194～5000m之间，最深处位于曹妃甸区（唐海）柳赞镇一带5500～7500m之间。

1. 义县组（K_1y）

义县组分布于平原区西北部门头沟火山-沉积盆地的中部、东北部北港火山-沉积盆地南部。

岩性以杂色基性、中性、偏碱性火山岩不等厚互层夹相应火山碎屑岩和砂岩、泥页岩为特征。门头沟火山-沉积盆地中部以杂色玄武岩、粗安岩、含集块角砾凝灰岩、砾岩、凝灰质砂岩、沉凝灰岩不等厚互层为特征,含腹足类 Viviparus sp., Probaicalia vitimensis, Lioplacades cf. choluokyi 等,介形虫 Cypridea unicostata, C. faveolata, C. usualis 等,双壳类 Ferganoconcha subcentralis, F. sp., 鱼类 Sinamia sp. 等化石,发育厚度 168m 左右。北港火山-沉积盆地南部以灰绿色玄武岩夹灰色泥岩为特征,发育厚度 924m 左右。角度不整合于前白垩纪地层之上。

剖面特征以门头沟火山-沉积盆地北京市丰台区大灰厂西南靶场义县组剖面、北港火山-沉积盆地南部义县组综合剖面为代表。

2. 九佛堂组($K_1 j$)

九佛堂组分布于平原区西北部门头沟火山-沉积盆地的中部、北部的大厂火山-沉积盆地的西部、西部的保定火山-沉积盆地的大部、中部的武清火山-沉积盆地的北东部、东北部的北港火山-沉积盆地的南部,中南部的留楚火山-沉积盆地和阜城火山-沉积盆地、南部的邱县火山-沉积盆地,是中生代分布最为广泛的地层。

岩性为以暗色为主的杂色砾岩、砂岩、粉砂岩、泥页岩、泥质灰岩不等厚互层夹火山岩,富含热河动物群化石,主要有叶肢介 Eosestheria dongouensis, E. lingyuanensis, E. cf. middendorfii;鱼类 Lycoptera dauidi, L. tokungai;双壳类 Forganconcha cf. lingyuanensis, Phaerium sp.;昆虫 Ephenoropsis trisetalis;植物 Coniopteris burejehsis, Czekanowskia。各盆地中岩石组合基本一致,只是发育厚度有所差别。门头沟火山-沉积盆地的中部发育厚度约1698m,大厂火山-沉积盆地的西部发育厚度约300m,保定火山-沉积盆地发育厚度214~392m,武清火山-沉积盆地的北东部发育厚度562m左右,北港火山-沉积盆地的南部发育厚度约923m,留楚火山-沉积盆地发育厚度约593m,阜城火山-沉积盆地发育厚度约501m,邱县火山-沉积盆地发育厚度达4300m。角度不整合于前白垩纪地层或整合于义县组之上。

剖面特征以门头沟火山-沉积盆地中部丰参2钻孔1111~2809m、保定火山-沉积盆地南部极16钻孔1650~2024m、武清火山-沉积盆地王11钻孔948~1525m、北港火山-沉积盆地综合剖面为代表。

3. 义县组与九佛堂组交互层($K_1 y$-j)

义县组与九佛堂组交互层分布于平原区东部的大港-盐山火山-沉积盆地中,发育厚度达1800m。

义县组与九佛堂组交互层代表了两个组同时异相交互产出的特征,岩性为以暗色为主的火山岩及火山碎屑岩、砂岩、泥岩不等厚互层。角度不整合于九龙山组之上。

剖面特征以大港-盐山火山-沉积盆地钻孔义县组与九佛堂组交互层综合剖面为代表。

4. 青石砬组($K_1 q$)

青石砬组仅分布于平原区西北部门头沟火山-沉积盆地的中部。

岩性以灰、深灰色砂岩,泥质粉砂岩,泥岩,泥质灰岩不等厚互层为特征,发育厚度325~397m。整合于九佛堂组之上。

剖面特征以丰参2钻孔786~1111m为代表。

5. 南天门组($K_2 n$)

南天门组分布于平原区西部的保定火山-沉积盆地,中南部的留楚火山-沉积盆地、东部的大港-盐山火山-沉积盆地的西北部、邱县火山-沉积盆地、大港-盐山火山-沉积盆地的西北部一带及昌黎沉积-火山盆地。

岩性以杂色砾岩、泥质砾岩、含砾砂岩、砂岩、粉砂岩、含砾泥岩、泥岩不等厚互层为特征。各盆地中岩石组合基本一致，仅在昌黎南部昌参1钻孔岩石组合略有区别，以杂色流纹质凝灰岩、石英粗面质凝灰岩、粗面岩不等厚互层夹紫红色泥岩为特征，火山岩K-Ar法同位素年龄为93Ma，发育厚度约200m。保定火山-沉积盆地发育厚度308～800m，留楚火山-沉积盆地发育厚度约569m，大港-盐山火山-沉积盆地的西北部发育厚度约636m，邱县火山-沉积盆地发育厚度68～794m。平行不整合于九佛堂组之上。

剖面特征以极16钻孔1342～1650m、皇2钻孔4544～5113m、大寺镇WR9钻孔剖面为代表。

第三章 侵入岩

第一节 新太古代变质深成侵入岩

1. 英云闪长质片麻岩（$gn^{\gamma o}Ar_3$）

英云闪长质片麻岩分布于海兴县小山—苏基—高湾—孟店一带，分布面积约890km²。岩性主要为黑云角闪斜长片麻岩。主要矿物组成：黑云母、角闪石、斜长石及石英。具有变质岩的特征，原岩类型为英云闪长岩，因此将其归于英云闪长质片麻岩，结合基岩区同类岩石的特征将其形成时代归于新太古代。被古生代、中生代及新生代地层角度不整合覆盖，局部呈断层接触。

2. 花岗闪长质片麻岩（$gn^{\gamma \delta}Ar_3$）

花岗闪长质片麻岩分布较少，主要位于保定市唐县北罗、仁厚一带，分布面积约46.41km²。岩性为含条带黑云斜长片麻岩、斑状花岗闪长质片麻岩，岩石呈灰色，中粒鳞片粒状变晶结构，条纹条带状、弱片麻状构造，部分岩石变余似斑状结构、弱片麻状构造、条纹—条带状构造。主要矿物组成：斜长石、钾长石、石英、黑云母及少量角闪石。原岩类型为花岗闪长岩，因此将其归于花岗闪长质片麻岩，其形成时代属于新太古代。与新太古代阜平岩群城子沟岩组呈侵入接触关系，被古元古代湾子岩群及后期地层角度不整合覆盖。

3. 奥长花岗质片麻岩（$gn^{\gamma o}Ar_3$）

奥长花岗质片麻岩分布极少，主要位于阜宁县抚宁镇一带，分布面积约10km²。岩性为中细粒奥长花岗质片麻岩或变质中细粒奥长花岗岩，新鲜面呈灰白、钢灰色，风化面呈浅灰白—浅粉红色，中细粒花岗变晶结构、变余花岗结构，弱片麻状构造，局部为条纹—条带状构造。主要矿物组成：斜长石（更长石）、钾长石（微斜长石）、石英、黑云母，偶见少量角闪石。原岩类型为奥长花岗岩，因此将其归于奥长花岗质片麻岩，其形成时代属于新太古代。与新太古代滦县岩群阳山岩组呈侵入接触关系，被新太古代二长花岗质片麻岩侵入，被侏罗纪及后期地层角度不整合覆盖。

4. 二长花岗质片麻岩（$gn^{\eta \gamma}Ar_3$）

二长花岗质片麻岩大面积分布于乐亭—滦南一线以北、滦州市—昌黎一线以南的区域以及乐亭县中南部一带；此外，石家庄市区西南部有少量分布。岩性为黑云二长花岗质片麻岩、斑状黑云（角闪）二长花岗质片麻岩，岩石呈肉红、浅肉红、灰白色，中粒花岗变晶结构与变余花岗结构共存，部分岩体为中粗粒似斑状变晶结构，弱片麻状—似片麻状构造，变形强烈地段为条带状或条纹状构造。主要矿物组成：斜长石、钾长石、石英、黑云母及少量角闪石，偶见白云母。原岩类型为二长花岗岩，因此将其归于二长花岗质片麻岩，其形成时代属于新太古代。侵入新太古代变质地层及奥长花岗质片麻岩，被长城纪及后期地层角度不整合覆盖,局部呈断层接触。

第二节　侏罗纪侵入岩

1. 中侏罗世闪长岩(δJ_2)

中侏罗世闪长岩分布极少,主要位于沙河市綦村附近,分布面积约13km²。岩性为闪长岩,岩石呈灰色,细粒半自形柱粒状结构,块状构造。主要矿物组成:斜长石(中长石)、普通角闪石及微量石英。形成时代为中侏罗世。与奥陶纪地层呈侵入接触关系,被新生代地层角度不整合覆盖。

2. 晚侏罗世闪长岩(δJ_3)

晚侏罗世闪长岩分布集中,主要位于定兴县明义—高陌—高村一带,分布面积约166km²。岩性为闪长岩,岩石呈灰、深灰色,半自形中细粒状结构,块状构造。主要矿物组成:黑云母、角闪石、斜长石(更—中长石)及少量钾长石(微斜长石和条纹长石)、石英。形成时代为晚侏罗世。与蓟县系雾迷山组呈断层接触关系,与古生代地层呈侵入接触关系,被新生代地层角度不整合覆盖。

第三节　白垩纪侵入岩

1. 早白垩世闪长岩(δK_1)

早白垩世闪长岩分布极少,主要分布于沙河市新城镇北侧,分布面积约3km²。岩性为闪长岩,岩石呈浅灰粉色,中细粒状结构,块状构造。主要矿物组成:斜长石、钾长石和角闪石。形成时代为早白垩世。与古生代地层呈侵入接触关系,被新生代地层角度不整合覆盖。

2. 早白垩世花岗岩(γK_1)

早白垩世花岗岩分布于东光县秦村一带,分布面积约73km²。岩性为花岗岩。推断形成时代为早白垩世。与上三叠统至中侏罗统呈侵入接触关系,被新生代地层角度不整合覆盖。

3. 早白垩世二长花岗岩($\eta\gamma K_1$)

早白垩世二长花岗岩仅分布于昌黎县西部一带,面积约1km²,埋深在50～200m之间。岩性为肉红色二长花岗岩,中细粒花岗结构,块状构造。主要矿物组成:钾长石、斜长石、石英及少量黑云母。侵入新太古代二长花岗质片麻岩及滦县岩群,被新生代地层角度不整合覆盖。

4. 早白垩世正长花岗岩($\xi\gamma K_1$)

早白垩世正长花岗岩分布于乐亭县闫各庄镇东南一带,面积约20km²,埋深一般在1250～1750m之间。岩性为肉红色正长花岗岩,不等粒状、半自形粒状结构,块状构造。主要矿物有钾长石、石英及少量斜长石和黑云母。侵入侏罗系及更老地质体,被新生代地层角度不整合覆盖。

5. 早白垩世辉石正长岩($\xi\varphi K_1$)

早白垩世辉石正长岩分布于邯郸市经济开发区姚寨—肥乡区辛安镇一带,分布面积约66.9km²。

岩性为辉石正长岩。推断形成时代为早白垩世。与侏罗纪及更老地层呈侵入接触关系,被新生代地层角度不整合覆盖。

除上述侵入岩之外,在平原区前新生代基岩地质图等系列图件上,根据不同比例尺航磁异常特征和相关资料综合解译了部分推断岩体,其岩性和形成时代无法准确推断。

第四章　地质构造

本书以板块构造学说为基础,以大陆岩石圈形成和演化为主线,以大陆动力学为主要研究内容,以系统表述京津冀地区大陆组成与形成演化历程为目标,系统总结区域地质构造形成演化,采用分时-多期的动态方法划分各级构造单元。

根据《中国区域地质志·河北志》(2017)和《河北省区域地质纲要》(2024)的划分方案,京津冀地区一级构造单元隶属中朝板块,二级构造单元为华北陆块及后期叠加的大兴安岭-太行山板内造山带(图4-1)。

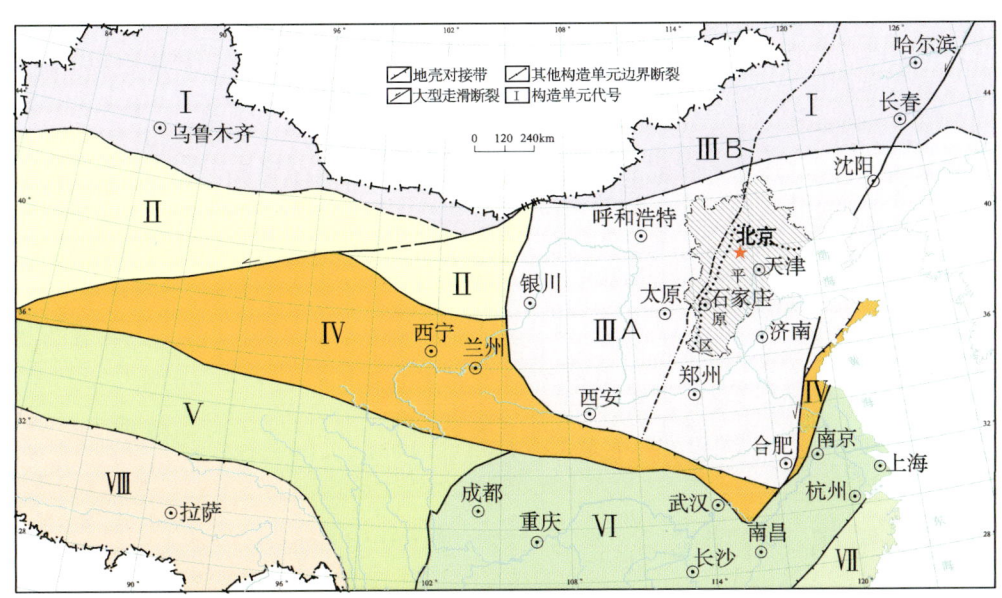

图4-1　区域大地构造位置图

Ⅰ-西伯利亚板块;Ⅱ-塔里木板块;Ⅲ-中朝板块,ⅢA-华北陆块,ⅢB-大兴安岭-太行山板内造山带主脊;Ⅳ-秦祁昆造山系;Ⅴ-羌塘-三江造山系;Ⅵ-扬子板块(陆块区);Ⅶ-华夏造山系;Ⅷ-冈底斯-喜马拉雅造山系。

第一节　新生代构造单元划分及特征

该期形成平原区第四个构造发展阶段。综合前人资料和本次工作成果,将平原区综合划分为4个四级、68个五级构造单元(表4-1,图4-2)。

表 4-1 平原区五级构造单元特征简表

四级单元	五级单元								
	代号	名称	面积（km²）	走向	新生界最大厚度(m)		下伏地层	地球物理场特征	
					Q+N	E		重力布格	航磁
太行山-燕山山前台地	ⅢA₄³⁻¹⁽¹⁾	燕山山前台地	6 899.51	北西西	800	0	Mz、Pz、Qb—Ch、Ar₃	清楚，主重力高	清楚，正负相间
	ⅢA₄³⁻¹⁽²⁾	太行山山前台地	6 005.15	北北东—近南北	900	0	Mz、Pz—Ch、Pt₁、Ar₃	清楚，重力低	清楚，正负相间
廊坊-深州火山-沉积盆地	ⅢA₄³⁻²⁽¹⁾	北京凹陷	1 603.18	北东	1300	1035	Mz、Pz—Jx	较清楚，重力低	清楚，主负值区
	ⅢA₄³⁻²⁽²⁾	大兴凸起	1 690.64	北东	600	0	Mz、Pz₁、Jx	很清楚，重力高	清楚，主负值区
	ⅢA₄³⁻²⁽³⁾	大厂凹陷	936.85	北东	1200	2000	K、P₃—Jx、Ar₃	较清楚，重力低	清楚，正负相间
	ⅢA₄³⁻²⁽⁴⁾	宝坻凸起	536.53	近东西	1000	0	Pz₁、Qb、Jx	很清楚，重力高	清楚，主负值区
	ⅢA₄³⁻²⁽⁵⁾	廊坊凹陷	2 684.26	北东—北北东	2400	6000	Pz—Ch、Ar₃	清楚，重力低	清楚，负值区
	ⅢA₄³⁻²⁽⁶⁾	牛驼镇凸起	328.14	北东	1100	0	Qb—Jx	很清楚，重力高	较清楚，正值区
	ⅢA₄³⁻²⁽⁷⁾	武清-霸县凹陷	5 136.98	北东—北北东	2900	7500	Mz、Pz—Ch、Ar₃	清楚，重力低	一般，负值区
	ⅢA₄³⁻²⁽⁸⁾	徐水凹陷	887.49	北东	1300	4000	J、Pz₁—Jx	清楚，重力低	一般，负值区
	ⅢA₄³⁻²⁽⁸⁾	容城凸起	234.97	北东—北北东	900	0	J、Qb—Jx	清楚，重力高	清楚，主负值区
	ⅢA₄³⁻²⁽¹⁰⁾	保定凹陷	3 585.86	北东	1700	5500	K、Pz₁—Jx、Ar₃	清楚，重力低	一般，负值区
	ⅢA₄³⁻²⁽¹¹⁾	高阳凸起	2 411.07	北东	2100	1500	Pz₁—Jx	一般，重力高	不清楚，负值区
	ⅢA₄³⁻²⁽¹²⁾	饶阳凹陷	6 018.01	北北东	2600	4800	Mz—Ch、Ar₃	一般，重力低	一般，负值区
	ⅢA₄³⁻²⁽¹³⁾	藁城凸起	1 680.18	北北东	1400	500	Mz、Pz	一般，重力高	不清楚，正值区
	ⅢA₄³⁻²⁽¹⁴⁾	正定凹陷	379.84	北北东	1200	2000	K	较清楚，重力低	清楚，主负值区
	ⅢA₄³⁻²⁽¹⁵⁾	晋县凹陷	1 577.32	北北东	1500	3000	Jx、Ch、Ar₃	一般，重力低	不清楚，正值区

续表 4−1

四级单元	五级单元				新生界最大厚度(m)		下伏地层	地球物理场特征	
	代号	名称	面积 (km²)	走向	Q+N	E		重力布格	航磁
天津-故城隆起	ⅢA₄³⁻³⁽¹⁾	潘庄凸起	1 089.23	北北东	1400	0	J、Pz、Jx	较清楚	一般,负值区
	ⅢA₄³⁻³⁽²⁾	大城凸起	290.72	北北东	1300	0	Mz、Pz₂	较清楚	一般,正值区
	ⅢA₄³⁻³⁽³⁾	双窑凸起	750.47	北北东	1400	0	Pz₁、Qb、Jx	清楚,重力高	不清楚,正值区
	ⅢA₄³⁻³⁽⁴⁾	白塘口凹陷	264.12	北北东	1600	500	K₂、P₃—O₁	清楚,重力低	不清楚,正值区
	ⅢA₄³⁻³⁽⁵⁾	小韩庄凸起	386.22	北北东	1500	0	K、Pz、Qb、Jx	清楚,重力高	不清楚,正值区
	ⅢA₄³⁻³⁽⁶⁾	青县凸起	2 251.01	北北东	1300	0	Pz	清楚,重力高	较清楚,正值区
	ⅢA₄³⁻³⁽⁷⁾	里坦凹陷	676.94	北东	1500	1000	T、Pz	较清楚,重力低	清楚,主负值区
	ⅢA₄³⁻³⁽⁸⁾	献县凸起	1 085.40	北北东	1400	0	Pz₁、Jx	清楚,重力高	较清楚
	ⅢA₄³⁻³⁽⁹⁾	阜城凹陷	322.68	北北东	1600	0	K、Pz₂	较清楚	一般,正值区
	ⅢA₄³⁻³⁽¹⁰⁾	景县凸起	2 615.23	北北东	1200	0	K、Pz₂	清楚,重力高	一般,正值区
	ⅢA₄³⁻³⁽¹¹⁾	宁晋凸起	1 393.69	北北东	1100	0	Pz₁、Jx、Ch	清楚,重力高	不清楚,正值区
	ⅢA₄³⁻³⁽¹²⁾	束鹿凹陷	707.88	北北东	1700	5000	Pz、Jx、Ch、Ar₃	清楚,重力低	一般,负值区
	ⅢA₄³⁻³⁽¹³⁾	前磨头凹陷	292.40	北东向	1600	3000	Pz、Jx、Ch	清楚,重力低	一般,负值区
	ⅢA₄³⁻³⁽¹⁴⁾	新河凸起	2 158.03	北东—北北东	1200	0	Pz、Jx、Ch、Ar₃	一般,重力高	不清楚,负值区
	ⅢA₄³⁻³⁽¹⁵⁾	南宫凹陷	945.48	北北东	1500	3000	K、Pz₁	清楚,重力低	不清楚,正负过渡
	ⅢA₄³⁻³⁽¹⁶⁾	明化镇凸起	926.67	北北东	1400	0	Pz	清楚,重力高	不清楚,负值区
	ⅢA₄³⁻³⁽¹⁷⁾	大营凹陷	551.83	北北东	1500	3500	K、Pz	较清楚,重力低	不清楚,正负过渡
	ⅢA₄³⁻³⁽¹⁸⁾	故城凸起	543.04	北北东	1300	0	T₁₋₂、Pz₂	清楚,重力高	较清楚,正值区
	ⅢA₄³⁻³⁽¹⁹⁾	任县凹陷	827.27	近南北	1525	500	T₁₋₂、Pz	较清楚,重力低	一般,负值区
	ⅢA₄³⁻³⁽²⁰⁾	鸡泽凸起	1 496.97	近南北	1400	0	Pz	一般	不清楚,主负值区
	ⅢA₄³⁻³⁽²¹⁾	巨鹿凹陷	738.07	北北东	1750	1000	T₁₋₂、Pz₂	较清楚,重力低	不清楚,负值区
	ⅢA₄³⁻³⁽²²⁾	广宗凸起	441.73	北北东	1300	0	Pz、Ar₃	很清楚,重力高	不清楚,正负过渡

续表 4-1

四级单元	五级单元								
	代号	名称	面积 (km²)	走向	新生界最大厚度(m)		下伏地层	地球物理场特征	
					Q+N	E		重力布格	航磁
南堡-魏县火山-沉积盆地	ⅢA₄³⁻⁴⁽¹⁾	秦南凸起	1 021.20	近东西	1100	0	K、Ar₃	清楚,主重力高	清楚,负值区
	ⅢA₄³⁻⁴⁽²⁾	乐亭凹陷	846.35	近东西	1900	4000	Mz、Pz、Ar₃	清楚,主重力高	清楚,正负相间
	ⅢA₄³⁻⁴⁽³⁾	马头营凸起	522.08	东西	1700	1000	Mz—Qb、Ar₃	清楚,重力高	不清楚,正值区
	ⅢA₄³⁻⁴⁽⁴⁾	石臼坨凹陷	182.39	东西	2000	2000	K、Pz₁	清楚,重力高	清楚,正值区
	ⅢA₄³⁻⁴⁽⁵⁾	南堡凹陷	1 181.99	东西	2600	5000	Mz、Pz、Ar₃	清楚,重力低	不清楚,正值区
	ⅢA₄³⁻⁴⁽⁶⁾	唐海凸起	372.24	北东	1700	500	Pz、Qb、Ar₃	清楚,重力高	一般,正值区
	ⅢA₄³⁻⁴⁽⁷⁾	黑沿子凹陷	505.39	北东	1800	1700	Pz、Mz	清楚,重力低	一般,正值区
	ⅢA₄³⁻⁴⁽⁸⁾	黄各庄凸起	1 508.20	东西—北东	1300	0	Pz—Ch	清楚,重力高	清楚,负值区
	ⅢA₄³⁻⁴⁽⁹⁾	北塘凹陷	1 082.01	北北东	2000	4000	Mz、Pz	清楚,重力低	一般,正值区
	ⅢA₄³⁻⁴⁽¹⁰⁾	板桥凹陷	1 473.03	北北东	2200	5400	K、Pz	很清楚,重力低	一般,正负过渡
	ⅢA₄³⁻⁴⁽¹¹⁾	沧东凹陷	875.06	北北东	1700	3600	Mz、Pz₂	较清楚	不清楚,正值区
	ⅢA₄³⁻⁴⁽¹²⁾	孔店凸起	498.25	北东	1600	1000	Mz、Pz₂	清楚,重力高	不清楚,正负相间
	ⅢA₄³⁻⁴⁽¹³⁾	歧口凹陷	997.04	北东	2700	3000	Mz、Pz₂	较清楚,重力低	一般,负值区
	ⅢA₄³⁻⁴⁽¹⁴⁾	南皮凹陷	1 302.78	北北东	1900	4000	Mz、Pz₂	清楚,重力低	较清楚,主负值区
	ⅢA₄³⁻⁴⁽¹⁵⁾	徐黑凸起	609.54	北东	1400	200	Mz、Pz₂	较清楚	不清楚,负值区
	ⅢA₄³⁻⁴⁽¹⁶⁾	盐山凹陷	487.67	北东	1500	500	Mz	较清楚,重力低	较清楚,负值区
	ⅢA₄³⁻⁴⁽¹⁷⁾	东光凸起	290.72	东西	1400	0	Mz	较清楚,重力高	不清楚,负值区
	ⅢA₄³⁻⁴⁽¹⁸⁾	吴桥凹陷	581.21	北东	1500	2500	Mz、Ar₃	较清楚,重力低	不清楚,负值区
	ⅢA₄³⁻⁴⁽¹⁹⁾	旧城凸起	524.04	北东	1800	800	Mz、Pz₂	较清楚,重力高	不清楚,负值区
	ⅢA₄³⁻⁴⁽²⁰⁾	埕宁凸起	1 752.18	北东	1100	0	Mz、Pz、Ar₃	较清楚,重力高	较清楚,正值区

续表 4-1

四级单元	五级单元						地球物理场特征	
	代号	名称	面积 (km²)	走向	新生界最大厚度(m)		下伏地层	
					Q+N	E		重力布格	航磁
南堡-魏县火山-沉积盆地	ⅢA₄³⁻⁴⁽²¹⁾	邯郸凹陷	1 224.95	北北东	1700	2000	Mz、Pz₂	清楚,重力低	一般,正值区
	ⅢA₄³⁻⁴⁽²²⁾	邱县凹陷	3 866.55	北北东	1800	3500	Mz、Pz、Ar₃	清楚,重力低	清楚,正值区
	ⅢA₄³⁻⁴⁽²³⁾	馆陶凸起	844.22	北北东	1700	500	T、Pz	清楚,重力高	不清楚,正负相间
	ⅢA₄³⁻⁴⁽²⁴⁾	冠县凹陷	301.53	北北东	1900	1500	Mz、Pz₂	较清楚,重力低	不清楚,正负相间
	ⅢA₄³⁻⁴⁽²⁵⁾	堂邑凸起	266.92	北东	1800	500	Pz₂	清楚,重力高	不清楚,正负相间
	ⅢA₄³⁻⁴⁽²⁶⁾	汤阴凹陷	609.45	北北西	1300	500	Mz、Pz₂	清楚,重力低	不清楚,正负相间
	ⅢA₄³⁻⁴⁽²⁷⁾	临漳凸起	507.67	北北西	1400	0	Pz₁、Ar₃	很清楚,重力高	不清楚,负值区
	ⅢA₄³⁻⁴⁽²⁸⁾	元村集凹陷	211.94	北北东	1900	2000	Pz₂	清楚,重力低	清楚,正值区
	ⅢA₄³⁻⁴⁽²⁹⁾	南乐凸起	81.77	北西西	1800	500	Pz₁	清楚,重力高	不清楚,正负相间

注:1. 本表内容据第一代地质志资料修编,第一代地质志据华北石油设计院(1979)、地质部石油普查勘探指挥部石油地质大队(1981)、大港油田地质研究所(1982)相关资料拟编,根据本次研究成果进行了适当调整。2. Q+N—第四加新近系;E—古近系;K—白垩系;J—侏罗系;T—三叠系;Mz—中生界;Pz₂—上古生界;Pz₁—下古生界;Pz—古生界;Qb—青白口系;Jx—蓟县系;Ch—长城系;Pt₁—古元古界;Ar₃—新太古界及新太古代晚期变质深成岩。

1. 太行山-燕山山前台地(ⅢA₄³⁻¹)

太行山-燕山山前台地位于平原区西部和北部边缘,叠加于前新生代地质体之上,沿邯郸西—邢台—灵寿—涞水—昌平—唐山—昌黎一带呈近南北—北北东—北西—近东西向不规则带状展布。划分燕山山前台地和太行山山前台地2个五级构造单元,其主要特征见表4-1。太行山山前台地南段发育隐伏煤矿,燕山山前台地东段发育隐伏沉积变质型铁矿。

2. 廊坊-深州火山-沉积盆地(ⅢA₄³⁻²)

廊坊-深州火山-沉积盆地位于平原区西北部,叠加于前新生代地质体之上,沿柏乡—晋州—深州—廊坊—大厂一带呈北北东向不规则宽带状展布,整体为一个半地堑盆地。划分15个五级构造单元,以凹陷为主,间夹凸起,其主要特征见表4-1。华北油田蕴于其中。

3. 天津-故城隆起(ⅢA₄³⁻³)

天津-故城隆起位于平原区中部,叠加于前新生代地质体之上,沿天津北东—天津—青县—景县—

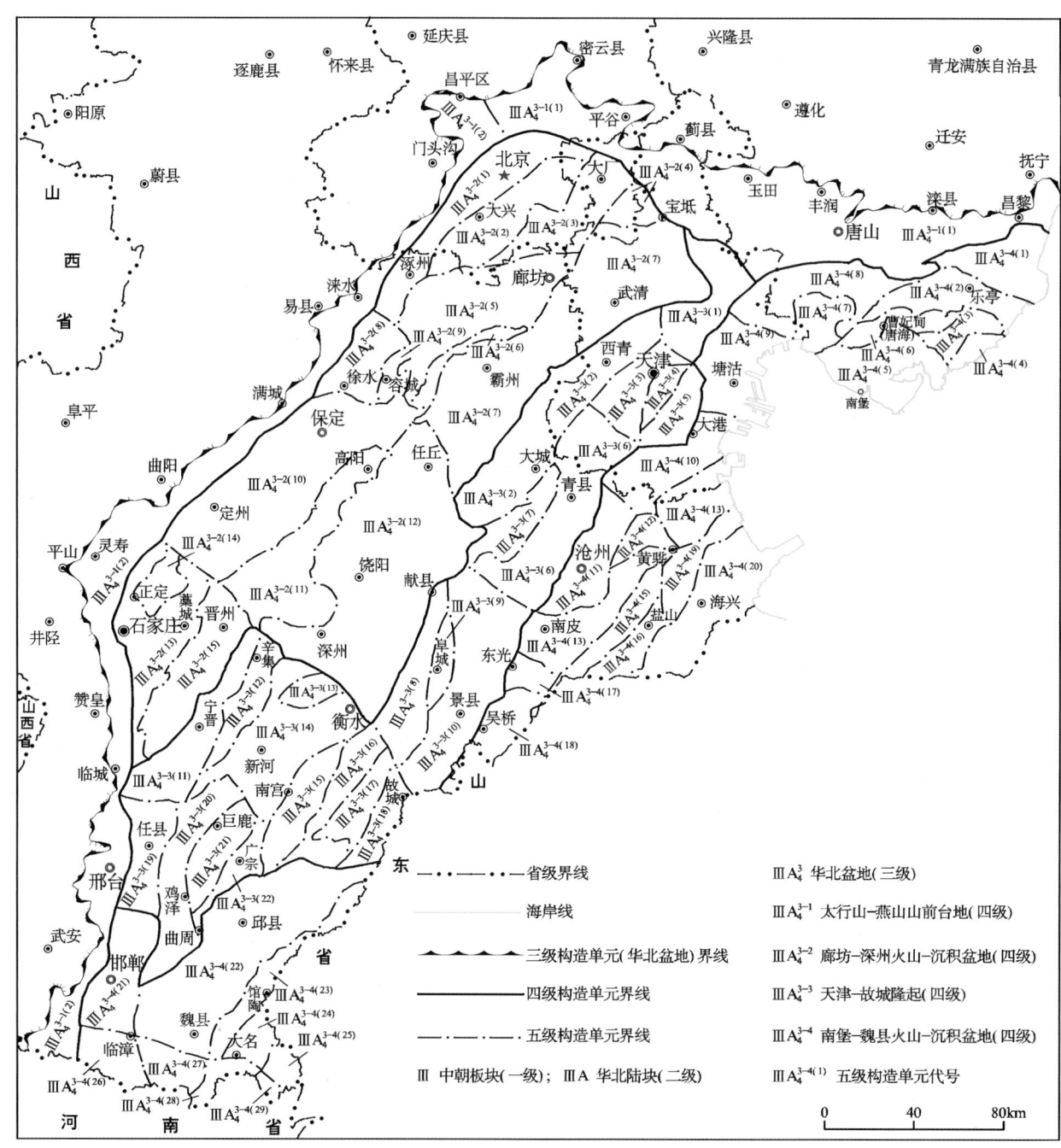

图 4-2 新生代阶段构造单元划分图

故城—新河—南和一带呈北北东向不规则带状展布,整体为一个具有半地垒—地垒特征隆起带。划分 22 个五级构造单元,以凸起为主,间夹凹陷,其主要特征见表 4-1。

4. 南堡-魏县火山-沉积盆地（ⅢA₄³⁻⁴）

南堡-魏县火山-沉积盆地位于平原区东南部,叠加于前新生代地质体之上,沿乐亭—南堡—大港—黄骅—吴桥—邱县—魏县—临漳一带呈北北东向不规则带状展布,整体为一个半地堑—地堑盆地。划分 29 个五级构造单元,以凹陷为主,间夹凸起,其主要特征见表 4-1。大港和冀东等油田蕴于其中。

第二节 构造形变

本节仅对平原区发育的褶皱构造和断裂构造进行总结。

一、平原区褶皱构造及其主要特征

前新生代基岩中共识别出28个褶皱构造(表4-2),分布如图4-3所示。28个褶皱构造可归属为早中三叠世、侏罗纪和早白垩世3期,分别对应于京津冀基岩区第六期、第七期和第八期。京津冀基岩区第一期至第四期褶皱构造发育于早前寒武纪变质地层中,因早前寒武纪变质地层分布较为零星和缺乏相关资料,其中发育的褶皱构造无法识别。第五期褶皱构造不涉及平原区。

表4-2 平原区褶皱构造主要特征表

编号	名称	轴迹方向	长 本区(km)	宽 本区(km)	主要特征	形成时间
f1	大兴-西曹庄向斜	45°	25	20	北东端延入邻区,南西端被断裂破坏,发育于蓟县系至二叠系中,在后期构造改造中发生了偏转	T_{1-2}
f2	王各庄向斜	近东西向	10	7.5	两端被断裂破坏,发育于蓟县系至奥陶系中,在后期构造改造中发生了弯曲	T_{1-2}
f3	张营背斜	45°~90°	16	10	东端被断裂破坏,西端延入邻区,发育于蓟县系至奥陶系中,在后期构造改造中部分发生了弯曲	T_{1-2}
f4	香河向斜	30°	17	7.5	南西端延入邻区,北东端仰起,北部被白垩系覆盖,东南部被断裂破坏,发育于蓟县系至奥陶系中,在后期构造改造中发生了偏转	T_{1-2}
f5	林南仓向斜	近东西向	35	10~23	西端延入邻区,东端仰起,发育于蓟县系至二叠系中,在后期构造改造中部分地段发生了弯曲	T_{1-2}
f6	陈家铺背斜	70°	35	10	南西端延入邻区,北东端倾伏,发育于蓟县系至奥陶系中,在后期构造改造中发生了偏转	T_{1-2}
f7	窝洛沽向斜	55°	36	10~17	南西端延入邻区,北东端仰起,部分地段被断裂破坏,发育于蓟县系至奥陶系中,在后期构造改造中发生了偏转	T_{1-2}
f8	李钊庄背斜	41°	47	10	南西端延入邻区,北东端倾伏,局部被断裂破坏,发育于蓟县系至奥陶系中,在后期构造改造中发生了偏转	T_{1-2}
f9	车轴山向斜	20°~40°	47	10~23	南西端延入邻区,北东端仰起,局部被断裂破坏,发育于蓟县系至二叠系中,在后期构造改造中发生了偏转	T_{1-2}
f10	东田庄背斜	5°~30°	61	10	南西端延入邻区并被断裂破坏,北东端被断裂破坏,发育于蓟县系至奥陶系中,在后期构造改造中发生了偏转及波动	T_{1-2}

续表 4-2

编号	名称	轴迹方向	长 本区(km)	宽	主要特征	形成时间
f11	开平复式向斜	35°	61	38～43	两端延入邻区,局部被断裂破坏,发育次级背向斜,为一复式向斜构造。发育于长城系至二叠系中,在后期构造改造中发生了偏转	T_{1-2}
f12	曹庄南向斜	东西向	18	7	西端仰起,东端延入渤海,发育于寒武系至奥陶系中,在后期构造改造中南部被断裂破坏,两翼不对称	T_{1-2}
f13	百尺竿向斜	55°	25	5～10	北西翼及南西端被断裂破坏,两翼不对称,北东端延入邻区,发育于侏罗系	J_3
f14	永清复式向斜	46°～90°	61	15～19	南西端仰起,北东端延入邻区,两翼被断裂破坏,发育不太完整,发育次级背向斜为一复式向斜,发育于蓟县系至二叠系中,在后期构造改造中发生了偏转与弯曲	T_{1-2}
f15	东马圈背斜	46°	18	7～12	两端倾伏,发育于寒武系至二叠系中,在后期构造改造中发生了偏转	T_{1-2}
f16	文安东向斜	22°～54°	70	5～19	南西端仰起,北东端延入邻区,发育于上三叠统至侏罗系中	J_3
f17	西演叠加向斜	东西向	13	30	西端仰起,东端被断裂破坏,早期向斜发育于寒武系至奥陶系中;晚期向斜发育于下白垩统中,继承盆地或早期向斜形成	T_{1-2}
f18	肃宁北背斜	东西向	13	26	西端倾伏,东端被断裂破坏,发育于寒武系至奥陶系中	T_{1-2}
f19	肃宁南向斜	东西向	6	21	西端仰起,东端被断裂破坏,发育于寒武系至奥陶系中	T_{1-2}
f20	安平向斜	56°	55	49～56	内部及外围多被断裂破坏,发育于蓟县系至二叠系中,两翼不对称	T_{1-2}
f21	青县-故城复式向斜	20°～32°	165	40～78	南西端仰起,北东端延入邻区,发育次级背向斜为一复式向斜,发育于蓟县系至三叠系中,局部被侏罗系和白垩系覆盖,部分地段被断裂破坏,发育不太完整	J
f22	团泊向斜	15°～20°	80	8～12	两端倾伏,发育于蓟县系至二叠系中,在后期构造改造中发生了偏转	T_{1-2}
f23	沧州东叠加向斜	35°～40°	118	8～62	南西端仰起,北东端延入邻区,多被断裂破坏,呈不规则状。早期向斜发育于上三叠统至中侏罗统中,晚期向斜发育于下白垩统中,继承盆地或早期向斜形成	$J_3—K_1$
f24	东高头向斜	25°	15	2～11	南西端扬起,北东端延入渤海,发育于石炭系至三叠系中,北西翼被断层破坏	J
f25	元氏向斜	近南北向	65	9～18	南、北两端及东翼被断裂破坏,发育不太完整,发育于长城系至三叠系中,在后期构造改造中轴迹发生了弯曲与波动	J

续表 4-2

编号	名称	轴迹方向	长 本区(km)	宽 本区(km)	主要特征	形成时间
f26	新河-邯郸复式向斜	25°~40°	212	40~68	北东端及两翼多被断裂破坏,南西端延入邻区,发育次级平行背向斜为一复式向斜,发育于长城系至三叠系中	J
f27	西河庄背斜	30°~46°	53	2~10	两端及北西翼部分被断裂破坏,南东翼被白垩系覆盖,发育于古生界中,继承基底隆起形成	J
f28	广平叠加向斜	30°	75	27~30	南西端被断裂破坏,北东端仰起。早期向斜发育于上三叠统至中侏罗统中;晚期向斜发育于下白垩统中,继承盆地或早期向斜形成	J_3—K_1

1. 早、中三叠世(第六期)褶皱构造

该期褶皱构造对应于京津冀地区基岩区第六期褶皱构造,平原区共识别出 18 个。其中,向斜构造 10 个(f1、f2、f4、f5、f7、f9、f12、f19、f20、f22)、背斜构造 6 个(f3、f6、f8、f10、f15、f18)、复式向斜构造 2 个(f11、f14)。该期褶皱构造发育于长城纪至二叠纪地层中,形成于早、中三叠世近南北向(北北西-南南东向)挤压构造环境,褶皱轴迹呈近东西向(北东东-南西西向)展布,在后期构造改造中不同程度地发生偏转(图 4-3)。各褶皱构造主要特征见表 4-2。

2. 侏罗纪(第七期)褶皱构造

该期褶皱构造对应于京津冀地区基岩区第七期褶皱构造,平原区共识别出 7 个。其中,向斜构造 4 个(f13、f16、f24、f25)、背斜构造 1 个(f27)、复式向斜构造 2 个(f21、f26)。该期褶皱构造发育于长城纪至侏罗纪地层中,形成于侏罗纪或晚侏罗世北西-南东向挤压构造环境,褶皱轴迹呈北东-南西向展布,在后期构造改造中不同程度地发生偏转(图 4-3)。各褶皱构造的主要特征见表 4-2。

3. 早白垩世(第八期)褶皱构造

该期褶皱构造对应于京津冀地区基岩区第八期褶皱构造,平原区共识别出 3 个(f17、f23、f28),均为叠加向斜构造。该期褶皱构造最终形成于早白垩世北西西-南东东向挤压构造环境,褶皱轴迹主要呈北北东-南南西向展布,个别受第六期褶皱构造控制呈近东西向展布(图 4-3)。其中,西演叠加向斜构造(f17)叠加于第六期向斜构造之上或继承盆地形成,发育于寒武纪至早白垩世地层中;沧州东叠加向斜(f23)和广平叠加向斜(f28)叠加于第七期向斜构造之上或继承盆地形成,发育于三叠纪至早白垩世地层中。各褶皱构造的主要特征见表 4-2。

二、平原区断裂构造及主要特征

平原区发育北东—北北东向、北西—北西西向、近南北向、近东西向及环状 5 组断裂体系,以北东—北北东向、北西—北西西向两组为主,其他相对较少。北东—北北东向断裂性质属于正断层(伸展断裂体系),环状断裂性质属于内倾正断层,其他各组断裂性质均属于走滑正断层(剪切走滑断裂体系)。

北东—北北东向伸展断裂体系及北西—北西西向剪切走滑断裂体系,控制了华北盆地内部的新生代构造格局。其中北东—北北东向伸展断裂体系占主导地位,多为控制四级和五级构造单元的边界断裂,使得平原区整体具有东西分带的特征,如石家庄-徐水、沧东、献县、晋县、曲陌-广宗、馆陶西等断裂。

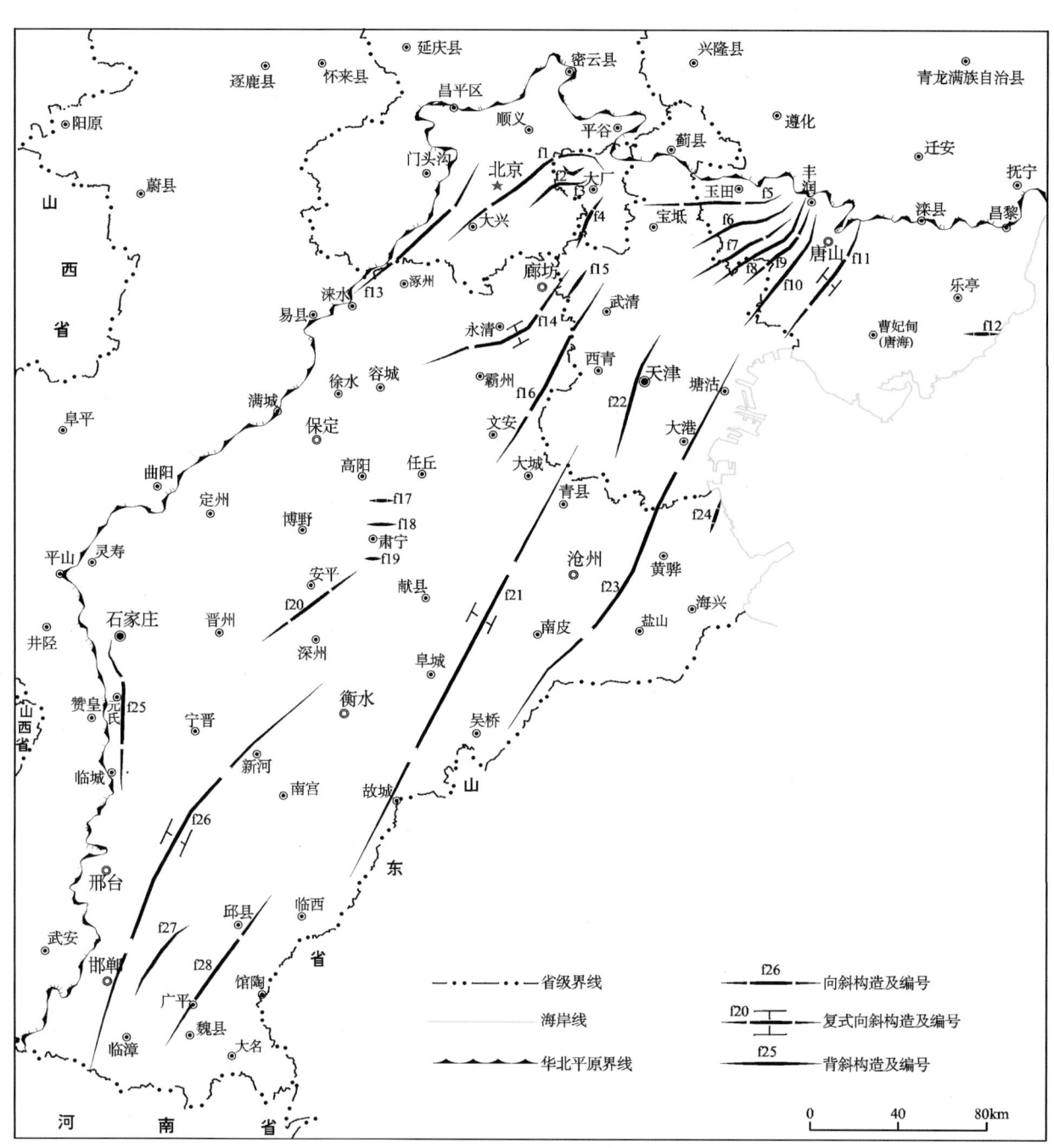

图 4-3 平原区褶皱构造分布图

北西—北西西向剪切走滑断裂体系在盆地伸展形成过程中主要起调节作用,使得平原区呈现南北分段的特点,如燕山山前、衡水、磁县-大名、徐水-淀北等断裂。

本节根据断裂对构造单元形成演化与地层沉积控制作用,将断裂分为3个级别:Ⅰ级断裂为控制四级及以上构造单元的边界断裂,共计8条(图4-4,表4-3);Ⅱ级断裂为控制五级构造单元的边界断裂,共计40条(图4-4,表4-3);Ⅲ级断裂为五级构造单元内部断裂,即一般断裂,在河北省(北京市天津市)平原区前新生代基岩地质图上表达212条(表4-4)。

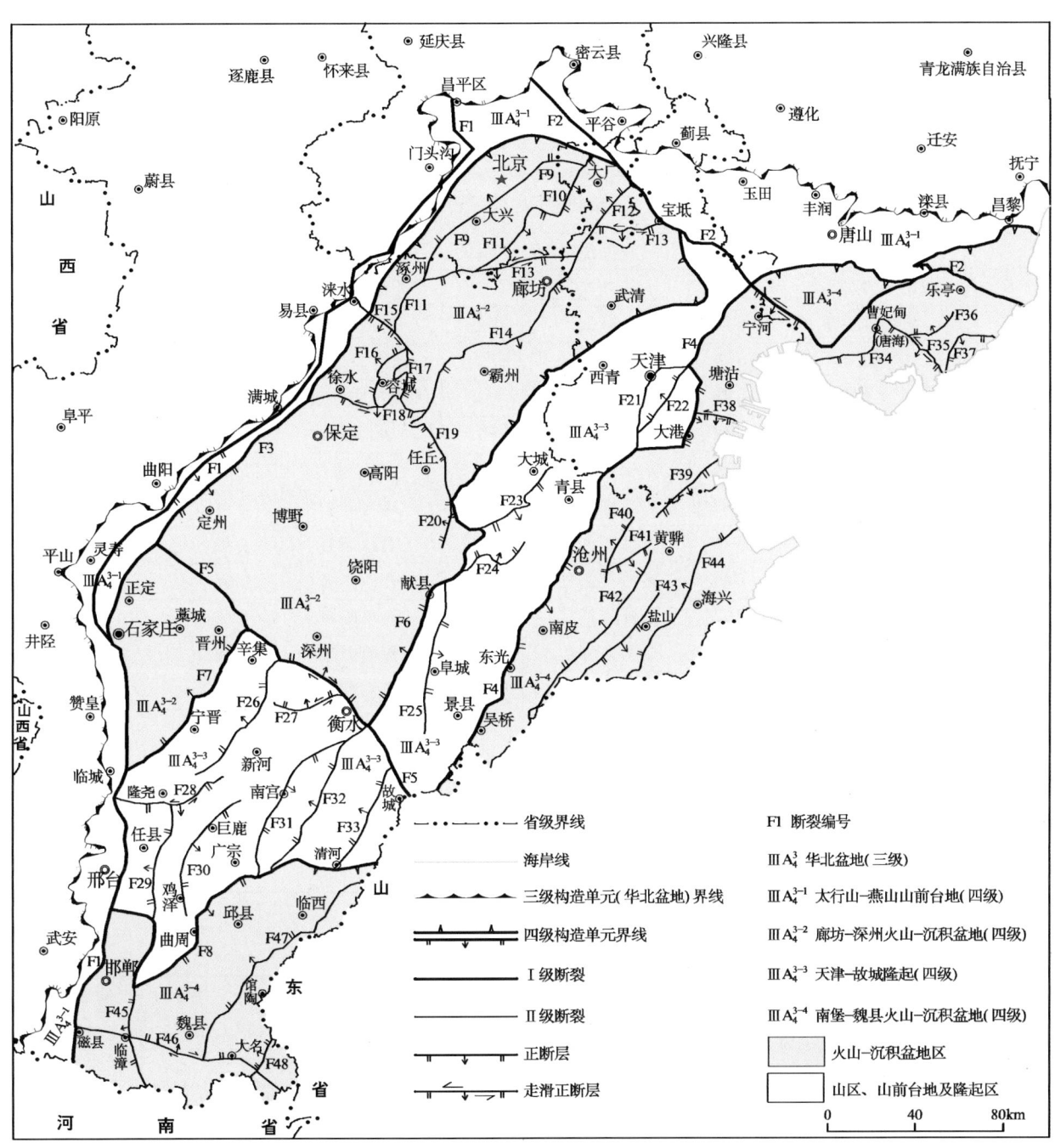

图 4-4 平原区Ⅰ级与Ⅱ级断裂构造分布图

Ⅰ级断裂：F1-太行山山前断裂；F2-燕山山前断裂；F3-石家庄-徐水断裂；F4-沧东断裂；F5-衡水断裂；F6-献县断裂；F7-晋县断裂；F8-曲陌-广宗断裂。Ⅱ级断裂：F9-崇文门断裂；F10-夏垫断裂；F11-大兴断裂；F12-香河断裂；F13-宝坻-桐柏断裂；F14-河西务-牛东断裂；F15-涞水断裂；F16-容城西断裂；F17-容城东断裂；F18-徐水-淀北断裂；F19-鄚州断裂；F20-马西断裂；F21-天津东断裂；F22-白塘口断裂；F23-里坦断裂；F24-留路断裂；F25-阜城断裂；F26-新河断裂；F27-前磨头断裂；F28-隆尧断裂；F29-任县东断裂；F30-鸡泽断裂；F31-南宫断裂；F32-明化镇断裂；F33-清河断裂；F34-西南庄断裂；F35-柏各庄断裂；F36-马北断裂；F37-红房子断裂；F38-海河断裂；F39-港西断裂；F40-孔西断裂；F41-孔东断裂；F42-徐西断裂；F43-黑东断裂；F44-埕西断裂；F45-邯郸东断裂；F46-磁县-大名断裂；F47-馆陶西断裂；F48-大名东断裂。

表 4-3　平原区Ⅰ级与Ⅱ级断裂构造统计表

编号	断裂名称	级别	断裂性质	编号	名称	级别	断裂性质
F1	太行山山前断裂	Ⅰ级	正断层	F25	阜城断裂	Ⅱ级	正断层
F2	燕山山前断裂	Ⅰ级	走滑正断层	F26	新河断裂	Ⅱ级	正断层
F3	石家庄-徐水断裂	Ⅰ级	正断层	F27	前磨头断裂	Ⅱ级	走滑正断层
F4	沧东断裂	Ⅰ级	正断层	F28	隆尧断裂	Ⅱ级	走滑正断层
F5	衡水断裂	Ⅰ级	走滑正断层	F29	任县东断裂	Ⅱ级	正断层
F6	献县断裂	Ⅰ级	正断层	F30	鸡泽断裂	Ⅱ级	正断层
F7	晋县断裂	Ⅰ级	正断层	F31	南宫断裂	Ⅱ级	正断层
F8	曲陌-广宗断裂	Ⅰ级	正断层	F32	明化镇断裂	Ⅱ级	正断层
F9	崇文门断裂	Ⅱ级	正断层	F33	清河断裂	Ⅱ级	正断层
F10	夏垫断裂	Ⅱ级	正断层	F34	西南庄断裂	Ⅱ级	正断层
F11	大兴断裂	Ⅱ级	正断层	F35	柏各庄断裂	Ⅱ级	走滑正断层
F12	香河断裂	Ⅱ级	正断层	F36	马北断裂	Ⅱ级	正断层
F13	宝坻-桐柏断裂	Ⅱ级	走滑正断层	F37	红房子断裂	Ⅱ级	正断层
F14	河西务-牛东断裂	Ⅱ级	正断层	F38	海河断裂	Ⅱ级	走滑正断层
F15	涞水断裂	Ⅱ级	走滑正断层	F39	港西断裂	Ⅱ级	正断层
F16	容城西断裂	Ⅱ级	走滑正断层	F40	孔西断裂	Ⅱ级	正断层
F17	容城东断裂	Ⅱ级	走滑正断层	F41	孔东断裂	Ⅱ级	正断层
F18	徐水-淀北断裂	Ⅱ级	走滑正断层	F42	徐西断裂	Ⅱ级	正断层
F19	鄚州断裂	Ⅱ级	走滑正断层	F43	黑东断裂	Ⅱ级	正断层
F20	马西断裂	Ⅱ级	正断层	F44	埕西断裂	Ⅱ级	正断层
F21	天津东断裂	Ⅱ级	正断层	F45	邯郸东断裂	Ⅱ级	走滑正断层
F22	白塘口断裂	Ⅱ级	正断层	F46	磁县-大名断裂	Ⅱ级	走滑正断层
F23	里坦断裂	Ⅱ级	正断层	F47	馆陶西断裂	Ⅱ级	正断层
F24	留路断裂	Ⅱ级	正断层	F48	大名东断裂	Ⅱ级	正断层

表 4-4　平原区主要一般（Ⅲ级）断裂构造统计表

序号	断裂名称	走向	倾向	断裂性质	序号	断裂名称	走向	倾向	断裂性质
1	西北旺断裂	近南北	东	走滑正断层	13	酒仙桥断裂	北西	北东	走滑正断层
2	黄庄断裂	北东	南东	正断层	14	东铁匠营断裂	近南北	西	走滑正断层
3	黄庄南断裂	北西西	南东东	走滑正断层	15	平房南断裂	近东西	北	走滑正断层
4	八宝山断裂	北东	南东	正断层	16	通州断裂	北东	北西	正断层
5	东小口北断裂	北西	北东	走滑正断层	17	旧宫断裂	北东	南东	正断层
6	高丽营断裂	北东	南东	正断层	18	永定河断裂	北西	北东	走滑正断层
7	孙河断裂	北西	北东	走滑正断层	19	阎村断裂	近东西	南	走滑正断层
8	顺义断裂	北东	南东	正断层	20	公义庄断裂	北西	南西	走滑正断层
9	李桥断裂	北西	南西	走滑正断层	21	码头断裂	北东	北西	正断层
10	小店断裂	北东	北西	正断层	22	北威村断裂	北西	北东	走滑正断层
11	南苑断裂	北东	北西	正断层	23	赢海断裂	北西	北东	正断层
12	东坝断裂	北西	南西	走滑正断层	24	张家湾断裂	北西	北东	走滑正断层

续表 4-4

序号	断裂名称	走向	倾向	断裂性质	序号	断裂名称	走向	倾向	断裂性质
25	牛堡屯断裂	北西	南西	走滑正断层	63	李家务断裂	北东	北西	正断层
26	姚辛庄-东庄断裂	北东	北西	正断层	64	大康庄断裂	北东	北西	正断层
27	永乐店断裂	近东西	南	走滑正断层	65	西集断裂	近南北	东	走滑正断层
28	半截河断裂	近东西	北	走滑正断层	66	大店福断裂	北东	南东	正断层
29	交道断裂	北北东	北西	正断层	67	三河-黄土庄断裂	近东西	南	走滑正断层
30	蓟县断裂	北东	南东	正断层	68	段甲岭断裂	北东	北西	正断层
31	东二营断裂	北东东	北北西	走滑正断层	69	西小屯断裂	北西西	北北东	走滑正断层
32	青甸断裂	北东东	南南东	走滑正断层	70	琉璃河断裂	北东	北西	正断层
33	海津庄断裂	北东东	南南东	走滑正断层	71	窝洛沽断裂	北西	北西	走滑正断层
34	杨家板桥断裂	北东	北西	正断层	72	石臼窝断裂	北西西	北北东	走滑正断层
35	北赵庄断裂	近东西	南	走滑正断层	73	丰台-野鸡坨断裂	北东	北西	正断层
36	大孟庄断裂	北东	北西	正断层	74	新军屯断裂	北东	北西	正断层
37	南蔡村断裂	北东	南东	正断层	75	杨家庄断裂	北北东	南东东	正断层
38	黑狼口断裂	北东东	北北西	走滑正断层	76	八户断裂	北北东	南东东	正断层
39	周良街道西断裂	北东东	北北西	走滑正断层	77	大齐坨断裂	北北西	南西西	走滑正断层
40	大田庄断裂	北东东	南南东	走滑正断层	78	大荣各庄断裂	北北西	南西西	走滑正断层
41	尔王庄断裂	北西西	北北东	走滑正断层	79	常庄断裂	北东东	南南东	走滑正断层
42	赵聪庄断裂	北东	南东	正断层	80	栗园断裂	北东	北西	正断层
43	东棘坨断裂	北北西	南西西	走滑正断层	81	陡河断裂	北东	北西	正断层
44	丰台断裂	北东	北西	正断层	82	碑子院断裂	北北东	南东	正断层
45	天津西断裂	北北东	北西西	正断层	83	铁匠庄北断裂	北西西	南南西	走滑正断层
46	宁河北断裂	近东西	南	走滑正断层	84	丰南断裂	北东	南东	正断层
47	杨家泊断裂	近东西	北	走滑正断层	85	丰南东断裂	北东	南东	正断层
48	汉沽断裂	近东西	南	走滑正断层	86	唐山断裂	北北东	南东东	正断层
49	宁车沽断裂	北北西	南西西	走滑正断层	87	范各庄断裂	北北东	北西西	正断层
50	茶淀断裂	北东	南东	正断层	88	雷庄南断裂	东西	南	走滑正断层
51	良王庄断裂	北西西	北北东	走滑正断层	89	徐庄断裂	北东	北西	正断层
52	东泥沽断裂	北东	北西	正断层	90	雷庄东断裂	北西	北东	走滑正断层
53	咸水沽断裂	近东西	南	走滑正断层	91	卢龙-滦县断裂	北北东	南东东	正断层
54	小韩庄断裂	北东	南东	正断层	92	石门西断裂	北北东	北西西	正断层
55	塘镇北断裂	北西	北西	走滑正断层	93	昌黎南断裂	北东	南东	正断层
56	老左营断裂	北东	北西	正断层	94	荒佃庄断裂	北东	南东	正断层
57	新城镇断裂	北西西	南南西	走滑正断层	95	尖子沽断裂	北西西	南南西	走滑正断层
58	沙井子断裂	北东	北西	正断层	96	六间房断裂	北西	南西	正断层
59	燕郊断裂	北东	南东	正断层	97	么家铺断裂	北东	北西	正断层
60	礼贤断裂	北东	南东	正断层	98	汉丰镇断裂	北北东	南东东	正断层
61	马起乏断裂	北东	北西	正断层	99	黄栗沽断裂	北北东	北西西	正断层
62	南黄辛庄断裂	北东	北西	正断层	100	老王庄断裂	北东	北西	正断层

续表 4-4

序号	断裂名称	走向	倾向	断裂性质	序号	断裂名称	走向	倾向	断裂性质
101	东黄坨断裂	北北东	南东东	正断层	139	梁家村西断裂	北东	南东	正断层
102	李家寺断裂	北东东	南南东	走滑正断层	140	梁家村南断裂	北西	北东	走滑正断层
103	新寨断裂	北东东	南南东	走滑正断层	141	北冬店断裂	北北东	北西西	正断层
104	马头营东断裂	北东	北西	正断层	142	紫洋口断裂	北西	南西	走滑正断层
105	唐海西断裂	北东	南东	正断层	143	万里断裂	北西	北东	走滑正断层
106	七分场断裂	北东	南东	正断层	144	留西断裂	北西	北东	正断层
107	七分场南断裂	北西	北东	走滑正断层	145	留北断裂	北西	北东	正断层
108	高柳断裂	近东西	南	走滑正断层	146	留楚-皇甫断裂	北北东	北西西	正断层
109	南堡2号断裂	北东东	北北西	走滑正断层	147	旧城北断裂	近东西	南	走滑正断层
110	南堡3号断裂	北东	北西	正断层	148	李庄断裂	北东	南西	正断层
111	东垒子断裂	北西	南西	走滑正断层	149	东阳台断裂	北西	北东	正断层
112	檀山断裂	北西	北东	走滑正断层	150	虎北断裂	北西	北东	正断层
113	大北尹断裂	北东	南东	正断层	151	青县西断裂	北东	南西	正断层
114	户木断裂	东西	北	走滑正断层	152	青县东断裂	近南北	西	走滑正断层
115	遂城断裂	东西	南	走滑正断层	153	南大港断裂	北东东	南南东	正断层
116	大王店北断裂	北东	北西	正断层	154	海新断裂	北东东	北北西	走滑正断层
117	智武营断裂	北西	北东	走滑正断层	155	枣26井断裂	北东东	南南东	走滑正断层
118	牛坨镇断裂	环状	内倾	正断层	156	羊三木断裂	北东	北西	正断层
119	龙虎庄断裂	北东东	南南东	走滑正断层	157	羊三木南断裂	北西西	南南西	走滑正断层
120	李家营断裂	北西	北东	走滑正断层	158	李刘堡断裂	北西西	北北东	走滑正断层
121	后营断裂	北西	北东	走滑正断层	159	歧口断裂	北东	北西	正断层
122	后奕断裂	环状	内倾	正断层	160	张东断裂	北西	北北东	正断层
123	西场断裂	北西	北东	走滑正断层	161	赵北断裂	北东	北西	正断层
124	里澜断裂	近东西	北	走滑正断层	162	扣村断裂	北西	北北东	正断层
125	信安镇断裂	北北东	南东东	正断层	163	黄骅西断裂	北北东	北西西	正断层
126	吴庄断裂	北西	北东	走滑正断层	164	黄骅断裂	北西西	南南东	走滑正断层
127	台山断裂	近东西	南	走滑正断层	165	羊二庄东断裂	北东	北西	正断层
128	冀参7号断裂	北东东	南南东	走滑正断层	166	小山断裂	北西	南东	走滑正断层
129	安新南断裂	北东东	南南东	走滑正断层	167	王官屯断裂	北东	北西	正断层
130	长洋淀断裂	北北东	北西西	正断层	168	王官屯西断裂	北西	北东	正断层
131	任丘西断裂	北北东	北西西	正断层	169	常庄断裂	北东	南西	正断层
132	高阳-博野断裂	北东	北西	正断层	170	杨家寺西断裂	北西	北东	正断层
133	望都断裂	北西	北东	走滑正断层	171	龙华断裂	北西	南西	走滑正断层
134	翟营断裂	北西	北东	走滑正断层	172	东焦东断裂	北西	南西	正断层
135	五尺断裂	北北西	南西西	走滑正断层	173	宜安断裂	北东东	北北西	走滑正断层
136	出岸断裂	北北西	南西西	走滑正断层	174	头泉断裂	北东	北西	正断层
137	大王庄断裂	北北东	北西西	正断层	175	上寨断裂	北东东	北北西	走滑正断层
138	河间断裂	北北东	北西西	正断层	176	姬村断裂	北东	南东	正断层

续表 4-4

序号	断裂名称	走向	倾向	断裂性质	序号	断裂名称	走向	倾向	断裂性质
177	后磨头断裂	近东西	北	走滑正断层	195	南石门西断裂	北东	南东	正断层
178	宁晋断裂	北北东	南东东	正断层	196	南石门断裂	北东	北西	正断层
179	宁晋东断裂	北西	北东	走滑正断层	197	羊范南断裂	东西	北	走滑正断层
180	新河南断裂	北北西	南西西	走滑正断层	198	邢台断裂	北北东	北西西	正断层
181	西流断裂	北北东	北西西	正断层	199	祝村北断裂	北东	南东	正断层
182	唐林断裂	东西	北	走滑正断层	200	祝村断裂	北东	南东	正断层
183	水洼断裂	北东	南东	正断层	201	王快断裂	北东	北西	正断层
184	王家庄断裂	近南北	西	走滑正断层	202	沙河城西断裂	北北东	南东东	正断层
185	亦城断裂	近南北	西	走滑正断层	203	沙河城断裂	南北	西	走滑正断层
186	尹村断裂	北东	南西	正断层	204	沙河城东断裂	北北东	北西西	正断层
187	双碑断裂	北西西	南南西	走滑正断层	205	沙河城南断裂	东西	南	走滑正断层
188	苏家营断裂	北西西	南南西	走滑正断层	206	西阳城断裂	北北东	南东东	正断层
189	冯村断裂	北东	南东	正断层	207	陈庄断裂	北西西	北北东	走滑正断层
190	会宁北断裂	北西	北东	走滑正断层	208	第什营断裂	北东	南东	正断层
191	大孟村断裂	北东	北西	正断层	209	固献断裂	北北东	北西西	正断层
192	官庄南断裂	北东东	南南东	走滑正断层	210	黄沙西断裂	北北东	南东东	正断层
193	石相北断裂	北东东	南南东	走滑正断层	211	黄沙断裂	北北东	南东东	正断层
194	石相南断裂	北东东	北北西	走滑正断层	212	红庙断裂	北东	南东	正断层

第三节　新生界底面起伏特征

河北省平原区新生界底面(即前新生代基岩面)起伏变化整体呈现出"一台两盆夹一隆"的构造特征(图 4-5)。边缘地带为太行山-燕山山前台地(包括 2 个山前台地五级构造单元),西北部为廊坊-深州火山-沉积盆地(包括 9 个凹陷和 6 个凸起共 15 个五级构造单元),中部为天津-故城隆起(包括 13 个凸起和 9 个凹陷共 22 个五级构造单元),南东部为南堡-魏县火山-沉积盆地(包括 16 个凹陷和 13 个凸起共 29 个五级构造单元)。

1. 太行山-燕山山前台地

太行山-燕山山前台地位于河北省平原区边缘地带,外围紧邻山地基岩区。燕山山前台地新生界底面埋深在 0~800m 之间,太行山山前台地上新生界底面埋深在 0~900m 之间,整体具有向平原腹地缓倾斜不规则带状台地特征(图 4-5)。台地上缺失新生界地段,前新生代基岩出露地表。

2. 廊坊-深州火山-沉积盆地

廊坊-深州火山-沉积盆地位于河北省平原区西北部,整体以凹陷为主,间夹少量凸起。凹陷内新生界底面埋深在 2335~10 400m 之间,北京凹陷埋深最浅为 2335m,武清-霸县凹陷埋深最深为 10 400m,其他凹陷埋深在 3200~8400m 之间;凸起上新生界底面埋深在 600~3600m 之间,大兴凸起、牛驼镇凸起埋深最浅为 600m,高阳凸起埋深最深为 3600m,其他凸起埋深在 900~1900m 之间;整体为具有半地堑特征的盆地(图 4-5)。

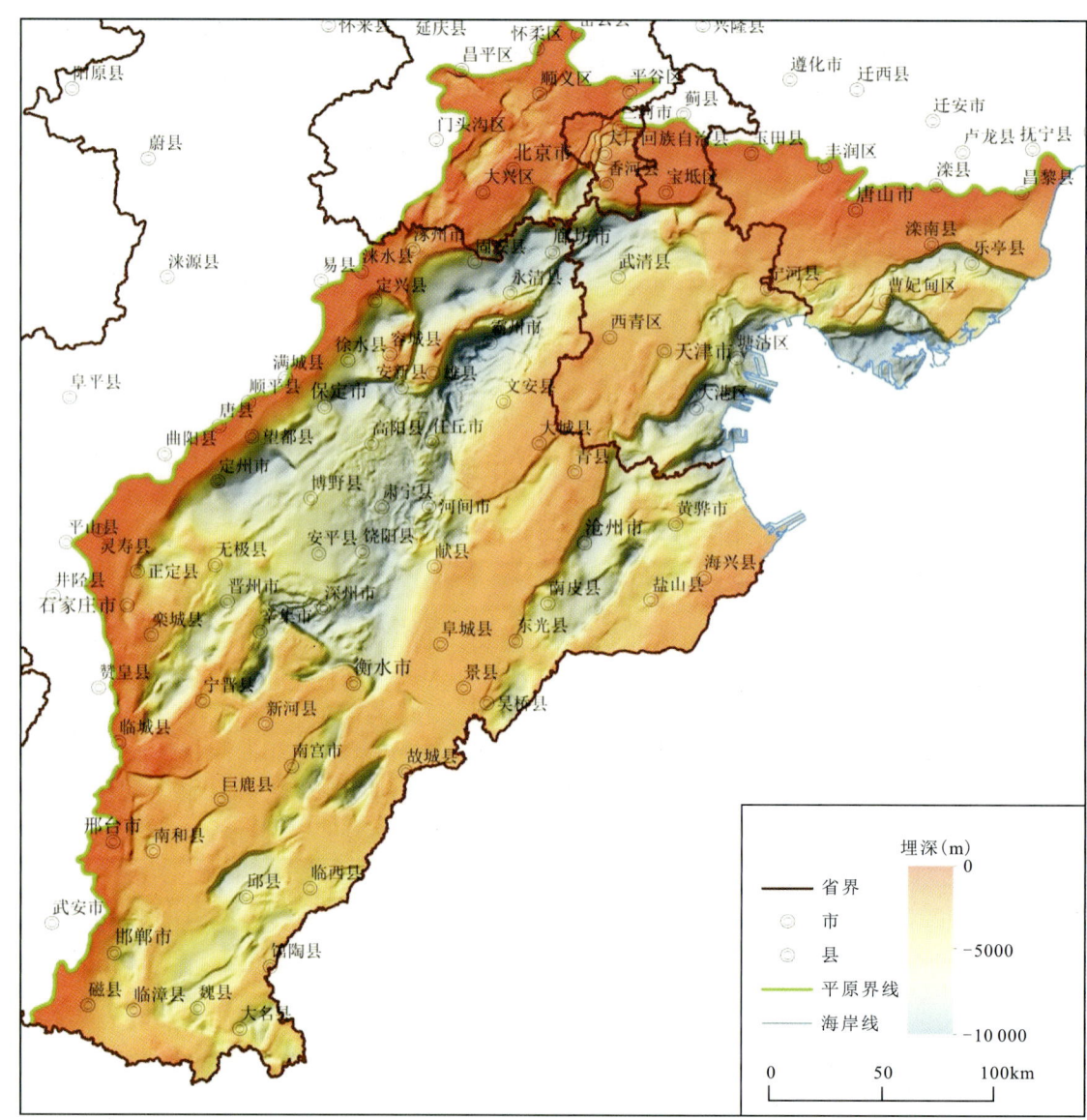

图 4-5 平原区新生界底面数字地形模型图(DTM)

3. 天津-故城隆起

天津-故城隆起位于河北省平原区中部,整体以凸起为主,局部夹少量凹陷。凸起上新生界底面埋深在 1100~1500 m 之间,宁晋凸起埋深最浅为 1100 m,小韩庄凸起埋深最深为 1500 m,其他凸起埋深在 900~1900 m 之间;凹陷内新生界底面埋深在 1600~6700 m 之间,阜城凹陷埋深最浅为 1600 m,束鹿凹陷埋深最深为 6700 m,其他凹陷埋深在 2100~5000 m 之间;整体为具有半地垒—地垒特征的隆起带(图 4-5)。

4. 南堡-魏县火山-沉积盆地

南堡-魏县火山-沉积盆地位于河北省平原区南东部,整体以凹陷为主,间夹少量凸起。凹陷内新生界底面埋深在 1800~7600 m 之间,汤阴凹陷埋深最浅为 1800 m,南堡凹陷和板桥凹陷埋深最深为 7600 m,其他凹陷埋深在 2000~6000 m 之间;凸起上新生界底面埋深在 1100~2700 m 之间,秦南凸起和埕宁凸起埋深最浅为 1100 m,马头营凸起埋深最深为 2700 m,其他凸起埋深在 1300~2600 m 之间;整体为具有半地堑—地堑特征的盆地(图 4-5)。

第五章 结束语

第一节 取得的主要成果和进展

本次工作以板块构造理论为指导,以基本地质事实——不同时段的建造与改造为依据,充分应用三维建模等新技术,经过项目组全体成员的共同努力和严格按照项目设计书及设计批复的规定要求圆满完成了各项任务,并取得了多项成果和新进展,进一步提升了平原区基础地质的整体研究程度,为一个开拓基础地质服务社会领域的良好范例,为平原区地热资源勘查开发、隐伏矿产勘查、地质灾害防治、城市规划建设等提供了系统翔实的平原区基础地质资料。

河北省(北京市天津市)平原区前新生代基岩地质图相关的主要进展如下:

(1)整体编制了河北省(北京市天津市)平原区前新生代基岩地质图,在图面上采用岩石地层单位对前新生代基岩地质情况进行了表达,并统一建立了平原区前新生代基岩岩石地层序列和划分方案,更有利于与基岩区岩石地层序列的对比研究和平原区相关工作中的参考利用。

(2)本次编图工作将前新生代基岩与上覆新生界为断层接触的部位——断坡带进行了表达,相较于传统地质图,本次对断坡带的表达使得覆盖区地质图与钻孔匹配度更高,地质构造格局更加客观、真实。

(3)首次系统厘定了平原区前新生代基岩中发育的褶皱构造,共划分为28个褶皱构造,归属于早中三叠世、侏罗纪和早白垩世3个形成期。相比以往平原区部分地段的基岩地质图主要以断裂控制地质体的分布,本次编制的河北省(北京市天津市)平原区前新生代基岩地质图更加客观和符合实际。

(4)更加系统地划分了新生代五级构造单元,在《中国区域地质志·河北志》(2017)划分为51个五级构造单元的基础上,新增加了17个五级构造单元,使得平原区新生代五级构造单元的划分更加客观、真实和合理,为平原区新生代地质构造的相关研究和应用提供了更加翔实的基础地质资料。

(5)在前新生代基岩埋深等深线的绘制与表达方面,本次工作采用物探异常控制构造格架、钻孔标定深度的方法进行编制,利用三维建模新技术绘制基岩界面三维起伏数字模型,其可以将钻孔、地震反射层构造特征等各类埋深信息相结合,进行综合分析、处理,使得前新生代基岩埋深等深线客观准确。并编制了数字地形模型图(DTM),使得图件应用性更强。

(6)通过编制前新生代基岩构造纲要图和基岩地质图,系统厘定了各断裂的活动性质和作用,并依据断裂规模、控制地质体程度,将平原区断裂划分为三级,一级断裂为太行山及燕山山前断裂、沧州断裂、衡水断裂等8条断裂,为划分四级构造单元的分界断裂;二级断裂主要为控凹、控凸断裂,如河西务-牛东断裂、徐水-淀北断裂、明化镇断裂等40条断裂,为划分五级构造单元的分界断裂;三级断裂为一般断裂,为各级构造单元内部的断裂构造,河北省(北京市天津市)平原区前新生代基岩地质图上共表达了210条。

对各级断裂构造在新生代时期的活动性质提出了北东至北北东向断裂以正断层性质为特征、其他方向的断裂构造以走滑正断层性质为特征的新认识。

(7)对平原区涉及的侵入岩进行了简要总结。

(8)首次整体将京津冀平原区的新生界底面(即前新生代基岩面)等底面起伏特征进行了系统总结。各界面的起伏及相应厚度变化,充分体现了平原区"一台两盆夹一隆"的整体构造特征。

第二节 存在问题及建议

1. 存在问题

项目组通过一年的努力完成了系列图件的编制工作,取得了大量成果与进展,虽然收集的资料已经远远超过设计要求,但尚有部分资料未收集到,例如关键的石油钻孔等。因此,存在的一些问题有待今后工作进一步研究。

(1)编图过程中参考了不同年代、不同专业的基岩钻孔,各类钻孔质量仅仅满足本行业的规范要求,在编图过程中已最大限度地将各类钻孔统一到基础地质编图的要求中。其中石油废弃井、石油井大部分无原始钻孔柱状图,仅有地层信息。地热钻孔依靠岩屑判断岩性,其原始柱状图描述简单,可能存在地层判断失误的情况。

(2)冀东地区变质表壳岩的分布范围仅代表新生代地层覆盖下的基岩表层的分布范围,主要依据现有的铁矿勘查钻孔以及1∶2.5万航磁高异常进行圈定的。在变质深成岩地区下部或未进行铁矿勘查区域也可能存在变质表壳岩。另外,由于揭露新太古代表壳岩的钻孔跨越几十年,钻孔岩性描述详细程度差异较大,可信度参差不齐。因此本次工作未对变质表壳岩进行岩石地层划分。

(3)平原区南部临漳—魏县—大名县一带基础地质工作较少,石炭系的分布范围主要依据该地段前人基岩地质图编绘的,缺少钻孔佐证。

(4)大型伸展断裂(石家庄-徐水断裂、大兴断裂、牛东断裂等)断坡带的各地层的分布范围,主要是根据物探资料推测与区域地层厚度对比编绘的,大部分缺少钻孔控制。

(5)平原区侵入岩的分布主要依据航磁异常以及前人已有的基岩地质图圈定的,大部分缺少钻孔揭露。

(6)北京市与天津市的前新生代基岩地质的编绘主要是依据现有的北京市、天津市前新生代基岩地质图,并在其基础上与本次编制的河北省基岩地质图进行接图,部分断裂与地层进行了微调,未系统收集钻孔、物探等资料。

2. 建议

(1)埕宁凸起上分布有大范围的新太古代变质岩,且埋深较浅,一般为1100m左右,航磁显示为高异常区。根据现有钻孔资料,其为变质深成岩,但不排除变质表壳岩分布的可能性,可适当加大铁矿产勘查力度。

(2)冀州区—新河县一带发育大范围的蓟县系高于庄组、寒武系—奥陶系,地层埋深较浅,一般为1000~2000m,可适当加大岩溶热储层的勘查开发力度。

附表

河北省(北京市 天津市)平原区前新生代基岩地质图(1∶500 000)钻孔信息对照表

图面序号	原始孔号	图面序号	原始孔号	图面序号	原始孔号
1	G7	35	zk3-3	69	统1906
2	10号孔	36	小滩2井	70	葛热5井
3	井214	37	钱91	71	NP5-4
4	井213	38	爽2	72	统1906
5	G23	39	倩3	73	XK04-1
6	厂1	40	乐2	74	D15
7	李8号	41	兴古1	75	地热1井
8	玉4	42	安33	76	牛东1
9	BK17	43	统2194	77	苏401
10	40号孔	44	乐2	78	南堡1井
11	玉33	45	涞京1	79	NP288
12	玉33	46	涞8	80	NP3-81
13	湾16	47	涿5	81	苏1
14	CK1	48	统2039	82	统1906
15	CR2井	49	葛1	83	XK03-1
16	昌8	50	南3	84	牛东1
17	窝1	51	南13	85	牛东1
18	统1461	52	唐28-1	86	苏62
19	丰8	53	乐4	87	苏63
20	阜2	54	王滩1井	88	文57
21	缸102	55	乐1	89	西角村地热井
22	ZK3	56	南8	90	统2217
23	165	57	统1531	91	4-1
24	河参4	58	NP71-1	92	任22
25	丰9	59	钻	93	统6
26	扩8号	60	统2036	94	统19
27	ZK102	61	固热1井	95	统476
28	ZK704	62	永热5井	96	统523
29	涿2	63	峰83	97	任97
30	涿1	64	葛6	98	大热1井
31	JZ02	65	NP5-8	99	统1884
32	车87	66	固11	100	Zk117-43
33	将7	67	统272	101	高3
34	倩3	68	统1886	102	任13

续附表

图面序号	原始孔号	图面序号	原始孔号	图面序号	原始孔号
103	统 513	138	极 12	173	深热 20 号井
104	ZK003	139	饶 1	174	统 387
105	任 9	140	R121	175	阜热 1 井
106	29-1	141	庄 8	176	赵 20
107	大 6	142	港口 1	177	衡热 9 井
108	同聚祥地热井	143	泽 2	178	R76
109	9-2	144	泽 1	179	东 1
110	行 2	145	统 1348	180	NZK1
111	行 5	146	R121	181	元 CK23
112	ZK003	147	官古 1	182	贤 5
113	高 3	148	徐 1	183	普 1
114	马 70	149	热电 1 井	184	统 1441
115	大 9	150	极 6	185	千户营 1-1
116	R122	151	统 1426	186	景龙热 15 井
117	106 号孔	152	泽 3	187	柏 4
118	孔古 4	153	冀刘 1	188	ZK 新 1
119	113 号孔	154	泽 5	189	ZK 新 3
120	羊 1	155	皇 2	190	柏 1
121	庄 5	156	赵庄地热井	191	隆 27
122	庄 32	157	官 49	192	15-1
123	宁 4	158	无 5	193	大曹庄 ZK1
124	宁古 102	159	ZK 高 6	194	统 324
125	马 19	160	赵 10	195	故热 13
126	马 18	161	鑫热 1 井	196	1102
127	大 7	162	统 645	197	煤 6
128	孔 2	163	盐山县 YR1 孔	198	华 1
129	扣 2	164	海铁 ZK1	199	9809-14 号井
130	行 6	165	118 号孔	200	兰 1
131	留 3	166	统 1397	201	任 1
132	留 58	167	统 1403	202	西大屯地热井
133	留 13	168	虎 2	203	任 11
134	R121	169	晋 11	204	段芦头地热井
135	行石 2	170	晋 3	205	邢台邢东
136	行石	171	统 1396	206	ZK2
137	极 1 井	172	1-1	207	邢台电厂水 11 号

续附表

图面序号	原始孔号	图面序号	原始孔号	图面序号	原始孔号
208	补2	218	永年县西大屯	228	153号孔
209	6312	219	统2255	229	4-2孔
210	新巨5	220	ZK13-2	230	Ⅳ-4
211	馆古2	221	ZK01	231	ZK3
212	3803	222	丘参1	232	楚1
213	BZ45	223	54-5	233	XJ1
214	ZK2	224	馆深1井	234	务古1
215	ZK1	225	7002	235	雄古1
216	5-2	226	33-1	236	献2
217	5-1	227	磁1	237	郑4

附件 2

"河北省区域地质纲要（续作）"项目系列成果

河北省（北京市天津市）平原区古近纪地质图说明书

（比例尺 1∶500 000）

河北省区域地质调查院（河北省地学旅游研究中心） 编著

目 录

第一章 绪 言 ··· (1)

    第一节 项目概况 ·· (1)

    第二节 交通位置及自然地理概况 ·· (2)

    第三节 以往工作概况 ·· (3)

第二章 前新生代隐伏地层 ·· (11)

    第一节 新太古代地层 ··· (11)

    第二节 古元古代地层 ··· (11)

    第三节 中新元古代地层 ·· (12)

    第四节 古生代地层 ·· (15)

    第五节 中生代地层 ·· (19)

第三章 古近纪地层 ··· (24)

第四章 侵入岩 ··· (30)

    第一节 新太古代变质深成侵入岩 ·· (30)

    第二节 侏罗纪侵入岩 ··· (31)

    第三节 白垩纪侵入岩 ··· (31)

第五章 地质构造 ·· (32)

    第一节 断裂构造及主要特征 ·· (32)

    第二节 古近系底面起伏及厚度变化特征 ··· (33)

第六章 结束语 ··· (37)

    第一节 取得的主要成果和进展 ··· (37)

    第二节 存在问题及建议 ·· (37)

附 表 河北省(北京市天津市)平原区古近系地质图(1∶500 000)钻孔信息对照表 ············· (39)

第一章 绪 言

第一节 项目概况

项目名称:河北省区域地质纲要(续作)。

项目编码:13000023P00F2D410251H。

实施单位:河北省自然资源厅。

承担单位:河北省区域地质调查院(河北省地学旅游研究中心)。

项目实施起止时间:2023年1—12月,工作周期为1年。

资金来源:省地勘专项资金210万元。

本项目为"河北省区域地质纲要"的续作项目。2022年"河北省区域地质纲要"项目主要开展河北省地表部分综合研究及编图工作,编制了河北省(北京市天津市)地质图(1∶50万)、河北省(北京市天津市)岩浆岩地质图(1∶50万)、河北省(北京市天津市)地质构造图(1∶100万)、河北省(北京市天津市)第四纪地质及地貌图(1∶100万),并编写了《河北省区域地质纲要成果报告》。2023年,"河北省区域地质纲要(续作)"项目主要开展了平原区地下部分综合研究及编图工作,编制了河北省(北京市天津市)平原区前新生代基岩地质图(1∶50万)及前新生代分幅基岩地质图(1∶25万),河北省(北京市天津市)平原区古近纪地质图(1∶50万)、河北省(北京市天津市)平原区新近纪地质图(1∶50万)及河北省(北京市天津市)平原区活动断裂分布图(1∶50万),并编写了河北省(北京市天津市)平原区地质编图与综合研究报告及系列图件说明书。

项目目标任务:以河北省平原区区域地质调查成果为基础,收集近年来地热、水文、石油、煤炭等专业取得的地质成果及学术科研成果,通过各类钻探、物探成果的综合对比研究,对河北省平原区下伏前新生代基岩、古近纪、新近纪地质体分布及基岩面起伏、基底构造等特征进行总结,并通过地震研究及活动断裂探测等工作成果,梳理河北省平原区重要活动断裂数量及分布特征,系统总结编制河北省平原区基础地质系列图件及文字报告,进一步提高河北省平原区基础地质工作的研究程度和研究水平,为今后地热资源勘查开发、地质灾害防治、城市规划建设等工作提供服务。

目标任务分解:系统收集整理河北省平原区水文、地热、石油、煤炭等地质工作中的钻探、物探成果进行综合研究,对河北省平原区下伏前新生代地质体的分布、基岩面起伏、基底构造等特征进行系统总结,编制河北省(北京市天津市)平原区前新生代基岩地质图;基于河北省平原区地热、石油等地质工作中的钻探、物探成果,对古近纪、新近纪地质体分布特征进行总结,编制河北省(北京市天津市)平原区古近纪、新近纪地质图;基于河北省平原区地震、活动断裂探测等工作,系统梳理与总结河北省平原区重要活动断裂的数量及分布,编制河北省(北京市天津市)平原区活动断裂分布图;编撰河北省(北京市天津市)平原区地质编图与综合研究报告及系列图件说明书。

第二节　交通位置及自然地理概况

河北省平原区属华北平原的北部，南部及东南部与河南、山东接壤，北至燕山，西邻太行山，东临渤海。主要由石家庄市、邢台市、邯郸市、衡水市、保定市、廊坊市、唐山市、秦皇岛市、沧州市9个市组成，经济文化繁荣。区内交通发达，公路、铁路四通八达，包括京广铁路、京九铁路、京沪铁路、京广高铁、京九高铁等28条主要干线铁路，以及27条国家干线公路（图1-1）；海空交通发达，有秦皇岛港、京唐港、曹妃甸港、黄骅港等港口，机场包括石家庄正定机场、唐山三女河机场、秦皇岛北戴河机场、邯郸机场等。

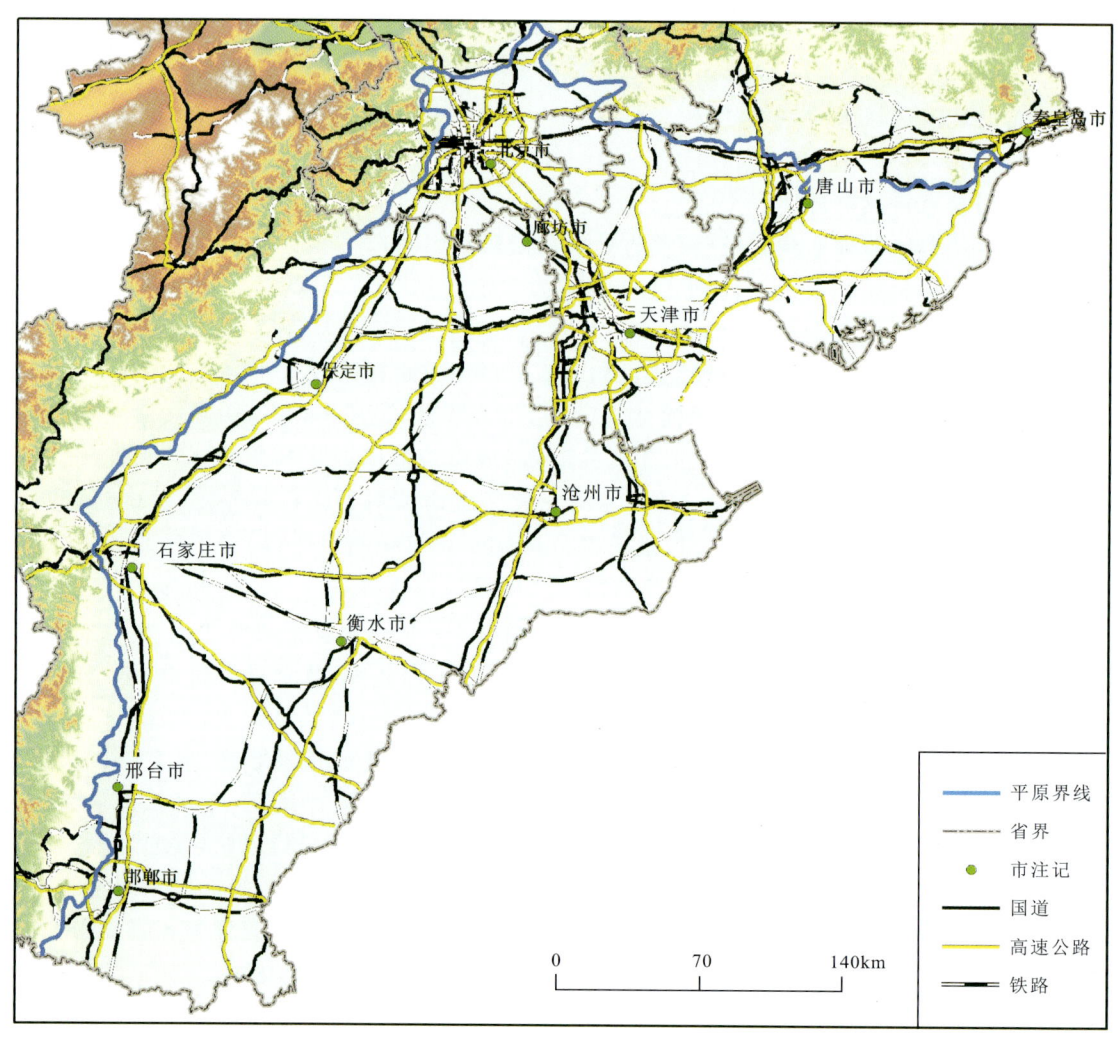

图1-1　工作区地貌交通图

河北省平原区主要由古黄河、漳河、滏阳河、沙河、滹沱河、拒马河、永定河、潮白河、子牙河、大清河、海河、滦河等河流冲洪积和白洋淀等湖泊沉积而成，地势低平，整体西高东低，向渤海湾倾斜，西部和北部分别为太行山、燕山山前冲积和洪积平原，海拔由西部涿州—定兴—望都—石家庄—邢台—邯郸一带的100m左右向东逐步降低到渤海沿岸的3m左右，洼地和泊淀面积宽广。

河北省平原区河流多发源于太行山东麓及燕山南麓,形成一个巨大的扇形水系,海河水系为区内最大的水系,年径流量达242亿m^3,约占河北省地表总径流量资源的2/3,水量主要集中于7—8月,春季水量小,个别河流甚至干涸。

河北省平原区气候属于暖温带湿润或半湿润气候,四季分明,寒暑悬殊,雨量集中,干湿宜人,具有冬季干燥寒冷,雨雪稀少;春季冷暖多变,干燥多风;夏季炎热潮湿,雨量集中;秋季风和日丽,凉爽少雨的特点。年平均温度为10～20℃,夏季7月平均气温为26℃,极端高温可达40℃,多出现在6月,冬季11月上旬开始霜冻,次年3月下旬解冻,无霜期一般在180d左右。年平均降水量400～700mm,降水主要集中在夏季,7—8月降水量最多,占全年降水量的70%左右;冬季降水量最少,仅占全年的2%左右;秋季降水量稍多于春季。年均气温和降水量由南向北随纬度增加而递减。全年日照时数2700～2900h,日照时数一般春季最多,夏季次之,冬季最少。区内风向,每年的11月到次年2月间多为北或西北风,其余月份以西南、东南风为主。年平均风速3～4m/s,年极端最大风速可达30m/s。春季风速大,降水量少,常有黄沙弥漫、尘土蔽日的风沙天气出现,年风沙日数为10～20d。

河北省平原区石油、煤、铁矿等矿产资源丰富。石油有中国著名的华北油田、大港油田、冀东油田等;煤炭有开平煤田、蓟玉煤田、大城煤田、邯邢煤田等;铁矿有亚洲第二大铁矿即司家营铁矿、长凝铁矿等。平原区是中国小麦、棉花、花生、芝麻等作物种植面积最大的农业区,也是温带果品苹果、梨、柿、核桃和红枣等的重要产区。

第三节 以往工作概况

河北省(北京市、天津市)平原区(以下简称"平原区")地质工作开展较早,20世纪50年代开展了开平煤田与油气区的油气勘探地质普查工作。近几十年来,各类地质工作相继部署,涵盖了中大比例尺区域地质调查、城市地质调查、地热资源调查、干热岩资源调查、铁矿勘查、煤炭勘查、石盐矿普查、石油地震普查、活动断裂调查以及区域重力、航磁等工作,对新近纪地层分布、构造特征等研究程度相对较高。

1. 区域重力、航磁工作

平原区重力与航磁工作早期以小比例尺重力普查与磁力测量工作为主。近年来,开展了中大比例尺重力与航磁调查,包括含油气盆地区中大比例尺(1:10万、1:5万)重力测量以及铁矿区大比例尺航磁工作。目前,1:25万重力、航磁工作已全覆盖,冀南地区1:2.5万航磁工作完成全覆盖,冀东地区1:5万重力工作完成全覆盖(表1-1)。

表1-1 主要重力、航磁工作统计表

序号	项目名称	完成单位	时间
1	河北省1:50万区域物化探成果研究	河北省地球物理勘查院	2007年
2	河北冀东铁矿外围1:5万重力调查	河北省地球物理勘查院	2014年
3	河北省山区1:2.5万高精度航空磁测勘查石保测区、张家口东测区航磁异常查证	河北省地质调查院	2018年
4	河北邯邢地区1:2.5万航磁调查	河北省地质调查院	2022年

2. 基础地质工作

平原区先后完成 1∶25 万北京市幅、天津市幅、秦皇岛市幅、黄骅县幅、邢台市幅、邯郸市幅区域地质调查工作。在廊坊、唐山、秦皇岛、石家庄等地区开展了 1∶5 万区域地质调查工作，主要由天津地质调查中心、河北省地质调查院、河北省区域地质调查院等单位完成，其中唐山、秦皇岛及廊坊中北部实现了 1∶5 万区域地质调查工作全覆盖。近年来，石家庄、唐山等地相继开展了城市地质调查工作，进行了更为详细的基础地质研究工作（表 1-2）。

表 1-2　主要区域地质调查、城市地质调查工作统计表

序号	项目名称	完成单位	时间
1	北京市幅区域地质调查（1∶25 万）	北京市地质调查研究院	2002 年
2	流常幅、龙华镇幅 1∶5 万区域地质与农业生态地质调查	中国地质科学院水文地质环境研究所	2003 年
3	1∶25 万天津市幅、秦皇岛市幅区域地质调查	天津市地质调查研究院、河北省区域地质调查院	2005 年
4	1∶25 万黄骅县幅海岸带区域地质与环境调查	天津地质调查中心	2011 年
5	河北省 1∶5 万南堡新生盐场、唐海县等九幅区域地质调查	天津地质调查中心	2012 年
6	河北省 1∶5 万雷庄、石门、昌黎县、滦南县幅区域地质矿产调查	天津地质调查中心	2012 年
7	天津 1∶5 万武清城关镇、大口屯镇、黄花店乡、武清县幅区域地质调查	天津市地质调查研究院	2012 年
8	1∶25 万邢台市幅、邯郸市幅区域地质调查	河北省地质调查院	2012 年
9	石家庄市城市地质调查评价	河北省水文工程地质勘查院	2013 年
10	1∶5 万石家庄幅、正定幅等五幅区域地质调查	河北省地质调查院	2014 年
11	1∶25 万北京市幅等六幅基础地质调查修测	天津地质调查中心	2016 年
12	北京 1∶5 万琉璃河、庞各庄、安次县幅区域地质调查	北京市地质调查研究院	2016 年
13	河北 1∶5 万黄各庄、大新庄、胡各庄幅区域地质调查	天津地质调查中心	2016 年
14	河北 1∶5 万刘台庄、乐亭、姜各庄幅区域地质调查	天津地质调查中心	2016 年
15	唐山-秦皇岛城市地质调查	天津地质调查中心	2016 年
16	河北 1∶5 万古冶、唐山、范各庄煤矿幅区域地质调查	河北省地质调查院	2018 年
17	河北 1∶5 万沙流河、左家坞、丰润、鸦鸿桥幅区域地质调查	河北省区域地质调查院	2018 年
18	天津 1∶5 万新安镇等六幅区域地质调查	天津市地质调查研究院	2018 年
19	1∶5 万永定河冲积平原第四系地质调查	中国地质科学院地球物理地球化学勘查研究所	2019 年
20	河北 1∶5 万大厂回族自治县、三河县、渠口镇三幅第四系覆盖区地质填图	河北省区域地质调查院	2019 年
21	河北 1∶5 万王庆坨幅、胜芳幅、独流镇幅区域地质调查	天津地质调查中心	2022 年
22	河北 1∶5 万容城县幅区域地质调查	天津地质调查中心	2022 年
23	唐山城市建设规划区地下空间开发利用综合地质调查评价	河北省地矿局第二地质大队	2022 年

3. 地热资源调查工作

近二十年来,平原区开展了大量地热资源调查工作,包括各市、县地热资源调查和以地热井开采为主的地热资源勘查等,主要由河北省地质矿产勘查开发局(简称河北省地矿)第三、第四水文工程地质大队实施。2018年河北省自然资源厅部署10个以构造单元为边界,覆盖平原区的地热资源勘查项目,基本查明了平原区热储类型。随着雄安新区的加速发展,部署大量的地热资源勘查项目,地热资源得到了充分开发与利用(表1-3)。

表1-3 主要地热地质调查工作统计表

序号	项目名称	完成单位	时间
1	河北省地热资源调查评价	河北省地矿局第三水文工程地质大队	2004年
2	河北省平原石油废弃井调查与地热开发利用规划	河北省地矿局第三水文工程地质大队	2006年
3	河北省地热资源特征与开发利用	河北省地矿局第三水文工程地质大队	2010年
4	临清台陷北段地热资源勘查	河北省水文工程地质勘查院	2018年
5	太行拱断束地热资源勘查	河北省地矿局第一地质大队	2018年
6	沧县台拱地热资源勘查	河北省地矿局第四水文工程地质大队	2018年
7	黄骅台陷沧州段地热资源勘查	河北省地矿局第四水文工程地质大队	2018年
8	冀东平原区地热资源勘查	河北省地矿局第八地质大队	2018年
9	军都山岩浆岩带地热资源勘查	河北省地矿局第六地质大队	2018年
10	埕宁台拱地热资源勘查	河北省地矿局国土资源勘查中心	2018年
11	冀中台陷(京南段)地热资源勘查	河北省水文工程地质勘查院	2018年
12	冀中台陷(廊坊北三县)地热资源勘查	河北省地矿局第七地质大队	2018年
13	临清台陷南段地热资源勘查	河北省地矿局第一地质大队	2018年
14	雄安新区地热清洁能源调查评价(牛驼镇地热田)	中国地质调查局水文地质环境地质调查中心	2018年
15	河北省地热资源调查评价与开发利用规划报告	河北省地矿局第三水文工程地质大队	2018年
16	冀中坳陷深部碳酸盐岩热储调查评价项目	中国地质科学院地球物理地球化学勘查研究所	2019年
17	京津石地热资源调查	中国地质科学院水文地质环境地质研究所	2019年
18	河北省地热水资源保护与开发利用规划(2018—2020年)	河北省地矿局第三水文工程地质大队	2019年
19	雄安新区容东片区地热资源勘查报告	中国地质科学院水文地质环境地质研究所	2019年

4. 石油地质调查工作

平原区是重要的油气资源富集区。多年来,石油部门在该区域开展了大量的深反射地震以及钻井工作,积累了丰富的地质资料,对揭示前新生代、古近纪、新近纪地层分布与构造特征具有重要作用(表1-4)。

表1-4 主要石油地震勘探工作统计表

序号	项目名称	完成单位	时间
1	冀中坳陷南部地区地震勘探	石油工业部六四六厂四大队	1969年
2	冀中坳陷中南部地区1973—1974年地震勘探	石油地球物理勘探局第一指挥部第三大队	1974年
3	霸县—保定地区1973—1974年度地震勘探	石油地球物理勘探局第一指挥部第二大队	1974年
4	石家庄、大城里坦、肃宁、武强地区地震勘探	石油地球物理勘探局第一指挥部第三大队	1975年
5	冀中坳陷涿县、文安、郑州、保定、安国地区勘探	石油地球物理勘探局第一指挥部	1975年
6	深泽刘村地区地震会战	大港油田地质调查指挥部研究大队	1976年
7	冀中坳陷文安、蠡县地区勘探	石油地球物理勘探局第一指挥部	1976年
8	孔店-王徐庄地震勘探	大港油田地质调查指挥部研究大队	1976年
9	河北省深县—武邑地区电法勘探	石油地球物理勘探局普查队704队	1977年
10	冀中坳陷南部地震勘探	华北石油地震会战第三指挥部	1977年
11	冀中坳陷留路—孙虎地区地震勘探	石油地球物理勘探局第一指挥部三大队	1977年
12	黄骅坳陷中部地区地震勘探	大港油田地质调查指挥部研究大队	1977年
13	黄骅坳陷北部1976—1977年度地震勘探	大港油田地质调查指挥部研究大队	1977年
14	冀中坳陷中部地区地震勘探	石油地球物理勘探局第一指挥部	1978年
15	河北省隆尧县东地震勘探详查	煤炭工业部煤田地球物理勘探队	1978年
17	黄骅坳陷北部1977—1978年度地震勘探	大港油田地质调查指挥部研究大队	1978年
18	冀中坳陷东部及南宫地区地震勘探成果	石油地球物理勘探局第一指挥部	1979年
19	华北坳陷区南宫凹陷地震普查	地矿部华北石油地质局第四物探队	1979年
20	冀中文安斜坡中南段地震勘探	大港油田地质调查指挥部研究大队	1979年
21	黄骅坳陷北部地震"三查"	大港油田地质调查指挥部研究大队	1979年
22	冀中坳陷牛驼镇凸起周围及大厂凹陷地震勘探	石油地球物理勘探局第四指挥部	1980年
23	临清工区地震普查	地矿部华北石油地质局第四物探队	1981年
24	冀中坳陷东南部地震勘探	石油地球物理勘探局第一指挥部	1982年
25	冀中坳陷文安斜坡地震区域普查	地矿部华北石油地质局第四物探队	1983年
26	1983年度综合地质年报:勘探部分	大港石油管理局勘探部	1984年
27	黄骅坳陷北部北堡—柳赞地区1984年地震勘探	大港石油管理局物探公司	1984年
28	黄骅坳陷北部柏各庄地区1985年地震勘探	大港石油管理局物探公司	1985年
29	黄骅坳陷中区1986年地震勘探研究	大港石油管理局物探公司研究所	1986年
30	黄骅坳陷北部1986年地震勘探	大港石油管理局物探公司研究所	1986年
31	黄骅坳陷北区1987年地震地质报告集	大港石油管理局物探公司研究所	1987年
32	黄骅坳陷1987年度地震地质主要研究成果总结	大港石油管理局物探公司研究所	1987年
33	黄骅坳陷南部地区1987年地震勘探	大港石油管理局物探公司研究所	1987年
34	黄骅坳陷中部地区1987年地震勘探	大港石油管理局物探公司研究所	1987年
35	黄骅坳陷1987年度地震地质主要研究	大港石油管理局物探公司研究所	1987年
36	黄骅坳陷南部地区1987年地震勘探	大港石油管理局物探公司研究所	1987年

续表1-4

序号	项目名称	完成单位	时间
37	黄骅断陷前第三系区域构造特征及有利区带评价	大港石油管理局石油地质勘探开发研究院	1989年
38	榆科地区三维地震资料精细解释效果	石油地球物理勘探局第一地质调查处	1991年
39	黄骅坳陷南部外围有利勘探区带评价	大港石油管理局石油地质勘探开发研究院	1992年
40	大王庄地区三维地震资料综合解释及效果	石油地球物理勘探局第一地质调查处	1993年
41	南宫凹陷南午村构造带地震假三维勘探工作成果	地矿部华北石油地质局第四物探队	1993年

5. 煤炭地质调查工作

平原区煤炭地质工作开展较早,自20世纪50—60年代就开始开展煤炭普查工作,成果资料极为丰富。主要在唐山开平煤田、蓟玉煤田、邯邢煤田,以及青县、大城等地积累了丰富的钻孔、基岩地质图等资料,这些资料对指示石炭纪—二叠纪、三叠纪地层分布具有重要作用(表1-5)。

表1-5 主要煤炭地质勘探工作统计表

序号	项目名称	完成单位	时间
1	河北省开平煤田巍山区勘探	唐山开滦建设(集团)有限责任公司	1956年
2	河北省丰润区车轴山勘探	唐山开滦建设(集团)有限责任公司	1956年
3	河北省唐山市玉田县蓟玉煤田林南仓勘探	唐山开滦建设(集团)有限责任公司	1957年
4	河北邢台勘探区1959年7月20日以前精查	峰峰矿务局地质勘探处一三九勘探队	1959年
5	河北省石家庄至涞水区找矿(煤)总结	河北省煤炭工业管理局地质勘探公司一三八勘探队	1964年
6	河北省开平煤田将军坨勘探区最终地质勘探	唐山开滦建设(集团)有限责任公司	1964年
7	河北省开平煤田湾道山勘探区(荆各庄矿)精查	唐山开滦建设(集团)有限责任公司	1965年
8	先贤勘探区普查勘探	河北省煤田地质勘探公司第二勘探队	1971年
9	河北省开平煤田吕家坨矿延伸勘探	唐山开滦建设(集团)有限责任公司	1975年
10	河北省邢台市邢台矿区邢东勘探	河北省煤田地质勘探公司第二勘探队	1975年
11	河北省元氏县元北区普查勘探	河北省煤田地质勘探公司第二勘探队	1976年
12	河北省丰南县开平煤田钱家营井田精查勘探	唐山开滦建设(集团)有限责任公司	1977年
13	河北省邢台市尧山区煤炭资源勘探	河北省煤田地质局第二地质队	1977年
14	河北省丰南县开平煤田东欢坨勘探区一号矿井精查	唐山开滦建设(集团)有限责任公司	1978年
15	河北省邢台市邢台矿区邢东勘探	河北省煤田地质勘探公司第二勘探队	1979年
16	河北省煤炭资源远景调查物探报告	河北省地矿局物探大队	1989年
17	河北省丰润县新军屯区详查	唐山开滦建设(集团)有限责任公司	1993年
18	河北省沙河市北掌井田煤炭勘探	冀中能源邯郸矿业集团北掌矿业有限公司	2005年
19	河北省邢台矿区邢北深部勘查区煤炭详查	河北省煤田地质局物测地质队	2006年
20	河北省唐山市丰南区爽坨勘查区煤炭预查	河北省煤田地质局物测地质队	2007年

续表 1-5

序号	项目名称	完成单位	时间
21	河北省石家庄市高邑县万城勘查	中国煤田地质局燕太地质基础工程公司第五工程处	2007 年
22	河北省泊头地区煤炭资源普查	河北省地球物理勘查院	2008 年
23	河北省唐山市车轴山煤田新军屯勘查区深部煤炭普查	河北省煤田地质局物测地质队	2008 年
24	河北省邢台市东旺区煤炭预查	河北省煤田地质勘查院	2008 年
25	河北省沧州市卧佛堂区煤炭预查	河北省煤田地质局物测地质队	2009 年
26	河北省唐山市望马泊区煤炭预查	河北省煤田地质局物测地质队	2009 年
27	河北省广宗县广宗预测区煤炭预查	河北省煤田地质局物测地质队	2009 年
28	河北省南宫市南宫区煤炭预查	河北省煤田地质局物测地质队	2009 年
29	河北省玉田县李庄子井田煤炭详查年度总结	河北省煤田地质局第二地质队	2010 年
30	河北省邢台矿区邢北深部勘查区煤炭综合详查	河北省煤田地质局物测地质队	2010 年
31	河北省邢台市新河区煤炭资源预查	河北省煤田地质局水文地质队	2010 年
32	河北省唐山市钱家营煤矿接替资源勘查	唐山开滦建设(集团)有限责任公司	2011 年
33	河北省玉田县窝洛沽区煤炭资源预查	河北省地质调查院	2011 年
34	河北省邢台市广宗区煤炭普查	河北省煤田地质局物测地质队	2012 年
35	河北省唐山市车轴山煤田新军屯勘查区深部煤炭详查	河北省煤田地质局物测地质队	2012 年
36	河北省魏县北皋集一带煤炭资源预查	河北省地矿局第十一地质大队	2012 年
37	河北省沧州市卧佛堂区煤炭普查	河北省煤田地质局物测地质队	2012 年
38	河北省泊头地区煤炭普查	河北省地球物理勘查院	2012 年
39	河北省涞水—涿州一带煤矿预查	河北省保定地质工程勘查院	2012 年
40	河北省邯郸市浮图店区煤炭综合预查	河北省煤田地质勘查院	2013 年
41	河北省青县地区煤炭普查总结	河北省地球物理勘查院	2013 年
42	河北省大城县大城西区煤炭预查	河北省煤田地质局物测地质队	2014 年
43	河北省大城煤田大城勘查区煤炭详查	河北省煤田地质局物测地质队	2014 年
44	河北省邢台市千户营勘查区煤炭普查	河北省煤田地质局第二地质队	2014 年
45	河北省邢台赵店区煤炭普查	河北省煤田地质局第二地质队	2015 年
46	河北省邢台市广宗区外围煤炭预查	河北省煤田地质局物测地质队	2015 年
47	河北省邢台市宁晋县、隆尧县千户营区煤炭	河北省煤田地质局第二地质队	2017 年
48	河北省大城县大城区煤炭勘探地质工作总结	河北省煤田地质局物测地质队	2018 年
49	河北省大城县大城区煤炭勘探	河北省煤田地质局物测地质队	2021 年

6. 铁矿勘查工作

平原区铁矿勘查工作多集中于山前浅覆盖区,主要分布于唐山滦南、乐亭以及石家庄新乐等地区,目标层为新太古界。铁矿勘查工作已有 70 余年历史,20 世纪 50—60 年代,冶金部地质局第一普查大队对滦县铁矿开展了普查工作;河北省地矿局第二地质大队等单位进行了司家营铁矿勘探工作。此后,多家单位对铁矿区地层分布及埋深情况进行了详细的勘探,目前发现的铁矿区主要有司家营、古马、马城、李夏庄、湛店子等(表1-6)。

表1-6 主要铁矿勘查工作统计表

序号	项目名称	完成单位	时间
1	河北省滦县司家营铁矿地质勘探	冶金部华北勘探公司503队	1958年
2	河北省滦县司家营铁矿北区地质勘探	河北省地矿局第八地质大队	1974年
3	河北省滦县司家营铁矿北区最终地质勘探	河北省地矿局冀东地质指挥第一队	1976年
4	河北省滦县司家营铁矿北区地质勘探	河北省地矿局第十五地质队	1978年
5	河北省滦县司家营铁矿南区详细勘探	河北省地矿局第十五队、七队、八队	1981年
6	河北省滦县高官营铁矿普查	河北省地矿局秦皇岛水工地质大队	1982年
7	河北省滦县司家营铁矿地质构造及含矿岩系特征	河北省地矿局第二地质大队	1983年
8	河北省滦县尹峪-杜峪铁矿区详细普查	河北省地矿局第二地质大队	1984年
9	河北省滦县司家营铁矿供水水源地二次补充勘探	河北省地矿局第二地质大队	1993年
10	河北省滦南县马城铁矿区地质普查	中国冶金地质总局第一地质勘查院秦皇岛分院	2003年
11	河北省滦县高官营铁矿详查	河北省地矿局第二地质大队	2003年
12	河北省滦县常峪铁矿区地质普查	中国冶金地质总局第一地勘院秦皇岛分院	2003年
13	河北省滦县睢新庄铁矿详查	中国冶金地质总局第一地质勘查院	2004年
14	河北省滦南县长凝铁矿区地质普查	中国冶金地质总局第一地质勘查院	2004年
15	河北省滦县孙官营铁矿普查	中国冶金地质总局一局五一五队	2004年
16	河北省滦南县长凝铁矿区地质普查	中国冶金地质总局第一地质勘查院	2004年
17	河北省滦县菱角山铁矿详查	河北省地矿局第二地质大队	2004年
18	河北省昌黎县牛家庄铁矿详查	河北省地矿局第二地质大队	2005年
19	河北省滦南县李夏庄铁矿详查	河北省地矿局第二地质大队	2006年
20	河北省滦南县湛店子铁矿普查	河北省地矿局第二地质大队	2007年
21	河北省滦县常峪铁矿详查	河北樱花矿业有限公司	2007年
22	河北省滦县张各庄铁矿普查	河北省地勘局第五地质大队	2008年
23	河北省滦南县马城铁矿详查	中国冶金地质总局第一地质勘查院	2009年
24	河北省滦县古马铁矿预查	河北省地矿局第二地质大队	2010年
25	河北省滦南县大兰坨铁矿普查	河北省地球物理勘查院	2011年
26	河北省滦南县湛店子铁矿普查	河北省地矿局第二地质大队	2011年
27	河北省滦县司家营铁矿南区深部普查	河北省地矿局第二地质大队	2011年
28	河北省滦县张各庄铁矿普查	河北省地矿局第五地质大队	2012年

续表1-6

序号	项目名称	完成单位	时间
29	河北省滦南县马城铁矿勘探	中国冶金地质总局第一地质勘查院	2012年
30	河北省司各庄-杜嵩坨铁矿普查	河北省地质调查院	2012年
31	河北省新乐市正莫铁矿预查	河北省地矿局第六地质大队	2013年
32	河北省乐亭县鲁家坨铁矿阶段普查(2013年度)	河北省地球物理勘查院	2013年
33	河北省滦南县马城铁矿补充勘探	中国冶金地质总局第一地质勘查院	2013年
34	河北省滦县古马铁矿普查	河北省地矿局第二地质大队	2013年
35	河北省滦县张各庄铁矿普查(2014年度)	河北省地矿局第五地质大队	2014年
36	河北省滦县常峪铁矿资源储量核实	河北省地矿局第二地质大队	2014年
37	河北省滦县古马铁矿普查(续作)	河北省地矿局第二地质大队	2015年
38	河北省滦县青龙山-庆庄子铁矿2015年度普查	中国冶金地质总局第一地质勘查院	2015年
39	河北省滦县高官营铁矿深部普查	河北省地矿局第二地质大队	2016年
40	河北省滦县司家营铁矿北区深部普查	河北省地矿局第二地质大队	2016年
41	河北省滦县司家营铁矿北区深部普查(续作)	河北省地矿局第二地质大队	2019年
42	河北省唐山市乐亭县鲁家坨铁矿普查	河北省地球物理勘查院	2021年
43	河北省滦县司家营铁矿南区深部普查(续作)	河北省地矿局第二地质大队	2022年
44	河北省滦县司家营铁矿南区深部补充勘查	河北省地矿局第二地质大队	2022年

7.石盐矿产勘查工作

平原区石盐矿产勘查工作开展相对较晚。2008年河北省煤田地质局第二地质队根据石油钻孔中关于石盐赋存层位的描述,开展了宁晋县草厂石盐矿勘查工作。自此,石盐矿产资源勘查工作在15年间共开展了7个项目,主要由河北省地矿局第四水文工程地质大队及河北省煤田地质局第二地质队完成(表1-7)。

表1-7 主要石盐矿勘查项目工作表

序号	项目名称	完成单位	时间
1	河北省邢台市宁晋石盐田草厂勘查区石盐资源普查	河北省煤田地质局第二地质队	2008年
2	河北省宁晋县纪昌庄勘查区石盐矿详查	河北省煤田地质局第二地质队	2011年
3	河北省沧县盐矿枣园勘查区石盐资源普查	河北省地矿局第四水文工程地质大队	2012年
4	河北省宁晋-辛集石盐田石盐资源普查	河北省煤田地质局第二地质队	2016年
5	河北省南皮县乌马营矿区石盐矿预查	河北省地矿局第四水文工程地质大队	2016年
6	河北省宁晋县段家庄勘查区石盐矿详查	河北省煤田地质局第二地质队	2017年
7	河北省沧县石盐矿普查	河北省地矿局第四水文工程地质大队	2018年

第二章　前新生代隐伏地层

第一节　新太古代地层

新太古代变质地层(变质表壳岩)主要分布于铁矿聚集区,包括唐山市滦南县东部马城镇、中堡镇,乐亭县王滩镇西部区域及秦皇岛市昌黎县西部龙家店镇附近区域;太行山山前唐县—行唐—灵寿县一带,灵寿县牛城乡—鹿泉区铜冶镇一带,临漳县柏鹤集乡—魏县泊口乡;邯郸市姚寨乡—辛安镇。

地层埋深在山前分布较浅,一般埋深在0~1000m之间;断坡带埋藏深度较大,最深处位于牛东断裂(霸州市康仙庄乡—雄县昝岗镇)、大兴断裂(廊坊九州镇—高碑店市辛桥镇),约8000m,晋县断裂、河间断裂、柏各庄断裂最深约5000m,其他地区普遍埋深在700~1500m之间。

新乐市ZK003钻孔、滦南县ZK39-4钻孔、乐亭县ZK1钻孔显示新太古界岩性以变粒岩、片岩、片麻岩、石英岩为主,厚度大于700m,未见底。

第二节　古元古代地层

一、湾子岩群($Pt_1W.$)

湾子岩群分布于曲阳县山前羊平镇—邸村镇、下河乡—北罗镇一带,面积约为85.08 km^2,埋深为0~250m。岩性为钾长浅粒岩、二长浅粒岩、大理岩及斜长角闪岩等,该岩群顶界与蓟县纪高于庄组(Jxg)呈角度不整合接触,或被第四系覆盖。

二、南寺组(Pt_1ns)

南寺组主要分布于行唐县—灵寿县—鹿泉区山前地带,面积约为1 039.86 km^2,埋深为0~2000m。岩性为一套变质长石砂岩、变质白云岩和变玄武岩组合,上部为变质白云岩夹钙质片岩,中部为变质白云岩、板岩和变质砂岩,下部为砂质板岩及变质长石石英砂岩。行6钻孔深约425m处钻遇该组,岩性为白色变质白云岩,上部呈灰色,变质程度较轻,下部呈白色,结晶较粗,局部呈粉红色,岩石较破碎,厚6.91m,未钻穿。顶部被第四纪黏土层覆盖。

第三节　中新元古代地层

一、长城纪地层（Ch）

长城纪地层在平原区广泛发育，其中分布于断坡带下部埋深一般为2000～5000m之间，分布于凸起带上的埋深为1000m左右。岩性为一套砂岩、石英岩状砂岩、页岩等碎屑岩夹少量白云岩，角度不整合于新太古代变质地层之上，岩石地层自下而上依次为赵家庄组、常州沟组、串岭沟组、团山子组、大红峪组。

参考基岩区长城纪地层发育特征，结合《中国石油地质志》（2022）相关资料。衡水断裂以南主要发育赵家庄组至大红峪组，主要分布于宁晋县纪昌庄乡—辛集市和睦井乡—深州市前磨头镇—衡水市邓庄镇一带的衡水断裂、前磨头断裂、明化镇断裂的断坡带处，晋州市兴安镇—赵县王西章镇—柏乡县柏香镇一带的凸起区域；衡水断裂以北发育常州沟组至大红峪组，主要分布于大兴断裂、牛东断裂、马西断裂等铲形断裂断坡带下部；冀东地区仅在燕山山前分布少量的大红峪组，滦南—乐亭一线以南缺失长城系。剖面特征以虎20钻孔为代表。

1. 赵家庄组（Chz）

赵家庄组岩性为紫红色页（泥）岩夹白云岩，其下与早前寒武纪变质岩呈角度不整合接触。厚度变化大，厚1～76m。

2. 常州沟组（Chc）

常州沟组岩性为一套杂色石英砂岩，局部夹灰褐色泥页岩，与下伏赵家庄组呈平行不整合接触或与早前寒武纪变质岩呈角度不整合接触，厚度达数百米。

3. 串岭沟组（Chch）

串岭沟组岩性以灰黑、深灰色泥页岩为主，夹石英砂岩和泥质白云岩，与下伏常州沟组呈整合接触，厚度达数百米。

4. 团山子组（Cht）

团山子组岩性为杂色白云岩与泥页岩、砂岩不等厚互层，与下伏串岭沟组呈整合接触，厚度达数百米。

5. 大红峪组（Chd）

大红峪组岩性以杂色石英砂岩、砂岩、泥页岩、白云岩不等厚互层为主，局部夹有玄武岩、粗面岩，与下伏团山子组呈整合接触或角度不整合于新太古代变质地层之上，厚度达数百米。该组分布相对较广，埋深为0～3070m之间。

二、蓟县纪地层（Jx）

蓟县纪地层在衡水断裂以北均有分布，衡水断裂以南仅发育高于庄组，埋藏深度为0～6000m，岩石地层自下而上依次为高于庄组、杨庄组、雾迷山组、洪水庄组、铁岭组。因部分地层发育厚度较薄，在河北省（北京市天津市）平原区古近纪地质图上采用并层表示，如高于庄组与杨庄组并层（Jx$g-y$）及洪水庄组与铁岭组并层(Jxh-t)。

1. 高于庄组(Jxg)

高于庄组在平原区大部分地区均有分布，在平原区最南端到达辛集市位伯镇—宁晋县苏家庄镇—隆尧县尹村镇，冀东滦南县—乐亭县以南地区缺失。埋深250～1500m，向北深度逐渐变大。埋深一般为1500～2000m，最深处可达5000m。

岩性为一套碳酸盐岩，由紫红、灰白色含粉砂或砂的泥质白云岩，中厚层白云岩，叠层石白云岩，深灰色厚层含锰白云岩组成，底部可见厚层长石石英砂岩，为中元古代最大一次海侵产物，海侵于高于庄组三段沉积期达到高潮。

平原区中西部以灰、灰褐色白云岩为主，夹有多层白云质泥页岩，发育厚度约807.5m。保定市高阳县西部高深1钻孔中发育多层玄武岩；平原区东部以黑灰、灰褐色硅质白云岩、燧石条带白云岩为主，夹棕黄、灰绿色泥质白云岩及泥岩，发育厚度约400m。固安县JZ02钻孔于1755.8m处钻遇蓟县纪高于庄组，岩性以硅质白云岩、白云质泥晶灰岩为主，厚约363.65m；太行山山前一般角度不整合于新太古代或古元古代变质岩之上；在断坡带中一般平行不整合于大红峪组之上。

剖面特征以虎20钻孔2910～3070m及高深1钻孔3887～4694.5m为代表。

2. 杨庄组(Jxy)

杨庄组主要分布于唐山滦县古马镇—滦南县倴城镇一带，埋深0～400m；乐亭县王滩镇—马头营镇一带，埋深约1400m；涿州市刁窝镇一带，埋深500～2700m；大兴断裂、牛东断裂、宝坻断裂的断坡带上，埋深较大，一般为4000～7000m；岩性主要为灰色含燧石条带白云岩、硅质白云岩，紫红、灰白色含砂泥质白云岩及深色沥青质结晶白云岩夹薄层棕黄、灰绿色泥质白云岩及泥岩。平行不整合于高于庄组之上。涿州市ZK501钻孔于736.47m处钻遇杨庄组地层，岩性为绿泥石化、高岭土化含燧石白云岩，顶部被侏罗纪下花园组泥岩砂质泥岩角度不整合覆盖。

3. 雾迷山组(Jxw)

雾迷山组分布于衡水断裂以北地区，为分布最广泛的地层之一，由太行山山前向东经过容城—雄县—高阳—肃宁一线，终止于固安—永清—任丘—河间—武强—武邑一线；在廊坊北三县及唐山地区也有大面积分布。埋深变化较大，从山前出露地表，向东、向南埋深逐渐增大。

岩性主要为一套滨浅海相碳酸盐岩沉积，岩性燧石条带白云岩、叠层石白云岩、沥青质白云岩夹少量泥状含粉砂内碎屑白云岩和硅质岩等。雄安新区起步区地热资源可行性勘查D19钻孔(X:4 313 331.74, Y:20 406 139.99, H:9.6m)钻遇了雾迷山组，其与杨庄组整合接触，其上北古近纪沙河街组角度不整合覆盖。

石油相关钻孔中钻遇的雾迷山组，在中西部地区可分为4个段：一段为杂色白云岩与泥质白云岩不等厚互层；二段为杂色白云岩夹泥质白云岩；三段为杂色白云岩与泥质白云岩不等厚互层夹藻白云岩、钙质白云岩；四段为杂色白云岩、藻白云岩夹泥质白云岩，局部底部见石英砂岩，发育厚度达1677m。在东部地区以灰白色硅质白云岩为主，夹杂色泥质白云岩、含泥灰岩、砂质白云岩，局部夹玄武岩，发育厚度达1000m。

剖面特征以雄安新区起步区地热资源可行性勘查D19钻孔2 919.85～3 759.85m、霸8钻孔1405～2507m及任观1钻孔2943～3518m为代表。

4. 洪水庄组(Jxh)

洪水庄组主要分布于保定—高阳—任丘—大城一线以北，冀东地区缺失，厚度较小，呈带状分布于雾迷山组的边部，埋深变化较大，最深处可达6500m。岩性为泥质白云岩、泥页岩，与下伏雾迷山组呈平行不整合接触。

石油相关钻孔中钻遇的洪水庄组，在中西部地区为杂色白云岩、泥质白云岩、泥岩、页岩不等厚互层，发育厚度达93m；在东部地区为杂色泥质灰岩、膏质白云岩，局部夹膏盐层，发育厚度达50m。

剖面特征以霸14钻孔2493～2586m及太古1钻孔3 496.5～3 545.5m为代表。

5. 铁岭组（Jxt）

铁岭组主要分布于保定—高阳—任丘—大城一线以北，冀东地区缺失，厚度较小，与洪水庄组呈带状分布于雾迷山组的边部，埋深变化较大，最深处可达6500m。岩性为灰岩、白云质灰岩、白云岩夹泥（页）岩，与下伏洪水庄组呈整合接触。

石油相关钻孔中钻遇的铁岭组，在中西部地区为杂色钙质白云岩、白云岩、泥岩、页岩不等厚互层，底部可见白云质石英砂岩或砂质白云岩，发育厚度达300m。在东部地区为杂色硅质白云岩、泥质白云岩互层夹砂质白云岩、石英砂岩，发育厚度达400m。

剖面特征以霸14钻孔2193～2493m及太古1钻孔3 100.5～3 496.5m为代表。

三、西山纪—青白口纪地层（Xs—Qb）

因西山纪—青白口纪各地层发育厚度较薄，在河北省（北京市天津市）平原区古近纪地质图上采用并层表示，如下马岭组至景儿峪组并层（Xsx - Qbj）和龙山组与景儿峪组（Qbl - j）并层。

1. 下马岭组（Xsx）

下马岭组仅在永清西部一带分布，范围较小。该组与下伏铁岭组呈平行不整合接触，厚度较小，主要呈带状分布，埋深变化较小。岩性主要为灰黑色、深灰色泥页岩夹灰岩。

石油相关钻孔中在霸州一带钻遇的下马岭组，其岩性以灰黑色、深灰色泥页岩为主，发育厚度达65m。

剖面特征以霸14钻孔2128～2193m和霸热24地热井3 026.7～3 194.7m为代表。

2. 龙山组（Qbl）

龙山组分布范围较下马岭组有所扩大，在冀东地区有分布，厚度小，主要呈带状分布。该组与下伏下马岭组或铁岭组呈平行不整合接触，与上覆景儿峪组呈整合接触。岩性主要为一套砂岩、砾岩和页岩的组合。埋深变化不大，为0～1500m。

石油相关钻孔中钻遇的龙山组，在西北部地区为杂色石英砂岩、含海绿石砂岩及泥页岩不等厚互层，发育厚度达92m。在东部地区为杂色砂岩、泥岩，发育厚度达57m。

剖面特征以霸14钻孔2036～2128m，太古1钻孔3 043.5～3 100.5m。

3. 景儿峪组（Qbj）

景儿峪组与龙山组分布范围相同，主要为一套海相碳酸盐岩沉积，以白云质灰岩、泥质灰岩为特征。与下伏龙山组呈整合接触，顶部被寒武纪昌平组平行不整合覆盖。

石油相关钻孔中钻遇的景儿峪组，在西北部地区为杂色灰岩、泥质灰岩、白云质灰岩、白云岩，局部夹钙质泥岩、石英砂岩，发育厚度达124m。在东部地区为杂色灰岩、泥质灰岩、白云质灰岩，夹泥岩和砂岩，发育厚度达66m。

剖面特征以霸14钻孔1912～2036m，太古1钻孔2 977.5～3 043.5m及霸热24地热井2 858.7～3002.1m为代表。

第四节　古生代地层

一、寒武纪—奥陶纪地层（∈—O）

因寒武系—奥陶系各组发育厚度较薄，在河北省（北京市天津市）平原区古近纪地质图上采用并层表示，如昌平组至炒米店组并层（$∈_2\hat{c}-∈_4O_1\hat{c}$）、馒头组至炒米店组并层（$∈_{2-3}m-∈_4O_1\hat{c}$）、馒头组至三山子组并层（$∈_{2-3}m-∈_4O_1s$）、冶里组至马家沟组并层（$O_1y-O_{1-2}m$）及马家沟组至峰峰组并层（$O_{1-2}m-O_2f$）。

1. 昌平组（$∈_2\hat{c}$）

昌平组主要分布于廊坊霸州市南孟镇以北区域与保定安新县—容城县一带，以及廊坊北三县与唐山地区，平行不整合于青白口纪地层之上。埋深一般为1000～3000m，最浅处位于唐山滦县小冯庄乡北部出露地表，最深处位于曹家务乡一带，可达8000m。岩性以碳酸盐岩为特征，平行不整合于下伏景儿峪组之上。

石油等相关钻孔中钻遇的昌平组，在西北部地区为杂色灰岩不等厚互层，夹泥质灰岩，发育厚度达52m；在东部地区为杂色含泥灰岩、白云质砂岩或砂质白云岩，泥页岩不等厚互层，发育厚度达80m。

剖面特征以马97钻孔2804～2856m、东部钻孔综合剖面及霸热5地热井2660～2794m为代表。

2. 馒头组（$∈_{2-3}m$）

馒头组分布较昌平组广，在衡水断裂以南地区也有分布。衡水断裂以北地区整合于昌平组之上，或平行不整合于青白口系及更老地层之上。衡水断裂以南地区平行不整合于高于庄组之上，或角度不整合于早前寒武纪变质岩之上。埋深一般为1000～3000m，最深处位于深州市榆科镇，可达5700m。岩性主要为杂色砂岩、泥岩页岩夹灰岩。

石油等相关钻孔中钻遇的馒头组，在西部地区为杂色泥页岩夹灰岩、泥质灰岩、钙质白云岩、白云质灰岩，发育厚度达218m；在东部地区为一套以红色为主的杂色泥页岩夹灰岩、泥质灰岩，发育厚度达300m；在南部地区以杂色泥页岩、砂质泥页岩、灰岩、白云岩不等厚互层为特征，发育厚度达266m。

剖面特征以马97钻孔2586～2804m、东部钻孔综合剖面及霸热5地热井2518～2660m为代表。

3. 张夏组（$∈_3\hat{z}$）

张夏组分布与馒头组一致，整合于馒头组之上。埋深一般为1000～3000m，最深处位于深州市榆科镇，可达5500m。岩性以杂色厚层鲕状灰岩和灰岩为主，夹页岩。

石油等相关钻孔中钻遇的张夏组，在西部地区为杂色鲕状灰岩、灰岩、白云质灰岩、泥质灰岩不等厚互层夹页岩，发育厚度达204m；在东部地区以杂色鲕状灰岩为主，夹泥质灰岩、泥岩，发育厚度达150m；在南部地区以杂色灰岩、鲕状灰岩、白云质灰岩互层为特征，发育厚度达200m。

剖面特征以马97钻孔2382～2586m、东部钻孔综合剖面及霸热5地热井2397～2518m为代表。

4. 崮山组（$∈_4g$）

崮山组分布与馒头组、张夏组一致，整合于张夏组之上。埋深一般为1000～3000m，最深处位于深州市榆科镇，可达5300m。岩性以杂色泥页岩、灰岩互层为特征。

石油等相关钻孔中钻遇的崮山组,在西部地区以杂色泥页岩、泥质灰岩、泥质白云岩、白云岩不等厚互层为特征,发育厚度达86m;在东部地区以杂色泥岩、泥质灰岩、灰岩不等厚互层为特征,发育厚度达140m;在南部地区以杂色灰岩、泥质灰岩、白云岩为主,夹有泥页岩,发育厚度达86m。

剖面特征以马97钻孔2296～2382m、东部钻孔综合剖面及霸热5地热井2366～2397m为代表。

5. 炒米店组($\epsilon_4\hat{c}$、$\epsilon_4O_1\hat{c}$)

在衡水断裂以北地区的炒米店组($\epsilon_4O_1\hat{c}$),其分布与衡水断裂以北地区的馒头组、张夏组、崮山组一致,整合于崮山组之上。在衡水断裂以南地区的炒米店组($\epsilon_4\hat{c}$),其分布与衡水断裂以南地区的馒头组、张夏组、崮山组一致,整合于崮山组之上。埋深一般为1000～3000m,最深处位于深州市榆科镇,可达5600m。岩性以杂色灰岩为特征。

石油等相关钻孔中钻遇的炒米店组,在西部地区以杂色灰岩、白云岩、泥质灰岩不等厚互层为特征,发育厚度达118m;在东部地区以杂色灰岩为主,夹白云岩、白云质灰岩、泥岩,发育厚度达110m;在南部地区以杂色灰岩、泥质灰岩为主,夹有白云岩及泥页岩,发育厚度达70m。

剖面特征以马97钻孔2178～2296m、东部钻孔综合剖面及霸热5地热井2236～2366m为代表。

6. 三山子组(ϵ_4O_1s)

三山子组分布于衡水断裂以南地区,包括辛集市—宁晋县苏家庄镇—隆尧县山口镇一带以及辛集市马庄乡—深州市前磨头镇—衡水市彭壮村乡一带,整合于炒米店组之上。岩性以白云岩为主,局部夹灰岩。埋深1450～3000m,最深达5500m。

石油等相关钻孔中钻遇的三山子组,以浅灰、灰、深灰、灰白色白云岩为主,夹有白云质灰岩,发育厚度达803m。

剖面特征以深州市监狱19井1 469.7～1 675.7m为代表。

7. 冶里组(O_1y)

冶里组主要分布于衡水断裂以北地区,包括唐山地区(玉田县虹桥镇—郭家桥乡、玉田县窝洛沽镇—潮落窝乡、丰润区小张各庄镇—老庄子镇—岔河镇、路北区郑庄子镇—丰南区丰南镇、古冶区卑家店镇—青坨营镇—西葛镇、乐亭县王滩镇—马头营镇)、三河市高楼镇—齐心庄镇、涞水县义安镇—定兴县姚村镇—徐水区大王店镇以及廊坊市广阳区北旺乡—永清县韩村镇—霸州市霸州镇—任丘市梁召镇—河间市米各庄镇—献县西城乡—泊头市富镇—景县后留名府乡一带,整合于炒米店组之上。埋深变化较大,最深处位于霸州市霸州镇附近达8000m,埋深最浅处位于燕山、太行山山前地带,出露地表。

石油等相关钻孔中钻遇的冶里组,在西部地区以杂色灰岩、泥质灰岩为主,夹白云质泥岩、钙质白云岩,发育厚度达65m;在东部地区以杂色灰岩、泥质灰岩、白云质灰岩为主,夹白云岩、泥岩,发育厚度达100m。

剖面特征以京6钻孔4080～4145m、东部钻孔综合剖面及青县天泽家园小区地热井2 276.04～2 705.66m为代表。

8. 亮甲山组(O_1l)

亮甲山组的分别同冶里组,整合于冶里组之上。埋深变化较大,最深处位于霸州市霸州镇附近达8000m,埋深最浅处位于燕山、太行山山前地带,出露地表。

石油等相关钻孔中钻遇的亮甲山组,在西部地区以杂色灰岩、白云岩、白云质泥岩、泥质白云岩不等厚互层为特征,发育厚度达139m;在东部地区以杂色泥岩、泥质灰岩、白云质灰岩、泥质白云岩、白云岩不等厚互层为特征,发育厚度达170m。

剖面特征以京6钻孔3941～4080m、东部钻孔综合剖面及青县天泽家园小区地热井2 066.84～2 276.04m为代表。

9. 马家沟组($O_{1-2}m$)

衡水断裂以北地区的马家沟组的分布同冶里组,平行不整合于亮甲山组之上。埋深变化较大,最深处位于霸州市霸州镇附近达8000m,埋深最浅处位于燕山、太行山山前地带,出露地表。

衡水断裂以南地区的马家沟组的分布同三山子组,平行不整合于三山子组之上。埋深1450～3000m,最深达5300m。

马家沟组以杂色灰岩为主,夹有白云岩、白云质泥页岩和砂岩。

石油等相关钻孔中钻遇的马家沟组,在西部地区为杂色泥质灰岩、灰岩、泥质白云岩、白云岩不等厚互层,夹白云质泥岩等,发育厚度达613m;在东部地区以杂色泥质灰岩、灰岩、白云质灰岩、白云岩不等厚互层为特征,发育厚度达750m;在南部地区以杂色灰岩、白云质灰岩不等厚互层为特征,发育厚度达314m。

剖面特征以京6钻孔3328～3941m、东部钻孔综合剖面及青县天泽家园小区地热井1 717.35～2 066.84m为代表。

10. 峰峰组(O_2f)

峰峰组分布于衡水断裂以南地区,包括辛集市新垒头镇—宁晋县大陆村镇—北鱼乡—隆尧县双碑乡、元氏县马村镇—赞皇县南邢郭镇—临城县临城镇、邢台市会宁镇—李村镇以及峰峰矿区、广宗县葫芦乡—曲周县河南疃镇—永年区西河庄乡—肥乡区大寺上镇、冀州区西王庄镇—深州市大屯镇—枣强县张秀屯镇—南宫市明化镇—威县贺钊镇一带。埋深情况呈西浅东深,辛集断裂、前磨头断裂附近上盘一侧埋深约2000m,最深处位于辛集断裂下盘,邢台市四芝兰镇附近,可达5000m。该组以灰岩为主,夹有白云岩,整合于马家沟组之上。

石油等相关钻孔中钻遇的峰峰组,以杂色泥质灰岩、灰岩、白云质灰岩、泥质白云岩、白云岩不等厚互层为特征,发育厚度达162m。

剖面特征以邢台市新河县XH10钻孔1180～1 417.6m为代表。

二、石炭纪—二叠纪地层(C—P)

因石炭纪—二叠纪各地层发育厚度较薄,在河北省(北京市天津市)平原区古近纪地质图上采用本溪组至孙家沟组($C_2b - P_3s$)并层表示。该套地层为区内最重要的煤系地层,分布非常广泛。埋深变化大,一般为2000～3000m。

1. 本溪组(C_2b)

本溪组分布于唐山古冶区—丰南区、乐亭县乐亭镇—曹妃甸区唐海镇、韩城镇—欢喜庄乡、玉田县林南仓镇—林西镇、永清县别古庄镇—霸州市煎茶铺镇—文安县赵各庄镇—任丘市长丰镇—大城县留个庄镇—献县淮镇—泊头市交河镇—景县锦州镇—故城县军屯镇、安平县大子文镇—南王庄镇、辛集市小辛庄乡—旧城镇、深州市中里厢乡—宁晋县东汪镇、新河县—巨鹿县—鸡泽县—邱县、馆陶县魏僧寨镇—南徐村乡—馆陶镇—王桥乡、大名县金滩镇—张铁集乡、成安县成安镇—辛义乡一带的大部分区域。

该组指以杂色铁铝质(或铝土质)泥页岩、页岩、砂岩不等厚互层为特征,平行不整合于下伏马家沟组或峰峰组之上。

石油和煤田等相关钻孔中钻遇的本溪组,在西部地区为以暗色为主的杂色铝土质泥岩、泥岩、碳质泥岩、砂岩不等厚互层,发育厚度达44m;在中部地区以紫红色铁质泥岩、灰色粉砂岩、粉砂质泥岩不等厚互层为特征,发育厚度达17.2m;在东北部地区为以暗色为主的杂色铝土质泥岩、泥岩、砂岩不等厚互层,发育厚度达61m;在东部地区为以暗色为主的杂色铝土质泥岩、泥岩、砂岩不等厚互层,夹有煤层,发育厚度达70m;在南部地区为以暗色为主的杂色泥岩、砂岩不等厚互层,夹有铝土质泥岩、铝土岩、含铁泥岩,发育厚度达40m。

剖面特征在平原区西部地区以苏14钻孔3 275.5～3 319.5m为代表,中部地区以大城煤田46-4钻孔1 370.75～1 387.95m为代表,东北部地区以唐山市车轴山煤田新10-2钻孔1 288.22～1 349.5m为代表,东部地区以东部钻孔综合剖面为代表,南部地区以邢台市赵店区10-2钻孔1 315.25～1 344.1m为代表。

2. 太原组(P_1t)

太原组的分布同本溪组,整合于本溪组之上。岩性为以暗色为主的杂色砂岩、泥页岩、灰岩不等厚互层夹煤层。

石油和煤田等相关钻孔中钻遇的太原组,在西部地区为以暗色为主的杂色砂岩、泥岩、灰岩不等厚互层,夹有碳质泥岩和煤层,发育厚度达159.5m;在中部地区以灰色灰岩、砂质泥岩、细砂岩不等厚互层为特征,发育厚度达37m;在东北部地区为以灰色为主的杂色砂岩、泥岩、灰岩不等厚互层,发育厚度35m左右;在东部地区为以暗色为主的杂色砂岩、泥质灰岩、灰岩不等厚互层,夹有煤层和碳质泥岩,发育厚度达152m;在南部地区为以暗色为主的杂色砂岩、泥岩、灰岩不等厚互层,夹有煤层和铝土质泥岩,发育厚度达125m。

剖面特征在平原区西部地区以苏14钻孔3116～3 275.5m为代表,中部地区以大城煤田46-4钻孔1 333.55～1 370.5m为代表,东北部地区以唐山市车轴山煤田新10-2钻孔1253～1 288.22m为代表,东部地区以东部钻孔综合剖面为代表,南部地区以邢台市赵店区10-2钻孔1 246.25～1 315.25m为代表。

3. 山西组($P_1\hat{s}$)

山西组分布与本溪组、太原组一致,整合于太原组之上。岩性为砂岩、泥岩、煤层不等厚互层,夹碳质泥岩。

石油和煤田等相关钻孔中钻遇的山西组,在西部地区为以暗色为主的杂色砂岩、粉砂质泥岩、泥岩、碳质泥岩、煤不等厚互层,发育厚度达112m;在中部地区以暗色为主的杂色砂岩、砂质泥岩、碳质泥岩、泥岩、煤不等厚互层,发育厚度242m左右;在东北部地区为以暗色为主的杂色砂岩、粉砂质泥岩不等厚互层,夹钙质泥岩和煤层,发育厚度113m左右;在东部地区为以暗色为主的杂色砂岩、泥质粉砂岩、粉砂质泥岩、泥岩不等厚互层,夹有煤层,发育厚度达118m;在南部地区为以暗色为主的杂色砂岩、泥质粉砂岩、粉砂质泥岩、泥岩不等厚互层,夹有煤层,发育厚度达129m。

剖面特征在平原区西部地区以苏14钻孔3004～3116m为代表,中部地区以大城煤田46-4钻孔1 091.3～1 333.55m为代表,东北部地区以唐山市望马泊区煤炭预查ZK2钻孔1 554.9～1 667.7m为代表,东部地区以东部钻孔综合剖面为代表,南部地区以邢台市赵店区10-2钻孔1 170.65～1 246.25m为代表。

4. 下石盒子组($P_{1-2}x$)

下石盒子组分布与本溪组—山西组一致,整合于山西组之上。岩性为砂岩、泥页岩不等厚互层,夹碳质泥岩和煤线。

石油和煤田等相关钻孔中钻遇的下石盒子组,在西部地区以杂色含砾砂岩、砂岩、泥岩不等厚互层为特征,发育厚度161m左右;在中部地区以杂色砂岩、砂质泥岩、泥岩不等厚互层为特征,发育厚度

115m左右;在东北部地区以杂色砂岩、泥质粉砂岩、粉砂质泥岩、泥岩不等厚互层为特征,发育厚度264m左右;在东部地区以杂色砂质砾岩、砂岩、砂质泥岩、泥岩不等厚互层为特征,局部夹有煤线,发育厚度达268m;在南部地区以杂色含砾砂岩、砂岩、泥岩不等厚互层为特征,局部夹有碳质泥岩,发育厚度达194m。

剖面特征在平原区西部地区以苏14钻孔2 843.5～3 004m为代表,中部地区以大城煤田46-4钻孔976.4～1 091.3m为代表,东北部地区以唐山市望马泊区煤炭预查ZK2钻孔1 291～1 554.9m为代表,东部地区以东部钻孔综合剖面为代表,南部地区以邢台市赵店区10-2钻孔1 097.4～1 170.65m为代表。

5. 上石盒子组($P_{2-3}\hat{s}$)

上石盒子组分布与本溪组—下石盒子组一致,整合于下石盒子组之上。岩性为含砾砂岩、砂岩、泥页岩不等厚互层。

石油和煤田等相关钻孔中钻遇的上石盒子组,在西部地区以杂色砂质砾岩、砂岩、泥岩不等厚互层为特征,发育厚度251m左右;在中部地区以杂色含砾砂岩、砂岩、砂质泥岩、泥岩不等厚互层为特征,发育厚度108m左右;在东北部地区以杂色砂岩、泥质粉砂岩、粉砂质泥岩、泥岩不等厚互层为特征,发育厚度305m左右;在东部地区以杂色含砾砂岩、砂岩、砂质泥岩、泥岩不等厚互层为特征,发育厚度达318m;在南部地区以杂色含砾砂岩、砂岩、泥质粉砂岩、泥岩不等厚互层为特征,局部夹有铝土质泥岩,发育厚度达563m。

剖面特征在平原区西部地区以苏14钻孔2 593～2 843.5m为代表,中部地区以大城煤田46-4钻孔868.81～976.4m为代表,东北部地区以唐山市望马泊区煤炭预查ZK2钻孔986～1 291m为代表,东部地区以东部钻孔综合剖面为代表,南部地区以邢台市赵店区10-2钻孔694.4～1 097.4m为代表。

6. 孙家沟组(P_3s)

孙家沟组分布与本溪组—上石盒子组一致,整合于上石盒子组之上。岩性为以红色为主的杂色砂岩、粉砂质泥岩、泥页岩不等厚互层,局部夹有泥质灰岩等。

石油和煤田等相关钻孔中钻遇的孙家沟组,在西部地区为以红色为主的杂色砂岩、泥岩不等厚互层,发育厚度126m左右;在中部地区为以红色为主的杂色砂岩、泥岩不等厚互层,发育厚度50m左右;在东北部地区为以红色为主的杂色砾岩、砂岩、泥岩不等厚互层,发育厚度126m左右;在东部地区为以红色为主的杂色砂岩、砂质泥岩、泥岩不等厚互层,发育厚度达300m;在南部地区为以红色为主的杂色砾岩、砂岩、泥岩不等厚互层,局部夹有火山岩,发育厚度达250m。

剖面特征在平原区西部地区以苏14钻孔2 467～2 593m为代表,中部地区以大城煤田46-4钻孔818.5～868.81m为代表,东北部地区以唐山市望马泊区煤炭预查ZK2钻孔859.75～986m为代表,东部地区以东部钻孔综合剖面为代表,南部地区以邢台市赵店区10-2钻孔578.64～694.4m为代表。

第五节　中生代地层

一、早—中三叠世地层(T_{1-2})

因早—中三叠世各地层发育厚度较薄,在河北省(北京市天津市)平原区古近纪地质图上采用刘家沟至二马营组并层(T_1l-T_2e)表示。该套地层主要分布于中东部和南部地区,埋深在300～3 000m之间。

1. 刘家沟组（T_1l）

刘家沟组主要分布于霸州市信安镇—宋杨庄镇—文安县苏桥镇—文安镇—滩里镇—杨芬港镇、大城县南赵扶镇—里坦镇—河间市景和镇、黄骅市南排河镇、东光县东光镇—吴桥县宋门乡—景县留智庙镇—故城县赞庄镇、建国镇—清河县坝营镇—林西县固献乡、大名县营镇回族乡—铺上镇、鹿泉区寺家庄镇、赞皇县富村镇—临城县东镇、内丘县内丘镇—任县任城镇—南和县河郭乡—沙河市留村镇—永年区界河店乡—邯郸市户村镇—磁县时村营乡、巨鹿县阎疃镇—平乡县油召乡—鸡泽县浮图店乡—永年区曲陌乡—邯山区辛庄营乡—临漳县邺城镇一带，整合于孙家沟组之上。

该组岩性以杂色砾岩、含砾砂岩、砂质泥岩、泥岩不等厚互层为特征。

石油和煤田等相关钻孔中钻遇的刘家沟组，在中东部地区以杂色砂岩、粉砂岩、泥岩不等厚互层为特征，发育厚度142m左右；在南部地区以杂色砂岩、泥岩不等厚互层为特征，发育厚度276m左右。

剖面特征在平原区中东部地区以东部钻孔综合剖面为代表，南部地区以邢台市赵店区10-2钻孔302.95～578.64m、邢台留村勘查区煤炭预查Y2钻孔1 111.25～1 500.88m为代表。

2. 和尚沟组（T_1h）

和尚沟组的分布同刘家沟组，整合于刘家沟组之上。岩性以杂色砂岩、泥质粉砂岩、粉砂质泥岩、泥岩不等厚互层为特征。

石油和煤田等相关钻孔中钻遇的和尚沟组，在中东部地区以杂色砂岩、泥质粉砂岩、粉砂质泥岩、泥岩不等厚互层为特征，发育厚度231m左右；在南部地区以杂色砂岩、钙质砂岩、粉砂质泥岩、泥岩不等厚互层为特征，发育厚度400m左右。

剖面特征在平原区中东部地区以东部钻孔综合剖面为代表，南部地区以邢台留村勘查区煤炭预查Y2钻孔906.64～1 111.25m为代表。

3. 二马营组（T_2e）

二马营组的分布同刘家沟组—和尚沟组，整合于和尚沟组之上。岩性以杂色含砾砂岩、砂岩、泥质粉砂岩、粉砂质泥岩、泥岩不等厚互层为特征。

石油和煤田等相关钻孔中钻遇的二马营组，在中东部地区以杂色砂岩、泥质粉砂岩、粉砂质泥岩不等厚互层为特征，发育厚度27m左右；在南部地区以杂色含砾砂岩、砂岩、泥岩不等厚互层为特征，发育厚度400m左右。

剖面特征在平原区中东部地区以东部钻孔综合剖面为代表，南部地区以邢台留村勘查区煤炭预查Y2钻孔686.01～906.64m为代表。

二、晚三叠世—晚侏罗世地层（$T_3—J_3$）

因上三叠统—上侏罗统中部分组段发育厚度相对较薄，在河北省（北京市天津市）平原区古近纪地质图上采用杏石口组至九龙山组并层（T_3x-J_2j）下花园组至髫髻山组并层（$J_1x-J_{2-3}t$）、九龙山组（J_2j）及髫髻山组至土城子组并层（$J_{2-3}t-J_3t$）表示。该套地层较为零散地分布于平原区，其中早侏罗世下花园组为重要的含煤岩系，埋深在1300～3200m之间，局部不足100m。

1. 杏石口组（T_3x）

杏石口组主要分布于平原区西北部门头沟火山-沉积盆地的北部、中部的武清火山-沉积盆地、东北部的北港火山-沉积盆地、东部大港-盐山火山-沉积盆地的中南部、南部邱县火山-沉积盆地的中东部，角度不整合于二马营组或更老地层之上。岩性以杂色砾岩、砂岩、粉砂质泥岩、泥岩不等厚互层为特征。

石油和煤田等相关钻孔中钻遇的杏石口组,在门头沟火山-沉积盆地以杂色砾岩、砂岩、泥岩不等厚互层为特征,发育厚度30m左右;在武清火山-沉积盆地以杂色砂岩、泥岩不等厚互层为特征,夹砾岩、砂质砾岩、含砾砂岩等,发育厚度614m左右;在北港火山-沉积盆地为红色泥岩夹砾岩,发育厚度30m左右;在大港-盐山火山-沉积盆地为杂色砂质砾岩、含砾砂岩、砂岩、泥岩不等厚互层,发育厚度246m左右;在邱县火山-沉积盆地为杂色砂岩,发育厚度500m左右。

剖面特征以武清火山-沉积盆地葛1钻孔2586～3201m、大港-盐山火山-沉积盆地钻孔综合剖面为代表。

2. 南大岭组(J_1n)

南大岭组只分布于门头沟火山-沉积盆地的北部,整合或平行不整合于杏石口组之上。岩性以杂色玄武岩为主,夹少量砂岩、页岩,发育厚度520m左右。

剖面特征以北京市门头沟区官厅-阳坡元南大岭组剖面为代表。

3. 下花园组(J_1x)

下花园组分布于平原区西北部的门头沟火山-沉积盆地、西部保定火山-沉积盆地的南部、中部的武清火山-沉积盆地、东北部的北港火山-沉积盆地、东部大港-盐山火山-沉积盆地的北部边缘和中南部、南部邱县火山-沉积盆地的中东部,整合于南大岭组之上,或平行不整合于杏石口组之上,局部角度不整合于峰峰组及杨庄组之上。岩性为以暗色为主的杂色砾岩、砂质砾岩、含砾砂岩、砂岩、粉砂质泥岩、泥页岩、碳质泥页岩煤层不等厚互层。

石油和煤田等相关钻孔中钻遇的下花园组,在门头沟火山-沉积盆地以深灰、灰绿、灰黑色砾岩、砂质砾岩、砂岩、粉砂岩、泥岩、煤层、煤线等不等厚互层为特征,富含植物群化石,发育厚度660m左右;在保定火山-沉积盆地南部石家庄东一带以灰色砾岩、砂岩与灰绿、黑色泥岩、煤层不等厚互层为特征,发育厚度60m左右;在武清火山-沉积盆地以岩石以灰、灰白色砾岩、砂质砾岩、含砾砂岩、浅灰色砂岩与灰紫、灰绿、黑色泥岩、煤层、碳质泥岩不等厚互层为特征,发育厚度355～658m;在北港火山-沉积盆地以灰色砂质砾岩、砂岩、泥岩、黑色碳质泥岩、煤层不等厚互层为特征,发育厚度204m左右;在大港-盐山火山-沉积盆地以灰、灰绿色砂质砾岩、砂岩、砂质泥岩、泥岩、灰黑色煤层不等厚互层为特征,发育厚度400m左右;在邱县火山-沉积盆地以浅灰色粉砂岩、泥质粉砂岩、深灰色泥岩、灰黑色煤层不等厚互层为特征,发育厚度520m左右。

剖面特征以门头沟火山-沉积盆地涞水—涿州一带煤矿预查ZK501钻孔79.3～736.47m、武清火山-沉积盆地葛1钻孔2231～2586m、大港-盐山火山-沉积盆地钻孔综合剖面为代表。

4. 九龙山组(J_2j)

九龙山组分布于平原区西北部的门头沟火山-沉积盆地、西部保定火山-沉积盆地的北部边缘及南部石家庄东、中部的武清火山-沉积盆地、东北部的北港火山-沉积盆地、东部大港-盐山火山-沉积盆地的北部边缘和中南部、南部邱县火山-沉积盆地的中部,整合或平行不整合于下花园组之上。岩性以杂色砾岩、砂岩、粉砂岩、泥页岩不等厚互层为特征,局部夹有流纹质凝灰岩等。

石油和煤田等相关钻孔中钻遇的九龙山组,在门头沟火山-沉积盆地以杂色砾岩、凝灰质砾岩、凝灰质砂岩、砂岩、粉砂岩、泥页岩不等厚互层为特征,发育厚度1536m左右;在保定火山-沉积盆地北部边缘以杂色流纹质凝灰岩、泥岩不等厚互层为特征,发育厚度106m左右;在南部石家庄东一带以杂色砾岩、砂岩、泥岩、流纹质凝灰岩不等厚互层为特征,发育厚度150m左右;在武清火山-沉积盆地以杂色砾岩、含砾砂岩、砂岩、粉砂质泥岩、泥岩不等厚互层为特征,发育厚度88～554m;在北港火山-沉积盆地以杂色砂质砾岩、砂岩、泥岩不等厚互层为特征,发育厚度 53m 左右;在大港-盐山火山-沉积盆地以杂色砂质砾岩、砂岩,砂质泥岩不等厚互层为特征,发育厚度 954m 左右;在邱县火山-沉积盆地以杂色砾岩、砂岩、泥岩不等厚互层为特征,发育厚度 480~907m。

剖面特征以武清火山-沉积盆地葛 1 钻孔 2143~2231m、大港-盐山火山-沉积盆地钻孔综合剖面为代表。

5. 髫髻山组($J_{2-3}t$)

髫髻山组分布于平原区西北部的门头沟火山-沉积盆地、北部的大厂火山-沉积盆地、西部保定火山-沉积盆地的南部石家庄东一带,整合于九龙山组之上。岩性以杂色基性、中性、酸性、偏碱性火山岩不等厚互层,夹相应火山碎屑岩和砾岩、砂岩、粉砂岩、泥页岩为特征。

石油和煤田等相关钻孔中钻遇的髫髻山组,在门头沟火山-沉积盆地以杂色玄武岩、安山岩、粗安岩、粗安质角砾岩不等厚互层夹凝灰质砾岩、砂岩等为特征,发育厚度 2822m 左右;在大厂火山-沉积盆地以杂色玄武安山岩、安山岩、角砾状安山岩、安山质角砾岩、泥岩不等厚互层为特征,发育厚度 248m 左右;在保定火山-沉积盆地南部石家庄东一带以杂色玄武岩、安山玄武岩、安山岩、安山质角砾岩、流纹质凝灰岩不等厚互层夹泥岩为特征,发育厚度 274m 左右。

剖面特征以门头沟火山-沉积盆地丰参 2 钻孔 2809~3200m、大厂火山-沉积盆地 J6 钻孔、保定火山-沉积盆地南部极 16 钻孔 2024~2298m 剖面为代表。

6. 土城子组(J_3t)

土城子组分布于平原区西北部门头沟火山-沉积盆地的北部边缘、北部的大厂火山-沉积盆地,整合于髫髻山组之上。岩性以杂色砾岩、砂岩、粉砂岩、泥页岩不等厚互层夹中性、酸性火山岩为特征。

石油和煤田等相关钻孔中钻遇的土城子组,在门头沟火山-沉积盆地北部边缘以杂色砾岩、砂岩、粉砂岩、粉砂质页岩不等厚互层夹沸石岩、凝灰岩为特征,发育厚度 100m 左右;在大厂火山-沉积盆地以杂色含砾砂岩、砂岩、泥岩不等厚互层为特征,发育厚度 139m 左右。

剖面特征以大厂火山-沉积盆地 J6 钻孔剖面为代表。

三、白垩纪地层(K)

因白垩系中有的组发育厚度相对较薄,在河北省(北京市天津市)平原区古近纪地质图上采用义县组至九佛堂组并层(K_1y-j)、九佛堂组至南天门组并层(K_1j-K_2n)、九佛堂组(K_1j)表示。该套地层分布广泛,在平原区 10 个盆地中均有分布,埋深一般在 1194~5000m 之间,最深处位于曹妃甸区(唐海)柳赞镇附近一带,在 5500~7500m 之间。

1. 义县组(K_1y)

义县组分布于平原区西北部门头沟火山-沉积盆地的中部、东北部北港火山-沉积盆地南部,角度不整合于前白垩纪地层之上。岩性以杂色基性、中性、偏碱性火山岩不等厚互层夹相应火山碎屑岩和砂岩、泥页岩为特征。

石油和煤田等相关钻孔中钻遇的义县组,在门头沟火山-沉积盆地中部以杂色玄武岩、粗安岩、含集块角砾凝灰岩、砾岩、凝灰质砂岩、沉凝灰岩不等厚互层为特征,含腹足类 *Viviparus* sp.,*Probaicalia vitimensis*,*Lioplacades* cf. *choluokyi* 等,介形虫 *Cypridea unicostata*,*C. faveolata*,*C. usualis* 等,双壳类 *Ferganoconcha subcentralis*,*F.* sp.,鱼类 *Sinamia* sp. 等化石,发育厚度 168m 左右;在北港火山-沉积盆地南部以灰绿色玄武岩夹灰色泥岩为特征,发育厚度 924m 左右。

剖面特征以门头沟火山-沉积盆地北京市丰台区大灰厂西南靶场义县组剖面、北港火山-沉积盆地南部义县组综合剖面为代表。

2. 义县组与九佛堂组交互层（K_1y-j）

义县组与九佛堂组交互层代表了两个组同时异相交互产出的特征，分布于平原区东部的大港-盐山火山-沉积盆地中，角度不整合于九龙山组之上。岩性为以暗色为主的杂色基性、中性、酸性火山岩及火山碎屑岩、砂岩、泥岩不等厚互层，发育厚度达 1800m。

剖面特征以大港-盐山火山-沉积盆地钻孔义县组与九佛堂组交互层综合剖面［据《中国石油地质志·大港油气区》，2022］为代表。

3. 九佛堂组（K_1j）

九佛堂组分布于平原区西北部门头沟火山-沉积盆地的中部、北部大厂火山-沉积盆地的西部、西部保定火山-沉积盆地的大部、中部武清火山-沉积盆地的北东部、东北部北港火山-沉积盆地的南部，中南部的留楚火山-沉积盆地和阜城火山-沉积盆地、南部的邱县火山-沉积盆地，是中生代分布最为广泛的地层，角度不整合于前白垩纪地层和整合于义县组之上。岩性以暗色为主的杂色砾岩、砂岩、粉砂岩、泥页岩、泥质灰岩不等厚互层夹火山岩为特征，富含热河动物群化石，主要有叶肢介 *Eosestheria dongouensis*，*E. lingyuanensis*，*E.* cf. *middendorfii*，鱼类 *Lycoptera dauidi*，*L. tokungai*，双壳类 *Forganconcha* cf. *lingyuanensis*、*Phaerium* sp.，昆虫 *Epheneropsis trisetalis*，植物 *Coniopteris burejehsis*、*Czekanowskia*。

石油和煤田等相关钻孔中钻遇的九佛堂组，各盆地中岩石组合基本一致，只是在发育厚度上有所差别。在门头沟火山-沉积盆地的中部发育厚度达 1698m，大厂火山-沉积盆地的西部发育厚度约 300m 左右，保定火山-沉积盆地发育厚度 214～392m，武清火山-沉积盆地的北东部发育厚度 562m 左右，北港火山-沉积盆地的南部发育厚度 923m 左右，留楚火山-沉积盆地发育厚度达 593m，阜城火山-沉积盆地发育厚度达 501m，邱县火山-沉积盆地发育厚度达 4300m。

剖面特征以门头沟火山-沉积盆地中部丰参 2 钻孔 1111～2809m、保定火山-沉积盆地南部极 16 钻孔 1650～2024m、武清火山-沉积盆地王 11 钻孔 948～1525m、北港火山-沉积盆地综合剖面为代表。

4. 青石碇组（K_1q）

青石碇组只在平原区西北部门头沟火山-沉积盆地的中部有分布，整合于九佛堂组之上。岩石以灰、深灰色砂岩、泥质粉砂岩、泥岩、泥质灰岩不等厚互层为特征，发育厚度 325～397m。

剖面特征以丰参 2 钻孔 786～1111m 为代表。

5. 南天门组（K_2n）

南天门组分布于平原区西部的保定火山-沉积盆地、中南部的留楚火山-沉积盆地、东部大港-盐山火山-沉积盆地的西北部及邱县火山-沉积盆地，平行不整合于九佛堂组之上，大港-盐山火山-沉积盆地的西北部一带与雾迷山组等呈断裂接触。岩性以杂色砾岩、泥质砾岩、含砾砂岩、砂岩、粉砂岩、含砾泥岩、泥岩不等厚互层为特征。

石油和煤田等相关钻孔中钻遇的南天门组，各盆地中岩石组合基本一致，只是在发育厚度上有所差别。在保定火山-沉积盆地发育厚度 308～800m，留楚火山-沉积盆地发育厚度达 569m，大港-盐山火山-沉积盆地的西北部发育厚度达 636m，邱县火山-沉积盆地发育厚度 68～794m。

剖面特征以极 16 钻孔 1342～1650m、黄 2 钻孔 4544～5113m、天津市大寺镇 WR9 钻孔剖面为代表。

第三章　古近纪地层

平原区古近纪至第四纪(即新生代)地层区划(图3-1)隶属华北地层区($Ⅲ C_4$),进一步划分为华北平原地层分区($Ⅲ C_4^3$)的山前平原地层小区($Ⅲ C_4^{3-1}$)和中东部平原地层小区($Ⅲ C_4^{3-2}$)。古近系由下向上依次为孔店组(E_2k)、沙河街组($E_{2-3}s$)、东营组(E_3d)。

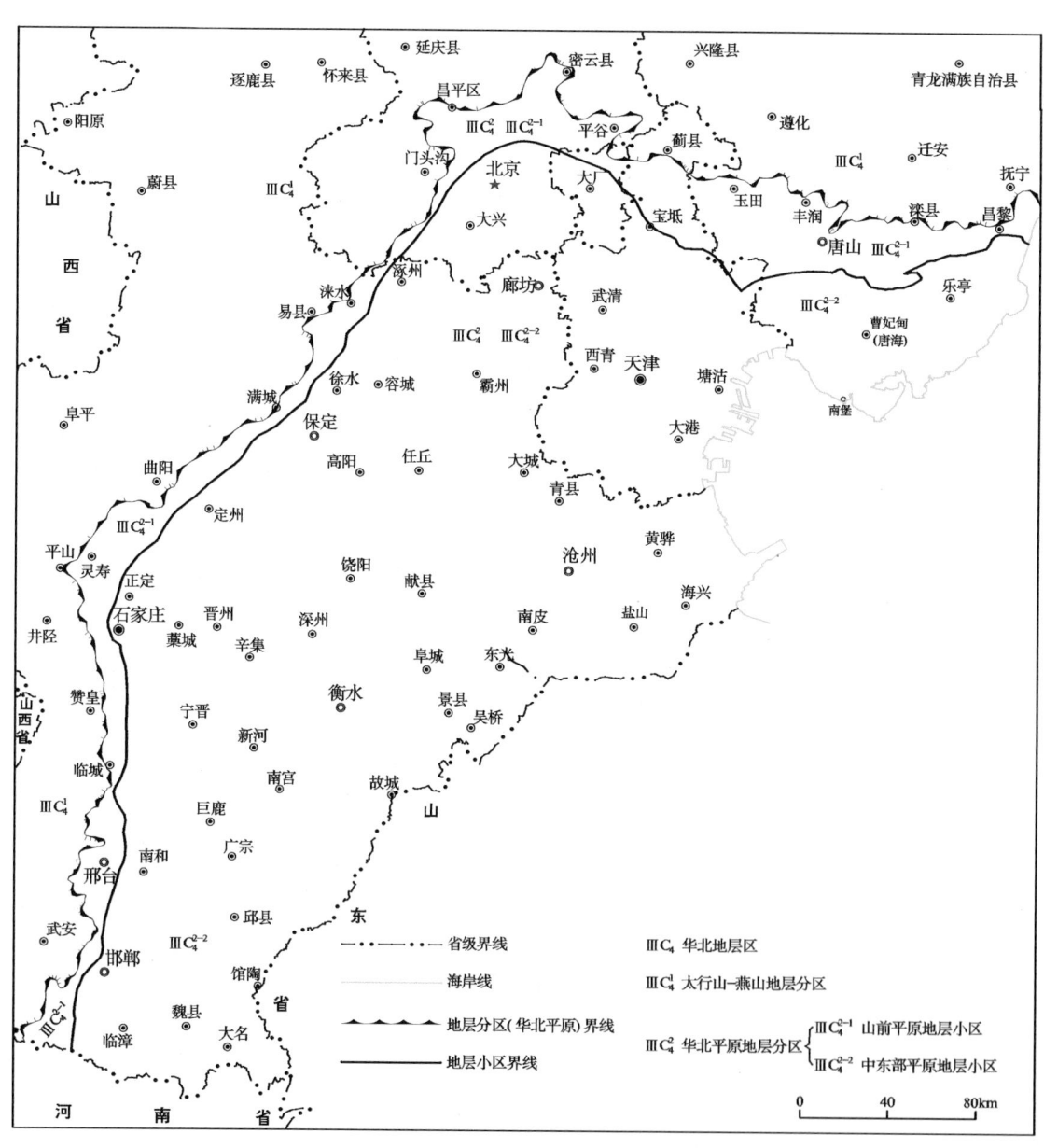

图3-1　平原区古近纪至第四纪地层区划图

1. 孔店组（E_2k）

孔店组广泛分布于廊坊—深州、晋州、临西—魏县、河间市东北部以及沧州市东部黄骅市孔店等地（图3-2），岩性为一套河湖相的棕红、棕褐色泥岩、泥质砂岩、砂质泥岩夹灰、黑灰、灰绿色泥岩、粉砂岩、含泥长石粉砂岩、页岩和油页岩组合，局部夹玄武岩，底部为白色砾岩。不整合于中生代及更老地层之上。按岩石组合和沉积旋回划分为3个段。

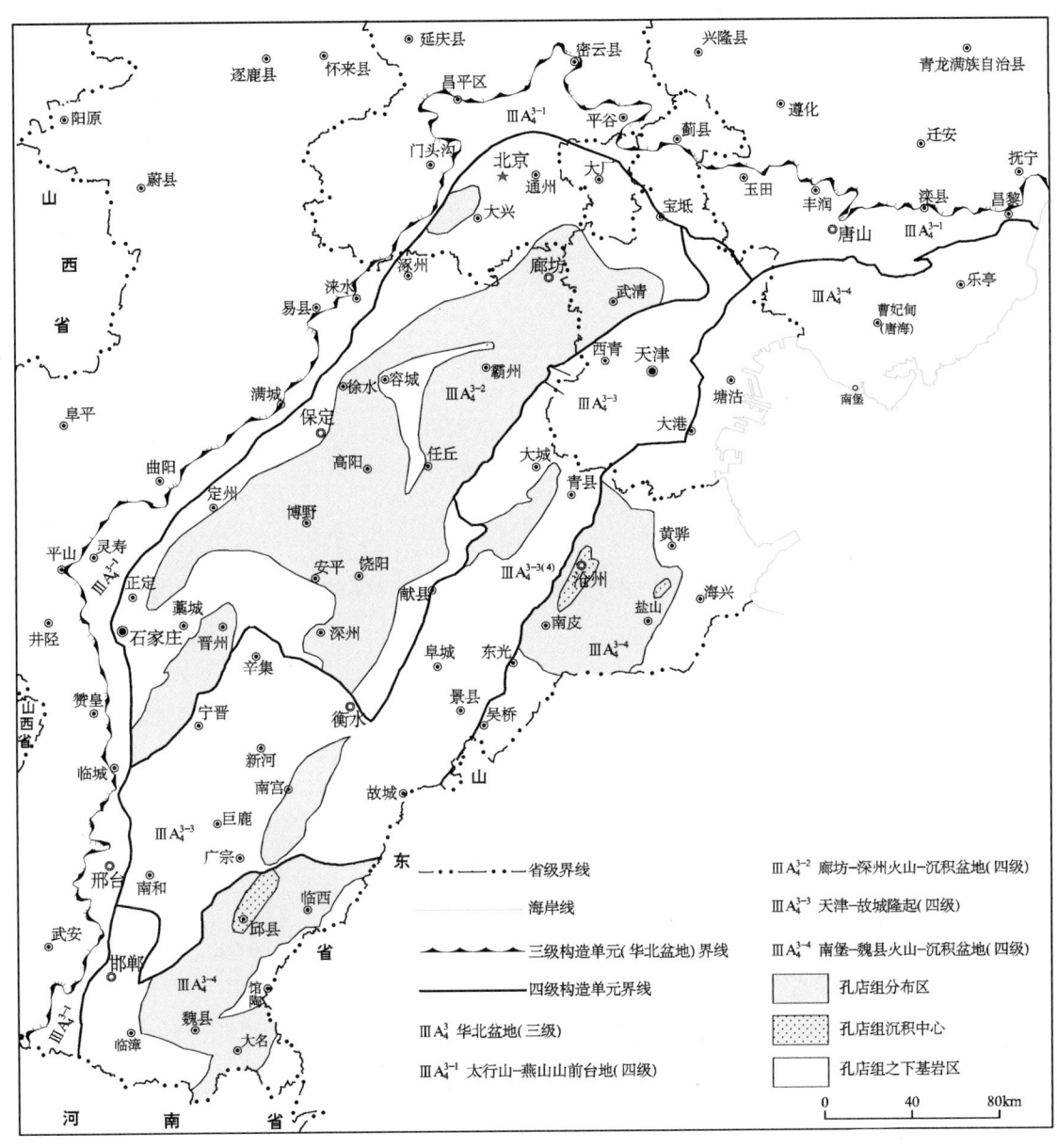

图3-2 平原区始新世孔店组分布图

南堡-魏县火山-沉积盆地中部黄骅一带，孔店组最为发育，厚度约2500m。岩性组合与标准剖面基本相似，但局部夹多层玄武岩。一段为深红或暗红色砂质泥岩、泥质砂岩、浅棕红色粉细砂岩互层；二段为深灰色泥岩、浅灰色长石粉砂岩夹泥岩、页岩和薄层油页岩；三段为灰褐色泥岩、灰色泥质砂岩和砂质泥岩，底部有不稳定底砾岩。

南堡-魏县火山-沉积盆地南部,孔店组主要分布于凹陷中,凸起上基本缺失,厚度 0~916m,岩性、厚度变化剧烈。二段的暗色泥岩段在邯郸一带可能相变为浅灰色粉、细砂岩、杂色角砾岩,且厚度薄而变化大,三段是否存在尚难定论。

廊坊-深州火山-沉积盆地,孔店组主要发育在保定凹陷(厚达 1279m)和廊坊凹陷(厚达 2537m)。与标准剖面比较,顶部多一套暗色岩层,剖面中的砂岩组分和岩盐含量有所增加,并缺失油页岩层。在北京长辛店、大灰厂、良乡、高佃村等地孔店组分布零星,为一套灰白、紫红色砾岩夹紫红色粉砂质泥岩、泥岩及砂岩的河湖相沉积地层,厚 48.5m。

在天津-故城隆起南部,南宫凹陷发育较全,厚达 732m,斜坡部位 0~359m。二段中上部为浅灰色长石碎屑粉、细砂岩夹深灰、棕色泥岩;下部为灰白、浅灰色粉、细砂岩与深灰、棕色泥岩互层夹砂砾岩,厚度大于 241m,与下伏白垩纪火山岩不整合接触。一段上部为灰色泥岩与灰白、浅灰、浅棕色细、中砂岩不等厚互层,夹深棕色泥岩及含膏泥岩、硬石膏薄层;中部为深棕色泥岩与灰色泥岩夹浅棕色粉、细、中砂岩;下部为棕红色泥岩、粉砂质泥岩与浅棕、红棕色粉、细、中砂岩不等厚互层夹 4 层灰色砂砾岩,厚约 165m。

剖面特征以黄骅市孔家店村孔 1 钻孔、永清县安 29 钻孔和永清县京 343 钻孔为代表。

2. 沙河街组($E_{2-3}\hat{s}$)

沙河街组广泛分布于平原区新生代断陷盆地内(图 3-3),主要包括廊坊—深州、林西—大名、唐海—南堡、塘沽—南皮等地区。该组在山东沙河街标准剖面孔内分为 3 个段。综合研究认为,本区西部原定义的沙河街组四段应属孔店组,本节采用 3 个段的划分方案。其中,一段至二段时代归属于渐新世,三段时代归属于始新世。

(1)沙河街组三段($E_2\hat{s}^3$)

沙河街组三段岩性为一套富含有机质的暗色泥岩夹油页岩、泥质灰岩及砂岩,以富含华北介为特征。根据生物化石和沉积旋回分为 3 个亚段。下亚段为深灰色泥岩夹绿灰、灰白色砂岩,底为灰白色砂岩;中亚段为绿灰、深灰色泥岩夹灰、灰白色砂岩;上亚段为绿灰、灰色泥岩与灰白、深灰、灰色砂岩、粉砂岩不等厚互层,夹油页岩和碳质泥岩。与下伏孔店组呈平行不整合接触,或与前新生代地层呈角度不整合接触。

该段在各盆地岩石组合基本一致,仅发育厚度有所差别。在廊坊-深州火山-沉积盆地,北京、武清-霸县凹陷沉积最厚达 3500m,饶阳凹陷厚 1500m 左右,其他地区厚 200~1200m;在南堡-魏县火山-沉积盆地,黄骅及其以北的凹陷厚 1500m 左右,南堡凹陷最厚达 2244m,南部地区各凹陷内厚 450~1260m;在天津-故城隆起大营、辛集等凹陷中厚 180~538m。

剖面特征以固安县前北堡村沙钻孔、永清台子庄安 29 钻孔及冀东南堡凹陷综合钻孔为代表。

(2)沙河街组二段($E_3\hat{s}^2$)

沙河街组二段广泛分布于廊坊-深州火山-沉积盆地,在南堡-魏县火山-沉积盆地也分布较广,在天津-故城隆起南部各凹陷中也有分布。

该段为一套下粗上细的紫红色泥岩夹少量粉砂岩、砂岩的河流—浅湖泊相沉积,局部地带的上部红色泥岩中夹含膏泥岩和碳质泥岩薄层。在廊坊-深州火山-沉积盆地的武清-霸县及饶阳凹陷以及南堡-魏县火山-沉积盆地的中部(即板桥—灯明寺一带)深灰色泥岩发育,并夹 2~3 层生物灰岩、泥质灰岩及油页岩。与下伏沙河街组三段上亚段呈平行不整合接触或超覆于沙河街组三段中亚段乃至孔店组和更老地层之上。

该段在各盆地岩石组合基本一致,仅发育厚度有所差别。廊坊-深州火山-沉积盆地一般厚 200~450m,最薄 100m 左右,保定、廊坊凹陷最厚达 600~800m。南堡-魏县火山-沉积盆地一般厚 250~300m,最厚 835m,最薄 80m 左右。

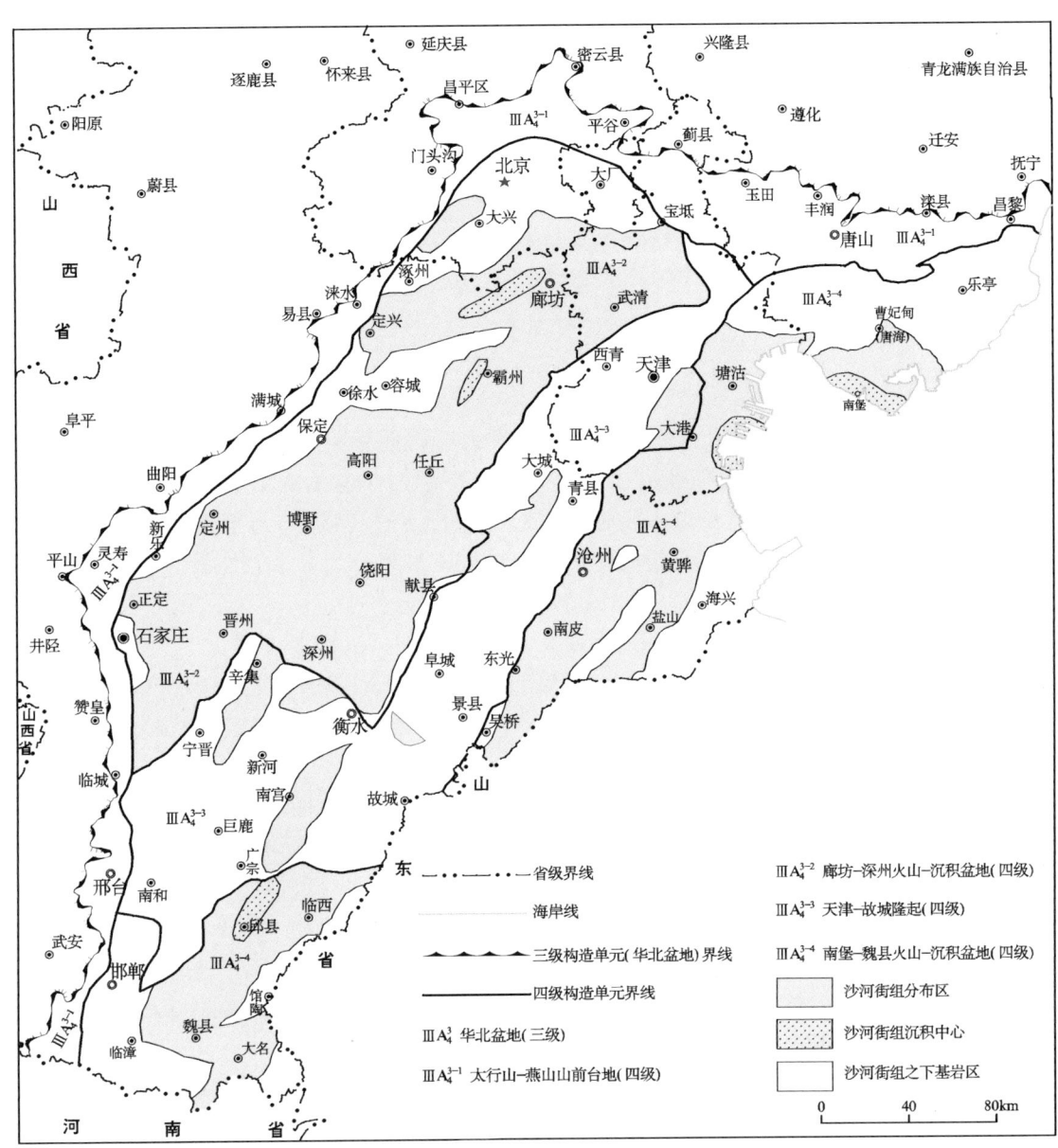

图 3-3 平原区始新统至渐新统沙河街组分布图

剖面特征以清苑区孟庄保深 2 钻孔、冀东南堡凹陷综合钻孔为代表。

（3）沙河街组一段（E_3s^1）

沙河街组一段分布范围除廊坊-深州火山-沉积盆地的北京凹陷、大厂凹陷、大兴凸起、牛坨镇凸起、高阳凸起及天津-故城隆起的南宫凹陷无沉积外，其余分布与沙河街组二段一致。

岩性为一套以灰褐、深灰色浅—滨湖相为主的泥岩，中、上部间夹 5～6 层灰白、灰绿色薄层砂岩，下部夹油页岩、钙质页岩、泥质灰岩、鲕状生物灰岩、白云质灰岩，可作为沙河街组一段的标志层。该段与下伏沙河街组二段为连续沉积。

沙河街组一段下部岩性组合特殊，沉积稳定，除廊坊、武清凹陷及冀中、南堡-魏县火山-沉积盆地的西部和北部边缘地带为河流—滨湖相的灰绿、紫红、褐色砂岩、泥岩（时夹砂砾岩）为主外，其余各地变化甚微，厚度一般 180～350m。中上部的岩性、岩相及厚度变化较大。廊坊-深州火山-沉积盆地以暗紫红、灰绿、褐色泥岩为主,间夹暗紫、灰绿、灰红色砂岩,局部地区夹油页岩、生物灰岩、泥质灰岩、灰岩、碳质泥岩及薄煤层,西部及北部边缘地带夹含砾砂岩及砂砾岩。一般厚300～450m,霸县凹陷最厚,达800m左右,边缘地带薄至50～100m。

廊坊-深州火山-沉积盆地及南堡-魏县火山-沉积盆地中北部本段以暗色泥岩与砂岩互层为主,较普遍的夹有碎屑岩、鲕状灰岩、泥质灰岩、泥质白云岩、油页岩、钙质页岩等,而不同于其他地区,厚600～1176m。在南堡-魏县火山-沉积盆地南部,沙河街组一段为一套红色细碎屑岩沉积,厚180～410m。主要为紫红、棕红、灰绿色泥岩,砂质泥岩与紫红、灰绿、灰白色粉或细砂岩互层,间夹3～6层泥质灰岩或生物碎屑灰岩薄层。

剖面特征以河间市东王口村、冀东南堡凹陷综合钻孔为代表。

3. 东营组(E_3d)

东营组分布较广(图3-4),尤其是南部地区相对扩大。岩性为一套浅湖相沉积建造,以灰、绿灰色泥岩为主,间夹少量棕红色泥岩、泥质粉砂岩、砂岩。中、下部产丰富的介形类、孢粉、腹足类和藻类化石。底部以一层绿灰色砂岩与沙河街组一段暗色泥岩呈平行不整合接触,与上覆新近纪馆陶组灰色砂砾岩为平行不整合接触。根据介形类及其他生物化石组将该组划分为3个岩性段。以任丘市东关村钻孔(任3钻孔)最具代表性。

该组在廊坊-深州火山-沉积盆地的武清-霸县、饶阳凹陷内,沉积厚度最大为1500m,一般600～800m。在北京、大厂、保定凹陷及大兴凸起内,厚度仅200～500m。岩性较为稳定,以一套上、下部色红、粒粗,中部色暗、粒细(含螺泥岩)的碎屑岩系为特征。周边地区上、下部砂岩增多,时夹砂砾岩及碳质泥岩,局部地区夹玄武岩。

南堡-魏县火山-沉积盆地中北部与廊坊-深州火山-沉积盆地的岩性基本相似,其区别是东营组三段颜色偏暗,以深灰、灰色泥岩夹砂岩为主;一、二段灰绿色调的岩石增多,红色调减少。二段在歧口凹陷中夹有介形虫灰岩薄层。在南堡地区相变为灰绿、棕红色泥岩与灰白色砂岩、含砾砂岩不等厚互层。厚度变化较明显,在南堡等凹陷中为250～2027m;板桥、歧口等凹陷中沉积最厚,达1900m左右;沧南地区仅0～300m。

天津-故城隆起与南堡-魏县火山-沉积盆地的南部地区,厚70～540m。岩性为棕红、灰绿色泥岩、砂质泥岩与浅棕、灰绿色粉砂岩、泥质粉砂岩不等厚互层,可分性差。

剖面特征以任丘市东关村任3钻孔、冀东南堡凹陷钻孔综合剖面、宁晋-辛集石盐田3-1钻孔为代表。

第三章 古近纪地层

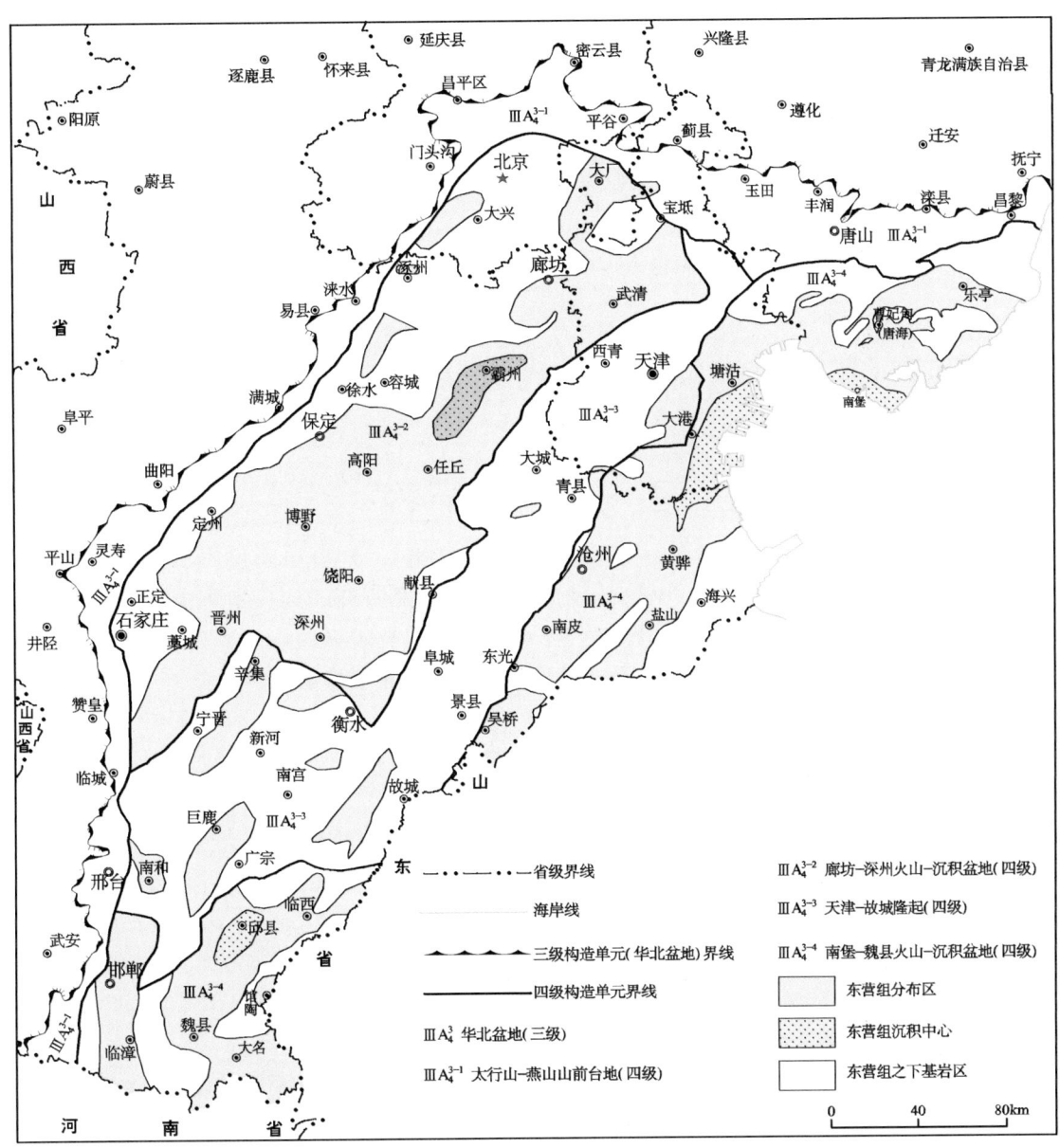

图 3-4 平原区渐新世东营组分布图

第四章 侵入岩

第一节 新太古代变质深成侵入岩

1. 英云闪长质片麻岩（$gn^{\gamma o}Ar_3$）

英云闪长质片麻岩分布于海兴县小山—苏基—高湾—孟店一带，分布面积约 890km²。岩性主要为黑云角闪斜长片麻岩。主要矿物组成：黑云母、角闪石、斜长石及石英。具有变质岩的特征，原岩类型为英云闪长岩，因此将其归属于英云闪长质片麻岩，结合基岩区同类岩石的特征将其形成时代归属于新太古代。被古生代、中生代及新生代地层角度不整合覆盖，局部呈断层接触。

2. 花岗闪长质片麻岩（$gn^{\gamma\delta}Ar_3$）

花岗闪长质片麻岩分布较少，主要位于保定市唐县北罗、仁厚一带，分布面积约 46.41km²。岩性为含条带状黑云斜长片麻岩、斑状花岗闪长质片麻岩，岩石呈灰色，中粒鳞片粒状变晶结构，条纹条带状、弱片麻状构造，部分岩石变余似斑状结构，弱片麻状构造、条纹—条带状构造。主要矿物组成：斜长石、钾长石、石英、黑云母及少量角闪石。原岩类型为花岗闪长岩，因此将其归属于花岗闪长质片麻岩，其形成时代属于新太古代。与新太古代阜平岩群城子沟岩组呈侵入接触关系，被古元古代湾子岩群及后期地层角度不整合覆盖。

3. 奥长花岗质片麻岩（$gn^{\gamma o}Ar_3$）

奥长花岗质片麻岩分布极少，主要位于阜宁县抚宁镇一带，分布面积约 10km²。岩性为中细粒奥长花岗质片麻岩或变质中细粒奥长花岗岩，新鲜面呈灰白、钢灰色，风化面呈浅灰白—浅粉红色，中细粒花岗变晶结构、变余花岗结构，弱片麻状构造，局部为条纹条带状构造。主要矿物组成：斜长石（更长石）、钾长石（微斜长石）、石英、黑云母，偶见少量角闪石。原岩类型为奥长花岗岩，因此将其归属于奥长花岗质片麻岩，其形成时代属于新太古代。与新太古代滦县岩群阳山岩组呈侵入接触关系，被新太古代二长花岗质片麻岩侵入，被侏罗纪及后期地层角度不整合覆盖。

4. 二长花岗质片麻岩（$gn^{\eta\gamma}Ar_3$）

二长花岗质片麻岩大面积分布于乐亭—滦南一线以北、滦州市—昌黎一线以南的区域以及乐亭县中南部一带；此外，石家庄市区西南部有少量分布。岩性为黑云二长花岗质片麻岩、斑状黑云（角闪）二长花岗质片麻岩，岩石呈肉红、浅肉红、灰白色，中粒花岗变晶结构与变余花岗结构共存，部分岩体中粗粒似斑状变晶结构，弱片麻状—似片麻状构造，变形强烈地段为条带状或条纹状构造。主要矿物组成：斜长石、钾长石、石英、黑云母及少量角闪石，偶见白云母。原岩类型为二长花岗岩，因此将其归属于二长花岗质片麻岩，其形成时代属于新太古代。侵入新太古代变质地层及奥长花岗质片麻岩，被长城纪及后期地层角度不整合覆盖,局部呈断层接触。

第二节　侏罗纪侵入岩

1. 中侏罗世闪长岩(δJ_2)

中侏罗世闪长岩分布极少,主要位于沙河市綦村附近,分布面积约13km²。岩性为闪长岩,岩石呈灰色,细粒半自形柱粒状结构,块状构造。主要矿物组成:斜长石(中长石)、普通角闪石及微量石英。形成时代为中侏罗世。与奥陶纪地层呈侵入接触关系,被新生代地层角度不整合覆盖。

2. 晚侏罗世闪长岩(δJ_3)

晚侏罗世闪长岩分布集中,主要位于定兴县明义—高陌—高村一带,分布面积约166km²。岩性为闪长岩,岩石呈灰、深灰色,半自形中细粒状结构,块状构造。主要矿物组成:黑云母、角闪石、斜长石(更—中长石)及少量钾长石(微斜长石和条纹长石)、石英。形成时代为晚侏罗世。与蓟县系雾迷山组呈断层接触关系,与古生代地层呈侵入接触关系,被新生代地层角度不整合覆盖。

第三节　白垩纪侵入岩

1. 早白垩世闪长岩(δK_1)

早白垩世闪长岩分布极少,主要分布于沙河市新城镇北侧,分布面积约3km²。岩性为闪长岩,岩石呈浅灰粉色,中细粒状结构,块状构造。主要矿物组成:斜长石、钾长石和角闪石。形成时代为早白垩世。与古生代地层呈侵入接触关系,被新生代地层角度不整合覆盖。

2. 早白垩世辉石正长岩($\xi\varphi K_1$)

早白垩世辉石正长岩分布于邯郸市经济开发区姚寨—肥乡区辛安镇一带,分布面积约66.9km²。岩性为辉石正长岩。推断形成时代为早白垩世。与侏罗纪及更老地层呈侵入接触关系,被新生代地层角度不整合覆盖。

第五章　地质构造

第一节　断裂构造及主要特征

平原区发育北东—北北东向、北西—北西西向、近南北向、近东西向及环状 5 组断裂体系，以北东—北北东向、北西—北西西向两组为主，其他相对较少。北东—北北东向断裂性质属于正断层（伸展断裂体系），环状断裂的断裂性质属于内倾正断层，其他各组断裂的性质均属于走滑正断层（剪切走滑断裂体系）。

古近纪断裂构造具有明显继承性，主要断裂与前新生代基底断裂构造基本一致，只是在位置上相对于基底断裂沿着其倾向相反方向平移。本次古近纪断裂只统计了平原区内对古近纪地层具有控制作用的断裂，共 34 条（表 5-1，图 5-1）。

表 5-1　平原区内对古近纪地层有控制作用的断裂

编号	断裂名称	断裂性质	编号	断裂名称	性质	编号	断裂名称	性质
F1	燕山山前断裂	正断层	F13	容城东断裂	走滑正断层	F25	明化镇断裂	正断层
F2	石家庄-徐水断裂	走滑正断层	F14	柏各庄断裂	正断层	F26	清河断裂	正断层
F3	沧东断裂	正断层	F15	西南庄断裂	走滑正断层	F27	邯郸东断裂	走滑正断层
F4	衡水断裂	正断层	F16	马北断裂	走滑正断层	F28	磁县-大名断裂	走滑正断层
F5	献县断裂	走滑正断层	F17	红房子断裂	走滑正断层	F29	馆陶西断裂	正断层
F6	晋县断裂	正断层	F18	徐西断裂	正断层	F30	鸡泽断裂	正断层
F7	广宗断裂	正断层	F19	黑东断裂	正断层	F31	阜城南断裂	正断层
F8	夏垫断裂	正断层	F20	埕西断裂	正断层	F32	前磨头断裂	走滑正断层
F9	大兴断裂	正断层	F21	徐水-淀北断裂	走滑正断层	F33	隆尧断裂	走滑正断层
F10	宝坻-桐柏断裂	正断层	F22	里坦断裂	正断层	F34	宁晋北断裂	走滑正断层
F11	河西务-牛东断裂	正断层	F23	新河断裂	正断层			
F12	涞水断裂	正断层	F24	南宫断裂	正断层			

第五章 地质构造

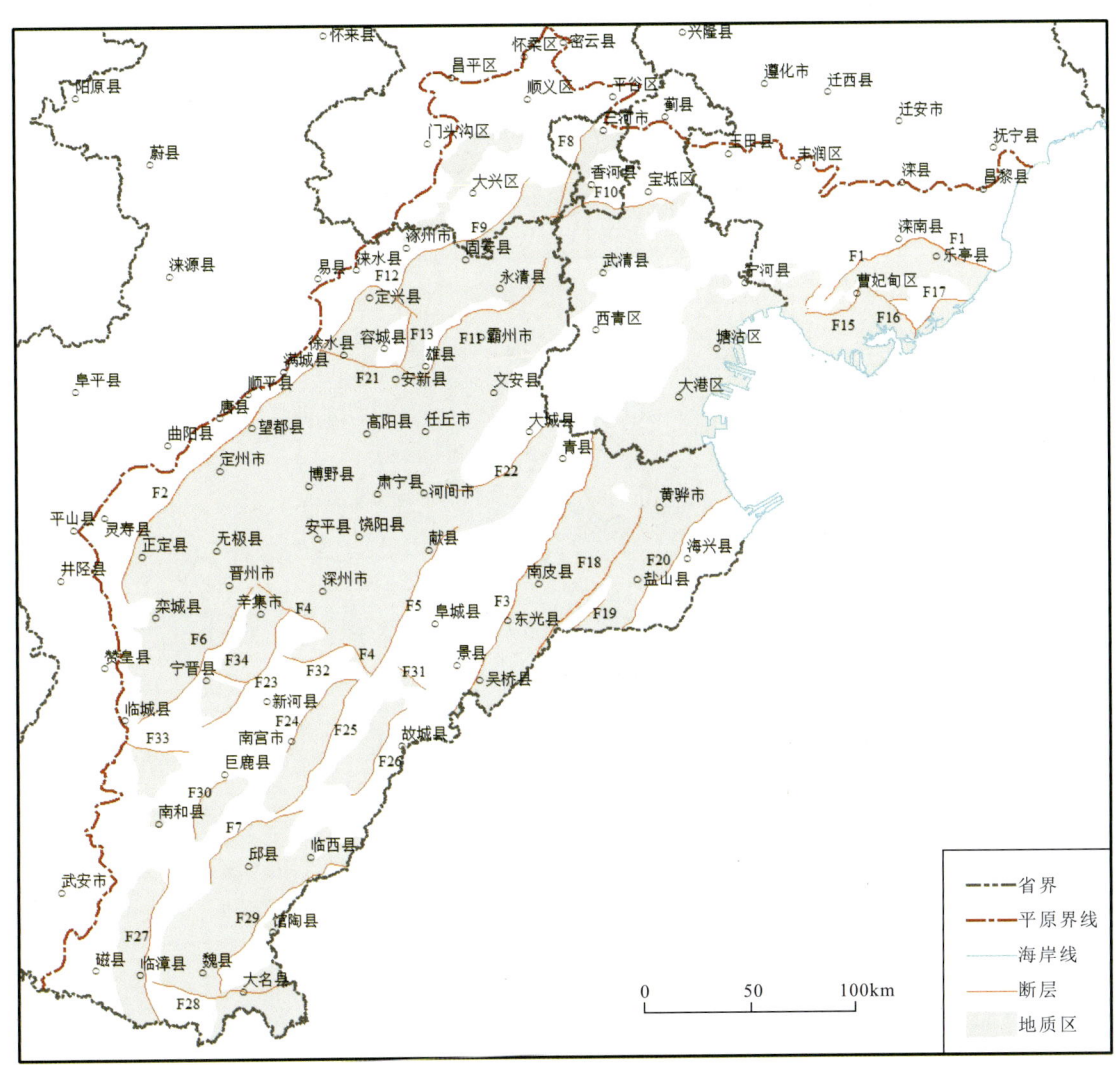

图 5-1 平原区古近纪主要断裂构造分布图

第二节 古近系底面起伏及厚度变化特征

（一）古近系底面起伏特征

平原区古近系底面起伏变化特征与前新生代基岩界面"一台两盆夹一隆"的构造特征密切相关，与新生界底面起伏变化略有区别（图 5-2）。

1. 太行山-燕山山前台地

太行山-燕山山前台地位于平原区边缘地带，绝大部分缺失古近系，仅局部发育古近系（图 5-2）。太行山山前台地古近系底面埋深最深为 900m，燕山山前台地古近系底面埋深最深为 800m。

2. 廊坊-深州火山-沉积盆地

廊坊-深州火山-沉积盆地位于平原区西北部,凹陷内古近系底面埋深在2335～10 400m之间,北京凹陷埋深最浅为2335m,武清-霸县凹陷埋深最深可达10 400m,其他凹陷埋深在3200～8400m之间。凸起上古近系底面埋深在600～3600m之间,牛驼镇凸起、大兴凸起埋深最浅为600m,高阳凸起埋深最深为3600m,其他凸起埋深在900～1900m之间(图5-2)。

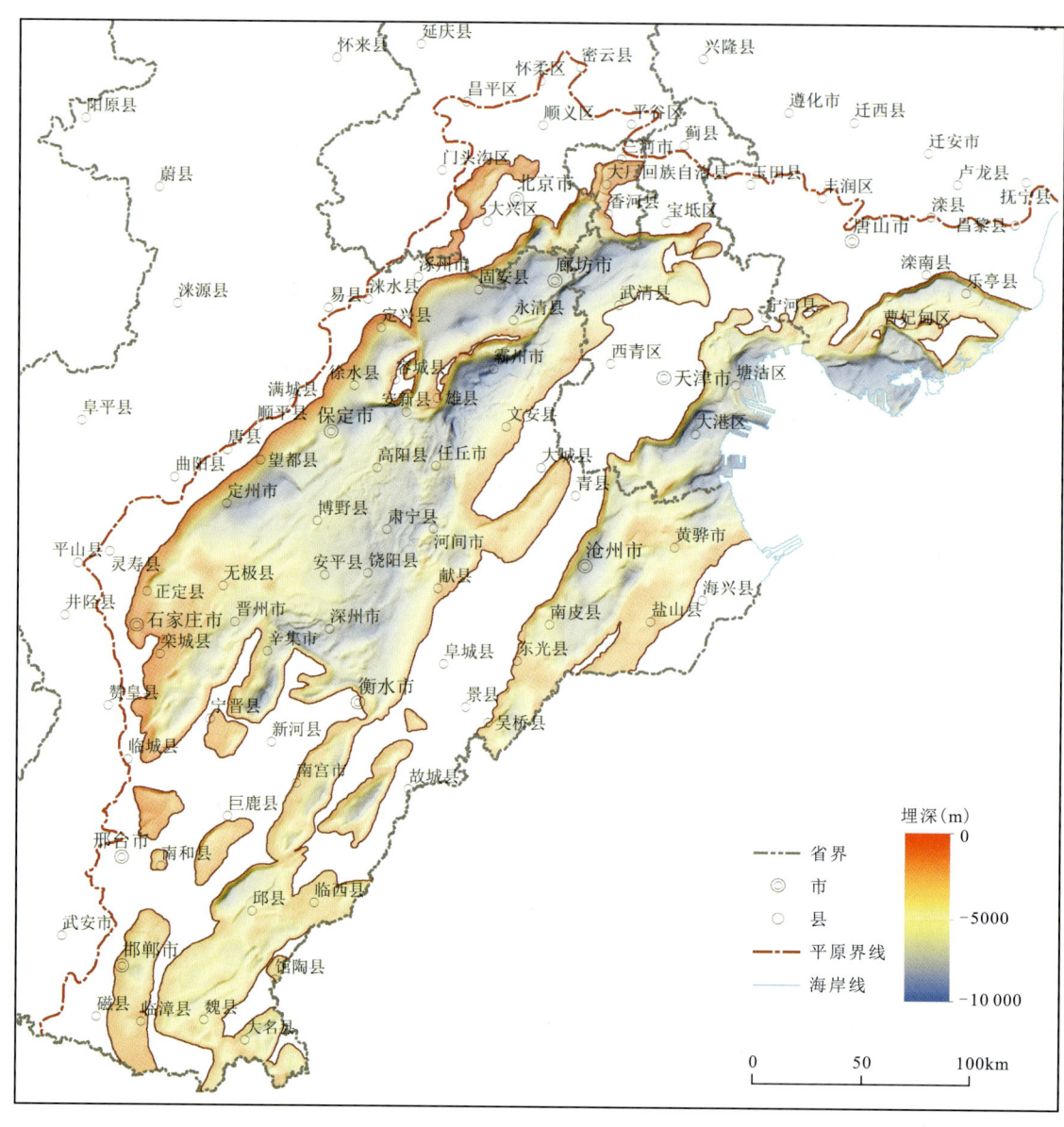

图5-2 平原区古近系底面数字地形模型图(DTM)

3. 天津-故城隆起

天津-故城隆起位于平原区中部,凸起上绝大部分缺失古近系,仅局部发育古近系,底面埋深在1100～1500m之间,宁晋凸起埋深最浅为1100m,小韩庄凸起埋深最深为1500m,其他凸起埋深在1200～1400m之间。凹陷内古近系底面埋深在1600～6700m之间,阜城凹陷埋深最浅为1600m,束鹿凹陷埋深最深可达6700m,其他凹陷埋深在2100～5000m之间(图5-2)。

4. 南堡-魏县火山-沉积盆地

南堡-魏县火山-沉积盆地位于平原区南东部，凹陷内古近系底面埋深在1800～7600m之间，汤阴凹陷埋深最浅为1800m，南堡凹陷和板桥凹陷埋深最深可达7600m，其他凹陷埋深在2000～6000m之间。凸起上古近系底面埋深在1100～2700m，秦南凸起、埕宁凸起埋深最浅为1100m，马头营凸起埋深最深为2700m，其他凸起埋深在1300～2600m之间(图5-2)。

(二)古近系厚度变化特征

古近系发育的厚度及其变化仍与平原区"一台两盆夹一隆"的构造特征密切相关(图5-3)。

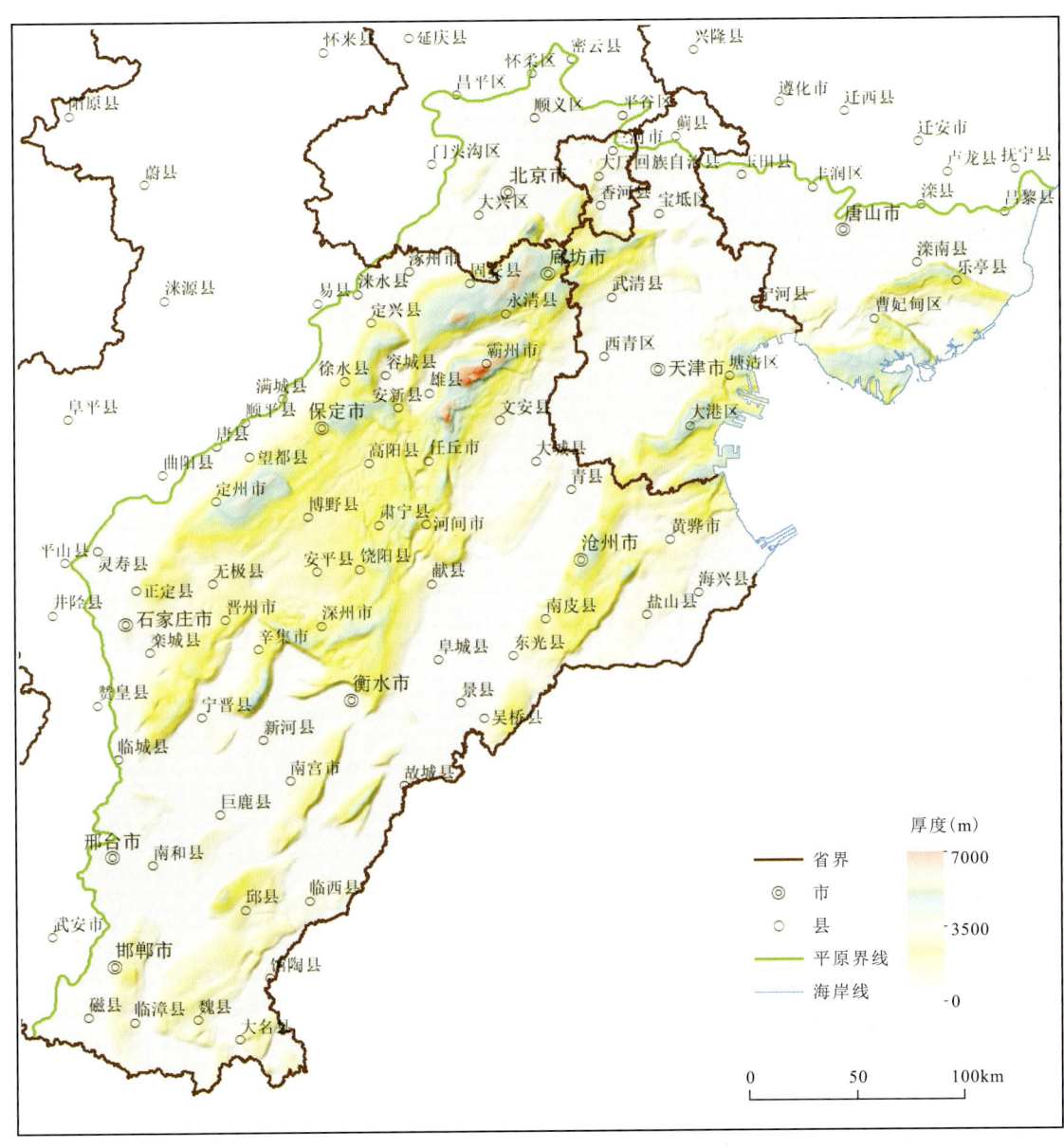

图5-3 平原区古近系厚度数字模型图

1. 太行山-燕山山前台地

太行山-燕山山前台地位于平原区边缘地带,绝大部分缺失古近系,仅局部发育古近系,其厚度在100~500m之间(图5-3)。缺失古近系台地地段上,新近系与第四系(局部为第四系)直接角度不整合覆盖于前新生代基岩之上。

2. 廊坊-深州火山-沉积盆地

廊坊-深州火山-沉积盆地位于平原区西北部,凹陷内古近系发育厚度在1035~7500m之间,北京凹陷内厚度最小为1035m,武清-霸县凹陷厚度最大为7500m,其他凹陷厚度在2000~6000m之间。凸起上古近系发育厚度在0~1500m之间,藁城凸起厚度为500m,高阳凸起厚度为1500m,其他凸起厚度在100~500m之间;缺失古近系的凸起部位新近系或第四系直接角度不整合覆盖于前新生代基岩之上(图5-3)。

3. 天津-故城隆起

天津-故城隆起位于平原区中部,凸起上绝大部分缺失古近系,仅局部发育古近系,其厚度在100~500m之间,缺失古近系的凸起部位新近系或第四系直接角度不整合覆盖于前新生代基岩之上。凹陷内古近系发育厚度在0~5000m之间,阜城凹陷内缺失古近系(新近系直接角度不整合覆盖于前新生代基岩之上),束鹿凹陷厚度最大为5000m,其他凹陷厚度在500~3500m之间(图5-3)。

4. 南堡-魏县火山-沉积盆地

南堡-魏县火山-沉积盆地位于平原区南东部,凹陷内古近系发育厚度为500~5400m,盐山凹陷、汤阴凹陷厚度最小为500m,板桥凹陷厚度最大为5400m,其他凹陷厚度在1500~5000m之间。凸起上古近系发育厚度在0~1000m之间,唐海凸起、馆陶凸起、堂邑凸起、南乐凸起厚度为500m,马头营凸起、孔店凸起厚度为1000m,其他凸起厚度在100~500m之间;缺失古近系的凸起部位新近系或第四系直接角度不整合覆盖于前新生代基岩之上(图5-3)。

第六章 结束语

第一节 取得的主要成果和进展

本次工作以板块构造理论为指导,以基本地质事实——不同时段的建造与改造为依据,充分应用三维建模等新技术,经过项目组全体成员的共同努力和严格按照项目设计书及设计批复的规定要求圆满完成了各项任务,并取得了多项成果和新进展,进一步提升了平原区基础地质的整体研究程度,为一个开拓基础地质服务社会领域的良好范例,为平原区地热资源勘查开发、隐伏矿产勘查、地质灾害防治、城市规划建设等提供了系统翔实的平原区基础地质资料。

与河北省(北京市天津市)平原区古近纪地质图相关的主要进展如下:

(1)首次整体编制了河北省(北京市天津市)平原区古近纪地质图,在图面上采用岩石地层单位和等深线相结合的表达方式,并统一建立了平原区古近纪至新近纪的岩石地层序列和划分方案,更有利于与基岩区岩石地层序列的对比研究和平原区相关工作中的参考利用,如编绘各时期的地层埋深等深线,为地热资源勘查等相关工作提供了准确的层位深度信息。

(2)系统整体确定了平原区古近系(孔店组、沙河街组、东营组)各组的分布范围、发育厚度及构造特征,为平原区古近纪地质构造的相关研究和应用提供了更加翔实的基础地质资料。

(3)在平原区古近系顶面以及厚度绘制与表达方面,本次工作采用物探异常控制构造格架、钻孔标定深度的方法进行编制,利用三维建模新技术绘制基岩界面三维起伏数字模型,其可以将钻孔、地震反射层构造特征等各类埋深信息相结合,进行综合分析、处理,使得前新生代基岩埋深等深线客观准确。在此基础上编制了数字地形模型图(DTM),使得图件应用性更强。

第二节 存在问题及建议

1.存在问题

本次通过平原区古近纪地质图件的编图工作,系统梳理了平原区古近纪的岩石地层特征、断层活动等,主要存在以下问题:

(1)在廊坊-深州火山-沉积盆地和南堡-魏县火山-沉积盆地的南西部可能存在古新世地层,有待进一步研究。

(2)古近纪地层的分布主要是依靠各含油气盆地的深反射地震构造图、深反射地震剖面结合钻孔圈画的。各含油气盆地的研究程度不一,造成局部地层分布范围与实际存在差距,主要包括平原区南部邯郸市肥乡—大名一带与巨鹿—枣强一带。

(3)揭露古近纪地层的钻孔主要为石油钻孔与地热钻孔,但两类钻孔在对古近纪的岩石地层划分上存在一定差异。由于古近纪的岩石地层是以石油钻孔为标准建立的,因此本次编图工作划分钻孔古近纪岩石地层时,也是以石油钻孔为标准进行划分。

(4)北京市与天津市的古近纪地层分布主要是根据构造单元划分以及北京市、天津市已有的古近纪地层划分等资料综合研究而来,未系统收集钻孔、物探等资料,其断裂与地层分布可靠性一般。

(5)古近纪地质图的断裂分布特征主要依据反射地震构造图解译,进行适当的删减而来,其系统性较差。尤其在盆地内部一般断层的可靠性较差,其长度、产状、性质均不明,有待进一步研究。

2. 建议

武邑县西部饶阳凹陷内皇2、强5、虎4等石油钻井在沙河街组四段—孔店组发现富含膏盐层,虎4钻井中厚度100余米,表明该区域具有良好的石盐矿成矿前景,建议下一步针对这些区域重点开展石盐矿的找矿工作。

附表

河北省(北京市天津市)平原区古近系地质图(1∶500 000)钻孔信息对照表

图面序号	原始孔号	图面序号	原始孔号	图面序号	原始孔号
1	霸热31井	37	统1886	73	统639
2	统1694	38	统2014	74	统1880
3	统642	39	统1772	75	统1884
4	统1567	40	XK04-1	76	西41
5	统1605	41	D15	77	9
6	统1630	42	统264	78	统626
7	统1661	43	霸热13井	79	统636
8	统1589	44	统1918	80	统641
9	统1629	45	地热1井	81	统803
10	务12	46	统33	82	统650
11	统1775	47	苏62	83	统659
12	统1623	48	统1914	84	统544
13	统1780	49	文23	85	张海28-31L
14	统1570	50	苏63	86	统3
15	统1587	51	家26	87	统4
16	统1708	52	苏65	88	统9
17	统2076	53	西角村地热井	89	热3
18	统1757	54	统2217	90	统11
19	统1862	55	统7	91	统414
20	统1778	56	统31	92	统452
21	统1835	57	A714	93	马68井
22	统2002	58	统523	94	石油废弃井
23	统2174	59	统464	95	统601
24	统1774	60	统6	96	统614
25	统57	61	统18	97	统1273
26	统2039	62	统21	98	统656
27	统1739	63	统462	99	港1井
28	统1927	64	梅热1井	100	庄60
29	统1946	65	石油井	101	统1384
30	统2036	66	A732	102	统2
31	统2183	67	统1884	103	统5
32	统2084	68	统13	104	安热6井
33	苏51	69	高35	105	统396
34	牛热12井	70	统25	106	统1288
35	统1955	71	统480	107	统1346
36	统272	72	统513	108	统609

续附表

图面序号	原始孔号	图面序号	原始孔号	图面序号	原始孔号
109	统1347	143	统327	177	统326
110	路16	144	统355	178	赵81
111	统410	145	统376	179	统1435
112	统749	146	统392	180	2-1
113	ZK002	147	强40	181	赵121
114	自23-30	148	强热8井	182	赵56
115	统1270	149	统526	183	赵70X
116	统1278	150	统724	184	统1431
117	统657	151	统773	185	统1441
118	HDR2	152	统1004	186	衡热13井
119	HDR21	153	统646	187	衡水市宋家南田村地热井
120	统703	154	统711	188	景龙热14
121	JSR-3	155	统527	189	景热1
122	统669	156	统535	190	冀热4井
123	统667	157	统645	191	统324
124	统1350	158	YR3	192	统1448
125	统1386	159	统1395	193	枣热12井
126	极12井	160	统1397	194	统394
127	深热5井	161	沧辛过境路南地热井	195	平乡县锦绣佳园小区地热井
128	统368	162	统344	196	广宗县竹溪苑小区地热井
129	楚22	163	榆28	197	统1445
130	统1326	164	强热5井	198	统1452
131	18-X	165	统408	199	统1446
132	统739	166	泽70-41★	200	统2253
133	统847	167	统340	201	统2255
134	统1002	168	无2★	202	统2256
135	家29-12	169	统387	203	统2250
136	统898	170	邑热8井	204	馆陶县桂圆小区地热井
137	统1238	171	东热9井	205	统2252
138	统648	172	东热13井	206	魏县怡和花园地热井
139	官33-23	173	统699	207	探采2井
140	统1351	174	统1393	208	元中园D3井
141	统1355	175	统1396	209	zk1
142	统1426	176	1-3		

注：以"统"命名的钻孔编号来源于"河北省平原石油废弃井调查与地热开发利用规划"项目。

附件 3

"河北省区域地质纲要（续作）"项目系列成果

河北省（北京市 天津市）平原区新近纪地质图说明书

（比例尺 1∶500 000）

河北省区域地质调查院（河北省地学旅游研究中心） 编著

目 录

第一章 绪 言 ··· (1)

 第一节 项目概况 ·· (1)

 第二节 交通位置及自然地理概况 ·· (2)

 第三节 以往工作概况 ·· (3)

 第四节 本次工作概况 ··· (11)

第二章 前新生代隐伏地层 ··· (14)

 第一节 新太古代地层 ·· (14)

 第二节 古元古代地层 ·· (14)

 第三节 中元古代地层 ·· (14)

 第四节 寒武纪—奥陶纪地层 ··· (15)

 第五节 中生代地层 ··· (16)

第三章 新近纪地层 ··· (18)

第四章 侵入岩 ··· (23)

第五章 地质构造 ·· (24)

 第一节 断裂构造及主要特征 ··· (24)

 第二节 新近系底面起伏及厚度变化特征 ·· (25)

 第三节 新近系顶面起伏特征 ··· (28)

第六章 结束语 ··· (30)

 第一节 取得的主要成果和进展 ·· (30)

 第二节 存在问题 ·· (30)

附 表 河北省(北京市天津市)平原区新近纪地质图(1∶500 000)钻孔信息对照表 ··············· (32)

第一章 绪 言

第一节 项目概况

项目名称:河北省区域地质纲要(续作)。
项目编码:13000023P00F2D410251H。
实施单位:河北省自然资源厅。
承担单位:河北省区域地质调查院(河北省地学旅游研究中心)。
项目实施起止时间:2023年1—12月,工作周期为1年。
资金来源:省地勘专项资金210万元。

本项目为"河北省区域地质纲要"的续作项目。2022年"河北省区域地质纲要"项目主要开展河北省地表部分综合研究及编图工作,编制了河北省(北京市天津市)地质图(1∶50万)、河北省(北京市天津市)岩浆岩地质图(1∶50万)、河北省(北京市天津市)地质构造图(1∶100万)、河北省(北京市天津市)第四纪地质及地貌图(1∶100万),并编写了《河北省区域地质纲要成果报告》。2023年,"河北省区域地质纲要(续作)"项目主要开展了平原区地下部分综合研究及编图工作,编制了河北省(北京市天津市)平原区前新生代基岩地质图(1∶50万)及前新生代分幅基岩地质图(1∶25万),河北省(北京市天津市)平原区古近纪地质图(1∶50万)、河北省(北京市天津市)平原区新近纪地质图(1∶50万)及河北省(北京市天津市)平原区活动断裂分布图(1∶50万),并编写了河北省(北京市天津市)平原区地质编图与综合研究报告及系列图件说明书。

项目目标任务:以河北省平原区区域地质调查成果为基础,收集近年来地热、水文、石油、煤炭等专业取得的地质成果及学术科研成果,通过各类钻探、物探成果的综合对比研究,对河北省平原区下伏前新生代基岩、古近纪、新近纪地质体分布及基岩面起伏、基底构造等特征进行总结,并通过地震研究及活动断裂探测等工作成果,梳理河北省平原区重要活动断裂数量及分布特征,系统总结编制河北省平原区基础地质系列图件及文字报告,进一步提高河北省平原区基础地质工作的研究程度和研究水平,为今后地热资源勘查开发、地质灾害防治、城市规划建设等工作提供服务。

目标任务分解:系统收集整理河北省平原区水文、地热、石油、煤炭等地质工作中的钻探、物探成果进行综合研究,对河北省平原区下伏前新生代地质体的分布、基岩面起伏、基底构造等特征进行系统总结,编制河北省(北京市天津市)平原区前新生代基岩地质图;基于河北省平原区地热、石油等地质工作中的钻探、物探成果,对古近纪、新近纪地质体分布特征进行总结,编制河北省(北京市天津市)平原区古近纪、新近纪地质图;基于河北省平原区地震、活动断裂探测等工作,系统梳理与总结河北省平原区重要活动断裂的数量及分布,编制河北省(北京市天津市)平原区活动断裂分布图;编撰河北省(北京市天津市)平原区地质编图与综合研究报告及系列图件说明书。

第二节　交通位置及自然地理概况

河北省平原区属华北平原的北部，南部及东南部与河南、山东接壤，北至燕山，西邻太行山，东临渤海。主要由石家庄市、邢台市、邯郸市、衡水市、保定市、廊坊市、唐山市、秦皇岛市、沧州市9个市组成，经济文化繁荣。区内交通发达，公路、铁路四通八达，包括京广铁路、京九铁路、京沪铁路、京广高铁、京九高铁等28条主要干线铁路，以及27条国家干线公路（图1-1）；海空交通发达，有秦皇岛港、京唐港、曹妃甸港、黄骅港等港口，机场包括石家庄正定机场、唐山三女河机场、秦皇岛北戴河机场、邯郸机场等。

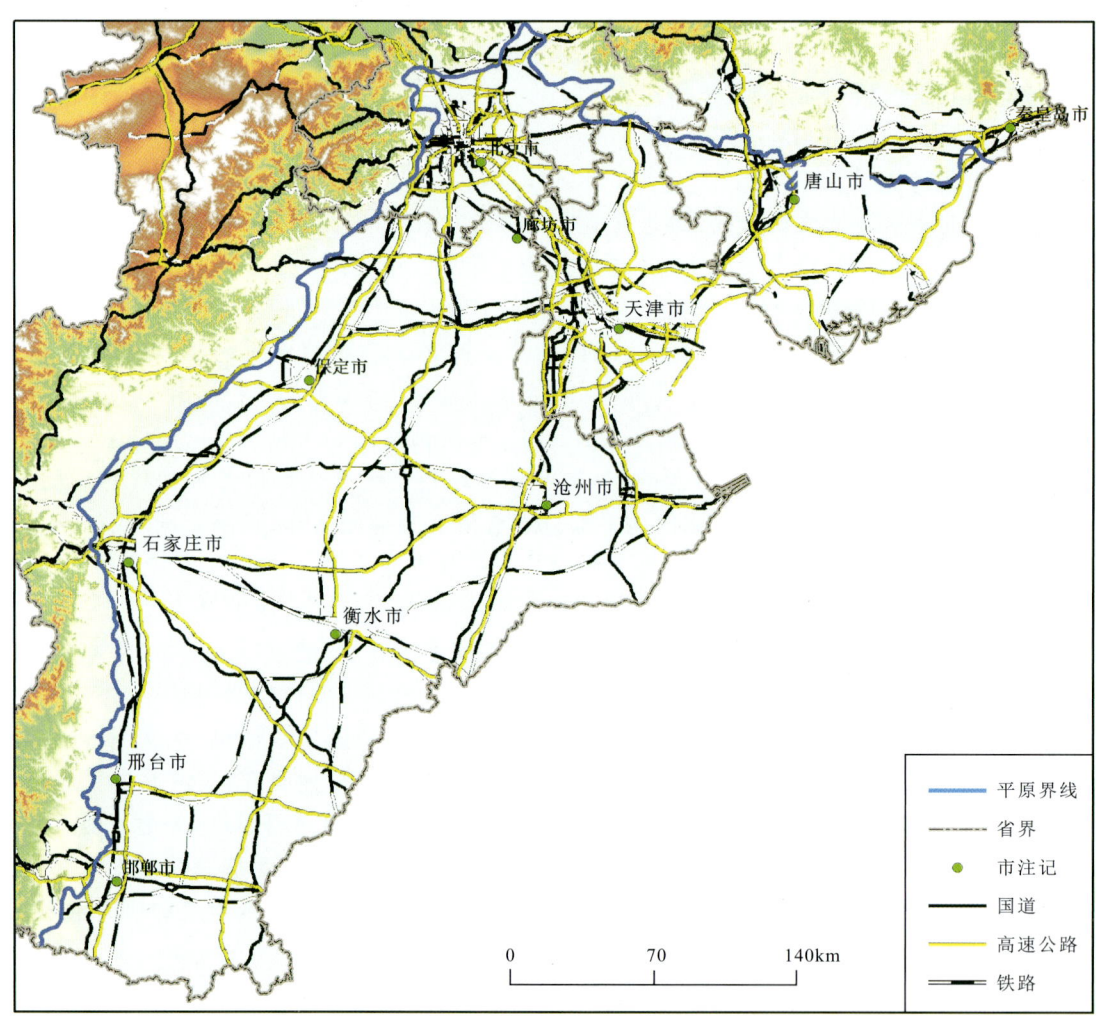

图1-1　工作区地貌交通图

河北省平原区主要由古黄河、漳河、滏阳河、沙河、滹沱河、拒马河、永定河、潮白河、子牙河、大清河、海河、滦河等河流冲洪积和白洋淀等湖泊沉积而成，地势低平，整体西高东低，向渤海湾倾斜，西部和北部分别为太行山、燕山山前冲积和洪积平原，海拔由西部涿州—定兴—望都—石家庄—邢台—邯郸一带的100m左右向东逐步降低到渤海沿岸的3m左右，洼地和泊淀面积宽广。

河北省平原区河流多发源于太行山东麓及燕山南麓,形成一个巨大的扇形水系,海河水系为区内最大的水系,年径流量达 242 亿 m^3,约占河北省地表总径流量资源的 2/3,降水主要集中与 7—8 月,春季降水少,个别河流甚至干涸。

平原区气候属于暖温带湿润或半湿润气候,四季分明,寒暑悬殊,雨量集中,干湿宜人,具有冬季干燥寒冷,雨雪稀少;春季冷暖多变,干燥多风;夏季炎热潮湿,雨量集中;秋季风和日丽,凉爽少雨的特点。年平均温度为 10～20℃,夏季 7 月平均气温为 26℃,极端高温可达 40℃,多出现在 6 月,冬季 11 月上旬开始霜冻,次年 3 月下旬解冻,无霜期一般在 180d 左右。年平均降水量 400～700mm,降水主要集中在夏季,7—8 月降水量最多,占全年降水量的 70% 左右;冬季降水量最少,仅占全年的 2% 左右;秋季降水量稍多于春季。年均气温和降水量由南向北随纬度增加而递减。全年日照时数 2700～2900h,日照时数一般春季最多,夏季次之,冬季最少。区内风向,每年的 11 月到次年 2 月间多为北或西北风,其余月份以西南、东南风为主。年平均风速 3～4m/s,年极端最大风速可达 30m/s。春季风速大,降水量少,常有黄沙弥漫、尘土蔽日的风沙天气出现,年风沙日数为 10～20d。

河北省平原区石油、煤、铁矿等矿产资源丰富。石油有中国著名的华北油田、大港油田、冀东油田等;煤炭有开平煤田、蓟玉煤田、大城煤田、邯邢煤田等;铁矿有亚洲第二大铁矿即司家营铁矿、长凝铁矿等。河北平原是中国小麦、棉花、花生、芝麻等作物种植面积最大的农业区,也是温带果品苹果、梨、柿和核桃、红枣等的重要产区。

第三节 以往工作概况

河北省(北京市、天津市)平原区(以下简称"平原区")地质工作开展较早,20 世纪 50 年代开展了开平煤田与油气区的油气勘探地质普查工作。近几十年来,各类地质工作相继部署,涵盖了中大比例尺区域地质调查、城市地质调查、地热资源调查、干热岩资源调查、铁矿勘查、煤炭勘查、石盐矿普查、石油地震普查、活动断裂调查以及区域重力、航磁等工作,对新近纪地层分布、构造特征等研究程度相对较高。

1. 区域重力、航磁工作

平原区重力与航磁工作早期以小比例尺重力普查与磁力测量工作为主。近年来,开展了中大比例尺重力与航磁调查,包括含油气盆地区中大比例尺(1∶10 万、1∶5 万)重力测量以及铁矿区大比例尺航磁工作。目前,1∶25 万重力、航磁工作已全覆盖,冀南地区 1∶2.5 万航磁工作完成全覆盖,冀东地区 1∶5 万重力工作完成全覆盖(表 1-1)。

表 1-1 主要重力、航磁工作统计表

序号	项目名称	完成单位	时间
1	河北省 1∶50 万区域物化探成果研究	河北省地球物理勘查院	2007 年
2	河北冀东铁矿外围 1∶5 万重力调查	河北省地球物理勘查院	2014 年
3	河北省山区 1∶2.5 万高精度航空磁测勘查石保测区、张家口东测区航磁异常查证	河北省地质调查院	2018 年
4	河北邯邢地区 1∶2.5 万航磁调查	河北省地质调查院	2022 年

2. 基础地质工作

平原区先后完成1:25万北京市幅、天津市幅、秦皇岛市幅、黄骅县幅、邢台市幅、邯郸市幅区域地质调查工作。在廊坊、唐山、秦皇岛、石家庄等地区开展了1:5万区域地质调查工作，主要由天津地质调查中心、河北省地质调查院、河北省区域地质调查院等单位完成，其中唐山、秦皇岛及廊坊中北部实现了1:5万区域地质调查工作全覆盖。近年来，石家庄、唐山等地相继开展了城市地质调查工作，进行了更为详细的基础地质研究工作(表1-2)。

表1-2 主要区域地质调查、城市地质调查工作统计表

序号	项目名称	完成单位	时间
1	北京市幅区域地质调查(1:25万)	北京市地质调查研究院	2002年
2	流常幅、龙华镇幅1:5万区域地质与农业生态地质调查	中国地质科学院水文地质环境研究所	2003年
3	1:25万天津市幅、秦皇岛市幅区域地质调查	天津市地质调查研究院、河北省区域地质调查院	2005年
4	1:25万黄骅县幅海岸带区域地质与环境调查	天津地质调查中心	2011年
5	河北省1:5万南堡新生盐场、唐海县等九幅区域地质调查	天津地质调查中心	2012年
6	河北省1:5万雷庄、石门、昌黎县、滦南县区域地质矿产调查	天津地质调查中心	2012年
7	天津1:5万武清城关镇、大口屯镇、黄花店乡、武清县幅区域地质调查	天津市地质调查研究院	2012年
8	1:25万邢台市幅、邯郸市幅区域地质调查	河北省地质调查院	2012年
9	石家庄市城市地质调查评价	河北省水文工程地质勘查院	2013年
10	1:5万石家庄幅、正定幅等五幅区域地质调查	河北省地质调查院	2014年
11	1:25万北京市幅等六幅基础地质调查修测	天津地质调查中心	2016年
12	北京1:5万琉璃河、庞各庄、安次县幅区域地质调查	北京市地质调查研究院	2016年
13	河北1:5万黄各庄、大新庄、胡各庄幅区域地质调查	天津地质调查中心	2016年
14	河北1:5万刘台庄、乐亭、姜各庄幅区域地质调查	天津地质调查中心	2016年
15	唐山-秦皇岛城市地质调查	天津地质调查中心	2016年
16	河北1:5万古冶、唐山、范各庄煤矿幅区域地质调查	河北省地质调查院	2018年
17	河北1:5万沙流河、左家坞、丰润、鸦鸿桥幅区域地质调查	河北省区域地质调查院	2018年
18	天津1:5万新安镇等六幅区域地质调查	天津市地质调查研究院	2018年
19	1:5万永定河冲积平原第四系地质调查	中国地质科学院地球物理地球化学勘查研究所	2019年
20	河北1:5万大厂回族自治县、三河县、渠口镇三幅第四系覆盖区地质填图	河北省区域地质调查院	2019年
21	河北1:5万王庆坨幅、胜芳幅、独流镇幅区域地质调查	天津地质调查中心	2022年
22	河北1:5万容城县幅区域地质调查	天津地质调查中心	2022年
23	唐山城市建设规划区地下空间开发利用综合地质调查评价	河北省地矿局第二地质大队	2022年

3. 地热资源调查工作

近二十年来,平原区开展了大量地热资源调查工作,包括各市、县地热资源调查和以地热井开采为主的地热资源勘查等,主要由河北省地质矿产勘查开发局(简称河北省地矿局)第三、第四水文工程地质大队实施。2018年河北省自然资源厅部署10个以构造单元为边界,覆盖平原区的地热资源勘查项目,基本查明了平原区热储类型。随着雄安新区的加速发展,部署大量的地热资源勘查项目,地热资源得到了充分开发与利用(表1-3)。

表1-3 主要地热地质调查工作统计表

序号	项目名称	完成单位	时间
1	河北省地热资源调查评价	河北省地矿局第三水文工程地质大队	2004年
2	河北省平原石油废弃井调查与地热开发利用规划	河北省地矿局第三水文工程地质大队	2006年
3	河北省地热资源特征与开发利用	河北省地矿局第三水文工程地质大队	2010年
4	临清台陷北段地热资源勘查	河北省水文工程地质勘查院	2018年
5	太行拱断束地热资源勘查	河北省地矿局第一地质大队	2018年
6	沧县台拱地热资源勘查	河北省地矿局第四水文工程地质大队	2018年
7	黄骅台陷沧州段地热资源勘查	河北省地矿局第四水文工程地质大队	2018年
8	冀东平原区地热资源勘查	河北省地矿局第八地质大队	2018年
9	军都山岩浆岩带地热资源勘查	河北省地矿局第六地质大队	2018年
10	埕宁台拱地热资源勘查	河北省地矿局国土资源勘查中心	2018年
11	冀中台陷(京南段)地热资源勘查	河北省水文工程地质勘查院	2018年
12	冀中台陷(廊坊北三县)地热资源勘查	河北省地矿局第七地质大队	2018年
13	临清台陷南段地热资源勘查	河北省地矿局第一地质大队	2018年
14	雄安新区地热清洁能源调查评价(牛驼镇地热田)	中国地质调查局水文地质环境地质调查中心	2018年
15	河北省地热资源调查评价与开发利用规划报告	河北省地矿局第三水文工程地质大队	2018年
16	冀中坳陷深部碳酸盐岩热储调查评价项目	中国地质科学院地球物理地球化学勘查研究所	2019年
17	京津石地热资源调查	中国地质科学院水文地质环境地质研究所	2019年
18	河北省地热水资源保护与开发利用规划(2018—2020年)	河北省地矿局第三水文工程地质大队	2019年
19	雄安新区容东片区地热资源勘查报告	中国地质科学院水文地质环境地质研究所	2019年

4. 石油地质调查工作

平原区是重要的油气资源富集区。多年来,石油部门在该区域开展了大量的深反射地震以及钻井工作,积累了丰富的地质资料,对揭示前新生代、古近纪、新近纪地层分布与构造特征具有重要作用(表1-4)。

表1-4 主要石油地震勘探工作统计表

序号	项目名称	完成单位	时间
1	冀中坳陷南部地区地震勘探	石油工业部六四六厂四大队	1969年
2	冀中坳陷中南部地区1973—1974年地震勘探	石油地球物理勘探局第一指挥部第三大队	1974年
3	霸县—保定地区1973—1974年度地震勘探	石油地球物理勘探局第一指挥部第二大队	1974年
4	石家庄、大城里坦、肃宁、武强地区地震勘探	石油地球物理勘探局第一指挥部第三大队	1975年
5	冀中坳陷涿县、文安、郑州、保定、安国地区勘探	石油地球物理勘探局第一指挥部	1975年
6	深泽刘村地区地震会战	大港油田地质调查指挥部研究大队	1976年
7	冀中坳陷文安、蠡县地区勘探	石油地球物理勘探局第一指挥部	1976年
8	孔店-王徐庄地震勘探	大港油田地质调查指挥部研究大队	1976年
9	河北省深县—武邑地区电法勘探	石油地球物理勘探局普查队704队	1977年
10	冀中坳陷南部地震勘探	华北石油地震会战第三指挥部	1977年
11	冀中坳陷留路—孙虎地区地震勘探	石油地球物理勘探局第一指挥部三大队	1977年
12	黄骅坳陷中部地区地震勘探	大港油田地质调查指挥部研究大队	1977年
13	黄骅坳陷北部1976—1977年度地震勘探	大港油田地质调查指挥部研究大队	1977年
14	冀中坳陷中部地区地震勘探	石油地球物理勘探局第一指挥部	1978年
15	河北省隆尧县东地震勘探详查	煤炭工业部煤田地球物理勘探队	1978年
17	黄骅坳陷北部1977—1978年度地震勘探	大港油田地质调查指挥部研究大队	1978年
18	冀中坳陷东部及南宫地区地震勘探成果	石油地球物理勘探局第一指挥部	1979年
19	华北坳陷区南宫凹陷地震普查	地矿部华北石油地质局第四物探队	1979年
20	冀中文安斜坡中南段地震勘探	大港油田地质调查指挥部研究大队	1979年
21	黄骅坳陷北部地震"三查"	大港油田地质调查指挥部研究大队	1979年
22	冀中坳陷牛驼镇凸起周围及大厂凹陷地震勘探	石油地球物理勘探局第四指挥部	1980年
23	临清工区地震普查	地矿部华北石油地质局第四物探队	1981年
24	冀中坳陷东南部地震勘探	石油地球物理勘探局第一指挥部	1982年
25	冀中坳陷文安斜坡地震区域普查	地矿部华北石油地质局第四物探队	1983年
26	1983年度综合地质年报：勘探部分	大港石油管理局勘探部	1984年
27	黄骅坳陷北部北堡—柳赞地区1984年地震勘探	大港石油管理局物探公司	1984年
28	黄骅坳陷北部柏各庄地区1985年地震勘探	大港石油管理局物探公司	1985年
29	黄骅坳陷中区1986年地震勘探研究	大港石油管理局物探公司研究所	1986年
30	黄骅坳陷北部1986年地震勘探	大港石油管理局物探公司研究所	1986年
31	黄骅坳陷北区1987年地震地质报告集	大港石油管理局物探公司研究所	1987年
32	黄骅坳陷1987年度地震地质主要研究成果总结	大港石油管理局物探公司研究所	1987年
33	黄骅坳陷南部地区1987年地震勘探	大港石油管理局物探公司研究所	1987年
34	黄骅坳陷中部地区1987年地震勘探	大港石油管理局物探公司研究所	1987年
35	黄骅坳陷1987年度地震地质主要研究	大港石油管理局物探公司研究所	1987年
36	黄骅坳陷南部地区1987年地震勘探	大港石油管理局物探公司研究所	1987年

续表 1-4

序号	项目名称	完成单位	时间
37	黄骅断陷前第三系区域构造特征及有利区带评价	大港石油管理局石油地质勘探开发研究院	1989年
38	榆科地区三维地震资料精细解释效果	石油地球物理勘探局第一地质调查处	1991年
39	黄骅坳陷南部外围有利勘探区带评价	大港石油管理局石油地质勘探开发研究院	1992年
40	大王庄地区三维地震资料综合解释及效果	石油地球物理勘探局第一地质调查处	1993年
41	南宫凹陷南午村构造带地震假三维勘探工作成果	地矿部华北石油地质局第四物探队	1993年

5. 煤炭地质调查工作

平原区煤炭地质工作开展较早，自20世纪50—60年代就开始开展煤炭普查工作，成果资料极为丰富。主要在唐山开平煤田、蓟玉煤田、邯邢煤田，以及青县、大城等地积累了丰富的钻孔、基岩地质图等资料，这些资料对指示石炭纪—二叠纪、三叠纪地层分布具有重要作用（表1-5）。

表 1-5 主要煤炭地质勘探工作统计表

序号	项目名称	完成单位	时间
1	河北省开平煤田巍山区勘探	唐山开滦建设（集团）有限责任公司	1956年
2	河北省丰润区车轴山勘探	唐山开滦建设（集团）有限责任公司	1956年
3	河北省唐山市玉田县蓟玉煤田林南仓勘探	唐山开滦建设（集团）有限责任公司	1957年
4	河北邢台勘探区1959年7月20日以前精查	峰峰矿务局地质勘探处一三九勘探队	1959年
5	河北省石家庄至涞水区找矿（煤）总结	河北省煤炭工业管理局地质勘探公司一三八勘探队	1964年
6	河北省开平煤田将军坨勘探区最终地质勘探	唐山开滦建设（集团）有限责任公司	1964年
7	河北省开平煤田湾道山勘探区（荆各庄矿）精查	唐山开滦建设（集团）有限责任公司	1965年
8	先贤勘探区普查勘探	河北省煤田地质勘探公司第二勘探队	1971年
9	河北省开平煤田吕家坨矿延伸勘探	唐山开滦建设（集团）有限责任公司	1975年
10	河北省邢台市邢台矿区邢东勘探	河北省煤田地质勘探公司第二勘探队	1975年
11	河北省元氏县元北区普查勘探	河北省煤田地质勘探公司第二勘探队	1976年
12	河北省丰南县开平煤田钱家营井田精查勘探	唐山开滦建设（集团）有限责任公司	1977年
13	河北省邢台市尧山区煤炭资源勘探	河北省煤田地质局第二地质队	1977年
14	河北省丰润县开平煤田东欢坨勘探区一号矿井精查	唐山开滦建设（集团）有限责任公司	1978年
15	河北省邢台市邢台矿区邢东勘探	河北省煤田地质勘探公司第二勘探队	1979年
16	河北省煤炭资源远景调查物探报告	河北省地矿局物探大队	1989年
17	河北省丰润县新军屯区详查	唐山开滦建设（集团）有限责任公司	1993年
18	河北省沙河市北掌井田煤炭勘探	冀中能源邯郸矿业集团北掌矿业有限公司	2005年
19	河北省邢台矿区邢北深部勘查区煤炭详查	河北省煤田地质局物测地质队	2006年
20	河北省唐山市丰南区爽坨勘查区煤炭预查	河北省煤田地质局物测地质队	2007年

续表 1-5

序号	项目名称	完成单位	时间
21	河北省石家庄市高邑县万城勘查	中国煤田地质局燕太地质基础工程公司第五工程处	2007 年
22	河北省泊头地区煤炭资源普查	河北省地球物理勘查院	2008 年
23	河北省唐山市车轴山煤田新军屯勘查区深部煤炭普查	河北省煤田地质局物测地质队	2008 年
24	河北省邢台市东旺区煤炭预查	河北省煤田地质勘查院	2008 年
25	河北省沧州市卧佛堂区煤炭预查	河北省煤田地质局物测地质队	2009 年
26	河北省唐山市望马泊区煤炭预查	河北省煤田地质局物测地质队	2009 年
27	河北省广宗县广宗预测区煤炭预查	河北省煤田地质局物测地质队	2009 年
28	河北省南宫市南宫区煤炭预查	河北省煤田地质局物测地质队	2009 年
29	河北省玉田县李庄子井田煤炭详查年度总结	河北省煤田地质局第二地质队	2010 年
30	河北省邢台矿区邢北深部勘查区煤炭综合详查	河北省煤田地质局物测地质队	2010 年
31	河北省邢台市新河区煤炭资源预查	河北省煤田地质局水文地质队	2010 年
32	河北省唐山市钱家营煤矿接替资源勘查	唐山开滦建设(集团)有限责任公司	2011 年
33	河北省玉田县窝洛沽区煤炭资源预查	河北省地质调查院	2011 年
34	河北省邢台市广宗区煤炭普查	河北省煤田地质局物测地质队	2012 年
35	河北省唐山市车轴山煤田新军屯勘查区深部煤炭详查	河北省煤田地质局物测地质队	2012 年
36	河北省魏县北皋集一带煤炭资源预查	河北省地矿局第十一地质大队	2012 年
37	河北省沧州市卧佛堂区煤炭普查	河北省煤田地质局物测地质队	2012 年
38	河北省泊头地区煤炭普查	河北省地球物理勘查院	2012 年
39	河北省涞水—涿州一带煤矿预查	河北省保定地质工程勘查院	2012 年
40	河北省邯郸市浮图店区煤炭综合预查	河北省煤田地质勘查院	2013 年
41	河北省青县地区煤炭普查总结	河北省地球物理勘查院	2013 年
42	河北省大城县大城西区煤炭预查	河北省煤田地质局物测地质队	2014 年
43	河北省大城煤田大城勘查区煤炭详查	河北省煤田地质局物测地质队	2014 年
44	河北省邢台市千户营勘查区煤炭普查	河北省煤田地质局第二地质队	2014 年
45	河北省邢台赵店区煤炭普查	河北省煤田地质局第二地质队	2015 年
46	河北省邢台市广宗区外围煤炭预查	河北省煤田地质局物测地质队	2015 年
47	河北省邢台市宁晋县、隆尧县千户营区煤炭	河北省煤田地质局第二地质队	2017 年
48	河北省大城县大城区煤炭勘探地质工作总结	河北省煤田地质局物测地质队	2018 年
49	河北省大城县大城区煤炭勘探	河北省煤田地质局物测地质队	2021 年

6. 铁矿勘查工作

平原区铁矿勘查工作多集中于山前浅覆盖区,主要分布于唐山滦南、乐亭以及石家庄新乐等地区,目标层为新太古界。铁矿勘查工作已有 70 余年历史,20 世纪 50—60 年代,冶金部地质局第一普查大队对滦县铁矿开展了普查工作;河北省地矿局第二地质大队等单位进行了司家营铁矿勘探工作。此后,多家单位对铁矿区地层分布及埋深情况进行了详细的勘探,目前发现的铁矿区主要有司家营、古马、马城、李夏庄、湛店子等(表1-6)。

表1-6 主要铁矿勘查工作统计表

序号	项目名称	完成单位	时间
1	河北省滦县司家营铁矿地质勘探	冶金部华北勘探公司503队	1958年
2	河北省滦县司家营铁矿北区地质勘探	河北省地矿局第八地质大队	1974年
3	河北省滦县司家营铁矿北区最终地质勘探	河北省地矿局冀东地质指挥第一队	1976年
4	河北省滦县司家营铁矿北区地质勘探	河北省地矿局第十五地质队	1978年
5	河北省滦县司家营铁矿南区详细勘探	河北省地矿局第十五队、七队、八队	1981年
6	河北省滦县高官营铁矿普查	河北省地矿局秦皇岛水工地质大队	1982年
7	河北省滦县司家营铁矿地质构造及含矿岩系特征	河北省地矿局第二地质大队	1983年
8	河北省滦县尹峪-杜峪铁矿区详细普查	河北省地矿局第二地质大队	1984年
9	河北省滦县司家营铁矿供水水源地二次补充勘探	河北省地矿局第二地质大队	1993年
10	河北省滦南县马城铁矿区地质普查	中国冶金地质总局第一地质勘查院秦皇岛分院	2003年
11	河北省滦县高官营铁矿详查	河北省地矿局第二地质大队	2003年
12	河北省滦县常峪铁矿区地质普查	中国冶金地质总局第一地勘院秦皇岛分院	2003年
13	河北省滦县睢新庄铁矿详查	中国冶金地质总局第一地质勘查院	2004年
14	河北省滦南县长凝铁矿区地质普查	中国冶金地质总局第一地质勘查院	2004年
15	河北省滦县孙官营铁矿普查	中国冶金地质总局一局五一五队	2004年
16	河北省滦南县长凝铁矿区地质普查	中国冶金地质总局第一地质勘查院	2004年
17	河北省滦县菱角山铁矿详查	河北省地矿局第二地质大队	2004年
18	河北省昌黎县牛家庄铁矿详查	河北省地矿局第二地质大队	2005年
19	河北省滦南县李夏庄铁矿详查	河北省地矿局第二地质大队	2006年
20	河北省滦南县湛店子铁矿普查	河北省地矿局第二地质大队	2007年
21	河北省滦县常峪铁矿详查	河北樱花矿业有限公司	2007年
22	河北省滦县张各庄铁矿普查	河北省地勘局第五地质大队	2008年
23	河北省滦南县马城铁矿详查	中国冶金地质总局第一地质勘查院	2009年
24	河北省滦县古马铁矿预查	河北省地矿局第二地质大队	2010年
25	河北省滦南县大兰坨铁矿普查	河北省地球物理勘查院	2011年
26	河北省滦南县湛店子铁矿普查	河北省地矿局第二地质大队	2011年
27	河北省滦县司家营铁矿南区深部普查	河北省地矿局第二地质大队	2011年
28	河北省滦县张各庄铁矿普查	河北省地矿局第五地质大队	2012年

续表 1-6

序号	项目名称	完成单位	时间
29	河北省滦南县马城铁矿勘探	中国冶金地质总局第一地质勘查院	2012 年
30	河北省司各庄-杜嵩坨铁矿普查	河北省地质调查院	2012 年
31	河北省新乐市正莫铁矿预查	河北省地矿局第六地质大队	2013 年
32	河北省乐亭县鲁家坨铁矿阶段普查(2013 年度)	河北省地球物理勘查院	2013 年
33	河北省滦南县马城铁矿补充勘探	中国冶金地质总局第一地质勘查院	2013 年
34	河北省滦县古马铁矿普查	河北省地矿局第二地质大队	2013 年
35	河北省滦县张各庄铁矿普查(2014 年度)	河北省地矿局第五地质大队	2014 年
36	河北省滦县常峪铁矿资源储量核实	河北省地矿局第二地质大队	2014 年
37	河北省滦县古马铁矿普查(续作)	河北省地矿局第二地质大队	2015 年
38	河北省滦县青龙山-庆庄子铁矿 2015 年度普查	中国冶金地质总局第一地质勘查院	2015 年
39	河北省滦县高官营铁矿深部普查	河北省地矿局第二地质大队	2016 年
40	河北省滦县司家营铁矿北区深部普查	河北省地矿局第二地质大队	2016 年
41	河北省滦县司家营铁矿北区深部普查(续作)	河北省地矿局第二地质大队	2019 年
42	河北省唐山市乐亭县鲁家坨铁矿普查	河北省地球物理勘查院	2021 年
43	河北省滦县司家营铁矿南区深部普查(续作)	河北省地矿局第二地质大队	2022 年
44	河北省滦县司家营铁矿南区深部补充勘查	河北省地矿局第二地质大队	2022 年

7. 石盐矿产勘查工作

平原区石盐矿产勘查工作开展相对较晚。2008 年河北省煤田地质局第二地质队根据石油钻孔中关于石盐赋存层位的描述,开展了宁晋县草厂石盐矿勘查工作。自此,石盐矿产资源勘查工作在 15 年间共开展了 7 个项目,主要由河北省地矿局第四水文工程地质大队及河北省煤田地质局第二地质队完成(表 1-7)。

表 1-7 主要石盐矿勘查项目工作表

序号	项目名称	完成单位	时间
1	河北省邢台市宁晋石盐田草厂勘查区石盐资源普查	河北省煤田地质局第二地质队	2008 年
2	河北省宁晋县纪昌庄勘查区石盐矿详查	河北省煤田地质局第二地质队	2011 年
3	河北省沧县盐矿枣园勘查区石盐资源普查	河北省地矿局第四水文工程地质大队	2012 年
4	河北省宁晋-辛集石盐田石盐资源普查	河北省煤田地质局第二地质队	2016 年
5	河北省南皮县乌马营矿区石盐矿预查	河北省地矿局第四水文工程地质大队	2016 年
6	河北省宁晋县段家庄勘查区石盐矿详查	河北省煤田地质局第二地质队	2017 年
7	河北省沧县石盐矿普查	河北省地矿局第四水文工程地质大队	2018 年

第四节 本次工作概况

本次平原区新近纪地质图等系列图件编制工作，全面收集了平原区以往完成的能揭示新近纪地层分布、构造特征等的各类项目及科研成果，资料利用截止日期为 2022 年 12 月。

1. 钻孔

新近纪地质钻孔 2815 个，其中地热孔 429 个、石油废弃井 2025 个、石盐矿钻孔 19 个、煤炭钻孔 227 个、石油孔 115 个（图 1-2）。

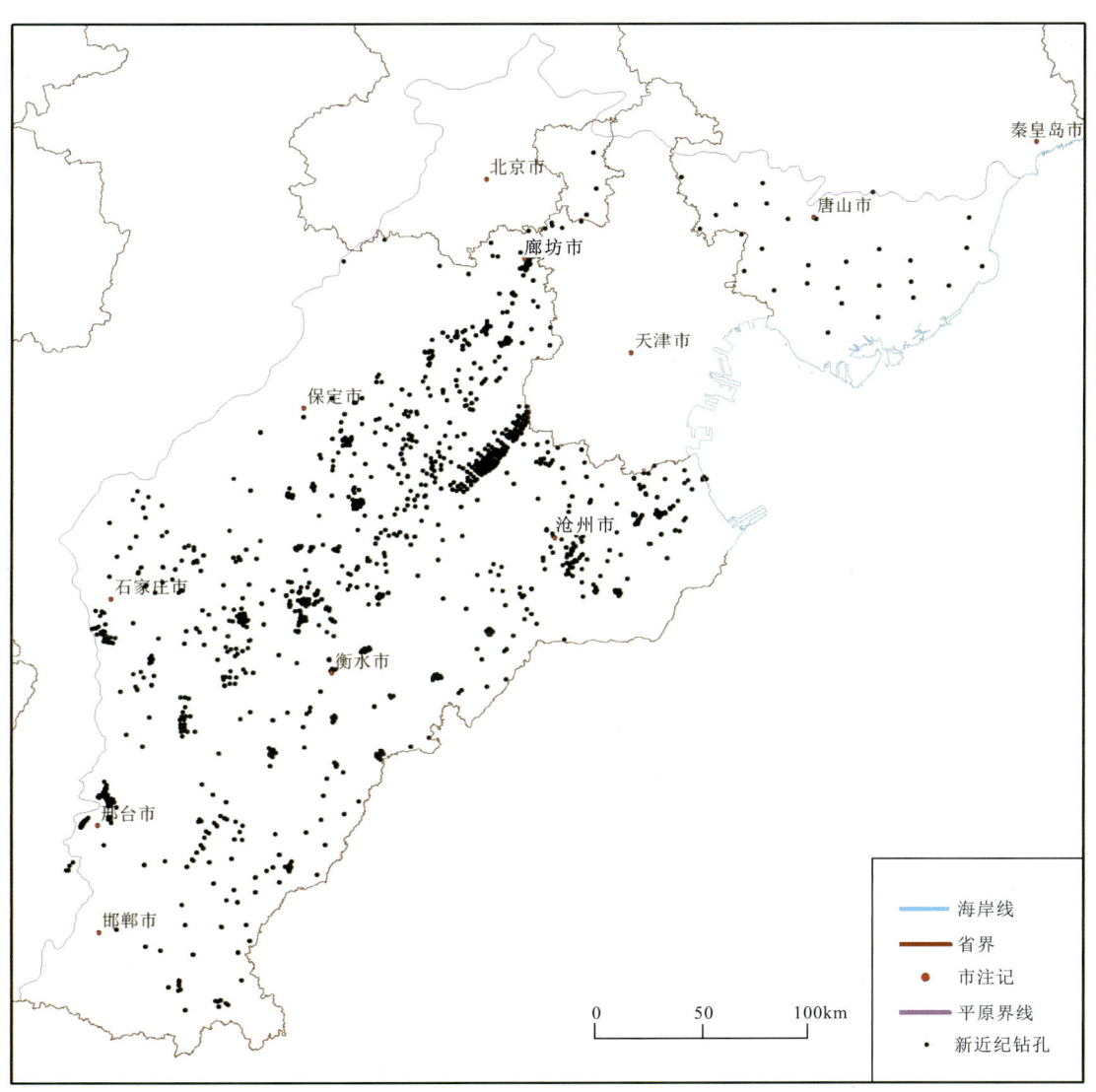

图 1-2 可利用的新近纪钻孔分布图

2. 深反射层构造图

石油深反射层构造图,对于本次古近纪编图,特别是对于含油气盆地的构造格架刻画以及地层分布特征描绘具有非常重要的作用;区域地质调查与地热调查基岩地质图,结合已有钻孔验证,在地层分布上有一定的参考价值。本次编图工作利用的基岩地质图(T_2深反射构造图)情况如图1-3所示。

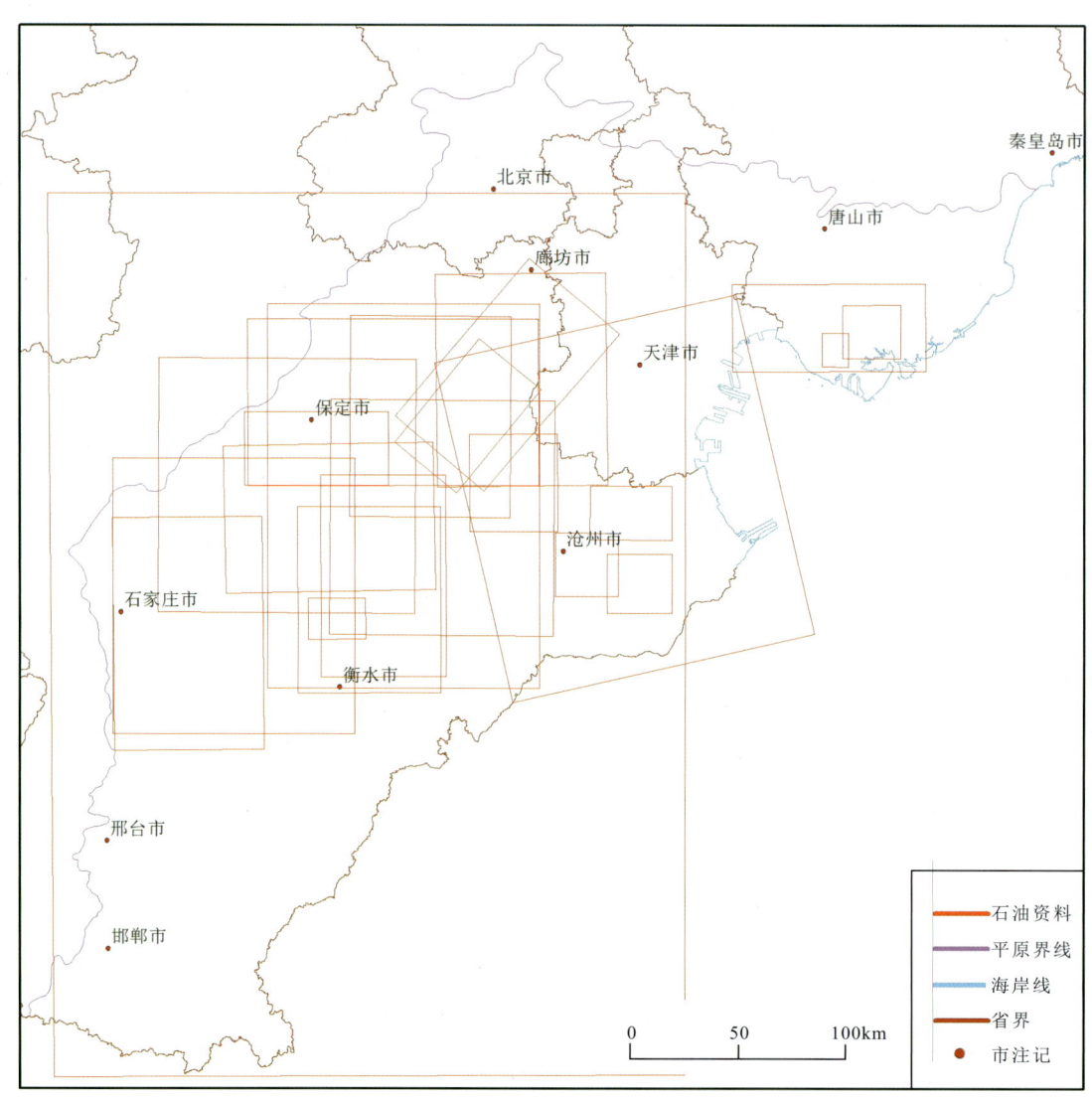

图1-3　可利用的石油地震深反射层构造图分布图

3. 物探剖面

物探剖面主要分为两类,一类是深反射地震剖面,另一类是电法剖面。通过研究地震剖面与电法剖面对构造、地层分布解译情况,深层地震剖面对于查明不同构造单元间的基岩面分布、起伏与接触关系等具有明显的优势,本次工作优先利用深层地震剖面进行编图工作,无深层地震剖面控制区域再利用电法剖面进行编图。本次编图工作利用的物探剖面情况如图1-4所示。

总之,本次工作无论是收集资料的种类、数量、精度,还是编图过程中所采用的手段都能满足本项目的设计需求。

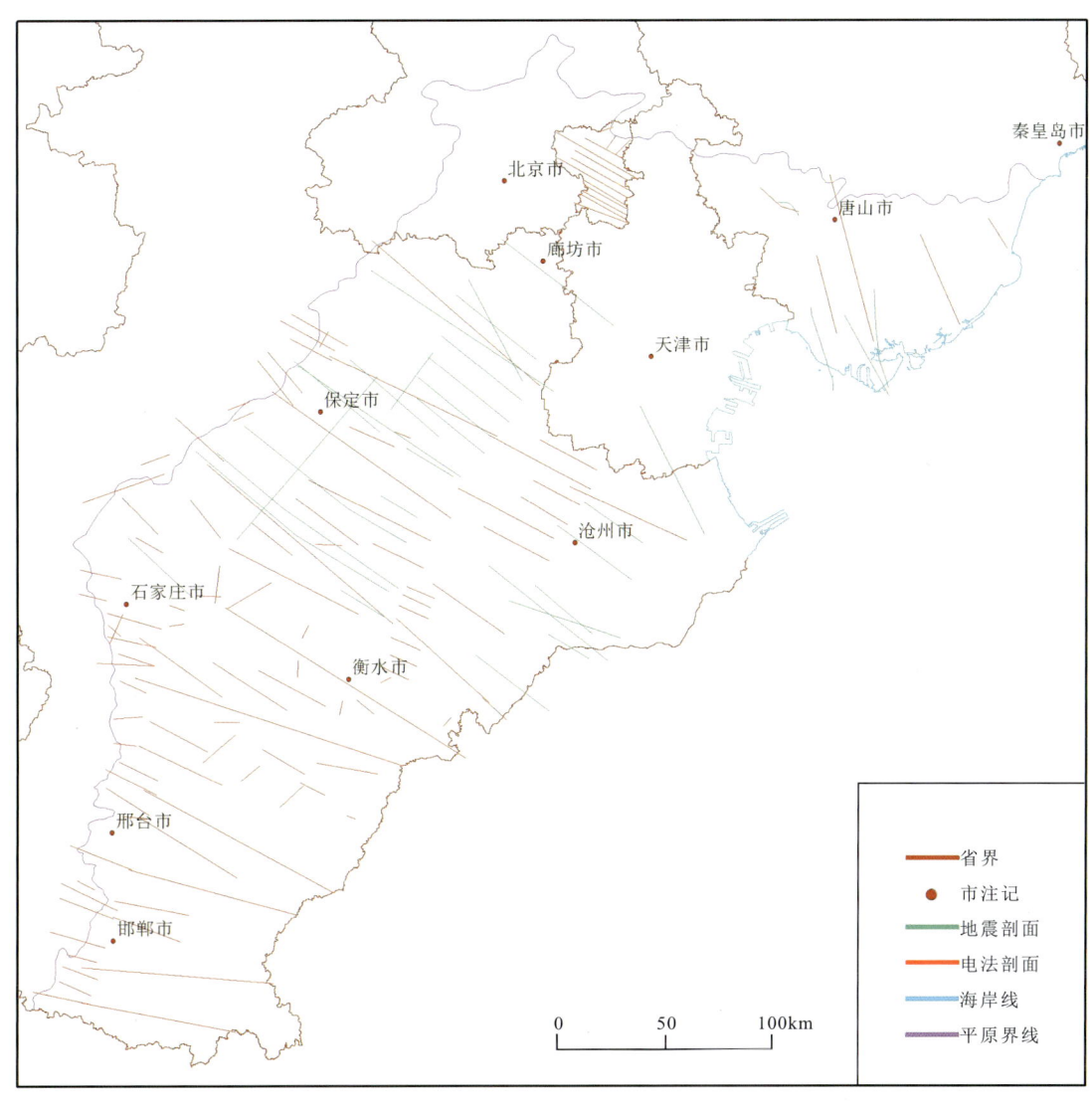

图 1-4　可利用的物探剖面分布图

本次工作主要利用 ArcGIS 软件进行编图,该软件在钻孔、物探剖面等坐标点投图、成果图片校准上具有准确、快速等特点,且与 MapGIS 软件点、线文件能够进行相互转换,能够很好地完成图件的编制工作。

第二章　前新生代隐伏地层

平原区前新生代地层发育较为齐全,但平原区新近纪地质图仅涉及新太古界、古元古界、长城系、蓟县系、寒武系至奥陶系、三叠系及侏罗系,主要分布于太行山山前台地的中北段。

第一节　新太古代地层

新太古代变质地层(变质表壳岩)主要分布于太行山山前唐县—行唐一带,地层埋深较浅,一般埋深在 0~900m 之间。

新乐市正莫铁矿 ZK003 钻孔与滦南县马城铁矿 SK19 钻孔显示新太古界岩性以变粒岩、片岩、片麻岩、石英岩为主,厚度大于 700m,未见底。

第二节　古元古代地层

一、湾子岩群($Pt_1W.$)

湾子岩群小面积分布于曲阳县山前羊平镇—邸村镇、下河乡—北罗镇一带,岩性为钾长浅粒岩、二长浅粒岩、大理岩及斜长角闪岩等,埋深 0~250m。该岩群顶界与蓟县纪高于庄组(Jxg)呈角度不整合接触或被第四系覆盖。

二、南寺组(Pt_1ns)

南寺组主要分布于行唐县—灵寿县—鹿泉区山前地带,埋深 0~50m。岩性为一套变质长石砂岩、变质白云岩和变玄武岩组合,上部为变质白云岩夹钙质片岩,中部为变质白云岩、板岩和变质砂岩,下部为砂质板岩及变质长石石英砂岩。行 6 钻孔在孔深约 425m 处钻遇该组,岩性为白色变质白云岩,上部呈灰色,变质程度较轻;下部呈白色,结晶较粗,局部呈粉红色,岩石较破碎,厚 6.91m,未钻穿。顶部被第四纪黏土层覆盖。

第三节　中元古代地层

一、长城纪地层(Ch)

长城纪地层主要分布于太行山山前台地的中北段,在河北省(北京市天津市)平原区新近纪地质图上以赵家庄组至大红峪组并层($Ch\hat{z}-d$)表示。

1. 赵家庄组($Ch\hat{z}$)

赵家庄组岩性为紫红色页(泥)岩夹白云岩,其下与早前寒武纪变质岩呈角度不整合接触。厚度变化大,厚1~76m。

2. 常州沟组($Ch\hat{c}$)

常州沟组岩性为一套杂色石英砂岩,局部夹灰褐色泥页岩,与下伏赵家庄组呈平行不整合接触或与早前寒武纪变质岩呈角度不整合接触,厚度达数百米。

3. 串岭沟组($Chch$)

串岭沟组岩性以灰黑、深灰色泥页岩为主,夹石英砂岩和泥质白云岩,与下伏常州沟组呈整合接触,厚度达数百米。

4. 团山子组(Cht)

团山子组岩性为杂色白云岩与泥页岩、砂岩不等厚互层,与下伏串岭沟组呈整合接触,厚度达数百米。

5. 大红峪组(Chd)

大红峪组岩性以杂色石英砂岩、砂岩、泥页岩、白云岩不等厚互层为主,局部夹有玄武岩、粗面岩,与下伏团山子组呈整合接触或角度不整合于新太古代变质地层之上,厚度达数百米。

二、蓟县纪地层(Jx)

蓟县纪地层主要分布于太行山山前台地的中北段,在河北省(北京市天津市)平原区新近纪地质图上只涉及高于庄组(Jxg)和雾迷山组(Jxw)。

1. 高于庄组(Jxg)

高于庄组岩性为一套碳酸盐岩,由紫红、灰白色含粉砂或砂的泥质白云岩,中厚层白云岩,叠层石白云岩,深灰色厚层含锰白云岩组成,底部可见厚层长石石英砂岩,为中元古代最大一次海侵产物。

2. 雾迷山组(Jxw)

雾迷山组岩性主要为一套滨浅海相碳酸盐岩,包括燧石条带白云岩、叠层石白云岩、沥青质白云岩夹少量泥状含粉砂内碎屑白云岩和硅质岩等。中西部地区可分为4个段:一段为杂色白云岩与泥质白云岩不等厚互层;二段为杂色白云岩夹泥质白云岩;三段为杂色白云岩与泥质白云岩不等厚互层夹藻白云岩、钙质白云岩;四段为杂色白云岩、藻席白云岩夹泥质白云岩,局部底部见石英砂岩,发育厚度约1677m。东部地区以灰白色硅质白云岩为主,夹杂色泥质白云岩、含泥灰岩、砂质白云岩,局部夹玄武岩,发育厚度约1000m。

第四节 寒武纪—奥陶纪地层

1. 昌平组($\in_2\hat{c}$)

昌平组岩性以碳酸盐岩为特征,平行不整合于下伏景儿峪组之上。

石油等相关钻孔中钻遇的昌平组,在西北部地区为杂色灰岩不等厚互层,夹泥质灰岩,发育厚度达52m;在东部地区为杂色含泥灰岩、白云质砂岩或砂质白云岩,泥页岩不等厚互层,发育厚度达80m。

2. 馒头组($\epsilon_{2-3}m$)

馒头组整合于昌平组之上,或平行不整合于高于庄组之上。岩性主要为杂色砂岩、泥岩页岩夹灰岩。

3. 张夏组($\epsilon_3 z$)

张夏组整合于馒头组之上,岩性以杂色厚层鲕状灰岩和灰岩为主,夹页岩。

4. 崮山组($\epsilon_4 g$)

崮山组整合于张夏组之上,岩性以杂色泥页岩、灰岩互层为特征。

5. 炒米店组($\epsilon_4 O_1 \hat{c}$)

炒米店组整合于崮山组之上,岩性以杂色灰岩、白云岩、泥质灰岩不等厚互层为特征。

6. 三山子组($\epsilon_4 O_1 s$)

三山子组整合于炒米店组之上,岩性以浅灰、灰、深灰、灰白色白云岩为主,夹有白云质灰岩。

7. 冶里组($O_1 y$)

冶里组整合于炒米店组之上,岩性以杂色灰岩、泥质灰岩为主,夹白云质泥岩、钙质白云岩。

8. 亮甲山组($O_1 l$)

亮甲山组整合于冶里组之上,岩性以杂色灰岩、白云岩、白云质泥岩、泥质白云岩不等厚互层为特征。

9. 马家沟组($O_{1-2}m$)

衡水断裂以北地区的马家沟组平行不整合于亮甲山组之上,衡水断裂以南地区的马家沟组平行不整合于三山子组之上。马家沟组岩性以杂色灰岩为主,夹有白云岩、白云质泥页岩和砂岩。

10. 峰峰组($O_2 f$)

峰峰组整合于马家沟组之上,岩性以杂色泥质灰岩、灰岩、白云质灰岩、泥质白云岩、白云岩不等厚互层为特征,发育厚度达162m。

第五节 中生代地层

一、早—中三叠世地层(T_{1-2})

早—中三叠世地层主要分布于太行山山前台地的中段,在河北省(北京市天津市)平原区新近纪地质图上采用刘家沟至二马营组并层($T_1 l - T_2 e$)表示。

1. 刘家沟组($T_1 l$)

刘家沟组与寒武系至奥陶系及古元古代南寺组呈断层接触,岩性以杂色砾岩、含砾砂岩、砂质泥岩、泥岩不等厚互层为特征。

2. 和尚沟组($T_1 h$)

和尚沟组整合于刘家沟组之上,岩性以杂色砂岩、泥质粉砂岩、粉砂质泥岩、泥岩不等厚互层为特征。

3. 二马营组($T_2 e$)

二马营组整合于和尚沟组之上,岩性以杂色含砾砂岩、砂岩、泥质粉砂岩、粉砂质泥岩、泥岩不等厚互层为特征。

二、侏罗纪地层(J)

侏罗纪地层主要分布于太行山山前台地的北段,在河北省(北京市天津市)平原区新近纪地质图上采用下花园组至髫髻山组并层($J_1 x - J_{2-3} t$)表示。该套地层较为零散地分布于平原区,其中早侏罗世下花园组为重要的含煤岩系。

1. 下花园组($J_1 x$)

下花园组角度不整合于蓟县纪雾迷山组之上,岩性为以暗色为主的杂色砾岩、砂质砾岩、含砾砂岩、砂岩、粉砂质泥岩、泥页岩、碳质泥页岩煤层不等厚互层。

2. 九龙山组($J_2 j$)

九龙山组整合或平行不整合于下花园组之上,岩性以杂色砾岩、砂岩、粉砂岩、泥页岩不等厚互层为特征,局部夹有流纹质凝灰岩等。

3. 髫髻山组($J_{2-3} t$)

髫髻山组整合于九龙山组之上,岩性以杂色基性、中性、酸性、偏碱性火山岩不等厚互层,夹相应火山碎屑岩和砾岩、砂岩、粉砂岩、泥页岩为特征。

第三章 新近纪地层

平原区古近纪至第四纪(即新生代)地层区划(图3-1)隶属华北地层区($Ⅲ C_4$),进一步划分为华北平原地层分区($Ⅲ C_4^3$)的山前平原地层小区($Ⅲ C_4^{3-1}$)和中东部平原地层小区($Ⅲ C_4^{3-2}$)。

新近系包括九龙口组($N_1 j$)、馆陶组($N_1 g$)和明化镇组($N_2 m$)。

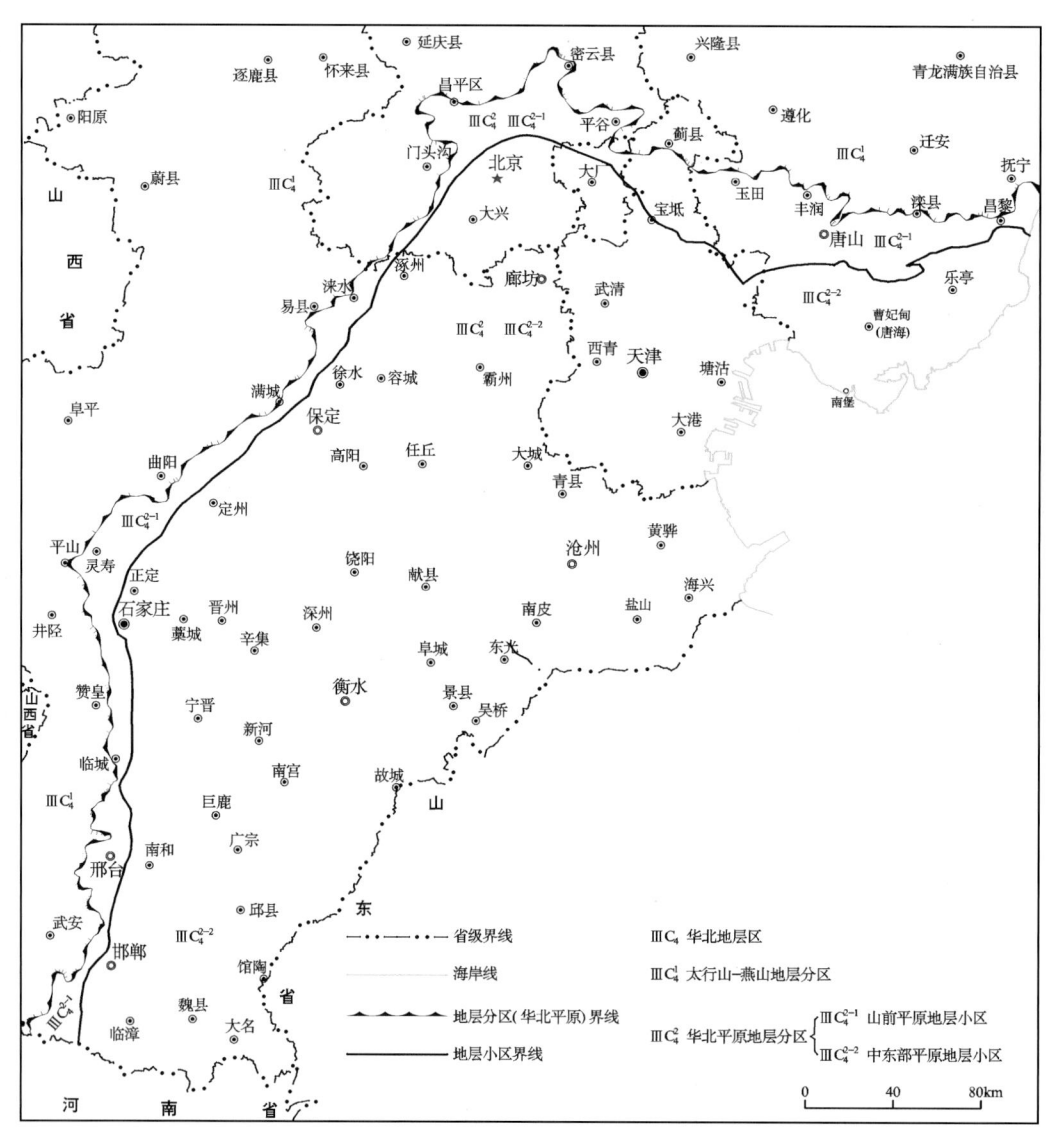

图3-1 平原区古近纪至第四纪地层区划图

1. 九龙口组（N_1j）

九龙口组分布于基岩区太行山南段，平原区仅在太行山山前台地南段分布。

岩性为一套灰白、浅褐色砾岩、粗砂岩，半固结棕红、紫褐色砂岩、粉砂岩、黏土岩、含铝质黄绿色黏土岩的岩性组合，覆盖于古生代及中生代地层之上，平行不整合或整合于上新世杂色砾岩、砂岩之下。

该组由南向北具有整体粒度逐渐变小的分布特征：靠近河南省附近下部以灰色钙质砾岩为主，中部为紫色含砂黏土岩夹多层粉砂岩，上部为钙质砾岩夹黏土岩、细砂岩，不整合于上石盒子组之上；邯郸市三陵一带为灰紫色砂砾岩、褐黄色砂岩、黏土岩夹灰绿色及杂色黏土岩，厚13～28m，不整合于和尚沟组之上；沙河—邢台市一带主要为紫、黄褐色粗砂岩，粉砂岩及黏土岩夹灰白色砂砾岩、灰绿色黏土岩等，厚4.5～99m；赞皇东王俄一带零星出露，为杂色泥岩夹薄层细砂岩，厚度大于20m。自西向东依次具有越靠近山麓，沉积厚度越小的分布特征；永年区三王庄附近厚达百余米尚未见底，武安市贾里店附近为红色黏土岩及砾岩，厚度仅约2m。

剖面特征以磁县下庄店乡九龙口村北（旧址）九龙口组建组剖面（李翔和陈英功，1993）为代表。

2. 馆陶组（N_1g）

馆陶组分布广泛，相对于东营组整体有所扩大，尤其是在天津-故城隆起内开始有大面积分布（图3-2）。

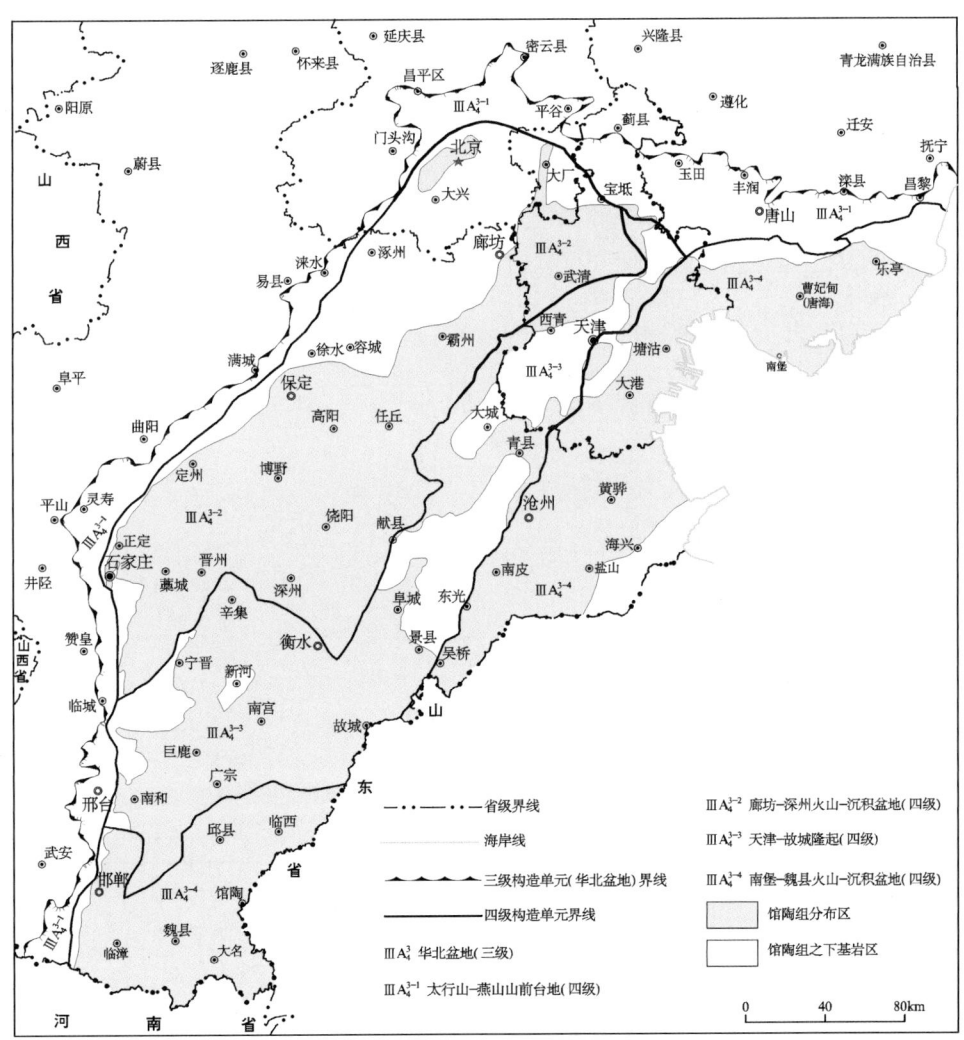

图3-2 平原区中新世馆陶组分布图

岩性为一套棕红色泥岩与浅棕红、灰白、灰绿色粉砂岩、细砂岩不等厚互层的河湖相沉积,下部夹砂砾岩,底部普遍有一层10～30m砾岩,为区域划分对比的重要标志。与下伏古近纪各组或更老地层为平行不整合接触,局部为角度不整合接触,其上被明化镇组整合覆盖,厚78.8～956m。该组在河北南部分布广泛,向西、向南有变薄、变粗的趋势。廊坊-深州火山-沉积盆地除保定凹陷、廊坊凹陷和牛坨镇凸起缺失外,其他地区均有分布,厚度198～956m。天津-故城隆起内除少量零星缺失外,具有大面积的分布特征,厚度68～289m。南堡-魏县火山-沉积盆地内该组发育厚度78.8～900m。平原区馆陶组发育厚度变化如图3-3所示。

剖面特征以临西县下堡寺临9钻孔、冀东南堡凹陷综合钻孔及宁晋-辛集石盐田2-1钻孔为代表。

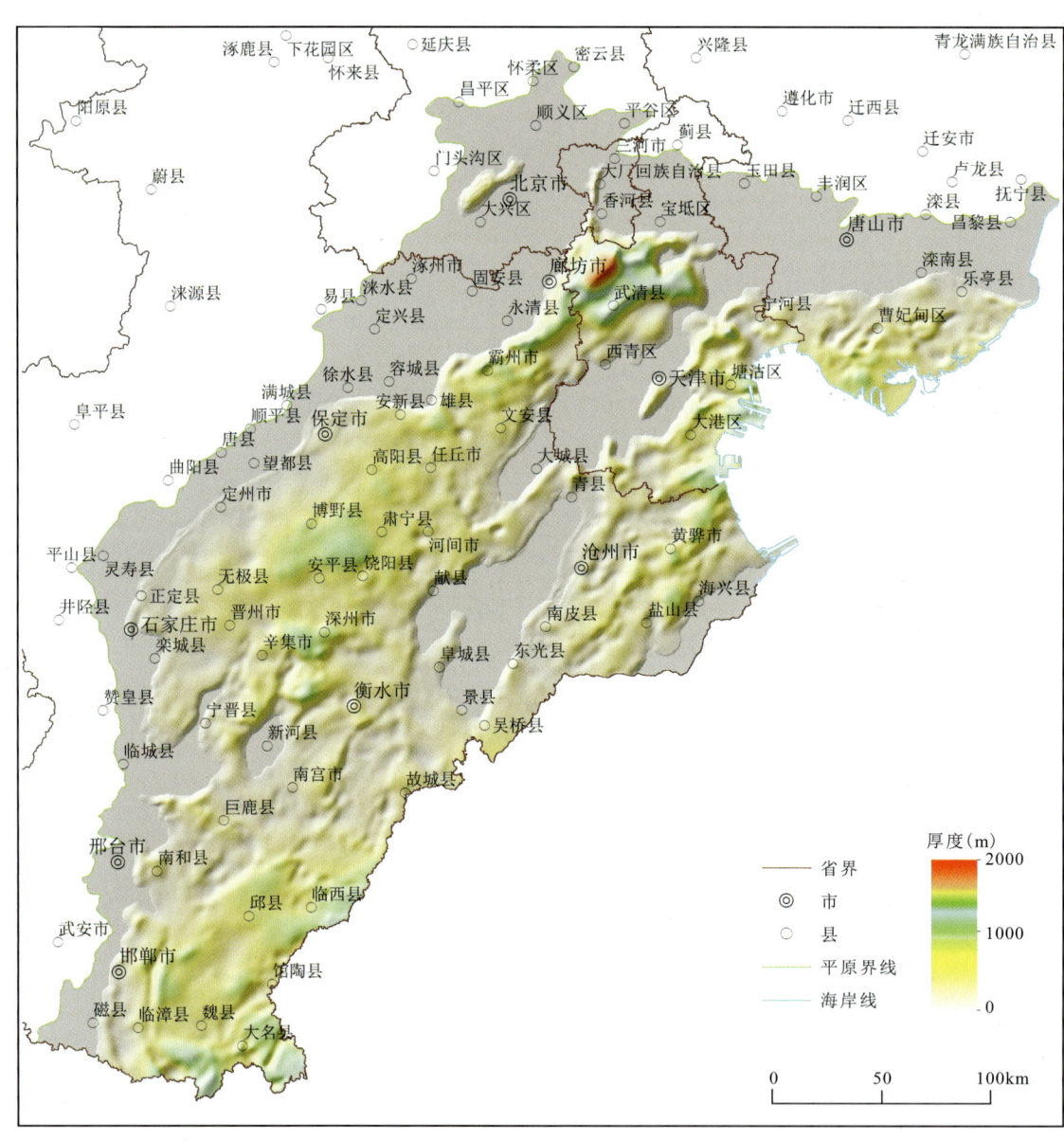

图3-3 平原区中新世馆陶组厚度数字模型图

3. 明化镇组(N_2m)

明化镇组分布最广,除在太行山山前台地的涞水、石家庄西部、邢台—邯郸有零星缺失外,其他地区均有分布(图3-4)。

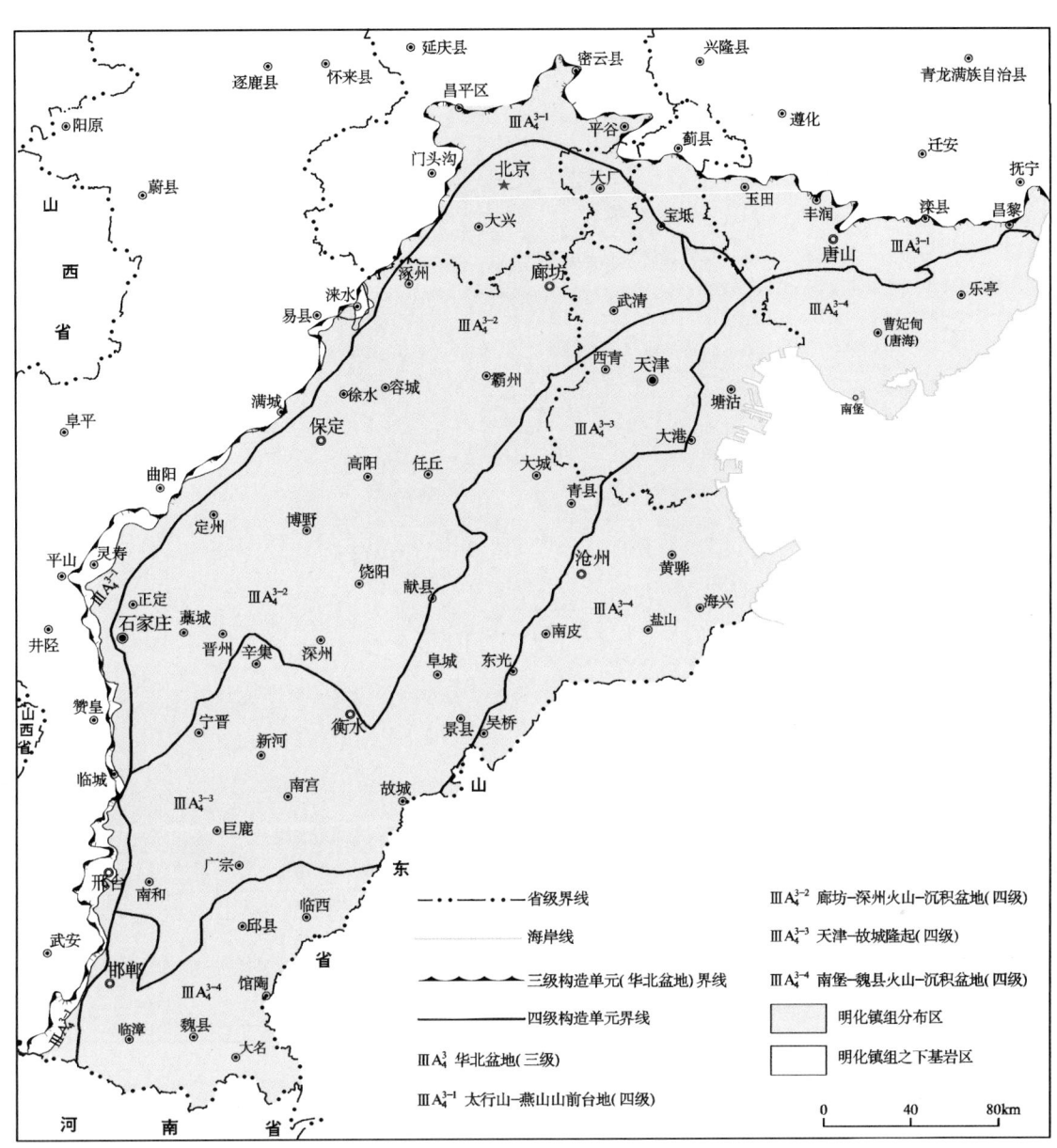

图 3-4 平原区上新世明化镇组分布图

岩性为一套河流相棕黄、棕红色泥岩与灰黄、灰白、灰绿色粉砂岩、细砂岩、含砾中—粗砂岩不等厚互层，夹细砾岩，最大厚度达 2000m，一般厚 556～1100m，厚度变化如图 3-5 所示。与下伏馆陶组为连续沉积，局部地区为平行不整合或超覆于更老地层之上，与上覆第四纪更新世饶阳组为平行不整合接触。

该组在太行山-燕山山前台地、廊坊-深州火山-沉积盆地为一套河流相沉积。以上粗、下细为主要特征，仅在牛坨镇凸起表现相反，其他凹陷沉积均可与代表性剖面对比。但厚度变化较大，上段一般厚 300～600m，最大沉积厚度在饶阳凹陷内，为 759m；在牛坨镇凸起最薄，仅 200m。下段主要发育在中南部地区，沉积厚度一般 400～700m，最大沉积厚度在饶阳凹陷以西的蠡县一带，为 967m；武强附近最薄，为 186m。

南堡-魏县火山-沉积盆地中北部，明化镇组岩性、岩相变化不大，为一套河流相绿灰、棕红色砂岩、

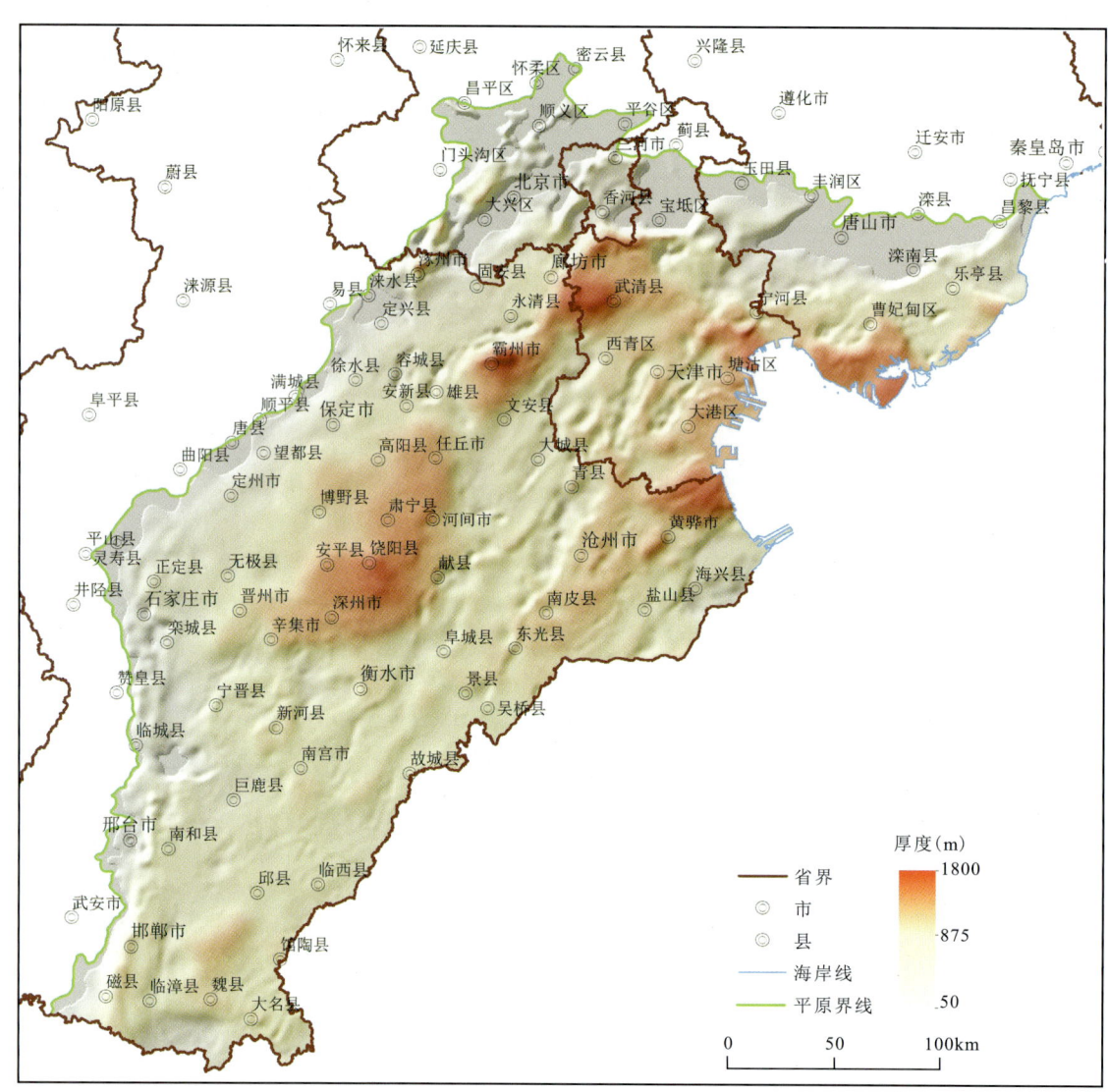

图 3-5　平原区上新世明化镇组厚度数字模型图

泥岩，两者常以互层出现。上段沉积厚度一般 300～600m，最大沉积厚度在南堡凹陷及北塘凹陷的南部，为 841m。下段沉积厚度一般 400～600m，最大沉积厚度在歧口凹陷的南部，为 1200m。马头营凸起沉积最薄，为 221m。

在天津-故城隆起中北部，明化镇组一般总厚度 500～1200m，在天津附近厚度最大为 928～1525m。岩性变化不大。

天津-故城隆起及南堡-魏县火山-沉积盆地的南部地区，明化镇组在大营、南宫、邱县凹陷及明化镇凸起最为发育。岩性为棕黄、浅棕色黏土岩、砂质黏土岩与浅棕色粉砂岩、含砾砂岩互层，具有上粗、下细的特征，沉积物粒度由北向南逐渐变细。颜色除在南宫、邱县凹陷见有棕红色外，大部分地区均以棕黄、浅棕、灰黄色为主。厚度比较稳定，一般 638～1000m。

剖面特征以蠡县东南侧钻孔、冀东南堡凹陷综合钻孔、宁晋-辛集石盐田 2-1 钻孔为代表。

第四章　侵入岩

在平原区新近纪地质图上表达的侵入岩仅有新太古代花岗闪长质片麻岩($gn^{\gamma\delta}Ar_3$)和晚侏罗世闪长岩(δJ_3),主要分布于太行山山前台地的中北段。

1. 新太古代花岗闪长质片麻岩($gn^{\gamma\delta}Ar_3$)

新太古代花岗闪长质片麻岩分布较少,主要位于保定市唐县北罗、仁厚一带。岩性为含条带状黑云斜长片麻岩、斑状花岗闪长质片麻岩,岩石呈灰色,中粒鳞片粒状变晶结构,条纹—条带状、弱片麻状构造,部分岩石变余似斑状结构,弱片麻状构造、条纹—条带状构造。主要矿物组成:斜长石、钾长石、石英、黑云母及少量角闪石。原岩类型为花岗闪长岩,因此将其归于花岗闪长质片麻岩。与新太古代阜平岩群城子沟岩组呈侵入接触关系,被古元古代湾子岩群及后期地层角度不整合覆盖。

2. 晚侏罗世闪长岩(δJ_3)

晚侏罗世闪长岩分布集中,主要位于定兴县明义—高陌—高村一带。岩性为闪长岩,岩石呈灰、深灰色,半自形中细粒状结构,块状构造。主要矿物组成:黑云母、角闪石、斜长石(更—中长石)及少量钾长石(微斜长石和条纹长石)、石英。与蓟县纪雾迷山组呈断层接触关系,与古生代地层呈侵入接触关系,被新生代地层角度不整合覆盖。

第五章 地质构造

本章以板块构造学说为基础，以大陆岩石圈形成和演化为主线，以大陆动力学为主要研究内容，以系统表述平原区大陆的组成与形成演化历程为目标，对区域地质构造的形成和演化进行了总结。

第一节 断裂构造及主要特征

平原区新近纪断裂具有明显的继承性，主要断裂与前新生代基底断裂构造基本一致，发育北东—北北东向、北西—北西西向、近南北向、近东西向4组断裂体系，以北东—北北东向、北西—北西西向两组为主，其他相对较少。北东—北北东向断裂的性质属于正断层（伸展断裂体系），其他各组断裂的性质均属于走滑正断层（剪切走滑断裂体系）。

本次编图研究，对新近纪顶面断裂系统进行研究，共划分出主要断裂77条，与河北省有关的断裂共64条（图5-1）。各断裂名称和性质见表5-1。

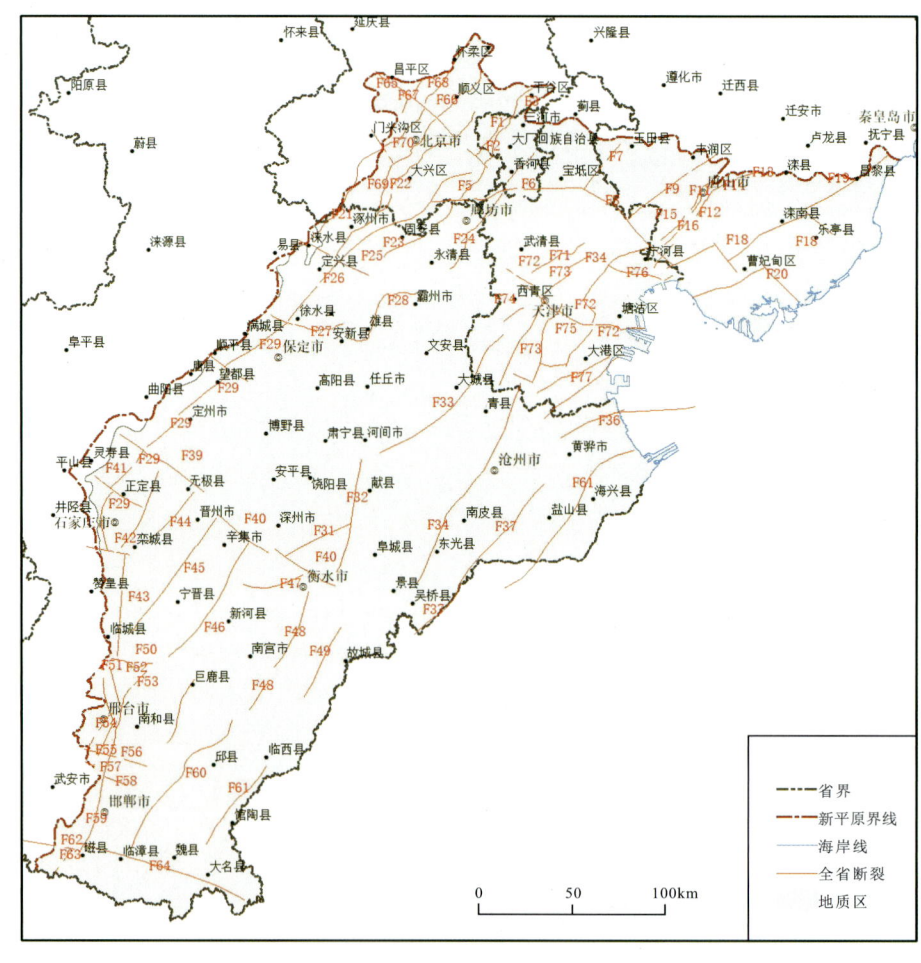

图5-1 平原区新近纪主要断裂分布图

表 5-1　平原区新近纪断裂构造统计表

编号	断裂名称	性质	编号	断裂名称	性质	编号	断裂名称	性质
F1	北坞断裂	正断层	F23	大兴凸起东缘断裂	正断层	F45	晋县断裂	正断层
F2	新夏垫断裂	正断层	F24	河西务断裂	正断层	F46	新河断裂	正断层
F3	三河-黄土庄断裂	走滑正断层	F25	涞水断裂	走滑正断层	F47	前磨头断裂	走滑正断层
F4	香河-皇庄断裂	正断层	F26	徐水断裂	正断层	F48	明化镇断裂	正断层
F5	桐柏断裂	走滑正断层	F27	徐水南断裂	走滑正断层	F49	武城断裂	正断层
F6	宝坻断裂	走滑正断层	F28	牛东断裂	走滑正断层	F50	隆尧断裂	走滑正断层
F7	新安镇断裂	正断层	F29	保定-石家庄断裂	正断层	F51	会宁西断裂	走滑正断层
F8	蓟运河断裂	走滑正断层	F30	顺平断裂	走滑正断层	F52	会宁东断裂	走滑正断层
F9	丰台-野鸡坨断裂	正断层	F31	护驾池断裂	正断层	F53	邢东断裂	正断层
F10	陡河断裂	正断层	F32	沧西断裂	正断层	F54	紫山西断裂	正断层
F11	碑子院-丰南断裂	正断层	F33	大城东断裂	正断层	F55	紫山东断裂	正断层
F12	唐山-丰南断裂	正断层	F34	沧东断裂	正断层	F56	曲阳断裂	走滑正断层
F13	唐山-古冶断裂	走滑正断层	F35	北大港断裂	正断层	F57	永年西断裂	走滑正断层
F14	唐山断裂	正断层	F36	南大港断裂	走滑正断层	F58	永年南断裂	正断层
F15	王兰庄西断裂	正断层	F37	徐黑西断裂	正断层	F59	邯郸断裂	正断层
F16	王兰庄东断裂	正断层	F38	埕西-羊二庄断裂	正断层	F60	广宗断裂	正断层
F17	王兰庄南-汉沽断裂	正断层	F39	无极断裂	走滑正断层	F61	馆陶断裂	正断层
F18	宁河-昌黎断裂	正断层	F40	衡水断裂	正断层	F62	磁县断裂	走滑正断层
F19	乐亭断裂	走滑正断层	F41	漳沱河断裂	正断层	F63	岳城水库断裂	正断层
F20	柏各庄断裂	走滑正断层	F42	马村北断裂	走滑正断层	F64	大名断裂	走滑正断层
F21	黄庄-高丽营断裂	正断层	F43	元氏断裂	走滑正断层			
F22	南苑-通州断裂	正断层	F44	栾城东断裂	正断层			

第二节　新近系底面起伏及厚度变化特征

(一) 新近系底面起伏特征

整体来看,平原区新近系底面埋深和起伏变化具有明显继承性,仍与"一台两盆夹一隆"构造特征密切相关,在盆地和凹陷中埋深较深,在台地、隆起和凸起上埋深较浅(图5-2)。

1. 太行山-燕山山前台地

太行山-燕山山前台地位于平原区北部边缘地带,太行山山前台地新近系底面埋深在0~900m之间,燕山山前台地新近系底面埋深在0~800m之间(图5-2)。

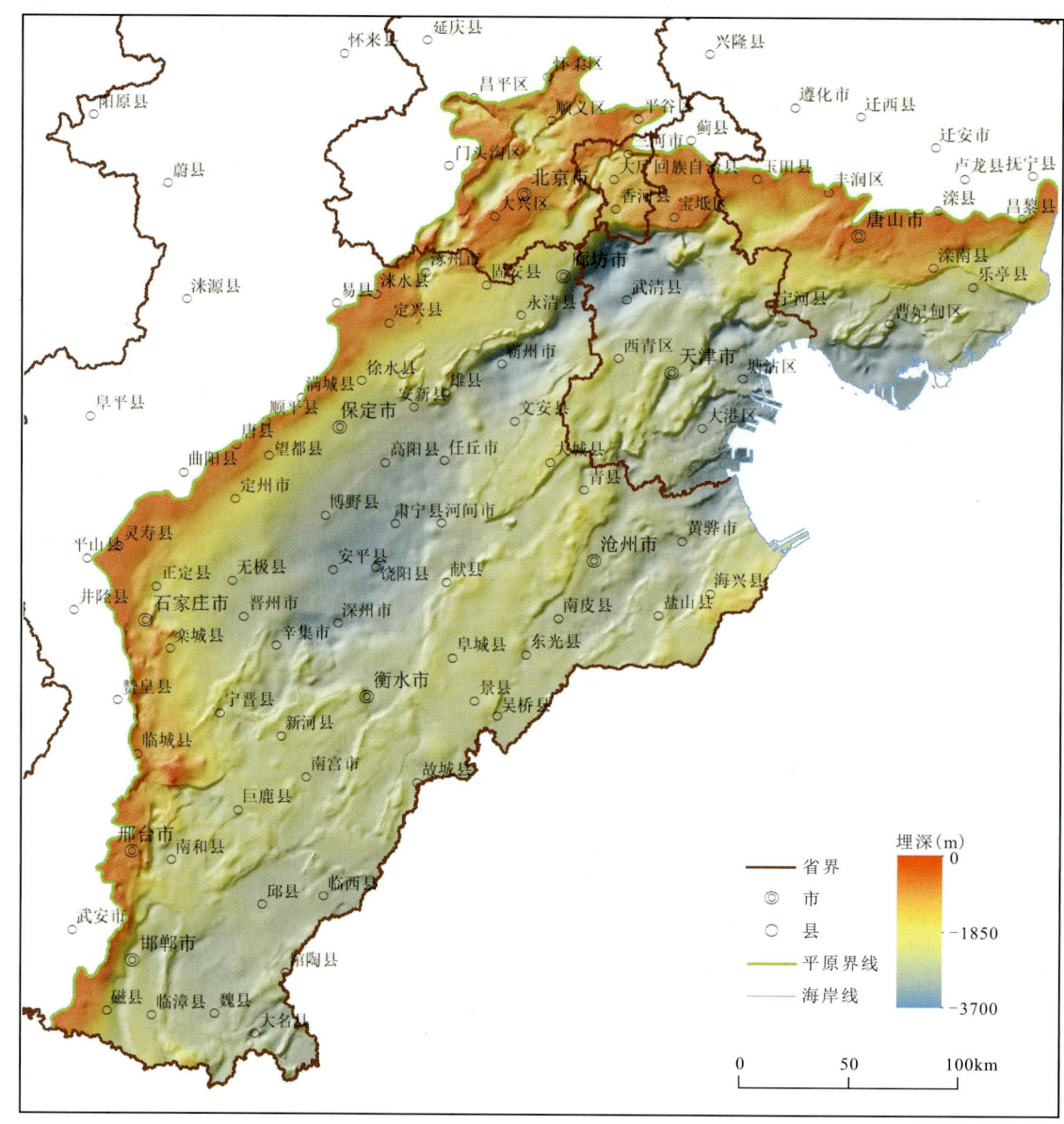

图 5-2 平原区新近系底面数字地形模型图(DTM)

2. 廊坊-深州火山-沉积盆地

廊坊-深州火山-沉积盆地位于平原区西北部,凹陷内新近系底面埋深在 1200～2900m 之间,大厂凹陷、正定凹陷埋深最浅为 1200m,武清-霸县凹陷埋深最深为 2900m,其他凹陷埋深在 1300～2600m 之间。凸起上新近系底面埋深在 600～2100m 之间,大兴凸起埋深最浅为 600m,高阳凸起埋深最深为 2100m,其他凸起埋深在 900～1400m 之间(图 5-2)。

3. 天津-故城隆起

天津-故城隆起位于平原区中部,凸起上新近系底面埋深在 1100～1500m 之间,宁晋凸起埋深最浅为 1100m,小韩庄凸起埋深最深为 1500m,其他凸起埋深在 1200～1400m 之间。凹陷内新近系底面埋深在 1500～1750m 之间,里坦凹陷、南宫凹陷、大营凹陷埋深最浅为 1500m,束鹿凹陷埋深最深为 1750m,其他凹陷埋深在 1600～1700m 之间(图 5-2)。

4. 南堡-魏县火山-沉积盆地

南堡-魏县火山-沉积盆地位于平原区南东部，凹陷内新近系底面埋深在1300～2700m之间，汤阴凹陷埋深最浅为1300m，歧口凹陷埋深最深为2700m，其他凹陷埋深在1500～2600m之间。凸起上新近系底面埋深在1100～1800m之间，秦南凸起、埕宁凸起埋深最浅为1100m，堂邑凸起、南乐凸起埋深最深为1800m，其他凸起埋深在1300～1700m之间（图5-2）。

（二）新近系厚度变化特征

新近系发育的厚度及其变化仍与平原区"一台两盆夹一隆"的构造特征密切相关（图5-3）。

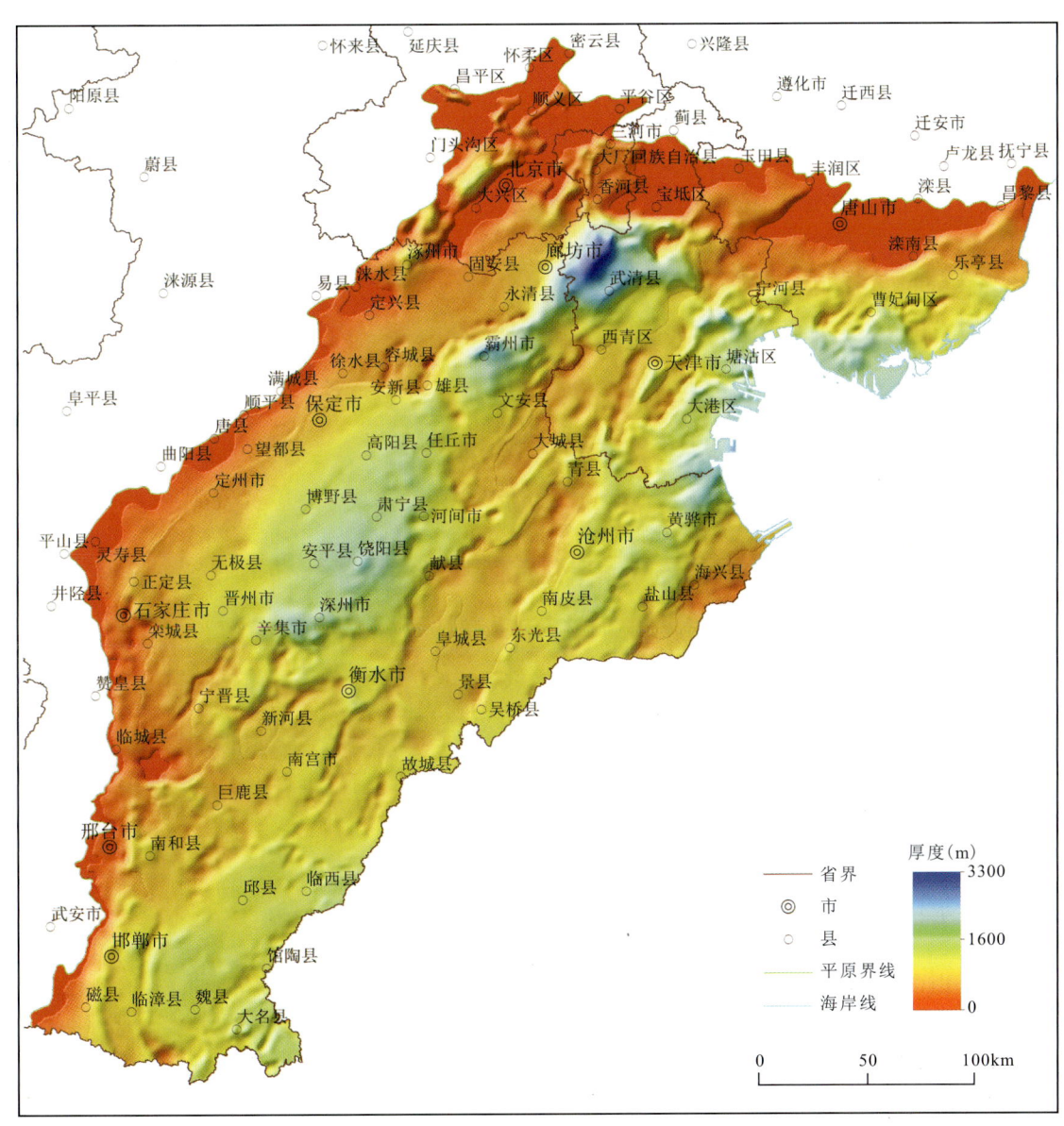

图5-3 平原区新近系厚度数字模型图

1. 太行山-燕山山前台地

太行山-燕山山前台地位于平原区北部边缘地带,燕山山前台地新近系发育厚度在0～375m之间,太行山山前台地新近系发育厚度在0～625m之间(图5-3)。局部缺失新近系台地地段上,第四系直接角度不整合覆盖于前新生代基岩之上,局部前新生代基岩出露地表。

2. 廊坊-深州火山沉积盆地

廊坊-深州火山沉积盆地位于平原区西北部,凹陷内新近系发育厚度在850～2425m之间,大厂凹陷厚度最小为850m,武清-霸县凹陷厚度最大为2425m,其他凹陷厚度在900～2000m之间。凸起上新近系发育厚度在325～1750m之间,大兴凸起厚度最小约325m,高阳凸起厚度最大约1750m,其他凸起厚度在550～1175m之间。北京凹陷、大厂凹陷、大兴凸起、宝坻凸起局部缺失新近系,第四系直接角度不整合覆盖于前新生代基岩之上(图5-3)。

3. 天津-故城隆起

天津-故城隆起位于平原区中部,凸起上新近系发育厚度在750～1200m之间,宁晋凸起厚度最小为750m,小韩庄凸起厚度最大为1200m,其他凸起厚度在875～1125m之间;凹陷内新近系发育厚度在1150～1325m之间,南宫凹陷、大营凹陷厚度最小为1150m,束鹿凹陷厚度最大为1325m,其他凹陷厚度在1200～1300m之间(图5-3)。

4. 南堡-魏县火山-沉积盆地

南堡-魏县火山-沉积盆地位于平原区南东部,凹陷内新近系发育厚度在1100～2200m之间,汤阴凹陷厚度最小为1100m,歧口凹陷厚度最大为2200m,其他凹陷厚度在1150～2100m之间。凸起上新近系发育厚度在600～1500m之间,秦南凸起厚度最小为600m,堂邑凸起、南乐凸起厚度最大为1500m,其他凸起厚度在800～1400m之间。秦南凸起北部边缘地带缺失新近系,第四系直接角度不整合覆盖于前新生代基岩之上(图5-3)。

第三节 新近系顶面起伏特征

平原区第四系底面埋深和起伏变化相对较小,仍与"一台两盆夹一隆"构造特征密切相关,除个别特例外,在盆地和凹陷中埋深较深,在台地、隆起和凸起上埋深较浅(图5-4)。

1. 太行山-燕山山前台地

太行山-燕山山前台地位于平原区北部边缘地带,燕山山前台地第四系底面埋深在0～425m之间,滦南西部埋深可达440m。太行山山前台地第四系底面埋深在0～275m之间(图5-4)。

2. 廊坊-深州火山-沉积盆地

廊坊-深州火山-沉积盆地位于平原区西北部,凹陷内第四系底面埋深在300～600m之间,正定凹陷埋深最浅为300m,饶阳凹陷埋深最深为600m,其他凹陷埋深在350～475m之间。凸起上第四系底面埋深在225～350m之间,藁城凸起埋深最浅为225m,牛驼镇凸起、容城凸起、高阳凸起埋深最深为350m,其他凸起埋深在275～300m之间(图5-4)。

第五章 地质构造

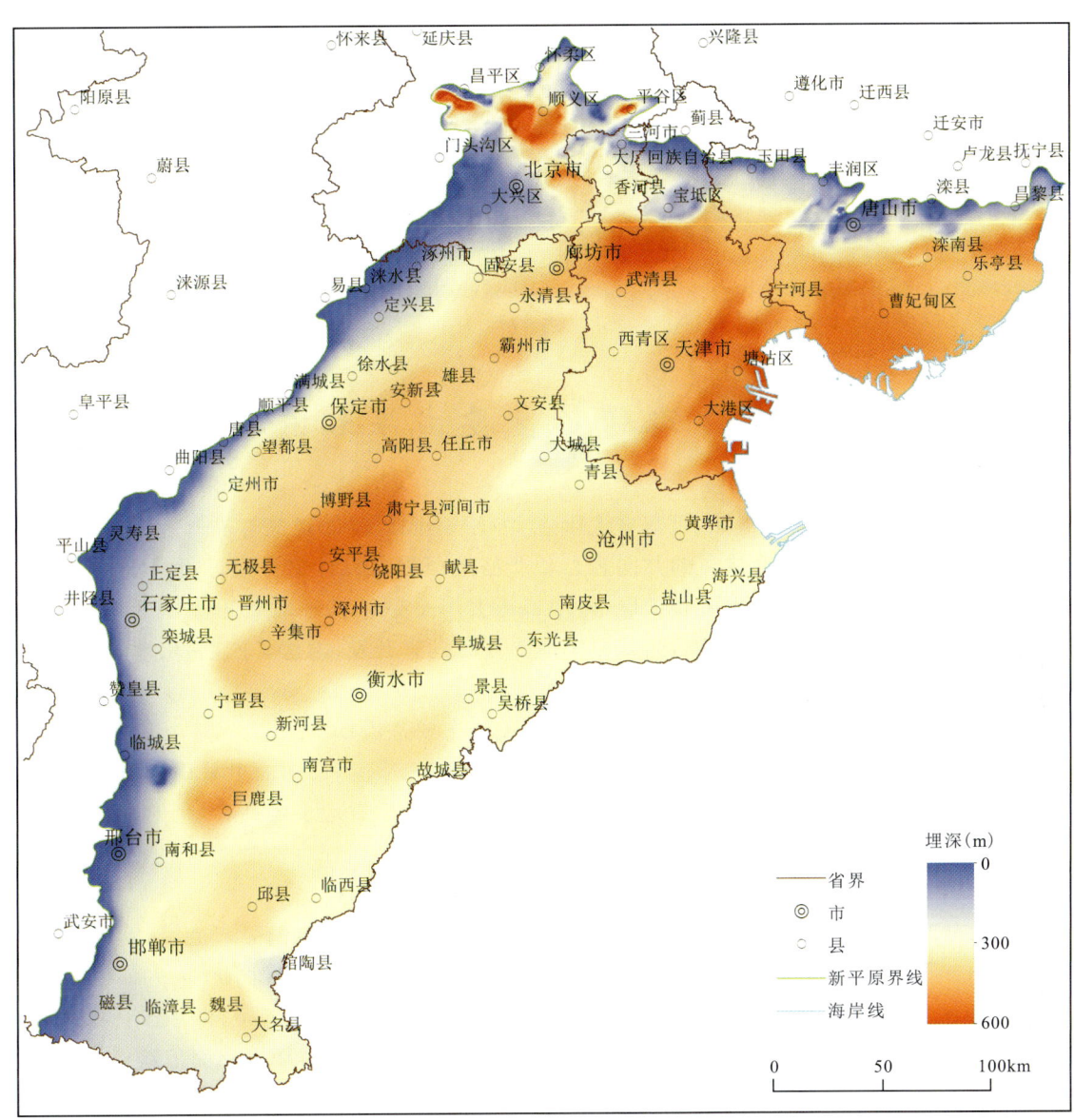

图 5-4 平原区第四系底面数字地形模型图（DTM）

3. 天津-故城隆起

天津-故城隆起位于平原区中部，凸起上第四系底面埋深在 225～400m 之间，青县凸起埋深最浅为 225m，潘庄凸起埋深最深为 400m，其他凸起埋深在 275～350m 之间。凹陷内第四系底面埋深在 300～450m 之间，白塘口凹陷、里坦凹陷埋深最浅为 300m，束鹿凹陷埋深最深为 450m，其他凹陷埋深在 325～400m 之间（图 5-4）。

4. 南堡-魏县火山-沉积盆地

南堡-魏县火山-沉积盆地位于平原区南东部，凹陷内第四系底面埋深在 200～500m 之间，汤阴凹陷埋深最浅为 200m，南堡凹陷、北塘凹陷、板桥凹陷、歧口凹陷埋深最深为 500m，其他凹陷埋深在 300～450m 之间。凸起上第四系底面埋深在 275～500m 之间，徐黑凸起、临漳凸起埋深最浅为 275m，秦南凸起埋深最深为 500m，其他凸起埋深在 300～450m 之间（图 5-4）。

第六章 结束语

第一节 取得的主要成果和进展

本次工作以板块构造理论为指导,以基本地质事实——不同时段的建造与改造为依据,充分应用三维建模等新技术,经过项目组全体成员的共同努力和严格按照项目设计书及设计批复的规定要求圆满完成了各项任务,并取得了多项成果和新进展,进一步提升了平原区基础地质的整体研究程度,为一个开拓基础地质服务社会领域的良好范例,为平原区地热资源勘查开发、隐伏矿产勘查、地质灾害防治、城市规划建设等提供了系统翔实的基础地质资料。

与河北省(北京市天津市)平原区新近纪地质图相关的主要进展如下:

(1)首次整体编制了河北省(北京市天津市)平原区新近纪地质图,在图面上采用岩石地层单位和等深线相结合的表达方式,并统一建立了平原区古近纪至新近纪的岩石地层序列和划分方案,更有利于与基岩区岩石地层序列的对比研究和平原区相关工作中的参考利用,如编绘各时期的地层埋深等深线,为地热资源勘查等相关工作提供了准确的层位深度信息。

(2)系统整体确定了平原区新近系(九龙口组、馆陶组、明化镇组)各组的分布范围、发育厚度及构造特征,为平原区新近纪地质构造的相关研究和应用提供了更加翔实的基础地质资料。

(3)在平原区新近系底面、顶面与馆陶组、明化镇组厚度的绘制与表达方面,本次工作采用物探异常控制构造格架、钻孔标定深度的方法进行编制,利用三维建模新技术绘制基岩界面三维起伏数字模型,其可以将钻孔、地震反射层构造特征等各类埋深信息相结合,进行综合分析、处理,使得各界面埋深等深线客观准确。在此基础上编制了数字地形模型图(DTM),使得图件应用性更强。

第二节 存在问题

本次通过平原区新近纪地质图等系列图件的编图工作,系统梳理平原区新近纪的岩石地层特征、断层活动等,主要存在以下问题:

(1)目前,钻孔中的新近系与第四系界线的划分是存在的最大问题之一。随着近年来1:5万平原区区域地质调查工作的开展,通过钻孔内古地磁与光释光、宇宙成因核素测年相结合的手段,确定第四系下限普遍为2.58Ma沉积的一套具有弱固结特点的河流相堆积物,在平原区中部深度一般为200m左右,但现今这种认识在地热、水文、矿产等专业仍然没有被普遍接受。因此,本次编图工作以明化镇组(固结成岩)的顶界作为新近系与第四系界线,该深度普遍比2.58Ma沉积的深度要大得多。

(2)为了使新近纪地质图具有层次感、内容更丰富,在主图面中采用套花纹的方式对馆陶组分布进行表达,对其范围运用尖灭线进行圈画,但其断裂表达的是明化镇组顶部。

(3)由于明化镇组顶面既不是地热勘查的目标层,也不是油气与固体矿产勘探的目标层。因此,相对编制其他层面的图件,明化镇组顶面图件编制中缺少系统的断裂分布资料。

(4)北京市与天津市的新近纪地层分布与厚度主要是根据构造单元划分以及北京市、天津市已有的新近纪地层划分等资料综合研究而来,未系统收集钻孔、物探等资料,其断裂与地层分布可靠性一般。

附 表

河北省(北京市天津市)平原区新近纪地质图(1∶500 000)钻孔信息对照表

图面孔号	原始孔号	图面孔号	原始孔号	图面孔号	原始孔号
1	叁9	33	A624	65	青20
2	渠6	34	统272	66	青19
3	QXJ02	35	统230	67	统458
4	PZK10	36	霸热13井	68	A797
5	ZK04	37	苏1	69	河间市留古寺乡艾庄石油井
6	PZK14	38	A633	70	A653
7	PZK20	39	文热2井	71	青34
8	ACX03	40	苏81	72	高6
9	BK04	41	WH189	73	博野热11
10	KK09	42	A705	74	统15
11	LZ01	43	保深2	75	华斯地热井
12	QGJ01	44	安新县大寨村地热井	76	肃宁县文苑小区地热井
13	QGJ02	45	任开1	77	马68井
14	废1159	46	文热3井	78	A882
15	QNJ01	47	清1	79	A767
16	俅6	48	高8	80	河间市南冬乡张天宫村石油井
17	昌3	49	任开2	81	河10
18	胥2	50	A731	82	统641
19	胥7	51	保深1	83	青35
20	俅3	52	高阳县佐家庄村石油井	84	青33
21	乐1	53	A681	85	青40
22	乐5	54	梅热1井	86	统803
23	胥5	55	A732	87	统1269
24	柏1	56	高14	88	黄4
25	俅4	57	西柳1	89	黄5
26	俅7	58	任开9	90	正5
27	乐2	59	A748	91	新3
28	乐7	60	A738	92	新1
29	乐3	61	9079	93	新2
30	俅8	62	统1884	94	献4
31	柏3	63	青17	95	黄骅市东昊房地产开发有限公司黄骅市馨苑小区地热井
32	A261	64	青18	96	渤海新区中捷产业园区八队回灌井

续附表

图面孔号	原始孔号	图面孔号	原始孔号	图面孔号	原始孔号
97	统 667	125	献 7	153	石家庄市辛集市田庄乡东张口村石油井
98	黄 14	126	孟农 1	154	泽 94
99	正 3	127	藁 13	155	虎 1
100	藁 14	128	极 13	156	东 10
101	正 1	129	晋 6	157	东 5
102	正 2	130	束 18	158	赵 1
103	无 2	131	束 10	159	束 14
104	无 1	132	束 8	160	废 11
105	泽 2	133	泽 74	161	武邑县国通供热有限公司新时代嘉园小区 9#地热
106	泽 1	134	泽 33	162	河北省东光县连镇 104 国道西东热 13 井
107	泽 5	135	无 6	163	东 8
108	安热 6 井	136	强热 8 井	164	吴 8
109	留 78	137	强 3	165	赵 2
110	献 12	138	阜 1	166	束 15
111	献 10	139	东 1	167	高 2
112	献 14	140	栾 3	168	高 1
113	统 723	141	栾 1	169	赵 70X
114	统 762	142	晋 9	170	9916
115	黄 17	143	废 4	171	晋 44
116	统 1238	144	晋 4	172	衡水市滨湖新区宋家南田村西南国道 106 路东地热井
117	统 806	145	藁 6	173	吴 1
118	石 1	146	晋 10	174	吴 6
119	藁城区九门回族乡黄庄村回灌 1 井	147	束 5	175	吴 9
120	藁 8	148	束 13	176	柏 6
121	藁 9	149	统 702	177	8311
122	无 8	150	东 3	178	统 323
123	无 5	151	赵 6	179	柏 15
124	泽 1	152	赵 4	180	震水 1

续附表

图面孔号	原始孔号	图面孔号	原始孔号	图面孔号	原始孔号
181	巨4	194	清12	207	邯1
182	统1448	195	9287	208	肥19
183	巨11	196	8977	209	广1
184	南14	197	邱1	210	馆7
185	巨12	198	统1445	211	统2250
186	广5	199	统1452	212	成2
187	河北省邢台市南宫市段芦头镇地热井	200	临5	213	广6
188	广7	201	临2	214	河北惠迪房地产开发有限公司馆陶县金凤大道桂圆小区地热井
189	清4	202	临8	215	馆11
190	清2	203	废572	216	统2252
191	广10	204	临4	217	大7
192	请7	205	馆2	218	查江南苑D4井
193	K4	206	邱11	219	魏县北皋集钻ZK1

附件 4

"河北省区域地质纲要(续作)"项目系列成果

河北省(北京市天津市)平原区活动断裂分布图说明书

(比例尺 1∶500 000)

河北省区域地质调查院(河北省地学旅游研究中心) 编著

目 录

第一章 绪 言 ………………………………………………………………………………（1）

 第一节 项目概况 ……………………………………………………………………（1）

 第二节 交通位置及自然地理概况 …………………………………………………（2）

 第三节 活动断裂以往工作概况 ……………………………………………………（3）

 第四节 本次工作概况 ………………………………………………………………（4）

第二章 活动断裂 ……………………………………………………………………………（6）

 第一节 活动断裂概况 ………………………………………………………………（6）

 第二节 更新世早、中期活动断裂 …………………………………………………（9）

 第三节 更新世晚期活动断裂 ………………………………………………………（18）

 第四节 全新世活动断裂 ……………………………………………………………（21）

第三章 结束语 ………………………………………………………………………………（25）

 第一节 取得的主要成果和进展 ……………………………………………………（25）

 第二节 存在问题 ……………………………………………………………………（25）

第一章 绪 言

第一节 项目概况

项目名称:河北省区域地质纲要(续作)。
项目编码:13000023P00F2D410251H。
实施单位:河北省自然资源厅。
承担单位:河北省区域地质调查院(河北省地学旅游研究中心)。
项目实施起止时间:2023年1—12月,工作周期为1年。
资金来源:省地勘专项资金210万元。

本项目为"河北省区域地质纲要"的续作项目。2022年"河北省区域地质纲要"项目主要开展河北省地表部分综合研究及编图工作,编制了河北省(北京市天津市)地质图(1∶50万)、河北省(北京市天津市)岩浆岩地质图(1∶50万)、河北省(北京市天津市)地质构造图(1∶100万)、河北省(北京市天津市)第四纪地质及地貌图(1∶100万),并编写了《河北省区域地质纲要成果报告》。2023年,"河北省区域地质纲要(续作)"项目主要开展了平原区地下部分综合研究及编图工作,编制了河北省(北京市天津市)平原区前新生代基岩地质图(1∶50万)及前新生代分幅基岩地质图(1∶25万)、河北省(北京市天津市)平原区古近纪地质图(1∶50万)、河北省(北京市天津市)平原区新近纪地质图(1∶50万)及河北省(北京市天津市)平原区活动断裂分布图(1∶50万),并编写了河北省(北京市天津市)平原区地质编图与综合研究报告及系列图件说明书。

项目目标任务:以河北省平原区区域地质调查成果为基础,收集近年来地热、水文、石油、煤炭等专业取得的地质成果及学术科研成果,通过各类钻探、物探成果的综合对比研究,对河北省平原区下伏前新生代基岩、古近纪、新近纪地质体分布及基岩面起伏、基底构造等特征进行总结,并通过地震研究及活动断裂探测等工作成果,梳理河北省平原区重要活动断裂数量及分布特征,系统总结编制河北省平原区基础地质系列图件及文字报告,进一步提高河北省平原区基础地质工作的研究程度和研究水平,为今后地热资源勘查开发、地质灾害防治、城市规划建设等工作提供服务。

目标任务分解:系统收集整理河北省平原区水文、地热、石油、煤炭等地质工作中的钻探、物探成果进行综合研究,对河北省平原区下伏前新生代地质体的分布、基岩面起伏、基底构造等特征进行系统总结,编制河北省(北京市天津市)平原区前新生代基岩地质图;基于河北省平原区地热、石油等地质工作中的钻探、物探成果,对古近纪、新近纪地质体分布特征进行总结,编制河北省(北京市天津市)平原区古近纪、新近纪地质图;基于河北省平原区地震、活动断裂探测等工作,系统梳理与总结河北省平原区重要活动断裂的数量及分布,编制河北省(北京市天津市)平原区活动断裂分布图;编撰河北省(北京市天津市)平原区地质编图与综合研究报告及系列图件说明书。

第二节　交通位置及自然地理概况

河北省平原区属华北平原的北部，南部及东南部与河南、山东接壤，北至燕山，西邻太行山，东临渤海。主要由石家庄市、邢台市、邯郸市、衡水市、保定市、廊坊市、唐山市、秦皇岛市、沧州市9个市组成，经济文化繁荣。区内交通发达，公路、铁路四通八达，包括京广铁路、京九铁路、京沪铁路、京广高铁、京九高铁等28条主要干线铁路，以及27条国家干线公路（图1-1）；海空交通发达，有秦皇岛港、京唐港、曹妃甸港、黄骅港等港口，机场包括石家庄正定机场、唐山三女河机场、秦皇岛北戴河机场、邯郸机场等。

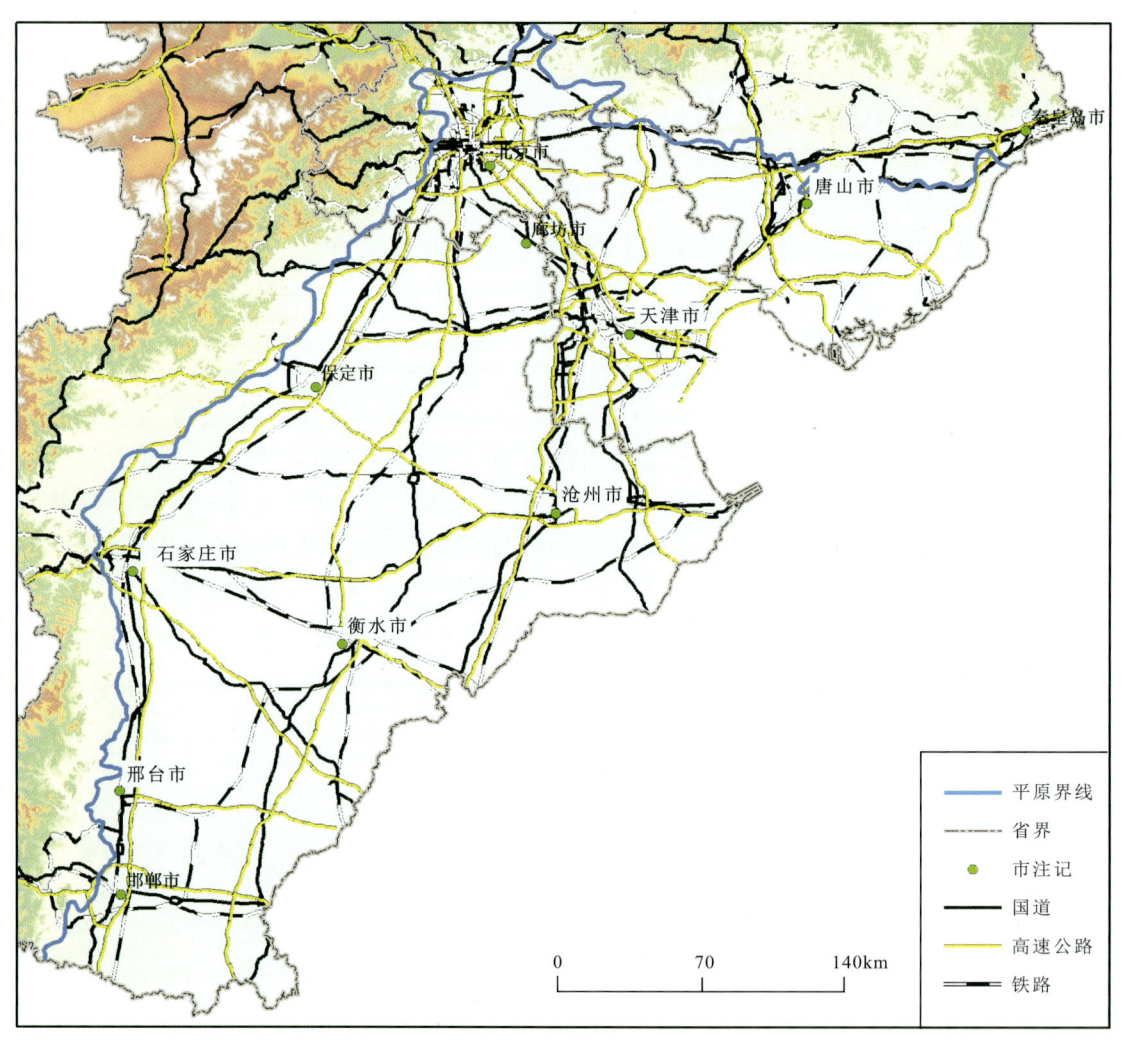

图1-1　工作区地貌交通图

河北省平原区主要由古黄河、漳河、滏阳河、沙河、滹沱河、拒马河、永定河、潮白河、子牙河、大清河、海河、滦河等河流冲洪积和白洋淀等湖泊沉积而成，地势低平，整体西高东低，向渤海湾倾斜，西部和北部分别为太行山、燕山山前冲积和洪积平原，海拔由西部涿州—定兴—望都—石家庄—邢台—邯郸一带的100m左右向东逐步降低到渤海沿岸的3m左右，洼地和泊淀面积宽广。

区内河流多发源于太行山东麓及燕山南麓,形成一个巨大的扇形水系,海河水系为区内最大的水系,年径流量达 242 亿 m^3,约占河北省地表总径流量资源的 2/3,水量主要集中于 7—8 月份,春季水量小,个别河流甚至干涸。

河北省平原区气候属于暖温带湿润或半湿润气候,四季分明,寒暑悬殊,雨量集中,干湿宜人,具有冬季干燥寒冷,雨雪稀少;春季冷暖多变,干燥多风;夏季炎热潮湿,雨量集中;秋季风和日丽,凉爽少雨的特点。年平均温度为 10~20℃,夏季 7 月平均气温为 26℃,极端高温可达 40℃,多出现在 6 月,冬季 11 月上旬开始霜冻,次年 3 月下旬解冻,无霜期一般在 180d 左右。年平均降水量 400~700mm,降水主要集中在夏季,7—8 月降水量最多,占全年降水量的 70%左右;冬季降水量最少,仅占全年的 2%左右;秋季降水量稍多于春季。年均气温和降水量由南向北随纬度增加而递减。全年日照时数 2700~2900h,日照时数一般春季最多,夏季次之,冬季最少。区内风向,每年的 11 月到次年 2 月间多为北或西北风,其余月份以西南、东南风为主。年平均风速 3~4m/s,年极端最大风速可达 30m/s。春季风速大,降水量少,常有黄沙弥漫、尘土蔽日的风沙天气出现,年风沙日数为 10~20d。

河北省平原区石油、煤、铁矿等矿产资源丰富。石油有中国著名的华北油田、大港油田、冀东油田等;煤炭有开平煤田、蓟玉煤田、大城煤田、邯邢煤田等;铁矿有亚洲第二大铁矿即司家营铁矿、长凝铁矿等。平原区是中国小麦、棉花、花生、芝麻等作物种植面积最大的农业区,也是温带果品苹果、梨、柿、核桃和红枣等的重要产区。

第三节 活动断裂以往工作概况

河北省(北京市、天津市)平原区(以下简称"平原区")活动断裂的研究工作主要由中国地震局、河北省地震局等单位完成。2013 年,由中国地震局主导完成的河北省 11 个城市活动断裂探测与地震危险性评价项目工作,获取了丰富的断裂构造资料。一些新发现、新认识填补了部分地区活动断裂等资料的空白。近年来,随着平原区区域地质调查、城市地质调查、地震安全性评价工作的开展,也开展了部分重要的活动断裂探测的工作(表 1-1)。

表 1-1 活动断裂编图主要参考资料统计表

序号	资料名称	完成单位或人员	时间
1	北京平原区活动断裂监测专项地质调查	北京市地质调查研究院	2012 年
2	石家庄市城市地质调查评价报告	河北省地矿局水文工程地质勘查院	2013 年
3	河北省城市活断裂探测与地震危险性评价项目(石家庄市)	北京中震创业工程科技研究院	2013 年
4	河北省城市活断裂探测与地震危险性评价项目(邢台庄市)	北京吉奥星地震工程勘测研究院	2013 年
5	河北省城市活断裂探测与地震危险性评价项目(秦皇岛市)	北京吉奥星地震工程勘测研究院	2013 年
6	河北省城市活断裂探测与地震危险性评价项目(唐山市)	北京吉奥星地震工程勘测研究院、中国地震局应急搜救中心	2013 年

续表 1-1

序号	资料名称	完成单位或人员	时间
7	河北省城市活断裂探测与地震危险性评价项目（沧州市）	中国地震局地球物理研究所	2014 年
8	京津冀地区活动断裂及地震分布图	天津地质调查中心、中国地质科学院地质力学研究所	2015 年
9	河北省地震构造特征	彭远黔、孟立朋	2017 年
10	滦河冲积平原第四纪地质	天津地质调查中心	2018 年
11	永定河冲积平原区域地质调查	中国地质科学院地球物理地球化学勘查研究所	2018 年
12	非首都功能疏解区 1∶5 万环境地质调查	天津地质调查中心	2018 年
13	北京大兴国际机场临空经济区（廊坊片区）区域性地震安全性评价	中冶建筑研究总院有限公司	2020 年
14	唐山城市建设规划区地下空间开发利用综合地质调查	河北省地矿局第二地质大队	2021 年
15	临空经济区（廊坊片区）三维地质结构与隐伏断裂调查	河北省区域地质调查院	2022 年
16	中国地震台网历史地震目录	中国地震局	2022 年

第四节 本次工作概况

本次活动断裂分布图等系列图件编制工作，全面收集了平原区以往完成的揭示活动构造特征的各类项目及科研成果，资料利用截止日期为 2022 年 12 月。

本次编图整体以河北省地震局编制的活动断裂分布图（图 1-2）为基础，结合各部门编制的活动断裂分布图，通过已经收集到的重力剖面、浅层地震剖面、高密度电法剖面中解译的断裂上断点位置，结合活动断裂探测孔对上断点时代的限定，以河北省（北京市天津市）平原区第四纪地质地貌图为底图更新编制河北省（北京市天津市）平原区活动断裂分布图。

第一章 绪 言

图1-2 编制活动断裂图主要资料利用分布图

第二章　活动断裂

第一节　活动断裂概况

根据《活动断层探测》(GB/T 36072—2018)定义,活动断裂指距今12万年以来有过活动的断裂,包括更新世晚期活动断裂和全新世活动断裂。由于更新世晚期以来有过活动的断裂较少,本次编图工作对平原区第四纪以来活动的断裂均进行了表达,并根据活动时限,划分为更新世早、中期活动断裂、更新世晚期活动断裂、全新世活动断裂。

本次工作根据河北省地震局提供的活动断裂分布图相关资料,结合近年来平原区开展的区域地质调查、城市地质调查成果,对平原区活动断裂进行了研究,编制了平原区活动断裂分布图(图2-1),活动断裂名称及主要特征见表2-1。

表2-1　平原区活动断裂统计表

编号	断裂名称	时代	断裂状态	性质	走向	倾向	倾角(°)	长度(km)
F1	北坞断裂	Qp^3	隐伏	正断层	北东	北西		28.89
F2	新夏垫断裂	Qh	出露	正断层	北东	南东	70	52.23
F3	三河-黄土庄断裂	Qp^3	隐伏	走滑正断层	近东西	南	30～40	25.00
F4	香河-皇庄断裂	Qp^{1-2}	隐伏	正断层	北东	南东		22.96
F5	桐柏断裂	Qp^{1-2}	隐伏	走滑正断层	北东东	南南东	60	22.95
F6	宝坻断裂	Qp^3	隐伏	走滑正断层	近东西	南	35～60	69.33
F7	新安镇断裂	Qp^{1-2}	隐伏	正断层	北东	南东		32.05
F8	蓟运河断裂	Qp^3	隐伏	走滑正断层	北西	南西	70	93.34
F9	丰台-野鸡坨断裂	Qp^3	隐伏	正断层	北东	北西	60～80	88.96
F10	陡河断裂	Qp^{1-2}	隐伏	正断层	北东	北西		20.60
F11	碑子院-丰南断裂	Qp^{1-2}	出露	正断层	北北东	南东东	70～80	12.66
F12	唐山-丰南断裂	Qp^3	出露	正断层	北东	南东	80～90	10.95
F13	唐山-古冶断裂	Qh	出露	走滑正断层	北东—北东东	南东—南南东	50～60	10.50
F14	唐山断裂	Qh	出露	正断层	北北东	南东东	70～80	15.21
F15	王兰庄西断裂	Qp^{1-2}	出露	正断层	北东	南东		19.06
F16	王兰庄东断裂	Qp^3	出露	正断层	北东	南东		18.65
F17	王兰庄南-汉沽断裂	Qp^3	出露	正断层	北东	南东		17.71

续表 2-1

编号	断裂名称	时代	断裂状态	性质	走向	倾向	倾角(°)	长度(km)
F18	宁河-昌黎断裂	Qp^{1-2}	隐伏	正断层	北东	南东	35～50	177.16
F19	乐亭断裂	Qp^{1-2}	隐伏	走滑正断层	北北西	北东、南西	35～50	21.14
F20	柏各庄断裂	Qp^{1-2}	隐伏	走滑正断层	北西	南西	60	50.53
F21	黄庄-高丽营断裂	Qh	隐伏	正断层	北北东	南东	50～75	145.23
F22	南苑-通州断裂	Qp^{1-2}	隐伏	正断层	北东	北西	50～70	28.43
F23	大兴凸起东缘断裂	Qh	隐伏	正断层	北东	南东		98.05
F24	河西务断裂	Qp^{1-2}	隐伏	正断层	北东	南东	50～65	73.85
F25	涞水断裂	Qp^{1-2}	隐伏	走滑正断层	北西	南西	70	61.92
F26	徐水断裂	Qp^3	隐伏	正断层	北东	南东	30～40	44.87
F27	徐水南断裂	Qp^3	隐伏	走滑正断层	近东西	南	60	30.11
F28	牛东断裂	Qp^{1-2}	隐伏	走滑正断层	北东东—北东	南东东—南南东	50	69.91
F29	保定-石家庄断裂	Qp^{1-2}	隐伏	正断层	北东	南东	20～70	168.41
F30	顺平断裂	Qp^{1-2}	隐伏	走滑正断层	北西西			29.68
F31	护驾池断裂	Qp^{1-2}	隐伏	正断层	北东	北西	40～60	35.00
F32	沧西断裂	Qp^{1-2}	隐伏	正断层	北北东	北西西	50～60	79.93
F33	大城东断裂	Qp^3	隐伏	正断层	北东	南东	50	75.00
F34	沧东断裂	Qh	隐伏	正断层	北东—北北东	南东—南东东	20～80	129.73
F35	北大港断裂	Qp^{1-2}	隐伏	正断层	北北东	北西		55.78
F36	南大港断裂	Qp^{1-2}	隐伏	走滑正断层	北东东	南南东		42.03
F37	徐黑西断裂	Qp^{1-2}	隐伏	正断层	北东	北西		110.65
F38	埕西-羊二庄断裂	Qp^{1-2}	隐伏	正断层	北东	北西	35～50	130.15
F39	无极断裂	Qp^{1-2}	隐伏	走滑正断层	北西	北东		94.67
F40	衡水断裂	Qp^{1-2}	隐伏	走滑正断层	北西	北东	35～55	78.67
F41	滹沱河断裂	Qp^{1-2}	隐伏	走滑正断层	北西西	北北东		31.53
F42	马村北断裂	Qp^{1-2}	隐伏	走滑正断层	北西西			26.91
F43	元氏断裂	Qp^{1-2}	隐伏	走滑正断层	南北	东	45	56.00
F44	栾城东断裂	Qp^{1-2}	隐伏	正断层	北东	南东	50	36.00
F45	晋县断裂	Qp^{1-2}	隐伏	正断层	北东	北西	30～40	80.42
F46	新河断裂	Qp^{1-2}	隐伏	正断层	北北东	北西西	25～55	77.88
F47	前磨头断裂	Qp^{1-2}	隐伏	走滑正断层	北东东	北北西	45～60	32.45
F48	明化镇断裂	Qp^{1-2}	隐伏	正断层	北东	北西	30～60	60.64
F49	武城断裂	Qp^{1-2}	隐伏	正断层	北东	北西	30～40	45.95
F50	隆尧断裂	Qp^{1-2}	隐伏	走滑正断层	近东西	南	60	35.00
F51	会宁西断裂	Qp^3	隐伏	走滑正断层	北北西	北东		33.00

续表 2-1

编号	断裂名称	时代	断裂状态	性质	走向	倾向	倾角(°)	长度(km)
F52	会宁东断裂	Qp^{1-2}	隐伏	走滑正断层	北北西	北东东		20.45
F53	邢东断裂	Qp^3	隐伏	正断层	北北东	南东东	40～60	60.98
F54	紫山西断裂	Qp^{1-2}	隐伏	正断层	北北东	北西西		70.61
F55	紫山东断裂	Qp^{1-2}	隐伏	正断层	北北东	南东东		72.00
F56	曲陌断裂	Qp^{1-2}	隐伏	走滑正断层	北西西	南南西	70～80	39.60
F57	永年西断裂	Qp^{1-2}	隐伏	走滑正断层	北西西	北北东	65	15.60
F58	永年南断裂	Qp^{1-2}	隐伏	走滑正断层	北西西	北北东	65	15.51
F59	邯郸断裂	Qp^{1-2}	隐伏	正断层	北北东	南东东	40～60	71.58
F60	广宗断裂	Qp^{1-2}	隐伏	正断层	北东	南东	40	35.90
F61	馆陶断裂	Qp^{1-2}	隐伏	正断层	北东	北西	40	105.00
F62	磁县断裂	Qh	出露	走滑正断层	北西西	北北东	70～80	50.59
F63	岳城水库断裂	Qp^{1-2}	隐伏	正断层	北东	南东	50	18.15
F64	大名断裂	Qp^3	隐伏	走滑正断层	北西西	北北东	50～60	90.14
F65	南口断裂	Qp^3	隐伏	走滑正断层	北西	南西		28.50
F66	孙河断裂	Qp^3	隐伏	走滑正断层	北西	北东		51.38
F67	小汤山-东北旺断裂	Qp^{1-2}	隐伏	正断层	北北东			17.56
F68	黄庄-高丽营断裂	Qh	出露	正断层	北东	南东		50.47
F69	顺义-良乡断裂	Qp^3	隐伏	正断层	北北东—北东	南东东—南东	60～80	99.25
F70	永定河断裂	Qp^{1-2}	隐伏	走滑正断层	北西	北东		10.87
F71	汉沟断裂	Qp^{1-2}	隐伏	正断层	北东	南东		37.99
F72	海河断裂	Qp^3	隐伏	走滑正断层	北西—北西西	南西—南南西		143.81
F73	天津北断裂	Qp^{1-2}	隐伏	正断层	北北东—北东	北西西—北西		115.82
F74	天津南断裂	Qp^{1-2}	隐伏	正断层	北东	南东		14.64
F75	大寺断裂	Qp^{1-2}	隐伏	正断层	北北东	南东东		34.65
F76	汉沽断裂	Qp^3	隐伏	走滑正断层	北西西	南南西		34.00
F77	大张坨断裂	Qp^{1-2}	隐伏	正断层	北东	北西		51.91

平原区第四纪以来活动的断裂共有 77 条（F1～F77），与河北省相关的有 64 条（F1～F64）。其中，更新世早中期活动的断裂有 50 条（F4、F5、F7、F10、F11、F15、F18～F20、F22、F24、F25、F28～F32、F35～F50、F52、F54～F61、F63、F67、F70、F71、F73～F75、F77），与河北省相关的有 44 条（小于 F65 编号的）；更新世晚期活动的断裂有 19 条（F1、F3、F6、F8、F9、F12、F16、F17、F26、F27、F33、F51、F53、F64、F65、F66、F69、F72、F76），与河北省相关的有 14 条（小于 F65 编号的）；全新世活动的断裂有 8 条（F2、F13、F14、F21、F23、F34、F62、F68），与河北省相关的有 6 条（小于 F65 编号的）。北北东—北东向的活动断裂性质为正断层，其他方向的活动断裂性质为走滑正断层。

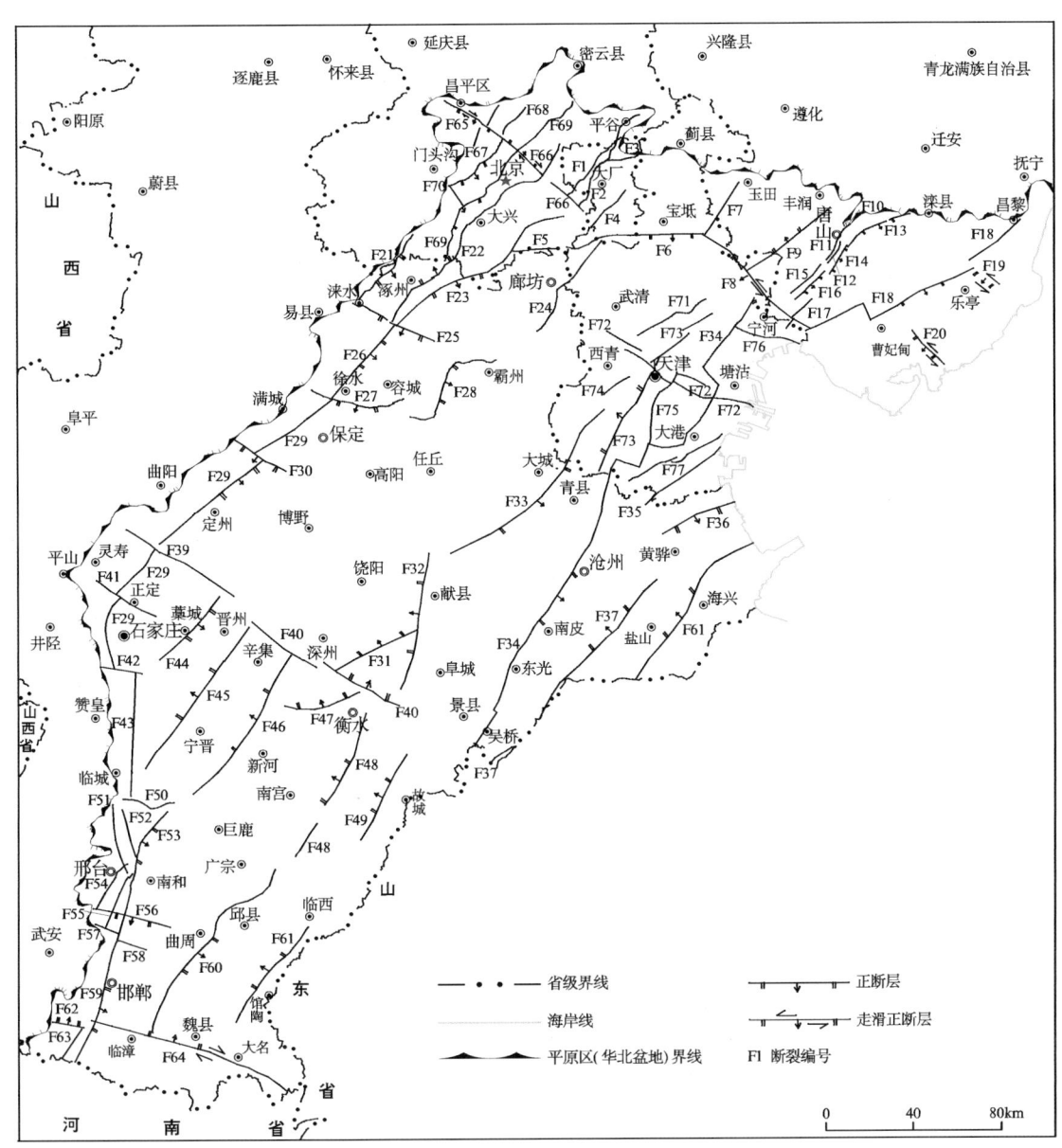

图 2-1 平原区活动断裂分布图
(断裂名称见表 2-1)

第二节　更新世早、中期活动断裂

平原区更新世早、中期的活动断裂共有 50 条,占活动断裂总数的 64.93%。根据以往工作程度,选择以下 33 条断裂进行叙述,其他断裂主要特征见表 2-1。

1. 桐柏断裂(F5)

桐柏断裂隐伏于廊坊北部桐柏一带,为大厂凹陷与廊坊凹陷的分界断裂。呈北东东向展布(见图 2-1),长约 23km。该断裂倾向南南东,倾角 60°,断裂性质为走滑正断层。在新生代主要活动于渐新世中晚期，在更新世早中期有继承性活动。

河北省城市地震活动断裂探测与地震危险性评价项目（2007—2013）对该断裂进行了详勘，在廊坊市采万路布设了浅层地震勘测剖面。在浅层地震勘测剖面上该断裂有显示，断错了中更新统底界，未断错上更新统底界，断裂上断点埋深110m。

2. 陡河断裂（F10）

陡河断裂隐伏于唐山市西北龙王庙—陡河一带，整体呈北东向展布（图2-1），长约21km。该断裂倾向北西，断裂性质为正断层，主要活动于更新世早中期。断裂两侧地貌景观截然不同，东南侧为海拔高200m以上的山地夷平面，北西侧是山前平原，并在紧邻断裂处形成300～400m的沉降中心，断裂两侧第四系最大垂直落差达150～200m。在陡河水库东侧，地貌上形成一系列平行于山体走向的北东向展布的基岩地貌坎——断层崖。

河北省工程地震勘察研究院（2014）在洼里村东南布设一条浅层地震勘测剖面。在浅层地震勘测剖面上该断裂有显示，倾向北西，断错第四系底界，上断点埋深18m左右。

3. 碑子院-丰南断裂（F11）

碑子院-丰南断裂北自碑子院，向南经梁家屯、刘家过道至丰南区，全长13km，走向北北东—北东，倾向北西，正断层性质。地矿部水文地质工程地质技术方法研究所（1993）浅层地震勘探结果显示，该断裂北部由两支平行断裂组成，上断点埋深45m。何正勤等（2007）在新华道北对该断裂进行的浅层地震勘探结果表明，上断点埋深在70m左右，断层活动的最新时代为中更新世晚期。中国地震局地壳应力研究所（2007）在国丰道进行的浅层地震勘探表明，断层上断点埋深80m，为中更新世中期地层。

4. 宁河-昌黎断裂（F18）

宁河-昌黎断裂隐伏于天津市宁河东—唐山市滦南县城南—南套南—大夫庄南—杨家坨—昌黎一带，整体呈北东向折线追踪状展布（见图2-1），长约177km。该断裂倾向南东，倾角35°～50°，断裂性质为正断层。该断裂位于宽3～4km的重力梯级带上，断面处于密集重力梯级带变化斜面上。在古近纪至新近纪期间断裂活动较强烈，更新世早中期有继承性活动，第四系底界断裂两盘落差达300m左右。

河北省工程地震勘察研究院（2014）自滦南、唐海、丰南由北向南布设了4条浅层地震勘测剖面。在Ts01～Ts04浅层地震勘测剖面上该断裂有显示，沿断裂断点埋深分别为70m、90m、60m、120m。

5. 乐亭断裂（F19）

乐亭断裂形成于前古生代，新生代活动强烈，北段走向北北西，倾向北东，为高角度逆断层；南段走向北西，倾向南西，为正断层，是乐亭凹陷的边界断裂之一。在滦县西北有一系列北北西向的断层残山。断层东侧发育上升海岸，出现高达20～40m的沙丘以及海蚀穴；西侧发育沉降海岸，出现三角洲和湿地。断裂两侧分布着3个历史时期的滦河冲积扇，它们是滦县-乐亭断裂新活动的结果。现今位于断裂西侧乐亭县王维乡海滩边的两个村庄，因为海岸不断下沉，已于1959年搬迁，村庄原址已被海水淹没，说明乐亭断裂西侧现今可能仍然在下沉。

6. 柏各庄断裂（F20）

柏各庄断裂是南堡凹陷东部一条张扭性的控凹断裂，北起唐海县城以北，经柳赞后延入渤海，总体走向北西，倾向南西，倾角60°左右，长约51km，为上陡下缓的铲形正断裂。断裂上盘具明显的负花状构造。断裂对断陷盆地的形成以及沉积填充有重要的控制作用。断裂开始发育于中生代，主要形成于古近纪，它与北东向的西南庄断裂一起控制了南堡凹陷的北界，是一条基底断裂。断裂在重力异常图上表现为重力等值线密集带,据大港石油管理局地震勘探资料,柏各庄断裂的断距在沙河街组一段底面为1050~2000m,馆陶组底面为70~380m,明化镇组底面为20~310m,断裂上断点已达第四系底部。在柳赞附近对该断裂进行的浅层地震探测结果表明,地下深0~300m的范围内可分为4层,其深度分别为0~50m、50~115m、115~220m和220~290m,它们的层位稳定连续,无断错迹象,而到650m以下才有断裂异常显示。该区第四系厚500m左右,表明柏各庄断裂主要断错新近系。经综合判断,该断裂是一条第四纪早期活动断裂。

7. 河西务断裂(F24)

河西务断裂隐伏于天津市河西务西北—大王务—廊坊市永清东码头镇一带,为廊坊凹陷与武清-霸县凹陷的分界断裂。整体呈北东向折线追踪状展布(见图2-1),长约74km。该断裂倾向南东,倾角50°~65°,断裂性质为上陡下缓的铲形正断层。在新生代主要活动于古近纪至新近纪,在更新世早中期有继承性活动。

河北省工程地震勘察研究院(2010)在廊坊市西村南、104国道和普照营村北布设了3条浅层地震勘测剖面。在浅层地震勘测剖面上该断裂有显示,断错了更新统中部底界,上断点埋深170m。

8. 徐水南断裂(F27)

徐水南断裂位于保定城区与徐水之间,近东西向展布,断裂倾向南,倾角60°,长约30km,正断层性质。断裂北盘为徐水凹陷(西部)和容城凸起(东部),南盘为保定凹陷。据石油物探资料,古近系底面断距近200m,上断点可达明化镇组,上覆厚1000m的新近系和第四系。

高战武等(2014)在西贤台村南至东贤台村北之间布设一条长1.5km的地震勘探测线G3,对徐水南断裂进行探测,结果显示,上断点埋深189m,断错埋深250m左右的第四系底界面,说明徐水南断裂为早、中更新世断层。

9. 牛东断裂(F28)

牛东断裂是牛驼镇凸起与霸县凹陷的分界断裂,控制着霸县凹陷发育。断裂长约70km,走向北东东—北东,倾角50°左右,为东倾正断层。它由两条断裂斜列组成。剖面表现为一断阶带,上部有数条断层,向下合并成一条。该断裂形成于燕山期,新生代以来活动较强。断裂控制了新近系的沉积,凹陷内沉积厚度达2500m以上,新近系底界的垂直断距约1000m,第四系落差达100m,断裂东侧有第四纪海相层沉积,而西侧缺失。据人工地震剖面资料,断面上延至地下200m处,为中更新统上部,因此牛东断裂最新活动至中更新世晚期。

10. 保定-石家庄断裂(F29)

保定-石家庄断裂隐伏于石家庄西—定州西—保定西—徐水西—定兴西一带,为太行山山前台地、廊坊-深州火山-沉积盆地及徐水凹陷、保定凹陷等构造单元的分界断裂。整体呈北东向折线追踪状展布(见图2-1),长约168km。该断裂倾向南东,倾角20°~70°,断裂性质为上陡下缓的铲形正断层。在新生代主要活动于古近纪至新近纪,在更新世早中期有继承性活动。

河北省工程地震勘察研究院(2005)在正定巧女村东布设了一条长840m近东西向浅层地震勘测剖面。在浅层地震勘测剖面上该断裂有显示,断错了更新统中部底界,上断点埋深约60m。

11. 护驾池断裂(F31)

护驾池断裂(亦称虎北断裂)为深县凹陷与饶南凹陷间的边界断裂,展布于崔留贯、程家一带,西南端与衡水断裂交会。断裂走向40°~60°,倾向北西,全长35km。据石油地震剖面,断裂上部倾角60°,下部倾角 40°左右,为正断层,上断点埋深为 750~800m,古近系底面(T_g)垂直落差达 1900m,新近系底(T_2)垂直落差为 250m 左右。

为查明护驾池断裂的活动性,国土资源部(现自然资源部)水文地质工程地质技术方法研究所(1989)在护驾池北布设一条近南北向、长 1610m 的浅层地震测线。勘探结果显示,与新近系顶板相当的反射波组被断错,说明断裂向上断至第四系底板,断面向北陡倾,断距 15.8m,为一条早更新世断裂。

12. 沧西断裂(F32)

沧西断裂(亦称献县断裂)是饶阳凹陷东部边界断裂,走向北北东,全长 80 余千米,南段向北至里坦凹陷消失。断裂在燕山晚期曾是与太行山变质核杂岩隆升有关的大型重力滑动构造的前缘逆冲断层,其拆离面包括元古界以及寒武系的页岩和石炭系,始新世时期,在伸展作用下反向下滑形成饶阳凹陷。受勘探程度和资料所限,对其结构细节和演化过程的研究不够深入,作为边界断层对古近纪地层的控制作用明显,后期的拆离滑覆作用改造了其上盘地层,并造成地层的褶皱和剥蚀。

石油地震勘探剖面显示,断面倾角上部约 60°,下部为 50°左右。断裂以东的沧县隆起上基本缺失古近纪沉积或厚度甚薄,断裂两侧古近系底面落差 3000m 左右,新近系底板落差为 300m 左右。

中国地震局地质研究所曾在西沙窝和崔乡开展了土壤气汞测量,均有异常反映;在崔乡进行的浅层地震勘探结果表明,沧西断裂在深度 350m 处尚无反映,该深度已接近第四系底界位置,表明第四纪时期活动减弱,即使有活动也发生在新近纪末或第四纪早期。

13. 埕西-羊二庄断裂(F38)

该断裂为黄骅断陷和埕宁隆起的分界断裂,总体走向北东,倾向北西,右行错列排列,全长 130km,主要发育期在渐新世,成为渐新世裂谷盆地的边界断层,向东北到海域区逐渐变弱,有较薄的古近系分布。羊二庄断层为控制坳陷边界的断裂,延伸到歧口凹陷内,断层上升盘大部分地区缺失古近系,断层类型比较简单,多为断面较陡的正断层,很少发生旋转;断裂以西为黄骅坳陷,古近系发育,断裂系统比较复杂,有犁式和椅式等多种类型的正断层。该断裂断层面上段切断古近系馆陶组和明化镇组的底面,推测断面上端延入第四纪中、下部。

中国地震局地质研究所(2003)在羊二庄南、北分别布设了浅层地震反射剖面,探测结果表明:深度 170m 以上未见断层。中国地震局地球物理勘探中心(2014)布设地震勘探测线 S1-1、S1-2 探测埕西-羊二庄断裂,在 S1-1 剖面上发现两个断点,分别为 FP1 与 FP2,在 S1-2 剖面上发现一个断点 FP3。

FP1 与 FP2 两断点的断错特征均表现为反射波同相轴的有规律断错,构成一似"Y"字形断层。两断点对深部多个界面的断错均清晰可见,上断点埋深约为 100m,垂直断距 2m 左右。根据第四纪地层划分结果,深度 60m 以下为中更新世,表明断层为中更新世断裂。FP3 断点位于 S1-2 剖面的北端,为一正断层,其下部明显断错了 Tg 界面,向上分为多条断层,其总体形态为一花状构造。最浅在剖面上断错了 T_2 界面。各上断点位置清晰,T_3 界面连续,没有发现断点向更新地层延伸的迹象,其上断点埋深为 100~110m,垂直断距 5~6m,表明断层为中更新世断裂。埕西-羊二庄断裂仅断错了中、下更新统,其最新活动时代为第四纪早、中期。

14. 无极断裂(F39)

无极断裂将正定凹陷与保定凹陷隔开,走向北西西,倾向北东,左旋走滑,长约 95km。根据石油和地矿物探成果资料,该断裂在新乐往东沿磁河延伸至无极北,往西沿沙河延伸,止于曲阳县齐村北。它形成于中生代,断错古生界、中生界、古近系和新近系底界面,新近系底界面垂直错距约 100m。根据该断裂对河流流向的控制作用及地震的控制作用,判断它为第四纪活动断裂。

15. 衡水断裂(F40)

衡水断裂隐伏于晋州东—辛集北—衡水—武邑南一带,为廊坊-深州火山-沉积盆地与天津-故城隆起的分界断裂之一,也是部分凹陷、凸起的分界断裂。整体呈北西向折线追踪状展布(见图 2-1),长约 79km。该断裂倾向北东,倾角 35°～55°,具有右旋斜降正断层(走滑正断层)的活动性质。在新生代主要活动于古近纪至新近纪,在更新世早、中期有继承性活动。

河北省城市活断裂探测项目在衡水榕花大街、京衡大街布设了两条浅层地震勘测剖面。在两条浅层地震勘测剖面上该断裂均有显示,断错了第四系底界,上断点埋深为 350～390m。

16. 滹沱河断裂(F41)

该断裂又称正定南断裂,断裂走向北西,倾向北东,倾角上陡下缓,长约 32km。石油地震勘探表明,该断裂断错了侏罗系、白垩系,对古近系亦有明显的控制作用,新生界北盘厚,南盘薄,新近系—第四系底界面被断错,但断距较小。从遥感影像上看,该断裂具有明显的线性特征,且对滹沱河流向有控制作用,但断裂两侧色调基本相同,线性特征为自然河道流向,该段滹沱河与其两侧支流的交汇形态无异常特征。

河北省工程地震勘察研究院(2008)在正定县塔元庄村南沿北东 20°方向布设了一条长 1132m 的浅层地震勘探测线对滹沱河断裂进行探测。结果表明,该断裂上断点埋深约 130m,断错中更新统中段底界,说明断裂最新活动时代为中更新世中期。

17. 元氏断裂(F43)

元氏断裂位于太行山山前断裂中段,是太行山山前断裂中段成员之一,展布于石家庄市以南至内丘一线,北与保定-石家庄断裂相邻,南与邢台-邯郸断裂相邻。该断裂是晋县凹陷西侧的主控边界断裂,为正断倾滑性质,断面均上陡下缓,为典型的铲状形态。断裂走向 350°,倾向东,倾角 45°左右,全长 56km。

元氏断裂新近纪以来有活动。钻孔资料表明沿断裂存在一基岩陡坎,两侧新近系至第四系厚度有明显变化,断裂两侧新近系底面落差 300m,并向上断错第四系底部。断裂下降盘水文栾 3 钻孔于孔深 311m 处未见基岩;元 CK23 钻孔于孔深 463m 处穿松散层见奥陶系基岩;元氏南元 80 钻孔于孔深 724.71m 处仍未穿过新近系;赞 5 钻孔在孔深 445m 处穿松散层见石炭系、奥陶系基岩。断裂上升盘的 22 钻孔(赞 5 钻孔以西,两孔相距仅 2～3km)于孔深 17.51m 处即见石炭系基岩。据上述资料估计该断裂两侧新近系明化镇组底面落差 250m。据煤田资料,元氏断裂主要于新近纪及第四纪活动,在元氏县北万年乡—池村一带,该断裂将新近系及第四系底部断错,断距 300m 左右。高邑附近局部影响了太行山前多期洪积扇的发育。在该断裂附近高邑、临城一带小震较活跃,历史上也曾有过多次有感地震记载。

18. 栾城东断裂(F44)

栾城东断裂展布于固镇、藁城、栾城、南固镇一带,总体走向北东,全长约 36km,是一条倾向南东、倾角约 50°的张性正断裂。该断裂也呈隐伏状态,地表无任何线性地貌特征。该断裂控制藁城低凸起和晋县凹陷的边界,下端埋深达 7000m,上端埋深 700m,延入新近系中,新近系底面落差 50m。断裂南部发生过 1512 年栾城 4 级地震,现今小震时有发生。

河北省城市地震活断层探测与地震危险性评价项目(2007—2013)在石家庄市东南、过方村镇布置了一条长 23km 的跨栾城断裂浅层地震勘探测线。在地震剖面上共解译出 8 组地层界面反射,断层向上切入新近系内部,对应新近系底面的断距 17～23m,上断点埋深为 727m,未切割第四系底面,为前第四纪断裂。该断裂与石家庄断裂、北席断裂同属一个拆离断裂构造体系，其活动习性具有一致性，应为早更新世早期有过活动的断裂，属于早、中更新世断裂。

19. 晋县断裂(F45)

晋县断裂展布于马于、总十庄、河渠、柏乡一线，走向40°，倾向北西，倾角30°～40°，全长约80km，为正断层性质，为晋县凹陷东边界断裂。断裂斜接于保定-石家庄断裂的南端，晚侏罗世—早白垩世时它与保定-石家庄断裂南段一起控制了地堑式断陷盆地的发育，堆积厚3000～4000m的上侏罗统和白垩系。古近纪此断裂控制了晋县凹陷，堆积的古近系厚3000m左右。据石油地震勘探资料，古近系底面(T_g)垂直落差4500m，新近系底面(T_2)垂直落差100m。1851年4级地震可能与此断裂有关，沿断裂有小震活动。

中国地震局地震预测研究所(2005)在晋州南捏盘村布设探测晋县断裂的浅层地震勘探结果表明：断裂为西倾正断层，视倾角约60°，断错地表以下150m左右层位，为中更新统的底部，其断距为12m，上更新统和中更新统间的反射波组平整，无断错显示，反映晚更新世以来断裂没有活动。

20. 新河断裂(F46)

新河断裂为束鹿盆地东侧的主控边界断裂，是束鹿凹陷与新河凸起的分界断裂，沿和睦井、百尺口、荆家庄、耿家桥一带展布，长近78km，总体走向北北东，倾向北西，为上陡下缓的铲形断裂，其上部倾角较陡，为45°～55°，下部倾角为25°～35°，向下延伸至8～10km处接近水平，终止在东倾滑脱面上，主要切割了古生界、中新元古界的蓟县系、长城系及前长城纪变质岩，直接控制了古近系的发育。据石油地震勘探资料，古近系底面(T_g)垂直落差为6000m，新近系底面(T_2)垂直落差为300m。

该断裂被北西向断层分割成3段，北段控制百尺口次凹的发育，新生界总厚达7000m，其中古近系逾5000m，1966年3月26日百尺口6.2级地震发生在该段；中段为南、北西次凹的相对隆起部位；南段控制艾辛店浅次凹的发育，新生界总厚可达2300m，1966年3月22日6.7级地震和7.2级地震发生在该段。

为进一步查明1966年3月22日东汪7.2级和1966年3月8日马栏6.8级地震极震区新河断裂活动性，在"九五"期间布设了两条地震测线，进行了浅层和超浅层地震探测。

在横跨东汪7.2级地震极震区的浅层地质解释剖面上发育4条断层，仅新河断裂向上切割了中、下更新统，垂直位移自下而上逐渐减小，其中古近系界面约120m，上新统、下更新统界面40m，下更新统、中更新统界面20～25m，中更新统界面小于5m，顶部被上更新统、中更新统界面覆盖，表明晚更新世以来不活动。1966年邢台7.2级地震发生于凹陷内，发震构造不是新河断裂，而是其深部的中下地壳陡立断裂

横跨马栏6.8级地震极震区的浅层地震剖面上，在牛家桥东750m的地表以下约600m深处揭露了一条倾向东南的正断层，切割了石炭系/上新统不整合界面80～100m，新近系/下更新统界面小于20m，其上断点终止在下更新统中。马栏6.8级地震地表对应的断裂是毛尔寨断裂，该断裂是与新河断裂向南延伸遥相呼应的另一条北东向断裂。

新河断裂附近历史上发生了777年6级地震及1966年邢台强震群，余震区总体走向北东35°，长约110km，宽60km左右。

21. 前磨头断裂(F47)

该断裂是一条规模不大的正断层，总长约32km，北段走向北东60°，倾向北西；西南段走向近东西，倾向北，断面上部倾角60°，下部约45°。它的活动导致形成前磨头凹陷，凹陷中心位于靠断裂的一侧，古近系底面(T_g)垂直落差为2800m，新近系底面(T_2)垂直落差约200m，上断点埋深700m，断入新近系，

断层上端切断新近系底面,并延入新近系和第四系,但在第四纪中、晚期活动不明显。

国土资源部水文地质工程地质技术方法研究所(1989)在衡水电厂布设近南北向浅层人工地震测线。探测结果表明,早更新世底面断错16.2m,断裂最新活动在早更新世早期。

河北省城市地震活断层探测与地震危险性评价项目(2007—2013)在衡水胡家村和岳家村布设浅层地震勘探测线探测前磨头断裂。胡家村测线沿省道S231自西向东布设,剖面揭示了一个断点,断层倾向南西,埋深为340~370m,垂直断距为4~6m。根据断点的上断点埋深及其所断错的地层分析,该断裂为早更新世早期活动断裂。

22. 明化镇断裂(F48)

明化镇断裂控制着南宫凹陷的发育,为邢衡隆起南宫凹陷东边界断裂,全长约61km,总体走向北东20°~30°,向北折为近南北向,断面倾向西,断层平均落差1200m左右。该断裂形成于古近纪初期,在沙河街四期—孔店期活动强烈,衰退于中新世,控制南宫凹陷古近系的沉积,为明化镇凸起与南宫凹陷的同生主边界断层,断面没有延入新近系,顶端埋深达1300~1400m。南宫凹陷地震剖面显示明化镇断裂断面大致成犁形,上陡下缓,上部倾角较大,为60°左右,向深部变缓,有的地方只有30°。下盘岩层为古老岩层,层理不发育;上盘岩层面发生旋转,但幅度不大。明化镇断裂经历了古近纪的强烈活动。该断裂切穿了新近系底面,说明新近纪以来还有活动,但它不控制地震活动。

23. 武城断裂(F49)

武城断裂又称清河断裂,是大营凹陷东边界断裂,自清河至故城西,走向北东30°,倾向北西,倾角30°~40°,长约46km,断层面下端埋深达6000m,上端延入新近系,属正断层,断层上陡下缓,断面形态多有变化,以铲形为主。断裂控制东侧故城凸起和西侧大营凹陷的发育,下营凹陷古近系厚达3000m。断裂向上断错新近系底,垂直落差为100m,沿线分布地热异常带。河北省工程地震勘察研究院(2008)在武城赵庄村南布设一东西向浅层地震剖面探测武城断裂,结果表明该断裂上端点深度190m,最新活动时代为中更新世。

24. 隆尧断裂(F50)

隆尧断裂是一条隐伏断裂,为隆尧凸起和邢台低凸起间的边界断裂,它横切太行山山前断裂,总体走向近东西,倾向南,倾角60°以上,长35km。该断裂北侧上升盘一侧隆尧凸起新近系—第四系薄,凸起中心部位古生界基岩出露地表,南侧下降盘一侧新近系—第四系厚度达1000~1500m,并在北北东向小洼中有古近系沉积。据石油地震勘探资料,断裂断错了古近系底界面,从其上端点延伸情况推测,可能断错了第四系底界面,是新近纪以来的活动断层。据张家茹等用地震转换波探测,其深部有一条走向北东300°,倾向南,倾角70°~80°的深断裂,断开上地壳至莫霍面。在断裂附近曾发生过中强地震。

河北省工程地震勘察研究院(2004)在内邱金店布设一条浅层地震勘探测线探测隆尧断裂,结果表明该断裂上断点埋深约70m,断裂最新活动时代为中更新世。

河北省城市地震活断层探测与地震危险性评价项目(2007—2013)在内邱北五郭店布设浅层地震勘探剖面探测隆尧断裂,剖面上显示有多个较为明显的反射波组。剖面上共解释了两个断点,上断点埋深为90~100m,垂直断距8~12m。断裂的活动时代应为早—中更新世。

25. 会宁东断裂(F52)

会宁东断裂走向北北西,倾向北东,煤田勘测称其为邢台2号正断层。根据断裂走向、测线位置及断点分析,邢台活断层探测工作中布设的BSH(北三环)测线的断点为会宁东断裂的反映,该断层在地震剖面上为视倾向东的正断层,可分辨的上断点埋深210~220m,经综合分析未发现该断裂晚第四纪活动的证据,为早更新世断层。

26. 紫山西断裂(F54)

紫山西断裂北起邢台市西侧,向南从西北留东过沙河,经北掌,顺延紫山西侧山前到鼓山西的伯延一带消失,走向北北东,倾向西,倾角较陡,全长约71km。断裂控制着武安盆地的发育,新近纪时期,武安盆地西部是夷平地区,云驾岭和显德汪地区是两个大洼地,新近纪堆积物分别厚150m和100m。而盆地东部由于紫山西断裂活动,靠近该断裂形成一长条形洼槽。第四纪早、中期,盆地下沉,位于紫山西断裂下降盘一侧沉积较厚,钻孔揭示第四系厚达73m,第四纪晚期以来,盆地抬升,黄土冲沟发育。从该构造地貌剖面可以看出,断裂主要活动时代为新近纪时期,第四纪早、中期还有弱活动,第四纪晚期以来断裂已不活动。

河北省工程地震勘察研究院(2008)在邢台悟思村南布设一条长706m的浅层地震测线探测紫山西断裂,上断点埋深约65m,断裂最新活动时代为中更新世。

27. 紫山东断裂(F55)

紫山东断裂也称沙河断裂,位于太行山隆起内紫山和鼓山背斜东翼一侧,北段分布在山前平原区,从邢台的北俎村,向南经沙河市到永年区大油村附近被永年北西西向断裂所截;南段从永年大油村南侵入岩体南侧,向南经胡峪东、薛村、太安、到峰峰、南大峪一带,断裂总体走向北北东—南北向,倾向东,倾角较陡,全长72km。古近纪以来,断裂两侧落差约150m。

河北省工程地震勘察研究院(2004)在邢台北俎村南对该断裂布设了一条浅层地震勘探测线,结果显示该处存在一条视倾向东、高角度的正断层,上断点埋深150m,断层断错了下更新统底界,最新活动时代为中更新世。

28. 曲陌断裂(F56)

曲陌断裂和南支的永年断裂组成一条北西西向的断裂带,称为永年-篡村断裂带。该断裂带在航磁图上表现为一条正磁异常带,同时又是一条热异常分布带,沿该带也是历史地震和现今小震活动带,如1708年10月26日永年5级地震。北支的曲陌断裂西起朱庄水库以西,东经篡村、北掌西冯村、裕裤到曲陌,断裂走向290°,倾向北,倾角70°~80°,控制了邯郸次级凹陷的北部边界。据人工地震资料,该断裂始新统底界落差50m,新近系底面落差约50m。

29. 永年西、永年南断裂(F57、F58)

两条断裂合称永年断裂,西起大油村,向东经临洺关,被太行山山前断裂向南错开,由杜村向东延伸至旧永年一带,走向310°,倾向北,倾角65°,全长约31km。在永年临洺关可见到该断裂的露头,断裂发育在洺河的南岸,断错了中更新统底部的棕红色含砾亚黏土,而中更新统上部的棕红色亚黏土和上更新统黄土层直接超覆在其上,并没有受影响,表明该断裂在中更新世早期曾有过活动。沿着断裂线性影像向北西方向追索,洺河西岸阶地无断裂活动迹象。经野外调查,在洺河两岸断裂相应位置侏罗系砂岩、泥岩发生褶皱变形,并发育有小断层及节理,其上覆第四系则以角度不整合与侏罗系接触,第四系主要为冲洪积物,洺河两岸阶地也很稳定连续,未见断错地貌现象,表明该断裂在更新世早期曾有过活动。

河北省城市地震活断层探测与地震危险性评价项目(2007—2013年)针对永年断裂布设了4条浅层地震勘探测线,以及实施变电站场地、明山场地跨断层钻孔探测。变电站场地位于永年县城以西京广铁路西侧,永年区明山公园大门西侧约300m的南北向土路上。浅层地震勘探显示断裂未断错第四系上部黏土。钻孔岩性对比和测年结果表明该断裂更新世晚期以来没有明显活动和地层断错情况,更新世中期有活动,更新世晚期以来活动减弱。综上所述,永年断裂为更新世晚期以前活动断裂。

30. 邯郸断裂(F59)

邯郸断裂是太行山隆起区与华北平原断陷区内邯郸-任县断陷的分界断裂,北起邢台东北,向南经永年临名关,到邯郸市区西侧,大致顺京广铁路线延伸,到达磁县后,过丰乐镇、洪河屯至安阳,总体走向北北东,倾向东,倾角40°～60°,为正断层性质,全长约72km。该断裂为太行山东麓近南北向高重力和负异常的交变带;航磁异常也十分清楚,在邯郸北,以断裂为界,东西两边正是一个正负异常的交变带,断裂西侧为正异常区,断裂东侧为负异常区。据人工地震、钻孔资料,断裂两侧基岩埋深相差数百米,断裂中、新生代有明显活动。据石油地质勘探资料,该断裂北段控制了新生代的任县凹陷,而南段与临漳断裂一起控制邯郸中、新生代凹陷的发育。

(1)邢台—永年段

邯郸断裂的邢台—永年段亦称为邢台东断裂,北起位于隆尧南部的北西向断裂,向南过任县西、邢台东、北俎村,到永年被北西西向永年-纂村断裂带的曲陌断裂分割,长约60km,走向北北东,倾向东。该断裂为任县断陷的西边界断裂,与任县东断裂一起控制了任县断陷的形成和发展。新生代早期,任县断陷为双断型,并以西边界断陷为主;新近纪以来,断陷活动基本转移到了西边界断裂。该断裂断错了中、古生代地层,断距2000余米;断错古近系,断距600余米;断错新近纪到第四纪地层的幅度明显小于古近纪。新构造活动时期以来,断裂活动幅度明显减弱。

河北省工程地震勘察研究院(2004)在邢台市区东侧东三环两侧布设7条浅层地震测线探测邢台东断裂,在剖面上解释了3条断层,它们向下延伸至700～820m组成半羽状断裂构造,主断层为正断层性质,上断点埋深150m,断裂最新活动时代为中更新世。

(2)永年—磁县段

该断裂段北起永年临名关,过邯郸市区西大致顺京广铁路线西侧延伸,到达磁县北被北西西向全新世活动的磁县断裂分隔,全长约56km,走向北北东,倾向东。该断裂段为邯郸断陷的西边界,与邯郸东断裂一起控制了邯郸断陷的形成和发展。邯郸断陷新生代期间发生强烈的断陷作用,沉积厚度达4000m;新近纪以来,邯郸断陷持续强烈活动并且以西边界断裂的差异活动为主,形成了一系列阶梯状正断层。由此可见,该断裂在新近纪时期活动强烈,第四纪以来断裂活动一直持续,邯郸马头附近断裂两侧新近系底界落差大于400m,断裂带两侧差异升降明显。

河北省城市地震活断层探测与地震危险性评价项目(2007—2013)在邯郸断裂的永年—磁县段开展了野外地震地质调查、浅层地震勘探,以及实施跨断层钻孔探测。在磁县东武仕水库东北磁县化工厂附近,地表出露一北北东向正断层,为太行山山前断裂的分支断层,断错了新近系砂岩、更新统下部棕红色黏土胶结砂砾石层,但没有明显断错全新统黏土质粉砂层,断面倾向北东70°,倾角65°,断距大于3m。在永年县城火炬街场地等5个场地开展了跨邯郸断裂的钻孔探测。从勘探结果来看,邯郸断裂在永年—磁县段更新世晚期以来没有明显活动迹象,在贵龙岗场地和界河店场地断裂均断错了中更新统,因此确定该断裂在更新世中期活动,晚更新世晚期以来不活动。

31. 广宗断裂(F60)

广宗断裂是广宗凸起和丘县凹陷的分界断裂,走向北东,倾向南东,倾角40°,上陡下缓呈明显的铲形,长约36km。断裂控制着丘县凹陷的西北边界,大致以曲周—丘县一线为界,丘县凹陷可分为两种构造样式,北部受两条断裂控制成为不对称双边断陷,西面受广宗断裂控制的威县次凹,古近系最大残留厚度可达5000m,最大断距7000m以上。该断裂向北延伸,控制威县次级凹陷北段与临西次级凹陷北段沉积,丘县凹陷中部在广宗断裂与馆陶西断裂不均衡翘断运动下,形成威县次级凹陷中南段、马头构造带与临西次级凹陷中南段的古近系—新近系沉积,具有复合地堑构造特征。断裂主要活动时代在中生代和新生代,新近系底界面断距达400m。从石油物探剖面来看,上断点距地面约400m,而这里的第四纪厚度超过500m,判断此断裂第四纪早期仍有继承性活动。沿断裂无小地震和中强以上地震分布。

32. 馆陶断裂(F61)

馆陶断裂又称馆陶西断裂,走向北东,倾向北西,倾角40°左右,为长105km的正断层。该断裂控制着丘县凹陷的东边界,大致以曲周—丘县一线为界,丘县凹陷可分为两种构造样式,北部受两条断裂控制成为不对称双边断陷,西面受广宗断裂控制的威县次凹,古近纪最大残留厚度达5000m。东面受馆陶断裂控制的临西次凹,古近系厚1000m。馆陶西断裂新近纪活动性分段明显,中段断裂切断新近系底面,断距100~200m,而它的南北段活动弱,北段断面没有断错新近系底面,南段断面上延至新近系底面,显示微弱的错动,反映馆陶西断裂新近纪初以来有活动。

河北省工程地震勘察研究院(2015)在大名东南屯村东北布设一条南东东向、长812m的浅层地震剖面探测馆陶断裂。探测结果显示,断裂倾向西,为高角度的正断层,上断点位于埋深150m处,断错了中更新统底界,最新活动时代为中更新世早期。

33. 岳城水库断裂(F63)

岳城水库断裂为太行山隆起区的山前台地内的一条次级断裂,南起岳城水库大坝附近,向北止于磁县北西西向断裂,断裂走向30°~50°,倾向南东,倾角50°,为正断层性质,全长约18km。该断层在岳城水分大坝右岸垂直排水沟开挖时被揭露,据溢洪道钻孔资料,该段存在一基岩50~60m的陡坎,新近纪底面落差约50m,断错了下更新统的黏土层,落差达20m,影响到中更新统,与上更新统呈超覆关系。该断裂主要活动时代为新近纪到早更新世,中更新世早期有过微弱活动。

第三节 更新世晚期活动断裂

平原区更新世晚期的活动断裂共有19条,占活动断裂总数的24.68%。根据以往工作程度,选择以下8条断裂进行叙述,其他断裂主要特征见表2-1。

1. 宝坻断裂(F6)

宝坻断裂隐伏于廊坊市香河南—天津市宝坻一带,为宝坻凸起与武清-霸县凹陷的分界断裂,走向近东西,倾向南,断面浅部倾角60°左右,向深部变缓,倾角35°~60°,为上陡下缓的铲形正断裂。断裂北升南降,由数条阶梯状正断层组成,其宽度西段可达几十千米,往东逐渐变窄,整体呈近东西向折线追踪状展布(见图2-1),长约69km。在新生代主要活动于古近纪至新近纪,在更新世晚期有继承性活动。

河北省区域地质调查院(2017)在香河县荆庄村施工了两条浅层地震勘测剖面。在两条浅层地震勘测剖面上该断裂均有显示,结合相关钻孔资料分析,在更新世晚期断裂两盘相对落差为2.5m左右。

2. 蓟运河断裂(F8)

蓟运河断裂隐伏于唐山市与天津市接壤地带的蓟运河一带,整体呈北西向折线追踪状展布(见图2-1),长约93km。该断裂倾向南西,倾角70°左右,断裂性质为左旋走滑正断层。在新生代主要活动于古近纪至新近纪,在更新世晚期有继承性活动。断裂两盘第四系底界落差大于100m。断裂不仅控制了蓟运河水系的展布,而且断裂两侧的水系格局也有明显差异,断裂南侧水系以南东流向为主,如青龙河、潮白河、海河等;北侧水系则以南西流向为主,如陡河、沙河、还乡河等。卫星影像上断裂的线性特征明显。

天津市地震局(2010)在斐庄附近施工了横跨蓟运河断裂的浅层地震勘测剖面。在浅层地震勘测剖

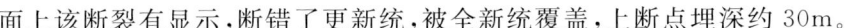

面上该断裂有显示,断错了更新统,被全新统覆盖,上断点埋深约30m。

3. 丰台-野鸡坨断裂(F9)

丰台-野鸡坨断裂隐伏于天津市丰台镇北—河北省丰润南一带,整体呈北东向展布(见图2-1),长约89km。该断裂倾向北西,倾角60°~80°,断裂性质为正断层。在新生代主要活动于新近纪,在更新世晚期有继承性活动。

河北省工程地震勘察研究院(2014)在于家营村东侧布设了一条浅层地震勘测剖面,河北省区域地质调查院(2017)在于新庄子至白沫子村之间布设了一条浅层地震勘测剖面,河北省地矿局第二地质大队(2021)自西向东布设了8条浅层地震勘测剖面和8个探测钻孔。10条浅层地震勘测剖面上该断裂均有显示,断错了更新统,被全新统覆盖,上断点埋深25~82m。

4. 唐山-丰南断裂(F12)

断裂呈北东走向,早期以铲形逆冲断层为主,奥陶纪灰岩沿北西向南东逆冲到二叠系含煤系地层之上,控制了唐山-丰南倒转背斜和向斜在唐山市目标区的展布。该唐山-丰南倒转背斜和向斜向北东方向构成由奥陶纪灰岩组成的唐山-长山-巍山复式背向斜。该断裂由3条平行断裂组成,北自凤凰山一带向南经老将军坨至丰南县城东消失。北段走向北北东,向南折为北东向,倾向北西,全长10km以上。地质矿产部水文地质技术方法研究所(1993)在凤凰山公园和北新东道通过浅层地震勘探揭示断裂上断点在第四纪地层中埋深10m,为晚更新世活动断裂。

5. 王兰庄西断裂(F15)、王兰庄东断裂(F16)和王兰庄南-汉沽断裂(F17)

据石油部六四六厂地震勘查资料,在王兰庄一带展布2条断裂,称王兰庄西断裂和王兰庄东断裂,它们分别是唐山断裂带、碑子院-丰南断裂和唐山断裂向南延伸段,彼此间呈右阶错列,分别长约19km、19km、18km,总体走向北东,均倾向南东,上新统底部砾岩被其断开40~300m。

有关单位在王兰庄北实施过浅层地震勘探,其结果反映了上更新统欧庄组上段地层错动断开,表明王兰庄东断裂最新活动至晚更新世末期。

河北省工程地震勘察研究院(2014)在天津宁河东南为探测王兰庄断裂布设一条浅层地震勘探测线,结果显示该断裂上断点埋深110m,错动上更新统下部,断裂最新活动至晚更新世早期。

王兰庄南-汉沽断裂,自王兰庄南一直延伸到汉沽以南,倾向南东,构成沧县隆起北端宁河浅凹与黄骅凹陷北部间河凹陷的分界,控制间河凹陷渐新统沙一段和东营组沉积。1976年唐山7.8级地震余震沿王兰庄断裂东支和王兰庄南-汉沽断裂密集成带,并在与汉沽断裂交会部位发生了1976年6.2级、1977年6级强余震,故判王兰庄南-汉沽断裂可能为晚更新世活动断裂。

6. 徐水断裂(F26)

徐水断裂属太行山山前断裂带,是徐水古近纪断陷的西边界主控断层。断裂南起徐水西,向北经定兴东、止于新城东南,长约45km,走向呈北东30°,断裂倾向南东,平均倾角30°~40°,为上陡下缓铲形正断层。断裂活动始于始新世早期(E_2k),至渐新世活动减弱,渐新世晚期(E_3d)开始抬升,缺失新近系明化镇组沉积,凹陷内沉积厚度达5000m,T2反射界面(新近纪的底界)未被断错,表明新近纪以来断裂已停止活动。

高战武等(2014)针对该断裂在保定小马村北进行了浅层地震勘探和钻孔联合探测,在地震勘探测线发现断点的位置进行了钻孔联合剖面探测。地层对比表明,埋深65~80m的钙板层[测年结果为距今(157.83±17.36)~(177.98±19.58)ka]被断错15m,断裂向上至49.3m处,已表现较弱。钻孔剖面中深41~43m的钙板层[测年结果为距今(92.61±7.87)~(115.26±9.80)ka]在4个钻孔中标高基本一致,说明断裂在此钙板沉积以后没有活动,因此为晚更新世早期的活动断裂。

7. 会宁西断裂(F51)

该断裂走向北北西,倾向北东,为右旋走滑正断层性质,沿走向长33km,煤田勘测称为邢台1号正断层。该断裂为隐伏断裂,北端到东冷水附近,向南延伸经过兰羊村一直延伸到邢台市区,切断了北北东向的紫山西断裂,被邢东断裂阻隔。根据煤田地质资料,该断裂为邢东煤矿西边界断裂,发育一系列次级分支断层,这些次级分支断裂与会宁东西支断裂主断裂基本以锐角相交,但不切过主断裂,形成"人"字形构造。

北京吉奥星地震工程勘测研究院(2014)在邢台活断层探测工作中,针对该断裂布设了长信(CX)、兰羊村(LYC)、东关街(DGJ)和北三环(BSH)4条浅层地震勘探测线,兰羊村测线(LYC)和长信测线(CX)所探测到的断层,均显示为一主断层东倾和分支断层西倾的"Y"字形正断层,北三环测线(BSH)和东关街测线(DGJ)所解释的断层均为向东倾的正断层,上断点均断错了第四系,并且兰羊村测线和长信村测线显示其分支断层断入晚更新世地层,为晚更新世活动断裂。各测线剖面解释断点构造特征相似,断点平面连线构成了会宁西断裂的总体空间展布。该断裂走向北北西,倾向北东,为正断层性质。

北京吉奥星地震工程勘测研究院(2014)选取长信村场地进行了跨断层钻孔探测,综合地层、沉积和地震剖面特征等,判断该场地第四系中,全新统至上更新统上部没有断错痕迹,上更新统中部及其之下的地层有明显断错,上断点约35m,上断界面为上更新统中部,并表现为正断层性质,会宁东西支断裂最新活动时代为更新世晚期。

8. 大名断裂(F64)

大名断裂位于临漳以东的华北平原隐伏区中,西起临漳附近,向东经魏县南、大名南、龙王庙、马陵至朝城南,走向北西西,倾向北,倾角50°～60°,全长90km。它是古生代以来长期活动的一条边界大断裂,控制内黄隆起和临清凹陷的发育。断裂表现为铲形断层,切穿新近系以下地层,断入基底,石炭纪—二叠纪地层被明显断开,落差3000～7000m,断层控制丘县凹陷白垩系和古近系的沉积。古近纪时期该断裂活动较弱,在下降一侧未形成明显的沉降中心,魏县西南一带厚度最大为2000m。新近纪以来该断裂有强烈活动,使沉降中心由凹陷中部向该断裂转移,新近纪—第四系厚达1900m。大名断裂西段落差较大,始新统底面落差2100m,渐新统底面落差1300m,新近系底面垂直落差200m。东段落差,始新统底面为1200m,新近系底面为300m。

河北省工程地震勘察研究院(2015)在临漳北史庄村西布设一条走向北东30°、长1000m的浅层地震勘探测线LZ01,以及在大名旧治村西布设走向北东40°、长800m的浅层地震勘探测线DM01探测大名断裂。剖面LZ01显示断层倾向北,为高角度的正断层,上断点埋深106m,断错了中更新统上段底界,活动时代为中更新世晚期;剖面DM01显示断层倾向北,为高角度的正断层,上断点埋深90m,断错了上更新统、中更新统底界,断层活动时代为晚更新世早期。

综合分析在相距37km的两条剖面探测到断裂上断点埋深分别为106m、90m,断裂活动时代具有分段特征,最新活动时代为中更新世晚期—晚更新世早期。断裂沿线是一条活动较强的地震带,沿该断裂附近,已发生较大的地震有953年大名4¾级地震、1654年朝城5级地震、1889年大名5级地震、1968年大名4.2级地震、1970年和1977年磁县4.5级地震,等震线为北西西向;近年来沿该断裂常有4级以下地震活动。

第四节　全新世活动断裂

平原区全新世的活动断裂共有8条,占活动断裂总数的10.39%。根据以往工作程度,选择以下7条断裂进行叙述,其他断裂主要特征见表2-1。

1. 新夏垫断裂(F2)

新夏垫断裂隐伏(部分出落)于北京市平谷西—河北省三河市齐心庄—大厂回族自治县夏垫镇—祁各庄镇—北京市潮县东一带,整体呈北东向折线追踪状展布(见图2-1),长约52km。该断裂倾向南东,倾角70°左右,断裂性质为正断层,切割了全新统,为全新世仍在活动的断裂。断裂两侧第四系厚度相差较大,南东侧厚600~700m,北西侧厚300~400m。

该断裂是1679年9月7日三河—平谷一带8级地震发震构造之一,震中处于北西向燕山山前断裂与北东向新夏垫断裂的交会部位,两条断裂均是张家口-蓬莱地震构造带中的重要发震构造。震中附近东柳河屯—夏垫北—东兴庄一带,地表发育宽约10km破裂带,现今地表仍保留有8~9条雁行式斜列状断裂陡坎、坡折带和断陷槽。经研究,地震破裂带最大垂直断距为3.16m,最大水平断距为3.87m(向宏发,1988;徐锡伟,2002)。冉志杰等(2013)在1679年9月7日三河—平谷一带8级地震宏观震中附近永太辛庄村西布设了一条浅层地震勘测剖面,在浅层地震勘测剖面上该断裂有显示。

2. 陡河断裂(F10)

陡河断裂为荆各庄向斜与凤山背斜之间的断裂,控制了荆各庄第四纪凹陷的东界,断裂在巍山—长山西北麓沿陡河分布,向南在龙王庙南消失,走向北东,倾向北西,全长约21km,为正断层。断裂两侧地貌景观截然不同,东南侧为海拔200m以上的山地夷平面,西北侧为山前平原,并在紧邻下降盘一侧形成300~400m的沉降中心,断裂两侧第四系最大垂直落差达150~200m。断裂在陡河水库东侧,地貌上形成一系列平行于山体走向的北东向展布的基岩地貌坎。

地矿部水文地质工程地质技术方法研究所在断裂所在区域开展的浅层地震勘探结果显示,陡河断裂由两条相距200m左右的平行断裂组成,越向东北方向断裂活动性越加强。断裂北部断入第四系,上断点埋深30m,相当于上更新统,西南部分断入第四系,上断点埋深80m左右,相当于中更新统。

河北省工程地震勘察研究院(2014)在洼里村东南布设一条浅层地震剖面,解译了一条正断层,倾向北西,上断点埋深18m。

3. 唐山-古冶断裂(F13)

唐山-古冶断裂出露于唐山东—开平—古冶一带,呈北东—北东东向折线追踪状展布(见图2-1),长约11km。该断裂倾向南东至南南东,倾角50°~60°,断裂性质以左旋走滑正断层为主。该断裂控制了石榴河河谷走向,地貌上大致为海拔40~80m低剥蚀面与冲洪积平原的分界线,为全新世仍在活动的断裂。

河北省工程地震勘察研究院(2014)在马家大寨村南布设了一条浅层地震勘测剖面。在浅层地震勘测剖面上该断裂有显示,断错了更新统,被全新统覆盖,上断点埋深105m左右。河北省城市地震活断裂探测与地震危险性评价项目对该断裂进行了钻孔联合剖面探测。有2个钻孔钻遇了该断裂,其中1个钻孔显示断错了更新统中部,1个钻孔显示断错了全新统。

1976年7月28日唐山市发生的7.8级地震,地震极震区烈度达到Ⅺ度,向外围逐步降为Ⅵ度。等震线长轴呈50°方向展布,平面上呈椭圆形,长约10.5km,宽3.5~5.5km,面积约47km²(张肇诚等,

1990)。震中地表位于现今唐山市南东,并处于唐山-古冶断裂的南西端和唐山断裂的北东端两条断裂斜列交会部位,地下位于两断裂的直接交会处,两条断裂拉张剪切走滑活动是引起该次大地震发生最重要的因素(图2-2)。

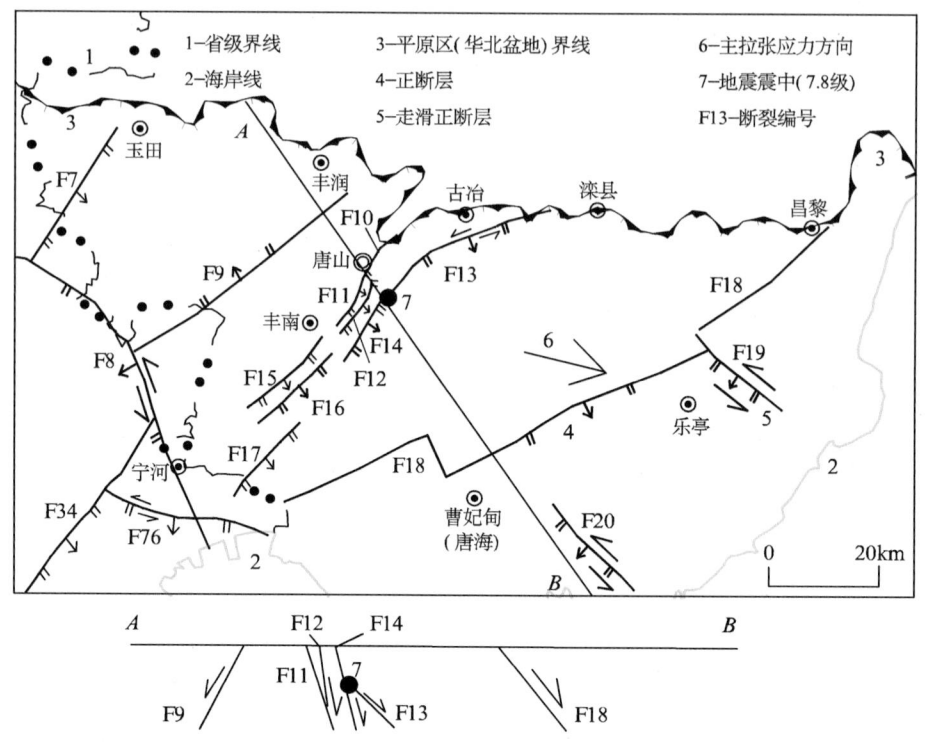

图 2-2 1976年7月28日唐山大地震发生与断裂构造关系分析示意图

F7-新安镇断裂;F8-蓟运河断裂;F9-丰台-野鸡坨断裂;F10-陡河断裂;F11-碑子院-丰南断裂;F12-唐山-丰南断裂;F13-唐山-古冶断裂;F14-唐山断裂;F15-玉兰庄西断裂;F16-玉兰庄东断裂;F17-玉兰庄南-汉沽断裂;F18-宁河-昌黎断裂;F19-乐亭断裂;F20-柏各庄断裂;F34-沧东断裂;F76-汉沽断裂

4. 唐山断裂(F14)

唐山断裂北自胜利路,向南大致沿复兴路后经礼尚庄村西、郑家庄村东、安机寨西至望马台,全长约15km,北与唐山-古冶断裂、南与王兰庄断裂东支均呈右阶错列。中国地震局地壳应力研究所(2007)在南新东道、205国道郑家庄段和于庄子—杨庄子乡村公路段布设浅层地震勘探线。南新道测线显示上断点埋深约50m,两侧地层落差大于7m;205国道断层两侧地层落差约7m,上断点接近地表;于庄子—杨庄子乡村公路段上断点埋深小于40m,断层两侧落差约7m,为全新世断裂。

5. 大城东断裂(F33)

大城东断裂是发育在沧县隆起中的一条北北东向断裂,是古近纪里坦凹陷西缘主控构造,控制着东侧里坦断陷盆地的发育。断裂北起静海,向西南经大城东、里坦西,南至河间东南,倾向南东,倾角50°左右,全长75km,卫星影像上反映清楚。古近纪底面落差1000m左右,新近纪底面落差300~400m,断面顶端延入新近纪馆陶组之中。

河北省工程地震勘察研究院(2015)在大城、河间布设了两条浅层地震勘探测线横跨大城东断裂。测线 DC01 位于大城县安庆屯村南,近东西向,全长1182m。断层上断点埋深105m,断错了 T_1、T_2 反射界面,最新活动时代为晚更新世早期。测线 HJ01 位于河间市后张寺营村东、行别营乡西北,近东西向,全长 1182m,断层上断点埋深 104m,断错了 T_1、T_2 反射界面,最新活动时代为早更新世早期。

6. 沧东断裂(F34)

沧东断裂隐伏于天津市宁河西—大港—河北省沧州西—泊头—吴桥—山东省德州一带,为天津-故城隆起与南堡-魏县火山-沉积盆的分界断裂之一。整体呈北东至北北东向折线追踪状展布(见图 2-1),长约 255km,在河北省内长约 130km。该断裂倾向南东—南东东,倾角 20°~80°,断裂性质为铲形正断层。在新生代主要活动于古近纪至新近纪,在第四纪有继承性活动。

河北省城市地震活断裂探测与地震危险性评价项目(2007—2013)为探测沧东断裂在沧州市区附近布设了 8 条地震勘测剖面,在 8 条地震勘测剖面上均有该断裂的显示。沿该断裂中小地震活动发生,如 1069 年沧县 4½ 级、1625 年沧县 5 级、1704 年东光—南皮 5 级、1815 年天津东南 5 级、1893 年沧县 5 级等地震。

7. 磁县断裂(F62)

磁县断裂东起磁县北,西经席家村、甘泉、南岔口、陶泉、塔湾村、白土镇、小河沟村、峰峰矿区、南山村、西固义、张家店,断裂走向北西西,倾向北,倾角较陡,全长约 51km,是中生代以来长期发育的一条断裂,为内黄隆起和临清坳陷的分界断裂。该断裂属于朝城-大名-磁县-涉县隐伏断裂的西段。据地表断层调查、隐伏区浅层地震探测及磁县断裂地震活动分布特征的研究,磁县断裂可划分为两段,东段为磁县—峰峰段,以隐伏断层和控制地貌发育为特征;西段为南山村—岔口段,以部分地区出现 1830 年磁县 7½ 地震地表破裂带为特征,总体表现出基岩区山体和山脊被断错的地貌现象。磁县断裂东段和西段在走向上不连续,整体呈左阶型。

(1)南山村—岔口段(断裂西段)

该断裂段近东西走向,倾向北—北西,倾角 70°~80°,全长 35km,又可再分为岔口断层及南山村断层两段。南山村断层地表出露约 5km,横切北北东向鼓山山脉;岔口断层总长 16km,东端始于陶泉盆地西侧,向西连续延伸经北王庄至涉县甘泉村,往西断续延伸至清漳河西岸席家村南山。

断裂在磁县西峰峰南山村附近,断错基岩山体,形成一个东西方向延伸、南高北低、高差 100m 的断层陡崖,并切割了该处的北北东向断裂,水平位移 300~400m,垂直位移 40~60m,断裂显示左旋走滑正断层活动性,活动时期在北北东向断裂构造形成之后。磁县北西西向断裂为 1830 年 7½ 级地震的发震断层,地表破裂由数条北东东向次级断层右阶斜列而成,宏观震中位于磁县峰峰南山村,极震区长轴为北西西向,长度约 30km,反映深部北西西向发震断层为左旋走滑为主的活动。该断层晚更新世晚期(2.1~2.4万 a)以来有过两次断错地表的活动。

(2)磁县—峰峰段(断裂东段)

该断裂段自峰峰矿区石桥镇北起,经西固义村、东武仕水库南、张家店村南,延入磁县城区,总体走向北西西,倾向北北东,倾角 60°~70°,全长 16km。在张家店以西,该断裂明显表现出南高北低的地貌特征,其中石桥镇以北、东武仕水库以南为磁县—峰峰段地貌特征最明显的区段。在东武仕水库南侧台地上较普遍分布第四纪早期砾石层,北侧为东武仕水库所在的第四纪沉积洼地,陡坎较为明显,呈南高北低的地貌特征,未见左旋的证据。

河北省工程地震勘察研究院(2012)在磁县北孟庄村东、朱庄村西布设一条近南北向、长 1280m 的浅层地震勘探测线探测磁县断裂东段。探测结果显示,断裂上断点埋深 100m,对比附近磁 1 钻孔地层资料,断层断错了中更新统底界面,未断错上更新统底界面。

河北省城市地震活断层探测与地震危险性评价项目(2007—2013)针对磁县断裂实施跨断层钻孔探测,其中东田村场地位于东武仕水库南的东田村以东,磁峰公路的 65.9km 处。综合测年数据和区域对比，在断错层位中，自下而上明显存在3个断错界面，更新统中部杨柳青组第四旋回、第三旋回、第二旋回的底界砂层分别被断错，垂直断距自下而上分别为3.3m、3.06m和4.1m。上述断错地层表明，该断裂断错更新统中部杨柳青组，为更新世中期活动断裂，但更新世晚期以来断裂不活动。

磁县断裂带上发生了多次5级地震，主要发生在其中南段，磁县地震后，该断裂发生了密集的中小地震，强度最大为5级，这样的中等地震活动在1971年到1980年前后达到高潮，以后逐年降低。

第三章 结束语

第一节 取得的主要成果和进展

本次工作以板块构造理论为指导,以基本地质事实——不同时段的建造与改造为依据,充分应用三维建模等新技术,经过项目组全体成员的共同努力和严格按照项目设计书及设计批复的规定要求圆满完成了各项任务,并取得了多项成果和新进展,进一步提升了平原区基础地质的整体研究程度,为一个开拓基础地质服务社会领域的良好范例,为平原区地热资源勘查开发、隐伏矿产勘查、地质灾害防治、城市规划建设等提供了系统翔实的平原区基础地质资料。

与河北省(北京市天津市)平原区活动断裂分布图相关的主要进展如下:

(1)根据对以往活动断裂探测以及区域地质调查项目等相关资料的综合研究,系统确定了77条河北省(北京市天津市)平原区主要活动断裂的分布位置、长度、产状、活动性质及活动时代,划分为更新世早、中期活动断裂(50条),更新世晚期活动断裂(19条)及全新世活动断裂(8条)三期,为今后平原区地质灾害防治、城市规划建设等相关工作的开展提供了基础地质依据。

(2)对三期第四纪活动断裂构造的活动性质提出了北东—北北东向断裂以正断层性质为特征、其他方向的断裂构造以走滑正断层性质为特征的新认识。

(3)针对1976年7月28日唐山市发生的7.8级地震的成因,根据震中地表位于唐山-古冶断裂的南西端和唐山断裂的北东端两条断裂斜列交会部位,地下位于两条断裂的直接交会处的特征,提出了两断裂拉张剪切走滑活动是引起该次大地震发生最重要因素的新认识。

第二节 存在问题

通过本次平原区活动断裂分布图等系列图件的编图工作,系统确定了77条平原区主要活动断裂的分布位置、长度、产状、活动性质及活动时代,主要存在以下问题:

(1)以往对平原区活动断裂的研究中,对少数活动断裂的活动性质确定为逆断层和逆走滑地层(如唐山-古冶断裂等),这与在第四纪以及整个新生代时期华北地区整体处于北西西-南东东向的单向拉张构造环境相矛盾。对少数活动断裂的活动性质确定为逆断层和逆走滑地层主要是由于对物探剖面的地质解释有误而引起,如唐山-古冶断裂在物探剖面上显示为正断层,而解释为逆断层。本次工作进行了纠正,可供今后相关研究参考。

(2)本次编图主要以收集中国地震局、河北省地震局有关活动断裂探查成果以及近年来区域地质调查中有关活动断裂探测成果。但以上这些成果精度普遍偏低,大多数断裂只有少量的浅层地震剖面控制,活动断裂探测所必需的排钻以及探槽等工作均未开展。因此,整体上来看,本次活动断裂分布图的精度偏低。